物理諸定数

分野	物理量	定数	単位
力学	万有引力定数	$G = 6.673 \times 10^{-11}$	$N \cdot m^2/kg^2$
	地球　　質量	$M_E = 5.974 \times 10^{24}$	kg
	半径（赤道）	$R_E = 6.378 \times 10^6$	m
	重力加速度（標準）	$g_0 = 9.80665$	m/s^2
	1気圧（大気圧 1atm）	$P_0 = 1.01325 \times 10^5$	$Pa(=N/m^2)$
熱	絶対零度（0K）	$t = -273.15$	℃
	熱の仕事当量	$J = 4.18605$	J/cal
	気体定数	$R = 8.314$	$J/(mol \cdot K)$
	アボガドロ定数	$N_A = 6.0221 \times 10^{23}$	個/mol
	理想気体の体積（0℃，1atm）	$V_0 = 2.241 \times 10^{-2}$	m^3/mol
	ボルツマン定数（R/N_A）	$k = 1.38065 \times 10^{-23}$	J/K
波	光速度（真空中）	$c = 2.99792458 \times 10^8$	m/s
	乾燥空気中の音速（0℃，1atm）	$V = 3.315 \times 10^2$	m/s
電磁気・原子	電気に関するクーロンの法則の定数	$k_0 = 8.988 \times 10^9$	$N \cdot m^2/C^2$
	磁気に関するクーロンの法則の定数	$k_m = 6.332 \times 10^4$	$N \cdot m^2/Wb^2$
	電気素量	$e = 1.602176 \times 10^{-19}$	C
	電子　　質量	$m = 9.10938 \times 10^{-31}$	kg
	比電荷	$e/m = 1.75882 \times 10^{11}$	C/kg
	原子質量単位（1u）	$u = 1.6605 \times 10^{-27}$	kg
	プランク定数	$h = 6.62607 \times 10^{-34}$	$J \cdot s$
	ボーア半径	$a_0 = 5.291 \times 10^{-11}$	m
	リュードベリ定数（水素原子）	$R = 1.09737315 \times 10^7$	1/m
	素粒子の質量　陽子	$m_P = 1.0073$	u
	中性子	$m_n = 1.0087$	u
	電子	$m_e = 0.00055$	u

単位の接頭語	名称	記号	大きさ	名称	記号	大きさ
	テラ	T	10^{12}	ミリ	m	10^{-3}
	ギガ	G	10^9	マイクロ	μ	10^{-6}
	メガ	M	10^6	ナノ	n	10^{-9}
	キロ	k	10^3	ピコ	p	10^{-12}

河合塾
SERIES

物理教室

四訂版

河合塾物理科［編］

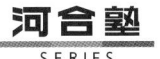

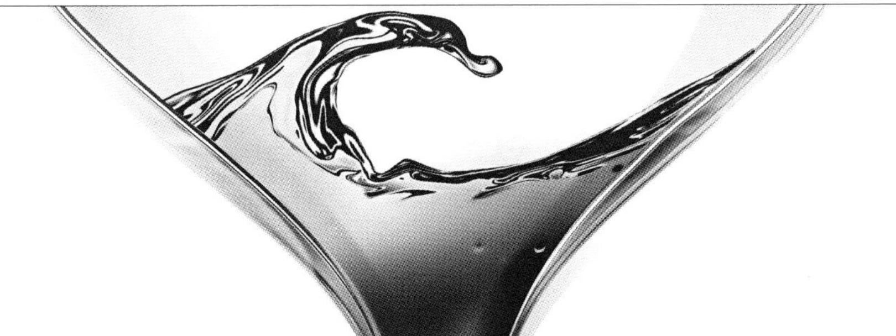

河合出版

はじめに

　物理を苦手とする人、何となく受験物理に付き合っている人、物理が好きで楽しんでいる人、…皆さんにこの本をすすめます。

　この本は、入試を目標としながらも、基本を重視し、分かりやすく読みこなせるようにしてあります。高校の教科書でつまずいた人は、この『物理教室』を手にとって、もう一度挑戦してください。

　勉強の仕方が分からず、何となく物理に取り組んで成績が伸び悩んでいる人も多いようです。『物理教室』は河合塾物理科の講師が授業での経験から、それらの悩みや問題点を解決するノウハウを詰め込んだ本になっています。質問や誤解の多い箇所をていねいに解説し、受験生の盲点や弱点を一掃してくれます。

　物理が好きな人は、この本でもう一度全体を体系的に学び新しい気持ちでやり直してください。受験物理とたかをくくって取り組んでいると、最初のちょっとしたミスや勘違いが後まで響いてしまいます。この『物理教室』で物理の本質にせまり、河合塾物理科のテクニックを吸収し尽くしてください。安定した成績と入試突破をお約束します。

　最後に、もう一度物理は"アブナイ"科目であることを確認しておきます。しかし、いろんなことに疑問をもって努力すれば、必ず物理的センスは芽生え、思った以上に高得点が望める科目です。もう一度『物理教室』とともに、本気でがんばってみよう。

河合塾物理科

本書の特色と構成

　本書は，物理を学ぶ学生諸君をはじめ，国公立・私立大学の受験に際し，『物理基礎』および『物理』を必要とする受験生を対象につくられたものです。作成にあたっては，長年の受験指導と入試分析を通じて蓄積されたノウハウを傾け，河合塾での「授業教室」を紙面上に再現するよう，以下の点を十分に配慮しました。

[特色]

一貫性　教科書では物理の内容が『物理基礎』と『物理』に分けられ，連続性が失われている点を改め，本来の体系立てた〝物理のすがた〟を再構築しました。その結果，各分野ごとに筋道を通した理解ができるようになっています。

明解さ　入試物理をターゲットにしながらも，〝物理的な見方・考え方〟が自然に身につくよう論理性を重視しました。わかりやすい解説と，イメージの捕らえやすい図版がその助けとなるでしょう。

機能性　ボリュームはありますが，基礎から身につけたい人から応用力を養いたい人まで，実力に応じて使いこなせる構成となっています。

　　　　　　　　　　　　　　　　　　⇒次ページの「見取り図」参照

柔軟性　わかりにくい項目，たとえば慣性力や単振動などには惜しみなくページをさき，完全にマスターできるよう配慮しています。

完全性　入試問題の分析を通して，入試物理に必要な事項を網羅しています。

これらの[特色]をよりわかりやすくするために，それぞれ内容の重要度順に

　　　　　　　本文 ⇒ ● ⇒ 発展 ⇒ 参考

と，次ページのように整理して編集しました。

『物理教室』の見取り図

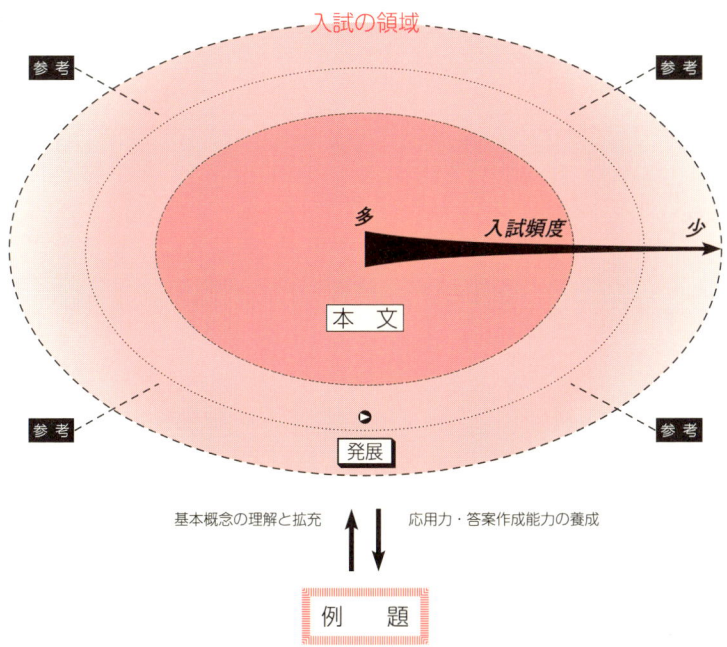

本文 ……… はじめて習う分野や基礎を確立させたい分野では，この本文だけを精読するとよい。

▶ ……… (注)に相当するもので，本文の説明を補っています。また，知っておくとよい知識や誤解しやすい箇所のチェックとしての役割も担っています。

発展 …… 本文の内容を掘り下げ，一般化したり，応用したりといった高度なものです。

参考 …… 高校物理の範囲外ではあるが，高度な入試問題を考える際のヒントになり得ることも書いてあります。チャレンジ精神に期待します。

例題 ……… 本文の内容が身についているかどうか試すため，各所に配置してます。物理の力は問題を通して深化していくものです。多くは大学入試問題から良問を選りすぐっており，学習目的に応じた改定を施しています。

POINT ………………… 標語的に表現し，覚えやすくしたキーポイント。

COFFEE BREAK …… 物理に関連のある興味あふれる話題。

目次

序章　物理の周辺
　　1　単位系……………………………………………………………………………9
　　2　次元………………………………………………………………………………9
　　3　有効数字…………………………………………………………………………10
　　4　近似式……………………………………………………………………………12
　　5　平方根の求め方…………………………………………………………………13
　　6　弧度法……………………………………………………………………………14
　　7　ベクトル…………………………………………………………………………15
　　※　微分方程式………………………………………………………………………16

第1編　力学

第1章　速度と加速度
　　1　直線上の運動……………………………………………………………………20
　　2　平面上の運動……………………………………………………………………27
第2章　力のつり合い
　　1　力のつり合い……………………………………………………………………32
　　2　剛体にはたらく力………………………………………………………………43
第3章　運動の法則
　　1　運動の3法則……………………………………………………………………52
　　2　重力と放物運動…………………………………………………………………53
　　3　各種の力と運動方程式…………………………………………………………59
第4章　エネルギー
　　1　仕事………………………………………………………………………………71
　　2　エネルギー………………………………………………………………………73
　　3　一般的なエネルギー保存………………………………………………………83
第5章　運動量
　　1　運動量の保存……………………………………………………………………86
　　2　保存則……………………………………………………………………………95
第6章　いろいろな運動
　　1　慣性力……………………………………………………………………………100

2 等速円運動 ………………………………………… *105*
　　　3 等速でない円運動 ………………………………… *111*
　　　4 単振動 ……………………………………………… *118*
　　　5 天体の運動 ………………………………………… *130*

第2編　熱と気体

第1章　熱とエネルギー
　　　1 熱とエネルギー …………………………………… *140*
　　　2 エネルギーの変換と保存 ………………………… *146*
第2章　気体分子の運動
　　　1 ボイル・シャルルの法則 ………………………… *148*
　　　2 理想気体の状態方程式と分子運動 ……………… *151*
　　　3 熱力学第1法則 …………………………………… *157*
　　　4 気体の状態変化 …………………………………… *165*

第3編　波動

第1章　波の性質
　　　1 波の伝わり方 ……………………………………… *182*
　　　2 波の干渉 …………………………………………… *190*
　　　3 定常波 ……………………………………………… *193*
　　　4 反射波 ……………………………………………… *195*
　　　5 正弦波の反射と定常波 …………………………… *197*
　　　6 ホイヘンスの原理と波の回折 …………………… *200*
　　　7 波の反射と屈折 …………………………………… *201*
第2章　音波
　　　1 音波 ………………………………………………… *207*
　　　2 音波の伝わり方 …………………………………… *208*
　　　3 ドップラー効果 …………………………………… *210*
　　　4 発音体の振動と共振・共鳴 ……………………… *215*
第3章　光波
　　　1 光の伝わり方 ……………………………………… *224*
　　　2 光の干渉と回折 …………………………………… *238*
　　　3 光の示す諸現象 …………………………………… *256*

第4編　電磁気

第1章 電場
- 1 電荷と静電気力 …………………………………………………… *262*
- 2 電場と電位 ………………………………………………………… *263*
- 3 コンデンサー ……………………………………………………… *279*

第2章 電流
- 1 オームの法則 ……………………………………………………… *300*
- 2 直流回路 …………………………………………………………… *305*
- 3 半導体 ……………………………………………………………… *322*

第3章 磁場
- 1 磁場 ………………………………………………………………… *326*
- 2 電流の磁気作用 …………………………………………………… *328*
- 3 電流が磁場から受ける力 ………………………………………… *335*
- 4 荷電粒子が磁場から受ける力 …………………………………… *340*

第4章 電磁誘導
- 1 電磁誘導 …………………………………………………………… *350*
- 2 交流 ………………………………………………………………… *370*
- 3 電磁波 ……………………………………………………………… *395*

第5編　原子

第1章 電子と光
- 1 電子の概容 ………………………………………………………… *404*
- 2 粒子性と波動性 …………………………………………………… *412*

第2章 原子と原子核
- 1 原子模型の変遷 …………………………………………………… *430*
- 2 ボーアの原子模型とエネルギー準位 …………………………… *431*
- 3 原子核 ……………………………………………………………… *445*
- 4 基本的な力と素粒子 ……………………………………………… *471*

索引………………………………………………………………………… *476*

序章　物理の周辺

（物理を学び始めたばかりの人は第1編力学を終えてから読むとよい）

1 単位系

　物理量にはたくさんの種類があり，これらを測るための単位も種々様々である。多くの単位をつくるときの基になる単位を**基本単位**，基本単位を組み合わせてできる単位を組立単位または誘導単位といい，これらをひとまとまりにしたものを**単位系**という。

　力学的な量については，長さ・質量・時間の3種類を基本単位に選んだ単位系が一般に用いられ，長さにm，質量にkg，時間にsの単位をとるものは**国際単位系**（略称 **SI**）とよばれている。

　たとえば，速さの単位はSIではm/s，である。本書では特にことわらない限りSIを用いている。数値計算ではすべての物理量を1つの単位系にそろえて行うことが大切である。

$$\text{SI} \quad [\text{m}] \quad [\text{kg}] \quad [\text{s}]$$

> 力学の範囲では〔m〕，〔kg〕，〔s〕だけでよいが，電磁気現象を扱うには基本単位として電流〔A〕（アンペア）を取り入れる。

POINT　数値計算は1つの単位系にそろえてから

2 次元

(1) 次元

　ある物理量の組立単位が基本単位とどのような関係にあるかがわかると，その量の物理的意味を理解するうえで役に立つ。長さを〔L〕，質量を〔M〕，時間を〔T〕で表すと，組立単位と基本単位の関係を単位の名称に関係なく表すことができる。速さなら長さを時間で割った量だから〔LT^{-1}〕となる。これを**次元**（ディメンション）という。物理量の次元はこのように定義や法則を表す関係式から求めることができる。

　たとえば，加速度，力，エネルギーの次元は次のように表せる。

（加速度）＝（速度変化）÷（時間）より 〔加速度〕＝〔LT^{-1}／T〕＝〔LT^{-2}〕
（力）＝（質量）×（加速度）より 〔力〕＝〔M・LT^{-2}〕＝〔LMT^{-2}〕
（仕事）＝（力）×（距離）より 〔エネルギー〕＝〔仕事〕＝〔L^{2}MT^{-2}〕

▶ 物理量の次元を調べるにはそれ自身の単位やその量が含まれる関係式を思い出すのが実用的であろう。

(2) 次元解析

物理量の間の関係式では，次元の異なる量の和や差をとることは決してなく，また**式の両辺の次元は必ず等しくなっている**。この性質は文字式での計算過程や計算結果のチェックに使える。たとえば，力の大きさを計算していて $(m+M^2)gh$ という量が現れたとしたら（記号は慣用のものとする），明らかにミスをしているといえる。$m+M^2$ ということはあり得ないし，mgh はエネルギーの次元をもつからである。この性質をさらに積極的に用いると，物理の法則や方程式の形まで決められることがある。

これを単振り子の例でみてみよう。その周期 T は，振り子の糸の長さ l，おもりの質量 m，重力加速度 g で決まると考え，$T=kl^x m^y g^z$ とおいてみる（k は無次元の定数）。各量の次元は，$[l^x]=[L^x]$，$[m^y]=[M^y]$，$[g^z]=[(LT^{-2})^z]$ となり，$[l^x m^y g^z]=[L^{x+z}M^y T^{-2z}]$　　これが周期の次元 $[T]$ と一致するためには
$x+z=0$，$y=0$，$-2z=1$，　　よって　　$x=\dfrac{1}{2}$，$y=0$，$z=-\dfrac{1}{2}$

こうして単振り子の周期はおもりの質量には無関係に $T=k\sqrt{\dfrac{l}{g}}$ と決まる。このような方法を**次元解析**という。なお，比例定数 k の値は次元解析では決められない。

POINT 　文字式を扱うときは次元を意識

3 有効数字

(1) 有効数字

物理量を測定するときは計器の最小目盛の $\dfrac{1}{10}$ まで目分量で読む。こうして得られた測定値は目盛の細かさや測定者のくせなどのために真の値からいくらかずれている。その差を**誤差**という。いま，1 mm の目盛のものさしで，ある物体の長さを測り，15.6 mm という測定値が得られたとする。末位の数字 6 はそれ以下の数を四捨五入して得たものとみてよいから，このときの誤差は ± 0.05 mm 程度，つまり真の値は 15.55 mm から 15.65 mm の範囲内にあると考えられる。測定値 15.6 mm の 15.6 はこのような意味をもった数字で**有効数字**とよばれ，この場合，

有効数字のけた数が3けたであるという。測定値3.0 mmの有効数字のけた数は2けたである。これと内容が同じである0.0030 mのけた数もやはり2けたである。初めの0.00は単位の違いによって生じるもので意味のある測定の数字ではないからである。そこで有効数字のけた数を明示するためには3.0×10^{-3} mと表すとよい。

(2) 有効数字の計算

誤差を含む測定値を用いて計算を行う場合，有効数字を考えて処理しないと，無意味な数字が結果に含まれてくることがある。その計算法は和と差の場合と積と商の場合で異なるが，次のように行えばよい。

(i) **和と差**

測定値の足し算・引き算の結果は，誤差が最も大きい測定値に合わせる。

つまり，位どりの最も高いものに合わせる。途中の計算は1けた余分にとっておくのが望ましい。

例　　$35.4+17.1304 \fallingdotseq 35.4+17.13 = 52.53 \fallingdotseq 52.5$
　　　　　　　　　　　　　　　　　　　　　　　　　小数点以下1けた
　　　　$6.452+5.3-1.75 \fallingdotseq 6.45+5.3-1.75 = 10.0$

(ii) **積と商**

かけ算・割り算の結果は，有効数字のけた数の最も少ないものに合わせる。

途中の計算は1けた余分にとっておくのが望ましい。

例　　$7.2\times 15.06 \fallingdotseq 7.2\times 15.1 = 108.72 \fallingdotseq 1.1\times 10^2$
　　　　　　　　　　　　　　　　　　　　　　　　　　　有効数字2けた
　　　　$\pi \times 3.00 \div 0.15 \fallingdotseq 3.14\times 3.00 \div 0.15 = 62.8 \fallingdotseq 63$

(i)，(ii)とも最終結果は四捨五入して表す。

- 有効数字の計算の方法は教科書によって異なっている。途中の計算で1けた余分にとらない方法を用いている教科書もある。入試で時間が足りないときにはこの方法によるのがよいだろう。上の例なら $7.2\times 15.06 \fallingdotseq 7.2\times 15 = 108 \fallingdotseq 1.1\times 10^2$ となる。平方根（$\sqrt{}$）の開平計算は積と商の規則に従えばよい。

- 問題文によっては，計算しやすいような数値が選ばれ，有効数字を意識しなくてよい場合もある。割り切れないときは2けたか3けた程度にとどめておけばよい。一方，問題文に5.0とか2.00のような数値が現れたときは，測定値の取扱いと解釈できるので，有効数字に注意して計算する必要がある。

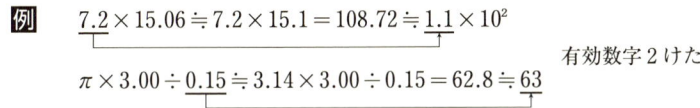

POINT　小数で末位が0の数値の登場 ⇨ 有効数字に注意

4 近似式

知っておかなければならない近似式は次の2種類である。

$$|x| \ll 1 \text{ のとき } \quad (1+x)^n \fallingdotseq 1+nx$$

$a \ll b$ は a が b に比べてはるかに小さい量であることを表す記号である。したがって，$|x| \ll 1$ は $x \fallingdotseq 0$ と同義であり x が微小であることを示す。上式は n が自然数のときの2項定理 $(1+x)^n = 1 + nx + \dfrac{n(n-1)}{2}x^2 + \cdots\cdots$ において，x^2 以下の項を無視したものであり，微小量 x についての1次までの近似という。さらに上の近似式は n が自然数に限らず実数のときにも成立する。

例 $|x| \ll a$ のとき，$(a+x)^n = a^n\left(1+\dfrac{x}{a}\right)^n \fallingdotseq a^n\left(1+\dfrac{nx}{a}\right)$

正確な値
$(1.02)^{-3} = (1+0.02)^{-3} \fallingdotseq 1 - 3 \times 0.02 = 0.94 \quad \cdots\cdots\cdots\cdots (0.9423)$
$(3.03)^3 = 3^3(1+0.01)^3 \fallingdotseq 27(1+3\times 0.01) = 27.81 \quad \cdots\cdots (27.818)$
$\sqrt{15} = (4^2-1)^{\frac{1}{2}} = 4\left(1-\dfrac{1}{16}\right)^{\frac{1}{2}} \fallingdotseq 4\left(1-\dfrac{1}{2}\times\dfrac{1}{16}\right) = 3.875 \quad \cdots (3.873)$
$\sqrt[3]{70} = (4^3+6)^{\frac{1}{3}} = 4\left(1+\dfrac{6}{64}\right)^{\frac{1}{3}} \fallingdotseq 4\left(1+\dfrac{1}{3}\times\dfrac{6}{64}\right) = 4.125 \quad \cdots (4.121)$

これらの例のように $1+$(微小量) の形に導くことがポイントである。

$$|\theta|\text{(rad)} \ll 1 \text{ のとき} \quad \sin\theta \fallingdotseq \theta, \quad \cos\theta \fallingdotseq 1, \quad \tan\theta \fallingdotseq \theta$$

〔rad〕については 6 (p.14) 参照。単位円（半径 $r=1$ の円）では，$\theta = \stackrel{\frown}{BC}$，$\sin\theta = AC$，$\tan\theta = BD$，$\cos\theta = OA$ である。θ が小さいときには $AC \fallingdotseq BD \fallingdotseq \stackrel{\frown}{BC} = \theta$，$OA \fallingdotseq r = 1$ となるので上記の近似式が得られる。それらを θ についての1次までの近似という。導出過程からもわかるように θ を〔rad〕単位で表すことが大切である。

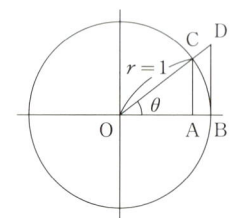

例 $\theta \fallingdotseq 0$ のとき，$\sin\theta \fallingdotseq \tan\theta$

$\sin 5° = \sin\dfrac{5}{180}\pi \fallingdotseq \dfrac{5}{180}\pi \fallingdotseq 0.0872 \quad \cdots\cdots (0.08716)$

発展 2次までの近似

θ について2次までの近似を行うときは，
$$\cos\theta = \sqrt{1-\sin^2\theta} \fallingdotseq (1-\theta^2)^{\frac{1}{2}} \fallingdotseq 1 - \dfrac{\theta^2}{2}$$
を用いる。$\sin\theta$，$\tan\theta$ については1次までの近似と変わらない。

5 平方根の求め方

平方根を計算で求める手順を実例で示す。

例1 $\sqrt{567.8} = 23.82\cdots\cdots$

① 点線のように，小数点を境にして2けたずつのブロックに区切る。

② 左端のブロックの整数5に着目する。2乗して5より小さく，しかも5に最も近い整数2をみつける。□の3つの位置に②と書く。

③ 和 ②＋②＝4，と積 ②×② ＝4 を図のように書く。

④ 左端ブロックの差 5－4＝1 をとり，次のブロックの2けた 67 を下におろす。

⑤ 4◇×◇ が 167 に最も近く，かつ 167 をこえないように◇の整数を決める。この場合は③となる。

⑥ 和 43＋3＝46，積 43×3＝ 129 を図のように書く。

⑦ 以下，④，⑤，⑥と同様の操作をくり返す。

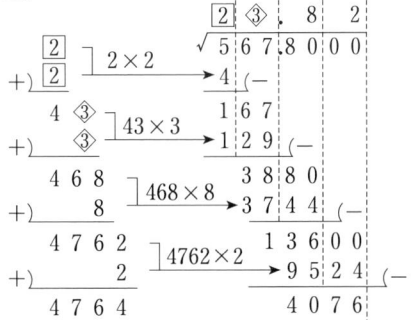

例2

以上は細かくみてきたが，実際の計算例を **例2** $\sqrt{10} = 3.16\cdots$ で示しておく。なお，$\sqrt{2} \fallingdotseq 1.414$，$\sqrt{3} \fallingdotseq 1.732$ は覚えておくべき数値である。

6 弧度法

扇形の中心角と弧の長さは比例する。そして,弧の長さlを半径rで割った値$\frac{l}{r}$は,中心角θが同じなら,半径rによらず一定となるので,$\frac{l}{r}$を角度を表す量として用いることができる。このような角度の表し方を弧度法といい,角度はラジアン〔rad〕で表す。

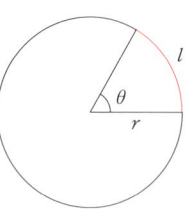

$$\theta = \frac{l}{r} \ \text{〔rad〕}$$

たとえば,360°は円周$l=2\pi r$に対応し,$\theta=\frac{l}{r}=2\pi$〔rad〕となる。同じく180°は半円周$l=\pi r$に対応し,π〔rad〕であり,したがって,1°は$\frac{\pi}{180}$〔rad〕である。代表的な角度の対応を下の表にまとめてみた。

〔度〕	0°	30°	45°	60°	90°	180°	360°
〔rad〕	0	$\frac{\pi}{6}$	$\frac{\pi}{4}$	$\frac{\pi}{3}$	$\frac{\pi}{2}$	π	2π

一方,半径r〔m〕の扇形の中心角がθ〔rad〕のとき,弧の長さl〔m〕は

$$\text{弧の長さ} \quad l = r\theta$$

と表される。

また,扇形の面積S〔m²〕は

$$\text{扇形の面積} \quad S = \frac{1}{2}lr = \frac{1}{2}r^2\theta$$

となる。

7 ベクトル

　距離や時間などのように数値だけで定まる量をスカラー（量）という。これに対して，速度，加速度，力などのように大きさのほかに向きをもち，**平行四辺形の法則**によって合成・分解される量をベクトル（量）という。

　平行四辺形の法則とは，図1のようにベクトル $\vec{A}$ とベクトル $\vec{B}$ の**和**が，これらを2辺とする平行四辺形の対角線に対応するベクトル $\vec{C}$ として表されることである。これをベクトルの**合成**とよんでいる。合成は図2のように行うこともできる。反対に，1つのベクトル $\vec{C}$ を $\vec{A}$ と $\vec{B}$ に分けることを**分解**とよぶが，分解は何通りでもできる。

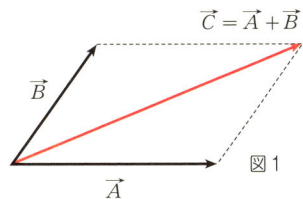

図1

　平行移動すれば重なり合うような2つのベクトルは同じベクトルであるという。また，ベクトル $\vec{A}$ に対し，大きさが同じで向きが逆向きのベクトルを $-\vec{A}$ で表す。$\vec{B}$ と $\vec{A}$ の**差** $\vec{B}-\vec{A}$ とは $(-\vec{A})+\vec{B}$ のことであり，2つのベクトルの始点を一致させておいて，$\vec{A}$ の先端から $\vec{B}$ の先端に向けてつくったベクトルになっている（図3）。$\vec{A}$ の向きを変えないで大きさを k 倍してできるベクトルを $k\vec{A}$ で表す。

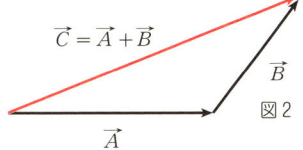

図2

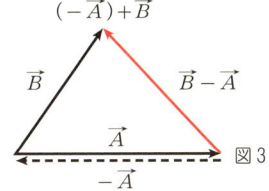

図3

　図4のようにベクトル $\vec{A}$ を座標軸 x，y の方向に分解する。こうしてできる2つのベクトルの大きさに，座標軸の正負の向きに従って正負の符号をつけたものを，$\vec{A}$ の x **成分**，y **成分**という。$\vec{A}$ の x 成分を A_x，y 成分を A_y とすると，$\vec{A}=(A_x,\ A_y)$ と表示することもある。そして，$\vec{B}=(B_x,\ B_y)$ とすると，$\vec{A}\pm\vec{B}=(A_x\pm B_x,\ A_y\pm B_y)$ のように（複号同順），ベクトルの和・差は成分どうしの和・差として計算することもできる。

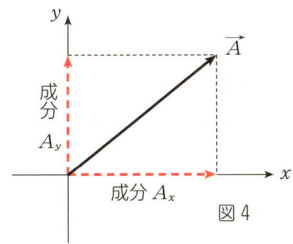

図4

本書で出てくる微分方程式（参考）

　未知の関数とその導関数を含む方程式を**微分方程式**という。微分方程式は，数学だけでなく，物理においても，必須の研究手段となっている。大学受験の物理においては，出題されることはないが，公式の証明や，現象の説明には有効な道具である。ここでは，本書において参考となるような微分方程式を簡単に紹介する。

　微分方程式を満たす関数を**解**といい，解の中に任意定数（**積分定数**という）を含むとき，その解を**一般解**という。これに対し，たとえば，ある時刻における物体の位置と速度を与えて（このような条件を**初期条件**という），その後の物体の運動を求めさせる問題においては，運動方程式（微分方程式）の解の積分定数はある値に決まる。このような解を**特解**という。

　簡単な微分方程式の例から見ておこう。

例1 $\dfrac{dy}{dx} = a$ （a は定数）

　$y = ax + C$ （C は積分定数）は一般解で，
　初期条件 "$x=0$ のとき $y=0$" が与えられているときは $C=0$ となるから，
　$y = ax$ は特解である。

例2 $\dfrac{d^2y}{dx^2} = a$ （a は定数）

　$\dfrac{d}{dx}\left(\dfrac{dy}{dx}\right) = a$ より

　$\dfrac{dy}{dx} = ax + C_1$ （C_1 は積分定数）

　$\therefore\ y = \displaystyle\int (ax + C_1)\,dx = \dfrac{1}{2}ax^2 + C_1 x + C_2$ （C_2 は積分定数）は一般解で，

　初期条件 "$x=0$ で $y=0$，$\dfrac{dy}{dx} = b$" が与えられているとき，

　$C_1 = b$，$C_2 = 0$ となるから

　$y = \dfrac{1}{2}ax^2 + bx$ の特解が得られる。

次に，本書で出てくる微分方程式の解き方の例を示す。

(A) $\dfrac{dy}{dx} = a - by$ （a, b は定数, $b \neq 0$）

$\dfrac{dy}{y - \dfrac{a}{b}} = -b dx$ と書き，両辺を積分すれば

$\displaystyle\int \dfrac{dy}{y - \dfrac{a}{b}} = -\int b dx \quad \therefore \quad \log\left|y - \dfrac{a}{b}\right| = -bx + C$ （C は積分定数）

ゆえに，$y = \dfrac{a}{b} + A e^{-bx}$ ここで，積分定数 $A = \pm e^C$ とおいた。

次に，初期条件より A を決定する。

例として，"$x=0$ のとき $y=0$" の初期条件では

$0 = \dfrac{a}{b} + A \quad \therefore \quad A = -\dfrac{a}{b}$

したがって，$y = \dfrac{a}{b}(1 - e^{-bx})$ の特解が得られる。

(B) $\dfrac{dy}{dx} = -a\dfrac{y}{x}$ （a は定数）

$\displaystyle\int \dfrac{dy}{y} = -a \int \dfrac{dx}{x} \quad \therefore \quad \log|y| + a\log|x| = C$ （C は積分定数）

ゆえに，$yx^a = A$ ここで，積分定数 $A = \pm e^C$ とおいた。

(C) $\dfrac{d^2 y}{dx^2} = -ay$ （a は正の定数）

この微分方程式の一般解は $y = A\sin\left(\sqrt{a}\,x + \theta\right)$ であることは数学的に証明されている。

ここで，A, θ は積分定数である。また，逆に，これが解であることは，これがはじめの微分方程式を満たすことで，すぐに確かめられる。

第1編 力学

第1章　速度と加速度

1　直線上の運動

(1)　速度

　x軸上を運動する物体が，時刻tのとき位置xにあり，時刻$t+\varDelta t$のとき位置$x+\varDelta x$にあったとすると，この間の物体の平均の速度vは次のように表される。

$$\text{速度}\quad v=\frac{\varDelta x}{\varDelta t}$$

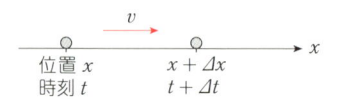

　ここで$\varDelta t$を限りなく0に近づけるとvはある極限値に近づく。この極限値を時刻tでの(瞬間の)速度という。
　この式の$\varDelta x$は物体が移動する距離と向きを表し，これを物体の**変位**という。変位$\varDelta x$の正・負に応じて速度vの正・負が決まり，vが正のときは$+x$方向への運動を，負のときは$-x$方向への運動を表す。また，速度の大きさ(絶対値)のことを速さという。速度の単位には〔m/s〕が用いられる。

> ● **方向と向き**　方向という用語は，水平方向とか鉛直方向とかのように1つの直線を表現する。その方向のうちどちらを向くかを示すには右向きとか上向きと表現する。$+x$方向はx軸の正の向きを表している。

(2)　加速度

　物体がx軸上を運動し，時刻tのときの速度をv，時刻$t+\varDelta t$のときの速度を$v+\varDelta v$とすると，この間の物体の平均の加速度aは次のように表される。

$$\text{加速度}\quad a=\frac{\varDelta v}{\varDelta t}$$

　$\varDelta t$を限りなく0に近づけたときのaの極限値を時刻tでの(瞬間の)加速度という。速度の変化$\varDelta v$の正・負に応じて加速度aの正・負が決まる。加速度の単位には〔m/s²〕が用いられる。

> ● 単に速度，加速度といえば瞬間の速度，瞬間の加速度を意味することが多い。また，それは大地や床に対する値である。動いている電車の中での速度なら，「電車に対する速度」のように表現する。

(3) $v\text{-}t$ グラフ

物体が一定の速さ v_0 で等速直線運動をするとき，時間 t_1 の間の移動距離は，$x = v_0 t_1$ である。図1のように速度-時間グラフをつくってみると，x の値は長方形の面積の値に等しい。

物体の速度 v が時刻 t と共に変わる場合には，図2のように，経過時間 t_1 を多数の微小時間 $\varDelta t$ で細かく分割すると，それぞれの時間 $\varDelta t$ 内では，速度 v はほぼ一定とみなせるから，この間の移動距離 $v\varDelta t$ は細長い長方形の面積にほぼ等しい。したがって，経過時間 t_1 の間の移動距離はこれらの長方形の面積の総和にほぼ等しい。この総和は分割のしかたを限りなく細かくする（$\varDelta t \to 0$）と，曲線と時間軸とが囲む図形の面積に限りなく近づくので，物体の移動距離は，$v\text{-}t$ グラフの曲線と時間軸とが囲む図形の面積の値に等しくなる。

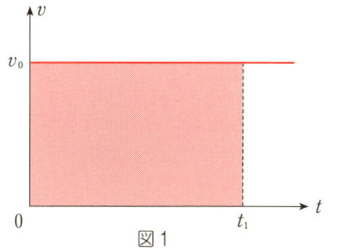
図1

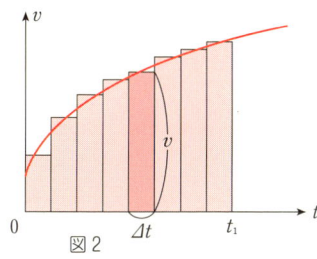
図2

図3のように物体の速度が正と負の範囲にまたがるような場合には，面積 S_1 は $+x$ 方向への移動距離を，面積 S_2 は $-x$ 方向への移動距離を表している。つまり物体は距離 S_1 だけ $+x$ 方向へ移動した後，S_2 だけ後戻りしたことがグラフから読みとれる。

また，$\dfrac{\varDelta v}{\varDelta t}$ が加速度に対応するから，図4に示すように $v\text{-}t$ グラフの接線の傾きは符号を含めて瞬間の加速度を表していることがわかる。

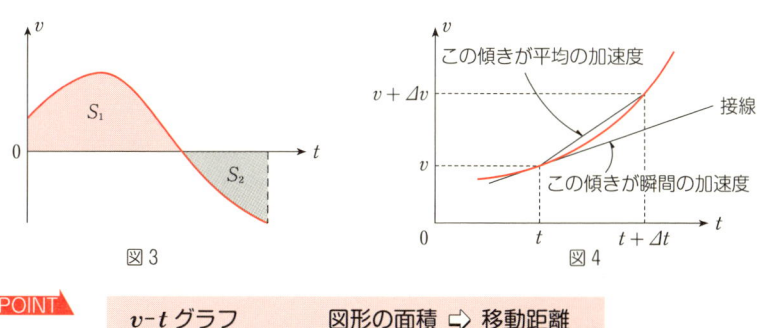
図3　　図4

POINT

$v\text{-}t$ グラフ	図形の面積 ⇨ 移動距離
	接線の傾き ⇨ 加速度

例題 1−1　　　　　　　　　　　　　　　　　　　　　　　v-t グラフ

物体が x 軸上を運動している。

時刻 $t=0$ 秒に，この物体が x 軸の原点を出発し，$t=8$ 秒までの間のこの物体の速度 v〔m/s〕の時間変化を図に示す。

(1) $t=0$ 秒から $t=5$ 秒までの間に，この物体が通過した距離は ☐ m である。

(2) $t=0$ 秒から $t=8$ 秒の間で，この物体が原点から最も離れるのは $t=$ ☐ 秒で，そのときの原点からの距離は ☐ m である。

(3) この物体の加速度 a〔m/s^2〕の時間変化を示すグラフを描け。

(甲南大)

解答

(1) 物体は出発してから 3 秒までの間は $-x$ 方向に図の台形の面積で表される距離，すなわち
$$\frac{1}{2}\times(1+3)\times 2=4 \text{〔m〕}$$
だけ運動し，3 秒から 5 秒までの間は $+x$ 方向に図の三角形の面積で表される距離，すなわち
$$\frac{1}{2}\times 2\times 4=4 \text{〔m〕}$$
だけ運動するから，求める距離は $4+4=\underline{8}\text{〔m〕}$

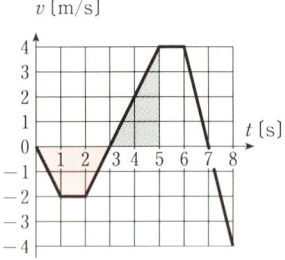

(2) 5 秒から 7 秒までの間は $+x$ 方向に $\frac{1}{2}\times(1+2)\times 4=6$〔m〕運動し，7 秒から 8 秒までの間は $-x$ 方向に $\frac{1}{2}\times 1\times 4=2$〔m〕運動する。以上の物体の動きをみると，原点から最も離れるのは $t=\underline{7}$〔秒〕で，そのときの原点からの距離は $\underline{6}$〔m〕

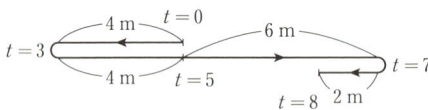

(3) 加速度は v-t グラフの傾きで表されるから，求めるグラフは右図のようになる。

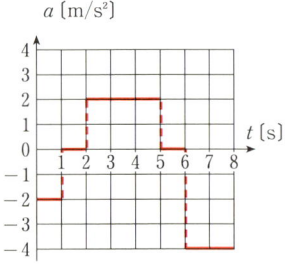

(4) 等加速度直線運動

　x 軸上を一定の加速度 a で運動する物体を考える。この物体が，時刻 $t=0$ に原点 O を初速度 v_0 で通過するとき，時刻 t のときの位置を x，速度を v として，次の 3 つの式が成立する。

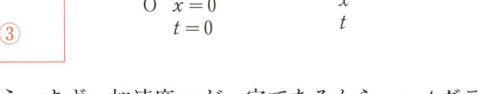

　これらの公式を導き出しておこう。まず，加速度 a が一定であるから，v-t グラフは図のように傾きが一定の直線となる。

　この直線の傾きは
$$a = \frac{v - v_0}{t}$$
で表されるから式①が得られる。次に，位置座標 x は図の台形の面積に等しいから，
$$x = \frac{1}{2}(v_0 + v)t = \frac{1}{2}\{v_0 + (v_0 + at)\}t$$
$$= v_0 t + \frac{1}{2}at^2$$
となり式②が得られる。

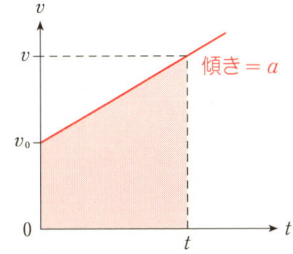

　①，②から t を消去すれば式③となる。

　これらの公式における速度 v，v_0 および加速度 a，位置 x は符号をもつ量である。そして，これらの量の符号はすべて x 軸の正方向と同じ向きのときを正，逆向きのときを負とすればよい。

> 公式は $t=0$ での位置を原点 $x=0$ としていること，また，公式中の x は物体の位置座標であって，距離，特に走行距離ではないことに注意すること。たとえば，$a<0$ の場合，$x<0$ となることがある。

参考 速度・加速度と微積分

物体の位置座標 x が時刻 t の関数 $x(t)$ として与えられたとすると，速度・加速度は微分を用いて次のように定義される。

$$v = \lim_{\Delta t \to 0} \frac{\Delta x}{\Delta t} = \frac{dx}{dt} \quad \cdots\cdots ①$$

$$a = \lim_{\Delta t \to 0} \frac{\Delta v}{\Delta t} = \frac{dv}{dt} \quad \cdots\cdots ②$$

①より $x = \int v dt$ となるが，これは v-t グラフの面積が移動距離に等しいことを表している。②の $a = \dfrac{dv}{dt}$ は v-t グラフの接線の傾きが加速度に等しいことを示している。また，x-t グラフをつくれば，接線の傾きが速度に等しいことが①からわかる。

また，これらの式を用いて等加速度直線運動の公式を導くこともできる。

$$\frac{dv}{dt} = a = 一定 \quad を積分して$$

$$v = \int a dt = at + C_1 \quad (C_1 は積分定数)$$

$t = 0$ で $v = v_0$ より $C_1 = v_0$

$$\therefore v = v_0 + at$$

一方，

$$x = \int v dt = \int (v_0 + at) dt$$

$$= v_0 t + \frac{1}{2} at^2 + C_2 \quad (C_2 は積分定数)$$

$t = 0$ で $x = 0$ より $C_2 = 0$

$$\therefore x = v_0 t + \frac{1}{2} at^2$$

例題 1-2　　　　等加速度直線運動

x 軸上を $-2\,\text{m/s}^2$ の加速度で運動する物体 A がある。A は時刻 0 秒に原点 O を $+x$ の向きに速さ $10\,\text{m/s}$ で通過した。

(1) A の速度が 0 になる点 Q の x 座標は何 m か。

(2) A が $x = 21\,[\text{m}]$ の点 P をはじめて通過してから次に通過するまでの時間は何 s か。

(3) A が $6\,\text{m/s}$ の速度をもつ点を R，$-20\,\text{m/s}$ の速度をもつ点を S とする。A が点 R から点 S へ至るまでの間の走行距離は何 m か。

解答

等加速度直線運動の公式において，$a = -2$，$v_0 = 10$ とおけばよい。

$v = 10 - 2t \cdots\cdots ①$　　$x = 10t + \dfrac{1}{2}(-2)t^2 \cdots\cdots ②$　　$v^2 - 10^2 = 2(-2)x \cdots\cdots ③$

(1) ①で $v = 0$ とおくと　　$0 = 10 - 2t$　　$\therefore t = 5\,[\text{s}]$

②に代入すると　　$x = 10 \times 5 - 5^2 = \underline{25\,[\text{m}]}$

別解　この設問は，はじめから③を用いて解くこともできる。

$0^2 - 10^2 = -4x$　　$\therefore x = 25\,[\text{m}]$

(2) ②で $x=21$ とおくと　　$21=10t-t^2$　　これより　$(t-3)(t-7)=0$
よって $t=3$ 〔s〕と 7〔s〕に点 P を通過することがわかり，求める時間は $7-3=\underline{4}$〔s〕
A ははじめ右向きに運動するが，$t=5$〔s〕において点 Q で一瞬止まった後，左向きに運動する。こうして A は点 P を 2 度通ることになる。

(3) まず，点 R の座標 x_R と点 S の座標 x_S を求めると，
③より　　$6^2-10^2=-4x_R$　　　$x_R=16$
　　　　　$(-20)^2-10^2=-4x_S$　　$x_S=-75$

一方，A の走行距離は RQ と QS の和として求められるから
$RQ+QS=(25-16)+\{25-(-75)\}=\underline{109}$〔m〕

(5) 速度の合成

速度 v_1〔m/s〕で動いている電車の中で，人が電車に対して速度 v_2〔m/s〕で運動する場合を考えてみる。

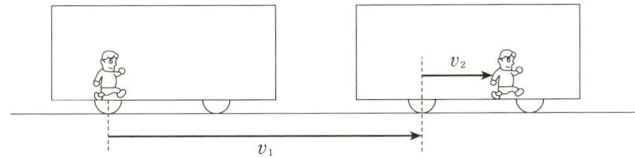

電車は 1 秒間に v_1〔m〕進み，人はその電車に対して v_2〔m〕進む。結局，人は地面に対して 1 秒間に v_1+v_2〔m〕進むことになり，人の速度 v は v_1+v_2〔m/s〕となる（単に「速度」と言えば，地面に対する速度のこと）。これを**速度の合成**という。急ぐとき，上りのエスカレーターをかけ上がるのは速度の合成の身近な例である。

$$\boxed{\text{速度の合成}\quad v=v_1+v_2}$$

▶ v_1 や v_2 が負の値をとっても，この式は成り立っている。

(6) 相対速度

物体 A が速度 v_A で運動し，さらに物体 B が速度 v_B で運動しているとき，A から見た（A と共に運動する人から見た）B の速度 u は次式で表される。これを A に対する B の**相対速度**という。右図は速度ベクトルの関係を表しているが，1 秒間に動いた距離とみてもよい。1 秒ごとに B は A から $u(=v_B-v_A)$〔m〕ずつ離れている。そこで，

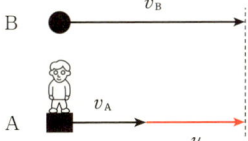

$$\boxed{\text{A に対する B の相対速度}\quad u = v_B - v_A}$$

走る車から見た他の車の動きは相対速度の身近な例である。

> 引き算の順序が大切。B の動きを扱いたいので v_B を先にもってくる。あるいは，「見た人の速度を引く」と覚えてもよい。なお，A と B が同じ位置にいる必要はなく，v_A や v_B が負の値をとっても上式は成り立っている。

例題 1−3 　　　　　　　　　　　　　　　　　　　　　**速度の合成と相対速度**

台車を右向きに 20 m/s の一定の速さで動かす。この台車上で物体 P が運動する。

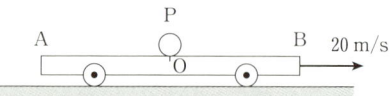

(1) P が台車に対して次のように運動するときの，P の速度（地面に対する速度）を求めよ。
　(ア) 台車に対して右へ 10 m/s で動くとき
　(イ) 台車に対して左へ 25 m/s で動くとき

(2) P が次の速度（地面に対する速度）をもって，台車の中央の点 O から運動を始めるとき，P は台車の端 A，B のいずれに達するか。また，その間に何 s かかるか。AO＝OB＝15 m とする。
　(ア) P の速度が右向きで 25 m/s のとき
　(イ) P の速度が左向きで 10 m/s のとき

解答

(1) 速度の合成をすればよい。右向きを正として考える。
　(ア) $20 + 10 = 30$　　　　よって　**右へ 30 m/s**
　(イ) 台車に対する P の速度は -25 m/s と表せるから
$$20 + (-25) = -5 \quad \text{よって}\quad \text{左へ 5 m/s}$$

(2) 台車に対する相対速度 u を用いて考えるとよい。右向きを正とする。
　(ア) $u = 25 - 20 = 5$

　　正の値だから，P は台車に対して右へ 5 m/s で動く。したがって，端 **B** に達する。その間の時間は
$$15\,\text{m} \div 5\,\text{m/s} = 3\,\text{s}$$

　[別解] 地面に対する動きは右図のようになる。求める時間を t とすると，図より
$$25t = 20t + 15 \quad \therefore\quad t = 3\,\text{s}$$

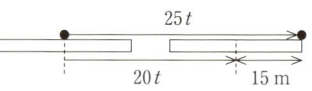

　(イ) P の速度は -10 m/s だから　$u = (-10) - 20 = -30$　負の値だから P は台車に

対して左へ進み，端 A に達する。その間の時間は　　15 m ÷ 30 m/s = 0.5 s

別解　地面に対する動きは右図のようになる。求める時間を t とすると，図より
$$15 = 20t + 10t \quad \therefore \quad t = 0.5 \text{ s}$$

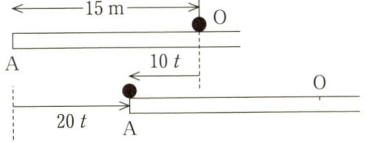

2 平面上の運動

(1) 速度・加速度

物体が平面上を運動する場合を考える。時刻 t のときの物体の位置を A，時刻 $t + \Delta t$ のときの位置を B とし，AB 間の変位を $\vec{\Delta s}$ とすると，この間の物体の平均の速度 $\vec{v}$ は次の式で表される。

$$\text{速度} \quad \vec{v} = \frac{\vec{\Delta s}}{\Delta t}$$

速度は大きさ（速さ）のほかに向きをもつベクトル量（☞ p.15）である。

Δt を限りなく 0 に近づけたときの $\vec{v}$ の極限値を時刻 t のときの（点 A における瞬間の）速度という。また，このとき $\vec{\Delta s}$ の方向は物体の運動する軌道上の点 A における接線の方向に限りなく近づくので，瞬間の速度の方向は軌道の接線方向と一致する。

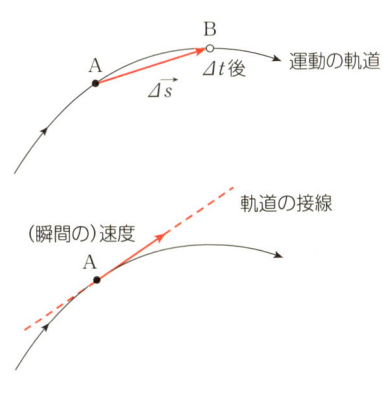

❶ 等速直線運動のことを単に等速度運動ということも多い。速度の向きが一定なら直線運動になるからである。

点 A での物体の速度（瞬間の速度）を $\vec{v}$，点 B での速度を $\vec{v'} = \vec{v} + \vec{\Delta v}$ としよう。この間の平均の加速度 $\vec{a}$ は次式で表される。

$$\text{加速度} \quad \vec{a} = \frac{\vec{\Delta v}}{\Delta t}$$

加速度もベクトル量であり，その向きは速度の変化 $\vec{\Delta v}$ の向きと一致する。

Δt を限りなく0に近づけたときの $\vec{a}$ の極限値を時刻 t のときの（点Aにおける瞬間の）加速度という。$\vec{v}$ と $\vec{\Delta v}$ の向きが一致していないことからわかるように，**平面上を曲線にそって運動する物体の速度の向きと加速度の向きは一致しない**。また，速さが一定であっても速度の向きが変わるような運動（曲線上の等速運動）では加速度 $\vec{a}$ が0にならないことにも注意したい。

以上の内容は空間内の3次元的な運動に対してもそのままあてはまる。

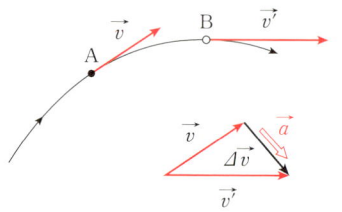

POINT 　速度の方向は軌道の接線方向

(2) 速度の合成・分解

速度 $\vec{v_1}$ で動いている船の上で，人が船に対して速度 $\vec{v_2}$ で運動する場合を考えてみる。下図のように，時間 Δt の間に人は岸に対して $\vec{\Delta s} = \vec{v_1}\Delta t + \vec{v_2}\Delta t$ だけ変位するから，人の岸に対する速度 $\vec{v}$ は $\vec{v} = \dfrac{\vec{\Delta s}}{\Delta t} = \vec{v_1} + \vec{v_2}$ となる。つまり，速度は平行四辺形の法則に従って加えればよい。これを**速度の合成**という。

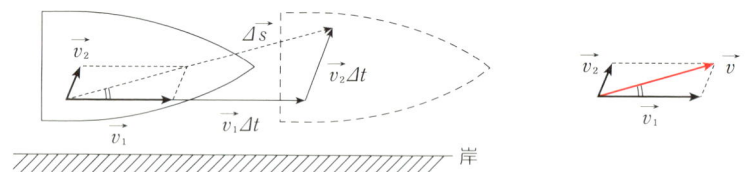

また，速度 $\vec{v}$ を逆に $\vec{v_1}$，$\vec{v_2}$ のように2つの速度に分けて考える場合を**速度の分解**という。加速度についても同様に合成と分解ができる。

例題1-4　　　　　　　　　　　　　　　　　速度の合成

静水の中を V の速さで泳ぐ人がいる。この人が流速 $v\,(v<V)$ の川を上り下りして l の距離を往復するのに要する時間 t_1 と，この川を流れに垂直に横断して l の距離を往復するのに要する時間 t_2 とでは，どちらがどれだけ多くの時間を要するか。

(東京海洋大)

解答

川を上るときの人の合成速度の大きさは $V-v$ で，下るときは $V+v$ となる。したがって，t_1 は

$$t_1 = \frac{l}{V-v} + \frac{l}{V+v} = \frac{2lV}{V^2-v^2}$$

一方，流れに垂直に横断するときには右下の図のように川の上流側に向かって泳ぐことになり，合成速度の大きさは $\sqrt{V^2-v^2}$ となる。向こう岸から引き返す場合も同じであるから

$$t_2 = \frac{l}{\sqrt{V^2-v^2}} \times 2 = \frac{2l\sqrt{V^2-v^2}}{V^2-v^2}$$

$$\therefore \quad t_1 - t_2 = \frac{2l}{V^2-v^2}(V - \sqrt{V^2-v^2}) > 0$$

よって，上り下りして往復するときの方が $\dfrac{2l(V-\sqrt{V^2-v^2})}{V^2-v^2}$ だけ時間が多くかかる。

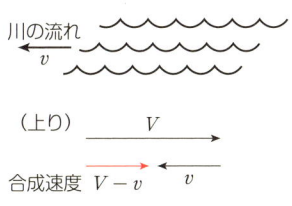
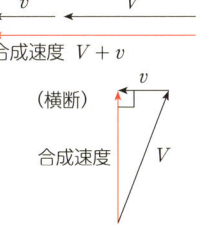

(3) 成分による速度の表示

平面上に直交座標軸 x，y をとれば，ベクトルである速度 $\vec{v}$ は x 成分 v_x と y 成分 v_y に分けることができる。運動する物体に対し y 軸に平行な光を当てたとき，x 軸上にできる物体の影（正射影という）の速度が v_x とみてもよい。

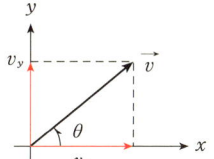

v：$\vec{v}$ の大きさ

$v_x = v\cos\theta$，$v_y = v\sin\theta$

θ は $+x$ 方向から反時計回りに測る。

v_x，v_y は符号をもつ。

逆に，成分がわかっているときは，速さと速度の向きは次式から求められる。

$$v = \sqrt{v_x^2 + v_y^2} \qquad \tan\theta = \frac{v_y}{v_x}$$

加速度 $\vec{a}$ も成分 $(a_x,\ a_y)$ に分ければ，同様の式が成立する。速度・加速度の合成は，成分を用いることによって数量的に取り扱うことができる。いま，微小時間 Δt の間に物体が $\vec{\Delta s} = (\Delta x,\ \Delta y)$ だけ変位し，$\vec{\Delta v} = (\Delta v_x,\ \Delta v_y)$ だけ速度を変化させたとすると，x 成分の間には $v_x = \dfrac{\Delta x}{\Delta t}$，$a_x = \dfrac{\Delta v_x}{\Delta t}$ の関係がある。これは 1 (p.20) で学んだ関係にほかならない。このようにして，**成分に分けることによって，直線上の運動で調べた内容を各成分に対して適用していくことができる**。もちろん，3 次元的な運動を扱うときには z 成分をつけ加えればよい。

- 物理では「～の大きさ」という表現は，ベクトルの長さや，符号をもつ量の絶対値を意味する。　例：速度の大きさ＝速さ
- 上の成分間の関係式は次のように証明することができる。
$$v_x = v\cos\theta = \frac{\Delta s}{\Delta t}\cos\theta = \frac{\Delta s\cos\theta}{\Delta t} = \frac{\Delta x}{\Delta t}$$
また，$\vec{a}$ の大きさを a，$\vec{a}$ が x 軸となす角を θ' として
$$a_x = a\cos\theta' = \frac{\Delta v}{\Delta t}\cos\theta' = \frac{\Delta v\cos\theta'}{\Delta t} = \frac{\Delta v_x}{\Delta t}$$

(4) 相対速度

物体 A が速度 $\vec{v_A}$ で運動し，さらに物体 B が速度 $\vec{v_B}$ で運動しているとき，A から見た B の速度 $\vec{u}$ を A に対する B の**相対速度**という。このときの相対速度は，次の式で与えられる。

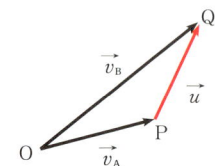

A に対する B の相対速度　$\vec{u} = \vec{v_B} - \vec{v_A}$

はじめ，A，B は同じ位置 O にあったとし，単位時間後（1 s 後）の A，B の位置をそれぞれ P，Q とする。A，B はそれぞれ等速度運動をしているものとすると，点 O，P および Q は，速度ベクトル $\vec{v_A}$，$\vec{v_B}$ の始点と終点に対応する。A から見れば，B は単位時間に距離 PQ だけ A から離れていったことになるから，相対速度の大きさ u は，$u = PQ$ となり，その向きは P→Q である。すなわち，相対速度 $\vec{u}$ は P を始点，Q を終点とするベクトルとなり，$\vec{u} = \vec{v_B} - \vec{v_A}$ となる。A，B が加速度運動をしている場合も，瞬間の速度を考えれば同じ式が成立する。また，わかりやすくするために A，B のはじめの位置を同じとしたが，これは異なっていてもさしつかえない。

相対加速度の求め方も相対速度と同様であり，A，B の加速度をそれぞれ $\vec{a_A}$，$\vec{a_B}$ とすると，A に対する B の相対加速度 $\vec{\alpha}$ は次のように表される。

A に対する B の相対加速度　$\vec{\alpha} = \vec{a_B} - \vec{a_A}$

- 相対速度と速度の合成は表裏の関係にある。相対速度の式を書きかえれば $\vec{v_B} = \vec{v_A} + \vec{u}$，これは A の速度に A からみた B の相対速度を合成したものが B の速度にほかならないことを示している。結局，相対速度と速度の合成の違いは何が未知量であるかの違いにすぎない。

POINT　相対(加)速度＝物体の(加)速度－観測者の(加)速度

例題 1-5　　相対速度

次の表は，観測者 A の速度，物体 B の速度，A に対する B の相対速度を示したものである。表の空欄をうめよ。$\sqrt{\ }$ はそのまま用いて答えよ。

A の速度	B の速度	A に対する B の速度
東向き 10 m/s	①	西向き 30 m/s
西向き 40 m/s	北向き 30 m/s	②
③	北東の向き $\sqrt{2}\,v$ の速さ	東向き $2v$ の速さ

解答

相対速度の式 $\vec{u} = \vec{v_B} - \vec{v_A}$ を変形して考える。

① $\vec{v_B} = \vec{v_A} + \vec{u}$

　　$\vec{v_B}$ は　西向き　$30 - 10 = 20$ m/s

② $\vec{u} = \vec{v_B} - \vec{v_A}$

　$\vec{u}$：東から北へ角度 θ の向き 50 m/s，

　　　ここで　$\tan\theta = \dfrac{3}{4}$

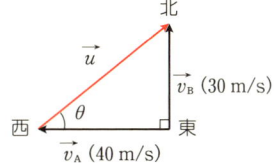

別解　速度を成分に分けて計算する。東向きに x 軸，北向きに y 軸をとると，$\vec{v_A} = (-40,\ 0)$，$\vec{v_B} = (0,\ 30)$ である。よって $\vec{u} = \vec{v_B} - \vec{v_A} = (40,\ 30)$ となり $|\vec{u}| = \sqrt{40^2 + 30^2} = 50$ [m/s]，また $\tan\theta = \dfrac{30}{40} = \dfrac{3}{4}$ となる。

③ $\vec{v_A} = \vec{v_B} - \vec{u}$

$\vec{v_B}$ と $\vec{u}$ のなす角が $45°$ であり，その大きさの比が $1:\sqrt{2}$ であるから，三本の矢印でつくる三角形は直角二等辺三角形となる。

　　$\vec{v_A}$：北西の向き $\sqrt{2}\,v$

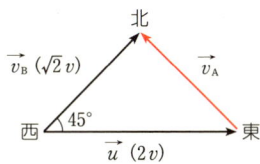

別解　成分で考えれば　$\vec{v_A} = (v_x,\ v_y)$，$\vec{v_B} = (v,\ v)$，$\vec{u} = (2v,\ 0)$
ここで　$\vec{u} = \vec{v_B} - \vec{v_A} = (v - v_x,\ v - v_y) = (2v,\ 0)$
∴　$v_x = -v$，$v_y = v$ となって向きが北西であることがわかる。
また，$|\vec{v_A}| = \sqrt{(-v)^2 + v^2} = \sqrt{2}\,v$

第2章 力のつり合い

1 力のつり合い

(1) 力の合成・分解

物体に力を加えると，物体は運動状態を変えたり変形したりする。力の効果は力の大きさだけでなく力を加えた点と力の向きも関係してくる。そこで，力のはたらく点を**作用点**といい，力の方向を示す線を**作用線**という。力の単位には〔**N**〕（ニュートン）を用いる。

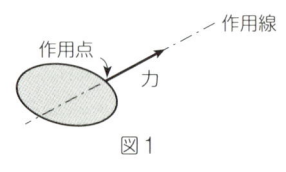

図1

力はベクトル量であり，図2のように2つの力 $\vec{F_1}$ と $\vec{F_2}$ は平行四辺形の法則により，これと同じ効果をもつ1つの力 $\vec{F}$ で置き換えることができる。$\vec{F}$ を**合力**といい，合力を求めることを**力の合成**という。3つ以上の力を合成する場合はこの操作をくり返して行えばよい。

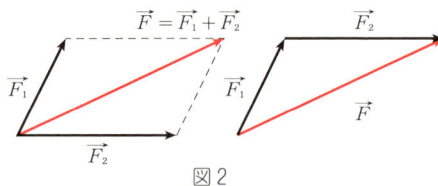

図2

反対に1つの力をいくつかの方向の力に分けることもできる。これを**力の分解**といい，分解された力をもとの力の**分力**とよぶ。

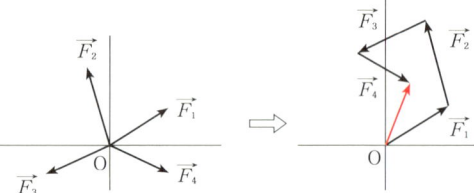

図3　作図による力の合成
（赤矢印は合力を示す）

直交座標軸 x，y を選べば，ベクトルである力 $\vec{F}$ は成分 (F_x, F_y) で表示できる。

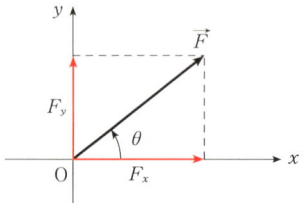

F：$\vec{F}$ の大きさ
x 成分　$F_x = F\cos\theta$，y 成分　$F_y = F\sin\theta$
θ は x 軸の正方向から反時計まわりに測る。
F_x，F_y は符号をもつ。

そして，1点Oに力 $\vec{F_1}$, $\vec{F_2}$, …がはたらいているときの合力 $\vec{F}$ は，作図でなく成分を利用して計算で求めることもできる。各力の x, y 成分をそれぞれ (F_{1x}, F_{1y}), (F_{2x}, F_{2y}), …，合力を (F_x, F_y) として

$$\vec{F} = \vec{F_1} + \vec{F_2} + \cdots$$
$$(F_x, F_y) = (F_{1x} + F_{2x} + \cdots, F_{1y} + F_{2y} + \cdots)$$

あとは三平方の定理を用いて $F = \sqrt{F_x^2 + F_y^2}$ とすればよい。力の向きは x 軸となす角を θ として，$\tan\theta = \dfrac{F_y}{F_x}$ より決められる。

(2) 力のつり合い

物体の大きさが無視できて，物体のどの点に力を加えるかを問題にしなくてもよい場合には，物体を1つの点とみなして扱ってよい。そこで，質量をもつが大きさをもたない物体を考えて，これを**質点**とよぶ。

静止している質点に多くの力 $\vec{F_1}$, $\vec{F_2}$, …がはたらいているとき，これらの力の合力は0となっている。これを**力のつり合い**という。ベクトル式で表せば次のようになる。

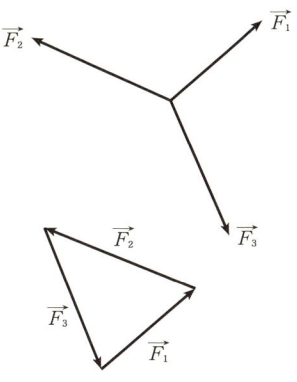

質点にはたらく3力のつり合い（力の矢印は閉じた三角形をつくる）

| 力のつり合い $\vec{F_1} + \vec{F_2} + \cdots = \vec{0}$ |

また，成分 (F_{1x}, F_{1y}), (F_{2x}, F_{2y}), …で表せば，上の式は

$$F_{1x} + F_{2x} + \cdots = 0, \qquad F_{1y} + F_{2y} + \cdots = 0$$

となる。

> ● **実用的な力のつり合いの解き方**　力の x, y 成分は符号をもつ点がわずらわしい。そこで1つ1つの力を2方向（上下，左右のような）の分力に分け，それぞれの方向について，反対向きの力の大きさが等しいとして解く方がわかりやすい。2つの方向は計算しやすいように適当に選べばよい。本書では，主としてこの方法を用いて説明していく。

POINT　力のつり合い ⇨ $\left. \begin{array}{l} x\text{方向のつり合い} \\ y\text{方向のつり合い} \end{array} \right\}$ に分解する

(3) いろいろな力

力はその成因に応じていろいろな種類のものがある。ここでは代表的ないくつかの力についてみていこう。

(i) 重力

地球上の物体は，すべて地球から引かれており，その鉛直下向きの力のことを**重力**，その大きさを**重さ**（重量）という。重力の大きさは物体の質量に比例し，重力の作用点は物体の中心，正確には重心とよばれる位置にある。重力の成因は第6章5で学ぶように，質量をもつ物体どうしが引き合う万有引力にある。

また，第3章2で学習するが，質量 m 〔kg〕の物体にはたらく重力 W 〔N〕は，重力加速度とよばれる定数 g 〔m/s^2〕を用いて，次のように表せる。

$$\text{重力} \quad W = mg$$

> **重さと質量** 物体にはたらく重力の大きさは，同じ物体でも緯度や高さによってわずかとはいえ異なるから，重さは同じ物体でも場所によって異なることになる。一方，質量は物体に固有の量で，物体を地球上のどこへ移動させても，また，月やほかの天体に移動させても変わらない量である。

> 質量1〔kg〕の物体にはたらく重力を1〔kgw〕（重量キログラム）と定め，この単位を用いて力の大きさを表すこともある。1〔kgw〕≒9.8〔N〕の関係がある。

(ii) 糸の張力

物体に取り付けた糸がピンと張っているとき，糸は糸の方向に物体を引っ張っている。この力を糸の**張力**という。糸がわずかに伸びたとき，ミクロに見れば分子間の間隔が広がり，それをもとに戻そうとする力が分子間に生じる。張力はこの力に基づいている。

しかし，問題に用いられるときは糸のわずかな伸びは無視され，"伸びない糸" と表現されることが多い。また，糸の質量もふつうは無視され "軽い糸" と表現される。軽い糸なら糸の両端での張力は等しいとしてよい（詳しくはp.63）。

(iii) 弾性力

引き伸ばした（押し縮めた）ばねは，自然の長さまで縮もう（伸びよう）として，それにとりつけてある物体に力を及ぼす。この力を**弾性力**という。ばねの伸び（縮み）を x とし，そのときの弾性力の大きさを F とすると，F は x に比例し，F と x の間には次の関係式が成り立つ。これを**フックの法則**とよぶ。

$$\boxed{\text{弾性力} \quad F = kx}$$

この式の比例定数 k を**ばね定数**という。**ばね定数はばねの自然の長さに反比例する**。たとえば、ばねを半分に切るとばね定数は2倍になる。

軽いばねの場合はばねの両端での弾性力の大きさは等しいとしてよい。

(iv) 垂直抗力と静止摩擦力

図1に示すように、水平な床の上に置かれた物体は、重力 W のほかに床の面から鉛直上向きの力 N を受けてつり合いを保っている。この力 N のことを**垂直抗力**という。この力は床が物体の重みでわずかにへこみ、もとの形状に戻ろうとして物体に力を及ぼすために生じる。

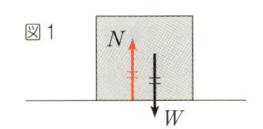

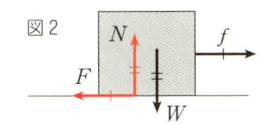

あらい水平な床の上に物体を置き、図2のように水平右向きの力 f を加えても物体が動かないとき、物体は力 f とつり合う水平左向きの力 F を床面から受けている。

このように、たがいに静止した面の間に、面がすべるのを妨げるようにはたらく力を**静止摩擦力**とよぶ。また、摩擦力 F と垂直抗力 N との合力を**抗力**という。

静止摩擦力の大きさ F には上限 F_0 があり、それより大きな外力がはたらくと物体はすべりだす。この上限 F_0 を**最大摩擦力**という。実験によれば、接触し合う面の性質が変わらない限り、F_0 は接触面積にほとんど関係なく垂直抗力の大きさ N に比例している。その比例定数を**静止摩擦係数**といい、μ で表すと、これらの力の関係は次のようになる。μ は接触する2物体の表面の性質で決まる。

$$\boxed{\text{静止摩擦力} \quad F \leq F_0 = \mu N \quad \text{最大摩擦力}}$$

- **静止摩擦力は受身の力** 静止摩擦力ははじめから大きさや向きが決まっているわけではなく、外力 f に応じて決まってくる。この意味で静止摩擦力は"受身の力"ととらえるとわかりやすいだろう。垂直抗力も大きさについては受身の力である。

- 最大摩擦力の式 $F_0 = \mu N$ は、物体がまさにすべりだそうとしているような限界状態でしか使えない。

例題1-6　　力のつり合い

2つの滑車A，Bがある。図のように糸をかけて，質量がそれぞれ m_1，m_2，M である3つの分銅をつるしたら，糸AC，BCが水平とそれぞれ θ_1，θ_2 の角度をなしてつり合った。次の問いに答えよ。ただし，糸の質量は無視し，かつ滑車に摩擦はないものとする。

(1) m_1，m_2，M，θ_1 および θ_2 の間に，どんな関係があるか。2つの式で表せ。
(2) $m_1 = m_2$ のときは
 (ⅰ) $\theta_1 = \theta_2$ であることを示せ。
 (ⅱ) $m_1 = m_2 = 2$ 〔kg〕，$\theta_1 = \theta_2 = 30°$ ならば，M の値はいくらか。

（熊本大）

解答

(1) 図のように糸を3つの部分 α，β，γ に分けてみる。摩擦のない滑車にかけても一本の糸の張力は変わらないのでこのように3つの部分に分けて考えるのである。糸 α は質量 m_1 の分銅をつるしているのでその張力は $m_1 g$（g は重力加速度の大きさ）に等しい。同様に，糸 β，γ の張力はそれぞれ Mg，$m_2 g$ である。これら3つの張力が結び目の点Cにはたらき，つり合っていることになる。点Cは質量のない質点とみればよい。

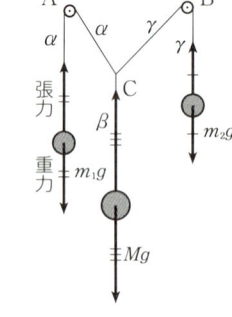

水平方向のつり合いより
$$m_1 g \cos\theta_1 = m_2 g \cos\theta_2$$
$$\therefore \underline{m_1 \cos\theta_1 = m_2 \cos\theta_2} \quad \cdots\cdots ①$$
鉛直方向のつり合いより
$$m_1 g \sin\theta_1 + m_2 g \sin\theta_2 = Mg$$
$$\therefore \underline{m_1 \sin\theta_1 + m_2 \sin\theta_2 = M} \quad \cdots ②$$

(2) (ⅰ) 式①で $m_1 = m_2$ とすれば $\cos\theta_1 = \cos\theta_2$
$$\therefore \underline{\theta_1 = \theta_2}$$
(ⅱ) 与えられた値を式②に代入すれば
$$2\sin 30° + 2\sin 30° = M$$
$$\therefore \underline{M = 2 \text{〔kg〕}}$$

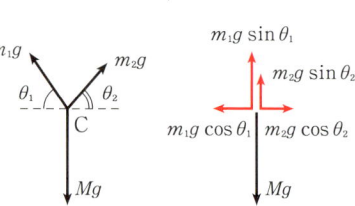

例題1−7　斜面上での最大摩擦力

平板上に質量 m の小物体が置かれている。板と物体間の静止摩擦係数を μ，重力加速度の大きさを g として，次の各問いに答えよ。

(1) 板を静かに傾けていって物体がすべりだす直前では，水平面との傾角が α_0 であった。μ を α_0 で表せ。

(2) 傾角を増して α $(\alpha > \alpha_0)$ にしたとき，物体がすべるのを止めるために，板面に平行に加えるべき最小限の力を求めよ。

(弘前大)

解答

(1) 小物体は重力のほかに，斜面から垂直抗力 N と静止摩擦力 F を受け，すべりだす直前にはこの F は最大摩擦力となっている。いま，斜面に平行な方向と，垂直な方向とに分けて力のつり合いの式を立ててみる。斜面に平行な重力の分力は $mg\sin\alpha_0$ であり，垂直方向の分力は $mg\cos\alpha_0$ であるから

$$F = mg\sin\alpha_0$$
$$N = mg\cos\alpha_0$$

また，最大摩擦力の状態では $F = \mu N$ の関係があるので，上の式を代入して整理すれば

$$\mu = \frac{F}{N} = \tan\alpha_0$$

このように，物体がすべりだす直前の傾角 α_0 を**摩擦角**という。静止摩擦係数は摩擦角を測定することにより簡単に求められる。

右の図では，物体が小物体であるから N と F の作用点は意識せず見やすいように力の図示がしてある（大きな物体の場合の正確な力の図示については p.45 を参照）。

(2) 最小限の力 f のときは，最大摩擦力 $F = \mu N$ が斜面にそって上向きにはたらいており，つり合いの式は

$$f + \mu N = mg\sin\alpha$$
$$N = mg\cos\alpha$$
$$\therefore \quad f = mg(\sin\alpha - \mu\cos\alpha)$$

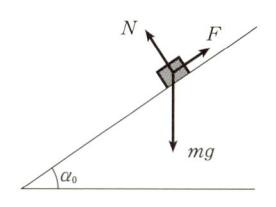

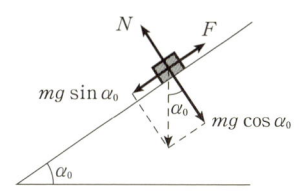

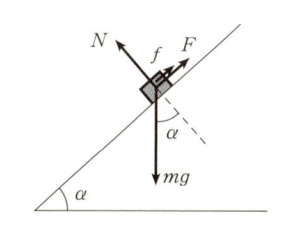

(4) 作用・反作用の法則

物体 A が物体 B に力（作用）を及ぼすと，それと同時に物体 B も物体 A に力（反作用）を及ぼす。作用としての力と反作用としての力は，大きさが等しく，同一直線上にあって向きが反対である。これを**作用・反作用の法則**という。

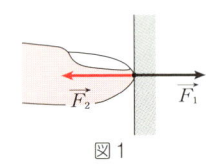

たとえば，図1のように指の先端で壁を押すと，壁は指から右向きの力 $\vec{F_1}$ を受ける。指に押された壁はほんのわずか変形し，もとの形状に戻ろうとして左向きの力 $\vec{F_2}$ を指に及ぼす。この $\vec{F_1}$ と $\vec{F_2}$ が作用と反作用の関係にある力である。

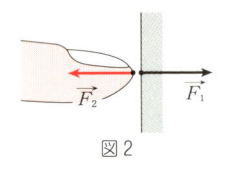

ここで $\vec{F_1}$ は壁にはたらく力であり，$\vec{F_2}$ は指にはたらく力である。このことを誇張して描くと図2のようになる。$\vec{F_1}$ と $\vec{F_2}$ の作用点が壁にあるのか，指にあるのかを認識することが重要である。したがって，$\vec{F_1}$ と $\vec{F_2}$ はつり合っているのかどうかと考えること自体意味がない。つり合いでは1つの物体にはたらく2つ以上の力を問題にしているのに対し，作用・反作用では2つの物体がたがいに及ぼし合う力を問題にしているのである。

作用があるところには必ず反作用がある。このように力というものは単独で存在するものでなく，物体間の相互作用の結果生じるものであり，つねに2つの力が1組になって存在していることに注意したい。

もう1つの例でみてみよう。

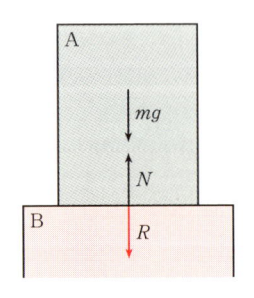

右図のように，質量 m の物体 A が水平な台 B の上に置かれているとき，A は重力 mg のほかに，mg と大きさが等しく向きが逆向きの垂直抗力 N を B から受けてつり合っている。これに対し，台 B は力 N と大きさが等しく向きが逆向きの力 R を物体 A から受けている。このとき，mg と N はつり合いの関係にある2力であるが，N と R は作用・反作用の関係にある2力である。

> **重力の反作用** それでは，重力 mg の反作用はどこに現れているのだろうか。重力は地球が A を引きつける力であるから，その反作用は A が地球を引きつける力であり，力の作用点が地球の中心にあるため，上のような図には顔を出さないのである。

> **重力（重さ）と手に感じる力の違い**　手のひらの上に前述の物体 A をのせて支えるとき，手のひらには R に相当する力が作用する。この力は重力であると考える人が多いが，それは間違いである。A にはたらく重力は A の重心に作用する mg であり R ではない。静止状態では mg と R の大きさは同じであるから mg と R を混同してしまいがちだが，手を上げたり下げたりしてみると物体を重く感じたり，軽く感じたりする。これは R の大きさが変化するためであり，mg は不変なのである。
>
> 　手を上げる場合なら $N > mg$，そして作用・反作用の法則により $R = N$ したがって，$R > mg$ となるから重く感じる。p.34 で重さを重力の大きさと定義したが，日常用語では R のことを重さという。このギャップが誤解を生む一因となっている。

(5) 力の図示

　力のつり合いの問題を考えるときには力を図示することから出発しなければならない。つり合いは 1 つの物体がまわりの他の物体から及ぼされている力によって成立している。しかし，取り扱う物体が複数になってくると見落としが多くなる。そこで，次のような手順で図示を進めるとよい。

力の図示の方法

まず，注目する物体を決め，
❶ その物体の重力を鉛直下向きに描く。
❷ その物体に接触している別の物体があるかどうかを調べる。あれば，接触による力を受けているものと考える。このとき，面で接触していれば垂直抗力と摩擦力に分けて描く。

こうして 1 つの物体にはたらく力の図示が終わると，必要に応じて次の物体に注目し，同じ手続きをくり返す。注目する物体が 2 つ以上になると，接触している物体間ではたらく力は作用・反作用の関係にあることに注意する。

> **力の成因**　重力は 2 つの物体の間が真空であっても伝わる力である。これに対して日常出会う力は，糸の張力，ばねの弾性力や垂直抗力，摩擦力などのように物体の変形に起因するものが多い。したがって，このような力は物体が接触している所に現れる。❶と❷はこのように力の成因という観点で分けたものである。重力のような力としては，ほかには電気や磁気による力がある。

POINT　力のつり合いは注目物体が受けている力だけで考える

POINT　注目する物体が2つ以上になったら，作用・反作用の関係に注意

例題1-8　　作用・反作用の法則と2物体のつり合い

質量2kgの板Aと3kgの板Bを積み重ねて，あらい水平面上に置く。AとBとの間の静止摩擦係数は0.5である。ここで，図1のように上の板Aに水平方向の力Fを加える。重力加速度の大きさgを$g=10$〔m/s^2〕とする。

(1) $F=5$〔N〕のときA，Bは静止したままであった。Bが床から受けている摩擦力の大きさはいくらか。

(2) 力Fを大きくしていくと，Bは静止したままでAだけが動き始めようとした。このときのFは何Nか。

(3) 問(2)のようなことが生じるためには，Bと水平面との間の静止摩擦係数がある値より大きくなければならない。その値を求めよ。

次に，Bだけを水平面上に置き，図2のように水平と45°の角をなす方向に力Fを加える。Bと水平面との間の静止摩擦係数は0.5である。

(4) Bを動かすためにはFは何Nより大きくなければならないか。

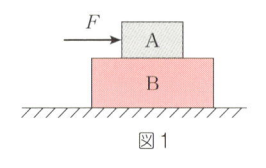

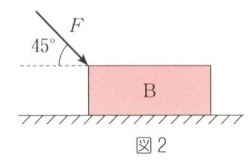

図1　　　　　図2

解答

(1) Aの水平方向でのつり合いより，AはBから左向きに5Nの静止摩擦力を受けている。Bはその反作用として5Nの力を右向きに受けるが，Bも静止しているので床から5Nの力を左向きに受けていることになる。A，Bをひとまとまりの物体（一体）とみなすと，より早く求められる。

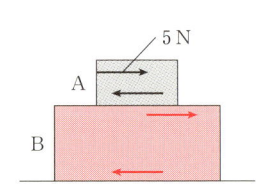

(2) このとき静止摩擦力は最大摩擦力となっているから
$$F = \mu_1 N_1 = \mu_1 m_A g = 0.5 \times 2 \times 10 = \underline{10} \text{〔N〕}$$

最大摩擦力の式は"まさに動こうとした"とか"動き始めた"といった状況でしか使えないことに注意する必要がある。(1)の摩擦力は当然のことながら最大摩擦力以下の値となっている。

(3) (2)の状態ではBは床から10Nの摩擦力を受けているが，この値がBが床から受け得る最大摩擦力 $\mu_2 N_2$ より小さければよい。垂直抗力 N_2 は
$$N_2 = m_B g + N_1 = (m_B + m_A)g = (3+2) \times 10 = 50 \text{〔N〕}$$
N_2 はAとBをひとまとまりの質量5kgの物体とみなせばより早く求められる。

こうして　$10 < \mu_2 N_2 = \mu_2 \times 50$　　∴ $\mu_2 > 0.2$

(4) 力 F を分解し，水平方向と鉛直方向についてつり合いの式をつくる。摩擦力は最大摩擦力 $\mu_2 N_2 = 0.5 N_2$ となっており，

　　水平方向　$F\cos 45° = 0.5 N_2$　　………①
　　鉛直方向　$N_2 = 3 \times 10 + F\sin 45°$　………②

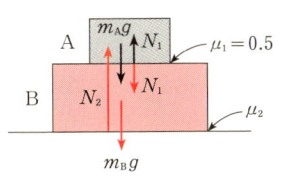

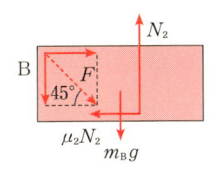

①，②より N_2 を消去すれば　$F = 30\sqrt{2} ≒ 42 \text{〔N〕}$

このように**数値を扱う問題**では，**答は無理数のまま放置せず，小数に直しておく**。有効数字を扱っていないときは四捨五入して2けたか3けた位までだしておくとよい。一方，**答の中に文字が含まれるときには，数係数は小数には直さない**。

例題1−9　　　　　　　　　　　　　　　　　合成ばね定数

ばね定数がそれぞれ k_1，k_2 の2本の軽いばねA，Bをつなぐ。まず，図1のようにAの上端aを固定し，Bの下端bに力を加えて全体を x だけ引き伸ばし静止させる。このとき，加えている力の大きさはいくらか。また，全体を1本のばねと考えた場合のばね定数（合成ばね定数）はいくらか。

次に，図2のように自然長の状態でばねの両端a，bを固定し，つなぎ目の点cに力を加えて x だけ動かし静止させる。このとき，加えている力の大きさと合成ばね定数はいくらか。

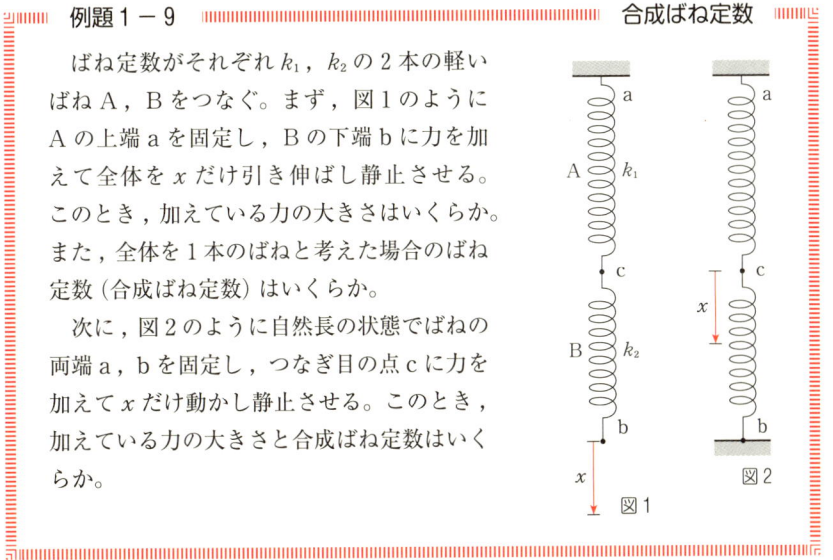

> **解答**

（図1の場合）　A，Bの伸びを x_1，x_2 とし，加えている力の大きさを F とする。
点 b での力のつり合いより　　$k_2 x_2 = F$　　　　　　　∴ $x_2 = \dfrac{F}{k_2}$
点 c での力のつり合いより　　$k_1 x_1 = k_2 x_2 (= F)$　　∴ $x_1 = \dfrac{F}{k_1}$
$x = x_1 + x_2$ であるから　　$x = \left(\dfrac{1}{k_1} + \dfrac{1}{k_2}\right) F$　………①
これより　　$F = \dfrac{k_1 k_2}{k_1 + k_2} x$

以上はつなぎ目を質量のない質点とみなして力のつり合いで考えたが，A の弾性力 $k_1 x_1$ が B の弾性力 $k_2 x_2$ と等しいのは作用・反作用の法則からの当然の帰結でもある。
合成ばね定数を K とすれば　$F = Kx$　であり　　$K = \dfrac{k_1 k_2}{k_1 + k_2}$
$x = \dfrac{F}{K}$　として式①と見比べてみれば　$\dfrac{1}{K} = \dfrac{1}{k_1} + \dfrac{1}{k_2}$　という関係があることがわかる。ばねの数が増えた場合も，上の導き方からおしはかって　$\dfrac{1}{K} = \dfrac{1}{k_1} + \dfrac{1}{k_2} + \cdots + \dfrac{1}{k_n}$　としてよいことは明らかであろう。ここではばねを引き伸ばす場合について考えたが，押し縮める場合でも同じことであり，合成ばね定数はいくつかのばねを完全に1本化したばねとしての意味をもっている。

（図2の場合）　点 c にはたらくばね A の力と B の力はいずれも図で上向きとなる。したがって　$F = k_1 x + k_2 x = (k_1 + k_2)x$，そして　$F = Kx$　より　$K = k_1 + k_2$
この問題では力を加えないときの2つのばねは自然の長さとしたが，その必要はない。2つのばねがはじめ伸びた状態にあったとして，それぞれの伸びを l_1，l_2 とすると　$k_1 l_1 = k_2 l_2$
点 c を x だけ下げた状態では　　$F = k_1(l_1 + x) - k_2(l_2 - x) = (k_1 + k_2)x$
はじめ，ばねが縮んでいても同じことである。

　また，右図のようにばねを並列につないだ場合にもばねの力の向きが同じになることから　$K = k_1 + k_2$ となる。さらにこの場合ばねの数が増せば　$K = k_1 + k_2 + \cdots + k_n$　となることも理解できるであろう（現実にはばねの配置を対称にして，つなぎ目 ef が傾かないようにする必要がある）。

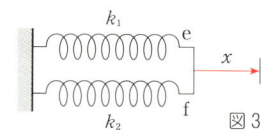

以上をまとめてみると，合成ばね定数 K は次のようになる。

　　　ばねの直列連結（図1）：　$\dfrac{1}{K} = \dfrac{1}{k_1} + \dfrac{1}{k_2} + \cdots + \dfrac{1}{k_n}$
　　　両側固定のばね（図2）：　$K = k_1 + k_2$
　　　ばねの並列連結（図3）：　$K = k_1 + k_2 + \cdots + k_n$

2 剛体にはたらく力

(1) 剛体

質点が静止するためには力のベクトル和が0であればよかった。しかし，実際には物体は大きさをもっているために力のベクトル和が0でも物体が回転してしまうことがある。右の図はその一例であり，物体は反時計まわりに回転をする。このような大きさをもつ物体について考えていこう。

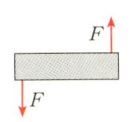

物体に力を加えると，物体は必ず多少の変形を起こす。しかし，変形の度合いが小さい場合には，変形を無視して問題を取り扱ってもよい。そこで大きさは無視できないが，力を加えてもまったく変形しない理想的な物体を考えて，これを**剛体**とよぶ。

(2) 力のモーメント

ある軸のまわりに剛体を回転させる作用の大きさを表すのには**力のモーメント**が用いられる。図1のように，点Pに大きさFの力を作用させ，軸O（紙面に垂直な軸）のまわりに回転させる場合，力の向きがOPと垂直であれば，OP=lとして力のモーメントMは $M=Fl$ と表される。これは同じ力を加えても軸からの距離が遠いほど回転の効果は大きくなることを意味している。重いドアを開けるときの経験からしても納得はできるであろう。図2のように，力の向きが直線OPと角θをなすときには，$F\sin\theta$の分力だけが回転に役立つ。したがって力のモーメントは，

$$M=(F\sin\theta)\times \mathrm{OP}=F\times \mathrm{OP}\sin\theta=Fl$$

ここで，lは軸Oから力の作用線に下ろした垂線の長さであり，**うでの長さ**とよばれている。**剛体にはたらく力は，その作用線上のどこに移しても力の効果は同じ**である。

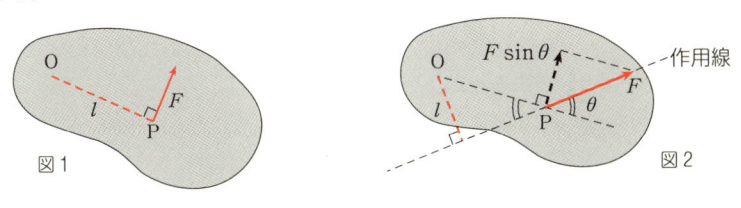

図1

図2

力のモーメント $M=Fl$

物体を回転させる向きを明示するときには，力のモーメントに符号をつける。反時計まわりに回転させる力のモーメントを正とし，時計まわりに回転させる力のモーメントを負とする。力のモーメントの単位は〔N·m〕である。

POINT 力のモーメントはうでの長さと回転の向きに注目

(3) 剛体のつり合い

剛体が静止するための条件を考えてみよう。最も簡単な場合として，剛体が2つの力を受けているとすると（図1），力の大きさが等しく，逆向きであることのほかに，回転を起こさないために力の作用線が一致していることが必要になる。

一般に，剛体が静止するための条件は次のようにまとめられる。

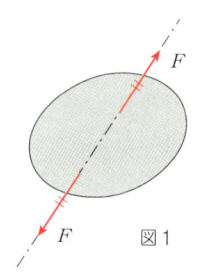

剛体のつり合い

I 剛体にはたらく力のベクトルの和が0であること。つまり，力がつり合うこと。

II 剛体にはたらく力のモーメントの和が0であること。つまり，力のモーメントがつり合うこと。

この2つの条件が満たされるとき，剛体はつり合っているという。Iは，
$$\vec{F_1} + \vec{F_2} + \cdots = \vec{0}$$
と表され，IIは，力のモーメントに符号をもたせて，
$$M_1 + M_2 + \cdots = 0$$
と式で表現される。しかし，実用上は，**Iは前節のように，x，yの2方向に力を分解し，各方向において逆向きの力の大きさが等しいとして扱い，IIは時計まわりのモーメントの大きさと反時計まわりのモーメントの大きさが等しいとして扱う**のがわかりやすい。

なお，IIは1つの軸のまわりについて成り立っていれば十分である（このとき任意の軸のまわりについても成り立つ）。

まず，シーソーのつり合いを調べてみよう。右の図のように，軽いシーソーが質量m_1，m_2の2つの物体をのせて水平に静止しているとき，支点Gが支えている力F

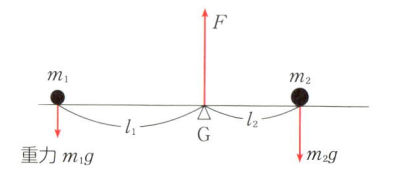

は力のつり合いより
$$F = m_1 g + m_2 g$$
次に，点Gのまわりの力のモーメントのつり合いを考える。Fのモーメントは0だから $m_1 g l_1 = m_2 g l_2$　つまり，$m_1 l_1 = m_2 l_2$ であり，重い物体は支点の近くに，軽い物体は支点から離して置くことになる。

次に，あらい斜面上に置かれた物体のつり合いを調べてみる。図のような質量 m の直方体の場合，力のモーメントの軸を重心Gを通る紙面に垂直な直線とし，垂直抗力 N のうでの長さを x，静止摩擦力 F のうでの長さを d とすると，まず，斜面方向とそれに垂直な方向での力のつり合いより
$$F = mg\sin\theta \qquad N = mg\cos\theta$$
次に，点Gのまわりの力のモーメントのつり合いより
$$Fd = Nx$$
以上より　　　$x = \dfrac{F}{N}d = d\tan\theta$

この式は，力は図bのように1点で交差していることを示している。つまり，抗力（垂直抗力と静止摩擦力との合力）の作用点は，重心を通る鉛直線と斜面との交点であることがわかる。

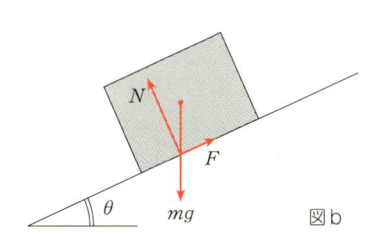

斜面を傾けていくと，やがて抗力の作用点が物体の外にはみ出してくる。これは物理的に起こり得ないことで，このとき物体はころがり出すことになる。重力の矢印が接触面から外にはみ出すときといってもよい。

> ● 剛体の回転を考えなくてよい場合には，力の図示に際して力の作用点は剛体の適当な見やすい位置に置くことが多い。本書でもこの節②以外ではそのようにして力を描いている。

POINT
剛体のつり合い ⇨ { 力のつり合い / 力のモーメントのつり合い }

(4) 合力

(i) 合力の求め方

剛体にはたらく力は，その作用線上を移動させてもよいから，図1のような $\vec{F_1}$, $\vec{F_2}$ の2つの力の合力 $\vec{F}$ は図2のようにして求めることができる。

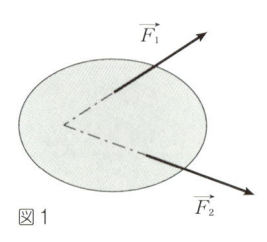

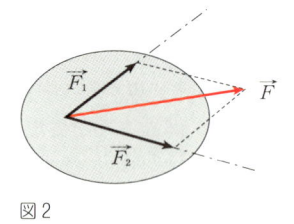

(ii) 平行な2力の合力

2つの力が平行にはたらくときには上のような求め方ができなくなる。図3のように，2点A，Bに大きさ F_1, F_2 の力が平行にはたらいているときの合力を調べてみよう。それには剛体を静止させておくことができるつり合いの力 f を求めればよい。この f と大きさが等しく，逆向きの力 F こそ求める合力といえる。そこで f の作用点を，線分AB上でAから l_1，Bから l_2 だけ離れた位置とすると，力のつり合いより $f = F_1 + F_2$

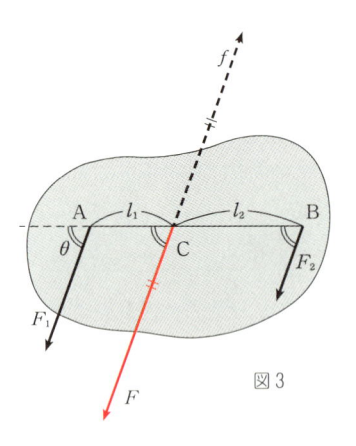

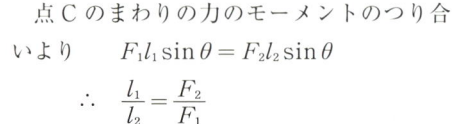

点Cのまわりの力のモーメントのつり合いより $F_1 l_1 \sin\theta = F_2 l_2 \sin\theta$

$$\therefore \frac{l_1}{l_2} = \frac{F_2}{F_1}$$

つまり，平行で同じ向きの2力の合力は大きさが2力の大きさの和 $(F_1 + F_2)$ に等しく，その作用線は線分ABを2力の大きさの逆比 $(F_2 : F_1)$ に内分する点を通ることがわかる。先のシーソーの例では，2つの物体の重力の合力は支点Gの位置にはたらいている。

平行で逆向きの2力の合力も同様に考えて（図4：$F_1 > F_2$ とする）

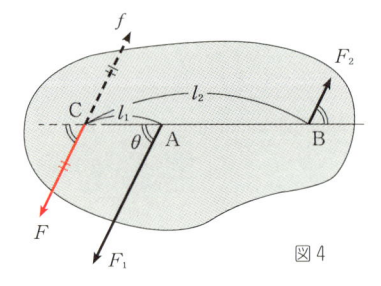

$$f + F_2 = F_1 \quad \therefore \quad f = F_1 - F_2$$

$$F_1 l_1 \sin\theta = F_2 l_2 \sin\theta \quad \therefore \quad \frac{l_1}{l_2} = \frac{F_2}{F_1}$$

つまり，合力の大きさは2力の大きさの差 $(F_1 - F_2)$ に等しく，その作用線は線分 AB を2力の大きさの逆比 $(F_2 : F_1)$ に外分する点を通ることがわかる。

(iii) **偶力**

図5のように，大きさの等しい平行で逆向きの2力は合成できない（1:1に外分する点は存在しない）。このような1対の力を**偶力**という。偶力は物体に回転だけを起こさせる。偶力の作用線間の距離を l とすると，任意の点 C を軸とする偶力の力のモーメント M は

$$M = Fx + F(l - x) = Fl$$

となり，M は軸の位置に関係しない。

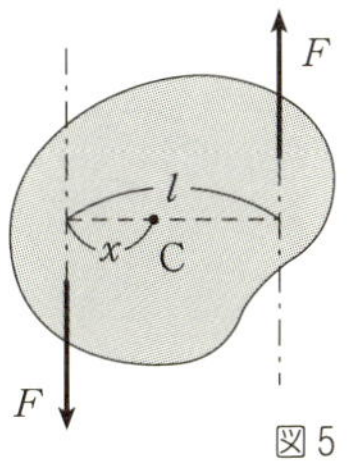

図5

(5) 重心

大きさのある物体には物体の各部分に重力がはたらく。それらの合力の作用点を**重心**という。細長い棒や薄い板なら，重心の位置1点で安定に支えることができる。立体の場合にも重心を通る鉛直線が表面と交わる点で支えることができる。対称な形をした均質な物体の重心は対称中心の位置となっている。一様な棒の中点，球や立方体の中心がその例である。

さて，先のシーソーの例 (p.44) では支点 G が重心である。質量 m_1, m_2 の2つの質点があるとき，その重心は $m_1 l_1 = m_2 l_2$ を満たす点，あるいは，2質点を結ぶ線分を質量の逆比に内分する点である。2質点と重心の x 座標をそれぞれ x_1, x_2, x_G とすると

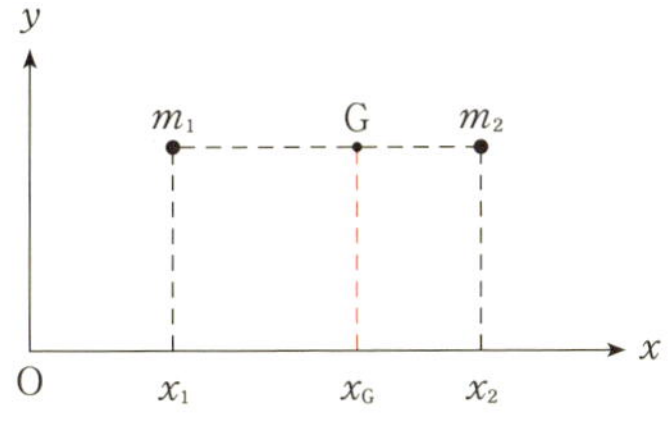

$$m_1(x_G - x_1) = m_2(x_2 - x_G)$$

$$\therefore \quad x_G = \frac{m_1 x_1 + m_2 x_2}{m_1 + m_2}$$

一般に，多数の質点がある場合の重心の座標 (x_G, y_G) は次のようになる。

$$\boxed{\text{重心} \quad x_G = \frac{m_1 x_1 + m_2 x_2 + \cdots}{m_1 + m_2 + \cdots} \qquad y_G = \frac{m_1 y_1 + m_2 y_2 + \cdots}{m_1 + m_2 + \cdots}}$$

❯ 多数の質点の重心について理解するには，3つの質点の場合で考えてみるとよい。合力の大きさ W は $W = m_1g + m_2g + m_3g = (m_1 + m_2 + m_3)g$ となることはよいであろう。あとは W のモーメントが各力のモーメントの和に等しくなれば，3つの力が1つの力で代表できることになる。点Oのまわりについて

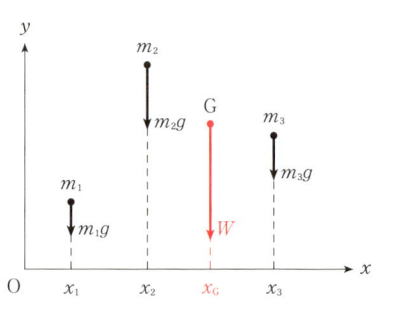

$$Wx_G = m_1gx_1 + m_2gx_2 + m_3gx_3$$

$$\therefore \quad x_G = \frac{m_1gx_1 + m_2gx_2 + m_3gx_3}{(m_1 + m_2 + m_3)g} = \frac{m_1x_1 + m_2x_2 + m_3x_3}{m_1 + m_2 + m_3}$$

y_G は重力が図の左向きにかかっている状態を想定して同様に求められる。なお，重心は質量中心ともよばれる。

例題1－10　　　　　　　　　　　　　　　　　　　剛体のつり合い

長さ $2l$，質量 M の一様なはしごが図のように床と角度 θ をなして壁に立てかけてある。質量 m の人間（大きさは考えない）がBから距離 r の点Cまで登ったとする。壁とはしごとの間に摩擦はなく，床とはしごの間の静止摩擦係数を μ とすると，はしごにはたらく力は，はしごの重心Gに重力 Mg，Cに mg（g は重力加速度の大きさ），Aに垂直抗力 N_A，Bに垂直抗力 N_B と摩擦力 F である。

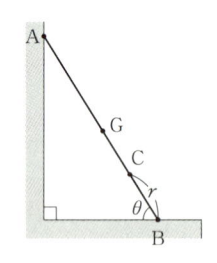

水平方向のつり合いから　　　[(1)]　…①
鉛直方向のつり合いから　　　[(2)]　…②
Gのまわりの力のモーメントのつり合いから
　　　　　　　　　　　　　　[(3)]　…③

ここで，はしごが静止できる最小の角 θ_0 を求めてみよう。このとき，N_B を用いて次式が成り立つ。

$$F = \boxed{(4)} \quad \cdots ④$$

以上の4つの式より（$\theta = \theta_0$ とする）

$$\tan\theta_0 = \boxed{(5)}$$

このように $\tan\theta_0$ は μ，r，l，m，M で表される。

(慶応大)

解答

力を図示してみると，右のようになる。摩擦力 F の向きは水平方向のつり合いを考えて決めることができる。

(1) $\underline{N_A = F}$ ……①

(2) $\underline{N_B = Mg + mg}$ ……②

(3) Mg のモーメントは 0 だから，その他の力のうでの長さを考慮して
$$\underline{N_B l \cos\theta = N_A l \sin\theta + Fl \sin\theta + mg(l-r)\cos\theta}$$
……③

(4) 摩擦力 F は最大摩擦力になっているから
$$\underline{F = \mu N_B} \quad ……④$$

(5) ②，④より $F = \mu N_B = \mu(M+m)g$ ……⑤

①，⑤より $N_A = F = \mu(M+m)g$ ……⑥

②，⑤，⑥を③（θ は θ_0 とする）に代入し，両辺を $g\cos\theta_0$ で割ると
$$(M+m)l = 2\mu(M+m)l\tan\theta_0 + m(l-r)$$
$$\therefore \quad \tan\theta_0 = \frac{Ml + mr}{2\mu(M+m)l}$$

なお，以上では $r < l$ として考えているが，$r \geqq l$ の場合には，力のモーメントのつり合いが次式のようになる。
$$N_B l \cos\theta + mg(r-l)\cos\theta = N_A l \sin\theta + Fl \sin\theta$$

しかし，この式は③と同一であり，結局，$\tan\theta_0$ の表式は r と l の大小関係にはよらないことがわかる。

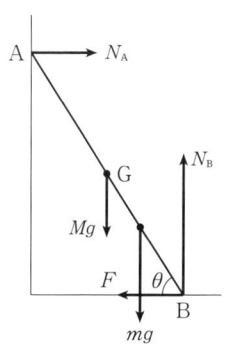

例題 1 - 11　　重心と剛体のつり合い

一様な密度で一様な厚さの長方形板（縦 $2L$ [m], 横 $3L$ [m], 質量 M [kg]）から，一辺 L [m] の正方形板を切り取って，図1のような形の板を作った。重力加速度の大きさを g [m/s²] とする。

(1) 板の重心 G を通り，横の辺に平行な軸 XX′ と，縦の辺に平行な軸 YY′ を図1のようにとると，a は [イ] [m], b は，[ロ] [m] である。

(2) 図2のように，板を水平な天井の2点から軽いばね A, B でつるしたところ，2つのばねとも同じ長さ l [m] になった。2つのばねの自然の長さは等しく，l_0 [m] である。ばね A のばね定数 k_A は [ハ] [N/m] であり，B のばね定数 k_B は [ニ] [N/m] である。

(東京理科大)

解答

(1) 切り取られた部分（以下 P とよぶ。質量は $\dfrac{M}{6}$）をもとの所につけ加えると，図1の板は長方形に戻る。その重心 G_0 は対称中心になることを利用する。右の図のように座標軸 x, y をとると，G_0 の座標は $\left(\dfrac{3}{2}L, L\right)$, P の重心座標は $\left(\dfrac{5}{2}L, \dfrac{L}{2}\right)$ となる。切り取られた板（質量 $\dfrac{5}{6}M$）の重心 G の座標を (x_G, y_G) とおくと

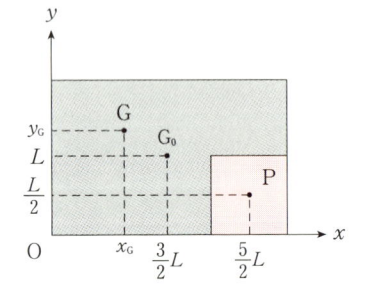

x 座標について

$$\frac{3}{2}L = \frac{\frac{5}{6}M x_G + \frac{M}{6} \cdot \frac{5}{2}L}{\frac{5}{6}M + \frac{M}{6}} \qquad \therefore\ x_G = a = \underline{\frac{13}{10}L}$$

y 座標について

$$L = \frac{\frac{5}{6}M y_G + \frac{M}{6} \cdot \frac{L}{2}}{\frac{5}{6}M + \frac{M}{6}} \qquad \therefore\ y_G = \frac{11}{10}L$$

よって　$b = 2L - y_G = \underline{\dfrac{9}{10}L}$

[別解] このように，全体の重心は，分割した各部分の重心に質点（各部分の質量をもつ）があるものとして求めることができる。そこで右の図のように，灰色と赤色の2つの正方形に分け，それぞれの重心 G_1，G_2 から直接 G を求めてもよい。

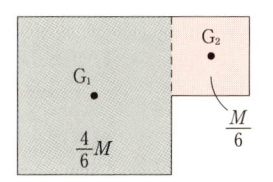

$$x_G = a = \frac{\frac{4}{6}M \cdot L + \frac{M}{6} \cdot \frac{5}{2}L}{\frac{4}{6}M + \frac{M}{6}} = \underline{\frac{13}{10}L}$$

$$y_G = 2L - b = \frac{\frac{4}{6}M \cdot L + \frac{M}{6} \cdot \frac{3}{2}L}{\frac{4}{6}M + \frac{M}{6}} \quad \therefore \quad b = \underline{\frac{9}{10}L}$$

[別解] 図1の板は長方形の板に"マイナスの"質量をもつ仮想的な板 P が重ねられたものと考えて解くこともできる。

$$x_G = a = \frac{M \cdot \frac{3}{2}L + \left(-\frac{M}{6}\right) \cdot \frac{5}{2}L}{M + \left(-\frac{M}{6}\right)} = \underline{\frac{13}{10}L}$$

$$y_G = 2L - b = \frac{ML + \left(-\frac{M}{6}\right) \cdot \frac{L}{2}}{M + \left(-\frac{M}{6}\right)} \quad \therefore \quad b = \underline{\frac{9}{10}L}$$

(2) ばねの伸びを $d(= l - l_0)$ とおく。鉛直方向の力のつり合いより

$$k_A d + k_B d = \frac{5}{6}Mg \quad \cdots\cdots ①$$

重心 G のまわりの力のモーメントのつり合いより

$$k_B d(3L - a) = k_A d a$$

$a = \frac{13}{10}L$ を代入して整理すると

$$17k_B = 13k_A \quad \cdots\cdots ②$$

①，② より　$k_A = \frac{17Mg}{36d} = \underline{\frac{17Mg}{36(l - l_0)}}$

$$k_B = \frac{13}{17}k_A = \underline{\frac{13Mg}{36(l - l_0)}}$$

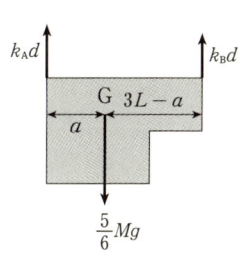

第3章 運動の法則

1 運動の3法則

　力学の基本原理は、ニュートンの運動の法則である。これは3つの法則からなりたっている。

> **慣性の法則（運動の第1法則）**
> 　物体に力がはたらいていないか、またはいくつかの力がはたらいていてもその合力が0ならば、はじめ静止していた物体はいつまでも静止を続け、運動している物体ははじめと同じ速度で等速直線運動を続ける。

　このように、物体は静止の場合も含めて、その速度を保とうとする性質をもつ。この性質を物体の慣性という。

> **運動の法則（運動の第2法則）**
> 　物体に力がはたらくと、力の向きに加速度を生じる。加速度の大きさは、力の大きさに比例し、物体の質量に反比例する。

　物体の質量を m、加速度を $\vec{a}$、物体にはたらく力を $\vec{F}$ とし、比例定数を k とすると、この法則は $\vec{a} = k\dfrac{\vec{F}}{m}$ と表される。比例定数を1にするように力の単位を定めれば $m\vec{a} = \vec{F}$ となり、これを**運動方程式**という。

　国際単位系(SI)(☞ p.9)では1 kgの物体に1 m/s² の加速度を生じさせる力を1ニュートン〔N〕と定めている。〔N〕=〔kg·m/s²〕である。

> **運動方程式**　　$m\vec{a} = \vec{F}$

　加速度 $\vec{a}$ は静止している観測者から見た加速度であり、わかりやすくいえば大地に対する加速度である。物体がいくつもの力を受けているときは、右辺の $\vec{F}$ はその合力を表し、合力の向きに加速度が生じる。

- 運動方程式によれば、物体が静止しているとき、つまり $\vec{a} = \vec{0}$ のときには、合力 $\vec{F} = \vec{0}$ である。すなわち物体にはたらく力がつり合っていることになる。したがって、前章で扱った力のつり合いも運動の法則に含まれることになる。

- 等速直線運動をしている物体についても、$\vec{a} = \vec{0}$ であるから運動方程式により力がつり合っていることがわかる。

POINT　等速度運動 ⇨ 力のつり合い

- 加速度 $\vec{a}$ としては静止している観測者（観測者に付随した座標系を考え，これを静止系という）以外に，等速直線運動をしている観測者（等速度系）が測定する値を用いてもよい。両者が観測する物体の速度は異なるが，その差は一定であるため，速度の時間変化である加速度は一致するからである。そこでこれらをまとめて慣性系とよんでいる。地球は自転や公転をしているがそれらの影響は小さいので，大地は慣性系とみなしてよい。

―――― 作用・反作用の法則（運動の第3法則）――――
物体 A が物体 B に力（作用）を及ぼすと，それと同時に物体 B も物体 A に力（反作用）を及ぼす。作用・反作用の 2 つの力は，大きさが等しく，同一直線上にあって向きが反対である。

作用・反作用の法則は，静止している物体に対してだけでなく，運動している物体に対しても成立する。

- **木片はなぜ動くか**　なめらかな水平面上に木片を置き，指で水平に押すと木片は動いていく。ところが，物体を押したときの作用 F_A と反作用 F_B は，同一直線上にあって，大きさが等しく反対向きなので，打ち消し合って木片は動き出さないのではと悩む人がいる。力のつり合いのときと同じで，運動の場合も注目物体が受けている力だけを考えていく。木片が受けている力 F_A により木片の運動が生じるのであって，F_B は指の運動を考えるとき必要な力の 1 つであるという認識が重要である。

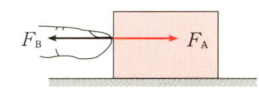

2 重力と放物運動

(1) 重力

空気の影響が無視できる場合，地球上の 1 つの地点では，すべての物体は同じ加速度で落下する。この加速度は**重力加速度**とよばれ，その向きは鉛直下向きであり，大きさは記号 g を用いて表される。g の値は地球上の場所によっていくらか異なるが，ほぼ $9.8\,\text{m/s}^2$ である。

落下している物体には重力だけがはたらいている。そこで質量 m 〔kg〕の物体にはたらく重力の大きさを W 〔N〕として，運動方程式を適用すると，$mg = W$ となる。いいかえれば重力は mg と表されることになる。

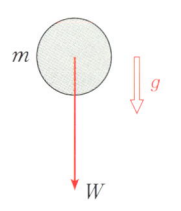

$$\text{重力} \quad W = mg \text{〔N〕}$$

- 力の単位〔kgw〕(☞ p.34) と〔N〕の関係は次のようになる。
  $$1 \text{〔kgw〕} \fallingdotseq 1 \text{〔kg〕} \times 9.8 \text{〔m/s}^2\text{〕} = 9.8 \text{〔N〕}$$
  g の値は土地ごとに変わるので，詳しくは 1〔kgw〕$= 9.80665$〔N〕と定義されているが，覚える必要はない。

(2) 落体の運動

重力による鉛直方向での物体の運動は，落体の運動とよばれ，初速0での**自由落下**，**投げ下ろし**，**投げ上げ**の3種類に分けられる。これらの運動は重力加速度 g での等加速度直線運動であるから，p.23の公式を用いればよく，次の図のようにまとめられる。

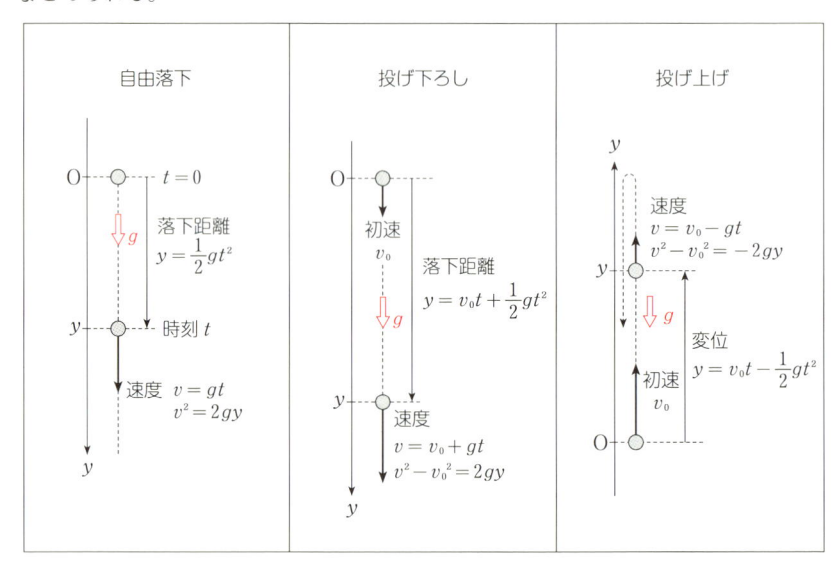

自由落下	投げ下ろし	投げ上げ
$t = 0$ 落下距離 $y = \dfrac{1}{2}gt^2$ 時刻 t 速度 $v = gt$ $v^2 = 2gy$	初速 v_0 落下距離 $y = v_0 t + \dfrac{1}{2}gt^2$ 速度 $v = v_0 + gt$ $v^2 - v_0^2 = 2gy$	速度 $v = v_0 - gt$ $v^2 - v_0^2 = -2gy$ 変位 $y = v_0 t - \dfrac{1}{2}gt^2$ 初速 v_0

- 座標軸の向きの取り方は任意であるが，はじめの運動の向き（初速度の向き）に取るのがわかりやすい。重力加速度は鉛直下向きだから，y 軸を下向きにとれば $a = g$，上向きにとれば $a = -g$ として等加速度直線運動の公式を用いればよい。この点さえ注意しておけば，上図の中の式は新たに覚える必要はない。

投げ上げ運動は図では上昇中を描いてあるが，最高点に達した後の下降中にも式はそのまま成立する（$y<0$となってもよい）。ここで最高点に達する時刻t_1とその点の座標y_1を求めてみよう。

最高点では$v=0$となるから，　$0=v_0-gt_1$　より　$t_1=\dfrac{v_0}{g}$

そして，$0^2-v_0{}^2=-2gy_1$　より　$y_1=\dfrac{v_0{}^2}{2g}$

また，もとの位置$y=0$に戻る時刻をt_2とすれば　$0=v_0t_2-\dfrac{1}{2}gt_2{}^2$　より $t_2=\dfrac{2v_0}{g}=2t_1$　となる。

こうして上昇に要する時間と下降に要する時間は等しいことがわかる。これは投げ上げた位置だけでなく，どの位置についても成り立つ。また，位置yでの速さは上昇時も下降時も同じである。それは$v^2-v_0{}^2=-2gy$の式が示している。このように投げ上げ運動は1つの対称性をもっている。これは，はじめ減速した後Uターンする等加速度運動一般についていえることである。

POINT　落体の運動は等加速度直線運動の一例にすぎない

POINT　投げ上げは上昇と下降が対称的

(3) 放物運動

運動方程式　$m\vec{a}=\vec{F}$　を2次元（平面内）の運動に対して適用するときには，成分に分けて考えると扱いやすい。

$$ma_x=F_x \qquad ma_y=F_y$$

こうして，物体のx軸とy軸上への正射影の運動をそれぞれ調べるわけである。

放物運動では，水平方向をx軸にとると$F_x=0$であり，$a_x=0$となる。これは水平方向の動きは等速度運動として扱えることを意味している。一方，F_yとしては一定の重力mgだけがはたらいている。そのため鉛直方向の動きは重力加速度gの等加速度運動となるのである。

(i) 水平投射

水平方向に初速v_0で投げ出された物体の運動は，鉛直方向には自由落下となり，時間tの後の位置を

等速度運動

$x=v_0t$ …①

$\downarrow g$の自由落下

$y=\dfrac{1}{2}gt^2$ …②

$v_x=v_0$

$v_y=gt$

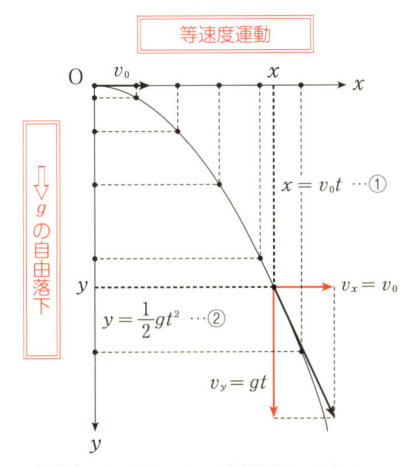

軌道上の打点は一定の時間間隔でのもの

(x, y)，速度を (v_x, v_y) として前図のようにまとめられる。軌道上の点は一定時間間隔ごとの物体の位置を示している。その x 軸への正射影は等速度運動を，また，y 軸への正射影は自由落下を表している。

図中の x，y の表式①，②より t を消去すると，$y = \dfrac{g}{2v_0^2}x^2$ が得られ，軌跡が放物線となることがわかる。

(ii) 斜方投射

水平方向と角 θ をなす方向に，初速 v_0 で投げ上げられた物体の運動は，水平方向の初速が $v_0\cos\theta$，鉛直方向の初速が $v_0\sin\theta$ となるから，同様にして次図のようにまとめられる。

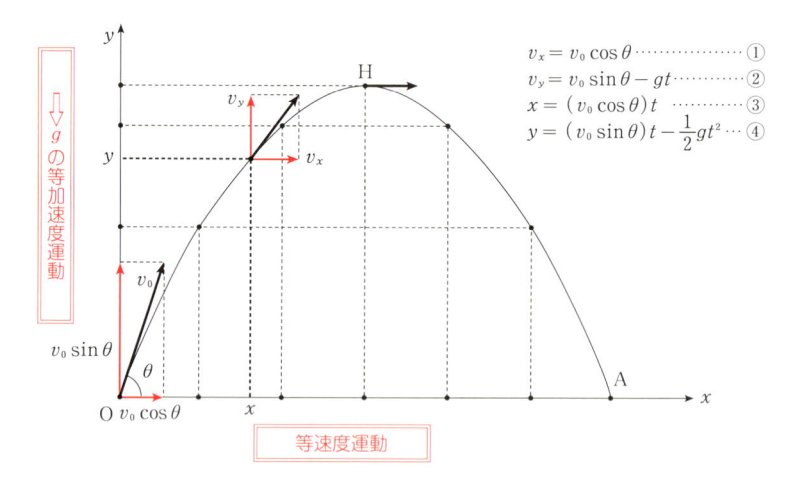

$$v_x = v_0\cos\theta \quad \cdots\cdots ①$$
$$v_y = v_0\sin\theta - gt \quad \cdots\cdots ②$$
$$x = (v_0\cos\theta)t \quad \cdots\cdots ③$$
$$y = (v_0\sin\theta)t - \dfrac{1}{2}gt^2 \quad \cdots\cdots ④$$

軌道の最高点 H に達するまでの時間 t_H と点 H の高さ h を求めてみよう。点 H では $v_y = 0$ となるので，図中の式②から $t_H = \dfrac{v_0\sin\theta}{g}$ となる。これを式④に代入するか，あるいは等加速度運動の公式を用いて $0^2 - (v_0\sin\theta)^2 = 2(-g)h$ とすれば $h = \dfrac{(v_0\sin\theta)^2}{2g}$ が得られる。

次に，水平到達距離 $OA = d$ を求めてみる。落下点 A では $y = 0$ となるので，式④から落下するまでの時間 $t_A = \dfrac{2v_0\sin\theta}{g} = 2t_H$ が得られ，これを式③に代入して，

$$d = (v_0\cos\theta)t_A = \dfrac{2v_0^2\sin\theta\cos\theta}{g} = \dfrac{v_0^2}{g}\sin 2\theta$$

v_0 を一定に保って θ を変えてみると，$\theta = 45°$ で d は最大値 $\dfrac{v_0^2}{g}$ になることがわかる。

式③，④より t を消去すると，軌道の方程式　$y = x\tan\theta - \dfrac{g}{2v_0^2\cos^2\theta}x^2$
が得られ，物体はやはり放物線を描いて運動することがわかる。

POINT　放物運動：水平方向は等速度運動　鉛直方向は g の等加速度運動

POINT　最高点では $v_y = 0$　落下点では $y = 0$

例題1－12　　　　　　　　　　　　　　　　　　　**鉛直投射・斜方投射**

10 m/s の一定速度で上昇中の気球から，2つの小石A，Bを同時に投げ出した。気球に対する速さはいずれも 16 m/s であるが，気球から見てAは上方に，Bは水平に飛び出していった。そして10秒後にAは地面に落下した。重力加速度の大きさを 10 m/s² とし，空気の抵抗は無視できるものとする。

(1) 小石を投げ出したとき，気球の地面からの高さは何 m であったか。
(2) 小石Bは地面から何 m の高さまで達するか。
(3) 小石Bの落下点は小石Aの落下点から何 m 離れているか。

解答
地面に対しては，Aは初速 26 m/s の投げ上げとなり，またBは水平成分 16 m/s，鉛直成分 10 m/s の斜方投射となる。

(1) 高さを h とし，y軸の原点を投げ出した点にとると，地面の座標は $-h$ となり，Aについて投げ上げの式をつくると
$$-h = 26 \times 10 + \dfrac{1}{2} \times (-10) \times 10^2$$
$$\therefore h = \underline{240} \text{ [m]}$$

(2) Bの鉛直方向の運動に注目する。最高点で $v_y = 0$ となることより
$$0^2 - 10^2 = 2 \times (-10)y \quad y = 5$$
よって求める高さは　$h + y = \underline{245}$ [m]

(3) Bが地面に落下するまでの時間を t とする。
まず鉛直方向について　$-240 = 10t + \dfrac{1}{2} \times (-10)t^2$　より　$t = 8$　（$t = -6$ は不適）
水平方向の距離は　$16 \times 8 = \underline{128}$ [m]

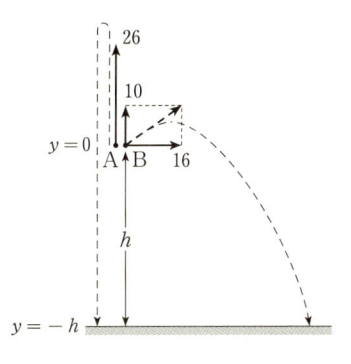

例題 1 − 13　モンキーハンティング

図のように水平な地面上で，O 点から距離 l だけ離れた B 点の真上，高さ h_0 の A 点から物体 P を自由落下させると同時に，O 点から小物体 Q を速さ v_0 で，x 軸から θ の角度で投げ出した．投げ出したときの時刻 t を $t=0$ とする．

以下の各問いに答えよ．ただし，図のように鉛直面内に $x,\ y$ 座標をとり，運動は $x,\ y$ 平面内で起こるとする．さらに空気の影響は無視し，重力加速度の大きさは g とする．

(1) 時刻 t における P から Q までの距離はいくらか．
(2) 時刻 t における P から見た Q の速度（相対速度）の，x 方向および y 方向の成分の値を求めよ．
(3) さて，2 つの物体 P と Q の衝突について考えてみる．Q が P に命中するためには，角度 θ と，l，h_0 の間にはどのような関係が必要か．
(4) Q が地面に落下することなく P に必ず命中するためには，Q を投げ出す速さ v_0 はどのような条件を満たさねばならないか．h_0，l と g を使って表せ．

(名古屋工業大)

解答

(1) 時刻 t での P，Q の位置座標をそれぞれ $(x_1,\ y_1)$，$(x_2,\ y_2)$ とすると

$$\begin{cases} x_1 = l \\ y_1 = h_0 - \frac{1}{2}gt^2 \end{cases} \quad \begin{cases} x_2 = v_0 t \cos\theta \\ y_2 = v_0 t \sin\theta - \frac{1}{2}gt^2 \end{cases}$$

したがって，距離 PQ は
$$\mathrm{PQ} = \sqrt{(x_1-x_2)^2 + (y_1-y_2)^2} = \underline{\sqrt{(l-v_0 t\cos\theta)^2 + (h_0 - v_0 t\sin\theta)^2}}$$

(2) P，Q の地面に対する速度をそれぞれ $(v_{1x},\ v_{1y})$，$(v_{2x},\ v_{2y})$ とすると

$$\begin{cases} v_{1x} = 0 \\ v_{1y} = -gt \end{cases} \quad \begin{cases} v_{2x} = v_0 \cos\theta \\ v_{2y} = v_0 \sin\theta - gt \end{cases}$$

よって，相対速度の x 成分は　$v_{2x} - v_{1x} = \underline{v_0 \cos\theta}$
　　　　　　　　　y 成分は　$v_{2y} - v_{1y} = \underline{v_0 \sin\theta}$

(3) (1)より PQ $=0$ となるためには
$$l - v_0 t\cos\theta = 0 \quad h_0 - v_0 t\sin\theta = 0$$
$$\therefore\ t = \frac{l}{v_0 \cos\theta} = \frac{h_0}{v_0 \sin\theta} \quad \text{よって}\ \underline{\tan\theta = \frac{h_0}{l}}$$

[別解]　(2)より，Pから見たQの運動は等速度運動であることがわかる。したがって，QがPに衝突するためには $t=0$ での相対速度が $\overrightarrow{OA}$ の向きを向けばよい。Pの初速度は0であるから，$t=0$ での相対速度とは地面に対するQの初速度にほかならない。こうして v_0 の矢印の延長線上にPが位置すればよく，$\tan\theta = \dfrac{h_0}{l}$ となる。

(4)　Qが点Bの上空を通過できればよく，$x_2 = l$ で $y_2 \geqq 0$ が条件となる。
$$y_2 = v_0\left(\dfrac{l}{v_0\cos\theta}\right)\sin\theta - \dfrac{1}{2}g\left(\dfrac{l}{v_0\cos\theta}\right)^2 \geqq 0$$
$\tan\theta = \dfrac{h_0}{l}$ と，$\dfrac{1}{\cos^2\theta} = 1+\tan^2\theta = 1+\left(\dfrac{h_0}{l}\right)^2$ を用いて整理すれば
$$v_0 \geqq \sqrt{\dfrac{g}{2h_0}(l^2 + h_0{}^2)}$$

Pを猿，Qを猟師の撃った鉄砲の弾にたとえてみると，木の枝にぶら下がっていた猿をねらって猟師が鉄砲を撃ったとたん，気がついた猿が枝から手を離して弾から逃げようとすると，かえって当たってしまうことを上の結果は示している。そこで，このような問題はモンキーハンティングとよばれている。

3 各種の力と運動方程式

(1) 運動方程式の立て方

物体にはたらく力の種類が多くなったり，いくつかの物体が力を及ぼし合いながら同時に動く場合になると，いきなり運動方程式 $ma = F$ を書き下すのには無理が生じる。そこで，次のような手順をふむのがよい。

―――― 運動方程式を立てる手順 ――――

❶ 力の図示の方法（☞ p.39）により，注目している物体にはたらく力を図中に矢印で描き，その大きさを〔N〕単位で記入する。

❷ 座標軸 x, y の向きを決め，物体にはたらいているすべての力を x, y 方向に分解する。

❸ 力の正・負に注意し（力・加速度・速度の成分の符号は座標軸の向きに応じて決まる），物体の運動方程式を立てる。
(注目物体の質量)×(加速度)＝(注目物体にはたらくすべての力の合力)

運動方程式は，本来，ベクトル式である。したがって，物体の加速度の向きが明らかな場合には合力もその向きとなるのだから，物体にはたらく合力としては加速度方向の力の成分についてだけ加えておけばよい。直線上の運動の場合，速度の方向も，したがって加速度の方向もその直線上にあり，力はその方向の成分（たとえば x 方向）についてだけ図示すればすむことも多い。このとき，その直線に垂直な方向（y 方向）では力のつり合いが成立しているのである。

> **未知量の特権** 加速度が未知量のときは符号の心配はせず単に a としておけばよい。あるいは正の向きと仮定するといってもよいだろう。運動方程式を解いた結果，a が正となれば正の向き，負となれば負の向きと判断するわけである。これは未知量の特権ともいうべきものである。同様に，ある力が未知のときに力の大きさ，向きともに解いた結果によりわかるという場合も生じる。

POINT
加速度方向 ⇨ 運動方程式（直線運動の場合は運動方向）
垂直方向　 ⇨ 力のつり合いの式

(2) 動摩擦力

物体があらい面の上をすべるとき，面から運動を妨げる向きに摩擦力を受ける。これを**動摩擦力**という。動摩擦力 F は，接触し合う面の性質が一定ならば，面の接触面積と物体の速度にほとんど関係なく，面の垂直抗力 N に比例している。比例係数 μ' を動摩擦係数という。

$$\text{動摩擦力} \quad F = \mu' N$$

一般に，動摩擦力は最大摩擦力より小さい。したがって，静止摩擦係数を μ とすれば $\mu' < \mu$ となっている。

摩擦係数の例

接触する2物体	静止摩擦係数	動摩擦係数
鋼鉄と鋼鉄	0.8	0.4
鋼鉄と氷	0.027	0.014
ガラスとガラス	0.9	0.4

例題 1-14　あらい面上をすべる物体

平板上に置かれた質量 m の物体がある。平板と物体との間の動摩擦係数を μ'，重力加速度の大きさを g として，次の問いに答えよ。

(1) 平板を水平にして，物体を初速度 v_0 ですべらせた。物体はどれだけの距離をすべって止まるか。

(2) (1)の場合，物体が止まるまでの時間はいくらか。

(3) 平板を水平面と $30°$ をなすように傾けて，物体を斜面にそって下方にすべらせる。この場合，物体の斜面にそった下向きの加速度はいくらか。

(4) (3)の場合，(1)と同じ初速度 v_0 ですべらせたときは，水平の場合の2倍の距離をすべって止まった。このことから動摩擦係数 μ' の値を求めよ。

(愛知工業大)

解答

(1) 物体にはたらく力は重力 mg と，平板からの垂直抗力 N，動摩擦力 $\mu'N$ である。物体は鉛直方向には動かないから，鉛直方向では力のつり合いが成り立ち，$N = mg$ となる。したがって，動摩擦力は $\mu'mg$ と表される。水平方向について，加速度を a として運動方程式を立てると

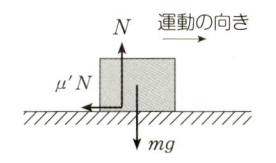

$$ma = -\mu'mg \quad \text{よって} \quad a = -\mu'g$$

の等加速度直線運動となる。求める距離を l とおき，等加速度直線運動の公式を用いれば

$$0^2 - v_0^2 = 2(-\mu'g)l \quad \therefore \quad l = \frac{v_0^2}{2\mu'g}$$

(2) 求める時間を t とおけば

$$0 = v_0 + (-\mu'g)t \quad \therefore \quad t = \frac{v_0}{\mu'g}$$

(3) 重力を斜面方向とそれに垂直な方向とに分解して考える。 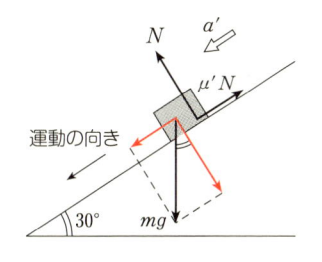
垂直な方向では力のつり合いより

$$N = mg\cos 30°$$

斜面にそって下向きを正とし，加速度を a' として運動方程式を立てると

$$ma' = mg\sin 30° - \mu'N$$

両式より　$a' = \dfrac{g}{2}(1 - \sqrt{3}\,\mu')$

(4) (3)の場合の距離を l' とおき，等加速度直線運動の公式を用いると（止まることから $a'<0$ のはず）

$$0^2 - v_0^2 = 2a'l'$$

a' の値を代入して $\quad l' = \dfrac{v_0^2}{g(\sqrt{3}\,\mu' - 1)}$

$l' = 2l = \dfrac{v_0^2}{\mu'g}$ より $\quad \mu' = \dfrac{1}{\sqrt{3}-1} = \dfrac{\sqrt{3}+1}{2} \fallingdotseq 1.4$

(3) 物体系の運動方程式

2つ以上の物体が力を及ぼし合いながら運動するときには，基本的にはそれぞれの物体について運動方程式を立てていくことになる。

例題1-15　　　　　　　　　　　　　　　　　アトウッドの装置

ばねばかりと質量 m [kg] の物体 A とがある。この物体 A を，地上でこのばねばかりにつるすと m [kg] の目盛りを示す。このばねばかりと物体 A とを，月面上に持っていったとしよう。そこで月の石 B をひろってこのばねばかりにつるしたところ，m [kg] の目盛りを示した。次にこの月面上で，図のようになめらかな定滑車に，質量の無視できる伸び縮みしない糸をかけ，物体 A と月の石 B とをつるしたところ運動を始めた。物体 A の加速度の大きさを，地上での重力加速度の大きさ g [m/s²] と月面上での重力加速度の大きさ g' [m/s²] ($g > g'$) を使って表せ。また，A の加速度の向きは上向きか下向きか。

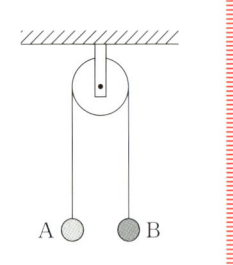

(高知大)

解答

月の石の質量を M [kg] としよう。これに対してばねばかりが m [kg] の目盛りを示したということは，質量を直接示したのではなく月の上での重力 Mg' [N] とばねの力 mg [N] がつり合ったことを意味している。ばねの力は，ばねが地上にあるか月面上にあるかにはかかわりなく，ばねの伸びだけで決まり，m [kg] の目盛りはある一定量のばねの伸びに対応している点に注意すればよい。

$$Mg' = mg \quad \text{より} \quad M = \dfrac{g}{g'}m > m$$

よって B の方が質量が大きいから A は<u>上向き</u>の加速度をもつことになる。

その加速度の大きさを $a\,[\text{m/s}^2]$，糸の張力を $T\,[\text{N}]$ として，A，Bそれぞれについて運動方程式を立てると

A： $ma = T - mg'$

B： $\left(\dfrac{g}{g'}m\right)a = \left(\dfrac{g}{g'}m\right)g' - T$

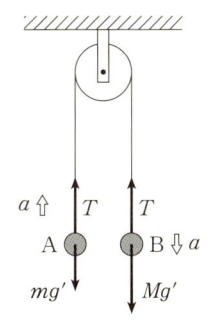

これらの式を辺々加えて T を消去すると

$$\left(1 + \dfrac{g}{g'}\right)ma = \left(\dfrac{g}{g'} - 1\right)mg' \qquad \therefore\ a = \dfrac{g - g'}{g + g'}g'$$

この場合は上のようにAは上向きを正に，Bは下向きを正にとって運動方程式を立てるとわかりやすい。また，A，Bの加速度の大きさがともに a とおけるのは，糸が伸び縮みせず，A，Bの動きが（向きを別にして）同一となることによっている。

発展 質量の無視できる糸の張力は，一本の糸のどの個所でも等しい

2つの物体を糸でつなぎ，片方の物体に力を加えて水平方向に運動させる場合を考えてみよう。糸の左端での張力を T_1，右端での張力を T_2 とする。運動している糸に着目してみると，作用・反作用の法則より糸自身は図2のように左右から引っ張られている。

その運動方程式は糸の質量を m とおくと

$$ma = T_2 - T_1$$

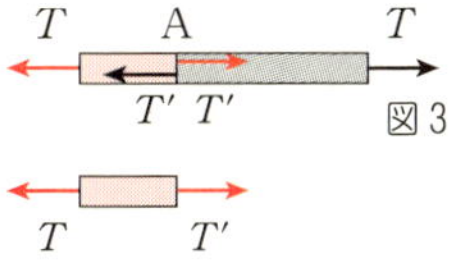

ところが，$m = 0$ であり，$T_1 = T_2$ となる。したがって，糸の両端の張力は等しい。

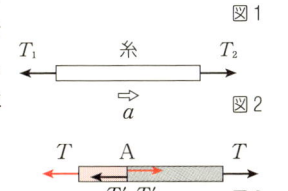

次に，糸の途中の任意の断面Aでの糸の張力 T' が両端の張力 T に等しいことも図3のように糸の一部（赤色部）についての運動方程式をつくれば，同様に理解できる。もちろん，これは糸が静止している場合にも成り立つ。

$m = 0$ の条件は入試問題では軽い糸という表現で示されることが多い。軽いばねの弾性力についても同様であり，ばね定数 k，のび x のばねの両端に生じている弾性力の大きさは，たとえばねが加速度運動をしていても，kx となっているのである。

例題 1 − 16　　　　　　　　　　　　　　　　一体化と内力

質量 20 kg の物体 A と，質量 10 kg の物体 B とが，なめらかな水平面上に接して置かれている。いま，A に水平方向に 60 N の力 F を作用させると，A，B は一体となって動く。

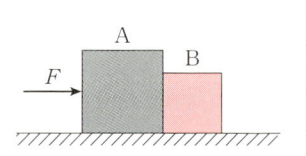

(1) このときの加速度を求めよ。
(2) このとき，A が B に及ぼす力を求めよ。
(3) A が B から受ける力を 30 N とするには，F をいくらにすればよいか。

(福岡大)

解答

(1) A が B に及ぼす力の大きさを N 〔N〕とすると（右図の赤矢印），作用・反作用の法則により A は B から同じ大きさの力を左向きに受ける（黒矢印）。運動方向の力を図示すれば，右図のようになる。求める加速度の大きさを a 〔m/s^2〕とおき，A，B それぞれについて運動方程式を立てると

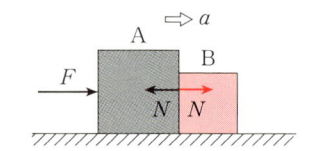

　　A：$20a = F - N$　…①　　　B：$10a = N$　…②
　　　　　$= 60 - N$　…①′

①′，②の連立方程式を解くと　$a = \underline{2}$ 〔m/s^2〕

(2) 連立方程式のもう 1 つの解 N は　$N = \underline{20}$ 〔N〕

別解　A，B をひとまとまりの物体とみれば（一体化する，または 1 つの物体系としてみるという），力 N を考えることなく，運動方程式 $(20+10)a = F$ を立てることができる。a はこの式からすぐに得られる。N を求めるには A，B どちらかについて上記の運動方程式を立てればよい。N のように一体化すると現れない力を物体系の**内力**という。加速度だけが知りたいときには，一体化の見方が勝る。

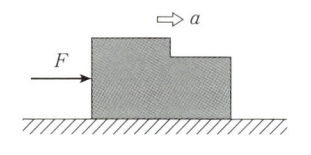

(3) (1)の図では左向きの黒矢印 N が $N = 30$ 〔N〕である。
　　②より　　$10a = 30$　　∴　$a = 3$ 〔m/s^2〕
　　①に代入して　　$20 \times 3 = F - 30$　　∴　$F = \underline{90}$ 〔N〕

発展 動滑車

次図で左側の滑車が動滑車である。図 a から図 b まで動滑車が l だけ下がると，赤で示した部分の糸が右側からたぐり寄せられるので，物体 B は $l + l = 2l$

だけ上がってくる。Aに比べてBは同じ時間内に2倍の距離を動くからAの速さがvのとき，Bの速さは$2v$となっている。同様に加速度についても，Aの加速度の大きさをaとすると，Bの方は$2a$になる。

　Aおよび動滑車の質量を合わせてm，Bの質量をM，糸（質量は無視）の張力をTとすると，運動方程式は

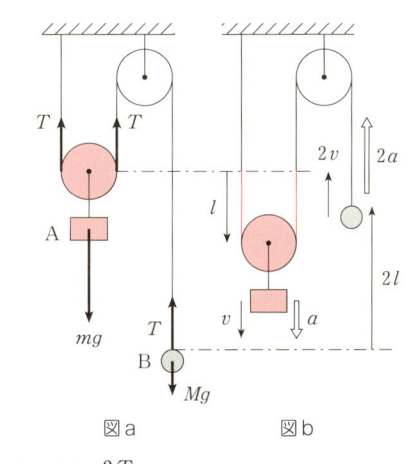

　　Aおよび動滑車の一体： $ma = mg - 2T$
　　B： $M(2a) = T - Mg$

この2つの式よりa，Tを求めることができる。

相対運動が生じる場合の運動方程式

　なめらかで水平な床に置かれた質量Mの板の上を左端から右端に向かって質量mの人が動く場合を考えてみる。話を簡単にするため，人が板をける力の水平成分の大きさfが一定であるとしよう。このとき，作用・反作用の法則により，人は板から右向きの力fを受けている。そのため，人は右へ板は左へ動き出すが，それらの運動はどのようになるだろうか。図1ははじめの，図2は動き始めてから時間t後の人と板の位置を示したものである。

　いま，人の加速度の大きさをα，板の加速度の大きさをβとすると，それぞれの運動方程式は　$m\alpha = f$，$M\beta = f$　となる。また，等加速度直線運動の公式を用いると，板の移動距離　$\frac{1}{2}\beta t^2$　は図の距離l_3に等しく，$l_3 = \frac{1}{2}\beta t^2$　である。

　ところで，人の移動距離　$\frac{1}{2}\alpha t^2$　は図の距離l_1とl_2のうちどちらだろうか。人は

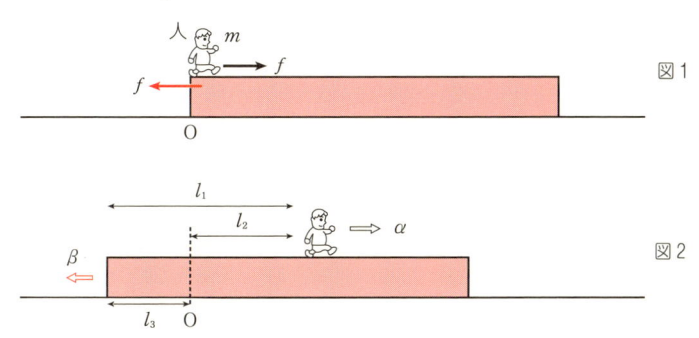

板から力を受けるので，α を板に対する人の加速度と考え，$\frac{1}{2}\alpha t^2 = l_1$ としてしまいそうだが，正しくは $\frac{1}{2}\alpha t^2 = l_2$ である。運動方程式で扱う加速度は床に対する運動を表しているからである。同様に，動き始めてから時間 t 後の人の速度 $v = \alpha t$ も床に対する人の速度であり，板に対する人の速度ではない。

　板に対する人の運動，つまり相対運動を調べるには，板に対する人の相対加速度を用いるとよい。このときの相対加速度は右向きを正として $\alpha - (-\beta) = \alpha + \beta$ であり，相対初速度が 0 であるから，時間 t の後の相対速度は $(\alpha + \beta)t$ となる。また，相対距離 l_1 は　$l_1 = \frac{1}{2}(\alpha + \beta)t^2$　と表せる。このように**相対運動に対しては，位置，速度，加速度すべてを相対値で扱うことが大切**である。

例題 1－17　　　　　　　　　　　　　　　　　　　　　　　　　　　　相対運動

　図のように水平面上に質量 5 kg の平行平面板 A が置いてあり，その上に質量 3 kg の物体 B がのせてある。板 A に水平な力を加え，この力の大きさ F をしだいに大きくしていくと，$F = F_1$ で A と B は一体となって面上をすべり始めた。さらに F を大きくしていくと，$F = F_2$ で B は板 A に対してすべり始めた。水平面と A との間の静止摩擦係数は 0.2，動摩擦係数は 0.1，A と B との間の静止摩擦係数は 0.5，動摩擦係数は 0.3，重力加速度の大きさは 9.8 m/s^2 として，次の問いに有効数字 3 けたで答えよ。

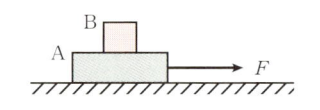

(1)　A と B が一体となって動き始めるときの力の大きさ F_1 は何 N か。
(2)　B が A に対してすべり始めるときの力の大きさ F_2 は何 N か。
(3)　F が 20 N のとき，A の加速度は何 m/s^2 か。
(4)　F が 50 N のとき，A および B の水平面に対する加速度はそれぞれ何 m/s^2 か。

(日本大)

解答

(1)　A，B を一体化して考え，質量 8 kg の物体が水平面から受ける最大摩擦力を求めればよい。　　　　$F_1 = 0.2 \times 8 \times 9.8 = 15.68 \fallingdotseq \underline{15.7}$ 〔N〕

(2)　A が水平面から受ける動摩擦力 f_0 は，垂直抗力が 8×9.8 N であるから（鉛直方向ではすべて力のつり合いが成立している），　　　$f_0 = 0.1 \times 8 \times 9.8 = 7.84$ 〔N〕

　　さて，B が A に対してすべっていない状態では BA 間にはたらく摩擦力は静止摩擦力であることに注意する。接触面がすべり合ってはじめて動摩擦力となるからである。

そして，BはAと一緒に右向きに加速度運動をしているから，BがAから受ける静止摩擦力fは右向きである。加速度をaとすると，運動方程式は
  全体について　　$8a = F - f_0$　　……①
  Bについて　　　$3a = f$　　　……②

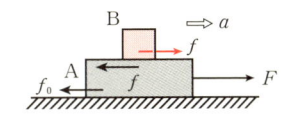

f_0は一定であるからFを大きくしていくと①よりaが大きくなり，そのため②よりfも大きくなってくる。$F = F_2$でfは最大摩擦力$0.5 \times 3 \times 9.8$〔N〕になる。したがって
$8a = F_2 - 7.84$　　$3a = 0.5 \times 3 \times 9.8$　を解けば，　　$F_2 = 47.04 \fallingdotseq \underline{47.0}$〔N〕

(3)　$F_1 < F < F_2$より，A，Bは一体となって動いており
　　$8a = 20 - 7.84$　　$\therefore$　$a = \underline{1.52}$〔m/s^2〕

(4)　$F > F_2$よりBはAに対してすべっていることがわかる。BはAに対して左向きにすべるから，右向きの動摩擦力f'を受け，Aはその反作用を左向きに受ける。このように両者の動きが異なるときは一体化の見方はできず，それぞれについて運動方程式を立てることになる。

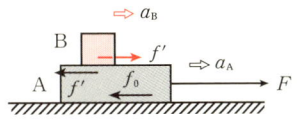

　　$f' = 0.3 \times 3 \times 9.8 = 8.82$〔N〕であり，Aの加速度を$a_A$，Bの加速度を$a_B$とすると
　　A：　$5a_A = 50 - 7.84 - 8.82$　　$\therefore$　$a_A = 6.668 \fallingdotseq \underline{6.67}$〔m/s^2〕
　　B：　$3a_B = 8.82$　　$\therefore$　$a_B = \underline{2.94}$〔m/s^2〕

(4) 速度に比例する抵抗力と終端速度

図1のように，なめらかな水平面上に質量mの物体を置き，一定の大きさF_0の力を加えて運動させてみよう。空気の抵抗が無視できるならば，物体の運動方程式は，加速度をa_0として
　　$ma_0 = F_0$

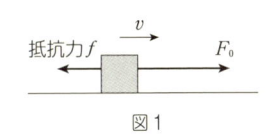

空気の抵抗が無視できないならば，物体は速さvとともにしだいに大きくなる抵抗力fを空気から受ける。fとvの関係は複雑であるが，最も簡単な場合には，fはvに比例する。その比例定数をkとすると，物体の速さがvのときの運動方程式は
　　$ma = F_0 - kv$

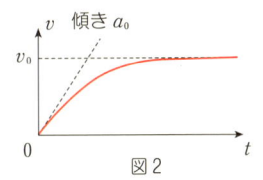

となり，加速度aはvが大きくなると減少する。それはv-tグラフの傾きが減少することであり，動き始めの時刻を$t = 0$とすると，vは時刻tとともに図2のように変化する。tが十分に大きくなると，aは0に近づき，物体の受ける合力は

$F_0 - kv_0 = 0$ となる。物体は，これから以後は一定速度 $v_0 = \dfrac{F_0}{k}$ で運動を続ける。この速度 v_0 を**終端速度**とよぶ。終端速度の状態では物体にはたらく力はつり合っている。終端速度を求めたいときは，力のつり合いを考えるとよい。

参考 速さに比例する抵抗力を受けるときの速度変化

図2の曲線の式を求めてみよう。$a = \dfrac{dv}{dt}$ を用いて上の運動方程式を書き直すと

$$m\dfrac{dv}{dt} = F_0 - kv \quad \cdots\cdots ①$$

これは $v(t)$ についての微分方程式（☞ p.17 (A)）である。

初期条件は $t = 0$ で，$v = 0$ であるから

$$v = \dfrac{F_0}{k}(1 - e^{-\frac{k}{m}t})$$

$t \to \infty$ では，確かに $v \to \dfrac{F_0}{k}$ となることもわかる。

---

(5) 浮力

面積 S に大きさ F の力が垂直にはたらくとき，この面の受ける**圧力** P は次のように定義される。

$$P = \dfrac{F}{S}$$

静止液体の液面から深さ h の点 O での圧力 P を求めてみよう。点 O のまわりに液面と平行に面積 S の平面 AB をとり，図1のように，AB を底面とする液柱 ABCD を考える。この液柱にはたらく力は，液体の密度を ρ とすると，液柱の重力 $\rho(Sh)g$，液体が底面 AB を鉛直上向きに押す力 PS，および大気圧 P_0 が上面 CD を鉛直下向きに押す力 $P_0 S$ であるので，つり合いの式は，$PS = P_0 S + \rho S h g$ である。よって，

$$P = P_0 + \rho g h$$

この圧力は静水圧とよばれている。静水圧は深さが同じならば，液体中の面の方向によらないこと，および面に垂直にかかることが知られている。

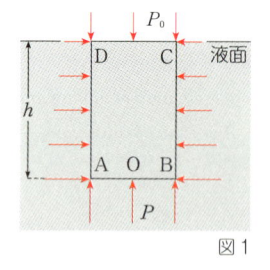

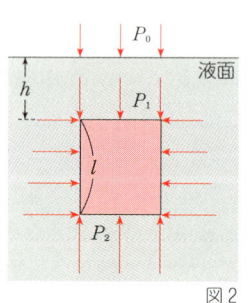

図1

図2

底面積 S，高さ l，体積 $V(=Sl)$ の直方体を，図2のように，鉛直にして液体中に静止させる。上面の深さを h，大気圧を P_0 とすると

上面が受ける圧力は　　　$P_1 = P_0 + \rho g h$

下面が受ける圧力は　　　$P_2 = P_0 + \rho g (h + l)$

である。直方体の側面が液体から受ける水平方向の力はつり合っているので，直方

第3章 運動の法則　69

体が液体から受ける**浮力**の向きは鉛直上向きで，その大きさ F は次のようになる。
$$F = P_2S - P_1S = \rho(Sl)g = \rho Vg$$

このように，浮力は圧力差から生じる力である。一般に，流体（液体や気体）の中に置かれた物体の受ける浮力の向きは鉛直上向きで，その大きさは物体が排除した流体の重さに等しい。これを**アルキメデスの原理**という。

> 浮力　　$F = \rho Vg$（押しのけた流体の重さ）

例題1－18　　　　　　　　　　　　　　　　浮力と抵抗力

密度 ρ_0 の液体が入った十分に大きく深い容器がある。この液体中に，半径 r，密度 $\rho(\rho > \rho_0)$ の小球Aを，重さも太さも無視できる糸でつるす。

重力加速度の大きさを g として，次の各問いに答えよ。
(1) このとき，糸の張力はいくらか。
(2) 糸を静かに切った瞬間におけるAの加速度はいくらか。

Aの落下に対する液体の抵抗力（摩擦抵抗）が，Aの落下速度に比例するとすれば，Aはやがて一定速度 v で落下するようになる。
(3) 液体の抵抗力がAの落下速度に比例するときの比例定数を k として，v を求めよ。

(日本大)

解答

(1) 力の大きさでみれば，「重力」＝「浮力」＋「張力 T」という力のつり合いの問題である。球の体積は $V = \dfrac{4}{3}\pi r^3$ であり，
$$\rho Vg = \rho_0 Vg + T$$
$$\therefore\ T = (\rho - \rho_0)Vg = \frac{4}{3}\pi(\rho - \rho_0)r^3 g$$

(2) 摩擦抵抗は落下速度0のためはたらいていないので，重力と浮力だけがはたらいているもとでの運動方程式を立てればよい。加速度を a とすると
$$\rho V \cdot a = \rho Vg - \rho_0 Vg \quad \text{より} \quad a = \left(1 - \frac{\rho_0}{\rho}\right)g$$

(3) 一定速度になれば，力のつり合いとしてとらえればよく，「重力」＝「浮力」＋「抵抗力」より
$$\rho Vg = \rho_0 Vg + kv$$
$$\therefore\ v = \frac{4\pi(\rho - \rho_0)r^3 g}{3k}$$

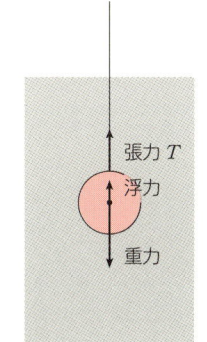

COFFEE BREAK

●雲はなぜ落っこちてこないか？

「えっ!?」と思う人が多いだろう。「雲は……軽いからじゃない？」
でも落ち着いて考えてみてほしい。雲は小さな水滴の集まりである。水が空気の浮力で浮くはずはないのである。

答を出す前に，**雲がなぜできるか**から考えてみよう。湿った空気（といっても水蒸気だから目には見えない）が上昇気流にのって上空へ上がる。上空ほどまわりの気圧が低いから空気は断熱膨張をする。すると温度が下がり，水蒸気が細かい水滴となって雲ができる。

さて，"小さな"水滴というのがクセモノで，重さのわりに表面積が大きく空気の抵抗力を受けやすい。難しくいえば——体積は半径 r の3乗に比例するが，表面積は r^2 に比例する。r が小さいほど表面積の効果が大きくなる，たとえば大きさが 1/10 になると体積，したがって重さは 1/1000 になってしまうが，表面積の減少は 1/100 にとどまる——というわけである。だからなかなか落ちてこない。舞い上がったほこりが空気中に長時間ただようのも同じ理由である。しかも雲はもともと上昇気流のある所でできるのだからますます落ちないことになる。"ため息"ほどの風で小さな水滴は運ばれてしまう。また，雲が下降気流にのっても，できたときと逆のプロセスで水蒸気となって消えてしまうという面も見逃せない。

(注) 詳しくいうと，抵抗力は半径 r と速さ v の積に比例する。r の1乗に比例するから上で述べた効果はさらに顕著になる。

第4章　エネルギー

1 仕事

(1) 仕事の定義

物体に一定の力 F がはたらき続けて物体が距離 s だけ移動した場合，その力は**仕事**をしたといい，仕事 W は，力 $\vec{F}$ と変位 $\vec{s}$ のなす角を θ として次のように表される。

仕事　$W = Fs\cos\theta$

図1

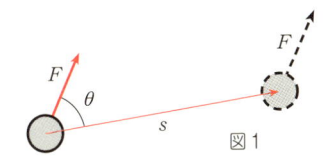

物体に 1 [N] の力を加えて，力の向きに距離 1 [m] だけ動かすときの仕事を 1 ジュール [J] といい，仕事の単位とする。[J] = [N·m] である。

次に3つの典型的な場合について仕事を考えてみよう。図 a は力の向き通りに物体が動く場合で，$W = Fs$ となり，日常用いる仕事という言葉の感じが出ている。しかし，図 b のように力の向きと移動方向が直角をなす場合には $W = 0$ となるし，さらに図 c のように力の向きと反対の向きに物体が移動する場合には $W = -Fs$ と負にもなる。このように物理で用いる仕事は日常用語と異なること，特に符号をもつことが重要である。

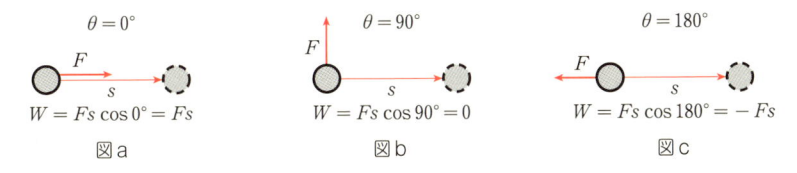

$\theta = 0°$　　　　　　　　$\theta = 90°$　　　　　　　　$\theta = 180°$

$W = Fs\cos 0° = Fs$　　$W = Fs\cos 90° = 0$　　$W = Fs\cos 180° = -Fs$

図 a　　　　　　　　　　図 b　　　　　　　　　　図 c

❯ 以上述べてきた力 $\vec{F}$ とは物体にはたらいているいくつかの力のうちの1つに着目してのものである。したがって，$\vec{F}$ と $\vec{s}$ の向きは一般に異なっている。また，仕事を問うときは必ずどの力がする仕事なのか力を指定することが必要である。

❯ 仕事を計算するには定義式にあてはめる方法のほかに，力を変位 $\vec{s}$ の方向とそれに垂直な方向とに分解し，図 a～c の考え方を適用していくという方法もある。

図1の場合なら $\vec{s}$ に垂直な分力 $F\sin\theta$ は仕事をせず, $\vec{s}$ に平行な分力 $F\cos\theta$ が仕事をするから, $W=(F\cos\theta)\times s$ と考えることになる(図2)。また, $\vec{s}$ を力の方向とそれに垂直な方向に分けて図a～cの考え方を適用してもよい(図3)。

$W=(F\cos\theta)\times s$
図2

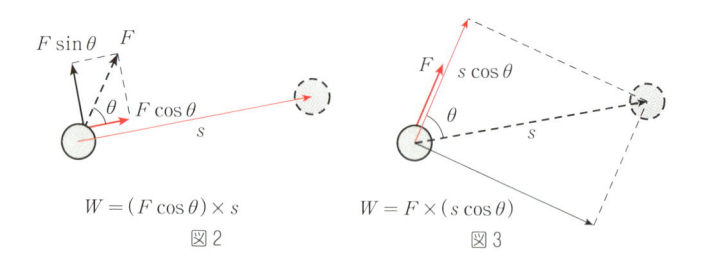

$W=F\times(s\cos\theta)$
図3

発展 仕事と内積

数学でベクトルの内積を習った人なら, $W=\vec{F}\cdot\vec{s}$ とできることに気づくだろう。仕事は符号をもつ量であるがスカラー量である。物体にいくつかの力 $\vec{F_1}$, $\vec{F_2}$, …がはたらいているとき, 個々の力のする仕事の総和は合力のする仕事に等しくなる。それは次の式変形により明らかだろう。

$$\vec{F_1}\cdot\vec{s}+\vec{F_2}\cdot\vec{s}+\cdots=(\vec{F_1}+\vec{F_2}+\cdots)\cdot\vec{s}=\vec{F}_{合力}\cdot\vec{s}$$

POINT
仕事は符号をもつ
力に対して物体が垂直に動くときの仕事は0
逆向きに動くときの仕事は負

(2) 仕事率

仕事について考えるとき, 仕事の量と同時に, 仕事をする速さを問題にすることがある。そこで, 時間 t の間に力がする仕事が W のとき,

$$P=\frac{W}{t}$$

を, この時間内の平均の**仕事率**という。

1 [s] 間に 1 [J] の割合で仕事をするときの仕事率を 1 ワット [W] といい, 仕事率の単位とする。[W]＝[J/s] である。

仕事量の時間に対する割合が一定でない場合には, 微小時間 Δt に対する仕事 ΔW の割合 P をとって, これをその瞬間の仕事率という。物体が大きさ F の力を受けて微小時間 Δt の間に, 力の向きへ距離 Δx だけ変位したとしよう。$\dfrac{\Delta x}{\Delta t}$ は物

体の速度 v であるので，

$$P = \frac{\Delta W}{\Delta t} = \frac{F \Delta x}{\Delta t} = Fv$$

力の向きと物体の運動の向きが角 θ をなす場合には，F を $F\cos\theta$ に置き換えればよいから $P = Fv\cos\theta$ となる。

(3) 仕事の原理

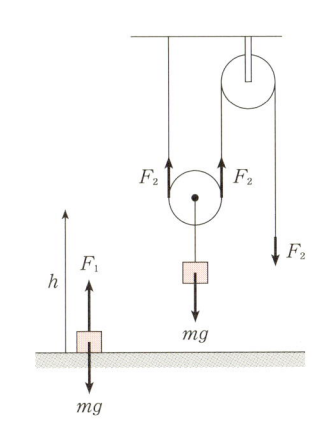

床に置いてある質量 m の物体を高さ h だけ静かに持ち上げるには動滑車を使うと楽である。この「楽」という意味を考えてみよう。直接手で持ち上げるには $F_1 = mg$ の力を上向きに加えなければならないのに対し，軽くてなめらかな動滑車を使えば，$2F_2 = mg$ となり，ひもに加える力 F_2 は $\frac{1}{2}mg$，つまり力が半分ですむことになる。

ところで，2つの場合の仕事量を計算してみよう。手で持ち上げるときは $F_1 \times h = mgh$ である。一方，動滑車を用いて h だけ上げるにはひもを $2h$ だけ引かなければならない。そこでひもに加えた力のする仕事は $F_2 \times 2h = mgh$ となり仕事量には変わりがないことになる。このように，斜面，滑車あるいはてこなどを用いると，小さな力で重い物を動かすことができるが，力のする仕事量は変わらない（装置は摩擦などのない理想的なものとする）。これを**仕事の原理**という。

2 エネルギー

(1) 運動エネルギー

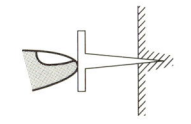

物体が他の物体に対して仕事をすることができる場合，物体は**エネルギー**をもつという。壁に画びょうを刺す場合を考えてみよう。画びょうに力を加えてつき刺していくのは仕事をすることになる。指で押す代わりに物をぶつけても画びょうは刺さる。つまり運動している物体はエネルギーをもっている。このエネルギーを**運動エネルギー**といい，その量は物体が止まるまでにする仕事の量で表す。

図のように，質量 m の物体 A が速さ v で画びょうに当たり，画びょうに一定の大きさ F の力（赤矢印）を加えながら距離 s だけ押し込んで止まったとしよう。A は反作用として画びょうから黒矢印の力を受けるので，A の運動方程式は，その加速度を a として
$$ma = -F$$
一方，v と a の間には $\quad 0^2 - v^2 = 2as$
の関係があるので，A が画びょうにする仕事は赤矢印の力を考えて
$$W = Fs = (-ma)\left(-\frac{v^2}{2a}\right) = \frac{1}{2}mv^2$$
となる。すなわち，速さ v で運動する質量 m の物体の運動エネルギー K は次のように表される。

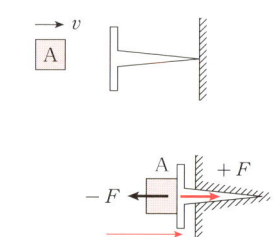

運動エネルギー $\quad K = \dfrac{1}{2}mv^2$

運動エネルギーの単位は，仕事の単位と同じであるからジュール〔J〕である。

以上では簡単のために物体に一定の力がはたらく場合について考えたが，この条件は必要ではないことが詳しい解析により示されている。

(2) 仕事と運動エネルギー

なめらかな水平面上で，質量 m の物体が一定の力 F を受けて加速度 a で運動し，距離 s だけ進む間に速さが v_1 から v_2 に変わったとすると
$$ma = F \qquad v_2{}^2 - v_1{}^2 = 2as$$
この間に力 F のした仕事は
$$W = Fs = ma \cdot \frac{v_2{}^2 - v_1{}^2}{2a} = \frac{1}{2}mv_2{}^2 - \frac{1}{2}mv_1{}^2$$

すなわち，物体の運動エネルギーは力のした仕事分だけ増加している。力の向きが物体の運動の向きと逆向きのときは物体は減速するが，F を $-F$ と置き換えれば上式はすべて成立するから，力のした仕事（負の仕事）はやはり物体の運動エネルギーの変化（減少のため負）に等しいことに変わりはない。一般に，力の大きさや向きが変わったり，物体が曲線上を運動する場合も含めて，次の関係が成立する。

物体にはたらく力のした仕事＝運動エネルギーの変化

変化とは，(後の量) − (前の量) を意味する．また，物体にいくつかの力がはたらくときには，左辺は合力のする仕事となるが，個々の力のする仕事の総和をとってもよい．

例題 1 − 19　　　　　　　　　　　　　　　　　　　　仕事とエネルギー

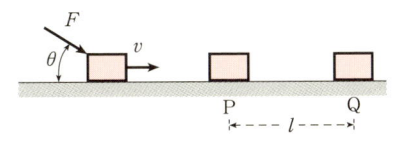

あらい水平面上で小物体をすべらせる実験を行った．質量 m [kg] の物体を，水平と θ の角度をなす方向から，ある一定の力 F で押し続けると，物体は v [m/s] の速さで等速度運動を続けた．物体が P 点に達したとき，力 F を急に除くと，物体は P 点から l [m] 先の Q 点まで進んで静止した．

重力加速度の大きさを g [m/s^2] として，次の各問いに答えよ．ただし，答は m，v，l，g，θ だけで表せ．

(1) PQ 間で，物体と面との間の動摩擦力が物体にした仕事 W はいくらか．
(2) PQ 間で，物体と面との間の動摩擦力の大きさ f はいくらか．
(3) 動摩擦係数 μ はいくらか．
(4) 物体が P 点に達する前に加えられた力の大きさ F はいくらか．
(5) 力 F の仕事率はいくらか．

(東北大)

解答

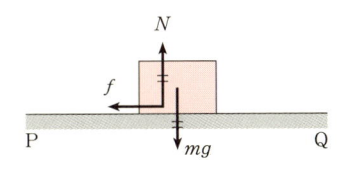

(1) 重力と垂直抗力の仕事はいずれも 0 であり，動摩擦力だけが仕事をしている．

$$W = 運動エネルギーの変化$$
$$= 0 - \frac{1}{2}mv^2$$
$$= -\frac{1}{2}mv^2 \text{ [J]}$$

(2) 動摩擦力は物体の移動方向と逆向きにはたらいているから，その仕事は負であり

$$W = -fl \qquad \therefore \quad f = \frac{mv^2}{2l} \text{ [N]}$$

(3) 垂直抗力を N とすると，鉛直方向のつり合いより $N = mg$ であり

$$f = \mu N = \mu mg \qquad \therefore \quad \mu = \frac{f}{mg} = \frac{v^2}{2gl}$$

(4) 等速度運動では力のつり合いが成り立っている。

鉛直方向のつり合いより
$$N' = mg + F\sin\theta \cdots\cdots①$$
水平方向のつり合いより
$$F\cos\theta = \mu N' \cdots\cdots②$$
このときの動摩擦力は μmg ではないことに注意したい。
①,②より N' を消去して
$$F = \frac{\mu mg}{\cos\theta - \mu\sin\theta} = \underline{\frac{mgv^2}{2gl\cos\theta - v^2\sin\theta}} \text{〔N〕}$$

(5) 力 F の仕事率 P は
$$P = Fv\cos\theta = \underline{\frac{mgv^3\cos\theta}{2gl\cos\theta - v^2\sin\theta}} \text{〔W〕}$$

(3) 重力による位置エネルギー

　質量 m の物体を地面からの高さ h の位置から静かに落下させる（自由落下させる）と，物体は距離 h だけ落下する間に，重力によって mgh の仕事をされる。ところが，物体が仕事をされると物体の運動エネルギーはその仕事分だけ増加するから，この物体は地面に達したとき mgh の運動エネルギーをもつことになる。したがって，この物体は地面に達したとき他の物体に対して mgh の仕事をすることができる。このように，高いところにある物体が低いところに位置を変えるとき，その物体は仕事をすることができるから，高いところにある物体はエネルギーをもっている。このエネルギーを**重力による位置エネルギー**という。

　図のように，基準面から高さ h の位置 P にある質量 m の物体のもつ位置エネルギー U は，$U = mgh$ となる。

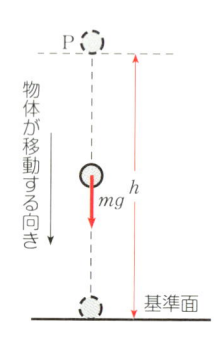

重力による位置エネルギー　$U = mgh$

基準面より h だけ下にある場合には $U = -mgh$ と負の値になる。

重力がする仕事は物体の運動経路にはよらず，高さの差だけで定まる。以下，それについてみておこう。

まず，図1のように，質量 m の物体が水平面と角 θ をなす斜面にそって，点Aから点Bまで移動するとき，重力がこの物体にする仕事 W を求めてみよう。点Aと点Bの間の距離を s とし，点Aと点Bの高さの差を h とすれば，仕事の定義により

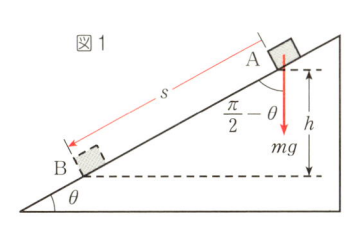

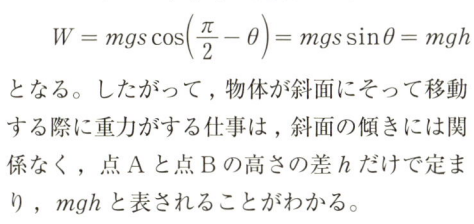

$$W = mgs\cos\left(\frac{\pi}{2} - \theta\right) = mgs\sin\theta = mgh$$

となる。したがって，物体が斜面にそって移動する際に重力がする仕事は，斜面の傾きには関係なく，点Aと点Bの高さの差 h だけで定まり，mgh と表されることがわかる。

次に，図2のような道すじにそって物体が点Aから点Bまで移動する場合について考えてみよう。AB間を細かく分割すれば，各区間 AA_1，A_1A_2，… は斜面とみなすことができる。したがって，AB間で重力がする仕事は，$W = mgh_1 + mgh_2 + \cdots = mg(h_1 + h_2 + \cdots) = mgh$ となって，やはり高さの差 h だけで決まる。

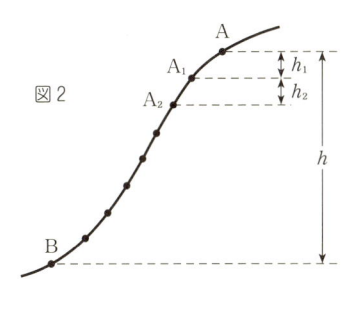

保存力と位置エネルギー

重力のように，力の大きさ・向きが物体の位置によって決まっていて(重力は空間内で一定であるがそうでなくてもよい)，力のする仕事がはじめの位置と終わりの位置だけで定まり，途中の経路には関係しない場合，その力を**保存力**という。保存力に対しては**位置エネルギー**を考えることができる。保存力としては，重力のほかに，弾性力(☞ p.34)，静電気力(☞ p.262)などがある。これらに対して，動摩擦力や空気の抵抗力などは，経路が長くなるほどその仕事が一般に大きくなるので保存力ではない力(非保存力)である。

位置エネルギーの基準

位置エネルギー U の値を決めるには，まず $U = 0$ とする基準点を設ける。基準点の取り方は任意であるが，考えやすいように，あるいは U の表式が簡単な形になるように選ぶとよい。たとえば，実験室が3階にあるなら，重力による位置エネルギーの基準は部屋の床を選ぶとか，後に記す弾性力による位置エネルギーではばねが自然の長さとなる位置を基準に選ぶと式がすっきりするといった具合である。

次に，ある点での位置エネルギーは，その点から基準点まで物体が移動する間に保存力のする仕事として定義される。あるいは，基準点に置かれた物体に外力を加えて"静かに"ある点まで移動させるときの，外力のする仕事としてもよい。外力の大きさは保存力の大きさに等しく，向きは反対であるため，このような2つの考え方ができるのである。特に後者の見方は，外力のした仕事分を物体が位置エネルギーとして蓄えたというもので，次節で扱うエネルギー保存則の観点からはわかりやすい。

> ● **"静かに"とは** 「静かに物体を移動させる」という表現は移動がじゅうぶんにゆっくりと行われ，運動エネルギーは無視してよく，移動の途中は絶えず力のつり合いが成り立っているとしてよいという意味である。

(4) 力学的エネルギーの保存

物体のもつ運動エネルギーと位置エネルギーの和を**力学的エネルギー**という。

(力学的エネルギー) = (運動エネルギー) + (位置エネルギー)

いま，地面の上方高さ h_0 の点から，初速 v_0 で投げられた質量 m の物体が高さ h の点で速さ v になったとしよう。この間に重力がした仕事は物体の運動エネルギーの増加に等しいから

$$mg(h_0 - h) = \frac{1}{2}mv^2 - \frac{1}{2}mv_0^2 \quad \cdots\cdots ①$$

したがって

$$\frac{1}{2}mv_0^2 + mgh_0 = \frac{1}{2}mv^2 + mgh \quad \cdots\cdots ②$$

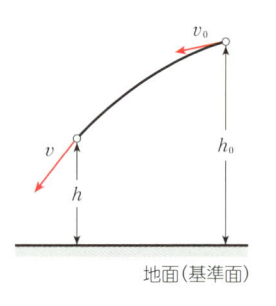

この式②から力学的エネルギーははじめの値と変わらないことがわかる。一般に，重力や弾性力のような保存力だけを受けて運動している物体の力学的エネルギーはつねに一定に保たれる。これを**力学的エネルギー保存の法則**（または，**力学的エネルギー保存則**）という。

また，物体がなめらかな曲面上を運動している場合にも力学的エネルギー保存則が成立する。物体にはたらく垂直抗力は保存力ではないが，物体の運動方向とつねに垂直にはたらいているので物体に対して仕事をしていないからである。式で表せば，上の式①と同じことになる。糸でつるされた物体が円運動をする場合にも，糸の張力は運動方向と垂直となり，仕事をしないのでやはり力学的エネルギー保存則が成立する。

> **力学的エネルギー保存則**　(運動エネルギー) + (位置エネルギー) = 一定

> 位置エネルギーは，結局のところ，はじめの値と終わりの値の差だけが問題になる。前頁の例では式①の左辺がその差である。このため位置エネルギーの基準点は任意にとってよいのである。位置エネルギー自身は負となることもある。

参考 運動方程式と力学的エネルギー保存則

運動方程式から数学的に力学的エネルギー保存則を導いてみよう。

運動方程式 $m\dfrac{dv}{dt} = F$ の両辺に $v = \dfrac{dx}{dt}$ を掛けて時間 t で積分すると

$$\int_{t_1}^{t_2} mv\frac{dv}{dt}dt = \int_{t_1}^{t_2} F\frac{dx}{dt}dt$$

置換積分の公式により両辺は

$$m\int_{v_1}^{v_2} v\,dv = \int_{x_1}^{x_2} F\,dx \quad \cdots\cdots ①$$

ここで v_i, x_i は時刻 t_i での速度と座標である（$i = 1, 2$）。

力 F が保存力の場合，位置エネルギー $U(x)$ は $U(x) = \int_{x}^{x_0} F\,dx$ と表される。ここで $x = x_0$ は位置エネルギーの基準点である。

式①より

$$m\left[\frac{v^2}{2}\right]_{v_1}^{v_2} = \int_{x_1}^{x_0} F\,dx + \int_{x_0}^{x_2} F\,dx$$

$$\frac{1}{2}mv_2^2 - \frac{1}{2}mv_1^2 = U(x_1) - U(x_2)$$

移項して整理すれば

$$\frac{1}{2}mv_1^2 + U(x_1) = \frac{1}{2}mv_2^2 + U(x_2)$$

これは力学的エネルギーが保存されることを意味している。

ついでながら，位置エネルギーの表式 $U(x) = \int_{x}^{x_0} F\,dx$ を x で微分してみると

$$\frac{dU}{dx} = -\frac{d}{dx}\int_{x_0}^{x} F\,dx = -F$$

つまり $\quad F = -\dfrac{dU}{dx}$

これから，位置エネルギーを x の関数としてグラフで表したとき，接線の傾き（の絶対値）が大きい所ほど力が強いことがわかる。重力，弾性力，静電気力などの位置エネルギーについて確かめてみるとよい。

例題 1-20　　　力学的エネルギーの保存

図のように，半径 a の円弧の形をしたなめらかなすべり台 ABC が，水平な床に B 点で接して固定されている。中心を O とする円弧 ABC は鉛直な平面内にあり，∠AOB ＝ 90°，∠BOC ＝ 60° である。A 点に静止していた質量 m の小球が，すべり台をすべり落ちて B 点を通り，C 点ですべり台からとび出す。そののち，最高点 D に到達し，再び落下して E 点において床と衝突する。重力加速度の大きさを g とし，空気の抵抗は無視する。

(1) 小球が C 点を通過するときの速さ v はいくらか。
(2) D 点の床からの高さ h はいくらか。
(3) 小球が E 点で床に衝突する直前の速さはいくらか。

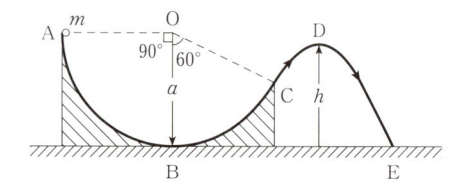

(センター試験)

解答

床面を重力の位置エネルギーの基準にとり，力学的エネルギー保存則を用いて適当な 2 点の力学的エネルギーを等号で結びつけていく。

(1) A 点と C 点とを結ぶと　　$mga = \dfrac{1}{2}mv^2 + mg(a - a\cos 60°)$　　∴ $v = \sqrt{ga}$

ただし，この設問では C 点を位置エネルギーの基準に選ぶ方が計算が少し簡単になる。

(2) 小球は C 点で円弧の接線方向に飛び出すので，速度の向きが水平方向となす角は 60° である。その後，小球は放物運動に入り水平方向には等速度運動をするから，D 点での速さは $v\cos 60°$ となる。A 点と D 点を保存則で結べば（C 点と D 点を結ぶより計算が多少速い），

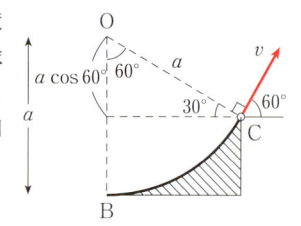

$$mga = \dfrac{1}{2}m(v\cos 60°)^2 + mgh$$

(1)の結果を代入し　　$h = \dfrac{7}{8}a$

[別解]　C 点と D 点の高さの差を h' とすれば，放物運動の鉛直成分に着目して
　　　$0^2 - (v\sin 60°)^2 = 2(-g)h'$　より　　$h' = \dfrac{3}{8}a$

この値に床からの C 点の高さ $\dfrac{1}{2}a$ を加えれば h となる。

(3) A 点と E 点を保存則で結べばよく，E 点での速さを v_E とすると
　　　$mga = \dfrac{1}{2}mv_E^2$　より　　$v_E = \sqrt{2ga}$

このように力学的エネルギー保存則で結びつける相手の状態を上手に選ぶとよい。

(5) 弾性エネルギー

引き伸ばした（または押し縮めた）ばねは，自然の長さへ戻るまでの間に，他の物体に仕事をすることができる。この仕事の量をばねの**弾性エネルギー**という。

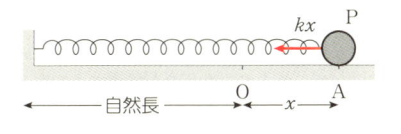

ばね定数 k の軽いばねの左端をなめらかな水平面上の１点に固定し，右端に質量 m の物体Ｐを付け，Ｐを自然長の位置Ｏから右方へ距離 x だけ離れた点Ａまで引っ張って放す。ばねがＰに及ぼす力は点Ａでは kx，点Ｏでは 0 であるので，Ｐが AO 間で受ける平均の力の大きさ $\overline{F}$ は　$\overline{F} = \dfrac{1}{2}(kx+0) = \dfrac{1}{2}kx$　である。そこで，Ｐが点Ａから自然長の位置（基準の位置）Ｏへ移るまでの間に，ばねの弾性力がＰにする仕事 W は $\overline{F}$ を用いて　$W = \overline{F} \times x = \dfrac{1}{2}kx^2$　となる。すなわち，伸び（あるいは縮み）が x のばねは，自然の長さに戻るまでの間に $\dfrac{1}{2}kx^2$ の仕事をすることができる。

$$\text{弾性エネルギー} \quad U = \frac{1}{2}kx^2$$

この弾性エネルギーは位置エネルギーの一種であり，**弾性力**による**位置エネルギー**とよばれることもある。

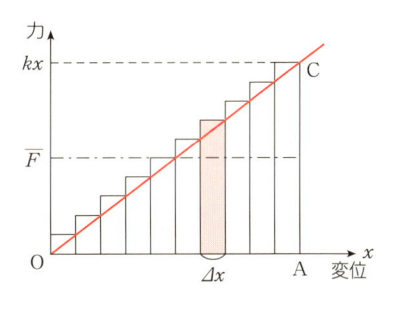

以上の求め方では力の平均値を用いるのが少し気掛かりなところであろう。厳密には右のような力と変位のグラフをつくり，x を微小区間 Δx に分割し，各区間では力の大きさがほぼ一定であることから，区間内での仕事は棒グラフの面積（赤色部分）として現れることを利用する。そして $\Delta x \to 0$ とすれば，弾性エネルギーは図の三角形 OAC の面積として求められる。これは物体の移動距離を v-t グラフの面積として求めるという手法と同じである。ここまでくると平均値 $\overline{F}$ を用いてよいのは明らかであろう。三角形の面積を長方形の面積に置き換えているわけである。これを一般化すれば，直線のグラフ（原点を通る必要はない）の面積として意味づけられる物理量に対しては平均値を用いてよいということになる。つまり，一次式で表される関係のとき平均値で代用ができるのである。これは知っておくと便利な知識である。

参考　弾性エネルギーの積分による導出

積分を用いる場合には，基準点 O で静止している物体 P に外力 F を加えて点 A まで移すときの仕事として求めるのが考えやすい。このときの外力のした仕事が位置エネルギー U としてばねに蓄えられるわけである。

$$U = \int_0^x F dx = \int_0^x kx dx = k\left[\frac{x^2}{2}\right]_0^x = \frac{1}{2}kx^2$$

例題 1－21　　　　　　　　　　　　　　　　　　　　弾性エネルギー

図のように，水平面上にばね定数 k_1 のばね A が一端を固定されて置かれ，傾角 30° をなして水平面からなめらかにつながる斜面上にばね定数 k_2 のばね B が置かれている。ばね B は自然長の状態にあり，その上端は固定され下端は斜面と水平面との接点 E にある。

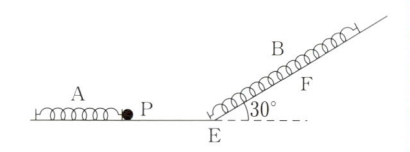

いま，ばね A に質量 m の小球 P を押し当て，ばねを a だけ縮ませた状態から P を静かに放した。摩擦とばねの質量は無視できるものとし，重力加速度の大きさを g とする。

(1) 小球 P がばね A から離れ，水平面上を動くときの速さ v を求めよ。

(2) 小球 P はばね B の下端を押しながら斜面にそって上昇し，点 F で一瞬止まったのち，引き返した。点 E と点 F の間の距離 l はいくらか。

解答

(1) P はばね A が自然長に戻ったときに離れる。

力学的エネルギー保存則より　　$\dfrac{1}{2}k_1 a^2 = \dfrac{1}{2}mv^2$　　∴　$v = a\sqrt{\dfrac{k_1}{m}}$

(2) P は水平面から高さ $l\sin 30°$ だけ上がるから重力による位置エネルギーを取り入れる。力学的エネルギー保存則により，はじめの状態と P が点 F に達したときの状態を結びつける。水平面を重力による位置エネルギーの基準にとると

$$\frac{1}{2}k_1 a^2 = \frac{1}{2}k_2 l^2 + mgl\sin 30°$$ 　これを解いて　$l = \dfrac{-mg \pm \sqrt{m^2 g^2 + 4k_1 k_2 a^2}}{2k_2}$

$l > 0$ より　　$l = \dfrac{1}{2k_2}(\sqrt{m^2 g^2 + 4k_1 k_2 a^2} - mg)$

力学的エネルギー保存則の式を立てるときは

（運動エネルギー）＋（重力による位置エネルギー）＋（弾性エネルギー）＝一定

という形式に従ってもよいし，慣れてきたら，エネルギーがどのように変換されていくかという観点に立って式を書き下してもよい。この例なら次のようになっている。

$$\frac{1}{2}k_1a^2 \quad = \quad \frac{1}{2}mv^2 \quad = \quad mgl\sin30° \quad + \quad \frac{1}{2}k_2l^2$$

（Aの弾性エネルギー）　（Pの運動エネルギー）　（Pの位置エネルギー）　（Bの弾性エネルギー）

このようなエネルギー変換の見方がより深い理解のためには必要である。

3 一般的なエネルギー保存

質量 m の物体が重力のほかに保存力ではない外力（非保存力）を受けて運動し，図のように高さとともに速さが変化している場合を考えてみる。物体にはたらく力のした仕事は運動エネルギーの変化に等しいから，非保存力のした仕事 W と重力のした仕事 $mg(h_1-h_2)$ とを合わせて

$$mg(h_1-h_2)+W = \frac{1}{2}mv_2^2 - \frac{1}{2}mv_1^2$$

$$\therefore \quad W = \left(\frac{1}{2}mv_2^2+mgh_2\right) - \left(\frac{1}{2}mv_1^2+mgh_1\right)$$

この式のもつ意味を一般化すれば，次のようになる。

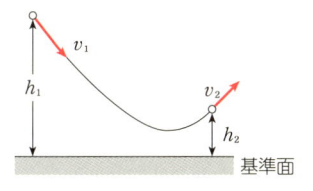

> 非保存力のした仕事＝力学的エネルギーの変化

これが広い意味でのエネルギー保存則であり，仕事の原理はその１つの現れにほかならない。また，上の関係から，非保存力のする仕事が０であることが力学的エネルギー保存則の成立条件であることが明確になってくる。力学的エネルギー保存則が成り立つのは，現実には摩擦や抵抗が無視できるときといってもよい。

POINT　非保存力のする仕事＝0 ⇨ 力学的エネルギー保存則

非保存力の例として動摩擦力を受けて運動する物体を考えてみる。次図のようにあらい水平面上を質量 m の物体が距離 l だけすべり，速さが v_1 から v_2 に減少したとする。物体と面の間の動摩擦係数を μ とすると，動摩擦力のした仕事は $-\mu mgl$ であるから

$$-\mu mgl = \frac{1}{2}mv_2^2 - \frac{1}{2}mv_1^2$$

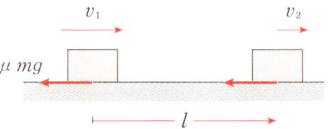

すなわち μmgl だけの力学的エネルギーが失われていることになるが，このエネルギーに等しい摩擦熱が同時に発生していることが実験的に確かめられている。熱もエネルギーの１つの形態であり，（摩擦熱）＝（動摩擦力）×（すべった距離）という関係がある。ここで上の式を $\frac{1}{2}mv_1^2 = \frac{1}{2}mv_2^2 + \mu mgl$ と書きかえてみれば，（力学的エネルギー）＋（熱エネルギー）＝一定　という形となり，一般的なエネルギー保存則が得られたことになる。

　エネルギーはいろいろな形態をとる。ある現象に関わるエネルギーをすべて考えに取り入れればエネルギーは必ず保存されている。エネルギー保存則をあらゆる場合について証明することは無理な話であるが，この法則は多くの経験例を通して，自然科学の中で確固とした地位をしめるようになった。

> ➲ 上で μmgl は摩擦熱に等しいとしたが，実際には接触面の変形や音のエネルギーになる部分もある。しかし，これらは通常無視できる量である。

例題 1－22　　　　　　　　　　　　　　　非保存力のする仕事

ばねの上端を固定し，下端に質量 m [kg] の小さなおもりをつるしたところ，ばねは自然長の位置 A より l [m] だけ伸びておもりは点 B で静止した。そこで図のように，板でおもりをゆっくりと押し上げ点 A まで移動させた。重力加速度の大きさを g [m/s²] とする。
(1) この間に板がおもりに及ぼす垂直抗力のした仕事はいくらか。
　次に，点 A の位置からおもりを板に接触させたまま板を引きおろしておもりを下降させたところ，おもりは点 B を速さ $\frac{1}{2}\sqrt{gl}$ [m/s] で通過した。 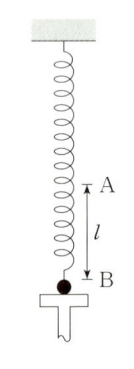
(2) この間に板がおもりに及ぼす垂直抗力のした仕事はいくらか。

第4章　エネルギー　85

解答

(1) ばね定数を k [N/m] とすると，点Bでのつり合いより　　$kl = mg$　　∴　$k = \dfrac{mg}{l}$

重力による位置エネルギーの基準を点Bにとると，はじめの状態での力学的エネルギーは　$E_B = \dfrac{1}{2}kl^2 = \dfrac{1}{2}mgl$ [J]，後の状態での力学的エネルギーは　$E_A = mgl$ [J]

よって垂直抗力のした仕事 W は　　　　$W = E_A - E_B = \underline{\dfrac{1}{2}mgl}$ [J]

別解　"ゆっくりと"押し上げているので，おもりについて力のつり合いが成立している。点Bでの垂直抗力 N は　$N = 0$　であり，点Aでは　$N = mg$　である。よって平均の力のした仕事を求めればよい　　　$W = \dfrac{0 + mg}{2} \times l = \dfrac{mgl}{2}$ [J]

平均値を利用してよいのは，N が点Bからの変位 x の1次式で表せる（$N = \dfrac{mg}{l}x$）という背景があるからである（☞ p.81）。

(2) (1)と同様，求める仕事 W' は力学的エネルギーの変化に等しく
$$W' = \dfrac{1}{2}m\left(\dfrac{1}{2}\sqrt{gl}\right)^2 + \dfrac{1}{2}kl^2 - mgl = \underline{-\dfrac{3}{8}mgl}\ [\text{J}]$$

垂直抗力は上向きで移動は下向きだから仕事が負となることは定性的にも理解できる。

第5章 運動量

1 運動量の保存

(1) 力積と運動量

質量 m の物体に，短い時間 Δt の間，力 $\vec{F}$ が加わり，その速度が $\vec{v}$ から $\vec{v'}$ へ変わったとすると，物体の運動方程式は

$$\vec{F} = m\vec{a} = m\frac{\vec{v'} - \vec{v}}{\Delta t} \quad \cdots\cdots ①$$

よって $\vec{F}\Delta t = m\vec{v'} - m\vec{v} \quad \cdots\cdots ②$

と書ける。

式②で，力と時間の積 $\vec{F}\Delta t$ を**力積**，質量と速度の積 $m\vec{v}$ を**運動量**とよぶことにすれば，運動量の変化は力積に等しいことになる。

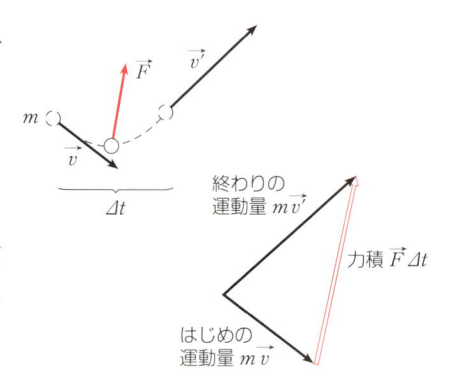

力積と運動量はいずれもベクトル量であり，力積の向きは力の向きに等しく，運動量の向きは速度の向きに等しい。また，力積の単位は〔N·s〕，運動量の単位は〔kg·m/s〕である。

2つの物体が衝突する瞬間には，たがいに衝撃的な力を及ぼし合う。この力の作用する時間はきわめて短く，力は急激に変化する。このような力を**撃力**とよぶ。撃力とそれがはたらく時間はどちらも測定がむずかしいが，力積は運動量の変化によって容易に測定できる。

> **力積と運動量の関係**　　$\vec{F}\Delta t = m\vec{v'} - m\vec{v}$

- これは，運動方程式から導かれた関係式であるから，左辺は注目物体が"受ける"力積であり，右辺は"注目物体の"運動量変化である。
- 〔N〕=〔kg·m/s²〕であるから〔N·s〕は〔kg·m/s〕と同じ単位である。

POINT　力積＝運動量の変化 …… ベクトルの関係

|発展| **力が変化するときの力積**

　力の向きは一定であるが，力の大きさが時間とともに変化している場合には，右のような時間変化を表すグラフをつくると，面積（斜線部）が力積の大きさを表すことになる。平均の力 $\overline{F}$ を用いると力積の大きさは $\overline{F}\Delta t$ と表される（赤い長方形の面積＝斜線部の面積）。このように，Δt は必ずしも微小時間とは限らない。さらに，力の向きまで変わる場合には，力と運動量を x, y, z 各成分に分けて，同様に扱えばよい。

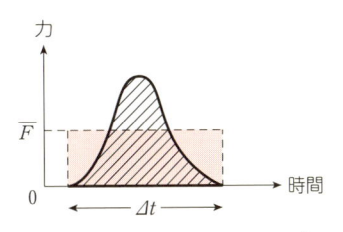

(2) 運動量保存の法則

　図のように，質量 m_1，m_2 の2物体A，Bが速度 $\vec{v_1}, \vec{v_2}$ で衝突し，短い時間 Δt の間一定の力を及ぼし合い，速度 $\vec{v_1'}, \vec{v_2'}$ で離れたとしよう。AがBから受ける力を $+\vec{F}$ とすると，作用・反作用の法則により，BがAから受ける力は $-\vec{F}$ である。ここで力積と運動量の関係は

　　Aについて　　$+\vec{F}\Delta t = m_1\vec{v_1'} - m_1\vec{v_1}$　　……①
　　Bについて　　$-\vec{F}\Delta t = m_2\vec{v_2'} - m_2\vec{v_2}$　　……②

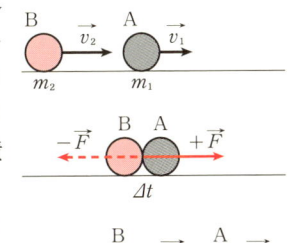

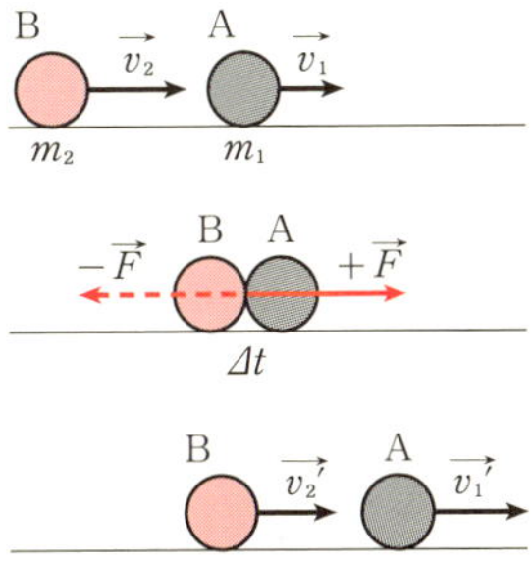

式①と②を辺々加えて整理すると

$$m_1\vec{v_1} + m_2\vec{v_2} = m_1\vec{v_1'} + m_2\vec{v_2'}$$

となるので，AとBの系全体にはたらく外からの力が0ならば，衝突の前後でAとBの運動量の和は一定に保たれる。

　一般に，いくつかの物体からなる物体系において，外力がはたらかない限り，物体間でたがいに力を及ぼし合い，1つひとつの物体の運動量が変わっても，物体系全体の運動量の総和は一定に保たれる。これを**運動量保存の法則**（または，**運動量保存則**）という。物体系に対し，いくつかの外力がはたらいていても，その合力が0であればよい。系内の物体間でたがいに及ぼし合う力は作用・反作用の関係にあり，内力とよばれる。

> **運動量保存則**　　$m_1\vec{v_1} + m_2\vec{v_2} + \cdots = $ 一定

　運動量保存則は，ベクトル量の関係であり，直線上の衝突に限らず，平面上での斜め衝突に対しても成り立つ。そのような場合には図式的に平行四辺形の法則を用

いて運動量保存則を表してもよいし，成分に分けて x，y さらには z 方向それぞれについて立式してもよい。また，衝突に限らず，物体が分裂する場合にも適用ができる。さらに，物体系にはたらく外力の和が 0 とならなくても，ある方向の成分の和が 0 となるようなときには，その方向の運動量成分に対して保存則が成立する。

POINT 系にはたらく外力の和＝0 ⇨ 運動量保存則 ……ベクトルの関係

参考 微積分による力積と運動量の関係

力積と運動量の関係は，運動方程式 $F = m\dfrac{dv}{dt}$ を時間 t で積分することにより得られる。すなわち

$$\int_{t_1}^{t_2} F dt = \int_{t_1}^{t_2} m\dfrac{dv}{dt} dt = \int_{v_1}^{v_2} m dv = [mv]_{v_1}^{v_2} = mv_2 - mv_1$$

ここで，$\int_{t_1}^{t_2} F dt$ は時間的に変化する力 $F(t)$ の力積であり，v_1，v_2 はそれぞれ時刻 t_1，t_2 での速度である。

こうして「力積＝運動量の変化」の関係は $\Delta t = t_2 - t_1$ が微小量でなくても成立する。

また，運動量保存則を導く過程でも Δt を微小量とする必要はない。作用・反作用の法則は時々刻々に成立しているので，

一方の力積が $\int_{t_1}^{t_2} F(t) dt$ なら他方の力積は $-\int_{t_1}^{t_2} F(t) dt$ となり，得られる保存則の式に変わりはないのである。

以上は1つの成分について話を進めたが，x，y，z 各成分について成り立つことなので，本質的にはベクトルの関係式として成立するものである。

---

(3) 反発係数（はねかえり係数）

実験によれば，一直線上を運動している2つの物体が衝突するとき，衝突後の相対速度の大きさと衝突前の相対速度の大きさの比 e は，物体の質量や速さには無関係で，物体の材質だけで決まる一定値をとる。

$$e = \dfrac{衝突後たがいに遠ざかる速さ}{衝突前たがいに近づく速さ}$$

あるいは，衝突前の速度を v_1，v_2，衝突後の速度を $v_1{}'$，$v_2{}'$ とすると，

$$e = -\dfrac{v_1{}' - v_2{}'}{v_1 - v_2}$$

e を**反発係数**（または，**はねかえり係数**）といい，$0 \leqq e \leqq 1$ である。

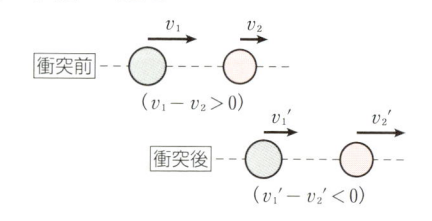

衝突前 $\qquad v_1 \rightarrow \quad v_2 \rightarrow$
$(v_1 - v_2 > 0)$

衝突後 $\qquad v_1{}' \rightarrow \quad v_2{}' \rightarrow$
$(v_1{}' - v_2{}' < 0)$

$e = 1$ のときを**弾性衝突**（または，**完全弾性衝突**），$0 \leqq e < 1$ のときを**非弾性衝突**という。特に，$e = 0$ のときを**完全非弾性衝突**といい，このときは衝突後2つの物体はくっついてしまう。

反発係数の式は実用的には次のように書きかえておくと計算を進める上で便利なことが多い。

$$v_1' - v_2' = -e(v_1 - v_2)$$

すなわち　（衝突後の速度の差）＝ $-e \times$（衝突前の速度の差）

- e が物体の質量や速さに無関係というのは厳密に成立するわけではないが，入試問題では気にかけなくてよい．

- **等質量物体の弾性衝突**　一直線上を運動する質量が等しい2物体A，Bが弾性衝突をする場合を考えてみよう．A，Bの質量を m，衝突前のA，Bの速度を v_A, v_B，衝突後のA，Bの速度を v_A', v_B' とし，運動量保存則と反発係数の式を適用すると，次のようになる．

$$mv_A' + mv_B' = mv_A + mv_B \qquad v_A' - v_B' = -(v_A - v_B)$$

この2式から　$v_A' = v_B$, $v_B' = v_A$ となるので，等質量の2物体が弾性衝突をすると，2物体の速度が互いに入れ替わることがわかる．

(4)　固定面との衝突

図のように，物体が壁や床と垂直に衝突するとき，衝突の前後の物体の速さを v, v' とする．物体が衝突しても壁や床は静止しているから，図のように速度の正の向きを定めて，反発係数の式をつくると

$$v' - 0 = -e\{(-v) - 0\}$$

したがって　$v' = ev$　となる．

　　　　固定面との衝突　$v' = ev$

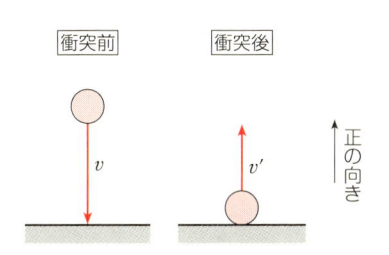

斜め衝突

図のように，物体Pが，なめらかな面ABに斜めに衝突する場合は，衝突の前後のPの速度 $\vec{V}$（x 成分を u, y 成分を $-v$ とする），$\vec{V'}$（x 成分を u', y 成分を v' とする）を，それぞれABの方向（x 方向）とABに垂直な方向（y 方向）に分解して考える．床はなめらかであるから，衝突をしてもPは床から x 方向の力を受けない．そのため，Pの x 方向の速度成分は変化せず，$u' = u$ である．一方，y 方向の速度成分は，Pが床に垂直に衝突する場合と同じであるから　$v' = ev$　となる．

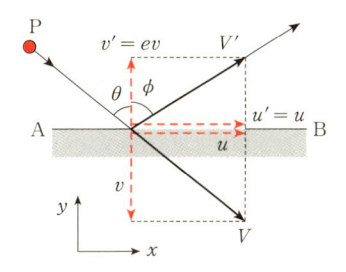

なお，$e=1$ の場合は $u'=u$，$v'=v$ となるから，図の角 θ と角 ϕ は等しくなる。

▶ 面 AB は水平面でも鉛直面でも，あるいは斜面でもよい。これは瞬間的な衝突では重力の力積が無視できることによっている。衝突の際に物体にはたらく垂直抗力は撃力であり，その大きさは重力の大きさに比べてけた違いに大きいのである。

POINT

なめらかな面との斜め衝突 $\begin{cases} \text{面に平行な速度成分は不変} \\ \text{面に垂直な速度成分の大きさは } e \text{ 倍} \end{cases}$

発展 あらい面との斜め衝突

あらい固定面に，質量 m の物体が速度 $\vec{V}$ で衝突して，速度 $\vec{V'}$ ではねかえるとしよう。速度成分を $\vec{V}=(u,\ -v)$，$\vec{V'}=(u',\ v')$ とする。まず，物体と面の間の反発係数を e とすると，面に垂直な成分 v と v' の関係は

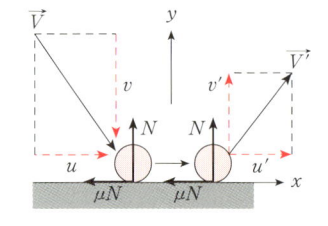

$$v' = ev \quad \cdots\cdots\text{①}$$

衝突中，物体は面上をわずかな距離だけすべっている。動摩擦係数を μ，接触時間を Δt とする。物体が床から受ける垂直抗力は撃力であり，その大きさを N とすると，物体についての力積と運動量の関係は

x 方向　　$(-\mu N)\Delta t = mu' - mu$ 　　$\cdots\cdots$②
y 方向　　　$N\Delta t = mv' - m(-v)$ 　$\cdots\cdots$③

式②，③より $N\Delta t$ を消去し，①を用いると　　$u' = u - \mu(1+e)v$

このようにして u' と v' が求められる。

(5) 衝突によるエネルギーの変化

衝突が起こると，一般に物体系全体での運動エネルギーが減少する。物体系から失われた運動エネルギーは，物体の変形や熱，衝突時の音のエネルギーなどに変わる。ただし，弾性衝突 ($e=1$) の場合のみは，衝突の前後で系の運動エネルギーが保存される。

POINT

弾性衝突 ($e=1$) ⇨ 衝突の前後で運動エネルギーが保存
非弾性衝突 ($0 \leqq e < 1$) ⇨ 衝突の際，運動エネルギーが減少

> **分裂**　分裂の場合は一般に物体系の運動エネルギーが増加する。これは系の内部に蓄えられていた弾性エネルギー・化学エネルギーなどが運動エネルギーに変換されるからである。

例題 1－23　　　　　　　　　　　　　　　　　直線上での衝突

なめらかな水平面上に質量 M の物体Bを静止させておき，左から質量 m の物体Aを速さ v_0 で進ませてBと衝突させる。右向きを速度の正の向きとして，次の問いに答えよ。

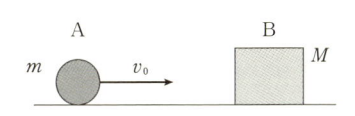

まず，衝突後，AとBが一体となる場合について，
(1) 衝突後の速度 v を求めよ。
(2) 衝突の際，系全体から失われる運動エネルギーを求めよ。

次に，A，B間の反発係数が e の場合について，
(3) 衝突後のA，Bの速度 v_A, v_B をそれぞれ求めよ。
(4) 衝突後，Aがはねかえって左へ戻るための条件を求めよ。

解答

(1) 運動量保存則より
$$mv_0 = (m+M)v \qquad \therefore\ v = \frac{m}{m+M}v_0$$

(2) $\dfrac{1}{2}mv_0^2 - \dfrac{1}{2}(m+M)v^2 = \dfrac{mMv_0^2}{2(m+M)}$

(3) 運動量保存則より　　$mv_A + Mv_B = mv_0$　……①
反発係数の式より　　$v_A - v_B = -e(v_0 - 0)$　……②

①＋M×② より，v_B を消去して
$$(m+M)v_A = (m-eM)v_0 \qquad \therefore\ v_A = \frac{m-eM}{m+M}v_0$$

①－m×② より，v_A を消去して
$$(M+m)v_B = (m+em)v_0 \qquad \therefore\ v_B = \frac{(1+e)m}{m+M}v_0$$

$e=0$ の場合には(1)の結果に戻ることを確かめてみるとよい。なお，系から失われた運動エネルギー ΔE を調べてみると
$$\Delta E = \frac{1}{2}mv_0^2 - \left(\frac{1}{2}mv_A^2 + \frac{1}{2}Mv_B^2\right) = \frac{(1-e^2)mMv_0^2}{2(m+M)}$$

$e=0$ の場合には(2)の結果に戻る。また，$e=1$ の弾性衝突の場合のみ $\Delta E=0$，つまり，運動エネルギーが保存されることが確かめられる。

(4) Aがはねかえるのは v_A が負となる場合だから，(3)の答より　$m < eM$

例題 1 − 24　　2 物体のくり返し衝突

なめらかな水平面上に，直方体の箱（質量 M）が置かれている。この中に質量 m の球がある。これが初速度 v で箱の内壁に垂直に衝突して，速度 v_1 ではねかえり，再び反対側の壁に衝突して，速度 v_2 ではねかえる。ここで，初速度 v の方向を，速度の正の方向とする。球と壁との間の反発係数（はねかえり係数）を e とし，$eM > m$ であるとする。また，球と箱の底面との間の摩擦はないものとする。

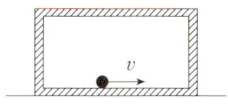

(1)　速度 v_1 を求めよ。
(2)　速度 v_2 を求めよ。
(3)　衝突のたびごとに，球と箱との相対速度が減少するので，衝突を無限にくり返せば，ついには 2 物体の速度が等しくなる。このときの最終速度 u を求めよ。

(宮崎大・医)

解答

(1)　速度 v_1 ではねかえるというとき，v_1 の値は負の量であろうが，運動量保存則の式を「速度」を用いて立てる場合は，単に運動量（質量×速度）の和の形にしておけばよい。一方，「速さ」の場合には，いちいち運動の向きまで考えなければいけない。1 回目の衝突後の箱の速度を V_1 とおくと

　　運動量保存則より　　　　$mv_1 + MV_1 = mv$　　　……①
　　反発係数の式より　　　　$v_1 - V_1 = -e(v - 0)$　　　……②

このように速度で扱えば，反発係数の式の取り扱いも公式通りですむ。

　　①，②より　　$v_1 = -\dfrac{eM - m}{M + m} v$

$eM > m$ より，$v_1 < 0$ となり，球は確かにはねかえっていることがわかる。一般に衝突後の物体の運動方向は答の符号によって判断する。

(2)　2 回目の衝突後の箱の速度を V_2 とおくと

　　運動量保存則より　　　　$mv_2 + MV_2 = mv_1 + MV_1$
　　反発係数の式より　　　　$v_2 - V_2 = -e(v_1 - V_1)$
　　ここで①，②を用いると　$mv_2 + MV_2 = mv$　　　……③
　　　　　　　　　　　　　　$v_2 - V_2 = e^2 v$　　　……④

　　これを解いて　　$v_2 = \dfrac{e^2 M + m}{M + m} v$

衝突回数によらず運動量は保存しているから，式③は①を経由せずに立てるのもよい。また，反発係数は相対的な速さの比であったことを思い出せば，箱に対する球の速さは，

v, ev, e^2v と変化していること,および相対速度の向きは1回ごとに入れ替わることに注意すれば,式④もただちに書き下せる。

(3) 運動量保存則より　　$mu + Mu = mv$　　　　∴　$u = \dfrac{m}{M+m}v$

[別解]　n 回目の衝突後の球と箱の速度をそれぞれ v_n, V_n とおくと

$$mv_n + MV_n = mv, \quad v_n - V_n = (-e)^n v$$

これらの式より,　$v_n = \dfrac{(-e)^n M + m}{M+m} v$,　$V_n = \dfrac{m - (-e)^n m}{M+m} v$

ここで $n \to \infty$ とすると,$e < 1$ より（問題文の"相対速度が減少する"ことより $e = 1$ はあり得ない）,$(-e)^n \to 0$,　したがって $v_n \to u$,$V_n \to u$

例題1-25　　　　　　　　　　　　　　　　　　　**2次元での分裂**

静止していた質量14 kgの物体が破裂して,3つの部分A,B,Cになって飛んだ。質量4.5 kgのAは2 m/sの速さで,質量8 kgのBは1.5 m/sの速さで,ともに水平面内でたがいに直角な方向に飛び出した。

Aの飛び出した方向を x 軸の負の向きにえらび,Bの飛び出した方向を y 軸の負の向きにえらんで,Cの飛び出した方向を図示せよ。そのとき,Cの速度 $\vec{v}$ の x 成分と y 成分の比 $\dfrac{v_x}{v_y}$,およびCの速さ v を求めよ。

（岡山大）

(解答)

Cの質量は $14 - (4.5 + 8) = 1.5$ [kg] であり,運動量保存則を x, y 方向についてそれぞれ適用すると

　　x 方向　　$0 = 4.5 \times (-2) + 1.5 v_x$
　　y 方向　　$0 = 1.5 v_y + 8 \times (-1.5)$
　　∴　$v_x = 6$,$v_y = 8$

Cの飛び出した方向が x 軸となす角を θ とすると

$$\tan \theta = \dfrac{v_y}{v_x} = \dfrac{4}{3}$$

したがって,右図のように傾きが $\dfrac{4}{3}$ となるように図を描けばよい。

また,$\dfrac{v_x}{v_y} = \dfrac{3}{4} = \underline{0.75}$,　$v = \sqrt{v_x{}^2 + v_y{}^2} = \underline{10}$ [m/s]

運動量保存則は,x 方向：$4.5 \times 2 = 1.5 v_x$,y 方向：$8 \times 1.5 = 1.5 v_y$　と書き下してもよい。これははじめの運動量が0であるため,分裂後は上下・左右,各運動量成分の大きさが等しいという見方である。

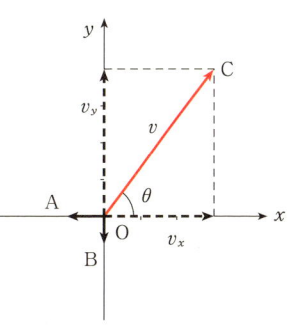

[別解] A，Bの運動量をベクトルとして表し，合成すれば図の $\vec{p}$ となる。はじめ静止していたので全運動量は0となっていなければならない。そこでCの運動量は $-\vec{p}$ として求められる。その向きがCのとび出した向きでもある。$\dfrac{v_x}{v_y}$ は y 軸から測ったOCの傾き $\dfrac{9}{12}$ に等しく，Cの速さは，$|\vec{p}|=1.5v=\sqrt{9^2+12^2}$ より $v=10\,[\text{m/s}]$ と求められる。

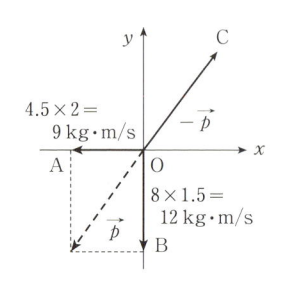

例題1−26　　　　斜面との衝突

図に示すように，小さい球を高さ h の点Aから自然に落下させる。球は，途中で，傾き45°のなめらかな固定された斜面と高さ l の点Bで完全弾性衝突したのち，水平な地面上に達する。斜面の下端をD，ABの延長線と地面との交点をEとし，また重力加速度の大きさを g とする。

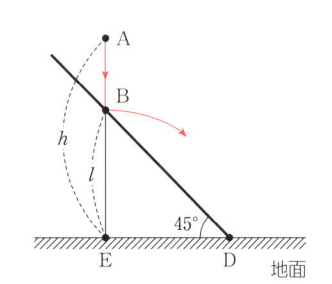

(1) 球が斜面と衝突した直後の速さはいくらか。
(2) 球がBではねかえったのち，ちょうどDに落ちる場合，h と l の間の関係を求めよ。

(東京学芸大)

解答

(1) 球の質量を m，衝突直前の速さを v とすると，

力学的エネルギー保存則により　　$\dfrac{1}{2}mv^2=mg(h-l)$

完全弾性衝突であるから，衝突直後の球の速さも v に等しく，　$v=\sqrt{2g(h-l)}$

(2) 点Bにおける斜面の法線と衝突直後の速度ベクトルがなす角を θ とすると，完全弾性衝突では θ は入射角45°に等しい（☞ p.89）。つまり，球は水平方向にはねかえる。

点Dに落下するまでの時間を t として放物運動の式を立てると

　　水平方向　$ED=l=vt$　　鉛直方向　$l=\dfrac{1}{2}gt^2$

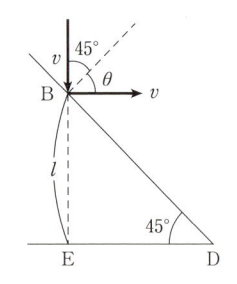

t を消去して $l = \frac{1}{2}g\left(\frac{l}{v}\right)^2$ つまり $v^2 = \frac{1}{2}gl$

ここで(1)の結果を v に代入し，整理すれば $h = \frac{5}{4}l$

2 保存則

　力学的エネルギー保存則にしても運動量保存則にしてもその基礎は運動方程式であった。第4章，第5章の大筋をもう一度ふりかえってこのことを確認しておくとよい。したがって，力学の問題に対する方針は，運動方程式から進むか，保存則を用いるかの2つに大別されるといっても過言ではないだろう。そこで両者の特徴をいま一度押さえておこう。

　時間の経過とともに物体の位置や速度がどう変わっていくかといった時間変化を調べるなら，これは運動方程式の問題である。また，力や加速度を求めるのも運動方程式に頼ることが多い。保存則には物体の速度と位置しか顔を出さないからである。一方，保存則は運動方程式から導かれた法則ではあるが，その内容は運動方程式を越えているといってよい。たとえば，なめらかな曲面をすべり降りたときの物体の速さや，物体間の衝突の問題では運動方程式を用いても事実上解けない。ただ，保存則には適用条件があることはつねに意識しておかなければならない。ここでは，保存則を積極的に用いていく問題を扱ってみる。

例題1-27　　　　　　　　　　　　　ばねを介しての衝突

　図1のように，Oを境に左はなめらかで右はあらい水平な床があり，小さい物体A，B，Cが左側のなめらかな床の上に一直線にならんで静止していた。このとき，AとBは軽い糸で連結されていて，Aに固定した軽いばねがAとBにはさまれて自然の長さよりも a だけ縮み，糸は張っていた。

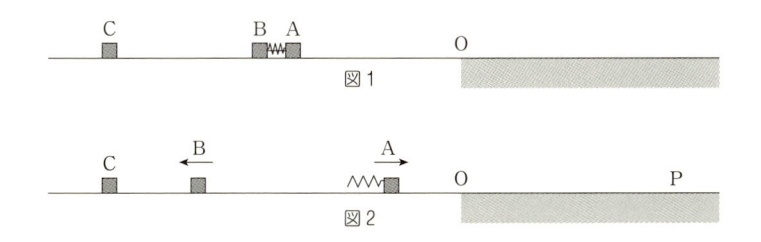

つぎに，AとBを連結している糸を切ると，AとBはすべりはじめ，図2のように，Bがばねを離れた後，AはOを越えて点Pで止まり，BはCに衝突した。ただし，糸が切れBがばねを離れたときには，糸を切る前のばねの弾性エネルギーは，すべてAとBの運動エネルギーに変わっているものとする。

物体A，B，Cの質量をそれぞれm_A，m_B，m_C，ばねのばね定数をk，重力加速度の大きさをgとする。

(1) 糸が切れてBがばねを離れたときのAの速さv_Aはいくらか。
(2) 糸が切れてBがばねを離れたときのBの運動量の大きさp_Bはいくらか。
(3) Aがあらい床をすべった距離OPはいくらか。(1)のv_Aを用いて表せ。ただし，Aとあらい床との間の動摩擦係数をμとする。
(4) BがCに衝突した後のCの速さはいくらか。(2)のp_Bを用いて表せ。ただし，この衝突における反発係数をeとする。

(センター試験)

解答

(1) 文意より力学的エネルギーが保存していることがわかる。また，ばねを含めた物体系ABにとってばねの力は内力であり，外力の和は0であるから（重力と垂直抗力はつり合っている），運動量も保存していることになる。Bの速さをv_Bとすると

力学的エネルギー保存則より $\quad \dfrac{1}{2}ka^2 = \dfrac{1}{2}m_A v_A^2 + \dfrac{1}{2}m_B v_B^2 \quad \cdots\cdots$ ①

運動量保存則より $\quad m_B v_B = m_A v_A \quad \cdots\cdots$ ②

②よりv_Bをv_Aで表し，①に代入すると

$$\dfrac{1}{2}ka^2 = \dfrac{1}{2}m_A v_A^2 + \dfrac{1}{2}\dfrac{m_A^2}{m_B}v_A^2 \quad \therefore \quad v_A = a\sqrt{\dfrac{km_B}{m_A(m_A+m_B)}}$$

(2) $p_B = m_B v_B = m_A v_A = a\sqrt{\dfrac{km_A m_B}{m_A+m_B}}$

(3) エネルギー保存則より

$$\dfrac{1}{2}m_A v_A^2 = \mu m_A g \times \mathrm{OP} \quad \therefore \quad \mathrm{OP} = \dfrac{v_A^2}{2\mu g}$$

(4) 図で左向きを正とし，衝突後のB，Cの速度をv_1，v_2とすると

運動量保存則より $\quad m_B v_1 + m_C v_2 = p_B \quad \cdots\cdots$ ③

反発係数の式より $\quad v_1 - v_2 = -e \cdot \dfrac{p_B}{m_B} \quad \left(\because\ v_B = \dfrac{p_B}{m_B}\right) \cdots\cdots$ ④

③，④よりv_1を消去して $\quad v_2 = \dfrac{(1+e)p_B}{m_B + m_C}$

例題 1－28　　　なめらかに動く台上の物体

　図のように，水平な床の上になめらかな円弧状の斜面をもった質量 M の台が置かれている。この台の AB 間は水平で，BC 間は半径 R の円弧になっていて，円弧の中心 O は B 点の真上にある。いま，質量 m の質点を台の上の A 点から B 点に向かって初速度 v で水平に投げだすとして，次の 2 つの場合を考える。ただし，重力加速度の大きさを g とし，また，空気の抵抗は無視できるものとする。

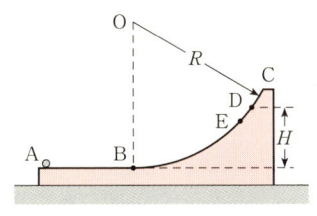

　まず，斜面をもった台が床に固定してある場合，質点が高さ H の D 点までちょうど上がるためには，v は 　(1)　 でなければならない。

　次に，斜面をもった台が床の上をなめらかに動けるようにした場合には，質点は E 点までしか上がらない。E 点に到達した瞬間に，質点の床に対する速さは v の 　(2)　 倍であり，E 点の高さは H の 　(3)　 倍である。質点がおりてきて再び B 点を通過するときの，質点の床に対する速さは v の 　(4)　 倍である。

(大阪府立大)

解答

(1) 力学的エネルギー保存則より　$\dfrac{1}{2}mv^2 = mgH$　∴　$\underline{v = \sqrt{2gH}}$

(2) 質点は E 点に達して台に対して一瞬静止する。つまり，台に対する相対速度が 0 となる。これは床に対する質点の速度が台の水平速度と等しくなっていることに他ならない。その速さを V とおく。一方，質点と台からなる系を考えると，水平方向には外力がはたらいていないから，水平方向では運動量保存則が成立しており

$$mv = mV + MV \quad \text{より} \quad V = \dfrac{m}{m+M}v \quad ∴ \quad \underline{\dfrac{m}{m+M}} \text{倍}$$

(3) E 点の高さを h とすると，力学的エネルギー保存則より

$$\dfrac{1}{2}mv^2 = \dfrac{1}{2}mV^2 + \dfrac{1}{2}MV^2 + mgh$$

　(2)の結果を代入すれば　$h = \dfrac{Mv^2}{2g(m+M)}$

　さらに(1)の結果を代入して　$h = \dfrac{M}{m+M}H$　∴　$\underline{\dfrac{M}{m+M}}$ 倍

(4) 右向きを正として，質点が B 点を通過するときの，質点と台の床に対する速度をそれぞれ v_1，V_1 とおくと

運動量保存則より $\quad mv = mv_1 + MV_1 \quad$ ……①

力学的エネルギー保存則より $\quad \dfrac{1}{2}mv^2 = \dfrac{1}{2}mv_1^2 + \dfrac{1}{2}MV_1^2 \quad$ ……②

①，②より V_1 を消去して整理すれば
$$(M+m)v_1^2 - 2mvv_1 + (m-M)v^2 = 0$$

これより $\quad v_1 = v \quad$ または $\quad v_1 = \dfrac{m-M}{m+M}v$

前者は $V_1 = 0$ となり，はじめの状態に対応するので，求める答は $\quad \underline{\dfrac{|m-M|}{m+M}}$ 倍

[別解] 質点と台の運動は1つのゆるやかな衝突とみることもできる。力学的エネルギーは保存するので，その衝突は弾性衝突で反発係数1に対応する。そこで式②の代わりに $v_1 - V_1 = -v$ を用いて，式①と連立させてもよい。

参考 運動量保存則と重心速度

なめらかな水平面上で質量 m_1, m_2 の2つの物体が力を及ぼし合いながら運動しているとする。たとえば，図のように軽いばねで結ばれて直線上を振動しながら動いているとする。2つの物体の位置座標を x_1, x_2 とすると（x_1, x_2 は時間 t の関数），重心 G の座標 x_G は

$$x_G = \dfrac{m_1 x_1 + m_2 x_2}{m_1 + m_2}$$

ここで，両辺を時間 t で微分すると，$\dfrac{dx}{dt}$ は速度 v を表すから

$$v_G = \dfrac{dx_G}{dt} = \dfrac{m_1 \dfrac{dx_1}{dt} + m_2 \dfrac{dx_2}{dt}}{m_1 + m_2}$$

$$= \dfrac{m_1 v_1 + m_2 v_2}{m_1 + m_2}$$

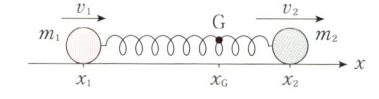

右辺の分子は全体の運動量を表している。物体系に外力が加わらない限り，運動量は保存されるので，重心速度 v_G は一定に保たれることがわかる。このことは平面上や空間内の運動についても成り立つ。物体の数も2つとは限らない。

物体系が静止状態から内力だけにより動き出したとすると，重心速度は0だから重心位置は不変となる。ある1つの方向だけについて運動量が保存される場合には，その方向での重心の動きはないことになる。たとえば，p.65の板上を歩く人の場合や例題1−25の場合では重心位置が不変となっている。

一方，物体系に外力がはたらく場合の重心の運動は系の全質量が重心に集まったと考えた仮想質点に，外力の合力（ベクトル和）がはたらいた場合の運動に等しいことが証明されている。猫を放り投げたとき，猫自身はクルクル回転しても，重心は放物線を描いて落下していくわけである。

COFFEE BREAK

r^2 と r^3 の競い合い

　前に，雲が落ちない理由として〝体積は半径 r の 3 乗に比例するが，表面積は r^2 に比例する〟こと，したがって，小さな物体ほど表面積の効果の大きいことを述べた。この話をもう少し続けてみよう。

　赤ちゃんを風呂に入れるとき，大人がいい気分になるまで湯につかっていたら，赤ちゃんはのぼせてしまう。体積のわりに表面積が大きいので，赤ちゃんの方が温まりやすいのである。もちろん，風呂から出たらすぐにも服を着せてやらないといけない。大人以上に冷めやすいのは同じ理由による。

　では，逆の例を 1 つ。太陽は表面でも 6000 度，内部は 1600 万度という高温になっている。核融合でエネルギーを生産しているわけだが，単位体積（たとえば 1 cm^3）あたりの発熱量を計算してみると，驚いたことに人間の方があの太陽よりも多い！のである。巨大な太陽は表面積の効果，いいかえれば放熱の効果が小さいので熱が内にこもり高温になれるのである。1 つの的は射ている見方といってよいだろう。

　人間は，生物的な面は別にして，物理的にはどこまでも大きくなれるのかという問題がある。大きさを相似的に 2 倍にすれば，体重は $2^3=8$ 倍になってしまう。ところが，体重を支える足の面積は $2^2=4$ 倍にしかならない。つまり，足にかかる負担が 2 倍になる。このことから考えても体の大きさには限度があるはずである。そういえば，恐竜も巨大なのは水の中に住んでいた。浮力で足の負担を軽くしていたのであろう。

第6章　いろいろな運動

1 慣性力

　物体の運動はそれを見る人がどのような運動をしているかによって異なって見える。いま，等加速度直線運動をしている電車の天井からおもりPを糸でつるすと，図のように糸はある方向に傾いた状態となる。このとき，電車の外で静止している人Aと電車の中にいる人Bが見たPの運動はそれぞれ次のようになる。

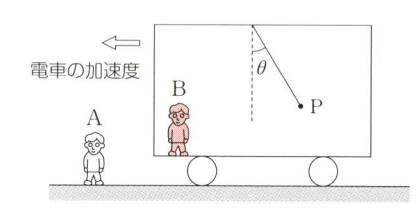

　Aが見た場合……Pは電車と同じ加速度で水平方向に運動している。
　Bが見た場合……Pは静止している。

　ここで，電車の加速度の大きさをα，Pの質量をm，糸が鉛直線となす角度をθ，そして糸の張力の大きさをTとする。
　まず，Aから見るとPは水平方向に等加速度で運動しているので，Pに対して水平方向では運動方程式，鉛直方向では力のつり合いの式がつくれる。

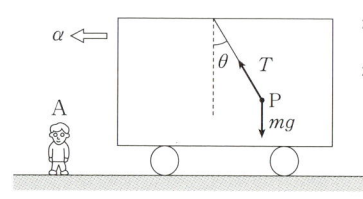

$m\alpha = T\sin\theta$ … 水平方向の運動方程式

$mg = T\cos\theta$ … 鉛直方向の力のつり合いの式

　　これらの式より T を消去すると

$$\tan\theta = \frac{\alpha}{g}$$

　一方，Bから見ると，Tとmgの合力が0にならないにもかかわらずPは静止して見えるから，Pには何かもうひとつ別の力Fがはたらいていて，鉛直方向のみならず水平方向でも力がつり合っていると考えることになる。

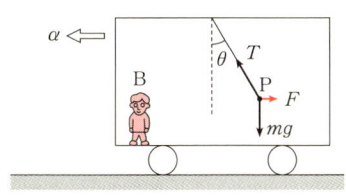

$F = T\sin\theta$ … 水平方向の力のつり合いの式

$mg = T\cos\theta$ … 鉛直方向の力のつり合いの式

これらの式より　　　$F = mg\tan\theta$

前述の $\tan\theta$ を代入すると　　$F = m\alpha$

すなわち，加速度運動をしている観測者から見ると，物体には実際の力である張力 T と重力 mg のほかに，観測者の加速度の向きと逆向きに大きさ $m\alpha$ の力がはたらいているように見える。このみかけの力を**慣性力**という。

> 慣性力　$-m\vec{\alpha}$
>
> マイナスの符号は，慣性力の向きが地面に対する観測者の加速度 $\vec{\alpha}$ の向きと逆向きであることを示す。

慣性力はつり合いの問題に限らない。もう1つ例をみてみよう。

重力のはたらかない宇宙空間で加速度 $\vec{\alpha}$ の等加速度直線運動をする部屋を，質量 m の物体Pが等速度で通り抜ける場合を考える。

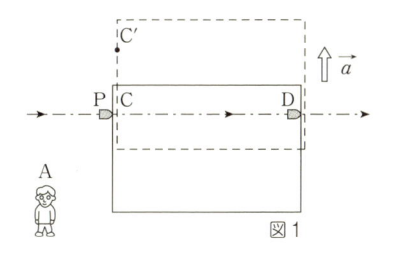

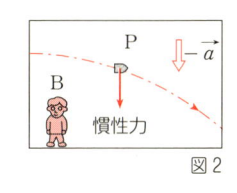

図1

図2

宇宙空間で静止している人Aが見れば，Pは何らの力も受けず，図1の直線CDにそって等速で運動していることになる。ところが，部屋の中にいる人Bから見ると，Pが部屋の左側面から右側面に達するまでの間に部屋が移動し，点Cの位置は点C'の位置に移るので，Pの軌道は図2のように水平投射に似たものになる。このとき，人Bに対するPの加速度は $-\vec{\alpha}$ である。したがって，人BがPの運動方程式を立てると，Pには $-m\vec{\alpha}$ の慣性力がはたらいていると考えることになる。

発展　慣性力の一般的な導入

　質量 m の物体が力 $\vec{F}$ を受けて運動している場合を考えよう。静止している人Aがこの物体の運動方程式をつくると，加速度 $\vec{a_0}$（単に加速度とよぶときは静止系における加速度を指す）を用いて，次のようになる。

$$m\vec{a_0} = \vec{F} \quad \cdots\cdots ①$$

　一方，Aに対し加速度 $\vec{\alpha}$ で運動している人Bが，この物体を見ると $\vec{a_1}$ という加速度（相対加速度）をもつように見えたものとする。そこでBが運動方程式をつくる場合，観測した加速度 $\vec{a_1}$ を用いて

$$m\vec{a_1} = \vec{F}$$

とすると，これは①と比べてみればすぐわかるように誤りとなってしまう。

　このように $\vec{a_1}$ という相対加速度はそのままでは用いられない。$\vec{\alpha} + \vec{a_1}$ とすれば $\vec{a_0}$ に戻すことができる。したがってBの立てるべき式は次のようになる。

$$m(\vec{\alpha} + \vec{a_1}) = \vec{F}$$

この式を書きかえれば

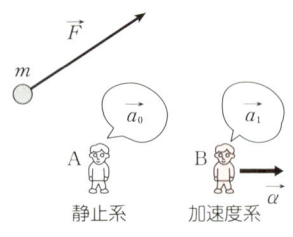

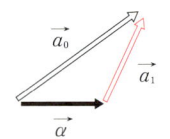

$$m\vec{a_1} = \vec{F} + (-m\vec{\alpha})$$

以上は数学的変形にすぎないが，この式には新しい意味をもたせることができる。つまり，加速度系で運動方程式をつくるときには実際に観測した加速度 $\vec{a_1}$ を用いればよい。ただし，そのとき実際の力 $\vec{F}$ のほかに $-m\vec{\alpha}$ という"力"がはたらいているとしなければならないというわけである。

　以上のことから2つのことが導ける。まず，慣性力を用いるのは，Bから見て物体が静止しているとき，つまり力のつり合いに限る必要はないということである。静止系の立場に立つよりも加速度系の方が運動の扱いが簡単になる場合は慣性力を用いて運動方程式をつくるとよい。

　次に，等速度運動をする人は $\vec{\alpha} = 0$ であり，$\vec{a_1} = \vec{a_0}$ であるから静止系と同様の式を立てることになる。そこで静止系，等速度系をまとめて**慣性系**とよんでいる。運動方程式に限らず，**慣性系においては物理法則は不変**であるというのが物理学の大前提となっている。公理あるいは原理といってもよいだろう。

POINT　加速度系の方が運動が単純になるなら慣性力で

第6章 いろいろな運動　103

例題 1－29　　宇宙船内でのみかけの重力

宇宙船の中に，ばね定数 k のばねの一端が固定され，他端には質量 m の球がつり下げられている。球はどのような場合でも宇宙船の壁には当たらない。次のそれぞれの場合に，ばねの自然長からの伸びの長さを求めよ。ただし，宇宙船は地表近くにあり，重力加速度の大きさは一定で g とし，ばねの質量は無視できるとする。

(1) 宇宙船が地表から加速度 $0.1g$ で垂直に打ち上げられるとき。
(2) 宇宙船が地表に対して角度 30 度の直線軌道上を加速度 $1g$ で上昇しているとき。この場合，ばねが地表に対して傾く角度も求めよ。
(3) 宇宙船がエンジンを切り，ガスを噴射しないで地表に対して放物運動をしているとき。
(4) 宇宙船が直線軌道上を速度 v で等速運動しているとき。

(関西学院大)

解答

宇宙船の中で観察すれば，慣性力を考えての力のつり合いの問題となる。以下，求めるばねの伸びを x とする。

(1) 図1より　　$kx = mg + m \times 0.1g$　　　$x = \dfrac{1.1mg}{k}$

重力 mg と慣性力 $m\alpha$ との合力は一定の大きさと向きとをもつので，宇宙船の中では**みかけの重力**としてはたらいている。この設問では $m(g+\alpha)$ の大きさで鉛直下向きである。

また，みかけの重力加速度の大きさが $g+\alpha$ であるといってもよい。

(2) 重力と慣性力の大きさは等しく，その合力は図2より $2mg\cos 30°$ となるので

$$kx = 2mg\cos 30° \qquad x = \dfrac{\sqrt{3}\,mg}{k} \qquad また，ばねの傾く角度は \underline{60°}$$

(3) 放物運動だから宇宙船の加速度は鉛直下向きに g であり，宇宙船内の球にはたらく慣性力は上向きに mg となり，重力との合力は 0 となる（図3）。これがいわゆる無重力（無重量）状態である。したがって，ばねは伸びない。　　$\underline{0}$

(4) 等速度運動では慣性力はないから，重力だけを考えればよく，宇宙船が静止しているときと同じだけばねは鉛直方向に伸びる。

$kx = mg$ より $x = \dfrac{mg}{k}$

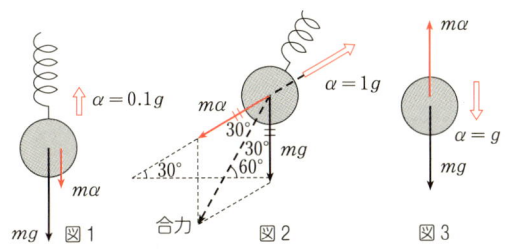

図1　図2　図3

例題 1−30　動く箱の中の物体の運動

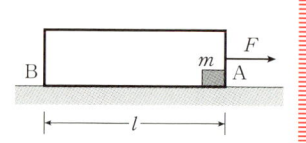

図のように，水平でなめらかな床の上に，質量 M，長さ l の箱があり，箱の中に質量 m の小さい物体が置かれている。はじめ箱も物体も静止しており，物体は箱の右端 A の所にあったとする。この箱に，長さの方向に水平で一定の大きさの力 F を加えて，箱を動かした。次の各問いに答えよ。ただし，重力加速度の大きさを g とし，物体と箱の底面との間の静止摩擦係数を μ_0 とする。

(1) 物体が A の位置にあった状態で箱に力を加えても，物体が箱に対して静止しているための，力の最大値 F_c を求めよ。

(2) 前問の F_c よりも大きい力 F を箱に加えたとき，力を加え始めてから物体が左端 B に達するまでの時間 t_0 を求めよ。ただし，物体と箱の底面との間の動摩擦係数を μ とする（$\mu < \mu_0$）。

(九州大)

解答

例題 1−17 と同類の問題で，静止している観測者の立場で運動方程式を立てて解くこともできるが，ここでは箱の中の物体については慣性力を用いて考えてみよう。

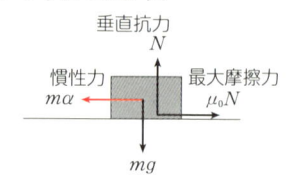

(1) 箱に加える力を大きくしていくと，箱の加速度が大きくなっていく。そこで箱の中にいる観測者にとっては慣性力により物体が動かされようとしていることになる。

力が F_c のときの加速度を α とすると，慣性力 $m\alpha$ が最大摩擦力に等しい状態である。力が F_c のとき箱と物体は一体となって動いているので運動方程式は　$(M+m)\alpha = F_c$

箱の中での力のつり合いの式は　$m\alpha = \mu_0 N$　$N = mg$

以上より　$F_c = \underline{\mu_0(M+m)g}$

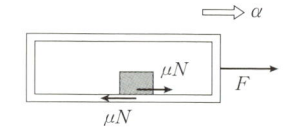

(2) 物体は箱の中を左向きにすべり，動摩擦力 μN を右向きに受けるが，その反作用として箱は左向きの力を受ける。箱の加速度を α とすると，箱についての運動方程式は

$$M\alpha = F - \mu N \quad \cdots\cdots ①$$

次に，箱の中の観測者にとっては，物体は慣性力 $m\alpha$ を受けて，加速度 a （箱に対する加速度）で左へ運動しており，運動方程式は

$$ma = m\alpha - \mu N \quad \cdots\cdots ②$$

鉛直方向はやはり力のつり合いが成り立ち

$$N = mg \quad \cdots\cdots ③$$

以上の3式より $\quad a = \dfrac{1}{M}\Big\{F - \mu(M+m)g\Big\}$

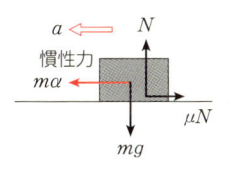

$l = \dfrac{1}{2}at_0^2$ より

$$t_0 = \sqrt{\dfrac{2l}{a}} = \sqrt{\dfrac{2lM}{F - \mu(M+m)g}}$$

2 等速円運動

(1) 速度と角速度

図1のように，半径 r の円周上を一定の速さ v で回転する質点が，微小時間 Δt の間に点 A から点 B へ弧の長さで Δs （中心角で $\Delta\theta$ 〔rad〕）だけ移るとしよう。

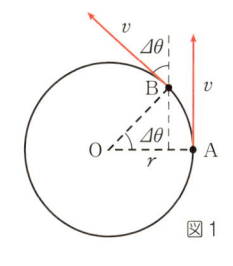

$\Delta s = r\Delta\theta$ より $\quad \dfrac{\Delta s}{\Delta t} = r\dfrac{\Delta\theta}{\Delta t}$

$\dfrac{\Delta s}{\Delta t}$ は質点の速さ v であり，$\dfrac{\Delta\theta}{\Delta t}$ は単位時間あたりの回転角で**角速度**とよばれる。そこで角速度を ω で表すと，$v = r\omega$ となる。角速度の単位は〔rad/s〕であり（ラジアン rad については☞ p.14），等速円運動では ω は一定である。

図1

> 円運動の速さ $\quad v = r\omega \quad$ （円の接線方向）

(2) 周期と回転数

質点が円周にそって1周するのに要する時間 T を**周期**という。質点は周期 T の間に 2π〔rad〕だけ回転するから T と ω の間には，$T = \dfrac{2\pi}{\omega}$ の関係がある。また，質点が点 O のまわりを単位時間に回転する回数 n を**回転数**といい，$n = \dfrac{1}{T}$ である。

> 周期と角速度，回転数 $\quad T = \dfrac{2\pi}{\omega} \quad n = \dfrac{1}{T}$

(3) 円運動の加速度

図1の点 A，B での速度ベクトルを，次ページの図2のように平行移動して始点を合わせると，速度変化 $\overrightarrow{\Delta v}$ は

$\vec{\varDelta v} = \overrightarrow{\mathrm{CD}}$

$\varDelta\theta$ は小さいので，弦 CD は弧 CD にほぼ等しく，その大きさは

$\varDelta v =$ 弦 CD ≒ 弧 CD $= v\varDelta\theta = v\omega\varDelta t$

質点の加速度は

$\vec{a} = \dfrac{\vec{\varDelta v}}{\varDelta t}$ ……①

また，その大きさは

$a = \dfrac{\varDelta v}{\varDelta t} = v\omega = r\omega^2 = \dfrac{v^2}{r}$

式①より $\vec{a}$ と $\vec{\varDelta v}$ は同じ向きである。$\varDelta\theta$ が小さいから，$\vec{\varDelta v}$ の向きは $\vec{v}$ の向きに垂直である。

すなわち質点の位置 A で加速度ベクトル $\vec{a}$ を描けば，その向きは円の中心を向く（図3）。そのため等速円運動の加速度は**向心加速度**とよばれている。

$$\text{円運動の加速度}\quad a = r\omega^2 = \dfrac{v^2}{r} \quad(\text{向心加速度})$$

(4) 向心力

運動方程式によれば，加速度運動をしている質点には力がはたらいている。その向きは加速度の向きと一致するから，等速円運動ではつねに円の中心に向かう力がはたらいていることになる。この力は**向心力**とよばれ，その大きさ F は

$F = ma = mr\omega^2 = m\dfrac{v^2}{r}$ で表される。

等速円運動をしている物体にはいくつかの力が同時にはたらいていることが多い。そのときはこれらの力の合力が向心力を形成している。たとえば，右図のようなすりばち状容器のなめらかな内壁にそって水平面内で円運動をしている小球には，重力と垂直抗力の2力がはたらいているが，その合力（赤矢印）が向心力となっているのである。このとき，鉛直方向での小球の動きはないから鉛直方向では力のつり合いが成立していることにも注意したい。

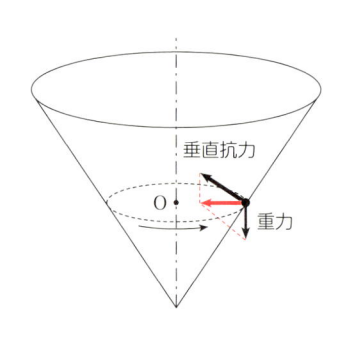

POINT 円運動 ⇨ どんな力が向心力を形成しているかを考えよ

参考　微分による等速円運動の公式の導出

等速円運動の速さと加速度を微分の知識を利用して求めてみよう。

原点 O のまわりを半径 r の円を描いて角速度 ω で等速円運動をする質点 P を考える。P が x 軸の正の側を横切るときを時刻 $t=0$ とすると

P の位置座標は
$$(x, y)=(r\cos\omega t, r\sin\omega t)$$

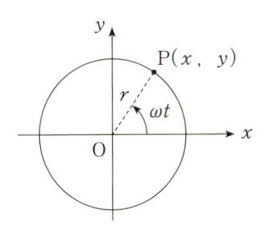

速度ベクトルの成分は
$$(v_x, v_y)=\left(\frac{dx}{dt}, \frac{dy}{dt}\right)$$
$$=(-r\omega\sin\omega t, r\omega\cos\omega t)$$

よって円運動の速さは
$$v=\sqrt{v_x^2+v_y^2}$$
$$=\sqrt{r^2\omega^2(\sin^2\omega t+\cos^2\omega t)}=r\omega$$

加速度ベクトルの成分は
$$(a_x, a_y)=\left(\frac{dv_x}{dt}, \frac{dv_y}{dt}\right)$$
$$=(-r\omega^2\cos\omega t, -r\omega^2\sin\omega t)$$

よって加速度の大きさは
$$a=\sqrt{a_x^2+a_y^2}=r\omega^2$$

また、P の位置ベクトルを $\vec{r}=(x, y)$、加速度を $\vec{a}=(a_x, a_y)$ とすると、$\vec{a}=-\omega^2\vec{r}$ となっていることから、加速度の向きは円の中心 O を向くことがわかる。

(5) 遠心力

図1のように、なめらかな回転板の中心にばねの一端を固定し、他端に質量 m のおもりをつけて全体を一定の角速度 ω で回転させる。このときばねはいくらか伸びた状態になっている。これを床に静止している観測者 A が見ると、おもりはばねの力 f が向心力となって半径 r の等速円運動をしていることになる。したがって、$f=mr\omega^2$ である。一方、回転板上にいる人 B から見れば、おもりは静止しており、力はつり合っていると考えることになる（図2）。そこで、おもりにはばねの力 f のほかに中心から半径方向、外向きに $mr\omega^2$ の力がはたらいていると考えなければならない。この力を**遠心力**という。

遠心力は回転している観測者にとって現れるみかけの力で慣性力の一種である。逆にいえば、遠心力を考えれば、等速円運動をしている物体にはたらく力は、つり合っているとみなすことができる。

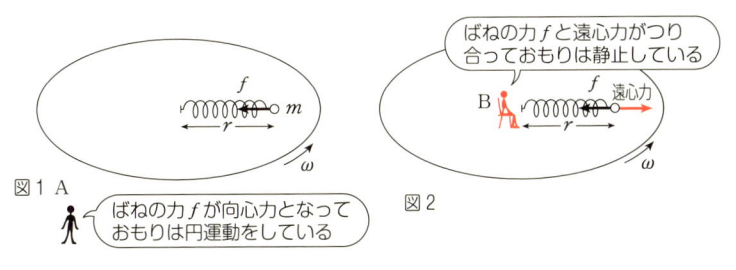

図1 A　ばねの力 f が向心力となっておもりは円運動をしている

図2　ばねの力 f と遠心力がつり合っておもりは静止している

$$\text{遠心力}\quad F = mr\omega^2 = m\frac{v^2}{r} \quad \text{(円の中心から遠ざかる向き)}$$

POINT 遠心力を考えれば，等速円運動は力のつり合いの問題

(6) 円すい振り子

長さ l の糸の上端を固定し，下端に質量 m の物体を付け，水平面内で点 O を中心とする半径 r，角速度 ω の等速円運動をさせてみよう。

物体は鉛直方向には動いていないから鉛直方向では力のつり合いの式，水平面内については向心加速度 $r\omega^2$ を用いて運動方程式をつくることができる。糸が鉛直線となす角を θ，糸の張力の大きさを S とし，張力を鉛直・水平方向に分解することにより

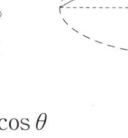

鉛直方向のつり合いの式　　$mg = S\cos\theta$
水平面内の運動方程式　　$m \cdot r\omega^2 = S\sin\theta$

水平面内の運動方程式の代わりに，遠心力 $mr\omega^2$ を用いて（右図），力のつり合いの式をつくってもよい。もちろん式の形は同じになる。

図より　$r = l\sin\theta$　となるから，これらの式を解くと

$$\omega = \sqrt{\frac{g}{l\cos\theta}}$$

となり，

周期 T は　$T = \dfrac{2\pi}{\omega}$　より

$$T = 2\pi\sqrt{\frac{l\cos\theta}{g}}$$

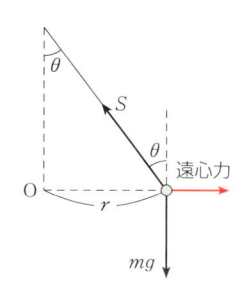

例題1−31　回転板上の物体

図のように，Cを通る鉛直な回転軸をもつ水平な円板がある。その上に，質量 M の小物体Aが置かれている。Aと円板の間の静止摩擦係数は μ である。自然の長さ l_0 のばね（ばね定数 k）でAとCをつなぎ，円板を静止させて，Cから r の距離にある点PにAを置いたところ，Aはその点に静止した。ばねの質量およびばねと円板の摩擦は無視でき，重力加速度の大きさを g とする。

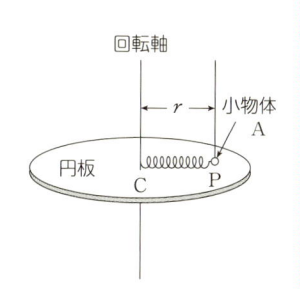

(1) 円板上で物体Aが静止できる r の最大値 r_m を求めよ。

次に，物体Aを $r=r_0\,(r_m>r_0>l_0)$ の点に置き，円板を静止の状態から回転させ，その速さをゆっくりと増加させたところ，角速度 ω が ω_m をこえたとき，Aは円板上をすべりだした。

(2) ω_m の値を求めよ。また，摩擦力が0となるときの ω の値 ω_0 はいくらか。

（広島大）

解答

(1) ばねの力（半径方向内向き）が最大摩擦力（外向き）に等しくなるのが $r=r_m$ のときであるから

$$k(r_m-l_0)=\mu Mg \quad \therefore\quad r_m=l_0+\frac{\mu Mg}{k}$$

(2) 円板上の観測者の立場に立って，遠心力を考えれば力のつり合いの問題である。$\omega=\omega_m$ のときには半径方向外向きにはたらく遠心力と，中心向きにはたらくばねの力と最大摩擦力がつり合っており

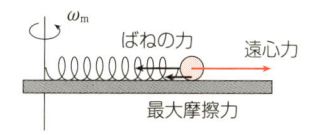

$$k(r_0-l_0)+\mu Mg = Mr_0\omega_m^2 \quad \therefore\quad \omega_m=\sqrt{\frac{k(r_0-l_0)+\mu Mg}{Mr_0}}$$

ω_0 は遠心力がばねの力と等しくなったときの角速度であるから

$$k(r_0-l_0)=Mr_0\omega_0^2 \quad \therefore\quad \omega_0=\sqrt{\frac{k(r_0-l_0)}{Mr_0}}$$

なお，ω_0 は ω_m の式で $\mu=0$ とおいたものに等しい。

例題 1-32　円すい面上での等速円運動

図のように，軸が鉛直で頂角 2θ の円すいのなめらかな内面にそって，大きさの無視できる質量 m [kg] の球が一定の速さ v [m/s] で円運動をしている。重力加速度の大きさを g [m/s²] として，次の問いに答えよ。

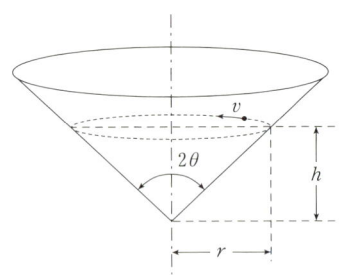

(1) この円運動の軌道半径 r [m] と高さ h [m] を θ, v, g のうち必要なものを用いて表せ。

(2) この球が円すい面から受ける垂直抗力の大きさはいくらか。m, θ, g を用いて表せ。

(3) この円運動の周期 T [s] を θ, v, g を用いて表せ。

(九州大・芸工)

解答

(1) 垂直抗力を N とし，遠心力 $m\dfrac{v^2}{r}$ を取り入れて力を図示してみると，右のようになる。

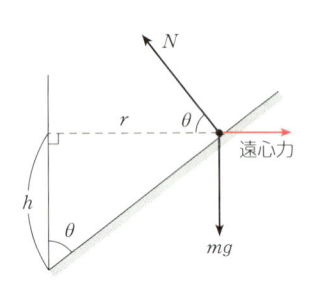

鉛直方向のつり合いより
$$N\sin\theta = mg \quad \cdots\cdots ①$$

水平方向のつり合いより
$$N\cos\theta = m\dfrac{v^2}{r} \quad \cdots\cdots ②$$

$\dfrac{①}{②}$ と辺々で割り，N を消去すると

$$\tan\theta = \dfrac{gr}{v^2} \quad \therefore\ r = \dfrac{v^2}{g}\tan\theta\ [\text{m}]$$

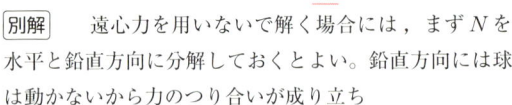

また，$r = h\tan\theta$ より　$h = \dfrac{v^2}{g}$ [m]

[別解]　遠心力を用いないで解く場合には，まず N を水平と鉛直方向に分解しておくとよい。鉛直方向には球は動かないから力のつり合いが成り立ち

$$N\sin\theta = mg \quad \cdots\cdots ①'$$

水平面内では，$N\cos\theta$ を向心力として円運動をするから運動方程式は

$$m\dfrac{v^2}{r} = N\cos\theta \quad \cdots\cdots ②'$$

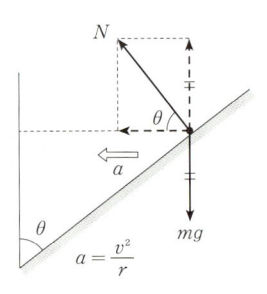

①', ②' は①, ②と同値の式となる (以下の解法は同じ)。

(2) ①より $N = \dfrac{mg}{\sin\theta}$ 〔N〕

(3) 周期は円周 $2\pi r$ の距離を一定の速さ v で進むときに要する時間だから
$$T = \dfrac{2\pi r}{v} = \dfrac{2\pi v}{g}\tan\theta \text{〔s〕}$$

公式 $v = r\omega$ から ω を求め，次に $T = \dfrac{2\pi}{\omega}$ として周期を求めてもよい。

③ 等速でない円運動

(1) 等速でない円運動

等速でない円運動もある。その代表例が，振り子のおもりなどが鉛直面内で行う円運動である。この場合の加速度は一般に円の中心を向かないが，加速度を半径方向と円の接線方向に分解すれば，半径方向の成分は等速円運動の向心加速度と同じになる。

発展 等速でない円運動の向心加速度について

p.105，p.106の図1，図2と同様の図を描いてみると理解できる。図aのように減速していくときの速度の変化は，図bのように赤い点線矢印で示されるが，これは等速である場合の $\vec{\Delta v}$ と，$\vec{v_2}$ の方向の $\vec{\Delta v'}$ に分解できる。そこで $\Delta\theta \to 0$ とすれば，図cのように $\vec{\Delta v}$ に対応して向心加速度 $\vec{a}$ が，$\vec{\Delta v'}$ に対応して接線加速度 $\vec{a'}$ が現れてくる。ここで，$a = \dfrac{v_1^2}{r}$ が成立することに変わりはなく，半径方向では向心力が存在することも変わりはない。

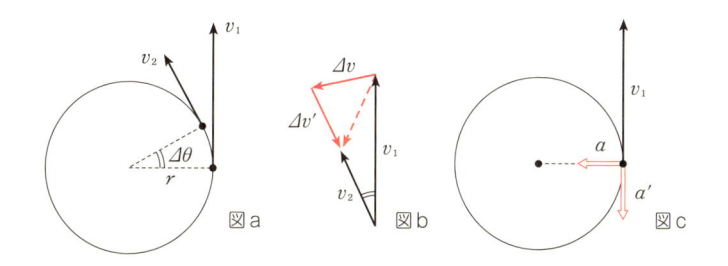

図a 図b 図c

(2) 鉛直面内の円運動

長さ l の糸に質量 m のおもりをつるし，おもりに水平方向の初速 v_0 を与えると鉛直面内で円運動を行う。これは等速円運動ではなく，おもりが高く上がるにつれて速さが減少していく。おもりの運動エネルギーが位置エネルギーに変わっていく

からである。図1のように回転角 θ の位置での糸の張力 T を求めてみよう。その位置での速さを v とおくと，力学的エネルギー保存則により

$$\frac{1}{2}mv_0^2 = \frac{1}{2}mv^2 + mgl(1-\cos\theta) \quad \cdots ①$$

一方，おもりが円運動をするのは向心力がはたらいているからであり，この場合は張力 T と重力の半径方向の成分 $mg\cos\theta$ との合力が向心力をなしている。

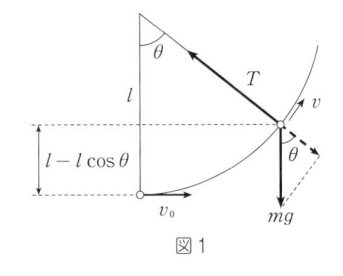

円運動の運動方程式は

$$m\frac{v^2}{l} = T - mg\cos\theta \quad \cdots ②$$

①，②より v^2 を消去すると

$$T = m\frac{v_0^2}{l} + mg(3\cos\theta - 2) \quad \cdots ③$$

式②は，図2のように遠心力 $m\dfrac{v^2}{l}$ を考え，半径方向での力のつり合い，つまり，張力 T は重力の成分と遠心力の和に等しいことから求めてもよい。

$$T = mg\cos\theta + m\frac{v^2}{l} \quad \cdots ②'$$

このように，**等速でない円運動で遠心力を用いると，半径方向に限って力のつり合いが成立する**。

円運動を続ける条件

おもりが円運動を続けるためには張力 $T \geq 0$ が条件である（糸の張力が負となることはない。糸はおもりを引きつけるだけだから）。上式③より T は $\theta = 180°$ で最小値をとるので，$\theta = 180°$ のとき $T \geq 0$ が糸がゆるまずに円運動を続けるための条件となる。$\cos 180° = -1$ より式を整理すれば

$$v_0 \geq \sqrt{5gl}$$

v_0 がこの値より小さいときには糸は途中でゆるむ。そのときの角 θ_0 を調べてみよう。糸がゆるみ始めるのは $T = 0$ となるときであり（より正確には $T = 0$ の直後に $T < 0$ となること： $T < 0$ は糸では起こり得ない），$\theta \leq 90°$ ではそれが起こらないことは式②で $\cos\theta \geq 0$ としてみればすぐにわかる。あるいは，図2のように重力と遠心力の力の矢印を描いてみれば張力が中心に向かわざるを得ないこと，つまり糸が張ることは一目瞭然であろう。$\theta > 90°$ で $T = 0$ となるのは，式③より

$$\cos\theta_0 = \frac{2}{3} - \frac{v_0^2}{3gl}$$

第6章　いろいろな運動

- **接線方向の運動**　円の接線方向の力の成分としては $mg\sin\theta$ があり，この力が上昇中の物体の速さを減少させていくので，接線方向では等速でないのはもちろんのこと，加速度も θ の関数となるから（$a = -g\sin\theta$：θ の増加方向を正として），等加速度でもない。

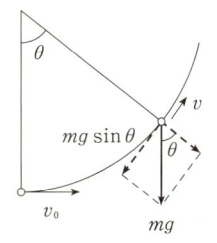

- **糸がゆるんだ後の運動**　糸がゆるんだ後のおもりには重力しかはたらかないので，おもりは放物線を描いて運動していく。その初速度は糸がゆるんだ瞬間のものであり，円の接線方向を向いている。

棒に取り付けたおもりの円運動

糸でなく伸縮の無視できる軽い棒を用いると，おもりが1回転するための条件は異なってくる。棒の場合には $T<0$ となってもかまわない。これは棒がおもりに対して半径方向外向きに力を及ぼすことであり，棒が圧縮されているとき実現する。したがって，1回転の条件はエネルギー保存則だけから導かれる。

$$\frac{1}{2}mv_0^2 > mg \times 2l \quad \therefore \quad v_0 > 2\sqrt{gl}$$

v_0 は当然ながら糸の場合よりも小さい値である。鉛直面内の円運動では，糸に相当する現象か，棒に相当する現象かを見きわめなければならない。次の例で考えてみるとよい。

(a) 円筒面：糸に相当
(b) パイプ内：棒に相当

（垂直抗力が張力と同じ役割をする）

POINT

鉛直面内の円運動
- 力学的エネルギー保存則
- 円運動の運動方程式
  または
  遠心力を考えて半径方向での力のつり合い

の連立

POINT　糸がゆるむ ⇨ 張力＝0　　面から離れる ⇨ 垂直抗力＝0

例題1−33　　　　　　　　　　　　　　　　鉛直面内の円運動Ⅰ

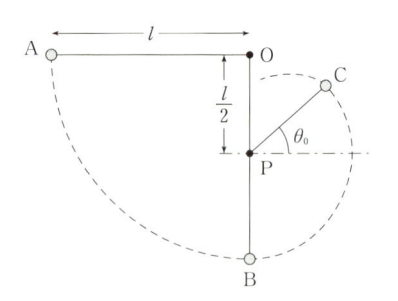

図のように，一端に質量 m の質点をつけた長さ l の細い糸の他端を固定点Oに止め，糸をぴんと張り質点が点Oと同じ高さの点Aにくるようにした。この質点を静かに放すと，質点はOAを含む鉛直面（紙面）内で運動する。細いなめらかな棒が点Oから鉛直下方 $\dfrac{l}{2}$ の距離にある点Pで，この鉛直面と垂直に交わるように固定されている。重力加速度の大きさを g として，次の問いに答えよ。

(1) 質点が点Oの鉛直下方にある点Bを通過するときの速さ v_0 を求めよ。
(2) 質点が点Bを通過する直前の糸の張力 T_1 を求めよ。
(3) 質点が点Bを通過した直後の糸の張力 T_2 を求めよ。
(4) 質点が点Cにきたとき，糸がゆるみ始めた。PCが水平となす角を θ_0 として $\sin\theta_0$ の値を求めよ。

（名古屋大）

解答

(1) 力学的エネルギー保存則より

$$\frac{1}{2}mv_0^2 = mgl \quad \therefore \quad v_0 = \sqrt{2gl}$$

(2) 遠心力を考えて力を図示すると右のようになる。
半径方向での力のつり合いより

$$T_1 = mg + m\frac{v_0^2}{l} = mg + 2mg = \underline{3mg}$$

(3) 点Bを通過した直後は点Pを中心とする半径 $\dfrac{l}{2}$ の円運動に切り替わるので，遠心力の大きさが変わる。ただし，力学的エネルギー保存則より点Bを通過した直後の速さは v_0 のままである。

$$T_2 = mg + m\frac{v_0^2}{\dfrac{l}{2}} = mg + 4mg = \underline{5mg}$$

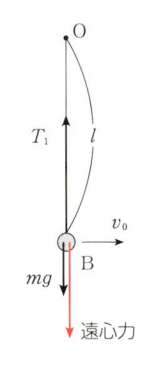

(4) 糸がゆるみ始め，張力が0となり，重力の半径方向成分（点線矢印）と遠心力がつり合う。点Cでの速さをv_Cとすると

$$mg\sin\theta_0 = m\frac{v_C^2}{\frac{l}{2}} \quad \cdots\cdots ①$$

一方，力学的エネルギー保存則より
$$\underset{\text{点A}}{mgl} = \underset{\text{点B}}{\frac{1}{2}mv_0^2}$$
$$= \underset{\text{点C}}{\frac{1}{2}mv_C^2 + mg\left(\frac{l}{2} + \frac{l}{2}\sin\theta_0\right)} \quad \cdots\cdots ②$$

①，②よりv_C^2を消去して　　$\sin\theta_0 = \dfrac{2}{3}$

例題1-34　　鉛直面内の円運動Ⅱ

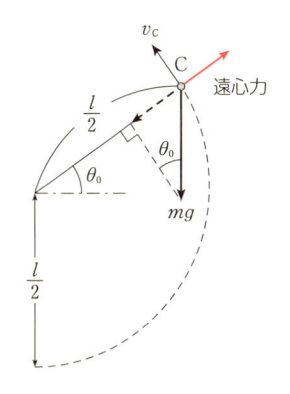

図のように，なめらかな坂が水平な床になめらかにつながり，B点からは半円柱をくりぬいた壁になめらかにつながっている。円柱の半径はRであり，円柱の中心軸は図のO点を通っている。いま，坂のX点（床からの高さh）で質量mの小物体を静かに放した。坂をすべりおりた物体が壁をのぼっていくようすを調べよう。物体は摩擦を受けないものとし，重力加速度の大きさをgとして問いに答えよ。

物体が壁に接してのぼっていき，図のP点（∠POB＝θ）にあるとする。
(1) P点での物体の速さを求めよ。
(2) P点において物体が壁から受けている抗力の大きさを求めよ。

次に，物体が壁を離れるときについて考えてみる。
(3) 物体が図のA点まで壁に接してのぼるために必要な高さhの最小値を求めよ。
(4) $h=2R$のとき，物体が壁を離れるときのθを決める式を書け。また，壁を離れた後，床に落ちるまでの間に物体が達する最高点の床からの高さを求めよ。

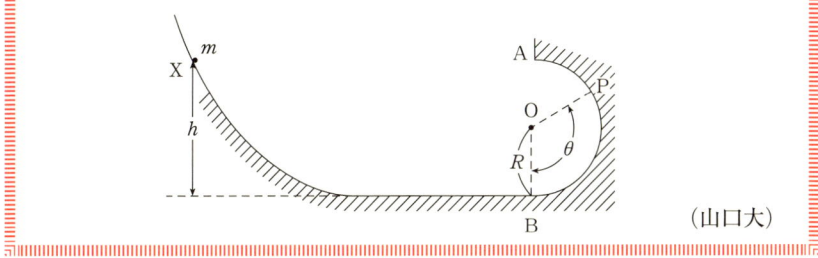

(山口大)

116 第1編 力学

解答

(1) 水平な床からのP点の高さは，右の図より
$$R + R\sin\left(\theta - \frac{\pi}{2}\right) = R - R\cos\theta$$
力学的エネルギー保存則よりX点とP点について
$$mgh = \frac{1}{2}mv^2 + mgR(1-\cos\theta)$$
$$\therefore\ v = \sqrt{2g(h - R + R\cos\theta)}$$

(2) なめらかな円柱面であるから抗力 N は中心 O を向いている。遠心力を考えて半径方向での力のつり合いの式を立てると
$$N + mg\cos(\pi - \theta) = m\frac{v^2}{R}$$
$$\therefore\ N = mg\left(\frac{2h}{R} - 2 + 3\cos\theta\right)$$

(3) (2)の結果より N は $\theta = \pi$（A点）で最小となる。すなわちA点まで壁に接してのぼるためには $\theta = \pi$ のときの N の値が 0 以上であればよいので
$$mg\left(\frac{2h}{R} - 2 + 3\cos\pi\right) \geqq 0$$
$\cos\pi = -1$ より $\quad h \geqq \dfrac{5}{2}R$

(4) 壁を離れるときには $N = 0$ となっている。そこで(2)の結果を用いると
$$0 = mg\left(\frac{2\cdot(2R)}{R} - 2 + 3\cos\theta\right) \quad \therefore\ \cos\theta = -\frac{2}{3}$$
また，(1)の結果よりこのときの速さは
$$v = \sqrt{2g\left(2R - R - \frac{2}{3}R\right)} = \sqrt{\frac{2}{3}gR}$$
速度の水平成分は $\quad v\cos(\pi - \theta) = -v\cos\theta = \dfrac{2}{3}v$

離れた後は放物運動を行うが，求める高さを H として力学的エネルギー保存則で出発点Xと最高点を結ぶと
$$mg(2R) = \frac{1}{2}m\left(\frac{2}{3}v\right)^2 + mgH$$
v の値を代入して $\quad H = \dfrac{50}{27}R$

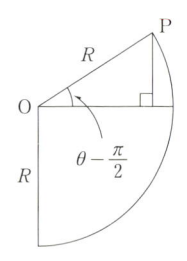

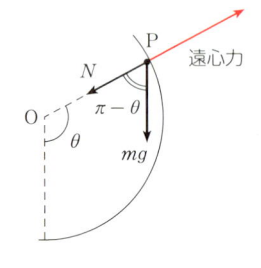

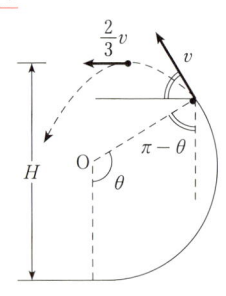

例題 1−35　　　鉛直面内の円運動 Ⅲ

水平面上に滑らかな表面をもつ半径 r の球が固定されている。球の頂点 A から質量 m の小球を自然に滑らせたところ，小球は点 B で球面から離れた。重力加速度の大きさを g とし，空気の影響はないものとする。

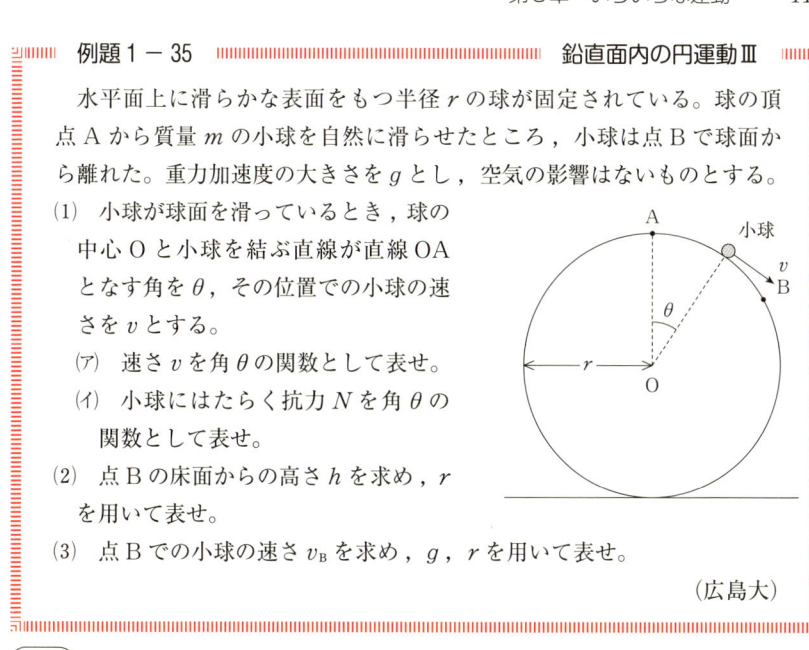

(1) 小球が球面を滑っているとき，球の中心 O と小球を結ぶ直線が直線 OA となす角を θ，その位置での小球の速さを v とする。

　(ア) 速さ v を角 θ の関数として表せ。

　(イ) 小球にはたらく抗力 N を角 θ の関数として表せ。

(2) 点 B の床面からの高さ h を求め，r を用いて表せ。

(3) 点 B での小球の速さ v_B を求め，g，r を用いて表せ。

(広島大)

解答

(1) (ア) 右図で，$AC = r - r\cos\theta$

力学的エネルギー保存則より
$$\frac{1}{2}mv^2 = mg \cdot AC$$

$$\therefore \ v = \sqrt{2gr(1-\cos\theta)}$$

(イ) 遠心力を考えると，半径方向での力のつり合いは
$$N + m\frac{v^2}{r} = mg\cos\theta$$

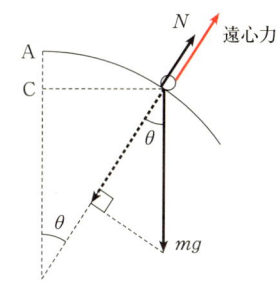

(ア)で求めた v を代入することにより
$$N = mg(3\cos\theta - 2)$$

(2) 球面から離れる点 B では $N = 0$ となるから，点 B での θ を θ_0 とおくと
$$0 = mg(3\cos\theta_0 - 2) \qquad \therefore \ \cos\theta_0 = \frac{2}{3}$$

$$\therefore \ h = r + r\cos\theta_0 = \frac{5}{3}r$$

(3) (1)(ア)と(2)より
$$v_B = \sqrt{2gr(1-\cos\theta_0)} = \sqrt{\frac{2}{3}gr}$$

4 単振動

(1) 単振動

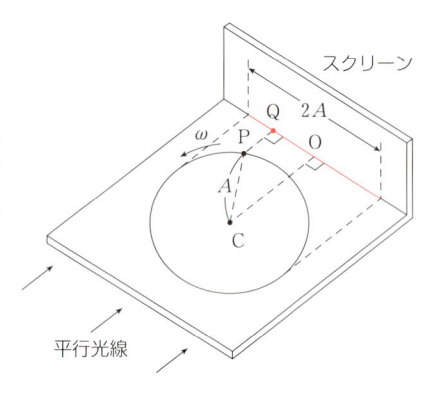

　図のように，1つの水平面上で，点Cを中心とする半径Aの円周にそって，一定の角速度ωで等速円運動をしている小球Pがあるとする。いま，この水平面に垂直な平面をスクリーンとし，スクリーンに垂直に真横から平行な光線を当てると，スクリーン上にPの影Qをつくることができる。QをPの正射影といい，このQの運動を観察すると，Qは，図の点Oを中心として，長さ$2A$の線分上で往復運動を行う。このように，等速円運動をする小球Pの影Qが行う往復運動を**単振動**といい，Aを**振幅**，Qが1往復するのに要する時間Tを**周期**，単位時間に往復する回数fを**振動数**という。

　単振動の周期と振動数は，もとの円運動の周期と回転数に等しく，T, ω, fの間には，次の関係がある。

$$T = \frac{2\pi}{\omega} = \frac{1}{f}$$

　次図のように，スクリーンと水平面との交線をx軸とし，円の中心Cのx軸への正射影を原点Oとする。いま，半径Aの円周にそって，一定の角速度ωで等速円運動をしている小球が，時刻$t=0$に図の点P_0を通過するとし，時刻tにおける小球の位置をPとする。

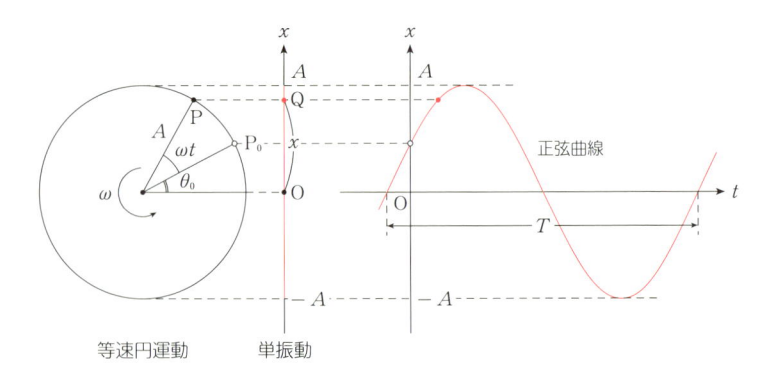

Qの原点Oからの変位（Qの位置座標）をxとすると，時間tの間の動径の回転角はωtであるから，xは次のように表される。

$$x = A\sin(\omega t + \theta_0) \quad \cdots\cdots ①$$

ここで角度 $\omega t + \theta_0$ を時刻tにおける**位相**といい，θ_0を**初期位相**という。また，ωは単振動では**角振動数**とよばれる。いま，横軸に時刻tをとり，縦軸に変位xをとってグラフにすると前図のようになる。このような曲線を正弦曲線という。

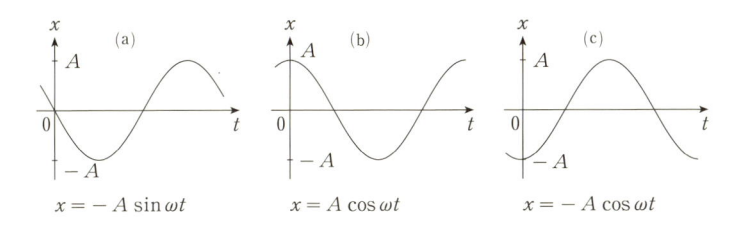

❯ $x = A\cos\omega t$ の式で表される運動も単振動である。それは式①で$\theta_0 = \dfrac{\pi}{2}$とした場合に相当するからである。単振動を式に表そうとするとき，一般式①に余りこだわらない方がよい。$x-t$グラフを描けばすぐ式にできることは多い。次の例で試みてみよう。（角振動数はωとする。）

(a) $x = -A\sin\omega t$

(b) $x = A\cos\omega t$

(c) $x = -A\cos\omega t$

(i) 単振動の速度

等速円運動をしている小球Pの速度の大きさは$A\omega$で表され，その方向はPの位置における円の接線の方向である。点Qの速度vはPの速度のx成分で表されるから

$$v = A\omega\cos(\omega t + \theta_0) \quad \cdots\cdots ②$$

となる。右のような図，または上の式から単振動をする物体の速さは振動の中心で最大（最大値$A\omega$）となり，振動の両端で0となることがわかる。

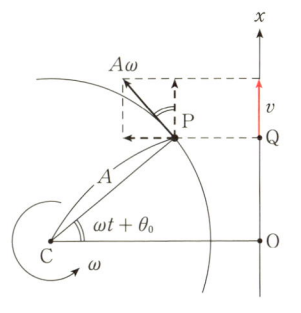

POINT　単振動の速さ　振動の中心で最大（最大値$A\omega$）
　　　　　　　　　　振動の両端で0

(ii) 単振動の加速度

小球 P の加速度の大きさは $A\omega^2$ で表され，その向きは，つねに円の中心 C に向かっている。点 Q の加速度 a は，P の加速度の x 成分で表され，その向きはつねに振動の中心に向かうことを考慮して

$$a = -A\omega^2 \sin(\omega t + \theta_0) \quad \cdots\cdots 3$$

となる。さらに式①を用いれば

$$a = -\omega^2 x \quad \cdots\cdots 4$$

となる。この式から単振動をする物体の加速度の大きさは，振動の中心からの変位の大きさに比例し，振動の中心では 0 となり，振動の両端で最大（最大値 $A\omega^2$）となることがわかる。

POINT　単振動の加速度　　振動の中心で 0
　　　　　　　　　　　　　　振動の両端で最大（最大値 $A\omega^2$）

参考　微分による単振動の公式の導出

単振動の速度，加速度は微分を用いると簡単に求められる。

$$x = A \sin(\omega t + \theta_0)$$
$$v = \frac{dx}{dt} = A\omega \cos(\omega t + \theta_0)$$
$$a = \frac{dv}{dt} = -A\omega^2 \sin(\omega t + \theta_0) = -\omega^2 x$$

(iii) 単振動をする物体にはたらく力

原点 O を中心とし，x 軸にそって角振動数 ω の単振動をする質量 m の物体があるとしよう。物体の加速度 a は $a = -\omega^2 x$ となるから，物体にはたらく力 F は，運動方程式から次のように表される。

$$F = ma = -m\omega^2 x = -Kx \quad (\text{ただし } K = m\omega^2) \quad \cdots\cdots 5$$

この式から，単振動をする物体にはたらく力の大きさは変位の大きさに比例し，力の向きは変位の向きと逆向きで，つねに振動の中心に向かっていることがわかる。また，$x = 0$ のとき，$F = 0$ となるから，振動の中心は物体にはたらいている力がつり合っている位置であることもわかる。

一般に物体の振動は，安定な位置から物体をずらしたとき，もとへ戻そうとする復元力が物体にはたらく場合に生じる。復元力によって加速された物体は，安定な位置を行き過ぎて止まり，再び同じことがくり返される。単振動は復元力の

大きさが変位に比例する場合の振動である。日常見かける振動でも，振幅が小さい場合にはその振動を単振動として近似できる場合が多い。

(iv) **単振動の周期**

x 軸上を運動する質量 m の物体に，$F = -Kx$ （K は正の比例定数）で表される力がはたらいている場合には，この物体は原点 O を振動の中心とする単振動を行う。この単振動の加速度を a，角振動数を ω とすると，式⑤より $\omega = \sqrt{\dfrac{K}{m}}$ となるから，その**周期** T は，次のように表される。

$$\text{単振動の周期} \quad T = \frac{2\pi}{\omega} = 2\pi\sqrt{\frac{m}{K}}$$

この式から，単振動の周期は振幅に無関係であることがわかる。

POINT

$F = -Kx$ ⟺ 単振動
変位に比例する復元力
○ 振動中心は力のつり合いの位置
○ 周期は $2\pi\sqrt{\dfrac{m}{K}}$

● 加速度を用いて $a = -\omega^2 x$ ⟺ 単振動 としてもよい。

● $F = -Kx + C$（C は定数）と表される力のもとでの運動も単振動である。それをみるには，$F = -K\left(x - \dfrac{C}{K}\right)$ と変形し，$x' = x - \dfrac{C}{K}$ とおいて $F = -Kx'$ としてみればよい。この変換は座標原点の移動（$x = \dfrac{C}{K}$ の点を原点として x' 軸を設定する）にすぎない。もちろん，単振動の中心は新しい座標原点，すなわち $x = \dfrac{C}{K}$ の点である。また，周期は $F = -Kx$ の場合と変わらない。

参考 単振動の微分方程式

以上の内容は正確にいえば，単振動をする物体には変位に比例する力
$$F = -Kx \quad (K > 0)$$
がはたらいているということであり，その逆については証明していない。しかし，これは必要十分条件であり，運動方程式を微分方程式として解くことによって示される（☞ p.17 (C)）。

$ma = F$ と $a = \dfrac{dv}{dt} = \dfrac{d^2x}{dt^2}$ より

$$m\frac{d^2x}{dt^2} = -Kx$$

解は A，θ_0 を定数として
$$x = A\sin\left(\sqrt{\frac{K}{m}}\,t + \theta_0\right)$$
と表される。sin で表記しているが，$\theta_0 = \dfrac{\pi}{2}$ としてみればわかるように cos の解も含んでいる。こうして物体は角振動数 $\omega = \sqrt{\dfrac{K}{m}}$ で単振動をすることがわかる。その周期は

$$T = \frac{2\pi}{\omega} = 2\pi\sqrt{\frac{m}{K}}$$

である。

(v) 単振動の位置エネルギーとエネルギー保存則

単振動を生じさせる力 $F = -Kx$ に対して位置エネルギー U を考えることができる。基準を振動中心 $x = 0$ とすると，$U = \dfrac{1}{2}Kx^2$ と表せる。その導出は，力の性質がばねの弾性力と似ているため弾性エネルギー $\dfrac{1}{2}kx^2$ との類推によって自明といってよい。単振動の位置エネルギーを用いると，エネルギー保存則は次のようになる。

$$\text{単振動のエネルギー保存則} \quad \dfrac{1}{2}mv^2 + \dfrac{1}{2}Kx^2 = \text{一定}$$

▶ x は本来は座標だが，2 乗するので，振動中心からの距離としてよい。$F = -Kx$ は単振動物体にはたらく力の合力なので，$U = \dfrac{1}{2}Kx^2$ は合力に対する位置エネルギーであり，個別の力の位置エネルギーを併用してはいけない。

(2) ばね振り子

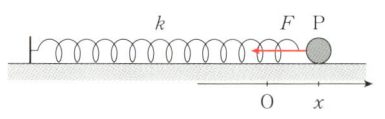

つるまきばねに質量 m のおもり P を取り付けなめらかな水平面上に置く。ばねの他端を固定し，ばねを引き伸ばしておもり P を放すと，ばねの弾性力が復元力となって P は振動を始める。ばね定数を k とし，ばねが自然の長さのときの P の位置を原点 O とすると，P の変位が x のとき，P にはたらく力 F は，その向きが変位と逆向きとなるから，$F = -kx$ と表される。すなわち，P は単振動をし（$K = k$），その振動中心はばねの自然長の位置であり，また，周期 T は $T = 2\pi\sqrt{\dfrac{m}{k}}$ となることがわかる。

鉛直ばね振り子

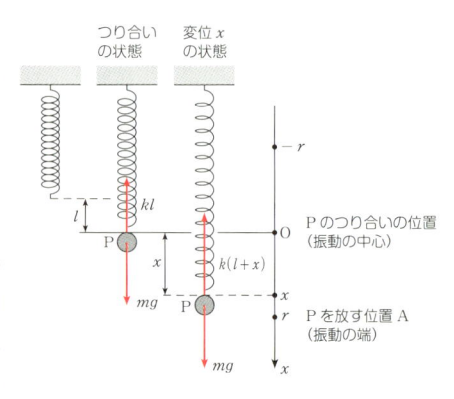

図のように，ばね定数 k のつるまきばねの上端を固定し，下端に質量 m のおもり P をつるす。P がつり合っているときのばねの伸びを l とすると，P にはたらく力のつり合いの式は

$$kl = mg \quad \cdots\cdots ①$$

となる。このときの P の位置を原点 O として，鉛直方向に x 軸をとり，下向きを正とする。いま，P をつり合いの位置から $x = r$ の位置 A まで引き下げた

後，静かに放す。Pが原点Oからの変位xの位置を通過するとき，Pにはたらく力Fは重力とばねの力との合力であり，次のように表される。
$$F = mg - k(l+x) = -kx \quad \cdots\cdots ②$$
こうしてFは単振動を引き起こす力であることがわかる。振動の中心は力のつり合い位置，すなわち原点Oであり，Pは初速0で放されたから点Aは振動の端の点である。振動中心と端との距離が振幅であり，この場合はrである。上式②はまた，鉛直ばね振り子の周期は水平に置かれたばね振り子の周期 $2\pi\sqrt{\dfrac{m}{k}}$ と変わらないことも示している。

- ❯ 式②におけるばねの力を表す項 $-k(l+x)$ は，前ページの下図のように$x>0$の位置だけでなく任意のxに対して成立していることを確かめてみるとよい。
- ❯ なめらかな斜面上に置かれたばね振り子についても，以上と同様のことが成立する。力は斜面方向の成分だけを考えればよいので，上記のmgを$mg\sin\theta$（θは斜面の傾角）と置き換えるだけのことであり，ばね振り子の周期はやはり変わらない。

$$\boxed{\text{ばね振り子の周期} \quad T = 2\pi\sqrt{\dfrac{m}{k}}}$$

鉛直ばね振り子の力学的エネルギー保存則

力学的エネルギー保存則の式は，運動エネルギーのほかに，ばねの弾性エネルギーと重力による位置エネルギーとを取り入れて，次のように書ける。

方法Ⅰ： $\dfrac{1}{2}mv^2 + \dfrac{1}{2}kx^2 + mgh =$ 一定

（xはばねの自然長からの伸び・縮み）

あるいは，単振動のエネルギー保存則を用いて，$K=k$により次のようにも表せる。

方法Ⅱ： $\dfrac{1}{2}mv^2 + \dfrac{1}{2}kx^2 =$ 一定 （xは振動中心からの距離）

たとえば前ページの下図の場合，方法Ⅰでは重力による位置エネルギーの基準を点Aにとり，位置xでのPの速さをvとして，点Aの状態と位置xの状態とを保存則で結ぶと

$$0 + \dfrac{1}{2}k(l+r)^2 + 0 = \dfrac{1}{2}mv^2 + \dfrac{1}{2}k(l+x)^2 + mg(r-x) \quad \cdots\cdots ③$$

一方，方法Ⅱでは

$$0 + \dfrac{1}{2}kr^2 = \dfrac{1}{2}mv^2 + \dfrac{1}{2}kx^2 \quad \cdots\cdots ④$$

実際，式③を展開し，式①を利用すると④が得られ，2つの方法は同等であることが確かめられる。

> 方法Ⅰは運動が単振動であることを知らなくても用いられる。これに対して，方法Ⅱは単振動と見抜いているからこそ書き下せる式である。実用上，方法Ⅱの方が計算がスムーズに行えることが多い。

POINT ばね振り子におけるエネルギー保存則には2通りの立て方がある。どちらを用いるかを明確に意識すること。

例題 1-36　　　　　　斜面上のばね振り子

図のように水平と θ の角をなす斜面上の上端 P に，重さを無視できる自然長 l_0 のばねの一端を固定し，他端に質量 m の物体 B を取り付ける。斜面と B との接触はなめらかであり，B の大きさは無視できるものとする。重力加速度の大きさを g とする。

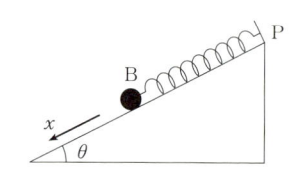

(1) B を取り付けたとき，ばねの長さは l になってつり合った。ばね定数はいくらか。

斜面にそって下向きに x 軸をとり，原点を B のつり合いの位置とする。つり合いの位置から，斜面にそって（最大傾斜の方向に）B を a だけ引き下げ，静かに放したところ B は振動を始めた。

(2) 座標 x の位置において B にはたらく力の合力を調べ，振動の周期を求めよ。
(3) B の速さが最大となる位置と速さの最大値はいくらか。
(4) B を放してから B の速さが最大となるまでの時間はいくらか。
(5) B が $x = -\dfrac{a}{2}$ の位置を通過するときの速さはいくらか。

(鹿児島大)

解答
(1) 斜面に平行な方向での力のつり合いより
$$k(l - l_0) = mg\sin\theta \quad \therefore \quad k = \frac{mg\sin\theta}{l - l_0}$$

(2) 斜面に平行な方向について，重力の成分とばねの力との合力 F を求めてみる。物体 B の位置

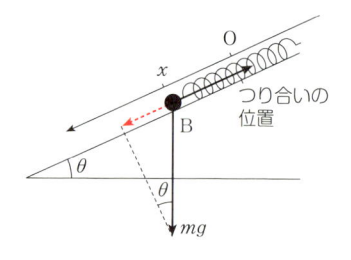

第6章　いろいろな運動　　125

座標が x のとき，ばねは自然長から $l-l_0+x$ だけ伸びているから

$$F = mg\sin\theta - k(l-l_0+x) = -kx = -\frac{mg\sin\theta}{l-l_0}x$$

よって，Bは変位に比例する復元力を受けるので，原点Oを中心として単振動をし，その周期 T は

$$T = 2\pi\sqrt{\frac{m}{k}} = 2\pi\sqrt{\frac{m}{\dfrac{mg\sin\theta}{l-l_0}}} = 2\pi\sqrt{\frac{l-l_0}{g\sin\theta}}$$

ばねの伸びの式 $l-l_0+x$ は，$x<0$ でもよく，また全体が負となっても（つまりばねが自然長より縮んでも）合力の式は変わらないことにも留意するとよい。

(3) 速さが最大となるのは，振動中心すなわち $x=0$，いいかえればつり合いの位置である。Bを静かに放した点が単振動の端の点であるから，この場合の振幅は a である。したがって，速さの最大値 v_m は

$$v_\mathrm{m} = a\omega = a\frac{2\pi}{T} = a\sqrt{\frac{g\sin\theta}{l-l_0}}$$

[別解]　単振動の位置エネルギーを用いた力学的エネルギー保存則にしてもよい。

$$\frac{1}{2}ka^2 = \frac{1}{2}mv_\mathrm{m}^2$$

[別解]　重力の位置エネルギーの基準をBを放した点にとり，ばねの弾性エネルギーを考えて力学的エネルギー保存則の式をつくって求めることもできる。

$$\frac{1}{2}k(l-l_0+a)^2 = \frac{1}{2}mv_\mathrm{m}^2 + mga\sin\theta + \frac{1}{2}k(l-l_0)^2$$

(4) 振動の端から振動中心に至るまでの時間は $\dfrac{1}{4}$ 周期だから　$\dfrac{T}{4} = \dfrac{\pi}{2}\sqrt{\dfrac{l-l_0}{g\sin\theta}}$

(5) 単振動の位置エネルギーを用いて力学的エネルギー保存則の式をつくる。求める速さを v とおくと

$$\frac{1}{2}ka^2 = \frac{1}{2}mv^2 + \frac{1}{2}k\left(\frac{a}{2}\right)^2 \qquad \therefore\quad v = \frac{a}{2}\sqrt{\frac{3k}{m}} = \frac{a}{2}\sqrt{\frac{3g\sin\theta}{l-l_0}}$$

[別解]　重力による位置エネルギーと弾性エネルギーに分けて取り扱ってもよい。

$$\frac{1}{2}k(l-l_0+a)^2 = \frac{1}{2}mv^2 + mg\left(a+\frac{a}{2}\right)\sin\theta + \frac{1}{2}k\left(l-l_0-\frac{a}{2}\right)^2$$

[発展]　**単振動における時間**

たとえば，上の例題で，「$x=a$ の位置で放されたBが $x=-\dfrac{a}{2}$ の位置に達するまでの時間はいくらか。」とたずねられたとしよう。振動中心に達するまでが $\dfrac{T}{4}$，そして，後は振幅 a の半分の距離をいくので $\left(\dfrac{T}{4}\right)\times\dfrac{1}{2} = \dfrac{T}{8}$，両方を足して $\dfrac{3}{8}T$ と答える人が多い。しかし，これは誤りである。誤りは $\dfrac{T}{8}$ とした所にある。単振動は等速運動ではないので，距離が半分になるから時間も半分

というわけにはいかないのである。

　この問題はBの座標xを時間tの関数として表すことにより解ける。$t=0$で$x=a$，以後xは減り始めることを考えれば，x-tグラフでxはコサイン（cos）カーブを描くことになる。そこで，$x = a\cos\omega t = a\cos\dfrac{2\pi}{T}t$

$x = -\dfrac{a}{2}$ を代入すれば　　$-\dfrac{1}{2} = \cos\dfrac{2\pi}{T}t$ ∴ $\dfrac{2\pi}{T}t = \dfrac{2}{3}\pi$

こうして正しい答　$t = \dfrac{T}{3}$　が得られる。

　また，この問題は次のように考えて解いてもよい。単振動は等速円運動の正射影であったことを思い出すと，右のような対応になる。いまの場合，等速円運動での回転角は$90° + 30° = 120°$である。（∵灰色の直角三角形の辺の比が2：1になっている）　360°の回転角が1周期Tになることから，　$T \times \dfrac{120}{360} = \dfrac{T}{3}$　の時間がかかることがわかる。

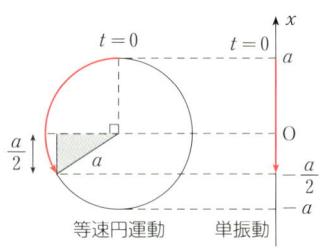

　また，この図により$x=a$から$x=0$に至る時間が$\dfrac{T}{4}$であることを，もう一度確認しておくとよい。

例題1－37　　　　　　　　　　　　　　合成ばね振り子

　なめらかな水平面上に質量mの物体Mが図のように，等しいばね定数kをもった3本のばねA，B，Cと弾性力のない状態でつながれている。ばねの質量を無視するものとして，次の文章中の□□を埋めよ。

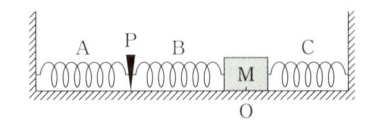

(1)　物体Mが静止しているとき（静止の位置をO点とする），ばねA，Bのつなぎ目を図のようにピンPで止めておく。

　　いま，物体MをPのほうへaだけずらしてから放して振動させる。この場合の振動の周期T_1をk，mを用いて表すと　(ア)　である。

(2)　(1)の場合に，物体MがO点を通るときの速さv_1をk，m，aを用いて表すと　(イ)　である。

(3)　(1)のように物体Mを2本のばねB，Cで振動させておいて，MがO点を通るときにピンPを抜いてやる。この場合，新しい振動の周期T_2をk，mで表すと　(ウ)　である。

(4)　(3)の場合に，物体Mの振幅bをaで表すと　(エ)　である。

（長崎大）

解答

(ア) p.42 で扱った合成ばね定数を用いるとよい。B, C は並列に連結されているから, 合成ばね定数を K_{BC} とすると $\quad K_{BC} = k + k = 2k$

よって $\quad T_1 = 2\pi \sqrt{\dfrac{m}{K_{BC}}} = 2\pi \sqrt{\dfrac{m}{2k}} = \underline{\pi \sqrt{\dfrac{2m}{k}}}$

(イ) O点は振動中心だから, v_1 は単振動での最大の速さとなる。振幅が a だから, 角振動数を ω_1 とおくと

$$v_1 = a\omega_1 = a\dfrac{2\pi}{T_1} = \underline{a\sqrt{\dfrac{2k}{m}}}$$

(ウ) まず, A, B は直列に連結されているから, 合成ばね定数を K_{AB} とすると

$$\dfrac{1}{K_{AB}} = \dfrac{1}{k} + \dfrac{1}{k} \quad \therefore \quad K_{AB} = \dfrac{k}{2}$$

これと C をさらに合成すると, 合成ばね定数 K_{ABC} は $\quad K_{ABC} = K_{AB} + k = \dfrac{3}{2}k$

$\therefore \quad T_2 = 2\pi \sqrt{\dfrac{m}{K_{ABC}}} = \underline{2\pi \sqrt{\dfrac{2m}{3k}}}$

(エ) やはり, O点が振動中心であり, O点での速さ v_1 は単振動の最大の速さになっているから, 角振動数を ω_2 とおくと

$$v_1 = b\omega_2 = b\dfrac{2\pi}{T_2} = b\sqrt{\dfrac{3k}{2m}}$$

v_1 を代入することにより $\quad \underline{b = \dfrac{2}{\sqrt{3}}a}$

(3) 単振り子

長さ l の糸の上端を固定し, 下端に質量 m の小物体を付けて, つり合いの位置 O からわずかにずらした点 A で静かに放すと, 物体は円弧にそった AB 間 (OA = OB) で振動する。これを**単振り子**とよぶ。糸が鉛直線となす角を θ とし, 点 O を原点として水平右向きに座標軸をとり, 物体の座標を x とする。

物体にはたらく力は重力 mg と糸の張力である。そのうち, 円弧にそっての運動を支配する力は, 円の接線方向にはたらく重力の成分 F であり, θ が増す向きを正とすると

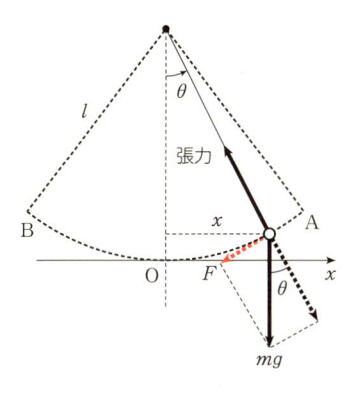

$$F = -mg\sin\theta = -mg\left(\dfrac{x}{l}\right) = -\dfrac{mg}{l}x$$

振幅が小さいので物体は x 軸にそって振動するとみなすことができる。そして力 F はつねに点 O に向かう復元力であり, x に比例するので物体は単振動をする。

その周期は，復元力の比例定数 $K = \dfrac{mg}{l}$ より次のように求められる。

$$T = 2\pi\sqrt{\dfrac{m}{K}} = 2\pi\sqrt{\dfrac{m}{\left(\dfrac{mg}{l}\right)}} = 2\pi\sqrt{\dfrac{l}{g}}$$

> 単振り子の周期　$T = 2\pi\sqrt{\dfrac{l}{g}}$

例題 1-38　　　　　浮力による単振動

長さ L の円柱状の木片 P を水に浮かべる。P が静止している状態から，少し押し下げて静かに放すと，P は上下に振動を始めた。P の密度を ρ，水の密度を $\rho_0 (>\rho)$，重力加速度の大きさを g とする。P の運動は重力と浮力だけによって生じ，P の運動による水面の位置の変化は無視できるものとする。

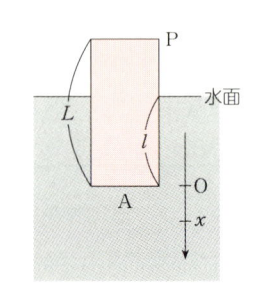

(1) はじめ P が静止しているときの水面下の P の長さ l はいくらか。
(2) P が静止しているときの P の下面 A の位置を原点 O として，鉛直下向きに x 軸をとる。P が振動し，下面 A の位置座標が x のとき，P にはたらく力の合力 F を求めよ。力の向きは x 軸の向きを正，逆向きを負とする。また，P の断面積を S とする。
(3) P の振動周期はいくらか。

解答

(1) P の質量を m，断面積を S とする。P にはたらく重力 $mg = (\rho SL)g$ と浮力（☞ p.69）$\rho_0 Slg$ の力のつり合いより

$$\rho SLg = \rho_0 Slg \quad \therefore\quad l = \dfrac{\rho}{\rho_0}L$$

(2) P の水面下の体積は $S(l+x)$ となっており，重力は正の向き，浮力は負の向きにはたらいていることから　　$F = \rho SLg - \rho_0 S(l+x)g$

ここで(1)の力のつり合いの式を考慮すると

$$F = -\rho_0 Sxg = -(\rho_0 Sg)x$$

(3) (2)のように P には変位に比例する復元力がはたらくので，P の振動は単振動となる。その周期は復元力の比例定数 $K = \rho_0 Sg$ より

$$T = 2\pi\sqrt{\dfrac{m}{K}} = 2\pi\sqrt{\dfrac{\rho SL}{\rho_0 Sg}} = 2\pi\sqrt{\dfrac{\rho L}{\rho_0 g}}$$

|発展| **摩擦がある場合のばね振り子**

図のように，ばね定数 k の軽い水平ばねの左端をあらい水平面上の1点に固定し，右端に質量 m の物体Pを付ける。自然長の位置Oから点Aまで引っ張ってPを静かに放す。Pは左向きに進んで点Bで反転して右向きに進み，点Cで再び反転するとしよう。

Pと面との間の動摩擦係数を μ とすると，Pが位置 x にあって左向きに進むとき受ける合力 F は

$$F = -kx + \mu mg = -k\left(x - \frac{\mu mg}{k}\right)$$

よって，左向きに進むときには，Pは $x_1 = \dfrac{\mu mg}{k}$ を振動中心とする単振動を行い（☞ p.121 ●，定数 $C = \mu mg$ の場合である），右端から左端へ至る時間は半周期

$$\frac{T}{2} = \frac{1}{2} \times 2\pi\sqrt{\frac{m}{k}} \quad \text{である。}$$

次に，Pが位置 x にあって，右向きに進むときに受ける合力は

$$F = -kx - \mu mg = -k\left(x + \frac{\mu mg}{k}\right)$$

このときの振動中心は $x_2 = -\dfrac{\mu mg}{k}$ となる。

図からわかるように振幅が減少することがこの振動の特徴である。そして，Pが左端から右端へ至る時間はやはり $\dfrac{T}{2}$ である。

このようなことがくり返され，振動はしだいに減衰していく。Pが最後に止まる位置は，Pが振動の端に至って一瞬静止したとき，その点でのばねの弾性力が最大摩擦力以下になるような位置である。

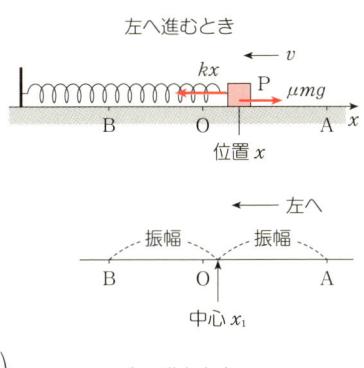

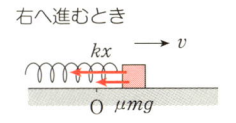

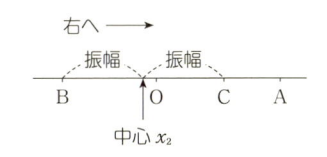

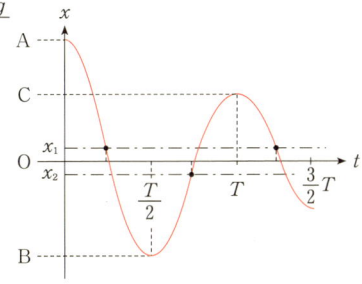

5 天体の運動

(1) ケプラーの法則

ケプラーは、その師ティコ・ブラーエが残した惑星の運動に関する膨大な観測データをもとにして、次の3つの法則を発見した。

第1法則 惑星は太陽を1つの焦点とする楕円を描いて運行する。
第2法則 惑星と太陽を結ぶ線分（動径）が、単位時間に描く面積（面積速度）は一定である。
第3法則 惑星の公転周期 T の2乗は太陽からの半長軸 a の3乗に比例する。
$$T^2 = ka^3 \quad (k: 比例定数)$$

> 半長軸は、楕円の長軸の半分にあたり、長半径ともよばれる。また、太陽から測った近日点までの距離と遠日点までの距離との平均であり、平均距離とよばれることもある。

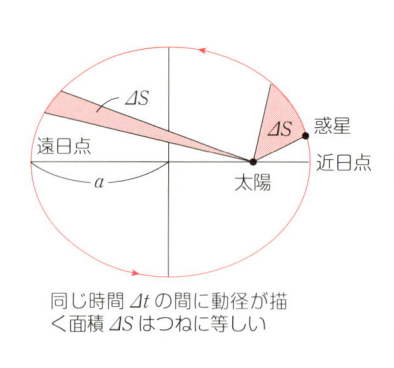

同じ時間 $\varDelta t$ の間に動径が描く面積 $\varDelta S$ はつねに等しい

惑星に関する定数

惑 星	半長軸 a （天文単位）	公転周期 T （太陽年）	$\dfrac{a^3}{T^2}$
水　星	0.387	0.241	1.00
金　星	0.723	0.615	1.00
地　球	1	1.00	1.00
火　星	1.524	1.88	1.00
木　星	5.203	11.86	1.00
土　星	9.555	29.46	1.01
天王星	19.218	84.02	1.01
海王星	30.110	164.77	1.01

1 天文単位 $= 1.496 \times 10^8$ km　　1 太陽年 $= 365.24$ 日

面積速度の求め方

楕円軌道上のある1点 A での面積速度を求めてみよう。太陽の位置を S とし SA $= r$、点 A での惑星の速さを v、速度ベクトルと SA とのなす角を θ とする。微小時間 $\varDelta t$ の間に動径が描く面積 $\varDelta S$ は、$v\varDelta t$ を1辺とする三角形 SAB の面積に近似的に等しいとしてよいので

$$面積速度 = \frac{\varDelta S}{\varDelta t} = \frac{\frac{1}{2}r(v\varDelta t \sin\theta)}{\varDelta t} = \frac{1}{2}rv\sin\theta$$

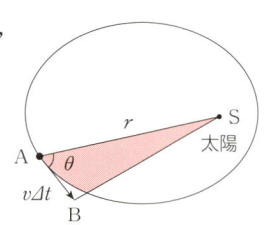

> **参考** 第2法則の証明

第2法則は次のように証明される。図で，太陽の位置をS，惑星Pの位置Aでの速度を$\vec{v}$とし，微小時間Δtの後の位置をBとすると，$\overrightarrow{AB}=\vec{v}\Delta t$である。もし，力がはたらいていなければ惑星は次の時間Δtの後には，$\overrightarrow{BC}=\overrightarrow{AB}$となる点Cに達するであろう。しかし，実際には太陽からの引力を受けて，太陽方向に$\overrightarrow{BD}$だけの変位も生じ，結局，惑星は$\overrightarrow{BC}$と$\overrightarrow{BD}$とを合成した位置Eに移る。このとき，

$\triangle SAB = \triangle SBC$ （∵ AB = BC）
$\triangle SBC = \triangle SBE$ （∵ BS ∥ CE）
よって， $\triangle SAB = \triangle SBE (= \Delta S)$

すなわち，面積速度$\dfrac{\Delta S}{\Delta t}$は一定である。

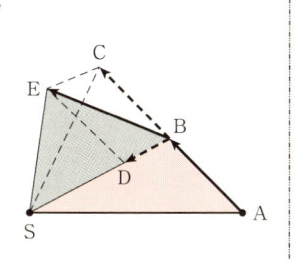

ケプラーの法則は太陽と惑星の間についてだけでなく，惑星とそのまわりを回る衛星の間などについても成り立っている。

第2法則は1つの楕円軌道についてのものであり，第3法則は任意の楕円軌道（円軌道を含む）の間で成り立つ関係式であるという性格の違いに注意したい。第3法則は同じ中心天体を回る軌道に対して成立する。

発展 軌道の種類

太陽のまわりでの天体の軌道は，楕円・放物線・双曲線の3種類に限られていることが，万有引力の法則を用いて証明されている。放物線や双曲線軌道に対しても第2法則は成立する。彗星の一部はこうした軌道を描いている。

> **参考** 面積速度一定の法則と中心力

面積速度一定の法則は，万有引力のもとでの運動に限らず，物体にはたらく力の向きが空間内のある1点を向くときには成立する（このような性質をもつ力を**中心力**とよぶ）。惑星の運動では万有引力はたえず太陽の方向を向く中心力である。

図のようにおもりに糸を取り付け，なめらかな板Pの小穴Oに通して糸の他端を支え，おもりを水平な板上で回転させる。糸の他端を下に引いていくとおもりは渦巻きを描きながら運動する。このときの糸の張力も中心力であり，おもりの面積速度は一定となる。

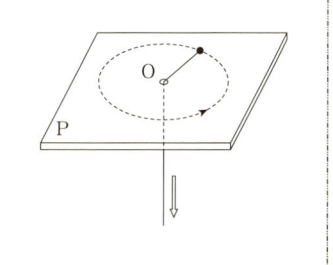

(2) 万有引力の法則
(i) 法則の発見

ニュートンは,ケプラーの法則をもとにして,太陽と惑星の間にはたらく引力の大きさを,次のように求めた。

惑星の軌道はほとんど円に近いから,惑星は太陽のまわりで等速円運動をしていると考えてよい。いま,惑星の質量を m,角速度を ω,軌道半径を r とし,太陽と惑星の間にはたらく引力の大きさを F とする。惑星はこの引力を向心力として円運動をしていると考えられるから F は $F = mr\omega^2$ と表される。また,惑星の周期を T とすると $\omega = \dfrac{2\pi}{T}$ であり,ケプラーの第3法則は $T^2 = kr^3$ と表されるから

$$F = mr\left(\frac{2\pi}{T}\right)^2 = \frac{4\pi^2 mr}{kr^3} = \frac{4\pi^2}{k} \cdot \frac{m}{r^2}$$

となる。この式は,太陽と惑星の間にはたらく引力の大きさが,惑星の質量 m に比例し,太陽と惑星の間の距離 r の2乗に反比例することを示している。ところが作用・反作用の法則により,惑星もこの引力と同じ大きさの力を太陽に及ぼしているはずである。そこで太陽の質量を M とすると,F は M にも比例すると考えるのが自然であり,結局 F は m と M の両方に比例することになる。

ニュートンは,この考えを拡張して,太陽と惑星の間だけでなく,質量をもつあらゆる物体の間にはいつも引力がはたらいていると考えた。この引力を**万有引力**という。

一般に,2つの物体がたがいに及ぼし合う万有引力の大きさ F は,2つの物体の質量 m_1,m_2 の積に比例し,2つの物体の間の距離 r の2乗に反比例し,$F = G\dfrac{m_1 m_2}{r^2}$ と表される。これを**万有引力の法則**という。G は物体によらない定数で,**万有引力定数**とよばれ,その値は $G = 6.67 \times 10^{-11}$ 〔N·m²/kg²〕である。

万有引力の法則　　$F = G\dfrac{m_1 m_2}{r^2}$

▶ 一様な球体の場合は全質量が中心に集まったものとみなしてよく,物体間の距離 r としては中心間の距離を用いる。

(ii) 重力と万有引力

地球の自転を無視すると,地球表面にある質量 m の物体にはたらく重力 mg は,質量 M の地球が及ぼす万有引力にほかならない。地球を一様な球とし,半径を R とすると

$$mg = G\frac{mM}{R^2} \quad \text{より} \quad g = \frac{GM}{R^2}$$

こうして重力加速度は地球の質量と半径によって定められていることがわかる。

- 重力加速度は地表から離れるにしたがって小さくなる。地表面における重力加速度を g，地表面から高さ h の点の重力加速度を g_h とすると
$$mg = \frac{GMm}{R^2}, \quad mg_h = \frac{GMm}{(R+h)^2} \quad \text{より} \quad g_h = \left(\frac{R}{R+h}\right)^2 g \quad \text{となる。}$$

厳密には，地上の物体には万有引力のほかに，地球の自転による遠心力もはたらくので，g の値は前頁の式から求まる値よりわずかに小さく，また，その向きは地球の中心から少しずれる。地表での g の値は赤道で最小で，極で最大である。

- 遠心力は赤道で最大となるが，それでも万有引力の1/300でしかない。g の値は，赤道で $9.78 \, \text{m/s}^2$，極で $9.83 \, \text{m/s}^2$ となっている。

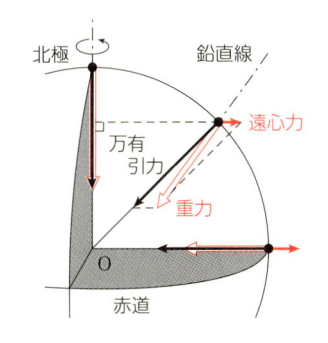

- 重力という用語は万有引力と同義語として使われることも少なくない。が，地表上の物体については区別して用いる方がよい。

(iii) 人工衛星

図のように，地球（質量 M，半径 R）の中心 O から距離 $r (\geq R)$ の点 P より，質量 m の物体を地表と平行に速さ v で投射してみよう。空気の抵抗が無視できるならば図の曲線 a，b のように，物体は楕円を描いて飛行する。

v がある特定の値になると，物体は円軌道 c を描いてもとの投射点に戻ってくる。さらに v を大きくしていくと，楕円が大きくなり，やがて放物線軌道 d を描き，ついには地球の引力圏から脱出してしまう。

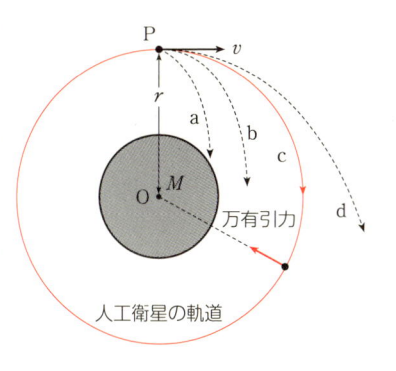

軌道 c のように等速円運動をする人工衛星について考えてみよう。

円運動の式は $\quad m\dfrac{v^2}{r} = G\dfrac{mM}{r^2} \quad \therefore \quad v = \sqrt{\dfrac{GM}{r}}$

周期は $\quad T = \dfrac{2\pi r}{v} = 2\pi r \sqrt{\dfrac{r}{GM}} \quad \cdots\cdots ①$

これから $T^2 = \dfrac{4\pi^2}{GM} r^3$ が得られるが，この式はケプラーの第3法則に対応している。また，地表すれすれに回る人工衛星の速さ $v = \sqrt{\dfrac{GM}{R}}$ を**第1宇宙速度**という。

◉ **静止衛星** 赤道面上において，地球の自転周期1日と同じ周期で等速円運動をする人工衛星は，地表から見るといつも一定の方向に見える。これが静止衛星である。式①より r は定まった値となり，静止衛星の軌道は1つに限られる。

(3) 万有引力のもとでの力学的エネルギー保存
(i) 万有引力による位置エネルギー

図1に示すように，地表面から高さ h の点 P における質量 m の物体がもつ重力による位置エネルギーは，地表面上の点 O を基準点とすると，物体が点 P から点 O まで移動する間に，重力 mg がする仕事 mgh で表された。

万有引力による位置エネルギー もこれと同じようにして求めることができる。すなわち，図2に示すように，地球の中心 C から距離 r だけ離れた点 P における質量 m の物体のもつ万有引力による位置エネルギー U は，地球から無限に離れた点 O を基準点とすると，物体が点 P から O まで移動する間に，万有引力がする仕事で表される。その仕事は，力の向きと移動の向きが反対向きであるから負となる。

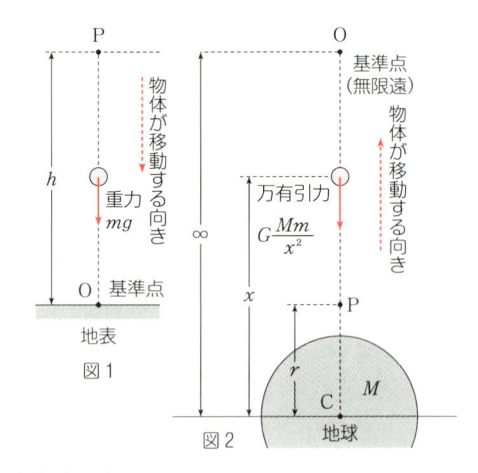

地球の質量を M，万有引力定数を G とすると

$$\text{万有引力による位置エネルギー} \quad U = -\frac{GMm}{r}$$

◉ 重力が mg で一定とみなせるのは地表近くのことで，重力の位置エネルギー mgh の適用も地表近くに限られる。地表から離れると（地球が丸く見えるほどに），万有引力の位置エネルギーを用いなければならない。

◉ 万有引力による位置エネルギーが負となるのは，基準点を無限遠にとったためである。地表面を基準点とすれば，重力による位置エネルギーと同様，正の値となるが，式の形が少し複雑になる（☞ p.135 **参考**）。

> **参 考** 万有引力による位置エネルギーの導出

地球の中心を原点 O として x 軸を図のようにとる。位置 x にある質量 m の物体にはたらく万有引力の大きさは $F(x) = \dfrac{GMm}{x^2}$ である。物体をこの位置から微小距離 Δx だけ静かに移動させるとき，万有引力のする仕事は $-F(x)\Delta x$ であり，その大きさは図の斜線部の面積に相当する。したがって，位置 r から基準点 $x = \infty$ まで物体を移動させるときの万有引力のする仕事，すなわち，位置エネルギー $U(r)$ は，この区間を微小区間 Δx に分割し，$\Delta x \to 0$ とすることにより，赤色部分の面積にマイナス符号をつけたものになる。

$$U(r) = -\int_r^\infty F(x)dx$$
$$= -\int_r^\infty \dfrac{GMm}{x^2}dx = \left[\dfrac{GMm}{x}\right]_r^\infty = -\dfrac{GMm}{r}$$

地表を基準点とした場合の位置エネルギー $U'(r)$ は

$$U'(r) = \int_R^r F(x)dx$$
$$= \left[-\dfrac{GMm}{x}\right]_R^r = GMm\left(\dfrac{1}{R} - \dfrac{1}{r}\right)$$

もちろん，$U'(r) = U(r) - U(R)$ として求めることもできる。

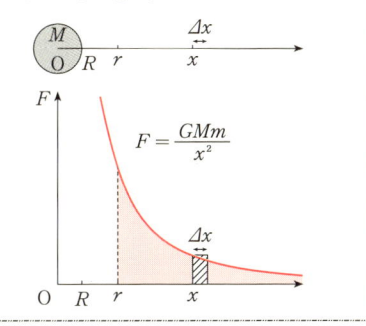

(ii) 万有引力のもとでの物体の運動

　地球のまわりを回る人工衛星や太陽のまわりを回る惑星は保存力である万有引力だけを受けて運動しているから，物体の力学的エネルギーは，つねに一定に保たれる。したがって，物体の運動エネルギーと万有引力による位置エネルギーの和を E で表すと，次の式が成り立つ。

$$\dfrac{1}{2}mv^2 + \left(-\dfrac{GMm}{r}\right) = E = 一定$$

> ● 太陽と惑星，あるいは地球と人工衛星のように質量が圧倒的に異なる 2 つの天体の場合には，主天体は静止しているものとして取り扱ってよい。

> **参 考** 軌道とエネルギー
>
> 楕円軌道は $E < 0$，放物線軌道は $E = 0$，双曲線軌道は $E > 0$ に対応する。

POINT　楕円軌道　面積速度一定
　　　　　　　　　力学的エネルギー保存則 } の連立

(iii) 地球からの脱出速度

地表の点 A から鉛直上方へ初速 v_0 で打ち上げられた質量 m の物体が，点 B でもつ速さを v とすると，力学的エネルギー保存則により

$$\frac{1}{2}mv_0^2 - \frac{GMm}{R} = \frac{1}{2}mv^2 - \frac{GMm}{r}(=E) \quad \cdots ①$$

全エネルギー E が負の場合には，物体の最大到達距離 r_0 は，式①で $v=0$ とおいて

$$r_0 = \frac{2GMR}{2GM - Rv_0^2} \quad \cdots\cdots ②$$

$E \geq 0$ の場合には，$r = \infty$ でも $\frac{1}{2}mv^2 \geq 0$ であるので，物体は地球から無限に遠ざかる。そのためには，

$$\frac{1}{2}mv_0^2 - \frac{GMm}{R} \geq 0$$

$$\therefore \quad v_0 \geq \sqrt{\frac{2GM}{R}} \quad \cdots\cdots ③$$

式③の v_0 の最小値のことを地球からの**脱出速度**とか**第2宇宙速度**という。

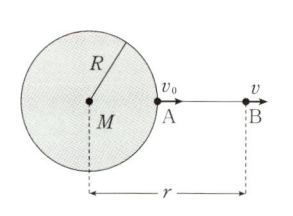

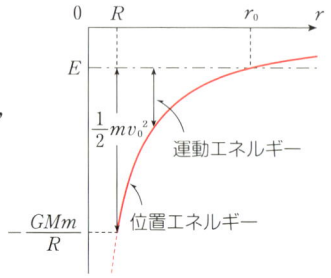

例題 1-39　　　　万有引力による運動

地球のまわりを質量 m の人工衛星が回っている。地球の質量は M，万有引力定数は G である。はじめ人工衛星の軌道は，地球の中心からの距離の最大値が r_1，最小値が r_2 の楕円であった。

(1) この人工衛星の速さが最小になったときの速さを v_1 とすると，次のときの速さはいくらか。
 (i) 地球の中心からの距離が r_1 のとき
 (ii) 地球の中心からの距離が r_2 のとき

(2) (1)の速さ v_1 を G，M，r_1，r_2 で表せ。

人工衛星が地球の中心からもっとも遠い位置に来たとき，燃料を噴射して，半径 r_1 の円軌道に移るものとする。

(3) 半径 r_1 の円軌道上を回るためには，人工衛星の速さはいくらであればよいか。

(4) はじめの楕円軌道の場合の周期を T，円軌道になってからの周期を T_1 とするとき，$\dfrac{T}{T_1}$ を r_1，r_2 で表せ。

(5) T を G，M，r_1，r_2 で表せ。ただし，円周率を π とせよ。（玉川大）

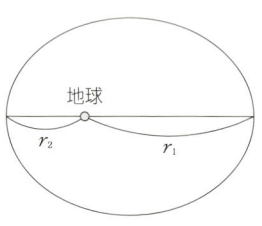

第6章　いろいろな運動　　137

解答

(1) 速さが最小になるのは人工衛星が地球から最も離れるときである。これは力学的エネルギー保存則より理解できる。最も離れたときには位置エネルギー（地球の中心からの距離をrとして$-\dfrac{GMm}{r}$）が最大になるから，運動エネルギーは最小，つまり速さが最小となる。このことはケプラーの第2法則を用いて考えてもよい。動径が単位時間に描く面積が一定であるから，動径が最長となるところで人工衛星の動きは最も遅くなる。逆に速さが最大となるのは地球に最も近づいたときである。

(i) r_1 は最大距離で（そのときの衛星の位置を遠地点という），速さは最小であり $\underline{v_1}$ にほかならない。

(ii) r_2 は最小距離で（そのときの衛星の位置を近地点という），速さは最大となる。速さを v_2 として，ケプラーの第2法則を適用して近地点と遠地点の面積速度を結びつけると，p.130 の $\theta = 90°$ の場合であるから

$$\frac{1}{2}r_2 v_2 = \frac{1}{2}r_1 v_1 \qquad \therefore \quad v_2 = \frac{r_1}{r_2}v_1 \quad \cdots\cdots ①$$

(2) 力学的エネルギー保存則より $\quad \dfrac{1}{2}mv_2^2 - \dfrac{GMm}{r_2} = \dfrac{1}{2}mv_1^2 - \dfrac{GMm}{r_1} \quad \cdots\cdots ②$

①，②より v_2 を消去すれば $\quad v_1 = \underline{\sqrt{\dfrac{2GMr_2}{r_1(r_1 + r_2)}}}$

(3) 等速円運動の式は，速さを v として $\quad m\dfrac{v^2}{r_1} = \dfrac{GMm}{r_1^2} \quad \therefore \quad v = \underline{\sqrt{\dfrac{GM}{r_1}}}$

(4) ケプラーの第3法則を $\dfrac{T^2}{a^3} = $ 一定 と書き直して，2つの軌道に対して適用する。楕円軌道の半長軸は $a = \dfrac{r_1 + r_2}{2}$ であり，円軌道の半長軸は半径 r_1 そのものであるから

$$\frac{T^2}{\left(\dfrac{r_1+r_2}{2}\right)^3} = \frac{T_1^2}{r_1^3} \quad \text{これより} \quad \frac{T}{T_1} = \underline{\left(\frac{r_1 + r_2}{2r_1}\right)^{\frac{3}{2}}}$$

(5) 円運動の周期 T_1 は $\quad T_1 = \dfrac{2\pi r_1}{v} = 2\pi r_1 \sqrt{\dfrac{r_1}{GM}}$

よって(4)の結果より $\quad T = \underline{\dfrac{\pi}{\sqrt{2GM}}(r_1 + r_2)^{\frac{3}{2}}}$

COFFEE BREAK

●密度コンテスト!?

太陽は固体・液体・気体のうちどれだろうか？
——答は気体。自分自身の巨大な重力を高温の気体の圧力で支えているのが太陽の姿だ。質量は地球の33万倍だが，体積が130万倍もあるので密度にすると1.4 g/cm^3。水に毛のはえた程度のものである。

密度の大きな天体としては**白色わい星**がある。1 cm^{3}がなんと1トンもある。太陽もやがては白色わい星となる。今から何十億年か後，太陽は膨れ上がり，地球をのみ込まんばかりになる。**赤色巨星**とよばれる段階だ。昼の空は赤く輝く太陽で覆いつくされていることだろう。もっとも，地球はもはや生物の住める所ではなくなっているが……。この後，太陽は縮み始め，地球ぐらいの大きさになり，白色わい星としてその一生を閉じる。それがほとんどの星の運命でもある。

しかし，中にはもっと密度の大きい天体もある。その名は**中性子星**。1 cm^{3}が1億トン！というからケタはずれである。これは，星の大爆発——超新星の際生まれる。星の大部分は吹き飛ぶが，中心部は急激に圧縮される。原子はつぶされ，原子核のまわりを回っていた電子は原子核に押し込まれ，陽子と合わさって中性子となる。巨大な原子核といってもよく，半径10 kmという小さな球の中に太陽ほどの質量がつめこまれている。

では，その上は？………もうない。これ以上の密度になると，重力を支える力が存在しないので星はただつぶれる以外にない。つぶれ続けていく星，それが**ブラックホール**だ。光さえも出てこられない，まさに想像を絶する世界である。

第2編 熱と気体

第1章 熱とエネルギー

1 熱とエネルギー

(1) 熱運動と温度

物体が静止していても，物体を構成している原子や分子は乱雑な運動をしている。この運動を**熱運動**という。温度の高い物体ほど熱運動は激しい。正確には，温度の高い物体ほど熱運動の運動エネルギーが大きい。

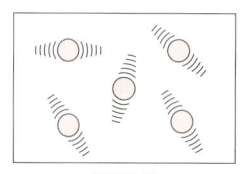

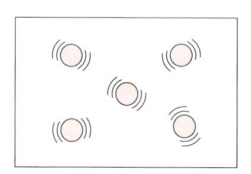

高温物体　　　　　低温物体

分子の運動エネルギーが0になる温度（−273℃）を0K（ケルビン）とし，℃と同じ間隔の目盛りを用いる温度を**絶対温度**という。**セルシウス温度（セ氏度）** t〔℃〕と絶対温度 T〔K〕との関係は次のようになる。

$$\text{絶対温度}\,T \quad T = t + 273 \,\text{〔K〕}$$

セ氏度と絶対温度は目盛りのゼロ点が異なるだけで，1度の差は共通である。

(2) 熱量

温度の高い物体Aと，温度の低い物体Bを接触させるとき，熱運動の変化は次のようになる。

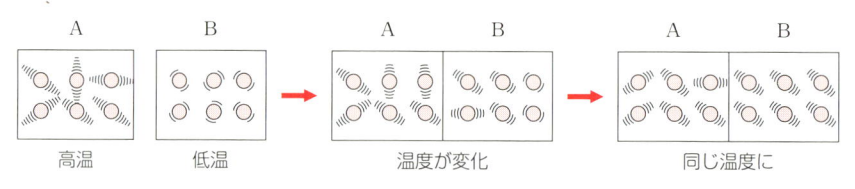

高温　低温　　温度が変化　　同じ温度に

AとBの接触部分では，Aの分子とBの分子が何度も衝突する。その結果，Aの熱運動の激しさは徐々に減少し，Bの熱運動の激しさは徐々に増す。十分に時間がたち，熱運動の激しさが等しくなったときが，同じ温度になるときである。

以上の変化では，A は熱運動のエネルギーを失い，B は熱運動のエネルギーを得ている。これは熱運動のエネルギーが A から B へ移動したということである。この移動した熱運動のエネルギーを**熱**あるいは**熱エネルギー**といい，その分量を**熱量**という。したがって，熱量の単位にはエネルギーの単位〔J〕を用いる。

参考　熱と赤外線

地球が遠く離れた太陽から熱を受けるように，物体どうしが接触していなくても熱は伝わる。これは赤外線を媒介としてエネルギーが伝わるからである。高温物体は赤外線を多量に放出し，そのとき熱運動のエネルギーを失って，温度が下がる。反対に，低温物体は放出するよりも多くの赤外線を吸収し，熱運動のエネルギーが増えて温度が上がる。(p.411 参照)

---

(3) 比熱と熱容量

ある物体全体の温度を 1 K あるいは 1 ℃ 上げるのに要する熱量を，その物体の**熱容量**という。単位には〔J/K〕などを用いる。また，単位質量あたりの熱容量のことを**比熱 (比熱容量)** という。単位には〔J/(g·K)〕，または〔J/(kg·K)〕を用いる。

熱容量 C〔J/K〕，比熱 c〔J/(g·K)〕，質量 m〔g〕の物体が熱量 Q〔J〕を吸収するときの温度上昇を ΔT〔K〕とすると，次の関係式が成立する。

$$\text{温度変化と熱量の関係式}\quad Q = C\Delta T = mc\Delta T$$

上式は，熱量 Q〔J〕を放出し，温度が ΔT〔K〕降下するときの関係式でもある。

参考　熱量の単位

熱量の単位には〔J〕のほかに〔cal〕(カロリー) がある。1 cal は 1 g の水の温度を 1 K だけ上げるのに必要な熱量であり，
$$1\,〔\mathrm{cal}〕 \fallingdotseq 4.19\,〔\mathrm{J}〕$$
である。水の比熱を〔cal〕を用いて表すと 1〔cal/(g·K)〕となる。

---

(4) 熱量の保存

まわりと熱のやりとりをしない容器を**断熱容器**という。断熱容器の中に，冷たい水と熱い金属とを入れておくと，やがて水は暖まり，金属は冷え，両者の温度は等しくなる。このとき，水が吸収した熱量と，金属が放出した熱量は等しい。これを**熱量保存の法則**という。

POINT　低温物体が吸収した熱量＝高温物体が放出した熱量

> ◉ 熱の正体はエネルギーであるので，熱量保存の法則は，熱に関するエネルギー保存則である。

比熱の測定

固体の比熱を測定するには，図のような熱量計を用いる。熱容量 C の容器の中に，質量 m の水を入れ，全体の温度を T_1 にしておく。その中に，温度 T_2 に暖められた質量 M の固体試料を入れ，かきまぜる。温度上昇がやんだときの水温 T を測定し，熱量保存の法則を用いる。水の比熱を c_0，試料の比熱を c とすると

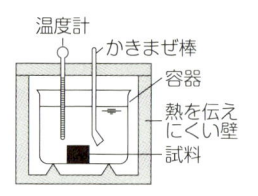

$$m \times c_0 \times (T - T_1) + C(T - T_1) = Mc(T_2 - T)$$

この式から，試料の比熱 c を求めることができる。

例題 2-1　　　　　　　　物体の比熱

温度 10℃ と 40℃ の液体 A と B がそれぞれ断熱容器に入れてあり，ほかに温度 100℃ に加熱した固体 S がある。A の比熱を $4\,\mathrm{J/(g \cdot K)}$ として，次の問いに答えよ。

(1) A に，A と同質量の加熱された S を入れて放置したら 25℃ になった。S の比熱を求めよ。

(2) S を入れる前の A と B を同質量まぜると 20℃ になった。B の比熱はいくらか。

(3) 40℃ の B に，B と同質量の 100℃ に加熱された S を入れると何度になるか。

(東海大)

解答

(1) S の比熱を $c_1\,[\mathrm{J/(g \cdot K)}]$，質量を $m\,[\mathrm{g}]$ とする。$Q = mc\mathit{\Delta}T$ より

　　S が放出した熱量 …… $mc_1(100 - 25)\,[\mathrm{J}]$

　　A が吸収した熱量 …… $m \times 4 \times (25 - 10)\,[\mathrm{J}]$

断熱容器内であるので，熱量は保存され，これらは等しい。

$$mc_1(100 - 25) = m \times 4 \times (25 - 10) \qquad \therefore\ c_1 = 0.8\,[\mathrm{J/(g \cdot K)}]$$

(2) B の比熱を $c_2\,[\mathrm{J/(g \cdot K)}]$ とする。(1)と同様に，B が放出した熱量 $mc_2(40 - 20)\,[\mathrm{J}]$ と A が吸収した熱量 $m \times 4 \times (20 - 10)\,[\mathrm{J}]$ は等しくなるので

$$mc_2(40 - 20) = m \times 4 \times (20 - 10) \qquad \therefore\ c_2 = 2\,[\mathrm{J/(g \cdot K)}]$$

(3) 求める温度を $T\,[℃]$ とする。S が放出した熱量 $mc_1(100 - T)\,[\mathrm{J}]$ と B が吸収した熱量 $mc_2(T - 40)\,[\mathrm{J}]$ は等しくなるので

$$mc_1(100 - T) = mc_2(T - 40)$$

$c_1 = 0.8$，$c_2 = 2$ を代入して　　　　　　　　　$T = \dfrac{40}{0.7} \fallingdotseq 57.1\,[℃]$

(5) 物質の三態

物質には固体，液体，気体の三つの状態がある。これを**物質の三態**という。

固体の中の分子は，定まった位置のまわりを無秩序に振動している。固体に熱を加え，温度を上げていくと**融解**し，液体になる。このとき，分子は定まった位置から離れ，たがいにその位置を変えながら運動する。固体も液体も分子の間隔は非常に小さく，大きな力を受けても体積はほとんど変化しない。

液体の温度をさらに上げると**気化**し，気体になる。このとき，分子は液体の表面から飛び出し，空間を飛びかうようになる。気体中の分子の間隔はきわめて大きい。

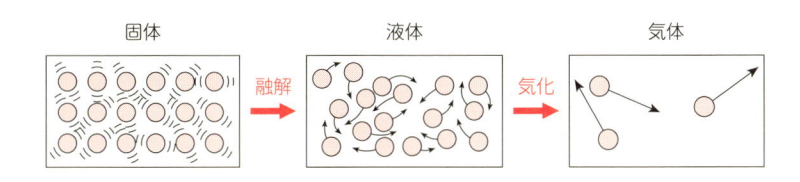

|固体|→融解→|液体|→気化→|気体|

(6) 潜熱

分子は，熱運動による運動エネルギーのほかに，分子間にはたらく力による位置エネルギーをもっているが，物体の温度は，位置エネルギーではなく，運動エネルギーで決まる。熱を加え続けても，固体が融解している間は，温度が変わらない。このとき，分子間にはたらく力による位置エネルギーのみが変化し，運動エネルギーは変化しない。

このように，温度上昇のためでなく，単に物質の状態（固体・液体・気体）を変化させるために費やされる熱を**潜熱**という。

融解熱 …… 単位質量の固体が，同じ温度の液体に変わるときの潜熱
蒸発熱 …… 単位質量の液体が，一定の圧力の下で，同じ温度の気体に変わるときの潜熱

> ● 気体から液体，あるいは液体から固体へ変わるときは，蒸発熱や融解熱に等しい熱量が放出される。

POINT 固体 ⇄ 液体，液体 ⇄ 気体 の変化の間は温度が変わらない。

例題 2-2　融解熱と状態変化

　銅の容器に 200 g の氷が入っている。はじめ，全体の温度が -10 ℃ であった。これに毎秒 110 J の割合で熱を加える。容器および氷（または水）の温度が時間とともに図に示したような変化をした。水の比熱は 4.2 J/(g·K) とし，銅および氷の比熱は問題の温度範囲で一定値をとるものとする。次の問いに答えよ。

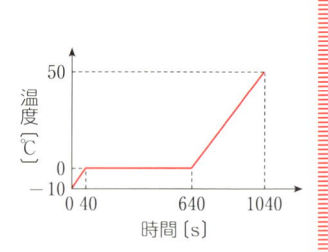

(1) 氷の融解熱を求めよ。
(2) 容器の熱容量を求めよ。
(3) 氷の比熱を求めよ。

(東北大)

解答

(1) 40 秒から 640 秒の間は，熱が加え続けられているにもかかわらず，温度の上昇がみられない。これは，この間に氷が融解し，同温の水に変化しているからである。この間に加えられた熱量，すなわち潜熱の合計 Q_1 [J] は

$$Q_1 = 110 \times (640 - 40) = 66000 \text{ [J]}$$

単位質量あたりの潜熱が融解熱 q [J/g] であるから

$$q = \frac{66000}{200} = \underline{330 \text{ [J/g]}}$$

(2) 640 秒から 1040 秒の間に注目する。この間に加えられた熱量の合計 Q_2 [J] は

$$Q_2 = 110 \times (1040 - 640) = 44000 \text{ [J]}$$

この間に水が吸収した熱量 Q_3 [J] は，$Q_3 = mc\Delta T$ より

$$Q_3 = 200 \times 4.2 \times (50 - 0) = 42000 \text{ [J]}$$

容器の熱容量を C [J/K] とする。この間に容器が吸収した熱量 Q_4 [J] は，$Q_4 = C\Delta T$ より

$$Q_4 = C \times (50 - 0) = 50C$$

熱量の保存より

$$Q_2 = Q_3 + Q_4$$
$$44000 = 42000 + 50C \qquad \therefore \quad C = \underline{40 \text{ [J/K]}}$$

(3) 氷の比熱を c [J/(g·K)] とする。0 秒から 40 秒の間に氷と容器の温度が -10 ℃ から 0 ℃ に上昇したので，熱量の保存より

$$110 \times 40 = 200 \times c \times 10 + 40 \times 10 \qquad \therefore \quad c = \underline{2 \text{ [J/(g·K)]}}$$

(7) 摩擦による発熱

物体と物体をこすり合わせると，接触面の温度が上がる。これは，接触面の分子や原子がぶつかり合い，熱運動のエネルギーが増えるからである。このようなことから，摩擦によって熱が発生するといえる。摩擦力を受けながら物体が運動すると，物体の力学的エネルギーは減少する。このとき，発生する熱量と減少する力学的エネルギーは等しくなる。

$$\text{発生する熱量 } Q \text{ 〔J〕} = \text{減少する力学的エネルギー } W \text{ 〔J〕}$$

これは，熱量を含めたエネルギー保存則である。

例題 2－3　　摩擦と熱

あらい水平面上に，質量 0.8 kg の物体 P を初速 4 m/s で投げ出す。このとき，P が静止するまでの間に，P の温度は 0.5 ℃ だけ上昇した。P の比熱を 0.008 J/(g·K) として，次の問いに答えよ。
(1) P が静止するまでの間に，P が吸収した熱量は何 J か。
(2) 水平面と P との摩擦によって発生した熱量の何 % を P は吸収したか。

解答

(1) P が吸収した熱量を Q_1 〔J〕とする。$Q_1 = mc\varDelta T$ より
$$Q_1 = 800 \times 0.008 \times 0.5 = \underline{3.2} \text{ 〔J〕}$$

(2) 摩擦によって失われた P の運動エネルギーを W 〔J〕とする。$W = \frac{1}{2}mv^2$ より
$$W = \frac{1}{2} \times 0.8 \times 4^2 = 6.4 \text{ 〔J〕}$$
摩擦によって発生した全熱量を Q_0 〔J〕とする。$Q_0 = W$ より
$$Q_0 = 6.4 \text{ 〔J〕} \quad \therefore \quad \frac{Q_1}{Q_0} \times 100 = \frac{3.2}{6.4} \times 100 = \underline{50} \text{ 〔%〕}$$

▶ **ジュールの実験**　ジュールは 1847 年頃，図のような実験装置を用いて実験を行った。熱量計内に設けられた回転翼の軸に糸を巻き，糸の先端におもりをつける。おもりの落下を利用して回転翼で水をかきまわす。回転翼には熱量計内の水から大きな抵抗がかかるため，おもりの落下はゆっくりとした等速運動になる。この場合，おもりの位置エネルギーの減少分は，回転翼が水をかきまぜる仕事となり，最後には熱となって，水の温度を上昇させる。このようにして，おもりの位置エネルギーの減少と，水の温度の上昇を測定し，熱もエネルギーの一種であることが分かった。

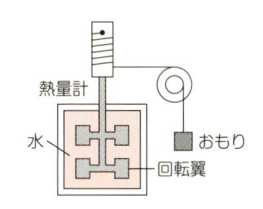

2 エネルギーの変換と保存

(1) エネルギーの変換と保存

エネルギーには，力学的エネルギーや熱エネルギーのほかに，**電気エネルギー**，**化学エネルギー**，**光エネルギー**，**核エネルギー**などがある。これらのエネルギーは互いに変換することができる。例えば，乾電池で豆電球を点灯するとき，乾電池で化学エネルギーが電気エネルギーに変換され，豆電球では電気エネルギーが光エネルギーと熱エネルギーに変換される。

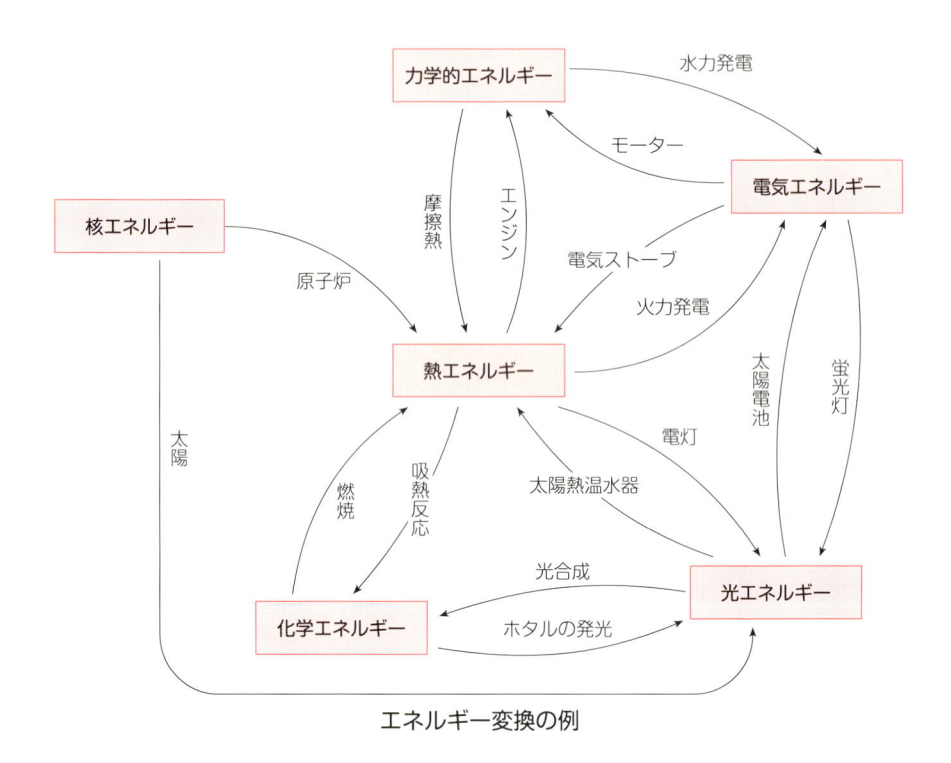

エネルギー変換の例

エネルギーはいろいろな形に変換されるが，変換前のエネルギーの量と変換後のエネルギーの量は同じである。すなわち，

「どのような形に変換されても，エネルギーの総和は変わらない」

これを**エネルギー保存則**という。力学的エネルギー保存の法則や熱量の保存，熱力学第1法則は，この法則の1つである。

例題2-4　　　　エネルギーの変換

図のように質量 m の球を，油面からの高さが h の位置から鉛直上向きに初速 v_0 で打ち上げた。球は最高点に達した後，周囲を断熱材で囲まれた油そう内に落下した。空気の抵抗，空気への熱の流れは無視できるものとし，重力加速度の大きさを g，球の比熱を c，油そうの油の熱容量を C とする。

球が油面に衝突する前の球と油の温度をそれぞれ T_1，T_2 とし，衝突後，球と油の温度は T_3 になったとする。T_3 を求めよ。

(法政大)

解答

油面に衝突する直前の球の力学的エネルギーは，

$$\frac{1}{2}mv_0^2 + mgh$$

である。これが熱エネルギーに変わり，球と油の温度を上昇させるので，

$$\frac{1}{2}mv_0^2 + mgh = mc(T_3 - T_1) + C(T_3 - T_2)$$

$$\therefore\ T_3 = \frac{mcT_1 + CT_2 + \frac{1}{2}mv_0^2 + mgh}{mc + C}$$

(2) 不可逆変化と熱力学第2法則

ひとりでにもとの状態に戻る変化を**可逆変化**，そうでない変化を**不可逆変化**という。空気抵抗が無視できるとき，右端に振れたおもりは，いったん左端に振れ，再びもとの右端に戻ることができる。これが，可逆変化である。面上を動いている物体が動摩擦力によって静止する場合は，もとの状態に戻らないので不可逆変化である。

物質を構成する分子1つひとつの運動は可逆的であるが，莫大な数の分子の運動はもとに戻り得ない。したがって熱現象は不可逆変化である。熱現象に限らず，巨視的な現象は一般に不可逆変化になる。これを**熱力学第2法則**という。

この法則は場合に応じて様々な表現を用いて表すことができる。「何も手を加えなければ，熱はつねに高温物体から低温物体へ移動する」あるいは「与えられた熱をすべて仕事に変えることはできない」などである。熱機関の効率が1より小さくなるのも，この法則によるものである（☞ p.177）。

第2章 気体分子の運動

1 ボイル・シャルルの法則

(1) 気体の圧力

気体に接している面は，その気体から面に垂直な力を常に受けている。この力は，飛びまわっている多くの気体分子が面に次々と衝突することによって生じる。単位面積あたりのこの力の大きさを，その気体の**圧力**という。圧力の単位には〔Pa〕（パスカル）が用いられる。また，1〔Pa〕＝1〔N/m²〕である。

面全体が受ける力の大きさを F，その面の面積を S とすると，圧力 P は，次のようになる。

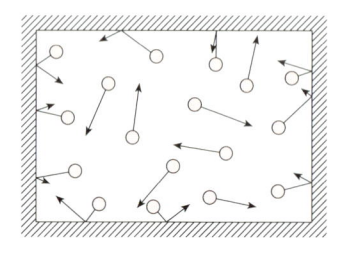

気体分子が面に衝突する様子

$$\text{気体の圧力} \quad P = \frac{F}{S}$$

(2) 大気圧

地球をとりまく大気（空気）は，N_2 と O_2 を主成分とする混合気体であり，その圧力を**大気圧**という。地表における大気圧の大きさは，季節や天候によって異なるが，年間の平均値はおよそ 1.013×10^5 Pa である。この圧力 1.013×10^5 Pa を 1 気圧（atm）という。

地表における大気圧は，次のように考えることができる。単位面積の断面をもち，上空までずっと伸びた長い気柱を考える。この気柱内の大気全体を 1 つの物体と考えると，地表はこの気柱全体を支えていることになる。したがって，地表は気柱内の大気全体の重さと等しい力を鉛直下向きに受ける。これが地表の大気圧であると考えることもできる。なお，気体の圧力はすべての方向に伝わるので，鉛直下向きだけでなく，すべての方向に大気圧ははたらく。

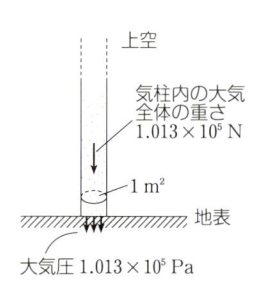

(3) ボイルの法則

温度を一定に保つとき，一定質量の気体の圧力 P は体積 V に反比例する。これをボイルの法則という。

ボイルの法則
（温度一定） $PV = $ 一定

この場合，気体の圧力 P と体積 V の関係を表すグラフは双曲線になる。この双曲線は，温度が高いほど，原点 $O(P=0, V=0)$ から遠くなる。

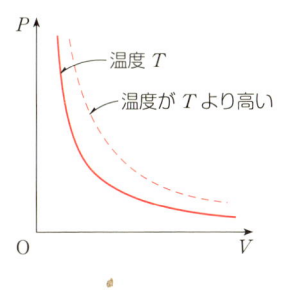

(4) シャルルの法則

圧力を一定に保つとき，一定質量の気体の体積 V は，温度を $1℃$ だけ上げると，$0℃$ のときの体積 V_0 の $\dfrac{1}{273}$ 倍だけ増加する。これをシャルルの法則という。したがって，$t[℃]$ のときの体積は次のようになる。

$$V = V_0 + \dfrac{V_0}{273}t \quad \therefore \quad V = \dfrac{V_0(273+t)}{273}$$

絶対温度を $T[K]$ とすると，$273+t=T$ となるので，次のように式変形できる。

$$V = \dfrac{V_0 T}{273} \quad \therefore \quad \dfrac{V}{T} = \dfrac{V_0}{273}(=一定)$$

すなわち，気体の体積 V と絶対温度 T は比例する。

シャルルの法則
（圧力一定） $\dfrac{V}{T} = $ 一定

式の上では絶対温度が $0K$ のとき，気体の体積は 0 となるが，実際の気体は，$0K$ になる前に液体や固体になってしまう。

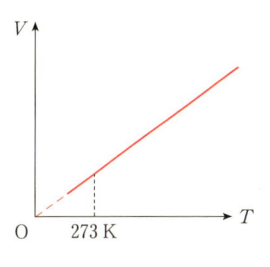

(5) ボイル・シャルルの法則

ボイルの法則とシャルルの法則をまとめたものがボイル・シャルルの法則である。一定質量の気体の圧力 P と体積 V および絶対温度 T の間には次の関係が成り立つ。

ボイル・シャルルの法則 $\dfrac{PV}{T} = $ 一定

圧力 P_1，体積 V_1，絶対温度 T_1 の状態にある気体が，圧力 P_2，体積 V_2，絶対温度 T_2 の状態に変化したときの関係式は次のようになる。

$$\frac{P_1 V_1}{T_1} = \frac{P_2 V_2}{T_2}$$

例題 2－5　　ボイルの法則とシャルルの法則

温度 327 ℃，圧力 6×10^5 Pa，体積 0.3 m³ の気体があり，この状態を A とする。まず，状態 A から，温度を一定に保って，体積が 0.9 m³ の状態 B に変化させる。次に，状態 B から，圧力を一定に保って，体積が 0.3 m³ の状態 C に変化させる。最後に，状態 C から，体積を一定に保って，状態 A に戻す。次の問いに答えよ。

(1) 状態 B での気体の圧力 P_B は何 Pa か。
(2) 状態 C での気体の温度は t_C は何 ℃ か。
(3) 気体の圧力 (Pa) を縦軸にとり，体積 (m³) を横軸にとって，気体の状態変化を示すグラフを描け。
(4) 気体の体積 (m³) を縦軸にとり，絶対温度 (K) を横軸にとって，気体の状態変化を示すグラフを描け。

解答

(1) A → B の変化は温度が一定の変化なので，ボイルの法則（$PV = $ 一定）を用いる。
$(6 \times 10^5) \times 0.3 = P_B \times 0.9$　　∴　$P_B = \underline{2 \times 10^5 \text{ Pa}}$

(2) B → C の変化は圧力が一定の変化なので，シャルルの法則（$\frac{V}{T} = $ 一定）を用いる。温度を絶対温度に直して式を立てる。
$$\frac{0.9}{327 + 273} = \frac{0.3}{t_C + 273}$$
∴　$t_C + 273 = 200$　　∴　$t_C = \underline{-73 \text{ ℃}}$

(3) 温度が一定の変化（A → B）は（圧力）－（体積）グラフで双曲線になる。
(4) 圧力が一定の変化（B → C）は（体積）－（絶対温度）グラフで原点を通る直線の一部になる。

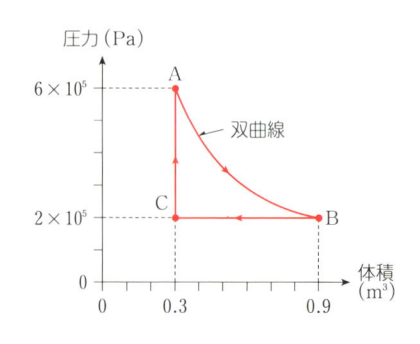

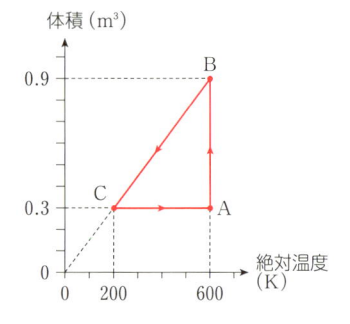

例題 2－6　熱気球

熱を伝えない材料で作った気球がある。気球は，内部の圧力と外部の圧力が等しくなるように，抵抗なく膨らんだり，縮んだりすることができる。また，気球内には加熱用のヒーターが取りつけてある。この気球にヘリウムガスを m〔kg〕だけ入れて密閉する。はじめ，ヘリウムガスの温度は T_0〔K〕で，気球の体積は V_0〔m³〕であった。

気球自身の質量とヒーターの質量の和を $2m$〔kg〕とし，大気圧を P_0〔Pa〕，大気の密度を ρ_0〔kg/m³〕，重力加速度の大きさを g〔m/s²〕とする。次の問いに答えよ。

(1) はじめの状態で気球にはたらく浮力の大きさ F_0〔N〕を求めよ。
(2) ヒーターでヘリウムガスをゆっくりと加熱したところ，気球が空中に浮かんだ。このときのヘリウムガスの温度 T_1〔K〕と気球の体積 V_1〔m³〕を求めよ。

解答

(1) 浮力の大きさは，同体積の大気にはたらく重力の大きさと等しい。(☞ p.68)
$$F_0 = \underline{\rho_0 V_0 g} \text{〔N〕}$$

(2) 気球およびヒーターにはたらく重力 $2mg$〔N〕と気球内のヘリウムガスにはたらく重力 mg〔N〕と浮力 $\rho_0 V_1 g$〔N〕がつり合う。
$$2mg + mg = \rho_0 V_1 g \qquad \therefore \quad V_1 = \underline{\frac{3m}{\rho_0}} \text{〔m³〕}$$

この間のヘリウムガスの圧力は一定なので，シャルルの法則が成り立つ。
$$\frac{V_0}{T_0} = \frac{V_1}{T_1} \qquad \therefore \quad T_1 = \frac{V_1}{V_0} T_0 = \underline{\frac{3mT_0}{\rho_0 V_0}} \text{〔K〕}$$

２ 理想気体の状態方程式と分子運動

(1) ボイル・シャルルの法則と状態方程式

気体の圧力 P，体積 V および絶対温度 T の間には，次のボイル・シャルルの法則 (☞ p.149) が成り立つ。

ボイル・シャルルの法則　　$\dfrac{PV}{T} = $ 一定

この法則に厳密に従う気体を**理想気体**という。現実の気体は，この法則に厳密には従わない。しかし，普通の温度や圧力においては，この法則によく従うので，理想気体とみなしてよい。

ボイル・シャルルの法則を示す式の右辺の一定値は気体の**物質量（モル数）**に比例する。ここで，物質量とは 6.02×10^{23} 個の分子や原子を 1 モル（mol）として表す量で，6.02×10^{23} を**アボガドロ定数**という。物質量を n，比例定数を R とすると，ボイル・シャルルの法則は次のようになる。

$$\frac{PV}{T} = Rn \quad \therefore \quad PV = nRT$$

このようにして得られた式を**理想気体の状態方程式**という。

> **理想気体の状態方程式** $\quad PV = nRT$

比例定数 R は**気体定数**とよばれ，その値は気体の種類にかかわらず一定である。その値は，標準状態（0℃，1気圧）の 1 モルの気体の体積が 22.4 l であることから求められる。0℃ = 273 K，1気圧 = 1.013×10^5 Pa，22.4 l = 22.4×10^{-3} m³ より

$$R = \frac{PV}{nT} = \frac{(1.013 \times 10^5) \times (22.4 \times 10^{-3})}{1 \times 273} \fallingdotseq 8.31 \ [\text{J}/(\text{mol}\cdot\text{K})]$$

気体定数の単位は $\dfrac{[\text{N}/\text{m}^2] \cdot [\text{m}^3]}{[\text{mol}] \cdot [\text{K}]} = \dfrac{[\text{N}\cdot\text{m}]}{[\text{mol}\cdot\text{K}]} = [\text{J}/(\text{mol}\cdot\text{K})]$ である。

例題 2-7　　ボイル・シャルルの法則と状態方程式

温度 27℃，圧力 5.0×10^5 Pa のとき 30 l（リットル）の体積をしめる酸素ガスがある。気体定数を 8.3 J/(mol·K) として，次の問いに答えよ。
(1) この酸素ガスの状態を温度 0℃，圧力 2.0×10^5 Pa にすると，体積は何 l になるか。
(2) この酸素ガスは何モルか。

(解答)

(1) ボイル・シャルルの法則 $\dfrac{PV}{T} = $ 一定 を用いる。この法則では，温度には絶対温度を用いなければいけない。しかし，圧力と体積については，どの単位を用いてもよい。変化後の体積を V [l] とすると

$$\frac{(5.0 \times 10^5) \times 30}{27 + 273} = \frac{(2.0 \times 10^5) \times V}{0 + 273} \quad \therefore \quad V = 68.25 \fallingdotseq \underline{68} \ [l]$$

(2) 状態方程式 $PV = nRT$ を用いる。気体定数 $R = 8.3$ [J/(mol·K)] を用いるので，圧力の単位は [Pa]，体積の単位は [m³]，温度は絶対温度 [K] を用いる。酸素ガスの物質量を n [mol] とし，はじめの状態について状態方程式を立てると

$$(5.0 \times 10^5 \ \text{Pa}) \times (30 \times 10^{-3} \ \text{m}^3) = n \times (8.3 \ \text{J}/(\text{mol}\cdot\text{K})) \times (300 \ \text{K})$$

$$\therefore \quad n \fallingdotseq \underline{6.0} \ [\text{mol}]$$

(2) 混合気体の圧力

2種類以上の気体を混合したものについては，**分圧**と**全圧**を考えることができる。

分圧 …… 成分気体がそれぞれ単独で容器全体の体積をしめるとしたときの各成分が示す圧力

全圧 …… 混合気体が実際に示す圧力

混合気体の全圧は，成分気体の分圧の和に等しい。これを（ドルトンの）分圧の法則という。

n_1 モルの He と n_2 モルの O_2 からなる混合気体について考える。これらの気体を，容積 V [m³] の容器に入れ，その温度を T [K] に保つ。このときの He の分圧を P_1 [Pa]，O_2 の分圧を P_2 [Pa] とする。状態方程式より，それぞれの分圧は

$$P_1 = \frac{n_1 RT}{V}, \quad P_2 = \frac{n_2 RT}{V}$$

となる。よって，全圧 $P = P_1 + P_2$ は

$$P = \frac{n_1 RT}{V} + \frac{n_2 RT}{V} = \frac{(n_1 + n_2) RT}{V} \quad \therefore \quad PV = (n_1 + n_2) RT$$

この式は，$(n_1 + n_2)$ モルの気体が，容積 V [m³] の容器の中で温度 T [K] に保たれたときの状態方程式である。分圧の法則を用いなくても，物質量の合計を用いて状態方程式をつくれば，全圧が求められるのである。

発展　飽和蒸気圧

容器の中に液体Aと気体Bが閉じ込められているとき，液体Aの一部は蒸発し，蒸気Aとなっている。この蒸気Aの分圧には，温度で定まる上限があり，一定量以上の液体Aが蒸発することはない。このときの蒸気Aの分圧の上限を**飽和蒸気圧**という。

例題 2−8　　　　　　　　　　　　　　　　　　　　気体の混合

図のように，容積 V の容器Aと容積 $2V$ の容器BがコックCのついた細管でつながれている。Aには圧力 P，絶対温度 T の理想気体が入っており，Bには圧力 $3P$，絶対温度 $4T$ の理想気体が入っている。はじめ，コックCは閉じているものとして，次の問いに答えよ。

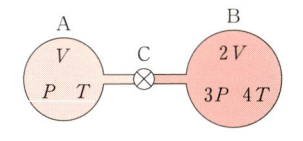

(1) B内の気体の物質量はA内の気体の物質量の何倍か。

(2) コックCを開き，A内の気体もB内の気体も，ともに絶対温度 $3T$ にする。A，B内の気体の圧力はいくらになるか。

解答

(1) A内の気体の物質量をn_A，B内のそれをn_Bとする。気体定数をRとして，それぞれ状態方程式を立てる。

A……$PV = n_A RT$　　∴　$n_A = \dfrac{PV}{RT}$

B……$3P \cdot 2V = n_B R \cdot 4T$　　∴　$n_B = \dfrac{3PV}{2RT}$

∴　$\dfrac{n_B}{n_A} = \underline{\dfrac{3}{2}}$　（倍）

(2) コックCを開くと気体は細管を通って移動するが，物質量の和は変わらない。全物質量をnとすると

$$n = n_A + n_B = \dfrac{5PV}{2RT}$$

圧力をP'として，A，B全体について状態方程式をたてる。

$$P'(V + 2V) = nR \cdot 3T$$

∴　$P' = \dfrac{nRT}{V} = \underline{\dfrac{5}{2}P}$

(3) 気体の分子運動と圧力

1個の質量m〔kg〕の気体分子N個が体積V〔m³〕をしめるとき，気体の圧力P〔Pa〕は次式で示される。ただし，$\overline{v^2}$は分子の速さの2乗の平均値である。

気体の分子運動と圧力　　$P = \dfrac{Nm\overline{v^2}}{3V}$

この式は，次の手順で導かれる。

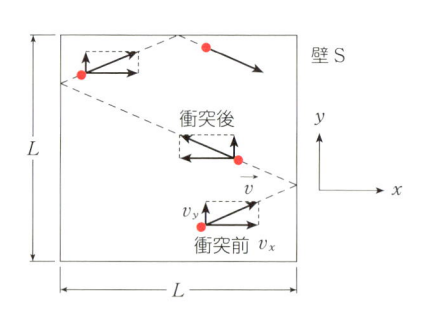

1辺L〔m〕の立方体容器内の，ひとつの分子の速度$\vec{v}$の成分の大きさをv_x〔m/s〕，v_y〔m/s〕，v_z〔m/s〕とする。x軸に垂直な壁Sと，この分子の衝突を弾性衝突とする。衝突後の速度のx成分は$-v_x$〔m/s〕となるので，運動量変化の大きさは

$$|m(-v_x) - mv_x| = 2mv_x \text{〔kg·m/s〕}(=\text{〔N·s〕})$$

この値は分子が壁Sから受ける力積の大きさであるが，作用・反作用の法則より，壁Sが分子から受ける力積の大きさでもある。

他の分子と衝突しないとすると，分子の速度成分の大きさは，分子がどの壁と衝突しても変わらない。x方向の運動に着目すると，分子の運動は，速さv_xの等速往

復運動になる。したがって，往復の距離 $2L$ を進む毎に壁 S に衝突する。時間 Δt [s] の間の衝突回数は $v_x \Delta t / (2L)$ 回である。この間に壁 S がこの分子から受ける力積の大きさは

$$2mv_x \times \frac{v_x \Delta t}{2L} = \frac{mv_x^2}{L} \Delta t \text{ [N·s]}$$

N 個の分子についての v_x^2 の平均を $\overline{v_x^2}$ とする。Δt [s] 間に，個々の分子から壁 S が受ける力積の大きさの平均は $\frac{m\overline{v_x^2}}{L}\Delta t$ [N·s] となるから，その間に N 個の分子から受ける全力積の大きさは $\frac{Nm\overline{v_x^2}}{L}\Delta t$ [N·s] となる。これを時間 Δt で割ると，単位時間あたりの力積，すなわち，壁 S が気体から受ける平均の力 $\overline{F}$ が求められる。

$$\therefore \quad \overline{F} = \frac{Nm\overline{v_x^2}}{L} \text{ [N]}$$

圧力 P [Pa]($=$ [N/m^2])は，この力を壁 S の面積 L^2 [m^2] で割ったものである。

$$\therefore \quad P = \frac{\overline{F}}{L^2} = \frac{Nm\overline{v_x^2}}{L^3} = \frac{Nm\overline{v_x^2}}{V} \text{ [Pa]}$$

一方，分子の速さを v [m/s] とすると，$v^2 = v_x^2 + v_y^2 + v_z^2$ である。この式の全体を平均すると

$$\overline{v^2} = \overline{v_x^2 + v_y^2 + v_z^2} = \overline{v_x^2} + \overline{v_y^2} + \overline{v_z^2}$$

また，分子は乱雑に運動するから，どの方向にも同じように運動すると考えられ，$\overline{v_x^2} = \overline{v_y^2} = \overline{v_z^2}$ となる。これを $\overline{v^2} = \overline{v_x^2} + \overline{v_y^2} + \overline{v_z^2}$ に代入して

$$\overline{v^2} = 3\overline{v_x^2}$$

この式より，気体の圧力は次のように表される。

$$P = \frac{Nm\overline{v^2}}{3V} \text{ [Pa]}$$

(4) 気体の分子運動と温度

$\overline{v^2}$ の平方根 $\sqrt{\overline{v^2}}$ を **2 乗平均速度**という。N_A をアボガドロ定数，M を 1 モルの質量とする。状態方程式 $PV = nRT$ と $P = \frac{Nm\overline{v^2}}{3V}$，$N = nN_A$，$M = mN_A$ より

$$\sqrt{\overline{v^2}} = \sqrt{\frac{3nRT}{Nm}} = \sqrt{\frac{3RT}{N_A m}} = \sqrt{\frac{3RT}{M}} \text{ [m/s]}$$

すなわち，分子の 2 乗平均速度は気体の温度 T で定まる。また，分子 1 個の運動エネルギーの平均値は，次のように表される。

$$\overline{\frac{1}{2}mv^2} = \frac{1}{2}m\overline{v^2} = \frac{3RT}{2N_A} = \frac{3}{2}kT \text{ [J]}$$

ここで，$k = \dfrac{R}{N_A}$〔J/K〕は**ボルツマン定数**とよばれ，気体の種類に関係なく，一定の値になる。この式より，分子の運動エネルギーの平均値は，気体の絶対温度だけで定まり，気体の種類に無関係であることが分かる。

$$\text{分子の運動エネルギー} \quad \frac{1}{2}m\overline{v^2} = \frac{3}{2}kT$$

なお，$k = \dfrac{R}{N_A} = \dfrac{8.31}{6.02 \times 10^{23}} \fallingdotseq 1.38 \times 10^{-23}$〔J/K〕である。

例題2-9 　　　　　　　　　　　　　　　　　　　　　　　　**気体の分子運動**

球形の容器（中心 O）の中に理想気体が入っている。分子は器壁と弾性衝突をし，分子同士の衝突は無いものとする。球の半径を r，分子1個の質量を m とする。ある分子の速さは v で，入射角は θ であった。

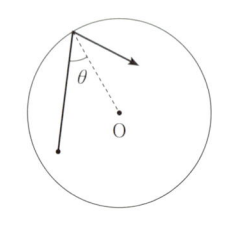

(1) 1回の衝突で，この分子が器壁に与える力積の大きさを求めよ。

(2) 単位時間に，この分子が器壁に衝突する回数を求めよ。

(3) 球の体積を V，球内の分子の数を N，分子の速さの2乗平均を $\overline{v^2}$ とするとき，球内の気体の圧力はどう表されるか。

(4) この容器の中の気体が 59 ℃ のヘリウム（He）の場合について，$\sqrt{\overline{v^2}}$ の値を求めよ。ただし，ヘリウムの分子量を 4，気体定数を 8.3 J/(mol·K) とする。

（横浜市立大）

解答

(1) 分子が器壁に与える力積の大きさは，分子の運動量変化の大きさに等しい。速度を分解すると，円の接線方向の成分は変わらず，半径方向の成分は向きが逆になるので，運動量変化の大きさは，次のようになる。

$$|(-mv\cos\theta) - (+mv\cos\theta)| = \underline{2mv\cos\theta}$$

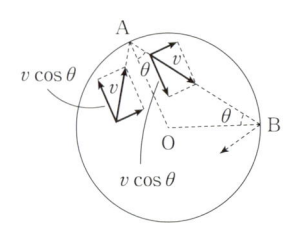

(2) 右図において，OA = OB なので，三角形 OAB は二等辺三角形である。

$$\therefore \quad AB = 2r\cos\theta$$

よって，単位時間にこの分子が器壁に衝突する回数は，次のようになる。

$$\therefore \quad \frac{v}{\mathrm{AB}} = \frac{v}{2r\cos\theta}$$

(3) この分子が単位時間に器壁に与える力積，すなわちこの分子による力 f は

$$f = 2mv\cos\theta \times \frac{v}{2r\cos\theta} = \frac{mv^2}{r}$$

全分子による力 F は，1個の分子による力の平均を $\overline{f} = \dfrac{m\overline{v^2}}{r}$ として

$$F = N \times \overline{f} = \frac{Nm\overline{v^2}}{r}$$

容器内面の総面積が $4\pi r^2$ なので，圧力 P は

$$P = \frac{F}{4\pi r^2} = \frac{Nm\overline{v^2}}{4\pi r^3}$$

また，球の体積は $V = \dfrac{4}{3}\pi r^3$ なので

$$P = \frac{Nm\overline{v^2}}{3 \times \frac{4}{3}\pi r^3} = \underline{\frac{Nm\overline{v^2}}{3V}}$$

(4) アボガドロ数を N_A，気体定数を R として，状態方程式を立てる。

$$\left(\frac{Nm\overline{v^2}}{3V}\right) \times V = \left(\frac{N}{N_\mathrm{A}}\right)RT$$

$$\therefore \quad \sqrt{\overline{v^2}} = \sqrt{\frac{3RT}{N_\mathrm{A}m}}$$

ここで，$T = 273 + 59 = 332$ [K]，$N_\mathrm{A}m = 4 \times 10^{-3}$ [kg] を代入して

$$\sqrt{\overline{v^2}} = \sqrt{\frac{3 \times 8.3 \times 332}{4 \times 10^{-3}}} = 830\sqrt{3} \fallingdotseq \underline{1.44 \times 10^3 \text{ [m/s]}}$$

3 熱力学第1法則

(1) 内部エネルギー

物体を構成する分子の運動エネルギーと，分子間にはたらく力による位置エネルギーの和を，物体の**内部エネルギー**という。気体が理想気体としてふるまうのは，分子間にはたらく力が無視できるときであるので，理想気体の内部エネルギーは分子の運動エネルギーだけを考えればよいことになる。

単原子分子からなる理想気体の内部エネルギー U [J] は，前節で用いた文字式で表すと，次のようになる。

$$U = N \times \frac{1}{2}m\overline{v^2}$$

ここで，$\frac{1}{2}m\overline{v^2} = \frac{3}{2}kT = \frac{3}{2}\cdot\frac{R}{N_\mathrm{A}}\cdot T$ より，$U = \frac{3}{2}\cdot\frac{NR}{N_\mathrm{A}}\cdot T = \frac{3}{2}nRT$ となる。

さらに，状態方程式 $PV = nRT$ を用いると，

$$U = \frac{3}{2}nRT = \frac{3}{2}PV \quad \text{となる。}$$

> **単原子分子からなる理想気体の内部エネルギー**
> $$U = \frac{3}{2}nRT = \frac{3}{2}PV$$

この式で示されるように，内部エネルギーは絶対温度で定まり，しかも絶対温度に比例する。

POINT　内部エネルギーは絶対温度に比例する。

発展 多原子分子

H_2 ガスや CO_2 ガスのような**多原子分子**からなる理想気体の場合，分子の運動エネルギーは，$\frac{1}{2}m\overline{v^2}$（$v$ は分子の重心の速さとする）だけでなく，重心を中心とする回転運動のエネルギーも加えなければいけない。そのため，内部エネルギーを表す式は $U = \frac{3}{2}nRT$ とはならない。ただし，多原子分子についても $P = \frac{Nm\overline{v^2}}{3V}$ はそのまま成立する。

(2) 熱と内部エネルギー

容器に閉じ込めた気体を加熱すると，気体の温度が上昇する。これは，高温になった容器の壁から気体に熱量 Q が与えられ，それが気体の内部エネルギーの増加 ΔU になるからである。すなわち $\Delta U = Q$ となる。このことは，分子の運動に着目すると，次のように考えられる。

高温になった壁を構成している分子の運動エネルギーは，気体分子の運動エネルギーより大きい。そのため，気体分子はその壁ではね返されるときに運動エネルギーが増える。

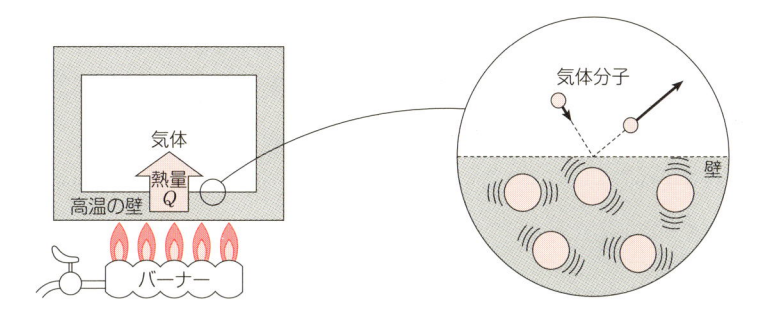

● 熱と内部エネルギーは混同されることが多いが，物体間を移動するエネルギーを熱というのであって，物体の内部エネルギーそのものを熱とはいわない。「たくさんの熱が伝わる」という表現は正しいが，「たくさんの熱をもつ物体」という表現は間違いである。なお，内部エネルギーのうち，熱運動のエネルギーを熱エネルギーとよぶこともある。

(3) 仕事と内部エネルギー

気体を圧縮すると，気体の温度が上昇する。これは，気体がされた仕事 W が気体の内部エネルギーの増加 ΔU になるからである。すなわち，$\Delta U = W$ となる。このことは，分子の運動に着目すると，次のように考えられる。

気体を圧縮するとき，ピストンは動いている。そのピストンに気体分子が衝突し，はね返されるときに運動エネルギーが増える。

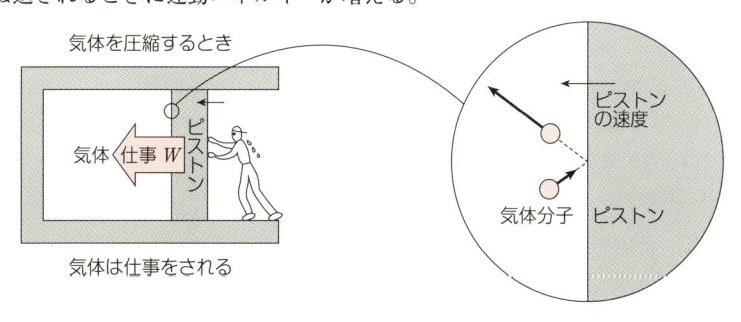

気体が膨張する場合は，気体が外部に対してした仕事 W' の分だけ内部エネルギーが減る。

> **POINT**
> 圧縮 …… 気体は仕事をされる …… 気体はエネルギーをもらう
> 膨張 …… 気体は仕事をする ……… 気体はエネルギーを失う

気体がする仕事 W' は，気体がピストンを押す力のする仕事として，次のように求めることができる。

(i) 圧力が一定の場合

気体の圧力を P，ピストンの断面積を S とすると，気体がピストンを押す力の大きさ F は，$F = PS$ となる。ピストンの移動距離を $\varDelta l$ とすると，この力がする仕事 W' は，

$$W' = F\varDelta l = (PS)\varDelta l$$

ここで，気体の体積増加を $\varDelta V$ とすると，

　$\varDelta V = S\varDelta l$　となる。

∴　$W' = (PS)\varDelta l = P(S\varDelta l)$
　　　$= P\varDelta V$

また，圧力が一定でなくても，$\varDelta V$ が非常に小さければ（微小変化），その間の圧力を一定とみなし，この式を気体がする仕事として用いることができる。

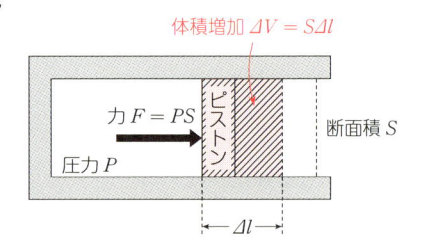

> 気体がする仕事　　$W' = P\varDelta V$
> 圧力一定の場合　と　微小変化の場合

(ii) 一般の変化の場合

気体の圧力 P を縦軸にとり，体積 V を横軸にとって気体の変化をグラフで示す。
気体がする仕事 W' は，このグラフと横（体積）軸に囲まれた部分の面積に相当する（図1）。

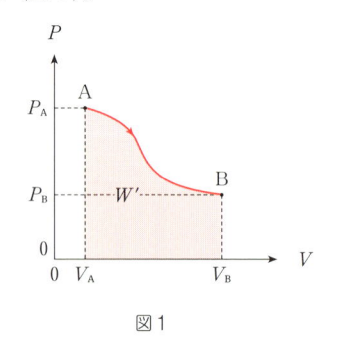

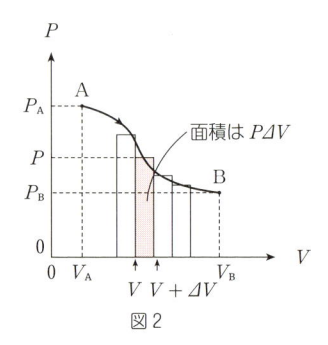

図1

図2

体積変化を十分に小さな体積 ΔV に分割し，体積が ΔV だけ変化する間を考える。微小変化なので，気体がする仕事は $P\Delta V$ で与えられる。この値は，図2における長方形の面積に相当する。体積が V_A から V_B にまで変化する間に気体がする仕事は，このような長方形の面積の総和になる。結局，図1で示した部分の面積がその間の仕事に相当する。このことは，気体が仕事をする場合だけでなく，気体が仕事をされる場合にもあてはまる。

POINT　気体がする仕事，気体がされる仕事 ⇨ P-V グラフの面積

参考 仕事を積分で表す

積分を用いると，気体がする仕事 W' は　　$W' = \int_{V_A}^{V_B} P dV$ 　で表される。

例題 2-10　　気体の仕事

次の圧力—体積グラフで示されるように，理想気体の状態を A→B→C→A と変化させる。次の問いに答えよ。

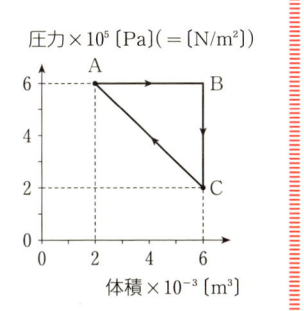

(1) 次の各変化の間に，気体がする仕事はいくらか。
　(イ) A→B　　(ロ) B→C

(2) 状態 C と状態 A は気体の温度が等しい。そこで，図の変化とは別に，つねに温度を一定に保ちながら C から A に変化させる。その場合に気体がされる仕事 W_X と，図の C→A の変化で気体がされる仕事 W_Y との大小関係を示せ。

解答

(1) (イ) A→B は圧力が一定なので，気体がする仕事 W_1'〔J〕は $W_1' = P\Delta V$ で与えられる。

$$W_1' = P\Delta V = (6 \times 10^5) \times (6 \times 10^{-3} - 2 \times 10^{-3}) = \underline{+2400 〔J〕}$$

(ロ) B→C は体積が一定の変化である。ピストンで気体がシリンダー内に密閉されていると考える。このピストンの移動距離は 0 なので，気体がする仕事は

$$W_2' = (力) \times (ピストンの移動距離) = \underline{0}$$

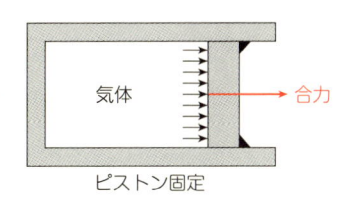

すなわち，体積が一定の場合，気体がする仕事は 0 である。

(2) 温度がつねに一定なので，ボイルの法則より，圧力と体積の積が一定になる。この関係は，圧力—体積グラフで双曲線となる。右の図において，双曲線 CA と体積軸とが囲む部分の面積が，温度がつねに一定の変化における仕事 W_X である。また，直線 CA と体積軸とが囲む部分の面積が，問題の図の変化における仕事 W_Y である。図より

∴ $W_X < W_Y$

(4) 熱力学第 1 法則

気体が熱を吸収するときも，気体が仕事をされるときも，内部エネルギーは増加する。気体が吸収する熱量を Q，気体がされる仕事を W とするとき，気体の内部エネルギーの変化（増加）ΔU はこれらの和になる。これを熱力学第 1 法則という。

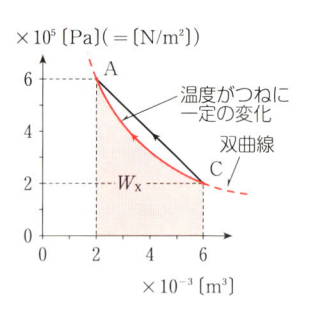

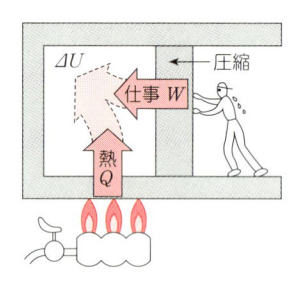

熱力学第 1 法則
$$\Delta U = Q + W$$
（W は気体がされる仕事）

気体が膨張し，外部に対して仕事をする場合には，気体がする仕事を W' とすると，熱力学第 1 法則は次のように表される。

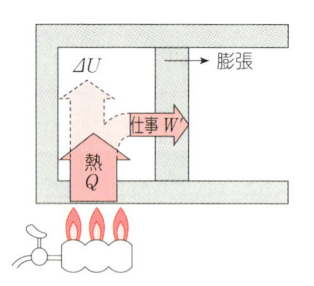

熱力学第 1 法則
$$\Delta U = Q - W'$$
あるいは
$$Q = \Delta U + W'$$
（W' は気体がする仕事）

ΔU, Q, W, W' の正負を次のように決めると，前述の2つの式は，どちらもすべての変化について成り立つことになる。

ΔU ……増加を正，減少を負 Q ……吸収を正，放出を負
W ……される仕事を正，する仕事を負 W' ……する仕事を正，される仕事を負

この場合，$W = -W'$ となる。

本書では，混乱を避けるため，外部に対してする仕事を正として扱うときは，仕事の量を表す記号として W' を用い，気体がされる仕事 W との区別をはっきりさせておく。

例題2-11　　ばね付きピストン

図のように，滑らかに動くピストンを備えつけた底面積 S の円筒容器を水平面上に置く。容器の底とピストンの間をばね定数 k のばねでつなぎ，容器内に n モルの単原子分子理想気体を封入する。はじめ，容器の底からピストンまでの距離は l で，このとき，ばねは自然長になっている。また，気体の絶対温度は T_0 で，圧力は大気圧 P_0 と等しい。次の問いに答えよ。

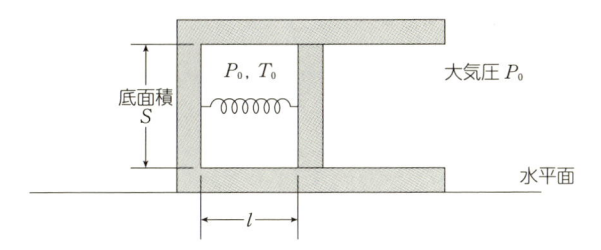

(1) 気体をゆっくり加熱すると，気体が膨張し，容器の底からピストンまでの距離が $\frac{3}{2}l$ になった。このときの気体の圧力はいくらか。
(2) 気体が吸収した熱量はいくらか。

解答

(1) ピストンにはたらく力のつり合いを考える。求める圧力を P_1 とすると，容器内の気体がピストンを押す力の大きさ F は

$$P_1 = \frac{F}{S} \quad \therefore \quad F = P_1 S$$

同様に，大気がピストンを押す力の大きさは

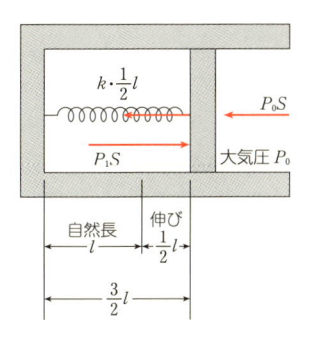

$P_0 S$ となる。ばねの伸びは $\frac{3}{2}l - l = \frac{1}{2}l$ となるので，ばねの弾性力の大きさは $k \cdot \frac{1}{2}l$ となる。

力のつり合いより

$$P_1 S = P_0 S + k \cdot \frac{1}{2}l$$

$$\therefore \quad P_1 = P_0 + \frac{kl}{2S}$$

(2) ばねの伸びが x のときの気体の圧力を P，体積を V とする。ピストンはゆっくり動くので，どの瞬間においてもピストンにはたらく力がつり合っている。前問(1)と同様に力のつり合いより

$$PS = P_0 S + kx \qquad \cdots\cdots ①$$

気体の体積 V は，$V = (l + x)S$ となるので，$\quad x = \dfrac{V}{S} - l \quad \cdots\cdots ②$

②式を①式に代入すると，

$$PS = P_0 S + k\left(\frac{V}{S} - l\right)$$

$$\therefore \quad P = \frac{k}{S^2}V + P_0 - \frac{kl}{S} \qquad \cdots\cdots ③$$

③式より，圧力 P は体積 V の1次関数であることが分かる。したがって，圧力－体積グラフは右図のようになる。

気体がした仕事 W' はグラフと体積軸で囲まれる台形の面積に等しいので

$$W' = \frac{1}{2}\left(P_0 + P_0 + \frac{kl}{2S}\right) \cdot \left(\frac{3}{2}lS - lS\right)$$

$$= \frac{1}{2}P_0 lS + \frac{1}{8}kl^2 \qquad \cdots\cdots ④$$

一方，気体定数を R とおけば，最初の状態方程式は，

$$P_0 lS = nRT_0 \qquad \cdots\cdots ⑤$$

また，変化後の気体の温度を T_1 とおけば，状態方程式は

$$\left(P_0 + \frac{kl}{2S}\right) \cdot \frac{3}{2}lS = nRT_1 \qquad \cdots\cdots ⑥$$

内部エネルギーの変化 ΔU は，$\quad \Delta U = \dfrac{3}{2}nR(T_1 - T_0)$

なので，⑤，⑥式を用いて，$\quad \Delta U = \dfrac{3}{4}P_0 lS + \dfrac{9}{8}kl^2 \quad \cdots\cdots ⑦$

気体が吸収した熱量を Q とすれば，熱力学第1法則より，$\quad Q = \Delta U + W'$
④，⑦式を代入して，

$$Q = \frac{5}{4}(P_0 S + kl)l$$

4 気体の状態変化

(1) 定積変化と定圧変化

体積が一定の状態変化を**定積変化**，圧力が一定の状態変化を**定圧変化**という。

単原子分子からなる n モルの理想気体の温度を，定積変化と定圧変化で T から $T + \Delta T$ に上昇させる場合を考える。

気体の内部エネルギーは，$U = \dfrac{3}{2}nRT$ で与えられる（☞ p.158）ので，その変化量 ΔU は

$$\Delta U = \frac{3}{2}nR(T + \Delta T) - \frac{3}{2}nRT = \frac{3}{2}nR\Delta T \quad (= \Delta U_1 = \Delta U_2)$$

となる。温度変化 ΔT が同じ値なら，定積変化と定圧変化の内部エネルギーの変化量 ΔU は同じになる。

定積変化の場合，気体がする仕事 W_1' はゼロなので，気体が吸収する熱量 Q_1 は

$$Q_1 = \Delta U + W_1' = \frac{3}{2}nR\Delta T$$

定圧変化の場合，変化前後の状態方程式を立てると

$$\left.\begin{array}{l} PV = nRT \quad \cdots\cdots① \\ P(V + \Delta V) = nR(T + \Delta T) \quad \cdots\cdots② \end{array}\right\}$$

$$\therefore \text{②式} - \text{①式より} \quad P\Delta V = nR\Delta T$$

気体がする仕事 W_2' は，$W_2' = P\Delta V = nR\Delta T$ となる。

これより，気体が吸収する熱量 Q_2 は

$$Q_2 = \Delta U + W_2' = \frac{3}{2}nR\Delta T + nR\Delta T = \frac{5}{2}nR\Delta T$$

定積変化

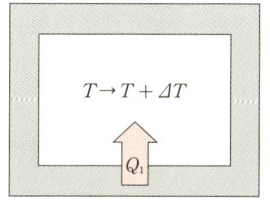

$T \to T + \Delta T$

Q_1

定圧変化

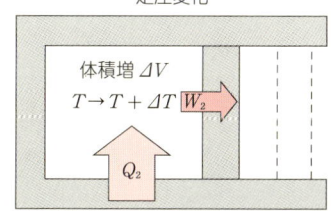

体積増 ΔV
$T \to T + \Delta T$ W_2

Q_2

$\begin{cases} \Delta U = \dfrac{3}{2}nR\Delta T \\ W_1' = 0 \\ Q_1 = \dfrac{3}{2}nR\Delta T \end{cases}$ $\quad \Delta U_1 = \Delta U_2 \quad$ $\begin{cases} \Delta U = \dfrac{3}{2}nR\Delta T \\ W_2' = P\Delta V = nR\Delta T \\ Q_2 = \dfrac{5}{2}nR\Delta T \end{cases}$

(2) 気体の比熱

1モルの気体の温度を1Kだけ上げるとき,気体が吸収する熱量を**モル比熱**という。気体の場合,上昇する温度が同じでも,どれだけ仕事をするかによって,吸収する熱量が異なる。そのため,モル比熱も気体の状態変化のようすに応じて異なる値になる。そこで,定積変化と定圧変化の場合におけるモル比熱を代表的なものとして扱う。

(i) 定積モル比熱と定圧モル比熱

定積変化におけるモル比熱を**定積モル比熱**という。単原子分子からなる理想気体nモルの温度が$\varDelta T$〔K〕だけ上がるとき,気体が吸収する熱量は,$Q_1 = \frac{3}{2}nR\varDelta T$〔J〕なので,定積モル比熱$C_v$〔J/(mol・K)〕は

$$C_v = \frac{Q_1}{n\varDelta T} = \frac{3}{2}R \text{〔J/(mol・K)〕}$$

定圧変化におけるモル比熱を**定圧モル比熱**という。単原子分子からなる理想気体nモルの温度が$\varDelta T$〔K〕だけ上がるとき,気体が吸収する熱量は,$Q_2 = \frac{5}{2}nR\varDelta T$〔J〕なので,定圧モル比熱$C_p$〔J/(mol・K)〕は

$$C_p = \frac{Q_2}{n\varDelta T} = \frac{5}{2}R \text{〔J/(mol・K)〕}$$

$C_v = \frac{3}{2}R$,$C_p = \frac{5}{2}R$は単原子分子からなる理想気体のモル比熱であって,多原子分子からなる理想気体のモル比熱ではない。

これらの値は,内部エネルギーとして$U = \frac{3}{2}nRT$の式をもとにして算出したものであるが,多原子分子の場合,$U = \frac{3}{2}nRT$とはならないからである(☞ p.158 発展)。

モル比熱C_v,C_pを用いると,気体の温度が$\varDelta T$だけ上がるときに吸収する熱量Q_v,Q_pは次のようになる。

> 定積変化　　$Q_v = nC_v\varDelta T$
> 定圧変化　　$Q_p = nC_p\varDelta T$

> 定積モル比熱　　$C_v = \frac{3}{2}R$(単原子分子の理想気体)
> 定圧モル比熱　　$C_p = \frac{5}{2}R$(単原子分子の理想気体)

> **参考** 2原子分子のモル比熱
>
> 詳しい計算によると，2原子分子の理想気体の比熱は以下のようになる。
> $$C_v = \frac{5}{2}R \text{ [J/(mol·K)]} \qquad C_p = \frac{7}{2}R \text{ [J/(mol·K)]}$$

(ii) 定積モル比熱と内部エネルギーの変化

多原子分子を含め，一般の理想気体の内部エネルギーの変化 ΔU は，その気体の定積モル比熱を C_v とすると，次のように表すことができる。

$$\Delta U = nC_v \Delta T$$

この関係式は次のように導くことができる。

定積変化で気体が吸収する熱量 Q は，$Q = nC_v \Delta T$ で与えられる。一方，気体の仕事は0なので，内部エネルギーの増加 ΔU は，熱力学第1法則より

$$\Delta U = Q + 0 = nC_v \Delta T$$

定積変化以外の変化においても，気体の内部エネルギーの変化量は温度変化で定まる。よって，この式は一般の気体の変化の際にも用いることができる。また，単原子分子の理想気体の場合は $\Delta U = \frac{3}{2}nR\Delta T$ となる。

POINT

定積変化も定圧変化も，どんな変化も　$\Delta U = nC_v \Delta T$

単原子分子の理想気体であれば　$\Delta U = \frac{3}{2}nR\Delta T$

(iii) 定積モル比熱と定圧モル比熱の関係式（マイヤーの式）

定積モル比熱 C_v と定圧モル比熱 C_p の間には，気体定数を R として，次の関係式（マイヤーの式）が成立している。

$$C_p = C_v + R$$

この式は，次のように導かれる。

定圧変化で気体の温度が ΔT だけ上昇させる場合を考える。内部エネルギーの増加は $\Delta U = nC_v \Delta T$，その間に気体がする仕事は $W' = P\Delta V = nR\Delta T$，気体が吸収する熱量は $Q = nC_p \Delta T$ となる。よって，熱力学第1法則より

$$\Delta U = Q - W'$$
$$\therefore \quad nC_v \Delta T = nC_p \Delta T - nR\Delta T$$
$$C_v = C_p - R$$
$$\therefore \quad C_p = C_v + R$$

例題 2 - 12　　　　　　　　　気体の比熱

図に示すように，状態 A にある単原子分子の理想気体 1 mol に熱を加えて，その状態を線分 AB，AC または AD で表される過程に従って，ゆっくり変化させる。ただし，状態 A の体積は V [m³]，圧力は P [Pa] であり，状態 D の体積は $2V$ [m³]，圧力は $2P$ [Pa] である。また，状態 B，C，D の温度は等しい。気体定数を R [J/(mol·K)] とする。

過程 A→B，A→C，A→D のいずれについても，気体の温度は 1 [K] だけ上がり，気体の内部エネルギーも 2 [J] だけ増加する。

過程 A→B では，体積が一定に保たれている。この過程では，気体が吸収する熱量は 3 [J]，気体のモル比熱は 4 [J/(mol·K)] である。

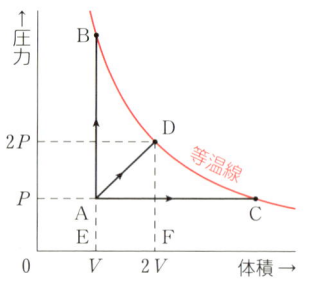

過程 A→C では，圧力が一定に保たれている。この過程では，気体が外部に対してする仕事は 5 [J]，気体が吸収する熱量は 6 [J]，気体のモル比熱は 7 [J/(mol·K)] である。

過程 A→D で気体が外部に対してする仕事は，図に示す台形 ADFE の面積に等しい。したがって，この過程での気体の（平均の）モル比熱は 8 [J/(mol·K)] となる。

(岡山大)

解答

(1) 状態 A と状態 D について，状態方程式をつくる。

A: $PV = 1 \times RT_A$ 　　D: $2P \times 2V = 1 \times RT_D$ 　　∴ $T_A = \dfrac{PV}{R}$ 　　$T_D = \dfrac{4PV}{R}$

∴ $\Delta T = T_B - T_A = T_C - T_A = T_D - T_A = \dfrac{3PV}{R}$ [K]

(2) $\Delta U = \dfrac{3}{2} nR\Delta T$ を用いる。$n = 1$，$\Delta T = \dfrac{3PV}{R}$ より

∴ $\Delta U = \dfrac{3}{2} \times 1 \times R \times \dfrac{3PV}{R} = \dfrac{9}{2} PV$ [J]

(3) 過程 A→B は体積が一定で，気体がする仕事は $W_1' = 0$ である。気体が吸収する熱量を Q_1 [J] とすると，熱力学第 1 法則より

$$Q_1 = \Delta U + 0 = \dfrac{9}{2} PV \text{ [J]}$$

(4) 過程 A → B での比熱（定積モル比熱）を C_1〔J/(mol·K)〕とする。

$$C_1 = \frac{Q_1}{n\Delta T} = \frac{\left(\frac{9}{2}PV\right)}{1 \times \left(\frac{3PV}{R}\right)} = \underline{\frac{3}{2}R} \text{〔J/(mol·K)〕}$$

(5) 状態 C について，状態方程式をつくる。

$$PV_C = 1 \times RT_D \qquad T_D \text{ を代入} \qquad V_C = 4V \text{〔m}^3\text{〕}$$

過程 A → C は定圧変化で，気体がする仕事 W_2'〔J〕は

$$W_2' = P(4V - V) = \underline{3PV} \text{〔J〕}$$

(6) 過程 A → C においても，内部エネルギーの変化は $\Delta U = \frac{9}{2}PV$〔J〕であるから，このとき気体が吸収する熱量を Q_2〔J〕とすると，熱力学第 1 法則より

$$Q_2 = \Delta U + W_2' = \frac{9}{2}PV + 3PV = \underline{\frac{15}{2}PV} \text{〔J〕}$$

(7) 過程 A → C での比熱（定圧モル比熱）を C_2〔J/mol·K〕とする。

$$C_2 = \frac{Q_2}{n\Delta T} = \frac{\left(\frac{15}{2}PV\right)}{1 \times \left(\frac{3PV}{R}\right)} = \underline{\frac{5}{2}R} \text{〔J/(mol·K)〕}$$

(8) 台形 ADFE の面積は $\frac{1}{2}(P + 2P) \times (2V - V) = \frac{3}{2}PV$ であるから，この過程で気体がする仕事 W_3'〔J〕は

$$W_3' = \frac{3}{2}PV \text{〔J〕}$$

内部エネルギーの変化は，この場合も $\Delta U = \frac{9}{2}PV$〔J〕であるから，このとき気体が吸収する熱量を Q_3〔J〕とすると，熱力学第 1 法則より

$$Q_3 = \Delta U + W_3' = \frac{9}{2}PV + \frac{3}{2}PV = 6PV \text{〔J〕}$$

過程 A → D での（平均の）比熱を C_3〔J/mol·K〕とすると

$$C_3 = \frac{Q_3}{n\Delta T} = \frac{(6PV)}{1 \times \left(\frac{3PV}{R}\right)} = \underline{2R} \text{〔J/(mol·K)〕}$$

(3) 等温変化

　温度を一定に保ったまま，気体の状態が変わる変化を**等温変化**という。ボイルの法則より，$PV = $ 一定であるから，P-V 図において等温変化を表すグラフは（直角）双曲線になる。

　温度が一定だからといって，気体に熱の出入りがないということではない。温度が一定ということは，気体の内部エネルギーが変化しないということである。

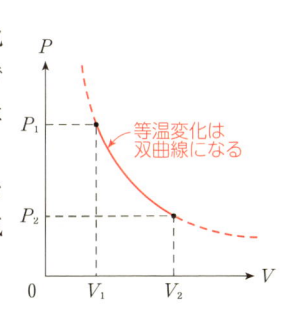

熱力学第1法則で表せば，$\Delta U = 0$ なので
$$0 = Q + W \qquad \therefore \quad W = -Q$$

$Q > 0$，すなわち気体が熱を吸収するとき，$W < 0$ であり，気体が仕事をする。吸収した熱量の分だけ仕事をし，気体の温度（内部エネルギー）が変化しない。

$Q < 0$，すなわち気体が熱を放出するとき，$W > 0$ であり，気体が仕事をされる。放出した熱量の分だけ仕事をされ，気体の温度（内部エネルギー）が変化しない。

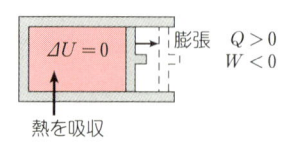

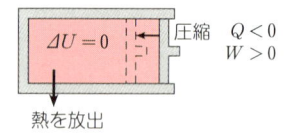

参考　等温変化で気体がする仕事

$P - V$ 図において，温度 T の等温変化を示す双曲線と V 軸とが囲む部分の面積を，積分を用いて計算すれば，そのとき気体がする仕事 W' を求めることができる。状態 $A(P_1, V_1)$ から状態 $B(P_2, V_2)$ に等温で膨張する場合について考える。

$$W' = \int_{V_1}^{V_2} P dV = \int_{V_1}^{V_2} \frac{nRT}{V} dV$$
$$= nRT \left[\log V \right]_{V_1}^{V_2} = nRT \log \frac{V_2}{V_1}$$

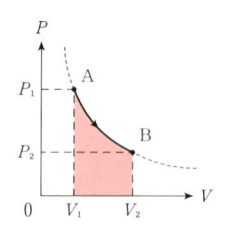

(4) 断熱変化

熱の出入りなしで，気体全体の状態が一様に変わる変化を**断熱変化**という。熱の出入りはないが，気体がする仕事やされる仕事によって，気体の温度（内部エネルギー）は変化する。熱力学第1法則で表せば，$Q=0$ なので

$$\Delta U = 0 + W \qquad \therefore \quad \Delta U = W$$

$W>0$，すなわち気体が圧縮され，仕事をされるとき，$\Delta U>0$ となり，気体の温度が上昇する。熱を放出しないので，外部からされた仕事の分だけ内部エネルギーが増加する。これを**断熱圧縮**という。

$W<0$，すなわち気体が膨張し，仕事をするとき，$\Delta U<0$ となり，気体の温度が下降する。熱を吸収しないので，外部に対してした仕事の分だけ内部エネルギーが減少する。これを**断熱膨張**という。

> **POINT**　断熱圧縮 ⇒ 温度が上昇　　断熱膨張 ⇒ 温度が下降

断熱圧縮（B → A）のとき温度が上昇し，断熱膨張（A → B）のとき温度が下降することより，P-V 図において，断熱変化を表すグラフは等温変化を表すグラフよりも傾きが急であることがわかる。詳しい計算によると，気体の圧力 P [Pa] と気体の体積 V [m³] との間には次の関係式（ポアソンの式）がある。

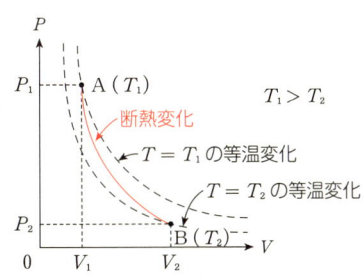

> **断熱変化**　　$PV^\gamma = $ 一定　　$\gamma = \dfrac{C_p}{C_v}$

γ は定圧比熱と定積比熱の比で，**比熱比**とよばれる。単原子分子の理想気体では $\gamma = \left(\dfrac{5}{2}R\right) / \left(\dfrac{3}{2}R\right) = \dfrac{5}{3}$ となる。この式は，ボイル・シャルルの法則とともに成立しているので，気体の温度を T [K] として圧力 P [Pa] を消去すると，次のように表すこともできる。

> $TV^{\gamma-1} = $ 一定

発展　分子の運動と断熱変化

シリンダーの中に理想気体を入れ，ピストンを速さ u で動かし，気体を断熱膨張させる。気体分子の x 軸方向の速度成分について，衝突前の大きさを v，衝突後の大きさを v' とする。反発係数を1とすると

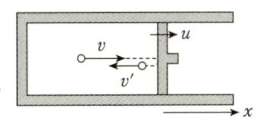

$$1 = -\frac{-v'-u}{v-u} \qquad \therefore \quad v' = v - 2u$$

このように，衝突後の速度成分の大きさが小さくなる。つまり分子の速さが小さくなり，運動エネルギーが減少し，気体の温度が降下するのである。断熱圧縮の場合は，分子の速さが大きくなり，運動エネルギーが増加し，気体の温度が上昇する。

参考 $TV^{\gamma-1}=$一定

断熱変化の途中，体積が V から $V+\Delta V$ に変化し，温度が T から $T+\Delta T$ に微小量だけ変化したとする。このとき，内部エネルギーの増加は $\Delta U = nC_v\Delta T$ であり，気体がした仕事は $W' = P\Delta V$ である。熱力学第1法則にこれをあてはめると

$$\Delta U = Q - W' \quad \therefore \quad nC_v\Delta T = 0 - P\Delta V$$

また，$PV = nRT$ であるので，P を消去し，式をまとめると

$$\frac{\Delta T}{\Delta V} = -\frac{R}{C_v}\frac{T}{V}$$

また，$\dfrac{R}{C_v} = \dfrac{C_p - C_v}{C_v} = \dfrac{C_p}{C_v} - 1 = \gamma - 1$ より

$$\therefore \quad \frac{\Delta T}{\Delta V} = -(\gamma-1)\frac{T}{V}$$

この式は，数学的には
$\dfrac{dT}{dV} = -(\gamma-1)\dfrac{T}{V}$ を表している。

$TV^{\gamma-1} = C$（定数），すなわち $T = CV^{1-\gamma}$ とおくと

左辺 $= \dfrac{dT}{dV} = (1-\gamma)CV^{-\gamma}$

右辺 $= -(\gamma-1)\dfrac{T}{V} = -(\gamma-1)\dfrac{CV^{1-\gamma}}{V}$

$\qquad = (1-\gamma)CV^{-\gamma}$

$\therefore$ 左辺 = 右辺

となり，$TV^{\gamma-1} =$ 一定の場合はこの関係式 $\dfrac{dT}{dV} = -(\gamma-1)\dfrac{T}{V}$ が成立していることがわかる。

例題 2-13　　　　　　　　　　種々の変化

1モルの単原子分子理想気体の，圧力が P_A〔Pa〕，体積が V_A〔m³〕の状態を A とする。この状態から，図の3本の実線で示す過程によって，圧力が P_B〔Pa〕になるまで変化させて得られる状態を，それぞれ，B，C，D とする。ここで，A→B は定積過程，A→C は断熱過程，A→D は等温過程である。また，状態 C の体積を V_C〔m³〕とする。

(1) A→B の過程で，気体に外から加えられる熱量はいくらか。
(2) A→C の過程で，気体に外から加えられる仕事はいくらか。
(3) (X) A→B→C→D，(Y) A→C→D，(Z) A→D の3過程のうち，気体に外から加えられる総熱量が最も大きい過程はどれか。

(東京工業大)

解答

(1) 状態Aの温度を T_A [K]，状態Bの温度を T_B [K] とする。
状態方程式より，

$$T_A = \frac{P_A V_A}{R} \qquad T_B = \frac{P_B V_A}{R}$$

単原子分子なので，定積モル比熱は $\frac{3}{2}R$ [J/mol·K] である。

$$\therefore \quad Q_1 = \frac{3}{2}R(T_B - T_A) = -\frac{3}{2}(P_A - P_B)V_A \text{ [J]}$$

(2) 状態Cの温度を T_C [K] とする。状態方程式より

$$T_C = \frac{P_B V_C}{R}$$

A→Cは断熱過程であるので，外から加えられる仕事は内部エネルギーの変化に等しくなる。

$$W_2 = \Delta U_2 = \frac{3}{2}R(T_C - T_A) = -\frac{3}{2}(P_A V_A - P_B V_C) \text{ [J]}$$

(3) 各過程で，気体に外から加えられる総熱量を Q_X [J]，Q_Y [J]，Q_Z [J] とする。
また，気体が外にする仕事の総量を W_X' [J]，W_Y' [J]，W_Z' [J] とする。
AとDは温度が等しく，各過程における内部エネルギーの変化は0なので，熱力学第1法則より

$$0 = Q_X - W_X' = Q_Y - W_Y' = Q_Z - W_Z'$$

$$\therefore \quad W_X' = Q_X \qquad W_Y' = Q_Y \qquad W_Z' = Q_Z \quad \cdots\cdots ①$$

W_X'，W_Y'，W_Z' は，各過程を示す線と V 軸とが囲む面積に相当する。

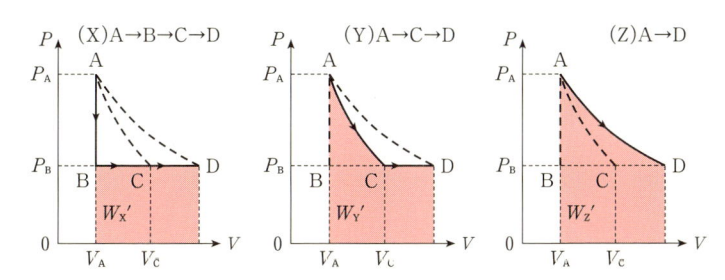

図より $W_X' < W_Y' < W_Z'$ ……②
①と②より $Q_X < Q_Y < Q_Z$

$$\therefore \quad \underline{(Z) A \to D} \text{ で最大}$$

例題 2 − 14　　ピストンの微小振動

水平な床に垂直に固定されたシリンダーに，断面積 S [m²]，質量 m [kg]のなめらかに動くピストンが取り付けられ，内部には理想気体が閉じ込められている。この気体には周囲からの熱の出入りはなく，圧力 p [Pa]と体積 V [m³]の間には，$pV^\gamma =$ 一定（γ は比熱比）の関係が成り立つ。初めピストンはシリンダーの底から高さ h [m]の位置にあり，気体の圧力は p_1 [Pa]であった。ピストンを高さ h [m]から少しだけ持ち上げて静かに放すと，ピストンは単振動を始めた。

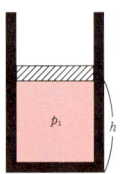

(1) ピストンの高さが $h+x$ [m]になったときの気体の圧力 p_2 [Pa]を求めよ。ただし，$|x|$ は h に対して十分小さく，また，$|y|\ll 1$ のとき，$(1+y)^a \fallingdotseq 1+ay$ が成り立つものとする。

(2) (1)の状態で，ピストンにはたらく合力 F [N]を求めよ。ただし，F は鉛直上向きを正とする。

(3) 単振動の周期を求めよ。

(大阪市立大)

解答

(1) $pV^\gamma =$ 一定より，

$$p_1(Sh)^\gamma = p_2\{S(h+x)\}^\gamma$$

$$\therefore\ p_2 = p_1\left(\frac{h}{h+x}\right)^\gamma = p_1\left(\frac{1}{1+\frac{x}{h}}\right)^\gamma = p_1\left(1+\frac{x}{h}\right)^{-\gamma} \fallingdotseq \underline{p_1\left(1-\gamma\frac{x}{h}\right)}\ \text{[Pa]}$$

(2) ピストンの高さが h [m]のときの力のつり合いより，ピストンにはたらく大気による力と重力の合力は，鉛直下向きに $p_1 S$ [N]である。
したがって，

$$F = p_2 S - p_1 S = \underline{-\frac{\gamma p_1 S}{h}x}\ \text{[N]}$$

(3) (2)の答えより，復元力の比例定数が $K = \frac{\gamma p_1 S}{h}$ であることがわかるので，単振動の周期は，

$$T = 2\pi\sqrt{\frac{m}{K}} = \underline{2\pi\sqrt{\frac{mh}{\gamma p_1 S}}}\ \text{[s]}$$

[5] 断熱自由膨張（真空への膨張）

断熱容器を 2 つの部屋 A，B に分け，A には理想気体を入れ，B は真空にして

おく。コックCを開くと，A内の気体はB内にひろがる。これを**断熱自由膨張**という。このとき，A，B全体を考えると，外部から与えられる熱量は $Q=0$ であり，外部からされる仕事も $W=0$ である。熱力学第1法則より

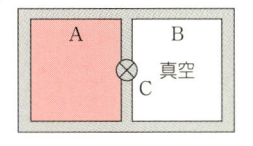

$$\varDelta U = 0+0 \qquad \therefore \quad \varDelta U = 0$$

全体の内部エネルギーの変化が0ということは，気体の温度が変わらないということである。

> **体積が増加するのに $W=0$?** 一般に，気体の体積が増加するとき，気体が仕事をする。この仕事は，ピストンのような可動壁に圧力を及ぼしながら，圧力の向きにそって移動するときの仕事である。断熱自由膨張の場合，この移動するピストンに相当するものがないので，体積は増加するが，気体は仕事をしない。

POINT 断熱自由膨張は温度が変化しない

(6) 断熱容器内での気体の混合

断熱壁で囲まれた容器を2つの部屋A，Bに分け，それぞれに気体が入れられている。A内の気体は定積モル比熱が C_v の気体で，温度は T，物質量は n である。B内の気体は定積モル比熱が C_v' の気体で，温度は T'，物質量は n' である。コックCを開くと，A内の気体とB内の気体は混合される。

2つの気体が混合される過程において，それぞれの気体どうしでは熱と仕事のやりとりが行われる。しかし，外部との間では熱や仕事のやりとりは行われない。そこで全体を1つの気体とみなすと，$Q=0$，$W=0$ となり，熱力学第1法則を考えると，$\varDelta U=0$ となる。すなわち，内部エネルギーの総和は一定に保たれる。言い換えれば，一方の気体の内部エネルギーの増加と他方の気体の内部エネルギーの減少が等しいということである。この場合，変化後の全体の温度を T_1 とすると，$\varDelta U = nC_v\varDelta T$ より

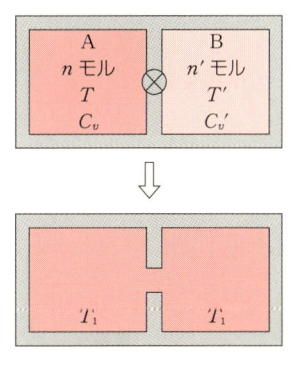

$$nC_v(T_1-T) = n'C_v'(T'-T_1) \qquad \therefore \quad T_1 = \frac{nC_vT + n'C_v'T'}{nC_v + n'C_v'}$$

POINT 断熱容器内での気体の混合……内部エネルギーの総和が一定

> (5)，(6)では，気体の状態は一様には変化していないので，(4)の式は使えない。

例題 2-15　気体の混合

容積 $5V$ の容器 A とシリンダー B をコック C のついた細管でつなぐ。はじめ，A 内に単原子分子からなる理想気体を入れ，C を閉じたところ，A 内の気体の圧力は $3P$，絶対温度は T になった。次に B になめらかに動くピストンをはめ，中に A 内と同じ気体を入れたところ，B 内の気体の圧力は P，温度は T，体積は V になった。大気圧を P として，次の問いに答えよ。

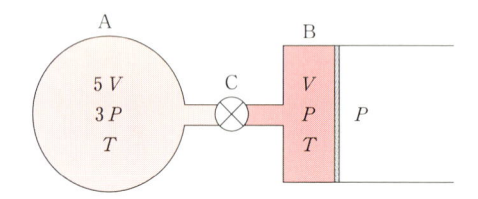

コック C をわずかに開けると，ピストンはゆっくり右に移動した。十分に時間がたつと，A 内と B 内の気体はともに圧力が P になり，同じ温度になった。この温度を求めよ。ただし，装置全体は断熱されている。

解答

ピストンがゆっくり動いたということは，B 内の圧力は P のまま一定に保たれたことになる。B 内の体積増加を ΔV とすると，気体がした仕事 W' は
$$W' = P\Delta V$$

気体の内部エネルギーは，はじめ，A 内の気体が，$\frac{3}{2} \cdot 3P \cdot 5V = \frac{45}{2}PV$，B 内の気体が $\frac{3}{2}PV$ である。その和は $\frac{45}{2}PV + \frac{3}{2}PV = 24PV$ となる。また，変化後の内部エネルギーは，全体をひとつと考えて，$\frac{3}{2}P(5V + V + \Delta V) = \frac{3}{2}P(6V + \Delta V)$

熱の出入りがないので，熱力学第 1 法則　$Q = \Delta U + W'$ より　$0 = \Delta U + W'$ となる。

$$0 = \left\{\frac{3}{2}P(6V + \Delta V) - 24PV\right\} + P\Delta V \qquad \Delta V = 6V$$

はじめの状態で，A 内の気体の物質量を n_A，B 内の気体の物質量を n_B とおく。

$$\text{A} \cdots\cdots 3P \cdot 5V = n_A RT \qquad \therefore \quad n_A = \frac{15PV}{RT}$$

$$\text{B} \cdots\cdots PV = n_B RT \qquad \therefore \quad n_B = \frac{PV}{RT}$$

全体の物質量は，$n_A + n_B = \frac{16PV}{RT}$ となる。

変化後の気体の温度を T' とする。全体の状態方程式より

$$P(5V + V + 6V) = \frac{16PV}{RT} \cdot RT' \qquad \therefore \quad T' = \frac{3}{4}T$$

(7) 熱機関の効率

気体の状態を何段階かに変化させ，一巡してもとの状態に戻す。この一巡の間に，気体が差し引き吸収した熱の分だけ，気体は外部に仕事をする。これを何回もくり返し，熱を仕事に変える装置が**熱機関**である。自動車のエンジンなどがその例である。

一巡の間に，気体が吸収する熱量（もらう熱量）の和を Q，放出する熱量（捨てる熱量）の和を Q' とし，気体が外部からされる仕事の和を W，外部にする仕事の和を W' とする。一巡すると気体の温度はもとに戻るから，その間の内部エネルギーの変化は 0 である。熱力学第 1 法則より

$$0 = (Q - Q') + (W - W') \qquad \therefore \quad (Q - Q') = (W' - W)$$

このとき，気体が差し引き外部にする仕事 $W_{正味}$（$W_{正味} = W' - W$）の吸収する熱量 Q に対する比を**熱機関の効率（熱効率）**という。

$$\text{熱機関の効率} = \frac{W_{正味}}{Q} = \frac{W' - W}{Q} = \frac{Q - Q'}{Q} = 1 - \frac{Q'}{Q}$$

一巡するには，放出する熱量（捨てる熱量）Q' をゼロとすることはできないので，熱機関の効率は 1 より小さくなる。

例題 2 − 16　　　　　　　　　　　　　　　　　　　　　　**熱機関**

定積モル比熱 C_v の 1 モルの理想気体を閉じ込めたシリンダーをもつ熱機関が図のような経路にそって循環している。A 点での気体の絶対温度は T_1 である。

(1) B 点，C 点，D 点の絶対温度を求めよ。

(2) 気体の内部エネルギーの変化 ΔU は気体の絶対温度の変化 ΔT によっても表される。その式を書け。

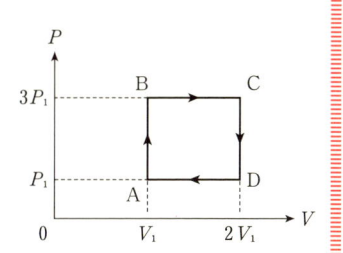

(3) A→B, B→C, C→D, D→A の経路で気体の得た熱量をそれぞれ Q_1, Q_2, Q_3, Q_4 とするとき，それらの値を T_1, C_v および気体定数 R を用いて書け。

(4) 1 サイクルの間に気体が差し引き外にした仕事を T_1, R を用いて表せ。

(5) 気体が単原子分子とするとき，この熱機関の熱効率は何 % になるか。

（金沢大）

解答

(1) ボイル・シャルルの法則より

$$\frac{P_1 V_1}{T_1} = \frac{3P_1 V_1}{T_B} = \frac{3P_1 \times 2V_1}{T_C} = \frac{P_1 \times 2V_1}{T_D} \qquad \therefore \quad T_B = \underline{3T_1} \quad T_C = \underline{6T_1} \quad T_D = \underline{2T_1}$$

(2) $\underline{\Delta U = C_v \Delta T}$

(3) A→Bは定積変化なので $\quad Q_1 = C_v(T_B - T_1) = \underline{2C_v T_1}$

B→Cは定圧変化なので, $C_p = C_v + R$ を用いて

$$Q_2 = (C_v + R)(T_C - T_B) = \underline{3(C_v + R)T_1}$$

C→Dは定積変化なので $\quad Q_3 = C_v(T_D - T_C) = \underline{-4C_v T_1}$

D→Aは定圧変化なので $\quad Q_4 = (C_v + R)(T_1 - T_D) = \underline{-(C_v + R)T_1}$

(4) 気体が外に仕事をするのは, B→Cの変化で, その大きさは $3P_1(2V_1 - V_1) = 3P_1 V_1$　気体が外から仕事をされるのは, D→Aの変化で, その大きさは $P_1(2V_1 - V_1) = P_1 V_1$　その他の変化の仕事は 0 である。1サイクルの間に気体が差し引きした仕事 $W_{正味}$ は

$$W_{正味} = 3P_1 V_1 - P_1 V_1 = 2P_1 V_1 = \underline{2RT_1}$$

(5) 気体が熱を吸収するのは, A→BとB→Cの変化で, その熱量の和 Q は

$$Q = Q_1 + Q_2 = (5C_v + 3R)T_1$$

単原子分子なので, $C_v = \dfrac{3}{2}R \qquad \therefore \quad Q = \dfrac{21}{2}RT_1$

熱効率 e は $\quad e = \dfrac{W_{正味}}{Q} = \dfrac{(2RT_1)}{\left(\dfrac{21}{2}RT_1\right)} = \dfrac{4}{21} \fallingdotseq 0.190 \qquad \therefore \quad \underline{19\%}$

COFFEE BREAK

●冷蔵庫の原理

　冷蔵庫は冷却用物質（冷媒）の気化熱を利用して，冷蔵庫内の熱を奪い，それを外部へ放出する仕組みになっている。

　モーターによって圧縮ポンプを運転すると，ポンプ内のガス（冷媒）は放熱板（凝縮器）の方へ送り出される。ガスは圧縮されるために高温高圧になっているが，放熱板の中を移動する間に周囲の空気中へ熱を放出（空冷）して液化する。この液体が毛細管を通るとき，ガスは管壁との摩擦抵抗などにより圧力が下げられ，適当な量だけ冷蔵庫内の冷却器の中へ噴出される。冷却器に入った液体は圧力の低下のために気化する。このとき，周囲から気化熱を奪い，冷蔵庫内の温度を下げる。気体となった冷媒は再び圧縮ポンプへ入る。このような循環をくり返しながら，冷蔵庫内の温度を下げていく。

　冷蔵庫では，冷媒を圧縮するために外から仕事をしなければならない。この仕事と冷蔵庫の中から奪った熱量との和は，放熱板から放出される熱量に等しい。

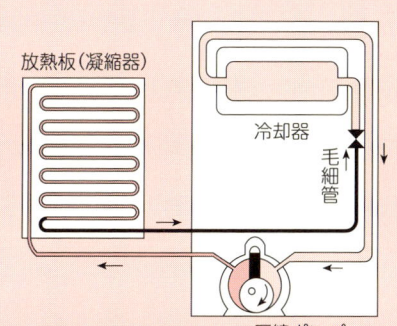

―― 圧力の大きい冷却用ガス
―― 圧力の小さい冷却用ガス
―― 液化した冷却用ガス

第3編 波動

第1章　波の性質

1 波の伝わり方

(1) 波と媒質

　図のように，一端を固定した長いひもを引っ張りながら他端を上下に振動させると，その振動が次々と伝わっていく。このように，ある場所に生じた変化が，次々と隣りの部分に伝わっていく現象を**波**または**波動**といい，波を伝えるものを**媒質**という。

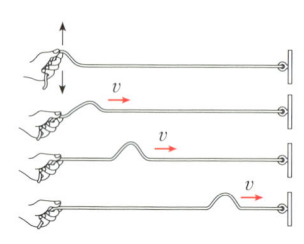

　波が伝わるとき，媒質の各部分ははじめの位置の付近で振動するだけであって，媒質そのものが波と共に移動するわけではない。波動には，ひもやばねを伝わる波，音波，水面の波，地震波などがある。

> ▶ 第4編で学習するが，光も電磁波とよばれる波の一種である。ただ，光は真空中でも伝わる（☞ p.224）。

(2) 波の要素

　ある時刻の媒質の各点のようす（変位）を示す曲線を**波形**という。波形は媒質固有の速さ v で移動していく。この速さ v を**波の速さ**という。

　図のように，波が伝わるとき，波形が右向きに移動していくが，波形の一番高いところを**山**，一番低いところを**谷**という。

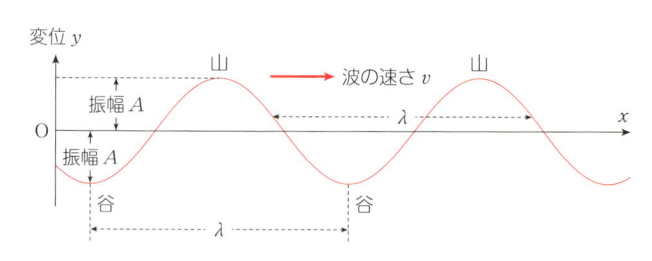

波長 λ	隣り合う山と山，あるいは谷と谷の間隔のように，隣り合う振動状態（位相 ☞ p.189）が同じ2点間の距離
振幅 A	媒質の変位の大きさの最大値（波の山の変位）
周期 T	媒質の振動の周期をその波の周期という。たとえば，波形が移動し，はじめ波の山であった位置が，再び波の山になるまでの時間

振動数 f　媒質中の1点が1秒間に振動する回数を波の振動数という。単位はヘルツ〔Hz〕を用いる。

1周期 T の間に波は1波長 λ 進むので，これらの間の関係式（**波の基本式**）は，次のように表される。

$$\text{波の基本式}\quad v = \frac{\lambda}{T} = f\lambda \quad \left(f = \frac{1}{T}\right)$$

波形が正弦 (sin) 曲線になる波を**正弦波**という。正弦波が伝わるのは，媒質の各部分が，波源と同じ振幅の単振動（☞ p.118）をしているときである。今後は正弦波を扱うことにする。

例題 3-1　　　　船上からの波の観測

(a) 船首から船尾までの長さが l〔m〕の船がある。この船が波の進行方向と逆の向きに速さ v〔m/s〕で進んでいる。このとき，船首に波の山が当たってから，船尾を通り過ぎるまでの時間は t_1〔s〕，次の山が船首に当たる時間間隔は t_2〔s〕であった。波の速さ V〔m/s〕，波長 λ〔m〕，振動数 f〔Hz〕をそれぞれ求めよ。

(b) 速さ 10 m/s で波が進んでいるとき，波の進行方向と60度の角をなす方向に 8 m/s の速さで船が波に逆らって進んでいる。このとき，船首が波の山を通過してから，次の山を通過するまでの時間を10秒とすれば，波の波長および周期はいくらか。

（解答）

(a) 船に対する波の相対速度は $V+v$ であり，船上の人からみて，波は t_1〔s〕間に l〔m〕進み，t_2〔s〕間に λ〔m〕進むから，l，λ は次のように表される。

$l = (V+v)t_1$　……①
$\lambda = (V+v)t_2$　……②

波の基本式は

$V = f\lambda$　………③

式①より　$V = \dfrac{l}{t_1} - v$ 〔m/s〕

式②，①より　$\lambda = \dfrac{t_2}{t_1} l$ 〔m〕

式③より　$f = \dfrac{V}{\lambda} = \dfrac{l - vt_1}{lt_2}$ 〔Hz〕

(b) 波の伝わる方向についてみると，船の速度成分は 4〔m/s〕であり，船上から見た波の相対速度成分 V' は，$V' = 10 + 4 = 14$〔m/s〕である。

また，船上からみると，波は $T'=10$ 〔s〕で 1 波長 λ〔m〕進むから
$$\lambda = V'\cdot T' = 14\times 10 = \underline{140}\,〔m〕$$
波の速さは $V=10$〔m/s〕だから，波の周期 T は波の基本式より
$$T = \frac{\lambda}{V} = \frac{140}{10} = \underline{14}\,〔s〕$$

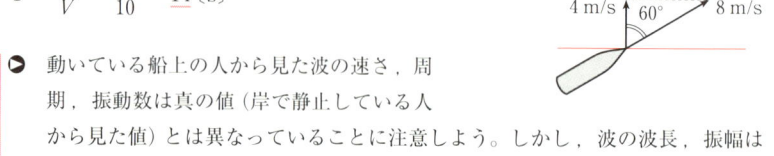

- 動いている船上の人から見た波の速さ，周期，振動数は真の値（岸で静止している人から見た値）とは異なっていることに注意しよう。しかし，波の波長，振幅は同じである。(☞ p.210　ドップラー効果)

(3) 横波と縦波

ひもを伝わる波のように媒質の振動方向が波の進行方向に対して垂直な波を**横波**という。これに対して，以下の例のように媒質の振動方向が波の進行方向に平行な波を**縦波**という。

口径の大きい長いつるまきばねを水平に保ち，図のようにばねの左端を矢印の方向に振動させると，この振動が次々に伝わっていく。このとき，ばねの各部分は，左端に加えられた振動と同じ振動をしながら縦波が伝わっていく。

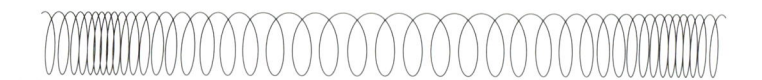

(4) 縦波の横波による表示

縦波のようすは，媒質の変位をそのまま表してもつかみにくい。そこで，まず，各点の振動中心（図では x 軸上の白丸）からの変位（黒丸）を反時計回りに 90° だけ回し，変位を新たにおき直す（＊印）。次に，この＊印をつないでいくと図のように横波のような波形が得られる。これが縦波の横波による表示である。

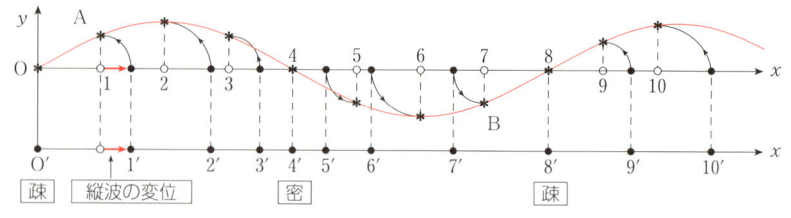

縦波の横波による表示

逆に，前図のように縦波が正弦波で表されているときは，たとえば，曲線上の点 A（点 B）に変位している媒質は点 1（点 7）を中心として，時計回りに 90° 回転した点 1'（点 7'）の位置に変位していると考えればよい。この図からわかるように，点 O' と点 8' では媒質が最も**疎**になっており，点 4' では媒質が最も**密**になっている。

横波により表示された縦波の波形は，横波の場合と同じように，進行方向へ移動する。このように，縦波では，媒質の疎密の状態が伝わっていくので，縦波のことを**疎密波**ともいう。

▶ **横波表示における密と疎**

縦波の横波による表示では x の正の方向に向かって山から谷に移る中間点が最も密，谷から山へ移る中間点が最も疎になる。なお，この密と疎の位置は波の進行方向にはよらない。

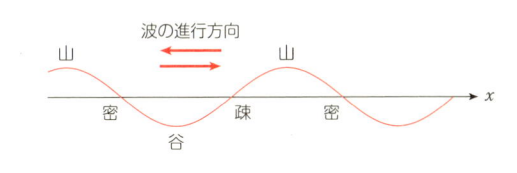

▶ **媒質の運動と波の進行方向**

媒質の運動のようすを調べるには波形をずらして考えるとよい。ある瞬間における媒質の運動のようすを知るには，図のように，微小時間後の波形（点線）を考える。横波では点 A における媒質は黒丸の位置から，白丸の位置に移動し，下向きに運動していることがわかる。逆に，点 B の媒質は上向きに運動していることもわかる。

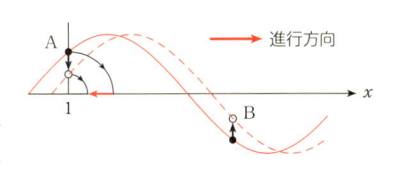

また，この波を縦波の横波による表示と考え，黒丸，白丸の位置を点 1 を中心として時計回りに 90° 回転させると，点 A における媒質は左向きに運動していることがわかる。同様にして，点 B における媒質は右向きに運動していることもわかる。

POINT　媒質の運動は波形を進行方向にずらして

(5) 波の強さ

　媒質中を波が伝わっていくと，媒質の各部分は，静止していた位置を中心とした振動を始め，その振動エネルギー（運動エネルギーと復元力による位置エネルギーの総和）を次々に媒質の隣りの部分へ伝えていく。波の進行方向に垂直な単位面積を通って単位時間に通過する波のエネルギーを**波の強さ**という。波の強さは振動数の2乗と振幅の2乗の積に比例する。

参考　波の強さ

　いま，密度 ρ の媒質中を振幅 A，振動数 f の正弦波が速さ V で伝わる場合を考える。媒質を構成する粒子の質量を m，単位体積あたりの粒子数を N とすると，この粒子1個の振動エネルギー u（運動エネルギーと単振動の位置エネルギーの和）は，次のようになる。（☞ p.122 単振動）

$$u = \frac{1}{2}mv^2 + \frac{1}{2}Kx^2 = \frac{1}{2}KA^2$$

ここで，$K = m\omega^2 = m(2\pi f)^2$

$$\therefore \quad u = 2\pi^2 m f^2 A^2$$

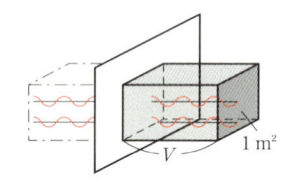

ゆえに，単位体積あたりの波のエネルギーは
$U = u \cdot N = 2\pi^2 m N f^2 A^2$　となるが，
　$\rho = mN$ だから
$$U = 2\pi^2 \rho f^2 A^2$$
したがって，**波の強さ** I は
$$I = U \cdot V = 2\pi^2 \rho f^2 A^2 V$$

POINT　波の強さは振幅の2乗と振動数の2乗との積に比例する。

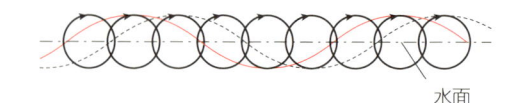

発展　波の物理的性質

　横波でも縦波でも，変位している媒質をもとに戻そうとする力と，運動を続けさせようとする慣性とが，波動を生じさせる原因である。弾性力による横波は固体中では伝わるが液体や気体中では，進行方向に垂直な変位をもとに戻す力がはたらかないので伝わらない。一方，縦波は固体のみならず液体，気体中も伝わることができる。

　しかし，すべての波が横波や縦波になっているわけではない。たとえば水面を伝わる波は横波として取り扱われることが多いが，詳しく調べると，縦波でも横波でもなく，水の各部分は下図のように波の進行方向にそってほぼ円運動をしている。

　→ 波の進行方向

水面

第1章 波の性質　187

例題 3-2　　　　縦波の性質

右の図は媒質中を伝わる縦波の波形を示す。媒質中の点の位置座標（振動中心の座標）を横軸に，その点における媒質の変位を縦軸にとってある（変位は波の進行方向を正とした）。次の(1)〜(4)に該当する点の位置を横軸の数字 0〜9 の番号で答え，(5)は図示せよ。

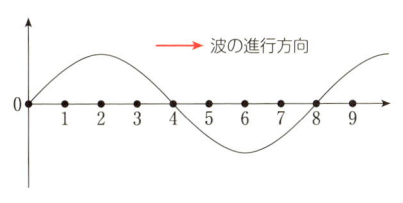

(1) (イ) 媒質の密度が最も密の点　　(ロ) 媒質の密度が最も疎の点
(2) (イ) 媒質の速度が右向きの点　　(ロ) 媒質の速度が左向きの点
(3) 媒質の右向きの変位が最大の点
(4) (イ) 媒質の左向きの速度が最大の点　　(ロ) 媒質の速度が 0 の点
(5) 媒質の圧力 P と位置の関係を示すグラフを横軸の数字 0〜9 を付して描け。ただし，縦波が伝わっていないときの媒質の圧力を P_0 とする。

（大阪大）

解答
(1) 密：山から谷へ移る中間点　　4
　　疎：谷から山へ移る中間点　　0, 8
(2)〜(4)は波形を少し右にずらし，変位を 90° 時計まわりに回転させて考える。たとえば，点 1 では図のように y 方向の変位を時計回りに 90° 回転させてみると，変位は左向きとなり，その大きさも波形と横軸が交わる点が最大となることがわかる。

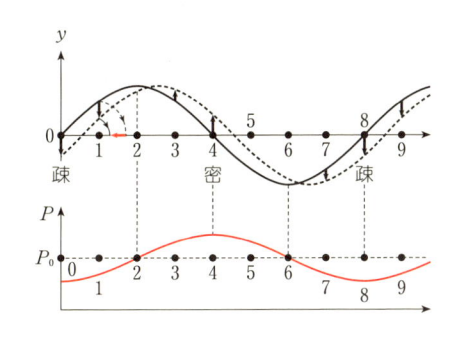

(2) (イ) 上向きの矢印　　3, 4, 5　　(ロ) 下向きの矢印　　0, 1, 7, 8, 9
(3) 上向きの変位が最大　　　　　　2
(4) (イ) 下向きの矢印の大きさが最大　　0, 8
　　(ロ) 矢印の大きさが 0 → 速度 0 → 山と谷　　2, 6
(5) 密な所は圧力が P_0 より大きく，疎な所は P_0 より小さくなり，上図のように，P_0 を中心とした波形になる。

> ● 加速度についても問われることがある。たとえば，右向きの加速度の大きさが最大の点は左向きの変位が最大の点であり，この場合は点 6 である。第 1 編の単振動の加速度 a と変位 x の関係式 $a = -\omega^2 x$ に注意する（☞ p.120）とよい。

(6) 波の式

振幅 A，周期 T，波長 λ の正弦波が，x の正の向きに速さ v で進んでいる。図1の実線の曲線は，この波の時刻 $t=0$ のときの波形を示し，点線は微小時間 Δt 後の波形を示すものとして，この波の式を次の(i)，(ii)の手順で求めてみよう。

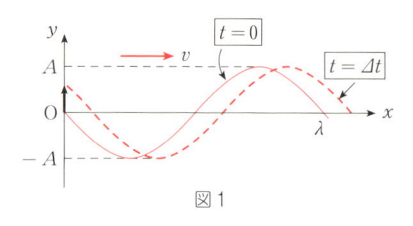

図1

(i) 原点Oの変位 y_0

原点Oの媒質は単振動をしている。図1をみると，原点Oにおける媒質の変位 y_0 は0から正に変わっていくことがわかる。ゆえに，y_0 は図2の y_0-t グラフのようになり，次式で表される。

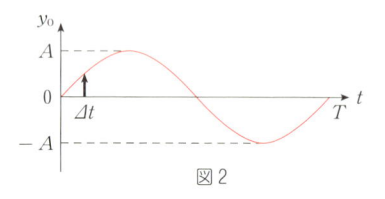

$$y_0 = A \sin 2\pi \frac{t}{T}$$

図2

(ii) 位置 x (点P) の変位 y

波が原点Oから位置 x の点Pへ伝わるまでの時間は x/v であるから，点Pにおける時刻 t のときの媒質の変位は，それより時間 x/v だけ過去の時刻，すなわち，時刻 $t-x/v$ のときの原点Oの媒質の変位に等しい(図3参照)。したがって，点Pにおける時刻 t のときの変位 y は，上式の y_0 の t を $t-x/v$ で置き換えて

$$y = A \sin \frac{2\pi}{T}\left(t - \frac{x}{v}\right)$$

また，$\lambda = vT$ より

$$y = A \sin 2\pi \left(\frac{t}{T} - \frac{x}{\lambda}\right)$$

となる。これを**波の式**という。

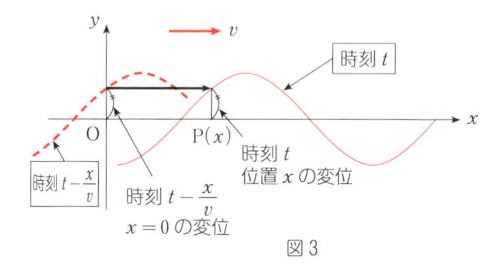

図3

> ● **$-x$ 方向に進む波の式** x の負の方向に進む波の式 y は，上と同様に考えて求められる。すなわち，時刻 t のときの位置 x における媒質の変位は，それより時間 $\dfrac{x}{v}$ だけ未来の時刻，すなわち，時刻 $t+\dfrac{x}{v}$ のときの原点Oの媒質の変位に等しい。たとえば，図1の $t=0$ の波形の場合には，原点Oにおける変位 $y_0\left(=-A\sin 2\pi\dfrac{t}{T}\right)$ の式の t を $t+\dfrac{x}{v}$ で置き換えて得られる。

● 波の式のつくり方の別の方法

時刻 $t=0$ のときの波形 y_0 は図 4 のように

$$y_0 = -A\sin 2\pi \frac{x}{\lambda}$$

で表される。この波は時刻 t では x の正の方向に vt だけ移動している。

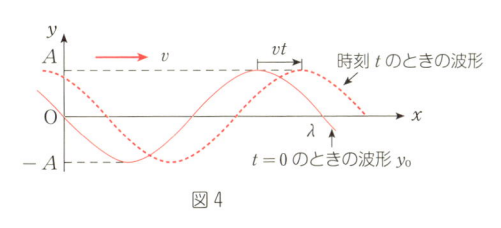

図 4

これは数学的には，y_0 の式の x を $x-vt$ で置き換えることになり，位置 x，時刻 t における波形は，次の式で表される。

$$y = -A\sin \frac{2\pi}{\lambda}(x-vt) = A\sin 2\pi\left(\frac{t}{T} - \frac{x}{\lambda}\right)$$

この式は，(1)(ii)の波の式に一致する。

(7) 位相

一般に，x の正の方向に進む正弦波は次の式で表される。

$$y = A\sin\left\{2\pi\left(\frac{t}{T} - \frac{x}{\lambda}\right) + \theta_0\right\}$$

ここで，$2\pi\left(\dfrac{t}{T} - \dfrac{x}{\lambda}\right) + \theta_0$ を**位相**，θ_0 を**初期位相**といい，単位はラジアン〔rad〕(☞ p.14) で表す。

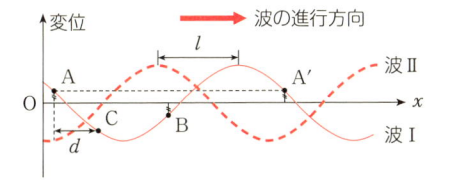

位相の差を**位相差**といい，右図の波Ⅰで点 A と点 A' のように変位と速度が等しい点は**同位相**（位相差 0），点 A と点 B のように変位と速度の符号が逆になっている点は**逆位相**（位相差 π）であるという。また，λ の距離は位相差 2π に対応するので点 A と点 C 間の距離が d のとき，点 A と点 C の位相差は $2\pi d/\lambda$ と表される。

特に，周期（波長）の等しい 2 つの波（波Ⅰ，Ⅱ）の位相差は初期位相の差になり，波Ⅰ，Ⅱの山の間隔が l のとき，位相差は $2\pi l/\lambda$ と表される。

POINT
距離 d の 2 点の位相差は $\dfrac{2\pi d}{\lambda}$

一般の波は，必ずしも上式のような簡単な式で表すことができないが，複雑な形の波も波の重ね合わせの原理 (☞ p.190) により，必ずいくつかの正弦波の集まりとして表すことができる。

2 波の干渉

(1) パルス波

図(a), (b)に示すように山が1つの波, あるいは山と谷の1組の波のように, ほかから孤立した形になって伝わる波を**パルス波**という。また, 数個のパルス波がつながった波を波列（波連）という（図(c)）。

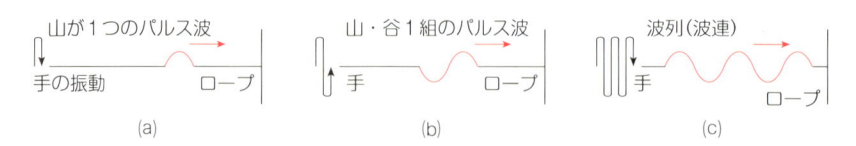

(2) 波の重ね合わせの原理

図は, 2つのパルス波A, Bが一直線上を逆向きに伝わってきて出会ったときのようすを示している。図(b), (c)のように, 2つの波が出会ったときは, Aの変位 y_1 とBの変位 y_2 を加え合わせたものが合成波の変位 y になる。

> **重ね合わせの原理** $y = y_1 + y_2$

このように, 媒質の1点に2つの波が到達したとき, 重なり合う部分の媒質の変位は, それぞれの波が単独で到達したときの変位の和になる。これを**波の重ね合わせの原理**という。

(3) 波の独立性

図(d)のように, 重なり合った2つの波が離れた後の伝わり方は, それぞれの波が単独で伝わる場合とまったく同じである。これを**波の独立性**という。

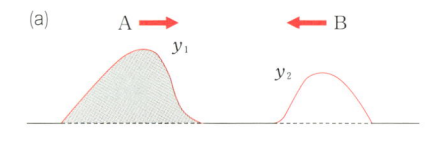

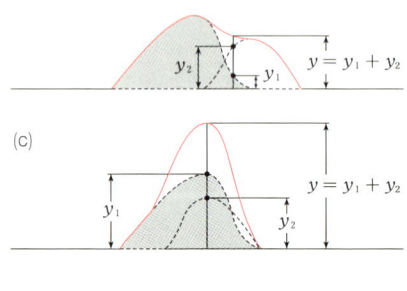

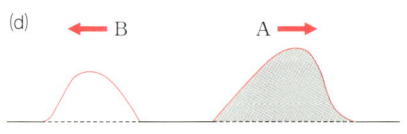

> ◉ 波の重ね合わせの原理や独立性は, 波が伝わるとき媒質の振動状態のみが伝わり, 媒質そのものは波とともに移動しないことに起因しており, 物体の衝突の場合（物質自体が移動）との違いを生じている。

(4) 水面波の干渉

2つの小球A, Bを水面に接触させ, 同じ位相, 周期, 振幅で振動させると, 水面には, A, Bを中心とする円形の波が連続的に発生する。これらの波が重なると, 重ね合わせの原理より, 水面上に波が強め合って大きく振動するところと, 打ち消し合ってほとんど振動しないところが交互に現れる。このように, 2つの波がたがいに強め合ったり, 打ち消し合ったり (弱め合い) する現象を波の**干渉**という。

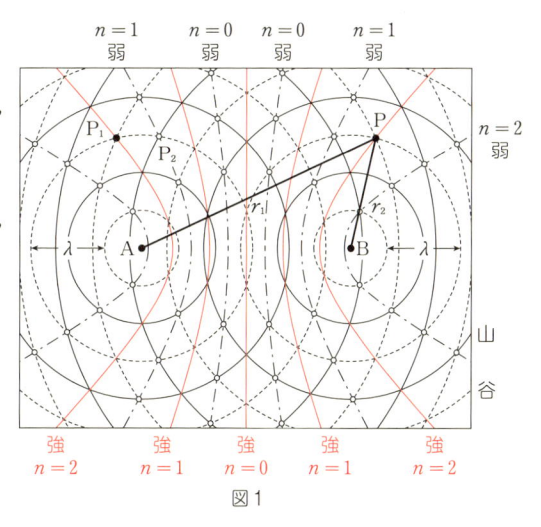

図1の実線の同心円はそれぞれの波源から出たある瞬間の波の山を, 点線の同心円は波の谷を示す。点Pは波源A, Bからそれぞれ r_1, r_2 の距離にあるとすると, 図1の点 P_1 (黒丸) のように r_1 と r_2 の差が波長 λ の整数倍 (半波長の偶数倍), すなわち

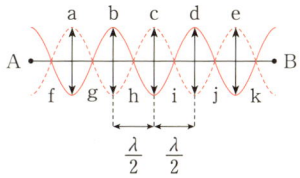

$$|r_1 - r_2| = 2n \cdot \frac{\lambda}{2} = n\lambda \quad (n = 0, 1, 2, \cdots) \quad \cdots\cdots\text{強め合い}$$

の所では, A, Bから到達した2つの波の山と山, または, 谷と谷が重なり合い, たがいに強め合って大きく振動する。波の減衰が無視できる場合には振幅がもとの波の2倍になる。

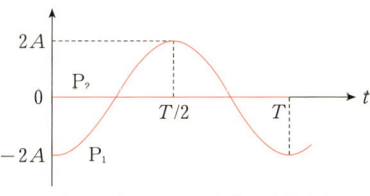

また, 図1の点 P_2 (白丸) のように r_1 と r_2 の差が半波長の奇数倍, すなわち

$$|r_1 - r_2| = (2n+1) \cdot \frac{\lambda}{2} = \left(n + \frac{1}{2}\right)\lambda \quad (n = 0, 1, 2, \cdots) \quad \cdots\cdots\text{弱め合い}$$

の所では, 2つの波の山と谷, または谷と山が重なり合って, 2つの波はたがいに

打ち消し合い，水面はほとんど振動しない。

図3は，時刻 t に対する点 P_1，P_2 の変位 y を示したものである。点 P_1 はもとの波の周期 T で振動し，振幅は2倍の $2A$ になっているが，点 P_2 は振動していない。

図1の赤線で示した曲線は，2つの波がたがいに強め合う点を連ねた線であり，鎖線で示した曲線は，たがいに打ち消し合う点を連ねた線で，**節線**とよばれる。

線分 A，B 上には図2に示すように，絶えず激しく振動する部分（a，b，c，d，e）と，まったく振動しない部分（f，g，h，i，j，k）とが交互に並んでいる。振動の最も激しい点を**腹**，まったく振動しない点を**節**という。

- **干渉波形** 節線（鎖線）および強め合う点を重ねてできた曲線（赤線）は，共に2点からの距離の差が一定の点の軌跡であるので，点 A，B を焦点とする双曲線である。

- **逆位相の波源** 波源 A，B が π〔rad〕だけ異なる位相（逆位相）で振動したときは，干渉の条件は同位相の場合と逆になる。

例題3-3　　　　　　　　　　　　　　　　水面波の干渉

本文の水面波の干渉のようすを示す図において，波源 A，B は同位相，同振幅で波長 λ の等しい波を送り出すとする。次の問いに答えよ。
(1) $AB = 2.8\lambda$ のとき，線分 AB 上にできる節の数を求めよ。
(2) $AB = 2.8\lambda$ のとき，線分 AB 上で B に最も近い腹の位置と B との距離はいくらか。
(3) A と B が π〔rad〕だけ異なる位相で振動したとき（逆位相），水面上の点 P で2つの波がたがいに強め合う条件を r_1，r_2 と負でない整数 n を用いて表せ。
(4) A と B が逆位相で振動し，$AB = 5.8\lambda$ であるとしたとき，線分 AB 上にできる節の数を求めよ。

解答

(1) 波が打ち消し合う条件は

$$|r_1 - r_2| = \left(n + \frac{1}{2}\right)\lambda \quad (n = 0, 1, 2, \cdots)$$

三角形 APB の成立条件より

$|r_1 - r_2| < AB = 2.8\lambda$

∴ $\left(n + \frac{1}{2}\right)\lambda < 2.8\lambda$ ∴ $n < 2.3$

∴ $n = 0, 1, 2$

双曲線が3組できるから節の数は　　$3 \times 2 = $ **6個**

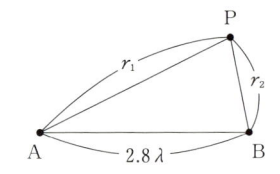

(2) Pが線分 AB 上にあるから　　$r_1+r_2=AB=2.8\lambda$
　　強め合う条件は　　　　　$r_1-r_2=n\lambda$　　$(r_1>r_2,\ n=0,\ 1,\ 2,\ \cdots\cdots)$
　　∴ $r_2=\dfrac{2.8-n}{2}\lambda$　　したがって，$n=2$ のとき，r_2 は最小値 <u>0.4λ</u> をとる。

(3) 逆位相のときは，干渉の条件式が同位相のときと逆になる。
　　したがって，波がたがいに強め合う条件は　　<u>$|r_1-r_2|=\left(n+\dfrac{1}{2}\right)\lambda$</u>

(4) 波が打ち消し合う条件は　　　$|r_1-r_2|=n\lambda<AB=5.8\lambda$
　　∴ $n=0,\ 1,\ 2,\ 3,\ 4,\ 5$
　　5組の双曲線（$n=1,\ 2,\ 3,\ 4,\ 5$）と AB の垂直2等分線（$n=0$）ができるから
　　　$2\times5+1=\underline{11}$ 個

別解　この例題は次のような図を用いて解くことができる。

(1)，(2)の場合のように A，B が同位相で振動するときは，AB の垂直2等分線 L 上で2つの波はたがいに強め合い，直線 AB 上で，L から左右に $\lambda/2$ の間隔で強め合う点ができる。A，B を焦点としてこれらの点を通る双曲線上の各点が水面上で2つの波が強め合う位置になる。また，これらの線の中央に打ち消し合う線（節線）ができる。図(a)より，節の数6個と 0.4λ がすぐに求められる。また，(4)のように逆位相の場合は，同位相のときとは逆に，AB の垂直2等分線が節線になり，この節線から直線 AB 上で左右に $\lambda/2$ の間隔で節線ができ，これらの節線の中央に強め合う線ができる。図(b)より，節の数 11 個がすぐに求められる。解答の式と図(a)，(b)を対応させておこう。

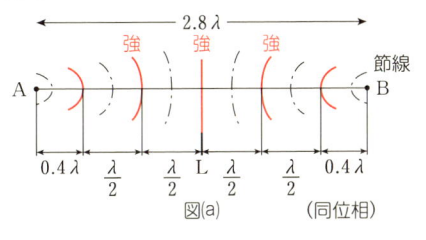

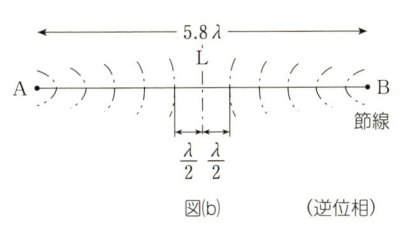

③ 定常波

(1) 定常波と進行波

　水面波の干渉実験において，2つの波源 A，B を結ぶ直線上に生じる波のように，たがいに逆向きに進む振幅と振動数の等しい2つの波が重なり合うと，腹と節が交互に並び，右にも左にも進まない波ができる。このような波を**定常波**という。これに対し，いままで扱ってきたような，山や谷が一方向へ進んでいく波を**進行波**という。

(2) 定常波の式

図は，振幅 A，波長 λ，周期 T の 2 つの正弦波 y_1（実線）と y_2（点線）が，それぞれ $+x$ 方向と $-x$ 方向に進み，たがいに重なり合って合成波（赤線）をつくるときのようすを 1/8 周期ごとに示したものである（(a)〜(h)）。これらの図より，定常波の腹，節の位置は一番下の図のようになり，最大振幅は $2A$，周期は T であることがわかる。

このことを波の式を用いて確かめてみる。
いま，波 y_1, y_2 の位置 x，時刻 t における変位をそれぞれ

$$y_1 = A \sin 2\pi \left(\frac{t}{T} - \frac{x}{\lambda} \right) \quad \cdots\cdots ①$$

$$y_2 = A \sin 2\pi \left(\frac{t}{T} + \frac{x}{\lambda} \right) \quad \cdots\cdots ②$$

とすると，定常波の変位 y は，重ね合わせの原理より

$$y = y_1 + y_2 \quad \cdots\cdots ③$$

ここで，三角関数の公式

$$\sin \alpha + \sin \beta = 2 \sin \frac{\alpha + \beta}{2} \cos \frac{\alpha - \beta}{2}$$

を用いると，式①，②，③より

$$y = 2A \cos 2\pi \frac{x}{\lambda} \sin 2\pi \frac{t}{T} \quad \cdots\cdots ④$$

式④より，位置 x における定常波の振幅 b は

$$b = \left| 2A \cos 2\pi \frac{x}{\lambda} \right| \quad \cdots\cdots ⑤$$

腹（b が最大）の位置は，n を整数として

$$2\pi \frac{x}{\lambda} = n\pi \quad \therefore \quad x = n \frac{\lambda}{2} \quad \cdots\cdots ⑥$$

節（$b = 0$）の位置は

$$2\pi \frac{x}{\lambda} = \left(n + \frac{1}{2} \right) \pi$$

$$\therefore \quad x = \left(n + \frac{1}{2} \right) \frac{\lambda}{2} \quad \cdots\cdots ⑦$$

式⑥，⑦より，隣り合う腹と腹（または節と節）の間隔は $\lambda/2$ であり，隣り合う腹と節の間隔は $\lambda/4$ であることがわかる。また，式⑤より，定常波の最大振幅は $2A$ になり，式④より，定常波の周期は T であることもわかる。

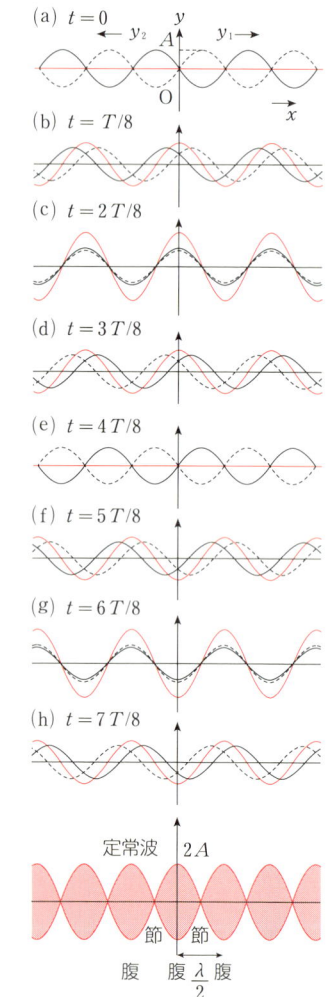

> **定常波と進行波の式** 定常波の式④は，進行波の式と違って位置 x の関数と時刻 t の関数の積の形になっている。したがって，x の関数の部分 $\cos 2\pi \dfrac{x}{\lambda}$ が 0 のときは，時刻に無関係に変位 y が 0 になり，振動しない位置（節）が出てくる。

4 反射波

(1) 自由端と固定端

　定常波には，容器内を伝わる水面波のように，反射の位置が腹になって自由に振動する**自由端型**（図(a)参照），と弦に生じる定常波のように，反射の位置が節になってまったく振動しない**固定端型**（図(b)参照）の2つの型がある。これは媒質の境界における波の反射のしかたに違いがあるからである。

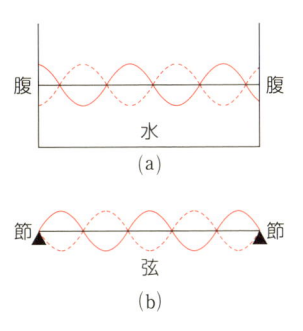

　端で媒質が自由に変位できる場合，この端を**自由端**という。これに対し，端で媒質が変位できない場合，この端を**固定端**という。

> 音波が固い壁で反射される場合には，壁の所の空気が音波（縦波）の進行方向に動けないので固定端型の反射になる。

(2) 反射波の作図

(i) 自由端の場合

　図(a)に示すように，x 軸の正の向きに進むパルス波が，y 軸にそった位置にある自由端で反射するときには，y 軸に関して対称なパルス波が x 軸の負の向きに入射波と等しい速さで進んできて，あたかも自由端がないかのように進むと考えればよい。したがって，入射波があたかも自由端がないかのように進んだときの $x>0$ の範囲の波形Ⅰを描き，y 軸に関してこの波形Ⅰと対称な波形Ⅱを描くと，これが反射波の波形となる。これにより，自由端の位置では，入射波と反射波の位相差が 0 であることと，合成波は自由端で大きく振動することがわかる。なお，この考えは，パルス波のみならず，一般の進行波にも適用できる。

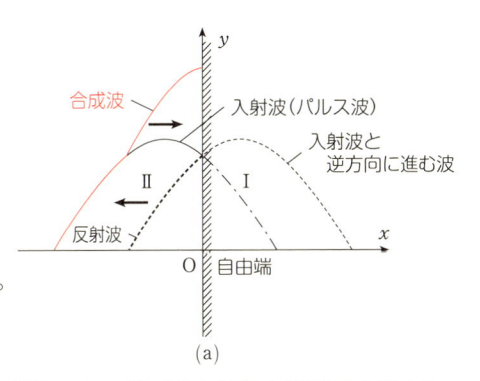

(ii) 固定端の場合

図(b)に示すように，x軸の正の向きに進むパルス波が原点Oの位置にある固定端で反射するときには，原点Oに関して対称なパルス波が，x軸の負の向きに入射波と等しい速さで進んできて，あたかも固定端がないかのように進むと考えればよい。したがって，入射波があたかも固定端がないかのように進んできたときの$x>0$範囲の波形Ⅰを描き，まずx軸に関してこの波形Ⅰと対称的な波形Ⅱを描き，次にy軸に関してこの波形Ⅱと対称な波形Ⅲを描くと，これが反射波の波形となる。これにより，固定端では，入射波と反射波の位相差がπであることと，合成波は固定端で振動しないことがわかる。なお，この考えは，パルス波のみならず，一般の進行波にも適用できる。

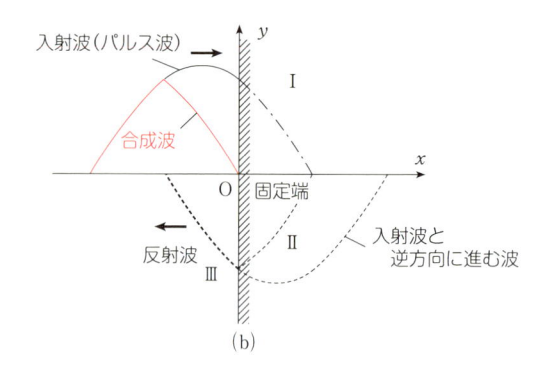

次の図は，自由端と固定端によるパルス波の反射のようすを時間的に追ったものである。この図より入射波とそれぞれの反射波の対称性を確認しておこう。

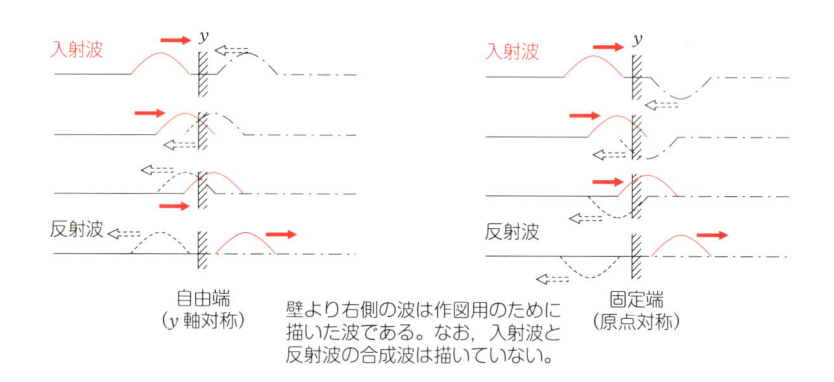

自由端
(y軸対称)

壁より右側の波は作図用のために描いた波である。なお，入射波と反射波の合成波は描いていない。

固定端
(原点対称)

POINT
反射波の作図
自由端 ⇨ y軸対称　　固定端 ⇨ 原点対称

5 正弦波の反射と定常波

　パルス波による反射波の作図を参考にすると，自由端，固定端による正弦波の反射波はそれぞれ下図(a)，(b)の点線②のようになり，入射波（実線①）と反射波の重ね合わせにより定常波（赤線③）ができる。

　自由端の場合は，横波では山が山，谷が谷として反射され，縦波の場合は密は疎，疎は密として反射される。しかし，入射波と反射波の位相は変わらない。

　一方，固定端の場合，横波では山が谷，谷が山として反射され（縦波の場合は密は密，疎は疎として反射される），入射波と反射波の半波長分（位相は π〔rad〕）だけずれる。

> ● 波が自由端で反射すると，自由端を腹とする定常波ができ，自由端から1/4波長のところに最初の節ができる。また，固定端で反射すると，固定端を節とする定常波ができ，固定端から半波長ごとに節ができる。これは，媒質が自由端では自由に動けるが，固定端では動けないことからも明らかである。

POINT
　定常波の自由端 ⇨ 腹
　　　　固定端 ⇨ 節

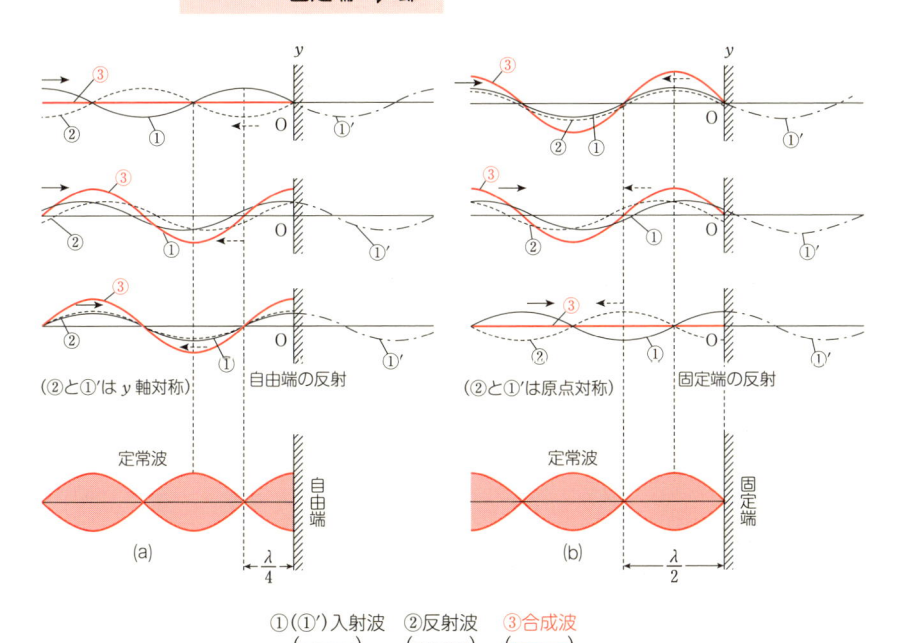

(②と①'は y 軸対称)　自由端の反射　　　(②と①'は原点対称)　固定端の反射

(a) 自由端　$\dfrac{\lambda}{4}$　　　(b) 固定端　$\dfrac{\lambda}{2}$

①(①') 入射波　②反射波　③合成波
（―――）　（------）　（―――）

例題 3－4　　　　　　　　　　　　　　　　　　　　　反射波と定常波

図の正弦曲線は $+x$ 方向に進む振幅 A，波長 λ，周期 T の波 I，および x 軸上のある位置で x 軸に垂直に置かれた壁 W に当たって反射され，$-x$ 方向に進む波 II の，時刻 $t=0$ における波形を示している。

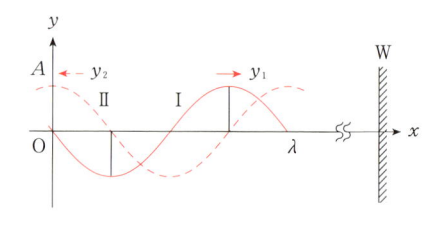

(1) 位置 x（壁 W より左）における波 I，II の変位 y_1，y_2 をそれぞれ時刻 t の関数として表せ。
(2) 位置 x における定常波の変位 y を時刻 t の関数として表せ。
(3) 位置 x における定常波の振幅 b を求めよ。
(4) 定常波の腹の位置と節の位置を適当な整数 n を用いて表せ。
(5) 定常波の変位がどの場所についても 0 になる時刻を n を用いて表せ。
(6) 壁 W はどの位置になければならないか。壁 W が固定端，自由端の 2 つの場合について，W の位置の x 座標を n を用いて表せ。
(7) 入射波は上図の y_1 で表され，壁 W の位置が $x=l$ の位置であるとする。このとき，位置 $x(\leqq l)$ における反射波変位 $y_反$ を時刻 t の関数として表せ。ただし，壁 W は固定端とする。

解答

(1) 波 I：$t=0$，$x=0$ で $y_1=0$ であり，微小時間後，$x=0$ で $y_1>0$ であることに注意すると
$$y_1 = A\sin 2\pi\left(\frac{t}{T} - \frac{x}{\lambda}\right)$$
波 II：$t=0$，$x=0$ で $y_2=A$ であり，$-x$ 方向に進むことに注意すると
$$y_2 = A\cos 2\pi\left(\frac{t}{T} + \frac{x}{\lambda}\right) = A\sin\left\{2\pi\left(\frac{t}{T} + \frac{x}{\lambda}\right) + \frac{\pi}{2}\right\}$$

(2) 　$y = y_1 + y_2$　（重ね合わせの原理）
$$= A\sin 2\pi\left(\frac{t}{T} - \frac{x}{\lambda}\right) + A\sin\left\{2\pi\left(\frac{t}{T} + \frac{x}{\lambda}\right) + \frac{\pi}{2}\right\}$$
$$= 2A\cos\left(\frac{2\pi x}{\lambda} + \frac{\pi}{4}\right) \cdot \sin\left(\frac{2\pi t}{T} + \frac{\pi}{4}\right)$$

(3) 位置 x における定常波の振幅は，前式において時刻 t の関数 $\sin(\ )$ を最大値 1 とおいたときの変位 y の絶対値で表される。
$$\therefore \quad b = \left|2A\cos\left(\frac{2\pi x}{\lambda} + \frac{\pi}{4}\right)\right|$$

(4) 腹の位置では b が最大 $\quad \dfrac{2\pi x}{\lambda}+\dfrac{\pi}{4}=n\pi \quad \therefore \quad x=\left(n-\dfrac{1}{4}\right)\dfrac{\lambda}{2}$

節の位置では $b=0 \quad \dfrac{2\pi x}{\lambda}+\dfrac{\pi}{4}=\left(n+\dfrac{1}{2}\right)\pi \quad \therefore \quad x=\left(n+\dfrac{1}{4}\right)\dfrac{\lambda}{2}$

(5) (2)において

$$\sin\left(\dfrac{2\pi t}{T}+\dfrac{\pi}{4}\right)=0 \quad \therefore \quad \dfrac{2\pi t}{T}+\dfrac{\pi}{4}=n\pi \quad \therefore \quad t=\left(n-\dfrac{1}{4}\right)\dfrac{T}{2}$$

[別解] 進行方向に波Ⅰ，Ⅱをそれぞれずらして，最初に定常波の変位が0になる時刻 $3T/8$ を求めて $t=3T/8+nT$ としてもよい。

(6) 反射波の作図は，固定端では原点対称，自由端では y 軸対称であり，入射波と反射波の重ね合わせを考えると，W が固定端の場合，W の位置は定常波の節の位置になり，自由端の場合，W の位置は定常波の腹になる。(4)の結果より

固定端 $\quad x=\left(n+\dfrac{1}{4}\right)\dfrac{\lambda}{2} \qquad$ 自由端 $\quad x=\left(n-\dfrac{1}{4}\right)\dfrac{\lambda}{2}$

(7) $x=l$ における入射波の変位 y_1 は $y_1=A\sin 2\pi\left(\dfrac{t}{T}-\dfrac{l}{\lambda}\right)$ となり，壁 W は固定端であるから $x=l$ における反射波の変位 $y_反$ は次のようになる。

$$y_反=A\sin\left\{2\pi\left(\dfrac{t}{T}-\dfrac{l}{\lambda}\right)+\pi\right\}$$

位置 x は壁 W から $l-x$ の距離にあるから，上式の t を $t-(l-x)/v$ と置き換えると（v は波の速さ $v=\lambda/T$）位置 x での反射波は

$$y_反=A\sin\left\{2\pi\left(\dfrac{t}{T}-\dfrac{2l-x}{\lambda}\right)+\pi\right\}=-A\sin 2\pi\left(\dfrac{t}{T}-\dfrac{2l-x}{\lambda}\right)$$

[別解] (7)では，図のように，位置 x における反射波は，波が原点 O から進んだ距離 $2l-x$ を考えると，位置 $2l-x$ の入射波に対応する。したがって，入射波の変位 y_1 の式中の x を $2l-x$ に置き換えて，反射の際，位相が π [rad] ずれることを考慮する。

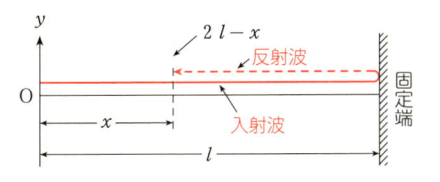

$$\therefore \quad y_反=A\sin\left\{2\pi\left(\dfrac{t}{T}-\dfrac{2l-x}{\lambda}\right)+\pi\right\}=-A\sin 2\pi\left(\dfrac{t}{T}-\dfrac{2l-x}{\lambda}\right)$$

また，(7)の場合に，定常波の節と腹の位置がたずねられたときは，計算で求めるよりも図を用いて求める方が簡単である。

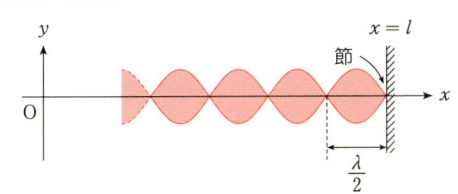

$$\begin{cases} 節の位置: l-n\dfrac{\lambda}{2} \\ 腹の位置: l-\left(n+\dfrac{1}{2}\right)\dfrac{\lambda}{2} \end{cases} \quad (n=0, 1, 2, \cdots)$$

6 ホイヘンスの原理と波の回折

(1) 波面と射線

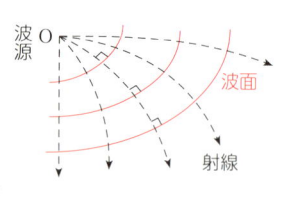

波が平面や空間を伝わるとき，ある時刻において，位相の等しい点を連続的につないでできる面を**波面**という。特に，この波面が平面になる波を**平面波**，球面になる波を**球面波**という。また，波面に垂直に引いた線を**射線**という。射線は波の進行方向を示す線である。

図の赤線では，波源 O を出たある波の 1，2，3 周期後の波面を表し，O を通ってこれらの波面に垂直に引かれた点線が射線を示す。

(2) ホイヘンスの原理

ホイヘンスは，波の伝わり方について次のような原理を立てた。

ある瞬間の波面上の各点からは，これらの点を波源とした 2 次的な球面波（**素元波**という）が無数に生じており，これらの球面波に共通に接する面（包絡面）が次の瞬間の波面になる。

これを**ホイヘンスの原理**という。この原理に基づいて，波の回折，反射，屈折などの現象が説明できる。

(3) 波の回折

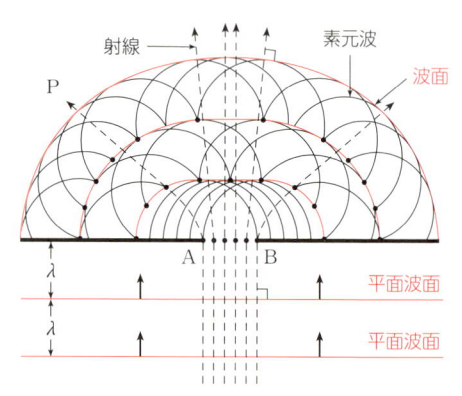

図は，波長 λ の平面波が板に平行に入射し，板のすき間 AB を通り抜けていくようすを示したものである。波面上の各点（小さい黒点）を中心とする小円はそれらの各点から広がる素元波を表している。また，赤線で示した曲線は，波が AB を通過してから，1，2，3 周期後の波面を示しており，点線は射線を表している。この図から，すき間 AB の中央付近を通る射線はほとんど曲がらないが，すき間の端の近くを通る射線は大きく曲げられることがわかる。

このように，波がすき間や障害物の背後にまで回り込んで伝わる現象を波の**回折**という。

発展　波長による回折の違い

回折は，すき間や障害物の大きさに比べ，波長が長いほど著しい。(波長が短いほど直進性がよい。)これは，波長が短いと，すき間 AB 間の波面上の各点から図の点 P までの距離の差が波長に比べて大きくなり，点 P にはいろいろな位相の波が到達し，結果として波が弱め合ってしまうからである。音波の回折は，日常生活でよく経験されるが(壁のような障害物の後方にも回り込んで音が聞こえる)，これは音波の波長が通常の物体と同程度またはそれ以上の長さであるからである。光は波長が非常に短く直進性が非常によい。

7 波の反射と屈折

(1) 反射の法則

波が反射するとき，図のように反射面 XY 上の入射点 O に立てた法線 ON と入射射線および反射射線のなす角 θ, θ' をそれぞれ**入射角**，**反射角**という。θ と θ' の間にはつねに $\theta = \theta'$ の関係が成り立つ。これを**反射の法則**という。

波が反射しても，波の伝わる速さ，波長，振動数は変わらない。

> **反射の法則**　$\theta = \theta'$

● ホイヘンスの原理による反射の法則の説明

図のように，反射面 XY に入射角 θ で入射し，反射角 θ' で反射する平面波を考える。入射波面 AB 上の1点 B が反射面上の点 B' に達するまでに要する時間 t の間に点 A から出た素元波は点 A を中心とした半径 vt (v は波の速さ)の半球面上まで達している。このとき反射面 AB' 上の各点から少しずつ遅れて出る素元波の共通の接平面 A'B' が反射波の波面になり(波面 AB 上の任意の点 C から出た素元波は，直線 A'B' に接し半径が BB' − CC' の半球面上の点 C" まで到達している)，反射後の波の進行方向(射線)は，この波面 A'B' に対する垂線の方向になっている。したがって，図より，△ABB' ≡ △B'A'A であり，$\theta = \angle BAB' = \angle A'B'A = \theta'$ となる。

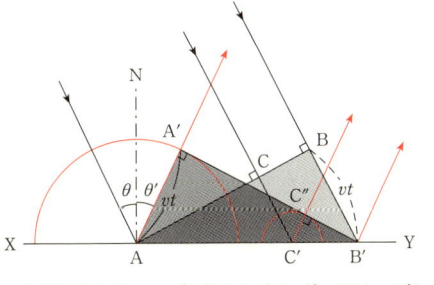

(2) 屈折の法則

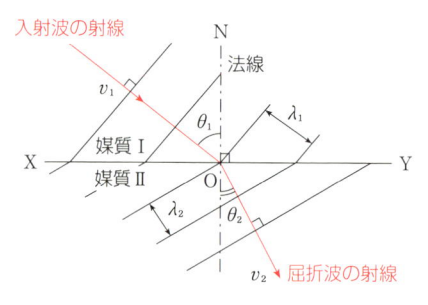

波が異なる2つの媒質の境界面を斜めに通過するとき，波の進行方向が急に変わる。この現象を**波の屈折**という。図のように，媒質の境界面 XY 上の入射点 O に立てた法線 ON と屈折波の射線のなす角 θ_2 を**屈折角**という。

一般に，入射波と屈折波では，波の速さや波長は異なるが，振動数は波源の振動数により決まるので変化しない。いま，波が媒質Ⅰ（波の速さ v_1，波長 λ_1）から媒質Ⅱ（波の速さ v_2，波長 λ_2）に進むとき，入射角を θ_1，屈折角を θ_2 とすると，次式が成り立つ。

屈折の法則　$\dfrac{\sin\theta_1}{\sin\theta_2} = \dfrac{v_1}{v_2} = \dfrac{\lambda_1}{\lambda_2} = n_{12}$　（＝一定）

これを**屈折の法則**（スネルの法則）といい，一定値 n_{12} を媒質Ⅰに対する媒質Ⅱの**屈折率**（**相対屈折率**）という。

なお，屈折射線は，入射点で境界面に立てた法線と入射射線とを含む平面内にある。

● ホイヘンスの原理による屈折の法則の説明

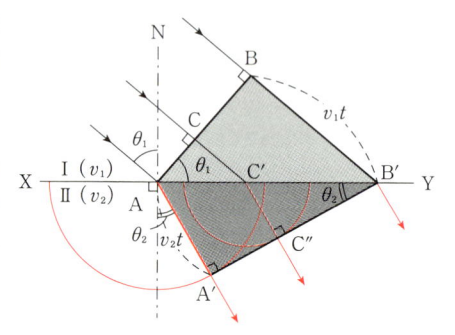

右図のように，ある瞬間の波面を AB とする平面波が媒質Ⅰ（波の速さ v_1，波長 λ_1）と媒質Ⅱ（波の速さ v_2，波長 λ_2）の境界 XY に入射角 θ_1 で入射し，屈折角 θ_2 で進んでいく場合を考える。入射波面 AB 上の1点 B が境界面上の点 B′ に達するまでの時間 t の間に点 A から出た素元波は点 A を中心とした半径 $v_2 t$ の半球面上まで達している。境界面 AB′ 上の各点から少しずつ遅れて出る素元波の共通の接平面 A′B′ が屈折波の波面になり（波面 AB 上の任意の点 C から出た素元波は，境界面上の点 C′ を中心とする半球面上の点 C″ まで到達している），この波面 A′B′ と屈折射線方向 AA′ は垂直になっている。したがって，図の2つの直角三角形 ABB′，AA′B′ に注目すると，次の式が求められる。

$$\dfrac{\sin\theta_1}{\sin\theta_2} = \dfrac{\mathrm{BB'/AB'}}{\mathrm{AA'/AB'}} = \dfrac{\mathrm{BB'}}{\mathrm{AA'}} = \dfrac{v_1 \cdot t}{v_2 \cdot t} = \dfrac{v_1}{v_2}$$

また，屈折の際，波の振動数 f は変化しないから　$\dfrac{v_1}{v_2} = \dfrac{f\lambda_1}{f\lambda_2} = \dfrac{\lambda_1}{\lambda_2}$

(3) 全反射

媒質Ⅰの中での波の速さ v_1 が媒質Ⅱの中での波の速さ v_2 より小さい場合（$v_1 < v_2$），図のように入射角 θ_1 と屈折角 θ_2 の間には $\theta_1 < \theta_2$ （$\dfrac{\sin\theta_1}{\sin\theta_2} = \dfrac{v_1}{v_2} < 1$）の関係が成り立つ。したがって，入射角 θ_1 をだんだん大きくしていくと屈折角 θ_2 も大きくなり，入射角がある値 θ_0 になると，屈折角は90°になる。このときの入射角 θ_0 を **臨界角** という。入射角が臨界角をこえると（$\theta_1 > \theta_0$），屈折波は存在せず，入射波は全部媒質の境界面で反射される。この現象を **全反射** という。このとき，$\sin 90° = 1$ であるから，屈折の法則より，次の式が成り立つ。

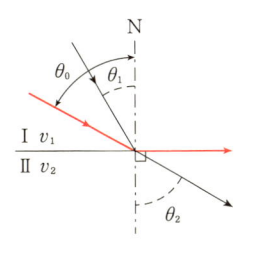

$$\text{全反射} \quad \sin\theta_0 = \frac{v_1}{v_2} = n_{12}$$

例題 3-5 　　　　　　　　　　　　　　　　　　　　　　　波の屈折

図のように，媒質Ⅰ，Ⅱ，Ⅲが角 θ をなす平面 α，β で境され，媒質Ⅰの中を進む波長 λ の平面波が入射角 θ で平面 α に入射している。媒質Ⅰ，Ⅱ，Ⅲの中での波の速さをそれぞれ v, $\sqrt{2}\,v$, $(3+\sqrt{3})\,v$ として，次の問いに答えよ。

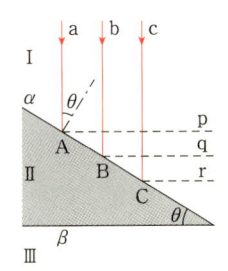

(1) 媒質Ⅱ，Ⅲの中での波長 λ_2, λ_3 をそれぞれ求めよ。

(2) 媒質Ⅰに対する媒質Ⅱの屈折率 n_{12} を求めよ。

(3) $\theta = 30°$，AB = BC のとき

　(イ) 射線 b にそって進んできた波が点 B に到達したとき，射線 a にそって進んできて，既に点 A に到達していた波の素元波は媒質Ⅱの中をどこまで広がっているか。図示せよ。

　(ロ) 平面 α および β におけるこの波の屈折角 θ_2, θ_3 をそれぞれ求めよ。必要なら $\sin 15° = \dfrac{\sqrt{6}-\sqrt{2}}{4}$ を用いよ。

　(ハ) 点 A，B，C を通る波面 p，q，r の媒質Ⅱ，Ⅲの中でのようすを図示せよ。

(4) θ を 0° から 90° まで大きくしていくとき，媒質Ⅰを進む波が平面 α で全反射することがあるか。あるとすれば，その臨界角 θ_0 はいくらか。

解答

(1) 波の振動数 f は媒質Ⅰ，Ⅱ，Ⅲの中で等しいから，波の基本式は

媒質Ⅰ　　　　$v = f\lambda$
媒質Ⅱ　　　　$\sqrt{2}\,v = f\lambda_2$
媒質Ⅲ　　$(3+\sqrt{3})\,v = f\lambda_3$　　∴　$\lambda_2 = \underline{\sqrt{2}\,\lambda}$　$\lambda_3 = \underline{(3+\sqrt{3})\,\lambda}$

(2) $n_{12} = \dfrac{v_1}{v_2} = \dfrac{v}{\sqrt{2}\,v} = \underline{\dfrac{1}{\sqrt{2}}}$

(3) (イ) 求める波（素元波）はホイヘンスの原理により，点 A を中心とする半径 $AB'\,(=\sqrt{2}\times DB)$ の円周まで広がっている。
（右図の点 A を中心とする半円）

(ロ) 屈折の法則より

$\dfrac{\sin 30°}{\sin \theta_2} = \dfrac{v}{\sqrt{2}\,v}$　　∴　$\sin \theta_2 = \dfrac{1}{\sqrt{2}}$

∴　$\theta_2 = \underline{45°}$

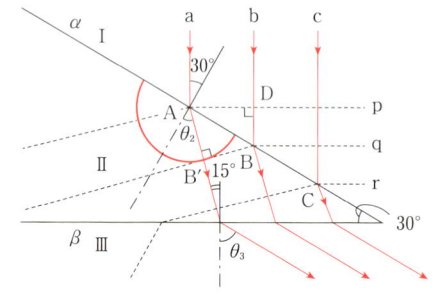

$\theta_2 = 45°$ だから，図より平面 β での入射角は $15°$ になる。したがって

$\dfrac{\sin 15°}{\sin \theta_3} = \dfrac{\sqrt{2}\,v}{(3+\sqrt{3})\,v}$

ここで　$\sin 15° = \dfrac{\sqrt{6}-\sqrt{2}}{4}$ を用いて　　$\sin \theta_3 = \dfrac{\sqrt{3}}{2}$　　∴　$\theta_3 = \underline{60°}$

(ハ) 図の点線（波面はそれぞれの媒質中の実線の射線に垂直，点 A を中心とする素元波は点 B を通る波面と点 B′ で接している）

(4) 波がより速く伝わる媒質へ屈折する場合であるから，<u>全反射する</u>。

$\dfrac{\sin \theta_0}{\sin 90°} = \dfrac{v}{\sqrt{2}\,v}$　　∴　$\sin \theta_0 = \dfrac{1}{\sqrt{2}}$　　∴　$\theta_0 = \underline{45°}$

(4) 2次元の波と定常波

下図のように，波長 λ の平面波が反射壁（自由端）に入射角 θ で入射してきたとき，生じる反射波と干渉して，できる波は，

$\begin{cases} x \text{ 方向} \rightarrow \text{波長 } \lambda_x = \text{OA} = \dfrac{\lambda}{\cos\theta} \text{ の定常波} \\ y \text{ 方向} \rightarrow \text{波長 } \lambda_y = \text{OB} = \dfrac{\lambda}{\sin\theta} \text{ の進行波} \end{cases}$

腹，節は y 軸に平行で，y 軸は自由端の反射壁だから定常波の腹になり，腹と腹の間隔，節と節の間隔は $\dfrac{\lambda_x}{2}$ である。

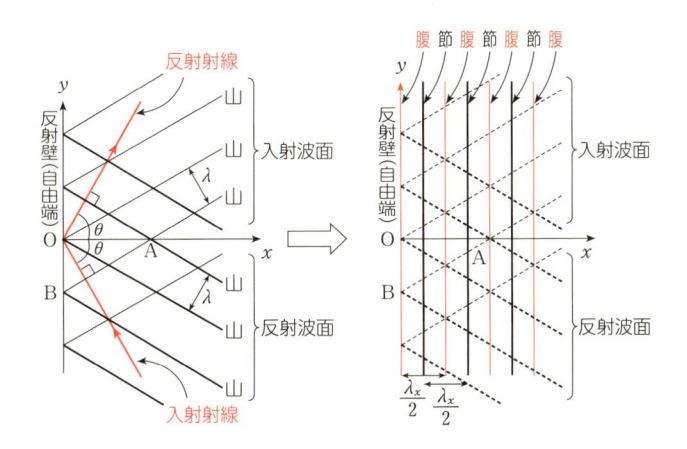

COFFEE BREAK

●光ファイバーの原理

　光ファイバーは，石英ガラスでできた高屈折率のコアを低屈折率のクラッドで包んだ形の2種構造をもち，毛髪くらいのサイズである。発光素子からファイバーにはいった光は，コアとクラッドの境界で全反射しながらジグザグに進んで受光素子に到達する。光ファイバーは大量の情報を高速に送ることができ，石英ガラスを用いるので省資源で電磁的な雑音にも無関係で軽量である。

　また，ファイバーの製法の発達により，理想的には300 kmの距離を中継器なしで伝えることができるくらい無損失である。光ファイバーは，光通信や医療用（光ファイバースコープ），電器製品の回路等と幅広く使われてくるようになり，レーザーとともに光の時代を築くであろう。

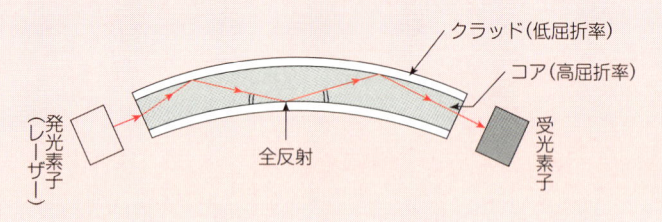

第2章 音波

1 音波

　空気中で物体が振動すると，その物体の振動にともなう空気圧の変化によりまわりの空気に疎部と密部が交互にでき，それが縦波となって伝わっていく。これを**音波**という。音波の振動数が約 20～20000 Hz のときは，人の耳に音として感じとれる。

　音波は気体，液体，固体中では伝わるが，媒質のない真空中では伝わらない。

(1) 音の速さ
　大気中を伝わる音の速さは気温によって異なる。音速は気温が高くなると大きくなり，気温 t〔℃〕があまり高くない範囲では音速 v は次の式で表される。

$$v \fallingdotseq 331.5 + 0.6\,t \ \mathrm{[m/s]}$$

> ● **いろいろな媒質中の音速**　　一般に，音波は，気体中のみならず，液体，固体の中でも伝わり，その速さは気体中，液体中，固体中の順序で速くなる。
>
> | | | | |
> |---|---|---|---|
> | 酸素 | 315〔m/s〕(0℃) | ガラス | 約 3000～6000〔m/s〕 |
> | 水 | 1404〔m/s〕(0℃) | 鉄 | 5124〔m/s〕(15℃) |

参考　音速の式

　圧力 P，密度 ρ の気体の中を伝わる音速 v は気体の比熱比（☞ p.171）を γ とすると，$v=\sqrt{\dfrac{\gamma P}{\rho}}$ で表されることが知られている。
ここで，気体1モルの質量を M とし，絶対温度 T の1モルの気体の体積を V，気体定数を R とすると

$$v = \sqrt{\frac{\gamma P}{\rho}} = \sqrt{\frac{\gamma P}{M/V}}$$
$$= \sqrt{\frac{\gamma PV}{M}} = \sqrt{\frac{\gamma RT}{M}}$$

　気温が t〔℃〕のとき，$T=273+t$〔K〕で，常温では $t \ll 273$ であるから

$$v = \sqrt{\frac{\gamma R}{M}(273+t)}$$
$$\fallingdotseq \sqrt{\frac{273\gamma R}{M}}\left(1+\frac{t}{2\times 273}\right)$$

$\gamma=1.4$，$R=8.31$〔J/mol·K〕，$M=29\times 10^{-3}$〔kg〕（空気）を代入すると

$$v \fallingdotseq 331.5 + 0.6\,t \ \mathrm{[m/s]}$$

が得られる。

(2) 音の3要素

音の高さ，音色，強さを**音の3要素**という。

音の高さ　音の高さは音波の振動数が大きいほど高い。もとの振動数の2倍の振動数の音はもとの音よりも1オクターブ高いという。

音色　音波の波形は楽器によって異なり，同じ振動数（高さ）の音でも異なった音色に聞こえる。

音の強さ　音の強さは振動数の2乗と振幅の2乗の積に比例する。（☞ p.186）

2 音波の伝わり方

(1) 回折・干渉

音波も波であるから回折，干渉の現象を起こす。人に聞こえる音波の波長は 1.7 cm～17 m 程度で，身のまわりの障害物と同じくらいの大きさであるから，p.200 で述べたように回折現象が起こる。

また，図のように2つのスピーカーから同じ振動数の音波を同時に発生させると，水面波の干渉実験と同様に，音波の干渉により強め合うところと打ち消し合うところができる。

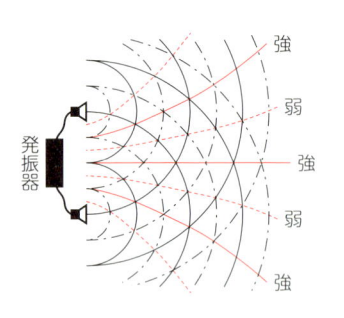

(2) 反射・屈折

音も反射，屈折の法則に従って反射，屈折する。

山びこは音波の反射の例である。反射する音波が反射壁（向かいの山）と観測者の間を往復する時間分だけ遅れて聞こえる。

異なる媒質に音波が入射すると屈折の法則に従って屈折する。日中より夜の方が音が遠くまで聞こえるのは，音波が図のように屈折するからである。

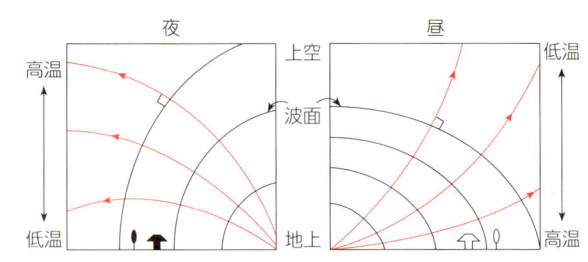

晴れた日の夜と昼の温度は地上と上空で逆になる。音速は温度が高いと速くなるので波面が図のようになり，音は夜の方が遠くまで届く。

(3) うなり

振動数のわずかに異なる2つの音波が重なり合って，たがいに強め合ったり弱め合ったりする現象を**うなり**という。

わずかに異なる振動数の2つの音波の振動数をそれぞれ f_1, f_2 [Hz] とすると，うなりの振動数 f [Hz]（または [回/s]）は，次の式で与えられる。

$$\text{うなり} \quad f = |f_1 - f_2|$$

▶ 振動数 f_1, f_2 の音波が重なり合う場合，下図のように，2つの音波の位相が逆位相になった時刻から次に逆位相になるまでの時間 T の間に合成波の振幅は 小 → 大 → 小 と変わる。したがって，音の強さは 弱 → 強 → 弱 と変化して，1回のうなりを生じ，この間に2つの音波の山の数はちょうど1つだけ違っている。この時間 T をうなりの周期という。この時間 T の間の2つの音の山の数はそれぞれ f_1T, f_2T（図ではそれぞれ6個，7個）で，その差が1であるから $|f_1T - f_2T| = 1$ である。よって，うなりの振動数 f は $f = \dfrac{1}{T} = |f_1 - f_2|$

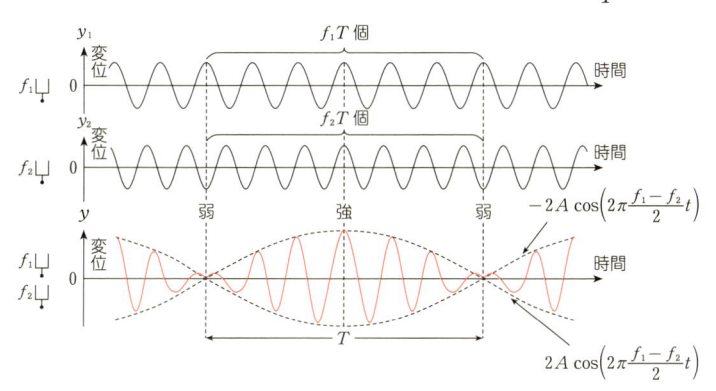

参考　波の式によるうなりの説明

2つの波の変位をそれぞれ
$$y_1 = A\sin 2\pi f_1 t, \quad y_2 = A\sin 2\pi f_2 t$$
とすると，合成波の変位 y は次のようになる。
$$y = y_1 + y_2 = 2A\sin\left(2\pi \frac{f_1+f_2}{2}t\right)\cos\left(2\pi \frac{f_1-f_2}{2}t\right)$$

振動数 f_1 と f_2 の差が小さいので，この式中で $\sin(\ )$ の部分の振動数 $\dfrac{1}{2}(f_1+f_2)$ は f_1, f_2 とほぼ同じ大きさの振動数となる。

一方，$\cos(\ )$ の部分の振動数 $\dfrac{1}{2}|f_1-f_2|$ は小さいので，ゆっくり変化し，$\sin(\ )$ が ±1 のときの波の変位 $\pm 2A\cos(\ )$ の部分（上図の点線部分）の変化が人にはうなりとして聞こえる。音の強さは振幅の2乗に比例するので，上図の点線部分 $2A\cos(\ )$ の谷と山の時刻で音が強く聞こえる。ゆえに，うなりの振動数 f は $2A\cos(\ )$ の振動数 $\dfrac{1}{2}|f_1-f_2|$ の2倍 $|f_1-f_2|$ となる。

3 ドップラー効果

音源に対し観測者が相対的に運動しているとき，観測者には音源の振動数とは異なった振動数の音が観測される。このような現象を**ドップラー効果**という。

(1) 観測者が静止して音源だけが動く場合

振動数 f の音源が音速 V より遅い速さ v で運動している場合を考える。音源 S が，S_1，S_2，… の位置にきたとき出した音波の波面は音速 V で広がり，ある時間経過した後には，それぞれ W_1，W_2，… の位置まで達している。このため，音源の進行方向にいる観測者 O には短い波長 λ' の音波が，後ろの観測者 O′ には長い波長 λ'' の音波が観測される。

● 音速を V とすると，音源 S から出た音波の波面は 1 秒間に V の距離だけ進んで下図の W の位置に達する。また，音源はこの間に v の距離だけ進んで S′ の位置に来る。このとき S′W 間に f 個の波が含まれているから，観測される音波の波長は図より次のようになる。

(i) **音源が近づく場合**

$$V - v = f\lambda'$$

$$\therefore \quad \lambda' = \frac{V - v}{f}$$

(ii) **音源が遠ざかる場合**

$$V + v = f\lambda''$$

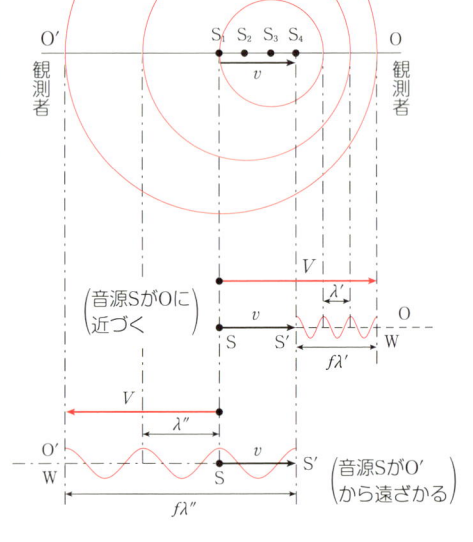

$$\therefore \quad \lambda'' = \frac{V + v}{f}$$

これは(i)において v を $-v$ に置き換えたともみなせる。

● 音波の波長は音源の速度 v にはよるが，観測者の速度にはよらない。また，上式の $V \pm v$ は音速ではないことにも注意しよう。動いている物体から小物体を発射したときとは違って，波の速度は音源の速度には無関係である。

> **POINT**
> 波長は観測者の速度に無関係
> 波の速度は音源の速度に無関係

(2) 音源が静止して観測者だけが動く場合

音源が静止している場合は，音源の出す音波の波長を λ とすると，観測される波長も λ であるが，観測者の動く方向により観測振動数 f' が異なってくる。

❯ 観測者の速さを u とすると，次図の O で観測した音波の波面は 1 秒間に V の距離だけ進んでいるが，この間に観測者も u だけ進んで O′ の位置に来ているから，観測される振動数 f'（1 秒間に観測者を通過した波数のことで，これは図の O′W 間に含まれる波の数に等しい）は次のようになる。

(i) 観測者が遠ざかる場合

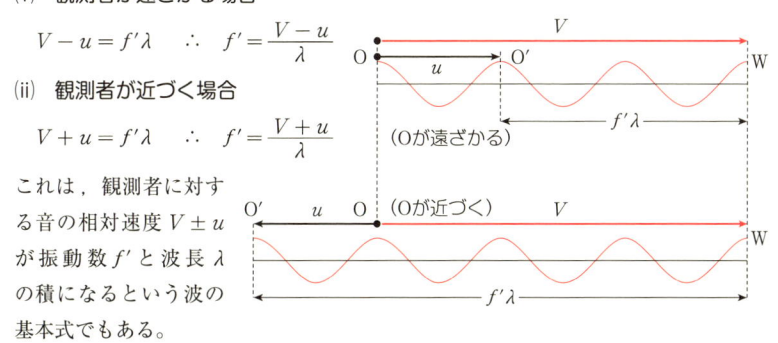

$$V - u = f'\lambda \quad \therefore \quad f' = \frac{V-u}{\lambda}$$

(ii) 観測者が近づく場合

$$V + u = f'\lambda \quad \therefore \quad f' = \frac{V+u}{\lambda}$$

これは，観測者に対する音の相対速度 $V \pm u$ が振動数 f' と波長 λ の積になるという波の基本式でもある。

(3) 音源と観測者がともに運動する場合

図のように，音源 S と観測者 O がそれぞれ速度 v，u で動いているとき，波長 λ' は(1)より

$$\lambda' = \frac{V-v}{f}$$

となる。観測者が観測する音の相対速度は $V-u$ であるから，振動数 f' は(2)より

$$f' = \frac{V-u}{\lambda'} = f\frac{V-u}{V-v}$$

速度 v，u は，音源から観測者への向きを正とすると，上の式は音源と観測者が一直線上を運動するときのすべての場合について成立する。

$$\boxed{\text{ドップラー効果} \quad f' = f\frac{V-u}{V-v}}$$

- **風が吹いている場合（媒質が動く場合）**
 右図のように，音源Sから観測者Oの方へ速度wで風が吹いていると，音の速度は$V+w$になるからドップラー効果の式においてVを$V+w$に置き換えればよい。また，風上側に音が伝わる場合は音速を$V-w$とすればよい。

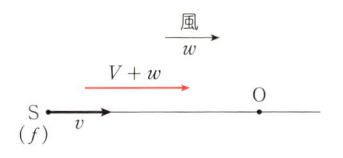

- **音源と観測者が斜めに動く場合**
 下図のように，音源Sと観測者Oの速度v，uの方向が直線SOに対しそれぞれ角θ，ϕだけ傾いているとき，観測振動数f'に影響を与えるのは速度v，uの，音の伝わる方向（直線SOの方向）の成分なので，f'は次の式で表される。

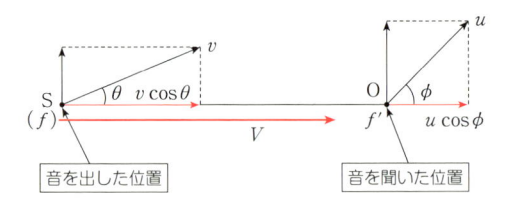

$$f' = f\frac{V - u\cos\phi}{V - v\cos\theta}$$

発展　衝撃波

物体の速さvが音速Vより大きくなると，物体の前方に送り出された音波は物体から離れて進むことができず，多数の波面が集積して円錐形の波面をつくる。この波は強烈な圧力変化をともない，衝撃波とよばれる。衝撃波の波面が物体の進行方向となす角をθとすると，図より　$Vt = vt\sin\theta$である。

したがって，　　$\sin\theta = \dfrac{V}{v}$

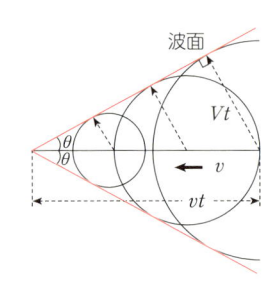

例題 3−6　　反射壁によるドップラー効果

図のように，振動数 f の音源が壁に向かって速さ v で進んでいる。このとき，壁に向かって，速さ u で近づく観測者 O が観測する反射波について，次の問いに答えよ。ただし，音の速さを V とする。

(1) 壁が静止しているとき，O が観測する振動数を求めよ。
(2) 壁が速さ U で音源に近づいているとき，反射音の波長と O が観測する振動数を求めよ。

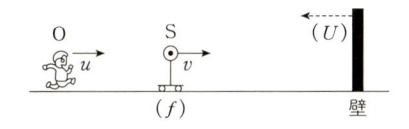

解答

(1) 壁が静止している場合

図のように，壁に対する音源 S の鏡像 S′ を考えると，振動数 f の音源 S′ と観測者 O がそれぞれ速さ v，u で壁に近づいているときの，ドップラー効果と同じである。したがって，反射音の振動数 f' は次のようになる。

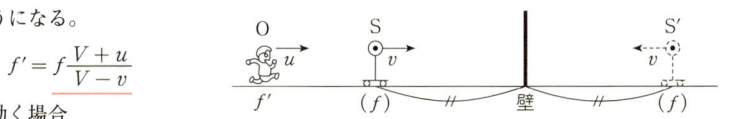

$$f' = f\frac{V+u}{V-v}$$

(2) 壁が動く場合

2段階で考える。はじめ，壁が音源 S から受け取る振動数 f_u を求める。このときは，壁を速さ U で近づく観測者として考えてよいから，

$$f_u = f\frac{V+U}{V-v}$$

次に，壁を振動数 f_u の音源と考える。速さ U で観測者 O にこの音源が近づくから，このときの反射音の波長 λ' は

$$\lambda' = \frac{V-U}{f_u} = \frac{(V-U)(V-v)}{f(V+U)}$$

となり，O が観測する振動数 f'' は次のようになる。

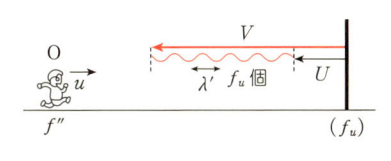

$$f'' = f_u\frac{V+u}{V-U} = f\frac{V+U}{V-v}\cdot\frac{V+u}{V-U}$$

この式で $U=0$ とおくと，(1)の f' が得られるが，壁が静止しているときは音源 S の鏡像 S′ を考える方がはやい。

例題 3−7　　　斜め方向のドップラー効果

一定の速さ v で直線上を運動している振動数 f の音源が，点 O を通過する瞬間から短い時間 Δt の間，音を発する。O から見て音源の運動方向と角 θ をなす方向へ，距離 r だけ隔たった固定点 P でこの音を聞く。ここで，音源の速さ v は音速 V より遅いとし，また，音源が音を出しながら進行する距離 $v\Delta t$ は，r に比べてずっと小さいとする。以下の問いに答えよ。

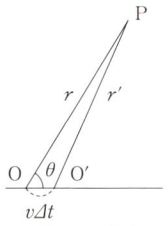

(1) 音源が音を出し終わる点，すなわち，点 O から $v\Delta t$ だけ隔たった点 O′ と点 P との距離 r' は，近似的に $r - v\Delta t \cos\theta$ と表されることを示せ。

(2) 点 P で聞こえる音の継続時間 $\Delta t'$ を Δt，V，v，θ で表せ。

(3) (2)の結果を用いて，点 P で聞こえる音の振動数 f' を f，V，v，θ で表せ。

(4) $\theta = 60°$ の方向にある遠方の点 P_1 で振動数 1020 Hz の音が聞こえ，$\theta = 180°$ の方向にある点 P_2 で振動数 935 Hz の音が聞こえた。音速 V を 340 m/s として，音源の運動する速さ v と音源の振動数 f とを求めよ。

(電通大)

解答

(1) △OPO′ について余弦定理を用いると

$$r' = \sqrt{r^2 + (v\Delta t)^2 - 2r(v\Delta t)\cos\theta} = r\sqrt{1 + \left(\frac{v\Delta t}{r}\right)^2 - 2\left(\frac{v\Delta t}{r}\right)\cos\theta}$$

$$\fallingdotseq r\sqrt{1 - 2\left(\frac{v\Delta t}{r}\right)\cos\theta} \fallingdotseq r\left\{1 - \left(\frac{v\Delta t}{r}\right)\cos\theta\right\} = \underline{r - v\Delta t \cdot \cos\theta}$$

[別解] $r \gg v\Delta t$ の条件では線分 OP と O′P は平行とみなすことができる。したがって，O′ から OP に下した垂線の足を H とすると，HP ≒ O′P

∴ OP − O′P ≒ OH = $v\Delta t \cdot \cos\theta$ 　　∴ O′P ≒ OP − OH = $\underline{r - v\Delta t \cdot \cos\theta}$

(2) 時刻 $t = 0$ に音を出し始めたとすると，音が聞こえ始める時刻，終わる時刻は，それぞれ $\dfrac{r}{V}$，$\Delta t + \dfrac{r'}{V}$ だから

$$\Delta t' = \left(\Delta t + \frac{r'}{V}\right) - \frac{r}{V} = \Delta t - \frac{r - r'}{V} = \Delta t - \frac{v\Delta t \cdot \cos\theta}{V} = \frac{V - v\cos\theta}{V}\Delta t \quad \cdots ①$$

(3) 時間 Δt の間に音源が出す波数（山の数，あるいは密の数）と，時間 $\Delta t'$ の間に観測者が受けとる波数は等しい。　　∴ $f'\Delta t' = f\Delta t$ ……②

式①，②より　　$f' = f\dfrac{\Delta t}{\Delta t'} = f\dfrac{V}{V - v\cos\theta}$

これは，音源と観測者が斜めに動く場合 (p.212) の式で，$u = 0$ としたものである。

(4) (3)の結果より　　$1020 = f\dfrac{340}{340 - v\cos 60°}$, $935 = f\dfrac{340}{340 - v\cos 180°}$

　　これを解いて　　$v = \underline{20}\,[\text{m/s}]$, $f = \underline{990}\,[\text{Hz}]$

4 発音体の振動と共振・共鳴

(1) 弦の振動

両端を固定した弦をはじくと，はじく場所やはじき方によって，下図のような形の振動を生じる。これは，弦を左右に伝わっていった横波が両端（固定端）で反射される。このとき，その反射波が重なり合い再び逆の両端で反射され，うまく重なって強め合う波だけがこれをくり返し，両端を節とする定常波ができるからである。

長さ l，**線密度**（単位長さあたりの質量）ρ の弦の両端を固定し，張力 S で張った弦をはじいたとき，弦を伝わる横波の速さ v は次式のようになる。（☞ p.216 参考）

弦を伝わる波の速さ　$v = \sqrt{\dfrac{S}{\rho}}$　　ここで　線密度 $\rho = \dfrac{m}{l}$（m は弦の質量）

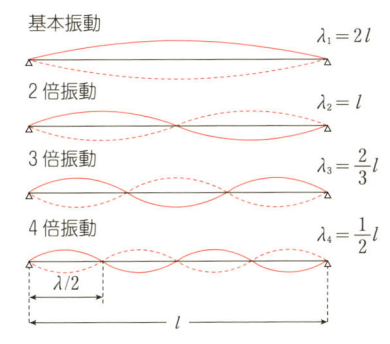

両端を固定した弦をはじいたとき，腹の数が n 個の定常波ができたとする。定常波の波長 λ_n は，図より

$l = \dfrac{\lambda_n}{2} \times n$ となるから，振動数 f_n は

弦の固有振動　$f_n = \dfrac{v}{\lambda_n} = \dfrac{n}{2l}\sqrt{\dfrac{S}{\rho}}$

　　　　　　　　　$(n = 1, 2, 3, \cdots)$

基本振動　　$\lambda_1 = 2l$
2倍振動　　$\lambda_2 = l$
3倍振動　　$\lambda_3 = \dfrac{2}{3}l$
4倍振動　　$\lambda_4 = \dfrac{1}{2}l$

このように，両端を固定した弦には，l，S，ρ で定まるとびとびの振動数の振動が生じる。この振動を弦の**固有振動**という。これらの振動のうち，振動数の最も小さいものを**基本振動**（$n=1$），この振動によって生じる音を**基本音**，基本振動数の n 倍の振動を **n 倍振動**，このときの音を **n 倍音**という。

　● **メルデの実験**　弦の一端をおんさの一方につけ，他端に滑車を通しておもり（質量 M）をつるし，弦の張力 S を変えていくと，弦に定常波が生じ，弦が大きく振動する場合が起こる。図のように，おんさが弦の方向に垂

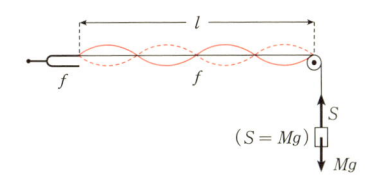

（$S = Mg$）

直に振動したとき弦の振動数はおんさの振動数 f と等しくなり，定常波の腹の数が n 個のとき，上式と同じ n 倍振動の式が得られる。

$$f = \frac{n}{2l}\sqrt{\frac{S}{\rho}} \qquad ここで，S = Mg$$

発展　弦に垂直にたてたおんさ

おんさは普通，電磁おんさを用いるが，おんさの振幅は非常に小さいので，おんさについている弦の端は近似的に固定端とみなすことができ，弦の両端が節になっているような定常波ができている。また，右図のように，おんさの振動方向を弦の方向に一致させると，弦の振動数はおんさの振動数の半分になる。これは，図からわかるように，おんさが 2 回振動する間に弦は 1 回振動するからである。

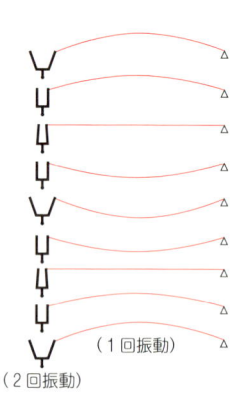

（2 回振動）　（1 回振動）

参考　弦を伝わる横波の速さ

図のように，速さ v で弦を伝わるパルス波 BCDE を考える。同じ速さ v で運動をする人が弦を見ると，弦の実質部分がパルス波の形にそって，速さ v で逆向きに運動するように見える。

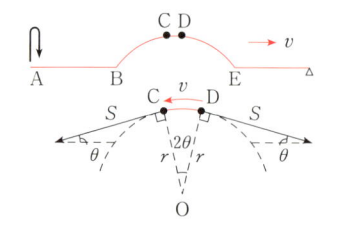

パルス波の山の近くのごく短い部分 CD は近似的に半径 r の等速円運動（☞ p.96）をすると考えられるので，CD 部分の加速度は円の中心 O に向かう。CD の部分の質量は $\rho \times (2r\theta)$ であるから，弦の張力を S とすると，CD 部分の運動方程式は，次のように書ける。

$$(2\rho r\theta)\frac{v^2}{r} = 2 \times (S\sin\theta)$$

ここで，θ を小さいとして，$\sin\theta \fallingdotseq \theta$ とおくと

$$v = \sqrt{\frac{S}{\rho}}$$

例題 3 − 8　　弦の振動

図のように，糸の一端をおんさにつけ，他端におもりをつけて，その糸を滑車にかける。おもりの重さを mg にしておんさを振動させたとき，糸が共振して 2 個の腹をもつ定常波ができた。このとき，振動する部分の糸の長さ PQ は l であった。次の文中の ☐ 中に適当な数値を記入せよ。

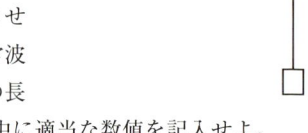

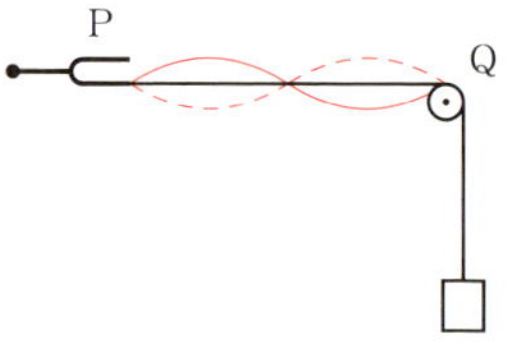

(1) おもりの重さは mg のままで PQ を $2l$ にすると，定常波の波長は ［イ］l で，［ロ］個の腹を生じる。

(2) PQ は l のままで，基本振動が起こるようにするには，おもりの重さを ［ハ］mg にすればよく，このときの波長は ［ニ］l で，［ホ］個の腹を生じる。おもりの重さを $\frac{1}{9}mg$ にすると，［ヘ］個の腹を生じ，この振動は ［ト］倍振動である。

(3) 同じ材質で直径が $\sqrt{2}$ 倍の糸にとりかえる。PQ が l で基本振動が起こるようにするには，おもりの重さを ［チ］mg にすればよい。おもりの重さを $\frac{1}{2}mg$ にして，おんさを弦 PQ に垂直にすると ［リ］個の腹を生じる。

(福岡大)

解答

(1) 線密度を ρ，弦を伝わる横波の速さを v，おんさの振動数を f とすると，図の状態の波長は $\lambda_2 = l$ となり

$$f = \frac{v}{\lambda_2} = \frac{1}{l}\sqrt{\frac{mg}{\rho}} \quad \cdots\cdots ①$$

(イ) m，ρ が同じだから $v = \sqrt{\frac{mg}{\rho}}$ も不変，ゆえに，波長 $\lambda = \frac{v}{f}$ も不変である。

∴ $\lambda = \lambda_2 = \underline{1} \times l$

(ロ) 腹の数は $2l / \frac{\lambda}{2} = \underline{4}$ 個

(2) 基本振動だから，波長 $\lambda_1 = 2l$，おもりの重さを $m_1 g$ とすると

$$f = \frac{1}{\lambda_1}\sqrt{\frac{m_1 g}{\rho}} = \frac{1}{2l}\sqrt{\frac{m_1 g}{\rho}} \quad \cdots\cdots ②$$

(ハ) 式①，②より $m_1 g = \underline{4}\,mg$

(ニ) $\lambda_1 = \underline{2}\,l$

(ホ) 基本振動だから，腹の数は $\underline{1}$ 個

おもりの重さが $mg/9$ のときの腹の数を n とすると n 倍振動の式より

$$f = \frac{n}{2l}\sqrt{\frac{mg/9}{\rho}} \quad \cdots\cdots ③$$

(ヘ) 式①，③より $n = \underline{6}$

(ト) $\underline{6}$ 倍振動

(3) 直径が $\sqrt{2}$ 倍だから，弦の断面積は 2 倍となり，線密度も 2 倍になる。おもりの重さを $m'g$ とすると，基本振動であるから

$$f = \frac{1}{2l}\sqrt{\frac{m'g}{2\rho}} \quad \cdots\cdots ④$$

(チ) 式①, ④より　　$m'g = \underline{8\,mg}$

(リ) 弦の振動数は $\frac{1}{2}f$ となる（☞ p.216 **発展** ）。腹の数を n' とすると

$$\frac{f}{2} = \frac{n'}{2\,l}\sqrt{\frac{mg/2}{2\rho}} \quad \cdots\cdots\cdots\cdots\cdots\cdots\cdots\cdots\cdots ⑤$$

式①, ⑤より　　　$n' = \underline{2}$

(2) 気柱の振動

試験管などの管の入口付近を強く吹くと，管内の気柱に定常波ができ，気柱の固有振動が音となって聞こえる。この場合，管の閉じた端では空気は動かないから定常波の節ができる。管の開いた端の付近（管口）では管内の空気と外側の空気の運動が違うので，2つの異なった媒質の境界のようになり，管内に向かって反射波ができるが，管口では空気が動きやすいので定常波の腹になる（正確には，管口より少し外側へ出たところが腹となる）。

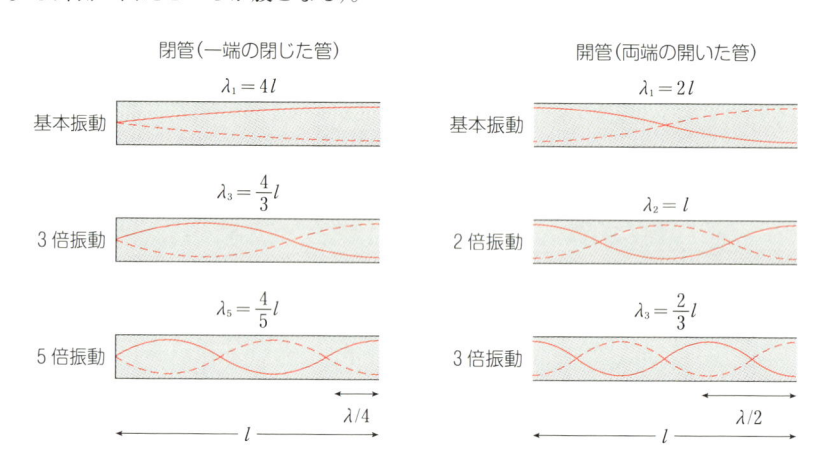

閉管（一端の閉じた管）

基本振動　　$\lambda_1 = 4l$

3倍振動　　$\lambda_3 = \frac{4}{3}l$

5倍振動　　$\lambda_5 = \frac{4}{5}l$

開管（両端の開いた管）

基本振動　　$\lambda_1 = 2l$

2倍振動　　$\lambda_2 = l$

3倍振動　　$\lambda_3 = \frac{2}{3}l$

(i) 閉管の固有振動

一端が閉じた管を**閉管**という。長さ l の閉管に閉端が節，開端が腹になる定常波ができたとき，上図からわかるように，気柱の長さ l は波長 λ の $1/4$ の奇数倍に等しい。

$$l = \frac{\lambda}{4}(2n-1) \quad (n = 1,\ 2,\ 3,\ \cdots)$$

音の速さを V とすると，固有振動数 f（m 倍振動）は

$$\boxed{\text{閉管}\quad f = \frac{V}{\lambda} = \frac{2n-1}{4\,l}V = \frac{m}{4\,l}V} \quad (m = 2n-1 = 1,\ 3,\ 5,\ \cdots)$$

(ii) 開管の固有振動

両端が開いた管を**開管**という。長さ l の開管に両端が腹になる定常波ができたとき，前頁図からわかるように，気柱の長さ l は波長 λ の $1/2$ の整数倍に等しい。ゆえに，n 倍振動の固有振動数は

$$l = \frac{\lambda}{2}n \quad \therefore \quad f = \frac{V}{\lambda} = \frac{n}{2l}V \quad (n = 1, 2, \cdots)$$

$$\boxed{\text{開管} \quad f = \frac{n}{2l}V} \quad (n = 1, 2, 3, \cdots)$$

> **気柱の密度変化**　右の図は管内にできた定常波の時間変化のようすを $1/4$ 周期ごとに示したものである。この図からわかるように，定常波の節（点 P）は空気の密度変化が最大となり，腹（点 Q）は左右に最も激しく振動してはいるが，密度変化が最小である。

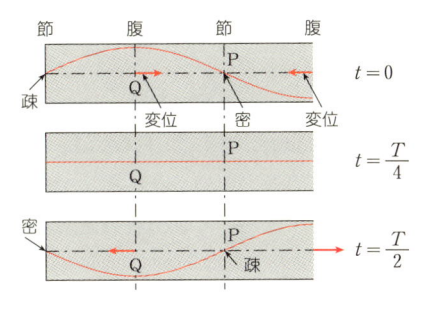

(iii) 開口端補正

図のように，気柱の長さが変えられる閉管の管口付近で振動数 f のおんさを鳴らすとき，気柱の長さが l_1 のとき最初の共鳴が起こり，次いで，l_2 のとき 2 回目の共鳴が起こったとする。前述のように，管口では管の少し外側の空気も管内の気柱とともに振動し，定常波（波長 λ）の腹が少し管口から外に出ている。この外に出た長さ x を気柱の長さに加えて補正することを**開口端補正**という。音の速さを V とすると，次の式が成り立つ。

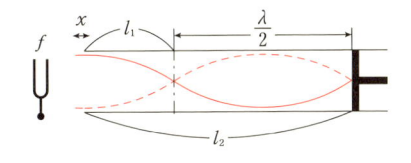

$$\lambda = 2(l_2 - l_1) \quad \therefore \quad f = \frac{V}{\lambda} = \frac{V}{2(l_2 - l_1)}$$

また，$x + l_1 = \dfrac{\lambda}{4}$ より，開口端補正 x を l_2 と l_1 で表すと $\quad x = \dfrac{1}{2}(l_2 - 3l_1)$

(3) 共振・共鳴

一般に，振動体に，その固有振動の周期に等しい周期で変化する外力を加え続けると，振動体はエネルギーをもらって，しだいに大きく振動するようになる。このような現象を**共振**といい，特に音をともなう場合を**共鳴**という。

例題 3-9　気柱の振動・共鳴

長さ 1.1 [m] の一端が閉じた管について気柱の共鳴の実験を行った。管の開口端の近くで振動数が 380 [Hz] のおんさを鳴らしたとき，および 1140 [Hz] のおんさを鳴らしたとき共鳴音が聞こえた。振動数が 380 [Hz] のおんさを鳴らしたとき，管内の気柱に生じる定常波の腹の数は開口端のものも含めて 3 個あった。以下，腹の数は開口端を含めて数えることにする。気柱の定常波は管から外へ出ないものとして，以下の問いに答えよ。

(1) 音速は何 [m/s] か。
(2) 振動数が 1140 [Hz] のおんさを鳴らしたとき，気柱の定常波の腹の数は何個か。
(3) 振動数が 380 [Hz] の整数倍で 1140 [Hz] より大きいおんさで実験を行う場合
　(ア) 共鳴音が聞こえる最小の振動数は何 [Hz] か。
　(イ) (ア)において，気柱の定常波の腹の数は何個か。

(同志社大)

解答

(1) 振動数 $f = 380$ [Hz]，気柱の長さ $l = 1.1$ [m] で，腹の数が 3 個だから波長 λ は右図より

$$\frac{\lambda}{4} \times 5 = l \quad \therefore \quad \lambda = \frac{4}{5}l$$

ゆえに，音速 V は

$$V = f\lambda = \frac{4}{5}fl = \frac{4}{5} \times 380 \times 1.1 = \underline{334.4} \text{ [m/s]}$$

(2) 振動数は $f' = 1140$ [Hz] $= 3f$ である。このときの腹の数を n 個，波長を λ' とすると，(1)と同様に考えて

$$\frac{\lambda'}{4}(2n-1) = l \quad \text{となる。} \quad \therefore \quad \lambda' = \frac{4l}{2n-1}$$

ゆえに，$V = f'\lambda'$ より　$\frac{4}{5}fl = 3f \cdot \frac{4l}{2n-1} \quad \therefore \quad n = \underline{8}$ 個

(3) 求める振動数を $f'' = 380m = fm$ [Hz] とすると，$m = 4, 5, 6, \cdots$ である。ここで腹の数を n 個とすると，波長 λ'' は(2)と同様に考えて　$\lambda'' = \dfrac{4l}{2n-1}$ となる。

$V = f''\lambda''$ より　$\dfrac{4}{5}fl = fm \times \dfrac{4l}{2n-1} \quad \therefore \quad 2n-1 = 5m$

この式をみたす m, n の最小値は　$m = 5, n = 13$

(ア) $f'' = 380 \times 5 = \underline{1900}$ [Hz]
(イ) $n = \underline{13}$ 個

例題 3 − 10　　　　ドップラー効果とうなり

振動数 f [Hz] の音を出す 2 つの点状の発音体 A および B がある。A から 1 [m] 離れた点での A の音の強さと，B から 5 [m] 離れた点での B の音の強さとが同じであった。B の発する音の強さを 100 とすれば，A の発する音の強さは ┃(イ)┃ である。ただし，発音体の周囲には音の伝わりを妨げるようなものはまったくないものとする。

発音体 A と観測者は静止している。B が観測者に対して音速の ┃(ロ)┃ % の速さで遠ざかるとき，両発音体から発する音によって毎秒 n 回のうなりが観測者に聞こえた。適当な距離だけ隔てて置いた発音体 A および B からほぼ同じ強さの音を出しておく。この A，B を結ぶ直線上には，音がきわめて小さく聞こえる位置がいくつかあった。この間隔は a [m] であったので，音の波長は ┃(ハ)┃ [m] であることがわかる。

f [Hz] で振動している弦がある。弦の張力を変えずに，弦の長さを ┃(ニ)┃ % だけ短くしたのち発音体 B と並べて置く。両発音体から発する音によって毎秒 n 回のうなりが生じたので，この弦から発する音の振動数は ┃(ホ)┃ [Hz] に変わったことがわかる。ただし，短くする前と定常波の腹の数は同じであったとする。

(芝浦工業大)

解答

(イ) 音の強さは，単位面積を単位時間に通過する波のエネルギーで表されるから（☞ p.186），波源からの距離の 2 乗に反比例する（球面波の表面積が半径の 2 乗に比例することに注意）。したがって，A の発する音の強さ I は

$$I = 100 \times \left(\frac{1}{5}\right)^2 = \underline{4}$$

(ロ) 音速を V，B の速さを v とすると，ドップラー効果により，うなりの振動数は

$$n = f - f\frac{V}{V+v} = \frac{v}{V+v}f$$

$$\therefore\ n\left(1 + \frac{v}{V}\right) = \frac{v}{V}f \qquad \therefore\ \frac{v}{V} \times 100 = \underline{\frac{100n}{f-n}}\ [\%]$$

(ハ) AB 間には定常波ができ，その隣り合う腹と腹，あるいは節と節の間隔が a だから定常波の波長は $2a$ である。音の波長は定常波の波長と同じだから $\underline{2a}$ [m]

(ニ) はじめの弦の長さを l，張力を S，弦の線密度を ρ とすると

$$f = \frac{m}{2l}\sqrt{\frac{S}{\rho}}\ \ \cdots\cdots ① \qquad (腹の数\ m = 1, 2, 3, \cdots)$$

いま，弦の長さを Δl だけ短くしたとすると，腹の数 m は同じだから，振動数 f' は，

$$f' = \frac{m}{2(l-\Delta l)}\sqrt{\frac{S}{\rho}} \quad \cdots\cdots ② \qquad 式①,②より \quad f' = \frac{l}{l-\Delta l}f$$

また，$f < f'$ だから，うなりの振動数 n は $\qquad n = f' - f \qquad \cdots\cdots ③$
ゆえに，式③より

$$n = \left(\frac{l}{l-\Delta l} - 1\right)f = \frac{\Delta l}{l-\Delta l}f \qquad \therefore \quad \frac{\Delta l}{l}\times 100 = \frac{100n}{n+f} \, [\%]$$

(ホ) 式③より $\quad f' = n + f \, [\mathrm{Hz}]$

例題 3-11　　　クントの実験

文中の □ 中に適当な語句および式を記入し，（　）中に有効数字2けたの数字を記入せよ。

　図に示すように，長さ約 1 m の水平なガラス管の中に乾いた軽い粉末を一様にまき，管の一端をコルクのせん P でふさぐ。他端にはコルクのせんをはめたガラス棒 AB を差し込み，これを中点 M で固定する。棒をB端で縦方向に摩擦して振動を与えれば，棒は中点 M が固定されているので，そこは振動の ［ア］ ，両端が ［イ］ となる ［ウ］ 振動を起こし，この振動が管中の空気に音波として伝わる。管は両端が閉管の状態であるから，せん P を動かして，気柱の長さをこの音波の ［エ］ の整数倍になるように調節すると，気柱は ［オ］ して ［カ］ ができる。管中の粉末には，激しく動く部分と動かない部分が交互に生じる。その結果，粉末のしま模様ができる。このしまの間隔を l，棒の長さを L，音速および棒を伝わる縦波の速さをそれぞれ c, v とし，共鳴振動数を n とすれば，$c = $ ［キ］ ，$v = $ ［ク］ 。ゆえに，$c/v = $ ［ケ］ 。したがって，c および v のうち一方がわかっているとき，l および L を測って他方を求めることができる。また，同時に共鳴振動数 n が求められる。この実験は音波が ［コ］ であることを示すものである。

　いま，しまの間隔が平均 3.0 cm，$L = 40$ cm であった。気柱を伝わる音速を $c = 340$ m/s とすると，ガラス棒中の音速 v は（ ［サ］ ）m/s となる。

(新潟大)

解答

(ア) 節　　(イ) 自由端なので腹　　(ウ) 縦振動

(エ) 両端 AP がほぼ固定端になるような定常波ができるので気柱の長さは半波長の整数倍

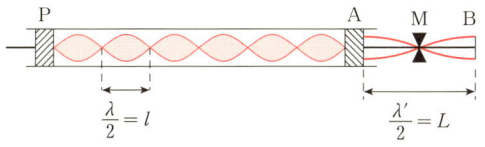

$$\frac{\lambda}{2} = l \qquad \frac{\lambda'}{2} = L$$

（縦波を横波により表示している）

(オ) 共鳴　　(カ) 定常波

(キ) しま模様の間隔は音波の半波長に等しい。したがって，音波の波長は $\lambda = 2l$ だから
音速 $c = n\lambda = \underline{2nl}$

(ク) 棒には上図のように縦振動の基本振動ができ，波長は $\lambda' = 2L$ である。
∴ $v = n\lambda' = \underline{2nL}$

(ケ) (キ), (ク)より　$\dfrac{c}{v} = \dfrac{\lambda}{\lambda'} = \underline{\dfrac{l}{L}}$

(コ) 縦波

(サ) (ケ)より　$v = \dfrac{L}{l}c = \dfrac{40}{3.0} \times 340 \fallingdotseq \underline{4.5 \times 10^3}$ [m/s]

第3章　光　波

1 光の伝わり方

光は音とは違って，媒質のない真空中でも伝わる。そして，一様な媒質中では真空中より遅い速度で直進し，異なる媒質の境界面では反射，屈折を起こす。

(1) 光の速さ

真空中の光の速さ c は，最も基本的な物理定数のうちの1つで，波長に関係なくその値は次の通りである。

$$c = 2.99792458 \times 10^8 \text{ m/s} \ (\fallingdotseq 3.00 \times 10^8 \text{ m/s})$$

> **参考　光の速さの測定**
>
> 光の速さ c は非常に大きいので測定が難しく，古い時代には無限大と考えられていたが，17世紀になって，デンマークのレーマーが木星の衛星の食の観測結果をもとにして，はじめて，光の速さを求めた。1849年に，フランスのフィゾーは，高速で回転する歯車の間を通る光の測定により，はじめて，光の速さを測定する実験に成功した。翌年の1850年には同じフランスのフーコーがフィゾーの方法を改良し，高速で回転する回転鏡を用いて，はじめて，実験室内の装置で光の速さを測定した。また，フーコーはいろいろな物質中での光の速さも測定した。

(2) 物質中の光の速さと屈折率

物質中での光の速さ v は真空中の光の速さより遅くなり，次の式で表される。

$$\boxed{\text{物質中での光速}\quad v = \frac{c}{n}}$$

ここで，$n\,(>1)$ は真空に対する物質の屈折率で，これをこの物質の**絶対屈折率**という。（☞ p.226 光の屈折）

- 厳密にいうと，物質の絶対屈折率は光の波長（振動数）によってわずかに異なっている。（☞ p.256 光の分散）
- いろいろな波長の光が混じって白色に見える光を**白色光**という。これに対し1つの波長だけの光を**単色光**という。また，人が目に感じる光の波長の範囲は約 380〔nm〕〜 800〔nm〕であり，**可視光**とよばれている。太陽光線の中には，これよりも波長の短い紫外線や，波長の長い赤外線も含まれている。

波長の単位
1 [nm] = 10^{-9} [m] （1 ナノメートル）
1 [μm] = 10^{-6} [m] （1 マイクロメートル）
1 [Å] = 10^{-10} [m] （1 オングストローム）
可視光線　380 [nm]（3800 [Å]）～ 800 [nm]（8000 [Å]）

例題 3-12　　　　フーコーの実験

以下の文は光の速さの測定に関する実験について述べたものである。文中の空欄の中に入る適当な式または数値を記入せよ。ただし，数値を記入する場合は文中に与えられた数値と同じ有効数字で表示すること。

フランスの物理学者フーコーは，図のように固定鏡と高速で回転する鏡を用いて光の速さを測定した。

光源Sから出た光が回転鏡Rで反射され，さらに固定鏡Mで反射されてRに戻ってくるまでに回転鏡がθ [rad]だけ回転したとすると，光は光源の方向（RS）より　(1)　だけ方向を変える。

いま，固定鏡と回転鏡の距離をl [m]，回転鏡の毎秒の回転数をnとすると回転鏡が角2π [rad]回転するのに時間が　(2)　かかるから，回転鏡がθだけ回転するのに要する時間は　(3)　である。一方，光の速さをc [m/s]とすると回転鏡と固定鏡の間を光が往復する時間は　(4)　である。回転に要する時間と回転鏡と固定鏡の間を光が往復する時間は等しいから光の速さは$c =$　(5)　となる。フーコーの実験では$l = 20.0$ m，$n = 800$ 回/sのとき，$\theta = 6.73 \times 10^{-4}$ radであった。そこで，光の速さを求めると　(6)　である。

(東京工芸大)

解答
(1) 光の回転角は鏡の回転角の2倍になる。（☞ p.228）　∴　$\underline{2\theta}$ [rad]

(2) 1 [s]間にn回転するから，1回転するのに要する時間は　$\underline{\dfrac{1}{n}}$ [s]

(3) 1回転する（2π [rad]）のに$\dfrac{1}{n}$ [s]かかるから，θ [rad]回転するのにt [s]かかるとすると　2π [rad] : $\dfrac{1}{n}$ [s] $= \theta$ [rad] : t [s]　∴　$t = \underline{\dfrac{\theta}{2\pi n}}$ [s]

(4) $2l$〔m〕を光が進む時間 t'〔s〕は $\quad t' = \dfrac{2l}{c}$〔s〕

(5) $t = t'$ より $\quad c = \dfrac{4\pi nl}{\theta}$

(6) (5)の結果に数値を代入すると $\quad c = \dfrac{4 \times 3.141 \times 800 \times 20.0}{6.73 \times 10^{-4}} \fallingdotseq 2.99 \times 10^8$〔m/s〕

(3) 光の反射・屈折

　光も波であるから音波の場合と同様に異なる媒質の境界面では反射の法則，屈折の法則にしたがって反射，屈折する。

　図のように，媒質Ⅰ（光の速さ v_1，波長 λ_1，絶対屈折率 n_1）と媒質Ⅱ（v_2, λ_2, n_2）の境界面に入射角 θ_1 で入射してきた光は，境界面で，一部は反射角 ϕ_1 で反射し，他は屈折角 θ_2 で屈折したとする。このとき，

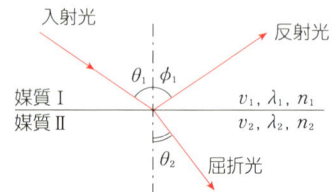

> 反射の法則　$\theta_1 = \phi_1$
>
> 屈折の法則　$\dfrac{\sin\theta_1}{\sin\theta_2} = \dfrac{v_1}{v_2} = \dfrac{\lambda_1}{\lambda_2} = \dfrac{n_2}{n_1} = n_{12}$

　ここで，n_{12} を媒質Ⅰに対する媒質Ⅱの屈折率（相対屈折率）という。

　真空に対する媒質の屈折率（図において，媒質Ⅰが真空のときの媒質Ⅱの屈折率）が絶対屈折率である（$n_2 = c/v_2$）。また，空気に対する屈折率はほぼ絶対屈折率に等しい。

いろいろな物質の絶対屈折率（ナトリウムD線（波長589.3〔nm〕）の場合）			
空気	1.000292	石英ガラス	1.4585
水	1.3330	ダイヤモンド	2.4195

(i) 平行多重層

　図のように，屈折率が n_1，n_2，n_3 の媒質からなる平行層を光が透過するとき，光と境界面の法線とのなす角がそれぞれ θ_1，θ_2，θ_3 であったとすると，屈折の法則より

$$\dfrac{\sin\theta_1}{\sin\theta_2} = \dfrac{n_2}{n_1} = n_{12} \qquad \dfrac{\sin\theta_2}{\sin\theta_3} = \dfrac{n_3}{n_2} = n_{23}$$

となるから，$n_i \sin\theta_i = $ 一定　である。（$i = 1, 2, 3$）

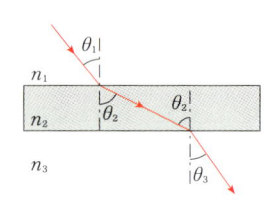

特に，両側の屈折率が等しいとき（図では $n_1 = n_3$）には，$\dfrac{\sin\theta_1}{\sin\theta_3} = \dfrac{n_3}{n_1} = n_{13} = 1$
となるから，間の媒質に関係なく入射光と屈折光は平行（$\theta_1 = \theta_3$）になる。

(ii) 浮き上がり現象（みかけの深さ）

屈折率 n の液体の液面から深さ D のところにある小物体 A をほぼ真上から見ると，その物体の像は実際の深さの $1/n$ 倍の深さに浮き上がって見える。（ただし，空気の屈折率を1としている）ゆえに，みかけの深さ d は

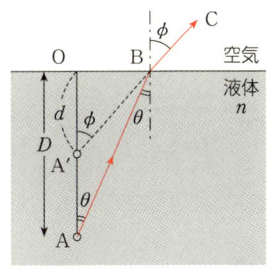

$$d = \frac{D}{n}$$

A から液面に入射角 θ で入る光の屈折角を ϕ とする。θ が小さいとき，C から B の方向を見ると A の像は図の点 A′（液面からの深さ d）に見える。したがって，

$$\mathrm{OB} = d\tan\phi = D\tan\theta \quad \text{また} \quad n = \frac{\sin\phi}{\sin\theta}$$

$$\therefore \quad d = \frac{D\tan\theta}{\tan\phi} \fallingdotseq \frac{D\sin\theta}{\sin\phi} = \frac{D}{n}$$

発展　薄いプリズム

屈折率 n，頂角 α のプリズムに入射角 i で入射した光の振れの角が δ になったとする。このとき α および i が非常に小さいとすると，次の式が成り立つ。

$$\delta \fallingdotseq (n-1)\alpha$$

$$\begin{cases} n = \dfrac{\sin i}{\sin\theta_1} \fallingdotseq \dfrac{i}{\theta_1} \\ n = \dfrac{\sin r}{\sin\theta_2} \fallingdotseq \dfrac{r}{\theta_2} \\ \theta_1 + \theta_2 = \alpha \end{cases}$$

$$\delta = (i - \theta_1) + (r - \theta_2)$$
$$\therefore \quad \delta \fallingdotseq (n-1)(\theta_1 + \theta_2)$$
$$= (n-1)\alpha$$

(4) 鏡による反射

(i) 虚像

図(a)のように，点光源 P から出て平面鏡 MM′ で反射される光は目の位置 E がどの位置にあっても，あたかも鏡の面 MM′ に関し点 P と対称な点 P′ から出たかのように進み目に入ってくる。したがって，鏡に向かっている人は，点 P′ の位置に点光源があり，その点から光が出ているように見える。この点 P′ を点 P の像（**虚像**）という。

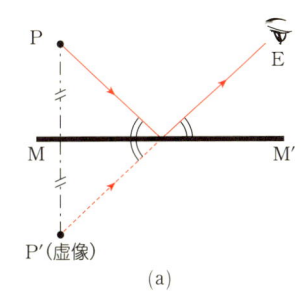

(a)

(ii) 鏡の平行移動と回転

図(b)のように，平面鏡 MM′ が平行移動すると，点光源 P の像 P′ も移動するが，像の移動距離は鏡の移動距離の 2 倍になる。したがって，像の移動速度も鏡の移動速度の 2 倍になる。また，図(c)のように，平面鏡 MM′ が回転軸 O のまわりで θ だけ回転すると，反射光は点 O のまわりで 2θ だけ回転する。

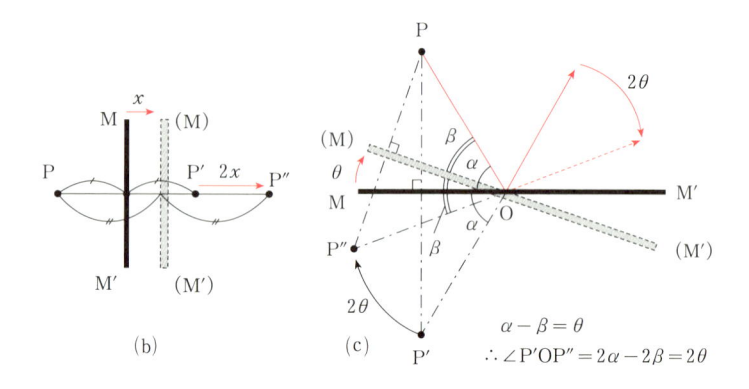

(iii) 球面鏡による反射

球面半径 r の凹面鏡の中心 C と鏡の中心 M を結ぶ線を**光軸**という。図のように，光軸に平行な光線を凹面鏡に当てると，光は光軸上の 1 点 F（焦点）に集まる。MF の距離 f を**焦点距離**といい，凹面鏡では $f = \dfrac{r}{2}$ になっている。逆に，焦点 F から出た光は凹面鏡で反射されると光軸に平行な光線となって進む。

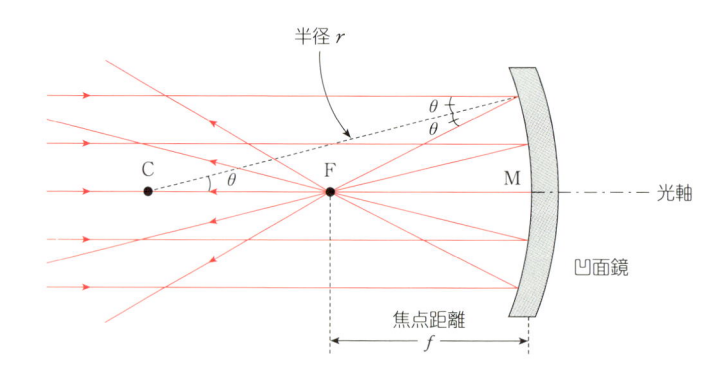

● **実像・虚像**　光軸上に置いた物体 AB の凹面鏡による像は，①焦点 F を通る光の性質と②反射の法則，③中心 C を通る光は鏡に垂直に当たって逆向きに反射することを用いて，次図のように描くことができる。

(a)のように，実際に光が集まってできる像 A′B′ を**実像**，

(b)のように，光は集まっていないが，鏡の前方から見ると A′B′ から光が出たような反射光が見える。この像 A′B′ を**虚像**という。

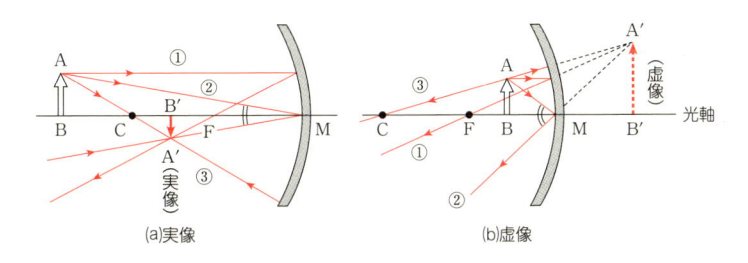

(a)実像　　(b)虚像

● **凸面鏡**　凸面鏡では焦点 F は光軸 MC 上の中点にあり，右図からわかるように，実像は結ばず，虚像だけとなる。

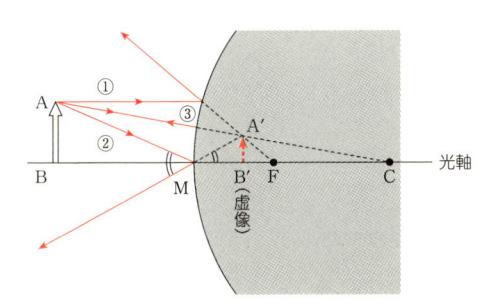

参考　球面収差

正確には焦点距離は $f = \dfrac{r}{2}$ にはなっていない（これを球面収差という）が，光軸に近い光線を考えるときはこの式を用いてよい。一方，放物面鏡では球面収差は起こらず，平行光線は焦点に正確に集まる。

---

(5) **レンズ**

中心部が周辺部より厚いレンズを**凸レンズ**，薄いレンズを**凹レンズ**という。レンズの中心 O を通ってレンズの面に垂直な直線を**光軸**という。

(i) **凸レンズ**

　光軸に平行な光線を凸レンズに当てると，光は光軸上の1点Fに集まる。この点Fを**焦点**といい，OFの距離 f を**焦点距離**という。

　逆に，焦点Fに光源を置くと，レンズを通った光は光軸に平行な平行光線になる。

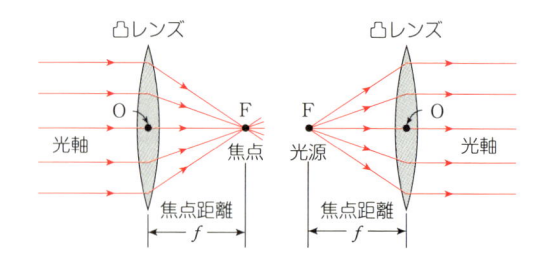

凸レンズを通過後の光の進み方

① 光軸に平行な光線は焦点F′に向かって進む。
② レンズの中心Oを通る光線は直進する。
③ 焦点Fから出た光線は光軸に平行に進む。
❹ A(B)から出た光線は A′(B′) から出たように進む。

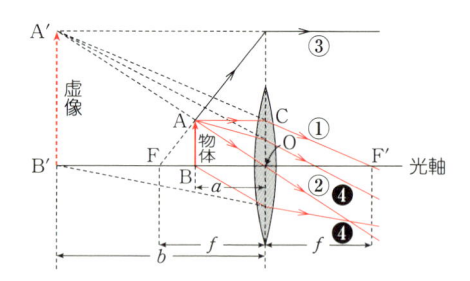

▶ **凸レンズによる実像**　　光軸上に置いた物体ABの凸レンズによる像は，①焦点を通る光線の性質と，②レンズの中心を通る光線はそのまま直進することを用いて作図する。

　いま，焦点距離 f のレンズの中心Oから距離 a の位置にある物体ABの像 A′B′ が（倒立像）Oから距離 b の位置にできたとする。点Aを通る光線は下図のようになる。

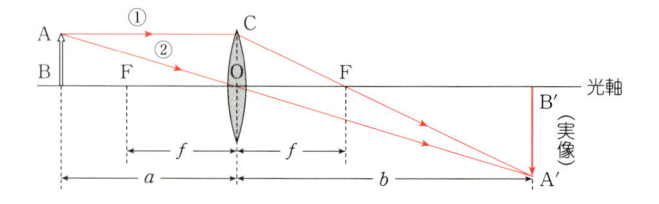

$$\begin{cases} \triangle\text{ABO}\backsim\triangle\text{A}'\text{B}'\text{O より} & \dfrac{\text{A}'\text{B}'}{\text{AB}}=\dfrac{b}{a} \\ \triangle\text{COF}\backsim\triangle\text{A}'\text{B}'\text{F より} & \dfrac{\text{A}'\text{B}'}{\text{AB}}=\dfrac{b-f}{f} \end{cases}$$

$$\therefore\quad \dfrac{b}{a}=\dfrac{b}{f}-1$$

両辺を b で割って整理すると

$$\therefore\quad \dfrac{1}{a}+\dfrac{1}{b}=\dfrac{1}{f} \quad\cdots\cdots(1)$$

(ii) **凹レンズ**

　光軸に平行な光線を凹レンズに当てると，レンズを通った光は光軸上の1点Fから出たように発散する。この点Fを焦点といい，OFの距離 f を**焦点距離**という。逆に，焦点に向かって進む光はレンズを通過すると光軸に平行に進む。

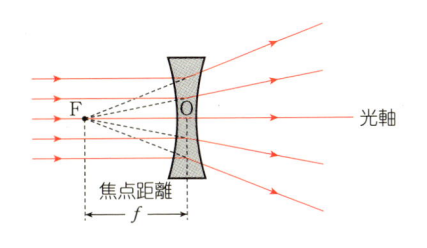

凹レンズを通過後の光の進み方
- ①光軸に平行な光線は焦点Fから出たように進む。
- ②レンズの中心Oを通る光線は直進する。
- ③焦点F′に向かう光線は光軸に平行に進む。

❹ A (B) から出た光線は A′ (B′) から出たように進む。

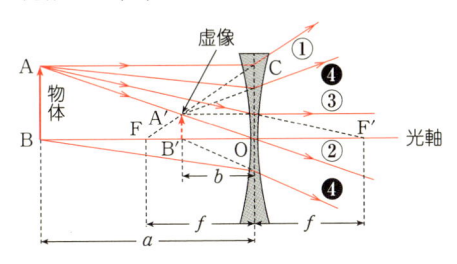

▶ **凹レンズによる虚像**　いま，焦点距離 f のレンズの中心Oから距離 a の位置にある物体ABの虚像A′B′（正立像）がOから距離 b の位置にできたとする。点Aを通る光線は右図のようになる。

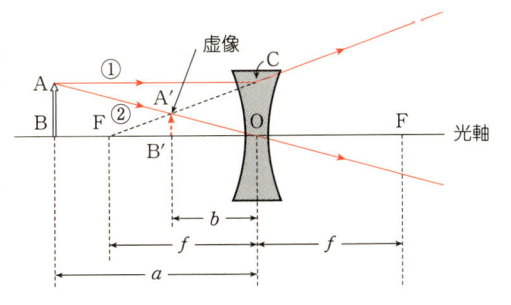

$$\begin{cases} \triangle\text{ABO}\infty\triangle\text{A}'\text{B}'\text{O} \text{ より} \quad \dfrac{\text{A}'\text{B}'}{\text{AB}} = \dfrac{b}{a} \\ \triangle\text{COF}\infty\triangle\text{A}'\text{B}'\text{F} \text{ より} \quad \dfrac{\text{A}'\text{B}'}{\text{AB}} = \dfrac{f-b}{f} \end{cases}$$

$$\therefore \quad \frac{1}{a} - \frac{1}{b} = -\frac{1}{f} \quad \cdots\cdots(2)$$

● **レンズの公式** 図のように，凸レンズの焦点 F よりレンズに近い方に物体 AB を置くと虚像 A'B' ができる。このときは，前の方法と同様にして次式が成立する。

$$\frac{1}{a} + \frac{1}{(-b)} = \frac{1}{f} \quad \cdots\cdots(3)$$

(1)(2)(3)式をみると，次のようにまとめることができる。

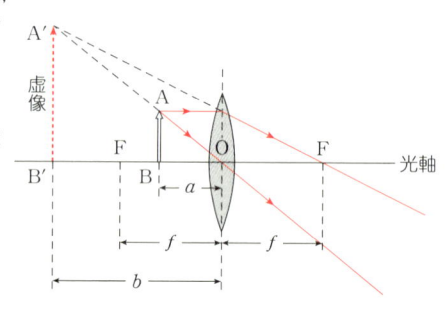

　凸レンズでは $f > 0$，凹レンズでは $f < 0$ と定め，物体がレンズの前方のときは $a > 0$，後方のときは（複数個のレンズのときに現れることがある）$a < 0$，像がレンズの後方にできるときは実像で $b > 0$，前方にできるときは虚像で $b < 0$ と定めると(1)式だけで扱うことができる。

| レンズの公式 $\dfrac{1}{a} + \dfrac{1}{b} = \dfrac{1}{f}$ | また， | 像の倍率 $m = \dfrac{\text{A}'\text{B}'}{\text{AB}} = \left|\dfrac{b}{a}\right|$ |

$$\begin{cases} f > 0 \rightarrow \text{凸レンズ} \\ f < 0 \rightarrow \text{凹レンズ} \end{cases}$$

$$\begin{cases} b > 0 \rightarrow \text{実像} \rightarrow \text{像はレンズの後方（物体からレンズを見て）} \\ b < 0 \rightarrow \text{虚像} \rightarrow \text{像はレンズの前方} \end{cases}$$

$$\begin{cases} a > 0 \rightarrow \text{実物体} \rightarrow \text{物体はレンズの前方} \\ a < 0 \rightarrow \text{虚物体} \rightarrow \text{物体はレンズの後方} \leftarrow \text{組合せレンズのとき} \end{cases}$$

● 組み合わせレンズ
  (i) 凸レンズ＋凸レンズ

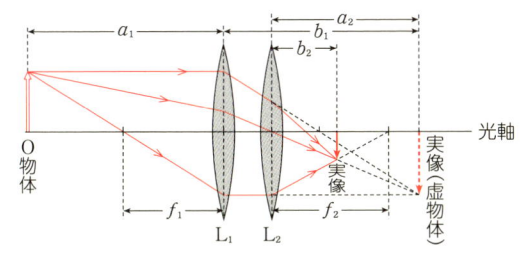

$$\begin{cases} 凸レンズ L_1 \quad 倍率 : m_1 = \dfrac{b_1}{a_1} = \dfrac{f_1}{a_1 - f_1} & \therefore \quad \dfrac{1}{a_1} + \dfrac{1}{b_1} = \dfrac{1}{f_1} \\ 凸レンズ L_2 \quad 倍率 : m_2 = \dfrac{b_2}{a_2} = \dfrac{f_2 - b_2}{f_2} & \therefore \quad -\dfrac{1}{a_2} + \dfrac{1}{b_2} = \dfrac{1}{f_2} \end{cases}$$

(ii) 凸レンズ＋凹レンズ

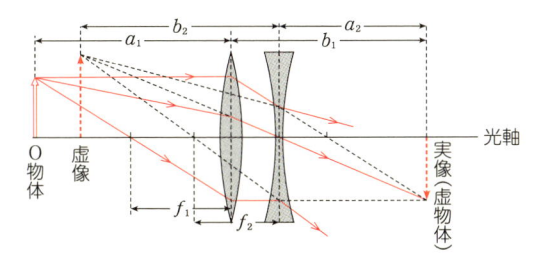

$$\begin{cases} 凸レンズ \quad 倍率 : m_1 = \dfrac{b_1}{a_1} = \dfrac{f_1}{a_1 - f_1} & \therefore \quad \dfrac{1}{a_1} + \dfrac{1}{b_1} = \dfrac{1}{f_1} \\ 凹レンズ \quad 倍率 : m_2 = \dfrac{b_2}{a_2} = \dfrac{b_2 - f_2}{f_2} & \therefore \quad -\dfrac{1}{a_2} - \dfrac{1}{b_2} = -\dfrac{1}{f_2} \end{cases}$$

例題 3−13　　レンズ

(1) 図1のL_1は凸レンズ，図2のL_2は凹レンズであり，それらの焦点の位置はレンズの光軸上にFで示してある。矢印ABはそれぞれ物体の位置と大きさを示す。光線と実像は実線，補助線と虚像は破線（点線）を用いて像を求める作図をし，矢印の両端A，Bに対応する像の位置にはそれぞれA′，B′の記号をつけよ。

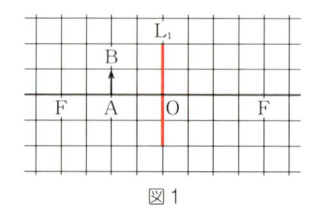

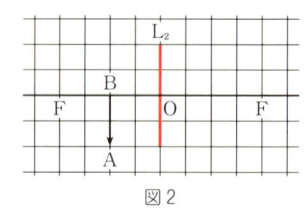

図1　　　　図2

(2) 次の文章の　　　の中に適当な数値または式を記入せよ。

　口径（直径）1 cm の2枚の薄いレンズがある。1枚は焦点距離 f_1 cm（$f_1>0$）の凸レンズで，もう1枚は焦点距離 f_2 cm（$f_2>0$）の凹レンズである。それらの光軸を一致させて並べ，凸レンズの方から光軸にそってレンズの口径いっぱいに平行光線を入れると，2枚のレンズを通った光は断面の直径が5 mm の平行光線になった。このとき，2枚のレンズの間隔は　(イ)　cm であり，焦点距離の比 f_2/f_1 は　(ロ)　である。次に，レンズを光軸にそって平行移動し，2枚のレンズが接するように置くと，光軸上無限の遠方にある物体の像はレンズから　(ハ)　cm のところにできる。

(静岡大)

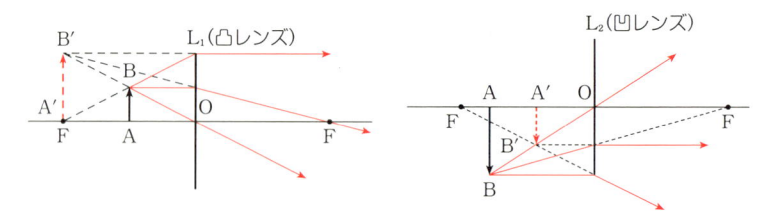

解答

(1)

L_1(凸レンズ)　　　L_2(凹レンズ)

（細い点線は補助線
太い点線は虚像）

(2) 光線の作図より

(イ) レンズ L_1, L_2 の間隔は $\underline{f_1 - f_2}$

(ロ) $\dfrac{f_2}{f_1} = \dfrac{0.5}{1} = \underline{\dfrac{1}{2}}$

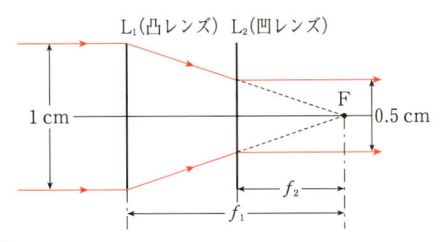

(ハ) 凸レンズ（L_1）では F_1（焦点）の位置に像ができるので，凹レンズ（L_2）の公式より（☞ p.232 ●レンズの公式）

$$\dfrac{1}{-f_1} + \dfrac{1}{b} = \dfrac{1}{-f_2}$$

$$\therefore\ b = -\dfrac{f_1 f_2}{f_1 - f_2} < 0$$

$$\therefore\ |b| = \underline{\dfrac{f_1 f_2}{f_1 - f_2}}$$

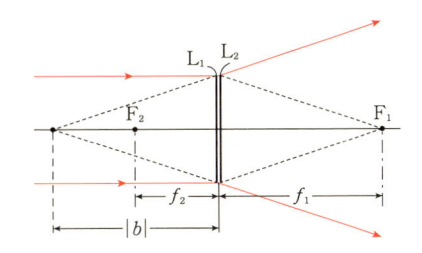

発展 球面鏡やレンズに斜めに入射する平行光線のつくる像

　平行光線では $a = \infty$ と表すことができ，レンズの式より $b = f$ となる。したがって，像は焦点面（焦点 F を通り光軸に垂直な面）上にある。また，球面鏡では，球面中心 C を通る光線（図の点線）は鏡に垂直に当たって反射する。レンズでは，中心を通る光線はそのまま直進する。

　以上の条件より，下図のように作図する。

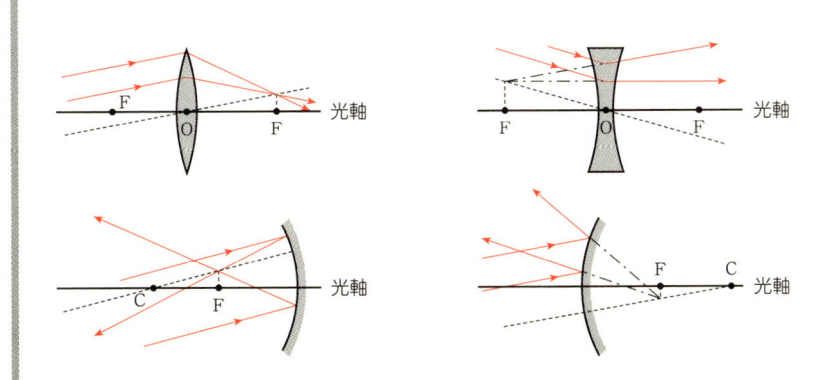

参考 望遠鏡

望遠鏡にはいろいろな種類があるが，図はケプラー型望遠鏡の概略を示す。L_1 は焦点距離 f_o の対物レンズ（焦点 F_o），L_2 は焦点距離 f_e の接眼レンズ（焦点 F_e）で，これらの間隔は l である。AB は L_1 から a の位置にある遠方の物体である（$a ≒ \infty$）。AB の L_1 による像 A'B' は F_o，F_e の少し外側にあって，L_1 からの位置を b'，L_2 からの位置を a' とする。また，A'B' の L_2 による虚像 A''B'' の L_2 からの位置を b とする（$b ≒ \infty$）。

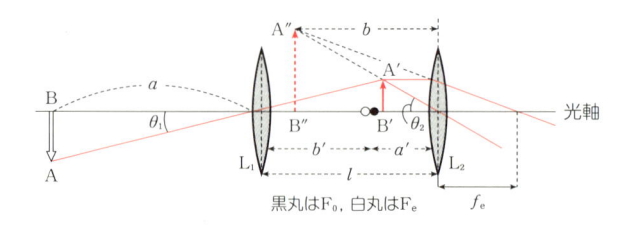

図より $l = a' + b'$ …①
レンズの公式

$$\begin{cases} L_1 : \dfrac{1}{a} + \dfrac{1}{b'} = \dfrac{1}{f_o} \cdots ② \\ L_2 : \dfrac{1}{a'} - \dfrac{1}{b} = \dfrac{1}{f_e} \cdots ③ \end{cases}$$

ここで，A'B' は F_o，F_e に非常に近いので，②，③より $a' ≒ f_e$，$b' ≒ f_o$ となり，①より
$l ≒ f_e + f_o$
望遠鏡の倍率 m は

$$m = \dfrac{\theta_2}{\theta_1} ≒ \dfrac{\tan\theta_2}{\tan\theta_1}$$

$$= \dfrac{A'B'/a'}{A'B'/b'} = \dfrac{b'}{a'} ≒ \left|\dfrac{f_o}{f_e}\right|$$

黒丸はF_o，白丸はF_e

COFFEE BREAK

●蜃気楼について

光の異常屈折により起こる気象光学現象である。

(a) 夏の日中のアスファルトの路面や砂漠では，地表付近の空気の温度は高く（屈折率小，光速大），地表から離れるにしたがって温度が低くなる（屈折率大，光速小）。このとき，光の異常屈折により一種の全反射が起こり路面上の自動車が転倒して見えたり，地表に水たまりのようなものが見えたりする（これは空が写って見えていて，逃げ水という）。

(b) 温度の低い海面に暖かい空気が流れこむと，海面付近の空気の温度が低く，高度を増すほど温度が高くなる（上暖下冷）。このとき，遠方の船がさかさまになったり，二重に重なったりして見える。

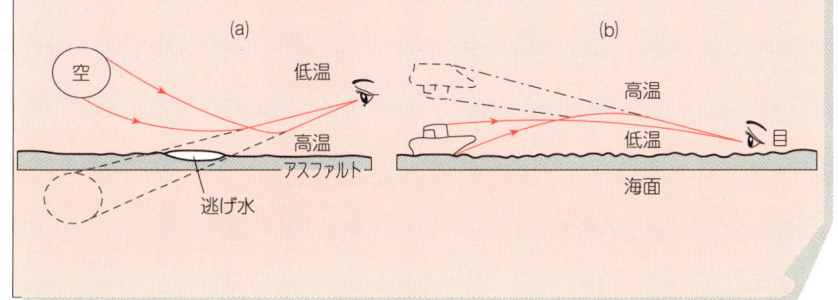

2 光の干渉と回折

光の波動性による干渉や回折の現象を，いろいろな実験でみてみよう。

(1) ヤングの実験　（1807年，イギリスのヤングによる光の波動性の実験）

図のように，光源Aから出た波長λの単色光をスリットSに当てると，光はSで回折されたのち，さらにSに平行でSから等距離にある2つのスリットS_1，S_2で回折し，S_1，S_2から十分に離れたスクリーン上に明暗のしま模様を生じる。これはSで回折された光がS_1，S_2に達し，S_1，S_2から同位相で出る2つの光波がスクリーン上の点Pで干渉するからである。

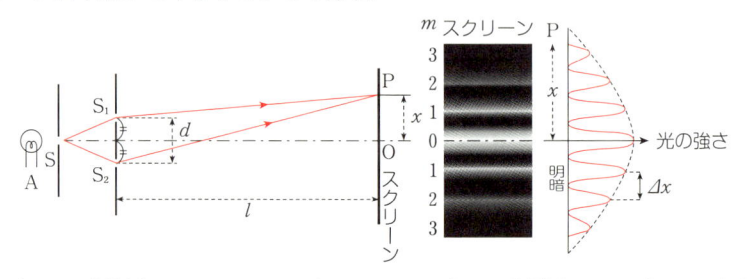

S_1とS_2の間隔をd，スリットからスクリーンまでの距離をl，S_1とS_2から等距離にあるスクリーン上の点Oから点Pまでの距離をxとすると

$$S_1P^2 = l^2 + \left(x - \frac{d}{2}\right)^2 \qquad S_2P^2 = l^2 + \left(x + \frac{d}{2}\right)^2$$

∴ $S_2P^2 - S_1P^2 = 2dx$

ここで，dおよびxはlに比べて十分小さいので，$S_2P + S_1P \fallingdotseq 2l$ としてよい。

よって，光路差 $L = S_2P - S_1P = \dfrac{S_2P^2 - S_1P^2}{S_2P + S_1P} = \dfrac{2dx}{S_2P + S_1P} \fallingdotseq \dfrac{2dx}{2l} = \dfrac{dx}{l}$

> ● 光路差の別の求め方として，
> 右図より，近似的に
> $L = S_2S_2' \fallingdotseq d\sin\theta \fallingdotseq d\tan\theta$
> $= \dfrac{dx}{l}$

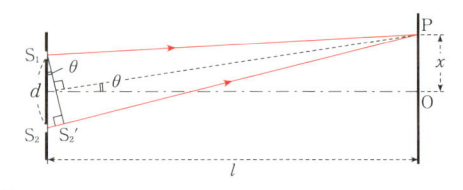

光の干渉により，点Pに明線と暗線が生じる条件式は，次のようになる。

$$\text{ヤングの実験} \quad \frac{dx}{l} = \begin{cases} m\lambda & \text{明線} \\ \left(m + \dfrac{1}{2}\right)\lambda & \text{暗線} \end{cases} \quad (m = 0, 1, 2, \cdots)$$

これにより，明線の位置は $x_m = \dfrac{ml\lambda}{d}$ で表されるから，隣り合う明線の間隔（または暗線の間隔）は，次のように表される。

$$\Delta x = x_m - x_{m-1} = \dfrac{l\lambda}{d} \quad \text{(等間隔)}$$

そこで，l，d，Δx を測定すれば波長 λ を求めることができる。

● **ヤングの実験の特徴**
- 1つの光源から出た光をスリットSを通すのは，S_1，S_2 の位置で2つの光の位相をそろえるためであり，S_1，S_2 の位置に2つの光源を置いたのでは位相はそろわない。
- 白色光（いろいろな波長の光を含んでいる）で実験を行うと，中央の点 O（$x=0$，$m=0$）は波長 λ に無関係にすべての波長の光が強め合うので白色になるが，その他の強め合う点（$m=1$，2，…）では，明線の位置が波長によって異なるので色づいた干渉じま（Oに近い側が紫色，遠い側が赤色）が見られる。
- ヤングの実験による干渉じまの光の強さの分布は S_1，S_2 のそれぞれのスリット幅の影響により（☞ p.253 **単スリット**）前頁の図の点線のようになる。

● **反射による位相変化** 光波が2つの異なる媒質の境界で反射するときは，**自由端反射**と**固定端反射**の2つの型がある。

　自由端反射
　光が屈折率の大きい媒質から屈折率の小さい媒質との境界へ入射して反射された場合，反射波の位相は変化しない。

　固定端反射
　光が屈折率の小さい媒質から屈折率の大きい媒質との境界へ入射して反射された場合，反射波の位相は半波長分（π [rad]）だけずれる。

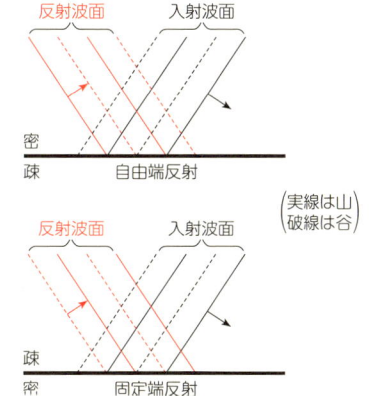

　波動（弾性波）の反射の形式（☞ p.195）に対応して，屈折率の大きい媒質は**光学的に密**，小さい媒質は**光学的に疎**であるという。

　なお，光が屈折しても，媒質の屈折率に関係なく位相はずれない。

POINT
　屈折率が 小 ⇨ 大 の反射……位相のずれ π [rad]
　屈折率が 大 ⇨ 小 の反射……位相のずれ 0

● **光学距離と光路差** 光は絶対屈折率 n，長さ l の媒質中を通過する時間 t の間に，真空中ならば nl の長さだけ進む。

$$L = ct = c\frac{l}{c/n} = nl$$ この長さ $L = nl$ を**光学距離**または光路長という。

$$\boxed{光学距離 \quad L = nl}$$

図のように媒質中の距離 l の部分に含まれる波の数は，真空中の距離 $L = nl$ の部分に含まれる波の数（N 個）に等しい。したがって，光が媒質中を進んだ距離 l を真空中の値に換算すると nl となる。

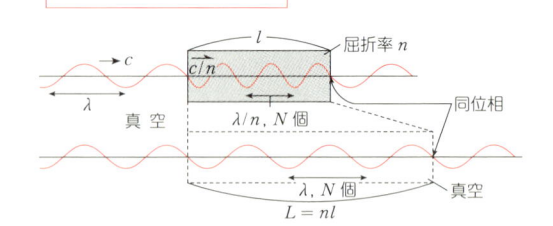

同じ光が2つの経路に分けられ再び重ね合わせられたとき，2つの経路の光学距離の差を**光路差**という。光路差があると，2つの経路の中に含まれる波数に差があるので，2つの光には位相の差が生じている。重ね合わされた光が干渉して強め合う（打ち消し合う）のは，光路差が波長の整数倍（半波長の奇数倍）のときである。なお，このときの波長は真空の波長で考えなければならない。

POINT 光の干渉は光路差に注目

発展 ヤングの実験と類似の実験

ロイド鏡

図のように，光源 S からまっすぐ点 P に達する光と平面鏡で反射したのち点 P に達する光の干渉により，スクリーン上に明暗のしま模様ができる。この場合は平面鏡による S の像 S′ が平面鏡に関して S と対称の位置にできるから，スリット間隔 $2d$ のヤングの実験と同様である。ただし，この場合は反射により光波の位相が π だけずれることを考慮しなければならない。

$$\frac{2dx}{l} = \begin{cases} \left(m + \dfrac{1}{2}\right)\lambda & 明線 \\ m\lambda & 暗線 \end{cases}$$

（m は適当な整数）

フレネルの2面鏡

非常に小さい角度 θ だけ傾いた2枚の平面鏡 M_1，M_2 の前方の光源 S から出た光の反射光はそれぞれ M_1，M_2 による S の像 S_1，S_2 から出たかのように反射する。よって，スリット間隔が $S_1S_2 = 2a\sin\theta \fallingdotseq 2a\theta$ で（鏡が θ だけ回転する

と反射光は 2θ だけ回転する），スリットとスクリーンまでの距離 l が $l = a\cos\theta + b \fallingdotseq a + b$ のヤングの実験と同様である．

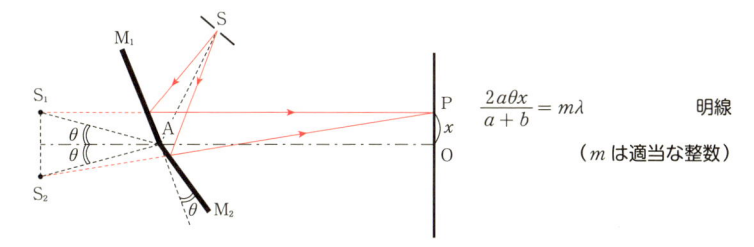

$$\frac{2a\theta x}{a+b} = m\lambda \quad 明線$$

（m は適当な整数）

$SA = S_1A = S_2A = a$, $OA = b$, $\angle S_1AS_2 = 2\theta$

例題 3－14　　　　　　　　　　ヤングの実験

下図のような装置を用いて，光の干渉の実験をした．ナトリウムランプを光源に用い，1度凸レンズで集光し，スリット S を通し，次に中心線 SM から等距離にあり，間隔 d の近接した2つのスリット S_1 と S_2 を通し，さらに，距離 l だけ離れた位置にあるスクリーン上に干渉じまをつくった．$d \ll l$ として，次の問いに答えよ．

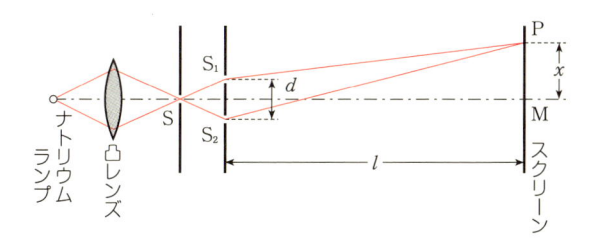

(1) 光源として，ナトリウムランプが適している理由を述べよ．
(2) スクリーンの中央 M に明るい線のできる理由を述べよ．
(3) M の次に明るい線が P にできたとする．MP の距離を x，光の波長を λ とすれば，近似的に $x = l\lambda/d$ が成り立つことを証明せよ．ただし，$x \ll l$ とする．
(4) スリット S_1 の前に，屈折率 n で厚さ t の薄い透明なセロハンをはりつければ，中央の明るい線は，スクリーン上で M から y だけ離れたところにできる．y を n, t, d および l を用いて表せ．ただし，$y \ll l$ とし，光がセロハンを横切る距離は t とする．

(九州大)

解答

(1) ナトリウムランプは，単色光に近い黄色の可視光を発することができるから。

(2) S_1，S_2 から同位相の光が回折して広がっていくが，M は S_1，S_2 から等距離の位置にあるので，S_1，S_2 から出た光波が干渉して強め合うから。

(3) 本文 (p.232 ●レンズの公式) とは別の証明を行う。

$$S_2P - S_1P = \sqrt{l^2 + \left(x + \frac{d}{2}\right)^2} - \sqrt{l^2 + \left(x - \frac{d}{2}\right)^2}$$

$$= l\left\{1 + \left(\frac{x+d/2}{l}\right)^2\right\}^{\frac{1}{2}} - l\left\{1 + \left(\frac{x-d/2}{l}\right)^2\right\}^{\frac{1}{2}}$$

$$\fallingdotseq l\left\{1 + \frac{1}{2}\cdot\frac{(x+d/2)^2}{l^2}\right\} - l\left\{1 + \frac{1}{2}\cdot\frac{(x-d/2)^2}{l^2}\right\} = \frac{dx}{l}$$

明るくなる条件は $\dfrac{dx}{l} = m\lambda$ $(m = 0, 1, 2, \cdots)$

$m=0$ が点 M だから，点 P は $m=1$ とおいて

$$x = \frac{l\lambda}{d}$$

(4) 下図より，光路差 L は

$L = S_2'S_2 + S_2P - (nS_1'S_1 + S_1P)$　また，$S_1'S_1 = S_2'S_2 = t$　よって

$L = S_2P - S_1P - (n-1)t$

$\fallingdotseq \dfrac{dy}{l} - (n-1)t$

光路差 $L=0$ とおいて

$$y = \frac{(n-1)lt}{d}$$

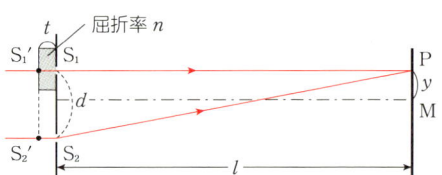

(2) 薄膜による光の干渉

水面に油の薄い層 (油膜) が広がっているとき，油膜の上面で反射した光と油と水面との境界で反射した光が干渉して色づいて見えることがある。

いま，図のように，厚さ d，屈折率 n の油 (水の屈折率より大きい) の膜に波長 λ の単色光が入射角 θ で入射したとする。油膜の表面上の点 C で反射する光線 a と，油膜に屈折角 ϕ で屈折し，水面との境界面上の

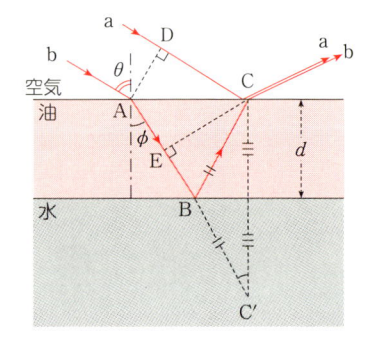

点Bで反射して油膜の表面上の点Cで屈折する光線bの干渉を考える。入射波の波面ADは油膜の中で波面CEの位置へ進むから、光線bが点Aから点Eまで進む時間と光線aが点Dから点Cまで進む時間は等しい（ホイヘンスの原理）。よって、aとbの経路差はEB＋BCである。したがって、図の点C'（油と水の境界面に関して点Cと対称な点）を用いて

$$EB + BC = EC' = 2d\cos\phi$$

油の屈折率がnであるから光線a，bの光路差Lは

$$L = 2nd\cos\phi$$

光線aは点Cで位相がπ〔rad〕ずれるが、光線bは点Bで位相がずれない。

よって、光の干渉条件は、点Cでの反射で位相がπ〔rad〕だけずれるから、次のようになる。

$$\text{薄膜}\quad 2nd\cos\phi = \begin{cases} \left(m - \dfrac{1}{2}\right)\lambda & \text{明線} \\ m\lambda & \text{暗線} \end{cases} \quad (m = 1, 2, 3, \cdots)$$

> ● 光線が境界面に垂直な場合は光路差は$2nd$になる。また、まわりの媒質の屈折率の大小関係によっては、明線と暗線の条件が入れ替わることもある。

発展 光源が白色光の場合

白色光にはいろいろな波長の光が含まれている。一方、上の光の干渉条件の式からわかるように、光が強め合うときの屈折角ϕは波長λにより異なるので、見る角度により色が変わり、油膜はさまざまに色づいて見える。しかし、油膜の厚さdが大きくなると色づいて見えないのは、ほぼ一定の角度ϕに対して、上式の強め合う条件を満たす自然数mと波長λの組み合わせが多くなり、いろいろな波長の光が重なり合うからである。

透過光の場合も右図のように、光線a，bの干渉により明暗ができる。この場合、光線bは点B，Cで反射するとき位相は変化しないから、透過光の明暗の条件は反射光の明暗の条件とちょうど逆になる。

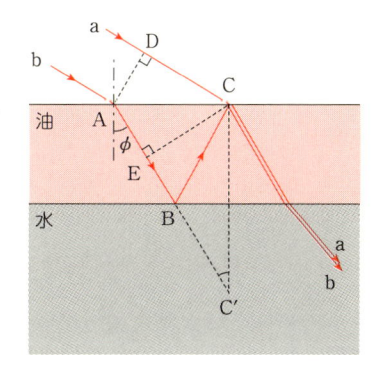

例題 3-15　薄膜の干渉

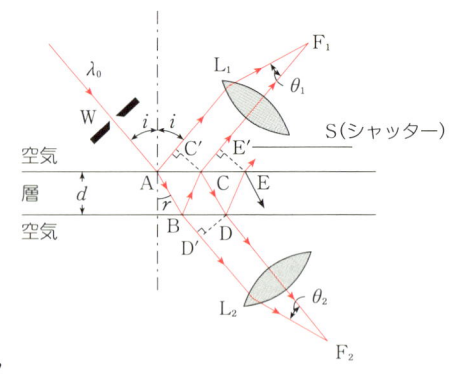

図に示すように，波長 λ_0 の光が，屈折率を 1 とみなせる空気中から，小窓 W を通って平行平面の層へ入射角 i で入射する。層の屈折率は $n\,(>1)$ で，厚さは d である。光の一部は A 点で反射され，レンズ L_1 の焦点 F_1 へ向かう。残りの光は屈折角 r で層内へ入り，B，C，D，E，… の各点で内面反射をくり返し，各点でその一部が層から空気中へ出る。それらの光はレンズ L_1，L_2 のそれぞれの焦点 F_1，F_2 へ向かい，たがいに干渉する（角 θ_1 と θ_2 は十分小さいものとする）。C 点から光の経路 AF_1 へ垂直に下ろした点を C′ とする。C 点と C′ 点における光の位相のずれは，光が F_1 点に達したときにも，そのまま保たれる。E 点と E′ 点から F_1 点，D 点と D′ 点から F_2 点への光についても，それぞれ同じことがいえる。次の問いに答えよ。

(1) 層中での光の速さ v_1，および波長 λ_1 はいくらか。空気中での光の速さは v_0 とする。

(2) A 点で反射した光と C 点から出てきた光が F_1 点で，最も強め合う条件を λ_0，d，i，n を用いて求めよ。光の経路の差を表すために必要な整数を m とせよ。

(3) このとき，光の一部は B 点および D 点からレンズ L_2 の焦点 F_2 に達している。これら 2 つの光は F_2 点で強め合うか，弱め合うか。λ_0，d，i，n，m を用いて説明せよ。

(4) 問い(2)の状態で，波長 λ_0 を短くしていくと，A 点および C 点からの光は F_1 点で弱め合うようになる。最初に最も弱め合うときの層中での光の波長 λ_2 はいくらか。d，i，n，m を用いて示せ。

(東北大)

解答

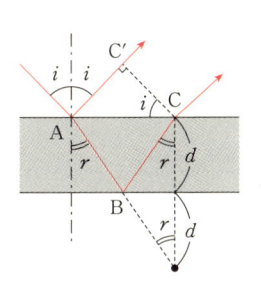

(1) $\dfrac{\sin i}{\sin r} = \dfrac{v_0}{v_1} = \dfrac{\lambda_0}{\lambda_1} = \dfrac{n}{1}$ より $v_1 = \underline{\dfrac{v_0}{n}}$ $\lambda_1 = \underline{\dfrac{\lambda_0}{n}}$

(2) 光路差 $L = n(AB + BC) - AC'$

また，右図より $AB = BC = \dfrac{d}{\cos r}$

$AC' = AC \sin i = 2d \tan r \cdot \sin i$

$\therefore\ L = \dfrac{2d}{\cos r}(n - \sin r \cdot \sin i)$

ここで $\sin r = \dfrac{\sin i}{n},\ \cos r = \sqrt{1 - \sin^2 r} = \dfrac{1}{n}\sqrt{n^2 - \sin^2 i}$ であるから

$L = \dfrac{2nd}{\sqrt{n^2 - \sin^2 i}} \times \left(n - \dfrac{\sin^2 i}{n}\right) = 2d\sqrt{n^2 - \sin^2 i}\ (= 2nd \cos r)$

点 A での反射の際，位相が $\pi\,[\mathrm{rad}]$ ずれるので，最も強め合う条件は

$\underline{2d\sqrt{n^2 - \sin^2 i} = \left(m + \dfrac{1}{2}\right)\lambda_0}$

(3) この場合，光路差 L' は $L' = n(BC + CD) - BD'$ となり，これは(2)の L と等しい。また点 B，C で反射の際，位相はずれないので，

$\underline{L' = 2d\sqrt{n^2 - \sin^2 i} = \left(m + \dfrac{1}{2}\right)\lambda_0\ \text{は光が弱め合うための条件となる。したがって，}}$

$\underline{\text{これらの光は弱め合う。}}$

(4) 波長を λ_0 から短くしていき，λ_0' になったとき弱め合ったとすると

$L = 2d\sqrt{n^2 - \sin^2 i} = (m+1)\lambda_0'$

よって，このときの媒質中の波長は $\lambda_2 = \dfrac{\lambda_0'}{n} = \underline{\dfrac{2d\sqrt{n^2 - \sin^2 i}}{n(m+1)}}$

(3) くさび形薄膜

微小角 α をなし，点 O の位置で接触する 2 枚のガラス板 A，B の上方から板に垂直に波長 λ の単色光を入射させると，A の下面で反射する光 a と B の上面で反射する光 b が干渉して明暗の干渉じまができる。

O から距離 x の位置の空気層の厚さ d は

$d = x\tan\alpha \fallingdotseq x\alpha$　であるから，a，b の光路差 L は

$L = 2d = 2x\alpha$

となる。したがって，B の上面での反射により，光波の位相が π [rad] だけずれることを考慮すると，光の干渉条件は，次のようになる。

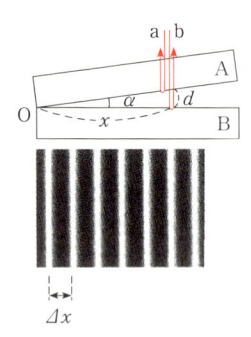

$$\boxed{\text{くさび形薄膜}\quad 2x\alpha = \begin{cases}\left(m+\dfrac{1}{2}\right)\lambda & \text{明線} \\ m\lambda & \text{暗線}\end{cases}}\quad (m = 0, 1, 2, \cdots)$$

また，明線の位置は　$x_m = \left(m+\dfrac{1}{2}\right)\dfrac{\lambda}{2\alpha}$　であるから，しまの間隔は

$\Delta x = x_{m+1} - x_m = \dfrac{\lambda}{2\alpha}$　　（等間隔）

> ● A と B の間に屈折率 n の液体を入れると，この液体内では光の波長が λ/n（液体中の波長）となるから，上の式の波長 λ を λ/n に置き換えて
>
> $\Delta x = \dfrac{\lambda}{2n\alpha}$　の式が得られる。この式から，しまの間隔は狭くなることがわかる。

(4) ニュートンリング

大きな半径 R の球面をもつ平凸レンズを板ガラスの上にのせ，真上より波長 λ の単色光を面に垂直に当てレンズの上方からこれを見ると，同心円上のしま模様（**ニュートンリング**）が見られる。これはレンズの下面で反射した光 b と板ガラスの上面で反射した光 a が干渉するからである。

レンズの中心軸 OA から距離 r の位置でのレンズと板ガラスの間の空気層の厚さを d とし，直角三角形 OBC に三平方の定理を適用すると

$R^2 = r^2 + (R-d)^2$

$\therefore\quad r^2 = 2Rd - d^2 \fallingdotseq 2Rd\quad (\because\ R \gg d)$

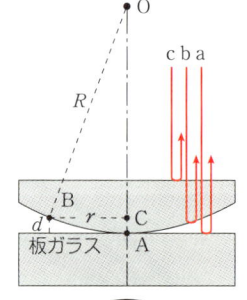

ゆえに，2つの光a，bの光路差は

$$L = 2d = \frac{r^2}{R}$$

一方，光が板ガラスの上面で反射するとき光の位相がπ〔rad〕ずれるから，半径rの円が明るくなったり，暗くなったりするための条件は

ニュートンリング $\dfrac{r^2}{R} = \begin{cases} \left(m + \dfrac{1}{2}\right)\lambda & \text{明るい円} \\ m\lambda & \text{暗い円} \end{cases}$ ($m = 0, 1, 2, \cdots$)

明るい円の半径は $r_m = \sqrt{\left(m + \dfrac{1}{2}\right)R\lambda}$ となり，リングの間隔はmが大きくなるにつれて小さくなる。また，レンズの中心（$r = 0$，$m = 0$）は暗くなる。

- ニュートンリングの実験では反射光にはa，b，cの3種類があるが，光路差の小さいaとbの干渉による干渉じまは観測できるが，aとcやbとcは光路差が大きいので観測できない。

- **透過光によるニュートンリング** 透過光でもニュートンリングができるが，この場合は光aは空気層の両面の反射でπ〔rad〕の位相のずれが2回起こるが，透過光bのほうは位相がずれない。したがって，反射光の場合と明暗の条件が逆になる。これは，薄膜の場合と同じ事情である。

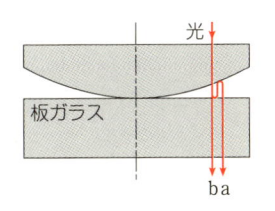

POINT 反射光の位相のずれに注意して干渉条件を調べる。

参考 光の干渉性（波束とレーザー）

普通の光源から出る光は，振動面の定まった長く連続した波ではなく，とぎれとぎれの波になっている。これを波束という。1つの波束とほかの波束では振動面が異なるだけではなく，位相に一定の関係がないので干渉を生じさせにくく，ヤングの実験のような装置の工夫が必要である。レーザー光は位相，方向，振幅などがよくそろっていて干渉性が非常によく，いろいろな分野に使われるようになってきている。

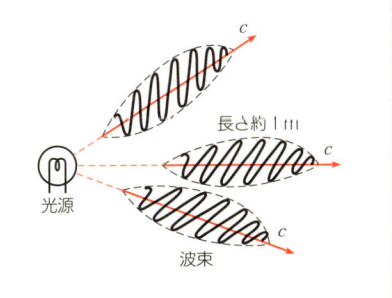

例題 3-16　ニュートンリング

曲率半径 R_1 の平凸レンズを曲率半径 R_2 の平凹レンズの上に図のように重ね合わせ、真上から入射する波長 λ の光でニュートンリングを観察する。

(a) 中心軸（図の鉛直の点線）から距離 r の位置における空気層の厚さ d、および d_1 と d_2 は、R_1, R_2 に比べてじゅうぶん小さいものとみなし、r, R_1 および R_2 を用いて d_1, d_2 および d を表せ。

(b) 暗い中心部に最も近い暗いリングを1番目、1番目のすぐ外側の暗いリングを2番目というように、順次外側へ数えるものとする。k 番目の暗いリングの半径を求めよ。

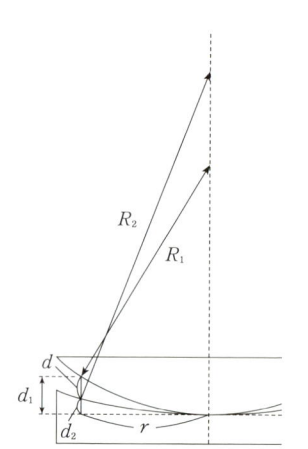

(c) これらのレンズ（屈折率 n_1）の間の空気層を屈折率 n_2（ただし、$n_1 > n_2$）の透明な液体で置き換えたときの k 番目の暗いリングの半径を求めよ。

(三重大)

解答

(a) d_1 を本文とは異なる方法で求めてみる。
△OAB∽△ACB より

$$\frac{d_1}{r} = \frac{r}{2R_1 - d_1}$$

∴ $r^2 = d_1(2R_1 - d_1) \fallingdotseq 2R_1 d_1$　∴ $d_1 = \dfrac{r^2}{2R_1}$

同様にして　$d_2 = \dfrac{r^2}{2R_2}$

∴ $d = d_1 - d_2 = \dfrac{r^2}{2}\left(\dfrac{1}{R_1} - \dfrac{1}{R_2}\right)$

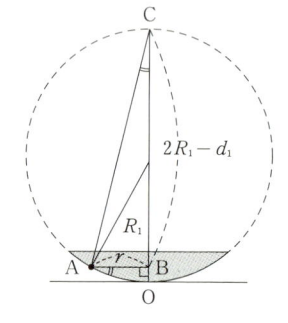

(b) 光路差は $2d$ で、平凹レンズの上面で反射するとき位相が π [rad] ずれるので、暗線の条件は

$$2d = r^2\left(\frac{1}{R_1} - \frac{1}{R_2}\right) = k\lambda \qquad ∴\ r = \sqrt{\frac{R_1 R_2 k\lambda}{R_2 - R_1}}$$

(c) $n_1 > n_2$ だから、反射の際の位相のずれは液体を入れないときと同じである。暗線の条件は(b)の式で波長 λ を液体中の波長 λ/n_2 に置き換えて

$$r^2\left(\frac{1}{R_1} - \frac{1}{R_2}\right) = k\frac{\lambda}{n_2} \qquad ∴\ r = \sqrt{\frac{R_1 R_2 k\lambda}{(R_2 - R_1)n_2}}$$

例題 3-17　プリズムで屈折した光の干渉

図のように，頂角 α の直角プリズム ABC が空気（屈折率を 1.0 とする）中に置かれている。いま，空気中の波長が λ の単色光平面波をプリズムの AB 面に垂直な方向から入射させたところ，プリズムを透過した光波は，プリズムの下方 DE 間を通って直進した同じ単色光平面波と δ の角度をなして重なった。このとき形成される干渉じまを FG 面にスクリーンを置いて観測する。次の各問いに答えよ。

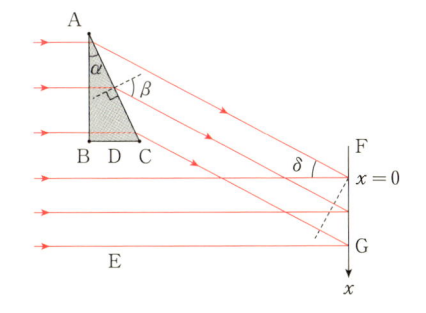

(1) プリズムを透過した光波のプリズム AC 面における屈折角 β を求めよ。
(2) プリズムのこの光波に対する屈折率 n を求めよ。
(3) 頂角 α が非常に小さいとしたとき，δ を n と α を用いて表せ。
(4) FG 面はプリズム下方 DE を通って直進した光波の進行方向に対して垂直とし，この面内に図のように x 軸をとる。プリズムを透過した光波の波面はその進行方向と垂直であるから，$x=0$ の位置を通るこの光波の波面は破線で示したようになる。このとき FG 面上に形成される干渉じまの隣り合う明線の間隔 Δx を求めよ。

(北海道大)

解答

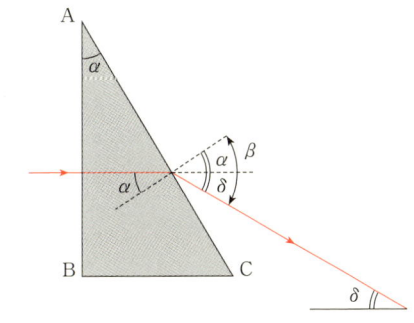

(1) 図より
　屈折角　$\beta = \alpha + \delta$

(2) 屈折の法則より
$$n = \frac{\sin\beta}{\sin\alpha} = \frac{\sin(\alpha+\delta)}{\sin\alpha}$$

(3) $\alpha \ll 1$, $\beta = \alpha + \delta \ll 1$ だから

(2)の結果より　$n = \dfrac{\alpha+\delta}{\alpha}$

∴　$\delta = (n-1)\alpha$　（☞ p.227 発展 ）

(4) FG 面上の点 O, P を隣り合う明線の位置とする。
図の点 O, P と点 O, Q は同位相であるから, 点 P, Q は同位相である。

∴ $PQ = \Delta x \sin\delta = 1 \cdot \lambda$

∴ $\underline{\Delta x = \dfrac{\lambda}{\sin\delta}}$

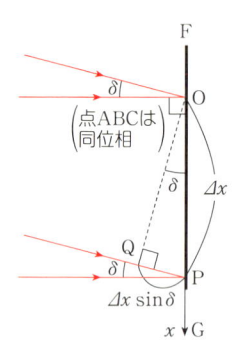

(5) 回折格子

板ガラスの面に非常に多くの細い平行な筋を等間隔に引いたものを**回折格子**といい, 隣り合う筋の間隔 d を**格子定数**という。

回折格子に光を当てると, ガラス面の筋と筋の間のせまい透明な部分が多数のスリットの役目をし, 多くの等間隔のスリットから特定の方向に回折した光はたがいに干渉して強め合う。

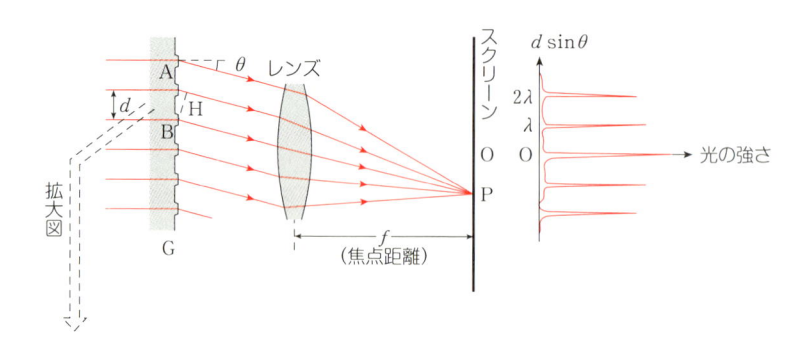

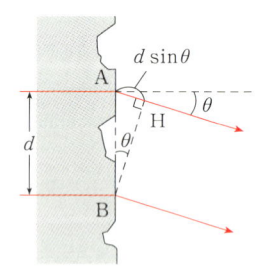

図のように, 波長 λ の単色光の平行光線を回折格子 G に垂直に入射させ, 角度 θ の方向に回折した平行な光をレンズでスクリーン上の点 P に集める場合を考える。このとき, 各スリットを通ったこれらの光のうち, 隣り合う光の光路差はみな $d\sin\theta$ である。この光路差は光がレンズを通っても変わらない (☞ p.251 参考)。したがって, これらの光が強め合う条件は

回折格子 $\quad d\sin\theta = m\lambda \quad$ ($m = 0, 1, 2, \cdots$) 〔m は整数で次数という〕

となり, この式を満たす方向は明るくなり, 点 P に明線が生じる。

発展　回折格子と光の強さの分布

前式を満たす θ から少しでも角度がずれると，1つのスリットから回折した光と何個か離れたスリットから回折した光との位相差が π（半波長分）になるところがあり，これらの光はたがいに打ち消し合う。したがって，前頁の光の強さの図のように，明線以外のところは光が弱くなり，2つのスリットを用いたヤングの実験と異なり，明線は非常に鋭く現れる。

発展　斜め入射の回折格子と反射型回折格子（格子定数 d）

いずれの図の場合も隣り合う光の光路差は $d|\sin\theta - \sin\phi|$ となる。よって，光が強め合う条件は $d(\sin\theta - \sin\phi) = m\lambda$（$m$ は整数）と表される。

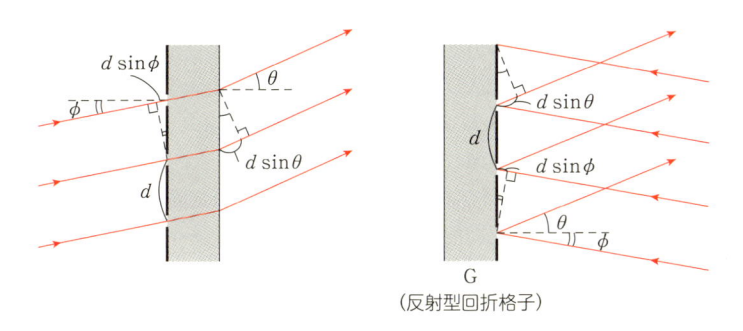

G
（反射型回折格子）

参考　平行光線の集光

レンズによる平行光線の集光の際には，新たに光路差は生じず，点 C は焦点 F を含む光軸に垂直な面上にある。

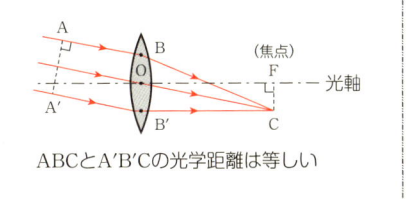

ABCとA'B'Cの光学距離は等しい

例題 3−18　回折格子

図1は光の干渉実験を行うための光学系を真上から見たものである。

A は単色光源，L_1 と L_2 はともに凸レンズ，S は L_1 の焦点の位置に置かれたスリット，B は L_2 の焦点の位置

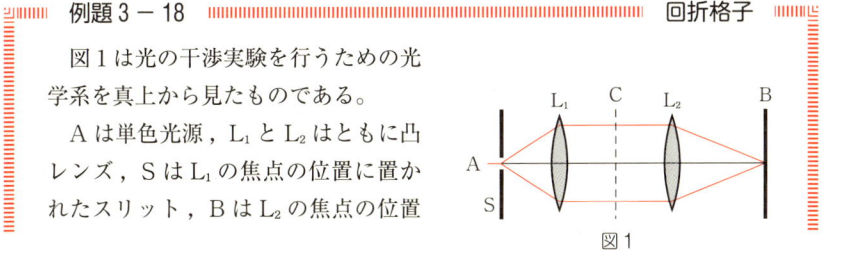

図1

に置かれたスクリーンである。L₁とL₂の中間Cの位置には，図2のような複スリットG₁あるいは回折格子G₂を置く。G₁およびG₂のスリットの間隔はいずれもdである。

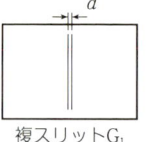

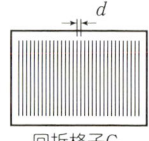

図2　複スリットG₁　　回折格子G₂

次の文章の{　}の中から最も適当なものを選び符号で答えよ。また，□の中に記入すべき数値を求めよ。

(1) Cの位置にG₁を置いた場合とG₂を置いた場合では
　(i) Bに生ずる明暗の像は{(イ) G₁　(ロ) G₂}によるものの方が鋭くはっきりしている。
　(ii) Bに生ずる明線の中心間の間隔は{(ハ) G₁によるものの方が大きい　(ニ) G₂によるものの方が大きい　(ホ) どちらの場合も等しい}。

(2) Cの位置にG₂を置いたとき，B上に生ずる明線の間隔が5.00 mmであった。L₂の焦点距離を150 mm，dを2.00×10^{-2} mmとすれば，光源の波長は□nmである。

(3) 単色光源Aの代わりに白色光源を用い，Cの位置にG₂を置くと，B上に生ずる明線の色の配列はBの中央から{(ヘ) 赤→黄→青　(リ) 青→黄→赤}の順である。

(愛媛大)

解答

(1) (i) 回折格子G₂を置いた場合では，多数のスリットを通って回折した光が干渉して強め合う条件を満たすときは明るくなるが，この条件から少しでもずれると打ち消し合って暗くなるので，明暗の像は鋭くはっきりしている。　∴　(ロ)

(ii) 明るくなる条件は同じなので明線の間隔は同じである。　∴　(ホ)

(光の波長をλ，回折角をθとすると強め合う条件は$d\sin\theta = m\lambda, m = 0, 1, 2, \cdots$)

(2) 右図において

$$\tan\theta = \frac{x_m}{f} \quad (f\text{は焦点距離})$$

明るい条件は
$$d\sin\theta = m\lambda$$

$\theta \ll 1$だから
$$x_m = f\tan\theta \fallingdotseq f\sin\theta = \frac{mf\lambda}{d}$$

ゆえに，明線の間隔は
$$\Delta x = x_{m+1} - x_m = \frac{f\lambda}{d}$$

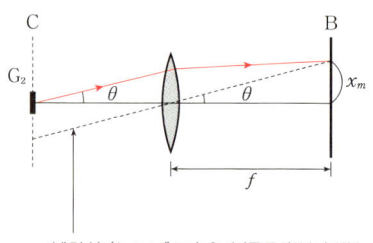

補助線(レンズの中心を通る光は直進し，平行光線は焦点距離のところで1点で交わる)

∴ $\lambda = \dfrac{d\varDelta x}{f} = \dfrac{2.00 \times 10^{-2} \times 5.00}{150} ≒ 6.67 \times 10^{-4}$ [mm] = 667 [nm]

(3) 明線の位置 $x_m = \dfrac{mf\lambda}{d}$ は波長λに比例するのでBの中央から波長の短い順

(青 → 黄 → 赤) になる。　(リ)

(中央は$m=0$，$x_m=0$はλに無関係だから白色)

発展 単スリット

　下図のように，せまい幅dの1つのスリットABに波長λの単色光を垂直に当て，その遠方にスクリーンを置くと明暗の干渉じまができる。いま，スリットABの各点から入射方向と角θの方向に回折する光を考える。ABの中点をC，Bから点Aで回折した光線に下ろした垂線の足をA′とするとAA′$=d\sin\theta$となる。AA′$=\lambda$のときは，ACの部分からの回折光とBCの部分からの回折光が全体として打ち消し合い暗くなる（ちょうど経路差が半波長違うものが相手側に存在する。図のaとb）。また，AA′$=1.5\lambda$のときは，図のように，AB間を3等分して考えると，AC，CDの部分からの回折光は打ち消し合うが，DB部分からの回折光は打ち消し合う相手がないのである程度は明るくなる。

　一般に，回折光が打ち消し合って暗くなる条件は
$$d\sin\theta = m\lambda \quad (m=1, 2, \cdots), \quad \theta = 0 のときは明線$$

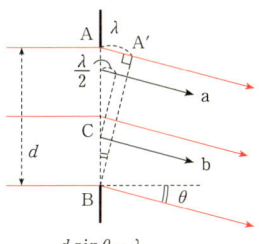

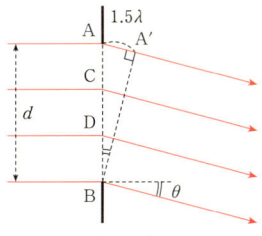

これは，AA′$=d\sin\theta = m\lambda$のとき，AB部分を$2m$個の等区間に分けて考えると，経路差が半波長違うものが必ず隣りの区間に存在することになるので，全体として打ち消し合って暗くなるからである。また，明るくなる条件は
$$d\sin\theta = \left(m + \dfrac{1}{2}\right)\lambda \quad (m=1, 2, \cdots)$$

となる。また，詳しい計算によると，上の明るくなる条件は近似的なものであり，このときの光の強さの分布は上図のようになる。

例題 3-19　　　マイケルソンの干渉計

次の各問いに答えよ。

図において，Sは光源，Mは光の一部を通し一部を反射する平行平面膜，M_1，M_2は光線に垂直におかれた平面鏡である。Sから出た波長λの単色光は，Mを通りM_1で反射され再びMで反射されて検出器Dに入る光線と，はじめMで反射されたあとM_2で再び反射されてからMを通りDに入る光線とに分かれる。この2つの光線の干渉により，Dに入る光は強め合ったり打ち消し合ったりする。装置全体は空気中に置かれていて，はじめ光路差は無く，光は強め合っていた。

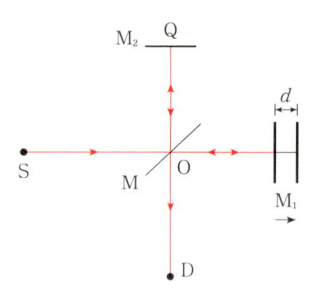

(1) $\lambda = 500$ [nm] とし，M_1 を図のように距離 $d = 2.25 \times 10^{-4}$ cm だけゆっくり平行移動させる間にDで光が強め合う回数はいくらか（はじめは除く）。

(2) M_1をその位置（平行移動した位置）に固定し，波長をゆっくり減少させるとき，再び強め合う波長はいくらか。

(3) 波長を500 [nm] に戻し，ゆっくり波長を増加させるとき，はじめに打ち消し合う波長はいくらか。

(4) 再び波長を500 [nm] に戻し，MとM_2の間に屈折率が1.5で厚さtが 4.88×10^{-3} cm $\leq t \leq 4.94 \times 10^{-3}$ cm の平行平面膜を光線に直交するようにおいたら，光は強め合った。このときのtの値はいくらか。

(5) 次に，この膜を除き，代わりに長さ10 cmの管を光線に平行に置き，管の中を真空にし，M_1を平行移動してDで光が強め合うようにしておく。管の中に気体を徐々に1気圧になるまで入れていったら，光はDで最終状態を含めて400回強め合った。このときの気体の屈折率はいくらか。

（東京理科大）

解答

(1) 右図のように，鏡が d だけ移動すると M_1 で反射して D に達する光と M_2 で反射して D に達する光の間に $2d = 4.5 \times 10^{-4}$ cm の光路差ができる。光は 1 波長 $\lambda = 500$ [nm] $= 5 \times 10^{-5}$ cm の距離の差ごとに強め合うから，強め合う回数は

$$\frac{2d}{\lambda} = \frac{4.5 \times 10^{-4}}{5 \times 10^{-5}} = \underline{9} \text{ [回]}$$

(2) 求める波長を λ_1 とすると，光が強め合う条件は
$$2d = m\lambda_1 \quad (m = 0, 1, 2, \cdots)$$
$\lambda_1 < \lambda$ だから，(1)より，次に強め合うときは $m = 10$ である。
$$\therefore \quad \lambda_1 = \frac{2d}{10} = 4.5 \times 10^{-5} \text{ [cm]} = \underline{450 \text{ [nm]}}$$

(3) 求める波長を λ_2 とすると，光が打ち消し合う条件は
$$2d = \left(m + \frac{1}{2}\right)\lambda_2 \quad (m = 0, 1, 2, \cdots)$$
$\lambda_2 > \lambda$ だから，(1)より，はじめに打ち消し合うときは $m = 8$ である。
$$\therefore \quad \lambda_2 = \frac{2d}{8.5} \fallingdotseq 5.29 \times 10^{-5} \text{ [cm]} = \underline{529 \text{ [nm]}}$$

(4) 右のように，光の往復により，膜があるときは膜の部分の光学的距離は $2 \times nt$ となり，膜がないときの光学的距離 $2 \times t$ である。ゆえに，膜がないときに比べ，光路差が $2nt - 2t = 2(n-1)t$ だけ増加する。

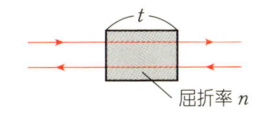

ゆえに，光が強め合う条件は
$$2(n-1)t = m\lambda \quad (m = 1, 2, 3, \cdots)$$
$n = 1.5$，$\lambda = 5 \times 10^{-5}$ cm を代入すると
$$t = 5m \times 10^{-5} \text{ [cm]}$$
条件より $4.88 \times 10^{-3} < 5m \times 10^{-5} < 4.94 \times 10^{-3}$ $\therefore$ $97.6 < m < 98.8$
ゆえに $m = 98$ $\therefore$ $t = 5 \times 98 \times 10^{-5} = \underline{4.90 \times 10^{-3} \text{ [cm]}}$

(5) 求める屈折率を n' とすると，光路差が $2(n'-1) \times 10$ [cm] 増加するから
$$2(n'-1) \times 10 = 400\lambda = 400 \times 5 \times 10^{-5}$$
$$\therefore \quad n' = \underline{1.001}$$

3 光の示す諸現象

(1) 光の分散とスペクトル

太陽光線をプリズムに当てると，図のように，屈折角の小さい方から順に赤，橙，黄，緑，青，藍，紫（波長はこの順序で 800 nm (8000 Å) 〜 380 nm (3800 Å) くらいである）の色に分かれる。これを光の**分散**という。これは光の波長によってガラスの屈折率が異なることによって起こる現象である（波長が長いほど屈折率が小さい）。

また，このように，光をその波長により分けたものを**スペクトル**という。

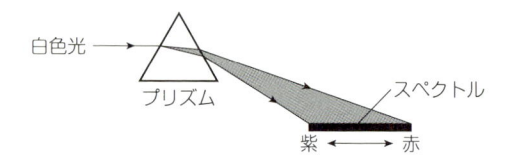

● **虹の原理** 光の分散によって起こる現象に虹の発生がある。

図のように，空気中の水滴に太陽光線が当たり，屈折して水滴に入った光線が全反射して，また屈折して外に出ていくとき，光の分散により，波長の長い光（赤色）が曲がり方が小さく，波長の短い光（紫色）の曲がり方が大きいので，観測者から見た仰角 ϕ は赤が大きく，紫が小さくなる。したがって，虹の外側が赤く内側が紫になっている。

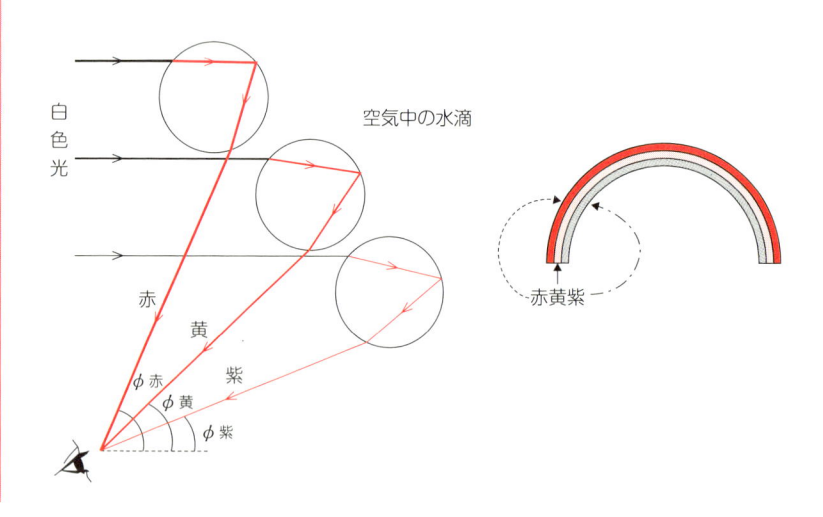

虹の7色

太陽光をプリズムにとおして見えるのが虹の7色であり，下図のように，光の波長のうち，380〔nm〕～780〔nm〕が可視光線といわれ，ふだん人が光として認識している電磁波である。7色のなかで黄緑（波長555〔nm〕）が最も明るく感じるといわれる。可視光線の前後の波長域に，紫外線や赤外線が存在する。

波長〔m〕

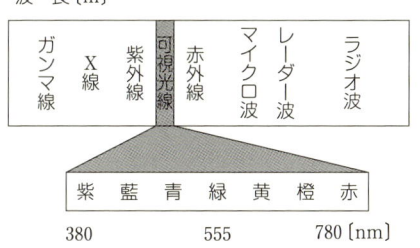

| ガンマ線 | X線 | 紫外線 | 可視光線 | 赤外線 | マイクロ波 | レーダー波 | ラジオ波 |

紫 藍 青 緑 黄 橙 赤
380　　　　555　　　　780〔nm〕

発展　スペクトルの種類

光のスペクトルを得るには，分光器（プリズム）または回折格子などが用いられる。また，スペクトルの種類には次のようなものがある。

連続スペクトル……高温の液体や固体が出す光のスペクトルで赤色光から紫色光までの色が連続して現れる。

輝線スペクトル……希薄な高温気体の出す光のスペクトルで，とびとびの数本の輝線からなっており，輝線の数や配列のしかたはそれぞれの元素に特有なものである。

吸収スペクトル……光源の出す連続スペクトルのうちのある部分が，光源のまわりにある温度の低い気体によって吸収されたスペクトル（太陽光線の**フラウンホーファー線**など）。

(2) 光の散乱

光が微粒子に当たると進行方向以外に光が散っていく現象を光の**散乱**という。空やたばこの煙が青く見えるのは光の散乱のためである。

> **参考　光の波長と散乱，吸収**
>
> 光の波長が短い（振動数が大きい）ほど，微粒子を構成している原子内の電子を振動させる振動数に近く，この電子の振動が新たにまわりに光を送りだし，散乱の現象は著しくなる。紫色の光は青色の光より波長が短いから散乱は著しいが，紫色の光は大気によく吸収されるので，空は青く見える。

(3) 偏光

振動面が一定の方向に定まっている光は偏っているという。そのような光を**偏光**とよぶ。ポーラロイドや電気石板のように偏光をつくり出す板を**偏光板**という。これに対し、自然の光は、その射線を含むすべての平面を振動面とする光を含んでいて、このような光を**自然光**という。

参考　ブルースターの法則

偏光板を2枚用い、これを通して明るい光源を見ながら、1枚を固定してもう1枚を回転すると、視野が明るくなったり暗くなったりする。これは、偏光板の結晶軸に垂直な振動面をもつ光が偏光板を通過できないからである。

また、自然光は物質の境界で反射や屈折をするときにも偏りの現象を示す。図で、反射光 OB は紙面に垂直に振動する偏光が含まれる割合が多く、屈折光 OC は紙面内で振動する偏光が含まれる割合が多くなっている。

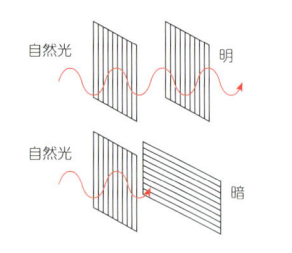

特に、OB⊥OC のとき、反射光 OB は完全に偏光している。これを**ブルースターの法則**という。光の入射角を θ、屈折角を ϕ、物質の屈折率を n とすると

$$n = \frac{\sin\theta}{\sin\phi} = \frac{\sin\theta}{\sin(90°-\theta)}$$
$$= \frac{\sin\theta}{\cos\theta} = \tan\theta$$

となる。このときの角 θ のことを偏光角という。

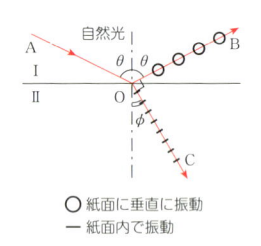

(4) 光のドップラー効果

光も波であるから光源が運動すると、ドップラー効果が生じる。光源が観測者に対して相対速度 v で動いているとき、光源の振動数 f（波長 λ）と観測値 f'（波長 λ'）の間には次の近似式が成立する。（正確な式はアインシュタインの相対性理論から導かれる）

$$f' = f\frac{c}{c \pm v} \quad \lambda' = \frac{c}{f'} = \frac{c}{f} \cdot \frac{c \pm v}{c} = \lambda\left(1 \pm \frac{v}{c}\right) \begin{cases} +：光源が遠ざかるとき \\ -：光源が近づくとき \end{cases}$$

> 観測者に対する光の速さは観測者の速度には無関係に c であり（マイケルソン・モーレーの実験により確かめられた）、音波の場合とは異なったドップラー効果の式になるが、近似的には音波の場合の式を用いてよい。

POINT　光のドップラー効果 ⇨ 近似的には音波のドップラー効果を用いる

例題 3-20　　光のドップラー効果

次の文中の□の中に適当な式，語句，または数値を入れよ。

一定の速さ v で地球から遠ざかっていく星がある。ある時刻 t_1 でのその星と地球との距離は R で，この時刻に星から出た光は時刻 T_1 に地球に到達する。T_1 は t_1，R，光速 c を用いて，$T_1 =$ (1) と表される。その後，時刻 t_2 に星を出た光が地球に到達する時刻 T_2 は t_1，t_2，R，c，v を用いて，$T_2 =$ (2) となる。

ところで，振動数 f の光は時間 $t_2 - t_1$ に (3) 回振動するが，地球上で観測されるこの光の振動数 f' は，t_1，t_2，T_1，T_2，f を用いて，$f' =$ (4) と表される。また，(1)，(2)から，この振動数 f' は，c，v，f を用いて表すと，$f' =$ (5) となる。

したがって，この星からの光の波長は，地球上にある同じ元素から出る光の波長よりも (6) い方にずれている。たとえば，波長が 10% ずれているとき，その星は光速の (7) 倍の速さで地球から遠ざかっている。

(関西学院大)

解答

(1) $T_1 = t_1 + \dfrac{R}{c}$

(2) 時刻 t_2 における星と地球との距離は $R + v(t_2 - t_1)$ であるから
$$T_2 = t_2 + \dfrac{R + v(t_2 - t_1)}{c}$$

(3) 時間 $t_2 - t_1$ の間の振動回数 N は　$N = f(t_2 - t_1)$

(4) 地球上では，(3)の振動回数 N を，振動数 f' の光として，時間 $T_2 - T_1$ の間観測するから
$$N = f(t_2 - t_1) = f'(T_2 - T_1) \quad \therefore \quad f' = \dfrac{t_2 - t_1}{T_2 - T_1} f$$

(5) (4)の結果に(1)，(2)を代入して
$$f' = f \dfrac{t_2 - t_1}{\left(1 + \dfrac{v}{c}\right)(t_2 - t_1)} = f \dfrac{c}{c + v}$$

この結果はドップラー効果の式に一致する。

(6) 長（または，大き）

(7) この星からの光の波長（動いている原子が出した光の波長）を λ'，地球上の元素（静止している原子）から出る光の波長を λ とおくと
$$\lambda' = \dfrac{c}{f'} = \dfrac{c}{f}\left(1 + \dfrac{v}{c}\right) = \lambda\left(1 + \dfrac{v}{c}\right)$$

したがって，条件より $\dfrac{\lambda'}{\lambda} = 1 + \dfrac{v}{c} = 1.1$　∴　$\dfrac{v}{c} = 0.1$ 倍

COFFEE BREAK

●ホログラフィーとは

　ホログラムは，1947年にハンガリーのガボールにより考案された。ホロというのは，ギリシャ語で"すべて"という意味で，グラムは"書いたもの"の意味である。ホログラムは，3次元の像を再現するための情報（干渉パターン）をすべて含んだフィルムのことであり，このホログラムを研究する学問をホログラフィーという。

　ホログラフィーは，1960年代になって，光の干渉性の良いレーザーの出現によりはじめて実現可能になった。以下に簡単に原理を説明する。

(a)　レーザーの光を半透鏡で2つに分け，一方を物体に当て，その表面からの散乱光をフィルムに，もう一方は直接フィルムに当てる（参照光という）。この2つのレーザー光が干渉して，この干渉パターン（縞模様）がフィルム上に記録される。

(b)　このフィルムを現像し明暗を反転し，物体を取り去った状態で，参照光と同じ方向からレーザー光を当てると，干渉パターンが一種の回折格子として作用し，もとの物体のあった位置に，そっくりの立体像が再生されて見えるようになる。

　現在では，ホログラムにより動く立体像の再生や，物体の変形の精密測定ができるようになり，将来は，3次元立体テレビも実現できるだろうといわれている。

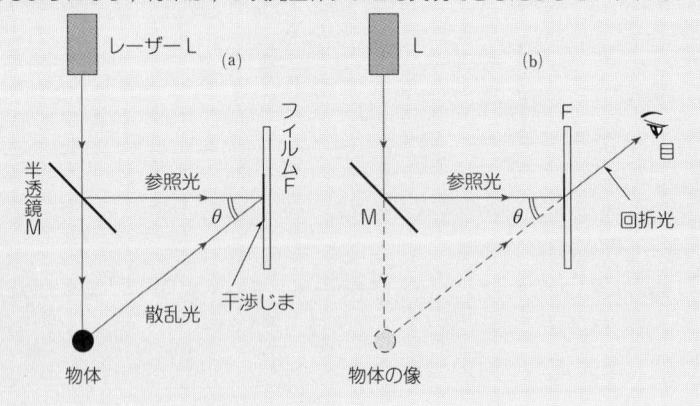

第4編 電磁気

第1章　電場

1 電荷と静電気力

(1) 物体がもつ電気
物質は，多数の原子からできていて，原子は正の電気をもつ原子核と，そのまわりをまわる負の電気をもつ電子からできている。通常は原子は全体として電気を帯びてないが，原子が電子を放出したり取りこんだりすると，物体内の電子の過不足が生じ，物体が正や負の電気に帯電する。帯電した物体がもつ電気を**電荷**（電気量）という。その単位には〔C〕（**クーロン**）を用いる。

(2) クーロンの法則
大きさが無視できる小さな点状の電荷を点電荷という。電荷どうしは互いに力を及ぼし合い，2つの点電荷間にはたらく力（**静電気力**）は，それぞれの電荷の電気量の積に比例し，距離の2乗に反比例する。

電気量の大きさが Q〔C〕, q〔C〕の2つの点電荷が距離 r〔m〕だけ離れているとき，両者にはたらく静電気力の大きさ F〔N〕は，

$$F = k\frac{Qq}{r^2}$$

と表される。ここで，k は比例定数で，その値は，帯電体を取りまく物質によって異なる。真空中（空気中でもほぼ同じ）での値は，およそ $k = 9.0 \times 10^9$〔N·m²/C²〕である。力の方向は，両者を結ぶ直線方向で，2つの電荷が同符号のときは斥力（しりぞけ合う向き），異符号のときは引力（引き合う向き）となる。これを**クーロンの法則**という。

> ● $\dfrac{1}{4\pi k} = \varepsilon$ を**誘電率**という。

例題 4 − 1　　　　　　　　　　　　　　クーロンの法則
質量が等しい2つの小さな金属球に，それぞれ Q〔C〕, q〔C〕の正の電荷を与え，長さ $2l$〔m〕の軽い絶縁糸の両端に取り付ける。糸の中央を固定すると，図のように糸は鉛直線から 45° 傾いて金属球は静止した。重力

加速度の大きさを g [m/s^2]，クーロンの法則の比例定数を k [N·m^2/C^2] とする。
(1) 金属球が及ぼし合う静電気力の大きさを求めよ。
(2) 糸の張力の大きさを求めよ。
(3) 金属球の質量を求めよ。

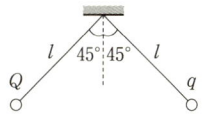

解答

(1) 金属球間の距離は $\sqrt{2}\,l$ だから，静電気力の大きさは，
$$F = k\frac{Qq}{(\sqrt{2}\,l)^2} = \underline{\frac{kQq}{2l^2}} \text{ [N]}$$

(2) 糸の張力を T，質量を m とする。

力のつり合い

水平：$\dfrac{T}{\sqrt{2}} = F$ ……①

鉛直：$\dfrac{T}{\sqrt{2}} = mg$ ……②

①式より，　$T = \sqrt{2}\,F = \underline{\dfrac{\sqrt{2}\,kQq}{2l^2}}$ [N]

(3) (1)，(2)より，$mg = F$　∴ $m = \dfrac{F}{g} = \underline{\dfrac{kQq}{2gl^2}}$ [kg]

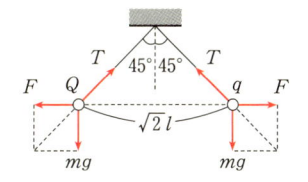

2 電場と電位

(1) 電場

電　場

　帯電体の間にはたらく静電気力は一方の帯電体から他方の帯電体へ直接に及ぼされるのではなく，帯電体の周囲の空間は，他の帯電体に力を及ぼすような電気的性質を帯びていると考え，このような空間を**電場（電界）**と呼ぶ。

　q [C] の電荷に $\vec{F}$ [N] の静電気力がはたらくとき，その点の電場 $\vec{E}$ [N/C] は，

$$\text{電場　} \vec{E} = \frac{\vec{F}}{q} \iff \vec{F} = q\vec{E}$$

つまり，1 [C] 当たりに受ける力で定められる。電場 $\vec{E}$ は，向きと大きさをもつベクトル量であり，$q > 0$ のとき，$\vec{F}$ と $\vec{E}$ は同じ向き，$q < 0$ のとき，$\vec{F}$ と $\vec{E}$ は逆向きである。

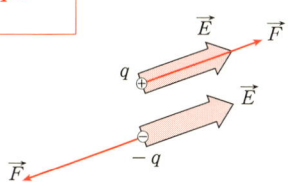

ここで，$\vec{E}$ は外部から与えられた電場であり，電荷 q がつくる電場ではないことに注意して欲しい。また，$\vec{F}=q\vec{E}$ の式は，実用上は

$$|\vec{F}|=|q|\times|\vec{E}| : 〔力の大きさ〕=〔電荷の大きさ〕\times〔電場の強さ〕$$

として用いる場合が多い。

POINT　〔電場〕＝〔＋1〔C〕の電荷にはたらく静電気力〕

点電荷による電場

電気量の大きさ Q〔C〕の点電荷から距離 r〔m〕離れた所の電場の強さ E〔N/C〕は，クーロンの法則より，

$$E = k\frac{Q \times 1}{r^2} = k\frac{Q}{r^2}$$

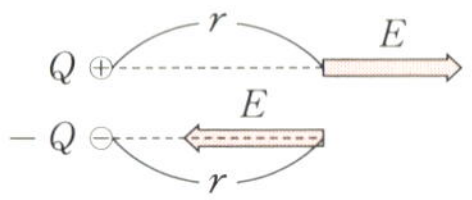

となり，正電荷による電場は正電荷から遠ざかる向き，負電荷による電場は負電荷に近づく向きである。

点電荷による電場の強さ　$E = k\dfrac{Q}{r^2}$　（Q：電荷の大きさ）

(2) 電場の重ね合わせ

点電荷 Q_i（$i=1, 2, \cdots, N$）によるある任意の点の電場を $\vec{E_i}$ とすると，電場はベクトル量であるので，その点の電場 $\vec{E}$ は，個々の電荷による電場のベクトル和をとればよい。

したがって，

$$\vec{E} = \vec{E_1} + \vec{E_2} + \cdots\cdots + \vec{E_N}$$

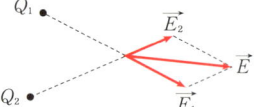

POINT　電場はベクトル的に重ね合わせることができる。

例題4-2　　　　　　　　　　　　　電場の重ね合わせ

図のように，x 軸上の点 A$(-a, 0)$ に電気量 $2Q$ の正の点電荷を置き，点 B$(a, 0)$ に電気量 $-Q$ の負の点電荷を置く。クーロンの法則の比例定数を k として，以下の問いに答えよ。
(1) 原点 O における電場の強さと向きを求めよ。
(2) y 軸上の点 C$(0, a)$ における電場の強さと

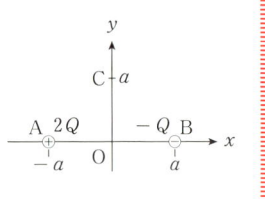

第1章 電場　265

向きを求めよ。ただし，電場の向きは，電場ベクトルが x 軸の正方向となす角度を θ として，$\tan\theta$ を求めよ。

(3) x 軸上で電場が0になる点の x 座標を求めよ。ただし，無限遠点は除く。

解答

(1) 点Aの点電荷による電場は $+x$ 方向，点Bの点電荷による電場も $+x$ 方向である。

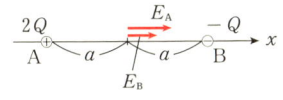

> 正電荷による電場は正電荷から遠ざかる向き，負電荷による電場は負電荷に近づく向き

それぞれの点電荷による電場の強さを E_A，E_B とすると，

$$E_A = k\frac{2Q}{a^2}, \quad E_B = k\frac{Q}{a^2}$$

よって，求める電場の強さは

$$E_0 = E_A + E_B = \frac{3kQ}{a^2}, \quad 向きは，+x 方向$$

(2) 電場の x 成分は

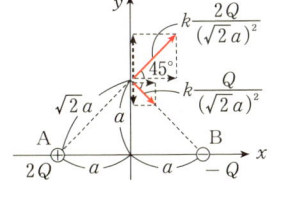

$$E_x = k\frac{2Q}{(\sqrt{2}a)^2}\cos 45° + k\frac{Q}{(\sqrt{2}a)^2}\cos 45° = \frac{3kQ}{2\sqrt{2}a^2}$$

電場の y 成分は

$$E_y = k\frac{2Q}{(\sqrt{2}a)^2}\sin 45° - k\frac{Q}{(\sqrt{2}a)^2}\sin 45° = \frac{kQ}{2\sqrt{2}a^2}$$

よって，電場の強さは，

$$E = \sqrt{E_x^2 + E_y^2} = \frac{kQ}{2\sqrt{2}a^2}\sqrt{3^2 + 1^2}$$

$$= \frac{\sqrt{5}kQ}{2a^2} \quad \tan\theta = \frac{E_y}{E_x} = \frac{1}{3}$$

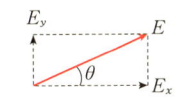

(3) 点Aの点電荷による電場を実線の矢印（E_A），点Bの点電荷による電場を破線の矢印（E_B）で示す。$x < -a$ の点は，点Aからの距離の方が点Bからの距離より小さく，点Aの点電荷の大きさは，点Bの点電荷の大きさの2倍であるので，$E_A > E_B$ となり，合成電場は0にはならない。$-a < x < a$ の点では，合成電場は $+x$ 方向の向きである。$x > a$ 領域に合成電場が0となる点がある。$E_A = E_B$ であればよいので，

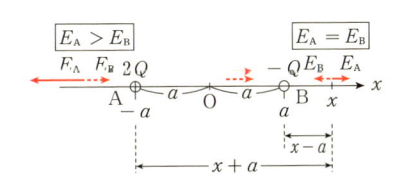

$$k\frac{2Q}{(x+a)^2} = k\frac{Q}{(x-a)^2}$$

$$\therefore \quad (x+a)^2 = 2(x-a)^2$$

$x > a$ より，　$x + a = +\sqrt{2}(x-a)$

よって，　$x = \dfrac{\sqrt{2}+1}{\sqrt{2}-1}a = \underline{(3+2\sqrt{2})a}$

(3) 電気力線とガウスの法則

　ある空間の電場の様子を一目でわかるように表すために，**電気力線**というものを考える。電気力線は，次のような約束をして描く。

(i) 電気力線の接線の方向がその点における電場の方向と一致するように描き，矢印を付けて電場の向きを表す。

(ii) ある点での電気力線の密度（電場に垂直な単位面積を貫く本数）は，その点での電場の強さに比例するので，電場の強さが E 〔N/C〕の所では，電場に垂直な単位面積当たり E〔本〕の電気力線を描くことにする。ただし，これは理論上のことなので，電場が強い所では密に描き，弱い所ではまばらに描けばよい。

　このように約束して描くと，電気力線は次のような性質がある。

① 電気力線は正の電荷から出て無限遠へいくか，無限遠から来て負の電荷へ入るか，または正の電荷から出て負の電荷へ入る。正，負の電荷の量が異なる場合は，一部の電気力線が無限遠へいったり，無限遠から来たりする。

② 1つの電気力線は始点から終点にいたるまで1本の続いた線となり，枝分かれしたり，交差したり，折れたりすることはない。

③ 電気力線は等電位面（線）と直交する（☞ p.274）。

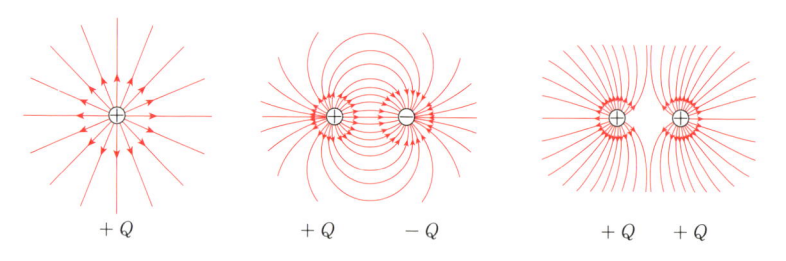

　次に，電気量と電気力線の数の関係について考えてみよう。

真空中に Q〔C〕の正の点電荷があるとき，電気力線は点電荷から出て無限遠まで放射状に拡がる。この点電荷を中心とした半径 r〔m〕の球面（閉曲面）を考える。この球面上での電場の強さは，$E = k\dfrac{Q}{r^2}$ であるので，この球面上では 1〔m²〕当たり，E〔本〕$= k\dfrac{Q}{r^2}$〔本〕の電気力線が貫くことになる。したがって，この球面全体

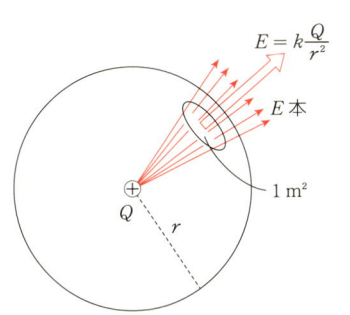

(閉曲面) から出ていく電気力線の総数は，

$N = （力線密度）\times（面積）$

$= E \times 4\pi r^2 = k\dfrac{Q}{r^2} \times 4\pi r^2 = 4\pi kQ$

ここで，$4\pi k = \dfrac{1}{\varepsilon_0}$（$\varepsilon_0$：真空誘電率）であるので，

$N = 4\pi kQ = \dfrac{Q}{\varepsilon_0}$〔本〕

となる。この関係式は，閉曲面内の点電荷が2個以上のときや点電荷でない場合にも成り立つ。一般に，任意の閉曲面から外向きに出ていく電気力線の数 N は，その閉曲面内の全電気量 Q のみで決まり，$N = 4\pi kQ = \dfrac{Q}{\varepsilon_0}$〔本〕となる。これを**ガウスの法則**という。この式は，Q の正負によらず成立し，閉曲面から外向きに出ていく電気力線の数を正，内向きに入っていく数を負と約束する。つまり，$Q < 0$ のとき，電気力線は内向きに入る。なお，考えている閉曲面の外にも電荷があるときは，外側に電荷がない場合とくらべて，電気力線の様子は異なるが，閉曲面から出ていく電気力線の数は前述の式で与えられる。この法則を用いると，いろいろな電場の強さを求めることができる。

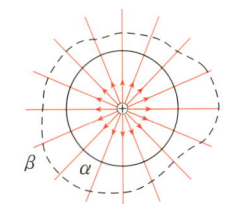

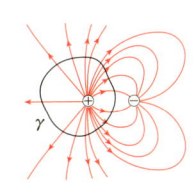

閉曲面 α, β, γ をつらぬく電気力線の数はいずれも $\dfrac{Q}{\varepsilon_0}$ 本

閉曲面から出る電気力線の数　$N = 4\pi kQ = \dfrac{Q}{\varepsilon_0}$ 本

Q：閉曲面内の全電気量

電場の強さ　$E = $〔電気力線密度〕

例題 4-3　　　　点電荷の周りの電場

半径 a の球殻上に全電気量 $-Q$ の負電荷が一様に分布していて，球殻の中心に電気量 $2Q$ の点電荷がある。球殻の内側および外側の電場の強さを，球殻の中心からの距離 r の関数として表せ。ただし，クーロンの法則の比例定数を k とする。

解答
(i) $r < a$ のとき

球殻の中心を中心とした半径 r の球面 α を考える。この球面内の電気量は $2Q$ であるので、球面 α を貫いて出ていく電気力線の数は $N = 4\pi k \times 2Q$ 〔本〕である。したがって、球面 α 上の電場の強さは、

$$E = \text{〔力線密度〕} = \frac{N}{4\pi r^2} = \frac{8\pi kQ}{4\pi r^2} = k\frac{2Q}{r^2}$$

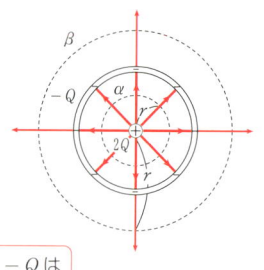

⇦ 球殻上の電荷 $-Q$ は球殻内に電場をつくらない！

(ii) $r > a$ のとき

半径 $r > a$ の球面 β を考える。この球面内の全電気量は、$2Q - Q = Q$ であるので、球面 β を貫いて出ていく電気力線の数は、$N = 4\pi kQ$ 〔本〕である。したがって、球面 β 上の電場の強さは、

$$E = \frac{N}{4\pi r^2} = \frac{4\pi kQ}{4\pi r^2} = k\frac{Q}{r^2}$$ ⇦ 全電荷 Q が球の中心に集中しているときと同じ！

(4) 電位と位置エネルギー

重力中で質量 m 〔kg〕の物体が、基準点より h 〔m〕だけ高い位置から基準点まで移る間に物体にはたらく重力は、$mg \times h = mgh$ 〔J〕の仕事をすることができる。したがって、高い所にある物体は、基準点にあるときと比べてこの仕事の分だけ余分にエネルギーを蓄えていると考えることができる。これが**重力による位置エネルギー** $U = mgh$ 〔J〕である。静電気力は重力と同じように、その仕事が途中の道すじによらない保存力である。電場中にある荷電粒子は重力中にある物体と同様に位置エネルギーをもっている。

> 静電気力による位置エネルギー＝基準点まで移るとき静電気力がする仕事

電位

電場の中で単位電荷あたりの位置エネルギーを考え、これを**電位**という。つまり、$+1$C の電荷をある点から基準点まで移すとき、静電気力がする仕事が V 〔J〕のとき、この点の電位を V 〔V〕であるという。

> 電位 ＝ $+1$C の電荷がもつ静電気力による位置エネルギー
>   ＝ $+1$C の電荷を基準点まで移すとき静電気力がする仕事

電位の単位は 〔J/C〕で、これを**ボルト〔V〕**と名づける。

電気量 q [C] の電荷を電位 V [V] の点から基準点まで移すときはたらく静電気力は，1 C の電荷を移すときの q 倍であるので，仕事は qV [J] となる。したがって，電位 V [V] の点で q [C] の電荷がもつ位置エネルギーは $U = qV$ [J] である。

$$\boxed{\text{静電気力による位置エネルギー}\quad U = qV}$$

▶ q，V，U は符号をもつ量であり，$V>0$ の場合でも $q<0$ のとき $U<0$ である。

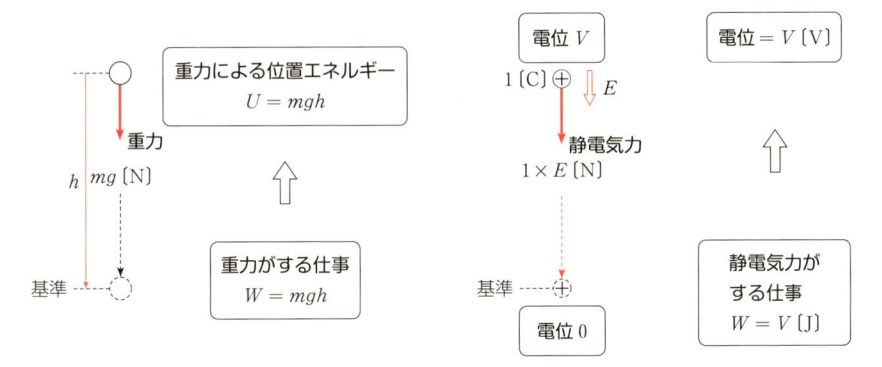

重力による位置エネルギー $U = mgh$

重力 mg [N]

重力がする仕事 $W = mgh$

電位 V
1 [C] ⊕ ↓ E
静電気力 $1 \times E$ [N]
基準 ⊕
電位 0

電位 $= V$ [V]

静電気力がする仕事 $W = V$ [J]

▶ 静電気力とつり合う外力を加えて，基準点からある点までゆっくり移すときの外力がする仕事は，ある点から基準点まで移すときの静電気力がした仕事に等しいので，

〔静電気力による位置エネルギー〕=〔基準点からゆっくり移すときの外力がする仕事〕

としてもよい。

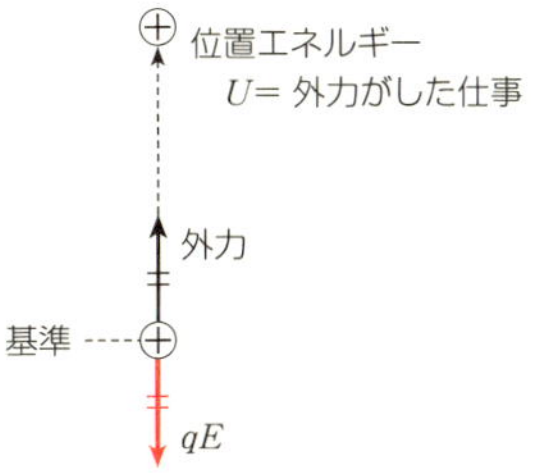

⊕ 位置エネルギー
$U =$ 外力がした仕事
↑ 外力
基準 ⊕
↓ qE

仕事と静電気力による位置エネルギー

電位 V_A の点 A から電位 V_B の点 B まで，静電気力とつり合う外力を加え，電気量 q の電荷をゆっくり運ぶ場合を考える。点 A から基準点まで運ぶとき静電気力がする仕事は $W_A = qV_A$，点 B から基準点まで運ぶときの静電気力がする仕事は $W_B = qV_B$ である。したがって，点 A から点 B まで運ぶとき**静電気力がする仕事**は，

外力
電位 V_A ⊕A
q
静電気力
電位 V_B ⊕B
電位 0 ●基準点
W_{AB}
W_B
W_A

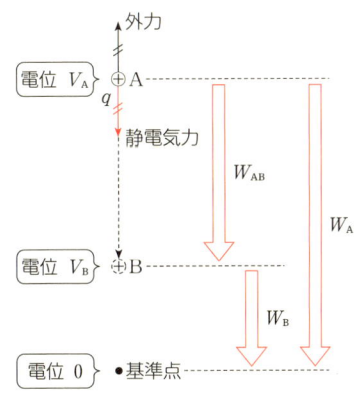

$$W_{AB} = W_A - W_B = q(V_A - V_B) = q \times 〔(初めの電位) - (終わりの電位)〕$$

一方，外力は静電気力と逆向きで同じ大きさなので，外力がした仕事は静電気力がした仕事と符号のみ異なる。したがって，**外力がした仕事**は

$$W'_{AB} = -W_{AB} = q(V_B - V_A) = q \times 〔(終わりの電位) - (初めの電位)〕$$

> ● （終わりの量）−（初めの量）を変化量または増加量と呼び，
> （初めの量）−（終わりの量）を減少量と呼ぶことにする。
> **静電気力がした仕事** W_{AB} = 位置エネルギーの減少量
> **外力がした仕事** W_{AB}' = 位置エネルギーの増加量（変化量）
> として覚えるとよい。

(5) 一様な電場中の電位

　強さと向きが一定の電場を**一様電場**という。強さ E〔N/C〕の一様電場の中で電場に沿って距離 d〔m〕だけ離れた 2 点 A，B を考える。点 B の電位を基準 0〔V〕とすると，点 A から点 B まで +1 C の電荷を運ぶとき，大きさ E〔N〕の静電気力がした仕事が点 A の電位 V〔V〕である。電場の向きが A → B の向きであるとすると，静電気力がした仕事は $W = E \times d = Ed$ であるので，点 A の電位は $V = W = Ed$ となる。このとき，$V > 0$ であるので，電場の向きは電位の高い方から低い方の向きである。この場合，V は点 B を基準とした点 A の電位であるが，2 点 A，B 間の**電位差**（**電圧**）である。

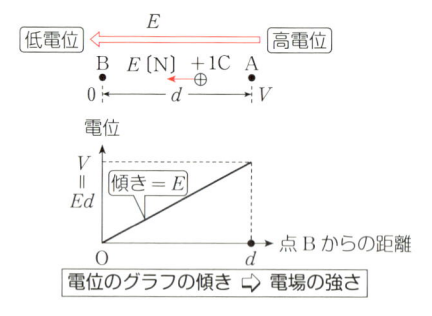

$$\text{一様電場中の電位差} \quad V = Ed$$

例題4-4　重力と一様電場中での振り子の運動

図のように，水平方向にx軸，鉛直方向にy軸をとり，大きさEの一様な電場が水平方向にかかっている。長さlの糸の一端を原点Oに固定し，他端に質量mで正電荷Qをもつ小球をつけた。糸の質量と空気の抵抗は無視できるものとし，重力加速度をgとして，次の問いに答えよ。

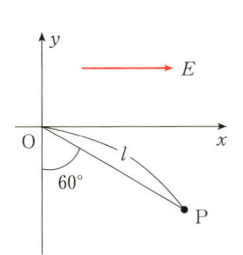

(1) 小球は鉛直方向と60°の角度をなす図の位置Pでつり合った。Eをm，g，Qで表せ。

(2) 点Pに静止していた小球を，糸を張ったまま，Oの鉛直下方までゆっくり移動させるのに要する仕事をm，g，lで表せ。

次に，(2)での鉛直下方の位置から小球を静かにはなした。

(3) 小球が点Pを通過するとき，その速さをgとlで，糸の張力の大きさをmとgで表せ。

(4) 小球が点Pを通過し，最高点に達したとき，その座標をlで表せ。

(熊本大)

解答

(1) 重力と静電気力QEの合力が糸と平行方向となり，糸からの張力とつり合っている。

したがって，図より，
$$QE = mg\tan 60° = \sqrt{3}\, mg$$
$$\therefore\ E = \frac{\sqrt{3}\,mg}{Q}$$

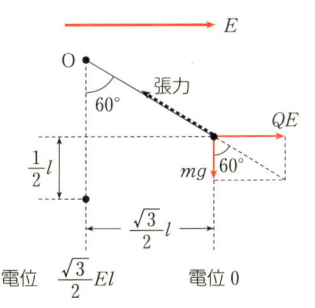

(2) エネルギー保存則より，要する（外力）の仕事Wは重力による位置エネルギーの変化$\varDelta U_g$と静電気力による位置エネルギーの変化$\varDelta U_E$の和に等しい。

$\dfrac{1}{2}l$だけ鉛直下方に変位したので，　$\varDelta U_g = mg \times \left(-\dfrac{1}{2}l\right) = -\dfrac{1}{2}mgl$

電場と逆向きに$\dfrac{\sqrt{3}}{2}l$変位したので，電位は$E \times \dfrac{\sqrt{3}}{2}l = \dfrac{\sqrt{3}}{2}El$高い位置に移ったことになる。

したがって，(1)を用いて，　$\varDelta U_E = Q \times \dfrac{\sqrt{3}}{2}El = \dfrac{3}{2}mgl$

$$\therefore\ W = \varDelta U_g + \varDelta U_E = mgl$$

(3) (2)の仕事 W が最下点で位置エネルギーとして蓄えられている。

求める速さを v として，力学的エネルギー保存則より，　　$\dfrac{1}{2}mv^2 = W = mgl$

$$\therefore\ v = \underline{\sqrt{2gl}}$$

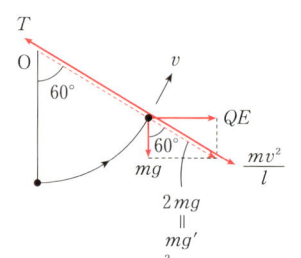

重力と静電気力の合力は糸に平行方向に $2mg$ となるので，遠心力 $\dfrac{mv^2}{l}$ を考慮して，円運動の半径方向の力のつり合いより，糸の張力 T は，

$$T = 2mg + \dfrac{mv^2}{l} = 2mg + \dfrac{2mgl}{l} = \underline{4mg}$$

(4) (1)より重力と静電気力の合力の向きは，鉛直線から $60°$ 傾いた方向で，大きさは $2mg$ に等しく一定の向きと大きさになる。したがって，これをあたかも重力のように考えることができるので，見かけの重力と呼ぼう。

これより，(1)で糸の張力と見かけの重力がつり合っている位置が，この振り子の運動の"最下点"となり，鉛直線から $60°$ 傾いた直線を対称軸として，折り返した点まで上昇する。

したがって，図より，

$$x = l\cos 30° = \underline{\dfrac{\sqrt{3}}{2}l},\quad y = l\sin 30° = \underline{\dfrac{1}{2}l}$$

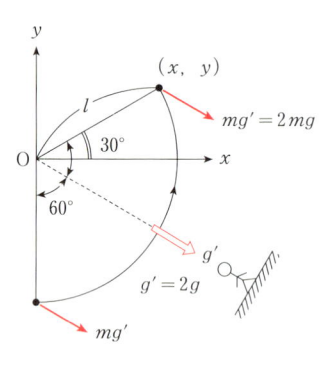

(6) 点電荷による電位と点電荷間の位置エネルギー

点電荷がつくる電場の中での電位は普通，点電荷から無限に離れた所を電位の基準とする。

Q〔C〕の点電荷から距離 r〔m〕離れた点 P の電位 V〔V〕は，点 P から無限遠点まで $+1$ C の電荷を移すときの静電気がした仕事に等しく，次式で与えられる。

$$\boxed{\text{点電荷による電位}\quad V = k\dfrac{Q}{r}}$$

ここで，電荷 Q は符号をもつ量であり，$Q > 0$ のとき，静電気力の向きと電荷を移動する向きが同じなので，静電気力がする仕事は正となり，$V > 0$ である。$Q < 0$ のときは，静電気力の向きと電荷を移動する向きが逆向きなので，仕事は負となり，$V < 0$ となる。点 P に電気量 q〔C〕の点電荷を置いたとき，静電気力に

よる位置エネルギーは $U=qV=k\dfrac{Qq}{r}$〔J〕となる。このエネルギーは2つの点電荷からなる系に蓄えられていると考えてよい。

> **点電荷間の位置エネルギー** $U=k\dfrac{Qq}{r}$

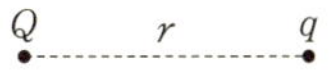

複数の点電荷 Q_i $(i=1,2,\cdots,N)$〔C〕からそれぞれ距離 r_i〔m〕だけ離れた任意の1点の電位 V は次式で与えられる。

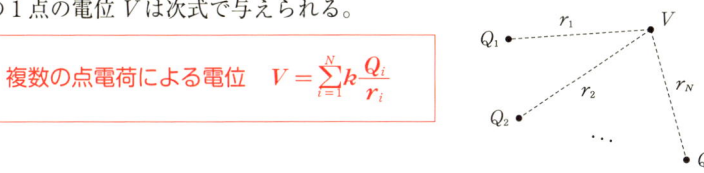

> **複数の点電荷による電位** $V=\sum_{i=1}^{N}k\dfrac{Q_i}{r_i}$

ここで，Q_i は正負の符号をもつ量であり，電位はスカラー（大きさや符号はもつが向きのない量）であるので，電場の場合と異なりスカラー和（代数和）となる。

> ● 点電荷 q_1, q_2, $\cdots$, q_N の q_i, q_j 間の距離を r_{ij} とすると，これらの点電荷間の位置エネルギーの和は，点電荷が互いに無限に離れているときを基準とすると，
>
> $U=k\dfrac{q_1q_2}{r_{12}}+k\dfrac{q_1q_3}{r_{13}}+\cdots\cdots+k\dfrac{q_2q_3}{r_{23}}+k\dfrac{q_2q_4}{r_{24}}+\cdots\cdots$
>
> $=\sum_{i<j}k\dfrac{q_iq_j}{r_{ij}}$ ⇦全部で ${}_NC_2$ 個の項がある。
>
> これも点電荷系全体でもつ位置エネルギーである。

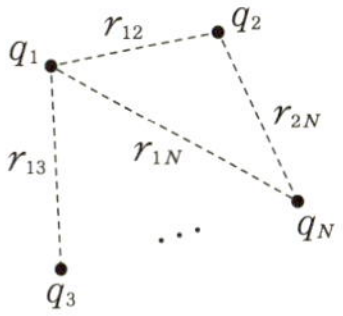

参考 点電荷による電位の式の導出

電気量 Q の正の点電荷から距離 r の位置 P の電位 V を求めてみよう。点 P から無限遠点まで $+1$ C の電荷を移動するときの静電気力がする仕事を求めればよい。点電荷から距離 x の位置にあるとき，$+1$ C の電荷にはたらく静電気力は $F=k\dfrac{Q}{x^2}$ であり，この位置から微小距離 $\varDelta x$ 移動するときの仕事は $\varDelta W=F\varDelta x=k\dfrac{Q}{x^2}\varDelta x$ となる。したがって，求める電位は，

$V=\sum\varDelta W=\sum k\dfrac{Q}{x^2}\varDelta x=\displaystyle\int_r^\infty k\dfrac{Q}{x^2}dx=kQ\left[-\dfrac{1}{x}\right]_r^\infty=k\dfrac{Q}{r}$ となる。

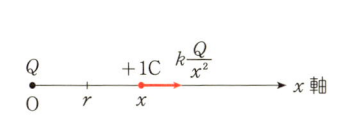

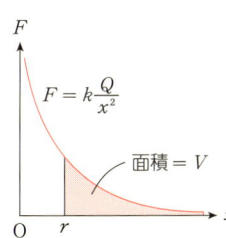

(7) **等電位面**
　等しい電位の点を連ねると1つの曲面が得られる。これを**等電位面**という。等電位面に沿って，電荷を移動するとき位置エネルギーは変化しないので，静電気力は仕事をしない。したがって，電場の方向は等電位面に垂直である。

> **POINT** 等電位面と電気力線は直交する。

　次図に，正の点電荷のまわりの電位と等電位線および，正負等量の2つの点電荷のまわりの電位と等電位線のようすを示す。地図でいえば，電位は山の高さに相当し，等電位線（等電位面と平面の交線）は等高線に相当する。等電位線は一定の電位差ごとに描かれている。等電位線が密な所は位置が変わると電位は大きく変わるので電場は強い。

> **POINT** 等電位面（線）の間隔が密な所ほど電場が強い。

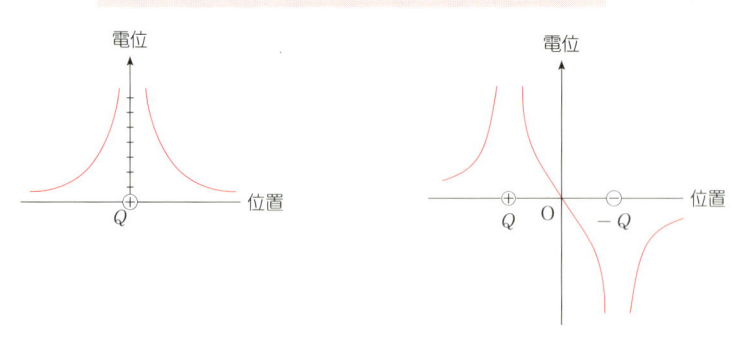

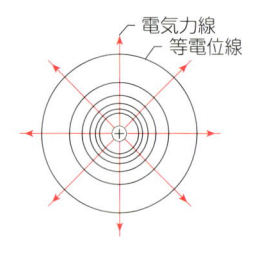

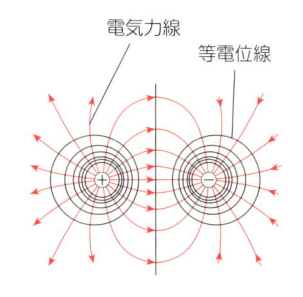

例題 4-5　　電場と電位・位置エネルギー

真空中の電荷と電場に関する下記の文において，(a) から (d) にあてはまる式を記せ。ただし，クーロンの法則の比例定数を $k\,[\mathrm{N\cdot m^2/C^2}]$，電子の電荷を $-e\,[\mathrm{C}]$，電子の質量を $m\,[\mathrm{kg}]$ とし，無限遠点での電位を $0\,\mathrm{V}$ とする。

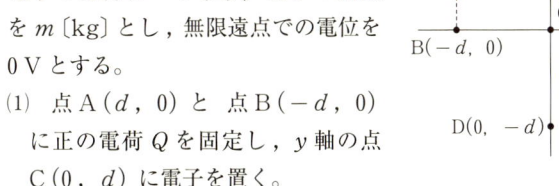

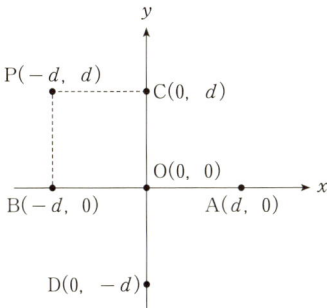

(1) 点 $\mathrm{A}(d,\,0)$ と 点 $\mathrm{B}(-d,\,0)$ に正の電荷 Q を固定し，y 軸の点 $\mathrm{C}(0,\,d)$ に電子を置く。

　点 C で速度 0 であった電子が電場で力を受けて y 軸上を動くとすると，原点 O での速さは (a) $[\mathrm{m/s}]$ となる。

(2) 点 A と点 B の正の電荷 Q のほかに，点 C に電気量 $-Q\,[\mathrm{C}]$ の点電荷を固定する。さらに，これら 3 つの点電荷を固定したままで，y 軸上の負の方向の無限遠点に置かれた電気量 $-Q\,[\mathrm{C}]$ の点電荷を y 軸に沿って点 $\mathrm{D}(0,\,-d)$ までゆっくりと動かす。このときに外力がする仕事は (b) $[\mathrm{J}]$ である。

(3) 点 A と点 B に電荷 Q，点 C と点 D に電荷 $-Q$ を固定した状態から，点 C の電荷 $-Q$ を C→P→B の経路で点 B まで，また点 B の電荷 Q を B→O→C の経路で点 C まで同時にゆっくりと動かす。このとき外力がする仕事は (c) $[\mathrm{J}]$ である。

　さらに，点 A の電荷 Q と点 B の電荷 $-Q$ を固定したままにして，点 C の電荷 Q を y 軸の正の方向に向かって無限遠点まで，また点 D の電荷 $-Q$ を y 軸の負の方向に向かって無限遠点まで同時にゆっくりと動かす。このとき外力がする仕事は (d) $[\mathrm{J}]$ である。

(東北大)

解答

(1) (a) 点 A，B の電荷による点 C および点 O の電位は，それぞれ，

$$V_\mathrm{C} = \frac{kQ}{\sqrt{2}\,d} + \frac{kQ}{\sqrt{2}\,d} = \frac{\sqrt{2}\,kQ}{d}, \qquad V_\mathrm{O} = \frac{kQ}{d} + \frac{kQ}{d} = \frac{2kQ}{d}$$

求める速さを v とする。力学的エネルギー保存則より，

$$\frac{1}{2}mv^2 + (-e) \times V_\mathrm{O} = (-e)\,V_\mathrm{C} \qquad \therefore \quad \frac{1}{2}mv^2 = \frac{(2-\sqrt{2})\,kQe}{d}$$

これより，
$$v = \sqrt{\frac{2(2-\sqrt{2})kQe}{md}}$$

(2) (b) 点A，B，Cの点電荷によるD点の電位は，
$$V_D = \frac{2kQ}{\sqrt{2}\,d} + \frac{k(-Q)}{2d} = \frac{(2\sqrt{2}-1)kQ}{2d}$$

エネルギー保存則より，必要な外力の仕事は，位置エネルギーの変化量に等しいので，
$$W = (-Q) \times V_D - (-Q) \times 0 = -\underline{\frac{(2\sqrt{2}-1)kQ^2}{2d}}$$

(3) (c) 点A，B，C，Dの全ての点電荷間の位置エネルギーの合計に着目する。
初めの状態の位置エネルギーは，
$$U = \underbrace{4 \times \left(-\frac{kQ^2}{\sqrt{2}\,d}\right)}_{\substack{\text{AD間, DB間, BC間,}\\\text{CA間の位置エネル}\\\text{ギーの和}}} + \underbrace{2 \times \frac{kQ^2}{2d}}_{\substack{\text{AB間, CD間}\\\text{の位置エネル}\\\text{ギーの和}}} = (1-2\sqrt{2})\frac{kQ^2}{d}$$

$\underbrace{\qquad\qquad\qquad\qquad\qquad\qquad}_{{}_4C_2 = 6\text{つの位置エネルギーの和}}$

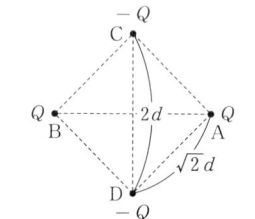

点B，Cの電荷を入れ換えたあとの位置エネルギーは，
$$U' = \underbrace{2 \times \frac{kQ^2}{\sqrt{2}\,d}}_{\text{BD間, AC間}} + \underbrace{2 \times \left(-\frac{kQ^2}{\sqrt{2}\,d}\right)}_{\text{AD間, BC間}} + \underbrace{2 \times \left(-\frac{kQ^2}{2d}\right)}_{\text{AB間, CD間}} = -\frac{kQ^2}{d}$$

したがって，必要な外力の仕事は，
$$W = U' - U = \underline{2(\sqrt{2}-1)\frac{kQ^2}{d}}$$

(d) 点C，Dの電荷を無限遠点に移したあとの位置エネルギーは，
$$U'' = -\frac{kQ^2}{2d} - 0$$

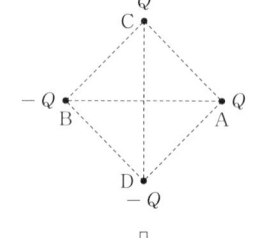

したがって，必要な外力の仕事は，
$$W = U'' - U' = \left\{\left(-\frac{1}{2}\right) - (-1)\right\}\frac{kQ^2}{d} = \underline{\frac{kQ^2}{2d}}$$

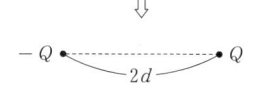

(8) 電場の中の導体と不導体

電場の中の導体と静電誘導

金属中には内部を自由に動きまわれる**自由電子**があるので，金属は電気を通す**導体**である。金属の近くに帯電体を近づけると，帯電体に近い側に帯電体の電荷と異種の電荷が現れ，遠い側には同種の電荷が現れる。これは帯電体の電荷がつくる電場から金属中の自由電子が力を受けて移動したからである。このような現象を導体の**静電誘導**という。

強さ E_0 の一様電場の中に導体を置いた場合に生じる静電誘導を次図に示す。導

体内部の自由電子は電場と逆向きに力を受け，自由電子の一部が力の向きに移動し，導体の一方の端に集まる。そのため，電子が集まった方の表面には負の電気が，反対側の表面には正の電気が現れる。この正，負の電荷により，導体内部には，外部からの電場と逆向きの電場が生じる。この新たに生じた電場が外部からの電場を打ち消して，導体内部の電場が0になったとき自由電子の移動は終わる。このとき，導体全体は等電位である。

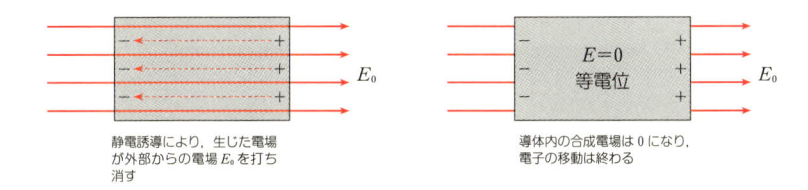

静電誘導により，生じた電場が外部からの電場 E_0 を打ち消す

導体内の合成電場は0になり，電子の移動は終わる

POINT 導体の表面にのみ電荷は現れ，導体内部に電場はなく導体全体は等電位。

導体に中空部分がある場合も導体内部の電場は0であり，中空内に電荷が置かれてない場合は中空部分にも電場は生じない。このように，導体に囲まれた中空部分には外部の電場の影響が及ばない。このはたらきを**静電遮へい**という。

> ❯ 以上のような導体の性質は導体の中の自由電子の移動が終わり，電流が流れていない状態（静電気）での話である。これを導体の**静電的性質**という。

例題4－6　　　　　　　　　　　　　　　　　　　　　　はく検電器

接地された十分大きな銅板Gの上に，はく検電器Aを置く。（図1）
このはく検電器を用いて，つぎのような手順で実験を行った。
① ある負の帯電体を金属板Pの上面に近づける。
② 帯電体はそのままの状態で，PとGを導線で短絡して，すぐに導線をはずした。
③ つぎに，帯電体を遠ざけた。
④ ついで，金属板Pと同じ大きさの金属板Qを接地し，Pの上に近づけた。（図2）
以下の問いの(1)～(4)に答えよ。
(1) 実験①ではくはどうなるか。理由とともに答えよ。
(2) 実験②ではくはどうなるか。理由とともに答えよ。
(3) 実験③ではくはどうなるか。理由とともに答えよ。

(4) 実験④ではくはどうなるか。理由とともに答えよ。

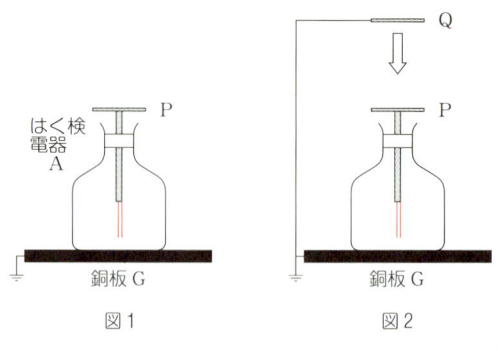

(東京大 改)

解答

(1) 静電誘導によってPは正に帯電し，はくは負に帯電する。負電荷間の反発力によってはくは開く。

(2) Pの正電荷は移動せず，はくの負電荷はGに逃げるのではくは閉じる。

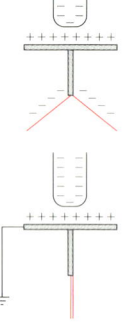

(3) Pに帯電していた正電荷がはくにも分配され，はくは正に帯電し，正電荷間の反発力によってはくは開く。

(4) 静電誘導によってQは負に帯電し，それにともないPの正電荷が増加する。これより，はくの正電荷が減少するので，はくの開きは小さくなる。

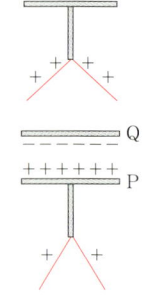

電場の中の不導体（誘電体）

電気を通しにくい物質を**不導体（絶縁体）**という。不導体では，導体の場合と異なり，電子は原子や分子に束縛されているので，原子や分子から離れて自由に動く

ことはできない。しかし，不導体を電場の中に入れると原子や分子の中の電子の位置が電場と逆向きにずれ，正負の電荷の分布に偏りが生じる。これを**誘電分極**という（図1）。不導体の内部では正・負の電荷が打ち消され，正味の電荷は0であるが，表面には正・負の電荷が現れる。これを**分極電荷**といい，不導体を**誘電体**ともいう。導体の電荷（自由電子）は外へ取り出せるが，分極電荷は原子や分子内部に束縛されているので外へ取り出せない。

いま，強さ E_0 の一様電場の中に誘電体を置くと，誘電体の表面に現れた分極電荷が，誘電体中に E_0 と逆向きの電場 E' をつくる（図2）。したがって，誘電体中の電場の強さ E は，電場 E_0 と E' の合成電場となり，外部の電場 E_0 より弱められ（図3），以下の式で表される。

$$\text{誘電体中の電場} \quad E = \frac{E_0}{\varepsilon_r}$$

ここで，$\varepsilon_r\,(>1)$ をこの誘電体の**比誘電率**といい，真空の誘電率 ε_0 との比であり，$\varepsilon = \varepsilon_r \varepsilon_0$ を誘電体の**誘電率**という（p.283 参照）。

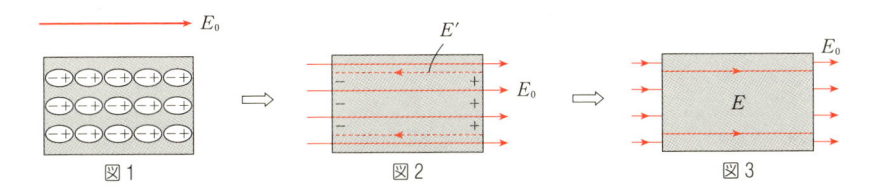

図1　図2　図3

3 コンデンサー

(1) コンデンサー

図のように，2板の広い金属板 A，B をそれぞれ電池の正極，負極に接続すると自由電子が移動し，A が正に，B が負に帯電する。この間，導線には電子が移動する向きと逆向きに電流が流れ，A，B 間の電位差と電池の電位差が等しくなると電流は止む。

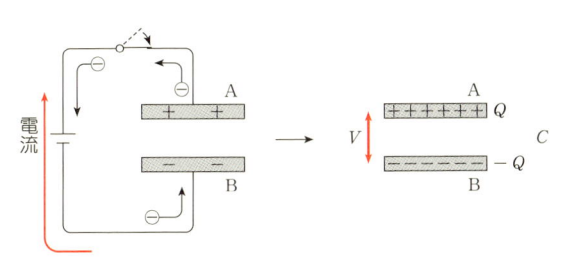

このように，電荷を蓄える装置をコンデンサーという。A，Bに蓄えられる電気量をそれぞれ，Q〔C〕，$-Q$〔C〕，A，B間の電位差（電圧）をV〔V〕とする。

電気量Qをコンデンサーに蓄えられた電気量といい，QはVに比例する。

$$\text{蓄えられる電気量} \quad Q = CV$$

比例定数Cを**電気容量**または**静電容量**という。単位は〔C/V〕となるが，この単位を〔F〕（ファラド）と表す。

(2) 平行板コンデンサー

極板の面積S〔m^2〕，極板間が真空で極板間隔d〔m〕の平行板コンデンサーにQ〔C〕の電荷が蓄えられているときを考える。dが十分に小さいとき，極板間には一様な電場ができる。極板から出ていく電気力線の数は$N = \dfrac{Q}{\varepsilon_0}$本であり，単位面積当たりの電気力線の数が電場の強さE〔N/C〕に等しい（ガウスの法則）ので，$E = \dfrac{N}{S} = \dfrac{Q}{\varepsilon_0 S}$となる。

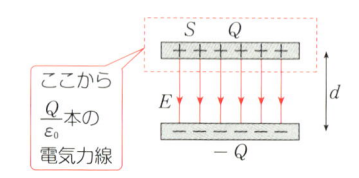

$$\text{極板間電場} \quad E = \dfrac{Q}{\varepsilon_0 S}$$

これより，電場の強さは電気量Qのみで決まり，Qが一定のときは極板間隔dによらない。

POINT 電気量Qが一定のとき極板間電場は一定

さて，このとき，極板間の電位差をVとすると，$V = Ed = \dfrac{Q}{\varepsilon_0 S}d$となる。したがって，このコンデンサーの電気容量$C$〔F〕は，$C = \dfrac{Q}{V}$より，以下の式で与えられる。

$$\text{電気容量} \quad C = \varepsilon_0 \dfrac{S}{d}$$

POINT 電気容量 $\propto \dfrac{\text{面積}}{\text{間隔}}$

例題4-7　極板間の電場と電位

右図において，I，II，III，IVは，面積が等しくかつ十分大きな，薄い導体板を平行に並べたもので，その間隔は左から順に d，$2d$，$3d$ になっている。K_1 と K_2 はスイッチであり電源には電圧 V の直流電源を用いる。以下の各問いとも，はじめには K_1 と K_2 は開いており，どの極板にも電荷は蓄えられていないものとする。また，直流電源の負極と極板IVは接地されており，接地点の電位を0とする。

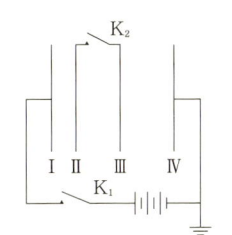

(1) スイッチ K_1 のみを閉じたとき，(ア) 極板 I II 間の電場の強さ，(イ) 極板 I の電位，(ウ) 極板 II の電位，(エ) 極板 III の電位を，d と V のうちの必要なものを用いて表せ。

(2) 次の2つの場合に，(ア) 極板 I II 間の電場の強さ，(イ) 極板 I の電位，(ウ) 極板 II の電位，(エ) 極板 III の電位を，d と V のうちの必要なものを用いて表せ。
　(i) まず K_1 を閉じ，しばらくして K_1 を開き，それから K_2 を閉じたとき
　(ii) まず K_1 を閉じ，しばらくして K_2 を閉じ，それから K_1 を開いたとき

（茨城大）

解答

(1) (ア) 極板 I に正電荷 $+Q$，極板IVに負電荷 $-Q$ が蓄えられたとすると，静電誘導によって，極板 II の左側表面には $-Q$，右側表面には $+Q$ の電荷が現れ，極板 III の左側表面には $-Q$，右側表面には $+Q$ の電荷が現れる。ガウスの法則より，隣り合う極板間の電場は極板の電荷で決まる（$E = \dfrac{Q}{\varepsilon_0 S}$!）から，極板 I II 間，極板 II III 間，極板 III IV 間の電場は等しい。その電場の強さを E とすると，

$$E \cdot d + E \cdot 2d + E \cdot 3d = V \qquad \therefore\ E = \underline{\dfrac{V}{6d}}$$

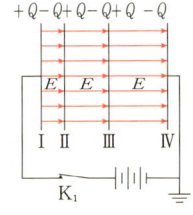

(イ) 電源電圧より，極板 I の電位 $= \underline{V}$

(ウ) 極板 II の電位 $= E \cdot 2d + E \cdot 3d = E \cdot 5d = \dfrac{V}{6d} \cdot 5d = \underline{\dfrac{5}{6}V}$

(エ) 極板 III の電位 $= E \cdot 3d = \dfrac{V}{6d} \cdot 3d = \underline{\dfrac{1}{2}V}$

(2) (i) まず K_1 を閉じると，それぞれの極板には前問(1)の電荷が蓄えられる。次に K_1 を開いても，それぞれの極板の電荷は変わらない。続いて K_2 を閉じると，極板 II の右側表面の正電荷 $+Q$ と極板 III の左側表面の負電荷 $-Q$ が電気的に中和し，極板 II と III は

等電位となり，極板Ⅱ Ⅲ間の電場はなくなる（右図）。

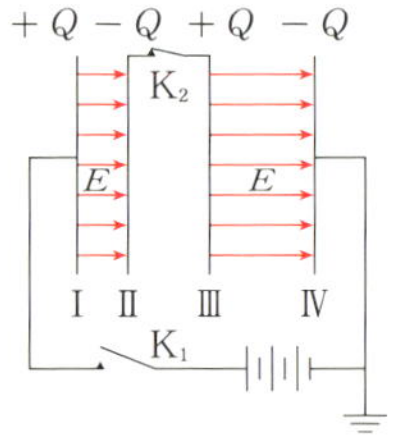

(ア) 極板ⅠとⅡの向かい合う面，および極板ⅢとⅣの向かい合う面の電荷は(1)と同じで $\pm Q$ であるので，極板Ⅰ Ⅱ間の電場の強さと極板Ⅲ Ⅳ間の電場の強さは(1)の(ア)と同じである。（⇐ Q が一定のとき，電場は不変）

∴ 極板Ⅰ Ⅱ間の電場の強さ $= E = \dfrac{V}{6d}$

(イ) 極板Ⅰの電位 $= E \cdot d + E \cdot 3d = E \cdot 4d = \dfrac{V}{6d} \cdot 4d = \dfrac{2}{3}V$

(ウ), (エ) 極板Ⅱの電位 $=$ 極板Ⅲの電位 $= E \cdot 3d = \dfrac{V}{6d} \cdot 3d = \dfrac{1}{2}V$

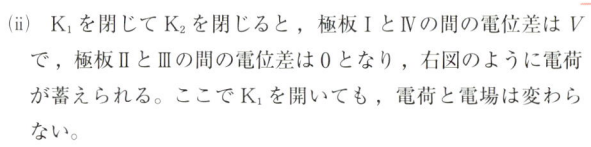

(ii) K_1 を閉じて K_2 を閉じると，極板ⅠとⅣの間の電位差は V で，極板ⅡとⅢの間の電位差は 0 となり，右図のように電荷が蓄えられる。ここで K_1 を開いても，電荷と電場は変わらない。

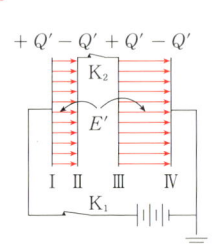

(ア) 極板Ⅰ Ⅱ間と極板Ⅲ Ⅳ間の電場の強さは等しい。その電場の強さを E' とすると

$$E' \cdot d + E' \cdot 3d = V \qquad \therefore \quad E' = \dfrac{V}{4d}$$

(イ) 極板Ⅰの電位 $= E' \cdot d + E' \cdot 3d = E' \cdot 4d = \dfrac{V}{4d} \cdot 4d = \underline{V}$

(ウ), (エ) 極板Ⅱの電位 $=$ 極板Ⅲの電位 $= E' \cdot 3d = \dfrac{V}{4d} \cdot 3d = \dfrac{3}{4}V$

(3) 誘電体が挿入された平行板コンデンサー

極板面積 S 〔m²〕，極板間隔 d 〔m〕の平行板コンデンサーの極板間に比誘電率 ε_r の誘電体を挿入する。極板に蓄えられている電気量を $\pm Q$ 〔C〕とすると，極板と誘電体の間のすき間の真空部分の電場の強さ E_0 〔N/C〕は，ガウスの法則より，$E_0 = \dfrac{Q}{\varepsilon_0 S}$ となるので，誘電体中の電場の強さ E 〔N/C〕は，$E = \dfrac{E_0}{\varepsilon_r} = \dfrac{Q}{\varepsilon_r \varepsilon_0 S}$ である。

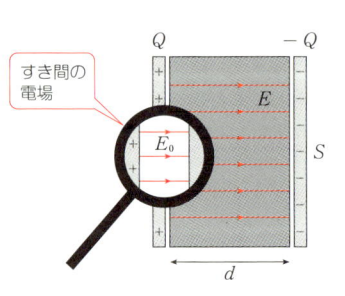

これより，極板間の電位差 V 〔V〕は，すき間が無視できる場合，$V = Ed = \dfrac{Q}{\varepsilon_r \varepsilon_0 S}d$ となる。

したがって，電気容量は，$C = \dfrac{Q}{V}$ より，以下の式で与えられる。

$$\boxed{\text{電気容量（誘電体入り）} \quad C = \varepsilon_r \varepsilon_0 \dfrac{S}{d} = \varepsilon \dfrac{S}{d}}$$

$\varepsilon_r \varepsilon_0 = \varepsilon$ を誘電体の**誘電率**という。

極板間が真空のときの電気容量 $C_0 = \varepsilon_0 \dfrac{S}{d}$ を用いると，

$$C = \varepsilon_r C_0$$

参考　誘電体の分極電荷

極板面積 S の 2 枚の極板間に比誘電率 ε_r の誘電体を入れる。極板の電荷を $\pm Q$，誘電分極によって誘電体の表面に現れる分極電荷を $\mp q$ とする。誘電体の内部では正，負の電荷が打ち消し合い正味の電荷は 0 であるので，誘電体は，真空中に $\pm q$ の電荷が存在している物体に置き換えることができる。

極板上の $\pm Q$ の電荷が極板間につくる電場 E_0 はガウスの法則より，

$$E_0 = \dfrac{Q}{\varepsilon_0 S} \qquad \cdots\cdots ①$$

誘電体の $\mp q$ の分極電荷がつくる電場 E' は E_0 と逆向きに

$$E' = \dfrac{q}{\varepsilon_0 S}$$

である。誘電体内の実際の電場 E は，E_0 と E' の合成電場であるので，

$$E = E_0 - E' = \dfrac{Q-q}{\varepsilon_0 S} \qquad \cdots\cdots ②$$

一方，E と E_0 の関係は，2 **電場と電位** で述べたように，

$$E = \dfrac{1}{\varepsilon_r} E_0 \qquad \cdots\cdots ③$$

で与えられるので，①，②，③より，

$$\dfrac{Q-q}{\varepsilon_0 S} = \dfrac{Q}{\varepsilon_r \varepsilon_0 S}$$

これより，　$q = \left(1 - \dfrac{1}{\varepsilon_r}\right) Q \quad (< Q)$

が得られ，q は Q に比例する。

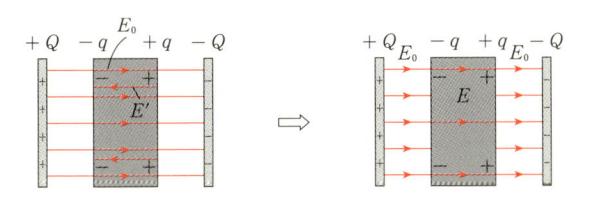

---

(4) 静電エネルギー

充電されたコンデンサーに抵抗をつなぐと電流が流れて抵抗は発熱する。このように，電荷を蓄えたコンデンサーにはエネルギーが蓄えられている。これをコンデンサーの**静電エネルギー**という。電気容量 C 〔F〕のコンデンサーに Q〔C〕の電荷を蓄えるのに必要な仕事を考える。通常この仕事は電池などによってなされるが，

分かりやすいように，電荷が蓄えられていない状態から出発して，極板Bから極板AにΔq〔C〕ずつ微小な電荷を運んでいくものとする。いま，極板A，Bに$\pm q$〔C〕の電荷が蓄えられ，極板間に$v=\dfrac{q}{C}$〔V〕の電位差が生じているとする。この状態で，BからAにΔq〔C〕の電荷を運ぶのに必要な仕事ΔW〔J〕は，

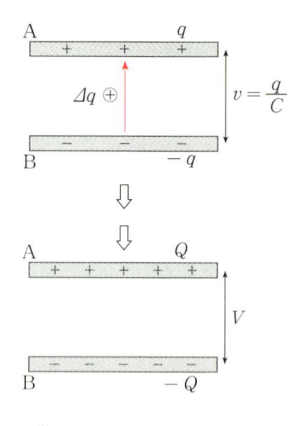

$$\Delta W = \Delta q \times v = \dfrac{q}{C}\Delta q$$

となり，電荷qが増えるにつれて，電位差vと仕事量ΔWは増加する。これをグラフにすると右のようになる。最終的にQ〔C〕蓄えるのに必要な仕事W〔J〕は，図の三角形の面積に等しいので，

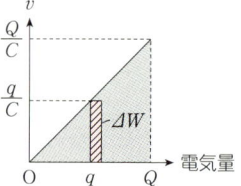

$$W = \sum \dfrac{q}{C}\Delta q = \dfrac{Q^2}{2C}$$

となり，これがコンデンサーに静電エネルギーとして蓄えられる。最後の状態でのAB間の電位差は$V=\dfrac{Q}{C}$〔V〕であるので，静電エネルギーUは次のように表される。

$$\text{静電エネルギー}\quad U = \dfrac{Q^2}{2C} = \dfrac{1}{2}QV = \dfrac{1}{2}CV^2$$

電池がする仕事と静電エネルギー

起電力Vの電池で電気容量Cのコンデンサーを充電する場合を考える。コンデンサーに蓄えられる電気量をQとすると，充電が完了するまでの間に電池は電気量Qの電荷を陰極から電位がVだけ高い陽極まで運んだことになる。したがって，この間に電池がした仕事（電池が供給したエネルギー）は次のようになる。

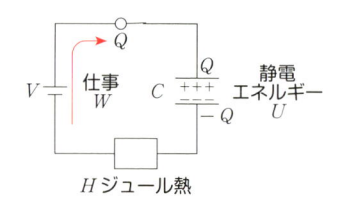

$$\text{電池がした仕事}\quad W = QV$$

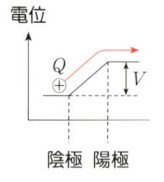

> 電池がした仕事とは，電池が蓄えていた化学的エネルギーを電気エネルギーに変換した分をいう。

一方，コンデンサーには，$U = \dfrac{1}{2}QV$ の静電エネルギーが蓄えられている。電池は $W = QV$ のエネルギーを回路に供給し，コンデンサーには，その半分のエネルギーしか蓄えられていないので，残りの半分のエネルギーは，回路の抵抗で発生するジュール熱 $H = \dfrac{1}{2}QV$ となる。

$$\text{エネルギー保存則} \quad \underset{\substack{\text{電池の}\\\text{仕事}}}{W} = \underset{\substack{\text{静電エネル}\\\text{ギーの変化}}}{U} + \underset{\text{ジュール熱}}{H}$$

コンデンサーの極板間引力

極板面積 S の平行板コンデンサーの極板 A，B に $\pm Q$ の電荷を与え，極板 A に外力を加えて極板間隔を d から $d + \Delta d$ までゆっくりと広げる。はじめの電気容量は $C = \dfrac{\varepsilon_0 S}{d}$，あとの電気容量は $C' = \dfrac{\varepsilon_0 S}{d + \Delta d}$ なので，静電エネルギーの増加量は，

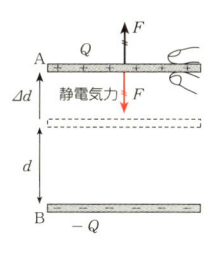

$$\Delta U = \frac{Q^2}{2C'} - \frac{Q^2}{2C} = \frac{Q^2(d + \Delta d)}{2\varepsilon_0 S} - \frac{Q^2 d}{2\varepsilon_0 S} = \frac{Q^2}{2\varepsilon_0 S}\Delta d$$

となる。外力の大きさを F とすると，エネルギー保存則より ΔU は外力がした仕事 $F\Delta d$ に等しい。これより，

$$F = \frac{\Delta U}{\Delta d} = \frac{Q^2}{2\varepsilon_0 S} \quad \text{が得られる。}$$

力のつり合いより，これは極板にはたらく静電気力に等しい。

$$\text{極板間引力} \quad F = \frac{Q^2}{2\varepsilon_0 S}$$

POINT 電気量 Q が一定のときは静電気力は極板間隔によらず一定である。

> 極板間の電場の強さ $E = \dfrac{Q}{\varepsilon_0 S}$ を用いると，$F = \dfrac{1}{2}QE$ と表すことができる。この式は以下のように，極板 B の電荷が極板 A の位置につくる電場から受ける力として求めることもできる。極板 A の電荷 Q がつくる電場 E_+ と極板 B の電荷 $-Q$ がつくる電場 E_- を合成した電場が実際の電場である。E_+ と E_- は等しい強さなので極板 A，B 間の電場は $E = E_+ + E_- = 2E_-$ $\therefore$ $E_- = \dfrac{1}{2}E$

極板 A の電荷 Q は，極板 B の電荷 $-Q$ がつくる電場 E_- から力を受けるので，A の電荷 Q が受ける静電気力の大きさ F は，

$$F = QE_- = \frac{1}{2}QE$$

と表せる。

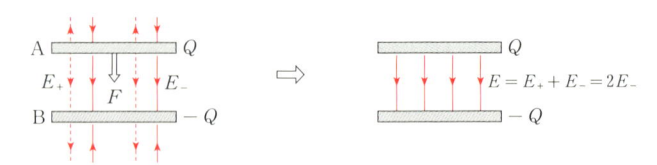

(5) コンデンサーの接続

(i) 並列接続

電気容量 C_1，C_2 のコンデンサー C_1，C_2 を並列に接続し，極板間に等しい電位差 V を与えたとき，C_1，C_2 にそれぞれ蓄えられている電気量を Q_1，Q_2 とする。電気量の合計を Q とすると，

$$Q = Q_1 + Q_2 = C_1 V + C_2 V$$
$$= (C_1 + C_2) V$$

であるので，これらのコンデンサーを 1 つのコンデンサーとみなすときの

電気容量 C は，$C = \dfrac{Q}{V}$ より

$$C = C_1 + C_2$$

一般に，電気容量 C_1，C_2，……，C_n の n 個のコンデンサーを並列接続したときの電気容量 C は，

$$C = C_1 + C_2 + \cdots\cdots + C_n$$

と表され，これを**並列の合成容量**という。

POINT　並列 → 電圧が等しい

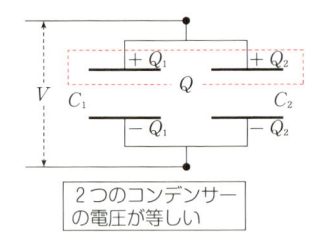

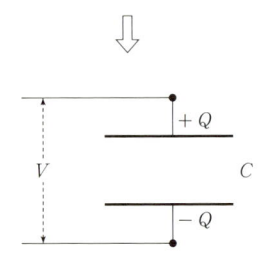

(ii) 直列接続

電荷をもっていない電気容量 C_1, C_2 の 2 つのコンデンサー C_1, C_2 を直列に接続し，両端に電位差 V を与える。このとき，2 つのコンデンサーの接続部分の極板の電荷の合計が 0 であるので，それぞれ等しい電荷が蓄えられる。C_1, C_2 のそれぞれにかかっている電圧を V_1, V_2，蓄えられている等しい電気量を Q とすると，

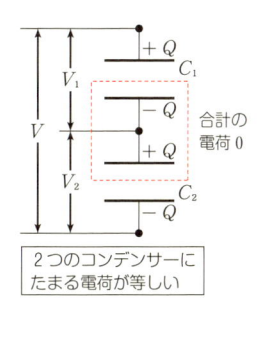

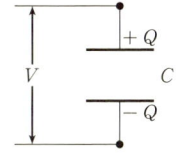

$$V = V_1 + V_2 = \frac{Q}{C_1} + \frac{Q}{C_2}$$
$$= \left(\frac{1}{C_1} + \frac{1}{C_2}\right)Q$$

したがって，これらのコンデンサーを 1 つのコンデンサーとみなすときの電気容量を C とすると，$V = \dfrac{Q}{C}$ より，

$$\frac{1}{C} = \frac{1}{C_1} + \frac{1}{C_2} \qquad \text{または} \qquad C = \frac{C_1 C_2}{C_1 + C_2}$$

一般に，n 個のコンデンサーを直列接続したときの電気容量 C は次式で与えられる。

$$\boxed{\frac{1}{C} = \frac{1}{C_1} + \frac{1}{C_2} + \cdots\cdots + \frac{1}{C_n}}$$

上式で得られる電気容量 C を**直列の合成容量**という。

この回路では，たとえば 2 つのコンデンサーの接続部分の極板の電気量の和はつねに 0 である。このように，**電気的に孤立している部分の電気量の和は一定である**。これを**電気量保存の法則**（電荷保存則）という。

> ❶ コンデンサーの直列接続の公式が使えるのは，コンデンサーがあらかじめ電荷を蓄えていないときであり，コンデンサーの接続部分の極板の電荷の合計が 0 で，全てのコンデンサーの電荷が等しくなるときに限られる。

例題 4-8　　平行板コンデンサー

真空中で向かいあった極板間の距離 d, 電気容量 C の平行板コンデンサーに電池で電圧 V をかけ, 充電したのちに電池をはずす。
次に, 極板の間に極板と面積が等しく, 厚さ $t(<d)$ の電荷をもたない導体板を図のように挿入した。
(1) 極板間の電圧はいくらになるか。
(2) 電気容量はいくらになるか。
　　次に, 導体板のかわりに導体板と全く同型で, 比誘電率 ε_r の誘電体板を極板間に挿入した。
(3) 極板間の電圧はいくらになるか。
(4) 電気容量はいくらになるか。

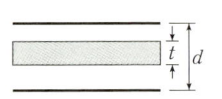

(滋賀医大)

解答

(1) 最初, 極板間の電場の強さ E は $E=V/d$, 電気量 Q は $Q=CV$ である。導体板を一方の極板から距離 x の位置に挿入すると, 静電誘導によって, 導体板の表面に $+Q$, $-Q$ の電荷が誘導される。この対の誘導電荷がつくる電場は, ガウスの法則より, 導体板を入れないときと同じで, 図の上向きに $E=\dfrac{V}{d}$ である (⇦電気量 Q が不変のとき電場は一定)。これより, 導体板内部の電場は 0 になる。したがって, 極板間の電位差 V_1 は

$$V_1 = Ex + 0 \times t + E(d-t-x) = E(d-t) = \dfrac{(d-t)}{d}V$$

(2) (1)の結果より, 電気容量 C' は　　$C' = \dfrac{Q}{V_1} = \dfrac{dQ}{(d-t)V} = \dfrac{d}{d-t}C$

(3) 誘電体板内部の電場の強さは E/ε_r となる。
したがって, 極板間の電位差を V_2 とすると

$$V_2 = Ex + \dfrac{E}{\varepsilon_r}t + E(d-t-x)$$

$$= \dfrac{\varepsilon_r d - (\varepsilon_r - 1)t}{\varepsilon_r d}V$$

(4) (3)の結果より, 電気容量 C'' は　　$C'' = \dfrac{Q}{V_2} = \dfrac{\varepsilon_r d}{\varepsilon_r d - (\varepsilon_r - 1)t}C$

別解　(2), (4)の電気容量は次のように求めることもできる。
(2) 極板と導体板には図1のように電荷が分布するので, 極板 P_1 と導体板, 導体板と極板 P_2 がそれぞれコンデンサーを形成している。前者の電気容量を C_1, 後者の電気容量

を C_2 とすると，C_1，C_2 が図2のように直列接続になっているとみることができる。

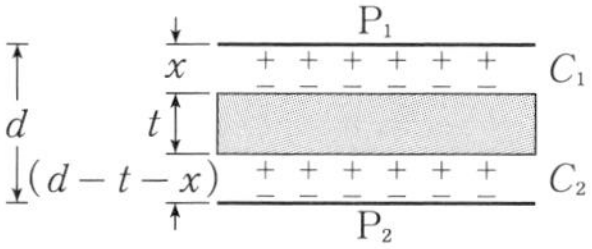

図1 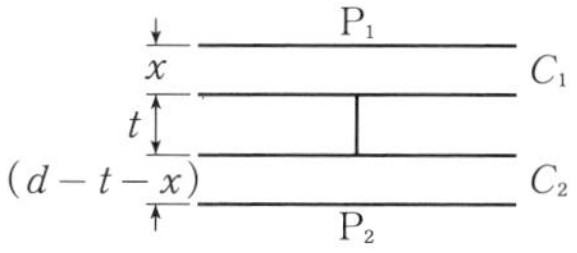　　　　　　　　　　　　図2

平行板コンデンサーの電気容量は極板間距離に反比例するから

$$C_1 = \frac{d}{x}C \qquad C_2 = \frac{d}{d-t-x}C$$

となる。したがって，合成容量 C' は次式で与えられる。

$$C' = \frac{1}{\frac{1}{C_1}+\frac{1}{C_2}} = \frac{d}{d-t}C \quad \Leftarrow 極板間隔 d-t のコンデンサーと同じ！$$

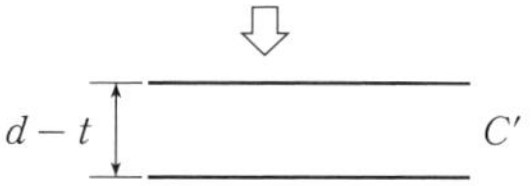

この値 C' を用いると，

$Q = CV = C'V_1 = \dfrac{d}{d-t}C \times V_1$ より，

$V_1 = \dfrac{d-t}{d}V$ が得られる。

(4) 上と同様に考えて，極板間隔 $d-t$ のコンデンサー（容量 C'）と極板間隔 t の誘電体が満たされたコンデンサー（容量 C_3）の直列接続と同じである。$C_3 = \varepsilon_r C \times \dfrac{d}{t}$ なので，

$$\frac{1}{C''} = \frac{1}{C_1}+\frac{1}{C_2}+\frac{1}{C_3} = \frac{1}{C'}+\frac{1}{C_3}$$

$$= \frac{d-t}{dC}+\frac{t}{\varepsilon_r dC} = \frac{\varepsilon_r d - (\varepsilon_r - 1)t}{\varepsilon_r dC}$$

$$\therefore \quad C'' = \frac{\varepsilon_r d}{\varepsilon_r d - (\varepsilon_r - 1)t}C$$

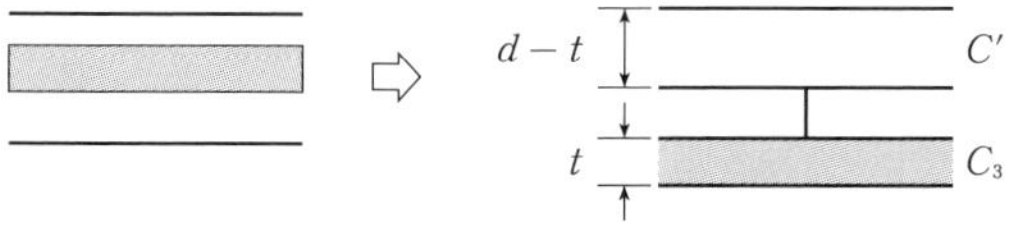

例題 4-9　　コンデンサー内の電場

面積 S〔m²〕,極板間の距離 d〔m〕の平行板コンデンサーが,起電力 V〔V〕の電池につながれている。クーロンの法則に現れる比例定数を k〔N·m²/C²〕として,以下の問いに答えよ。

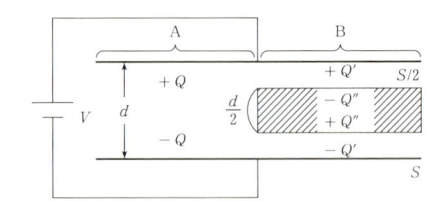

(I) 右図のように,面積 $\dfrac{S}{2}$,厚さ $\dfrac{d}{2}$ の金属板を極板に平行に挿入した。金属板の挿入されていない部分(A 部分)および挿入されている部分(B 部分)の極板に蓄えられている電荷をそれぞれ $\pm Q$, $\pm Q'$〔C〕,金属板の表面に現れた電荷を $\pm Q''$〔C〕とする。また,A 部分の極板の間,および B 部分の極板と金属板の間の空間の電場をそれぞれ E_a, E_b〔V/m〕とする。

(1) (ア) 電場 E_a, E_b と電荷 Q, Q' の間の関係を求めよ。ただし,Q, Q' はいずれも正とする。

(イ) Q, Q', Q'' の間に成り立つ関係式を求めよ。

(2) 電気力線のおおよその様子を描け。電気力線の作図について特に説明することがあれば,説明せよ。

(II) 金属板の代わりに同じ形状の誘電体を挿入するとき,

(3) Q, Q', Q'' の間の関係はどうなるか。

ただし,この場合は誘電体板の表面に現れる電荷を $\pm Q''$ ($Q''>0$) とする。

(4) 電気力線のおおよその様子を描け。

(富山医科薬科大)

解答

(I) (1) (ア) ガウスの法則より,

$$E_a \times \frac{S}{2} = 4\pi k Q$$

$$E_b \times \frac{S}{2} = 4\pi k Q'$$

$$\therefore\quad E_a = \frac{8\pi k Q}{S}, \quad E_b = \frac{8\pi k Q'}{S}$$

(イ) 金属中の電場は，$\pm Q'$ の電荷がつくる電場と $\mp Q''$ の電荷がつくる電場が合成されて 0 となる。したがって，

$$0 = \frac{8\pi k Q'}{S} - \frac{8\pi k Q''}{S} \quad \therefore \quad Q' = Q'' \quad \cdots\cdots ①$$

一方，極板間の電位差は A 部分，B 部分ともに V [V] なので，

$$V = E_a \times d = E_b \times \frac{1}{2}d \quad \therefore \quad E_a = \frac{1}{2}E_b$$

これと(ア)の結果より，

$$Q = \frac{1}{2}Q' \quad \cdots\cdots ②$$

①，②式より，

$$2Q = Q' = Q''$$

(2) B 部分の真空中の電気力線密度は A 部分の電気力線密度の 2 倍であり，金属板の内部には電気力線はない。また，力線は金属板の表面に垂直に出入りする。

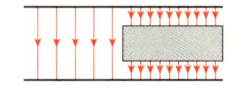

(II) (3) A 部分および B 部分の真空中の電場は(1)と同様にして，それぞれ

$$E_a = \frac{8\pi k Q}{S}, \quad E_b = \frac{8\pi k Q'}{S}$$

である。誘電体中の電場 E_b' は $\pm Q'$ がつくる電場と $\mp Q''$ の分極電荷がつくる電場の合成電場となるので，

$$E_b' = \frac{8\pi k (Q' - Q'')}{S}$$

である。A 部分と B 部分の極板間の電位差は V [V] なので，

$$E_a \times d = E_b \times \frac{1}{2}d + E_b' \times \frac{1}{2}d$$

したがって，

$$\frac{8\pi k}{S}Q \times d = \frac{8\pi k}{S}Q' \times \frac{d}{2} + \frac{8\pi k}{S}(Q' - Q'') \times \frac{1}{2}d$$

$$\therefore \quad Q = Q' - \frac{1}{2}Q''$$

(4) 分極電荷 Q'' は Q' より小さい（$Q'' < Q'$）ので，(3)より，

$$Q > Q' - \frac{1}{2}Q' = \frac{1}{2}Q'$$

したがって，$2Q > Q'$ となり，E_a は(I)の場合と同じで E_b は(I)の場合より小さく，また，誘電体中の電場は E_b より小さい。電気力線密度の大小関係も，これと同様である。

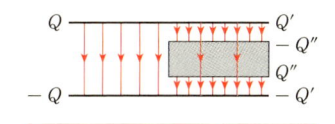

例題 4−10 コンデンサーの極板間引力

誘電率 ε [F/m]，厚さ d [m]，面積 S [m²] の誘電体円板を，それと同じ面積をもつ 2 枚の金属円板ではさんだ平行板コンデンサーが真空中に置かれている。以下の問いに答えよ。ただし，真空の誘電率を ε_0 [F/m] とせよ。厚さ d は円板の直径に比べてきわめて小さく，また，金属円板と誘電体円板の表面は滑らかで摩擦は無視できるものとする。

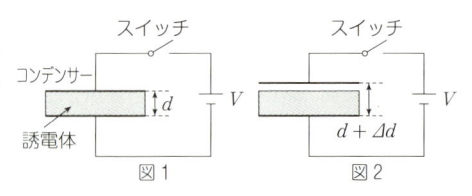

(1) この平行板コンデンサーの電気容量 [F] を ε，d，S で表せ。
(2) この平行板コンデンサーを図 1 に示すように配線し，スイッチを閉じ，コンデンサーを起電力 V [V] の電池で充電した。十分に時間がたった後，コンデンサーに蓄えられている電荷 [C] と静電エネルギー [J] を ε，d，S，V で表せ。
(3) 問 2 の状態でスイッチを開き，その後，図 2 に示すように，2 枚の金属円板の間隔を Δd [m] だけ広げた。
  (ア) コンデンサーの電気容量を ε，ε_0，d，Δd，S で表せ。また，コンデンサーに蓄えられている静電エネルギーを ε，ε_0，d，Δd，S，V で表せ。
  (イ) 2 枚の金属円板の間隔を Δd だけ広げるのに必要な仕事 [J] を ε，ε_0，d，Δd，S，V で表せ。
  (ウ) 2 枚の金属円板が引き合う力 [N] を ε，ε_0，d，S，V で表せ。
  (エ) 図 2 の状態で誘電体円板を 2 枚の金属円板からゆっくり抜き去った。このとき，コンデンサーに蓄えられている静電エネルギーを ε，ε_0，d，Δd，S，V で表せ。また，誘電体円板を抜き去るのに必要な仕事を ε，ε_0，d，S，V で表せ。

(静岡大)

解答

(1) 電気容量を C とすると，$C = \dfrac{\varepsilon S}{d}$ [F]

(2) 電荷を Q とすると，$Q = CV = \dfrac{\varepsilon S}{d} V$ [C]

　　静電エネルギーは　$U = \dfrac{1}{2} CV^2 = \dfrac{\varepsilon S}{2d} V^2$ [J]

(3) (ア) 極板間隔 Δd で極板間が真空のコンデンサーと極板間隔 d の誘電体入りコンデンサーの直列接続である。求める電気容量を C' とすると，

$$\frac{1}{C'} = \frac{1}{\frac{\varepsilon_0 S}{\Delta d}} + \frac{1}{\frac{\varepsilon S}{d}} \qquad \therefore \quad C' = \frac{\varepsilon_0 \varepsilon S}{\varepsilon_0 d + \varepsilon \Delta d} \text{〔F〕}$$

電気量は一定なので，静電エネルギーは，

$$U' = \frac{Q^2}{2C'} = \underline{\frac{(\varepsilon_0 d + \varepsilon \Delta d)\varepsilon S}{2\varepsilon_0 d^2} V^2} \text{〔J〕}$$

(イ) エネルギー保存則より，必要な仕事は静電エネルギーの変化量に等しい。したがって，仕事は，

$$W = U' - U = \underline{\frac{\varepsilon^2 S V^2}{2\varepsilon_0 d^2} \Delta d} \text{〔J〕}$$

(ウ) 極板に加える外力の大きさを F とすると， $W = F\Delta d$

力のつり合いより，金属円板が引き合う（静電気）力 F' は F に等しいので，

$$F' = F = \frac{W}{\Delta d} = \underline{\frac{\varepsilon^2 S V^2}{2\varepsilon_0 d^2}} \text{〔N〕}$$

(エ) 電気容量は， $C'' = \frac{\varepsilon_0 S}{d + \Delta d}$ となるので，静電エネルギーは，

$$U'' = \frac{Q^2}{2C''} = \underline{\frac{\varepsilon^2 S (d + \Delta d)}{2\varepsilon_0 d^2} V^2} \text{〔J〕}$$

エネルギー保存則より，必要な仕事 W' は静電エネルギーの変化量に等しい。

$$\therefore \quad W' = U'' - U' = \underline{\frac{\varepsilon S (\varepsilon - \varepsilon_0)}{2\varepsilon_0 d} V^2} \text{〔J〕}$$

例題 4-11　　誘電体にはたらく静電気力

次の文を読んで，□ には適した式を，また，{ } 内からは適した番号を1つ選んで記せ。

図1のように，1辺の長さが l の正方形の金属板2枚を間隔 d で平行に置いた平行板コンデンサーがあり，その間に，奥行き l，幅 l，厚さ d の直方体の誘電体 U がなめらかに挿入できるようになっている。ただし，誘電体は，図の左右方向（x 軸方向）にのみ移動でき，奥行き方向は常に電極とちょうど重なっているものとする。

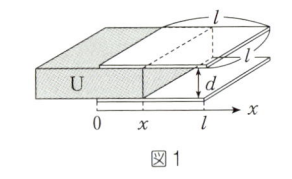

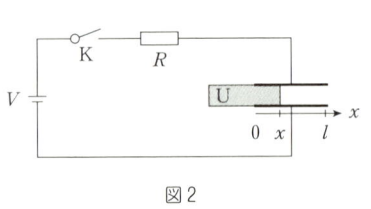

誘電体を挿入していないときのこの平行板コンデンサーの電気容量は C であり，誘電体の誘電率は空気の誘電率の $1+k$ 倍（$k>0$）であるとする。また，d は l に比べて十分小さく，コンデンサーの電極や誘電体の端での電場の乱れは無視できるものとする。

(1) 誘電体の右端が電極の左端から x（$0<x<l$）の位置にあるとき，誘電体が位置 x にあると，以下では言い表すことにする。このとき，このコンデンサーの電気容量は x の1次関数 $C(x)=$ □(a) で与えられる。

図2のように，このコンデンサーを，起電力 V の電池，抵抗値 R の抵抗およびスイッチ K とつないで回路を作った。

(2) 誘電体を位置 x に固定しておき，スイッチ K を閉じた。

ここで，誘電体を x から微小距離 $\varDelta x$ だけ，外力を加えてゆっくりと $x+\varDelta x$ まで移動させたとする。この間，電池からコンデンサーに $Q(x+\varDelta x)-Q(x)$ だけの電気量が流入するので，電池は □(b) だけの仕事をすることがわかる。一方，コンデンサーに蓄えられた静電エネルギーは，この間に □(c) だけ増加する。このように，誘電体を十分ゆっくりと移動させた場合，抵抗 R での発熱によるエネルギー損失は無視できるので，この移動を起こした外力による仕事と電池のした仕事の和は，静電エネルギーの増加量に等しい。このことから，この場合に位置 x の誘電体にはたらく電気的な力の方向は {(d)：①右向き，②左向き} であり，その大きさは □(e) であることがわかる。

(京都大)

解答

(1) (a) 誘電体が挿入された部分の電気容量を C_1, 挿入されていない部分の電気容量を C_2 とする。容量は誘電率と極板面積に比例するので,

$$C_1 = (1+k)\frac{x}{l}C, \quad C_2 = \frac{l-x}{l}C$$

求める電気容量 $C(x)$ は, C_1, C_2 の並列接続の合成容量に等しいので,

$$C(x) = C_1 + C_2 = \underline{\frac{l+kx}{l}C}$$

(2) (b) スイッチを閉じたままなのでコンデンサーにかかっている電圧は不変である。

(a)より, $Q(x) = C(x)V = \dfrac{l+kx}{l}CV$, $Q(x+\varDelta x) = \dfrac{l+k(x+\varDelta x)}{l}CV$

したがって, 電池がした仕事は,

$$W_e = \{Q(x+\varDelta x) - Q(x)\}V = \underline{\frac{kCV^2}{l}\varDelta x}$$

(c) コンデンサーの電圧は電池の電圧 V に等しいので, 静電エネルギーの増加は, (a)より,

$$\varDelta U = \frac{1}{2}\{C(x+\varDelta x) - C(x)\}V^2 = \underline{\frac{kCV^2}{2l}\varDelta x}$$

(d) 電気力とつり合う外力を誘電体に加えて, ゆっくりと移動すると考える。

外力がした仕事を W とすると, エネルギー保存則より,

$$\underset{\text{(外力の仕事)}}{W} + \underset{\text{(電池の仕事)}}{W_e} = \underset{\text{(静電エネルギーの変化)}}{\varDelta U}$$

POINT 　外力がした仕事＋電池がした仕事＝静電エネルギーの変化

したがって, (b), (c)より,

$$W = \varDelta U - W_e = -\frac{kCV^2}{2l}\varDelta x < 0$$

外力の仕事が負なので, 外力の方向は移動の方向と逆向きの左向きである。したがって, 外力とつり合っている電気力は右向き(①)である。

(e) 求める電気力の大きさを F とすると, 力のつり合いより, 外力の大きさも F である。

(d)より,

$$W = -\frac{kCV^2}{2l}\varDelta x = -F\varDelta x$$

$$\therefore \quad \underline{F = \frac{kCV^2}{2l}}$$

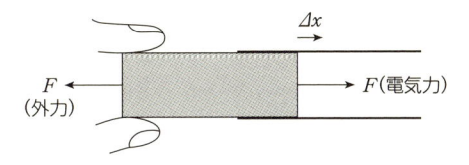

例題 4－12　コンデンサーのスイッチの開閉

以下の文中の□内を埋めよ。

右図のように，3個のコンデンサー C_1, C_2, C_3, 2個の電池 V_1, V_2, 2個のスイッチ S_1, S_2 からなる回路がある。3個のコンデンサーの容量はすべて C であり，2個の電池の起電力はともに V であるとする。初めの状態では，各スイッチは開いており，各コンデンサーに蓄えられた電荷は 0 とする。

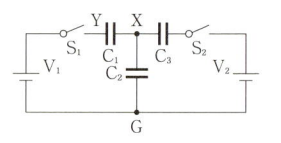

(1) スイッチ S_1 を閉じてから十分に長い時間が経過した後，点 G を基準としたときの点 X の電位 V_X は ［ア］，コンデンサー C_2 に蓄えられた電荷は ［イ］ である。

(2) 1の状態から，スイッチ S_1 を開き，次にスイッチ S_2 を閉じ，十分長い時間が経過した後，点 G を基準としたときの点 X の電位 V_X は ［ウ］，コンデンサー C_2 に蓄えられた電荷は ［エ］ である。また，点 G を基準としたときの点 Y の電位は ［オ］ である。

(3) 2の状態からスイッチ S_2 を開き，次にスイッチ S_1 を閉じ，十分長い時間が経過した後コンデンサー C_2 に蓄えられた電荷は ［カ］ である。

(4) 各コンデンサーの電荷をすべて放電させ，2個のスイッチが開いた初めの状態に戻した後，2個のスイッチを同時に閉じ，十分長い時間が経過した後，コンデンサー C_2 に蓄えられた電荷は ［キ］ である。

(上智大)

便利な公式

回路の中に容量 C のコンデンサーがあって，極板 P_1, P_2 の電位が V_1, V_2，電荷が Q_1, Q_2 ならば次のようになる。

$Q_1 = C(V_1 - V_2)$
$Q_2 = C(V_2 - V_1)$

ただし，Q_1, Q_2, V_1, V_2 は符号を含む

このようになるのは，$V_1 > V_2$ ならば，$Q_1 > 0$ で $Q_1 = C(V_1 - V_2)$ となり，$V_1 < V_2$ ならば，$Q_1 < 0$ で $Q_1 = -C(V_2 - V_1) = C(V_1 - V_2)$ となるからである。したがって，Q_1 は，V_1, V_2 の大小によらず，$Q_1 = C(V_1 - V_2)$ と表すことができる。（Q_2 についても同様である。）

解答

(1) (ア), (イ) 右図のように電荷が蓄えられ C_1 と C_2 は直列とみなせる。直列の合成容量 C_{12} は $\dfrac{1}{C_{12}} = \dfrac{1}{C} + \dfrac{1}{C}$ より $C_{12} = \dfrac{1}{2}C$

したがって、蓄えられた電荷は、
$$Q = C_{12} \times V = \dfrac{1}{2}CV \quad \cdots \text{(イ)の答}$$

V_X は C_2 にかかっている電圧に等しいので、
$$V_X = \dfrac{Q}{C} = \dfrac{1}{2}V \quad \cdots \text{(ア)の答}$$

(2) (ウ) S_1 を開いているので C_1 に蓄えられている電荷は移動しない。C_2 と C_3 の点 X につながる極板の電気量保存より、
$$C(V_X - 0) + C(V_X - V) = Q + 0 = \dfrac{1}{2}CV$$
$$\therefore \quad V_X = \dfrac{3}{4}V$$

(エ) C_2 の電荷は、$Q_2 = C|V_X - 0| = \dfrac{3}{4}CV$

(オ) Y の電位は X の電位より $\dfrac{Q}{C}$ だけ高いので、Y の電位は、
$$V_Y = V_X + \dfrac{Q}{C} = \dfrac{3}{4}V + \dfrac{1}{2}V = \dfrac{5}{4}V$$

(3) (カ) 点 G を基準とした点 X の電位を V_X' とする。C_3 の電荷は移動していないので、C_1 と C_2 の点 X につながる極板の電気量保存より、
$$C(V_X' - V) + C(V_X' - 0) = -Q + Q_2 = -\dfrac{1}{2}CV + \dfrac{3}{4}CV$$
$$\therefore \quad V_X' = \dfrac{5}{8}V$$

よって、C_2 の電荷は、
$$Q_2' = C|V_X' - 0| = \dfrac{5}{8}CV$$

(4) (キ) 点 G を基準とした点 X の電位を V_X'' とする。C_1, C_2, C_3 の点 X につながる極板の電気量の合計は 0 であるので、
$$C(V_X'' - V) + C(V_X'' - V) + C(V_X'' - 0) = 0$$
$$\therefore \quad V_X'' = \dfrac{2}{3}V$$

よって、C_2 の電荷は、
$$Q_2'' = C|V_X'' - 0| = \dfrac{2}{3}CV$$

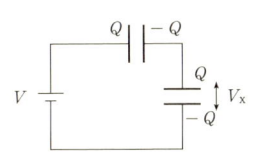

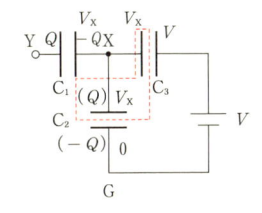

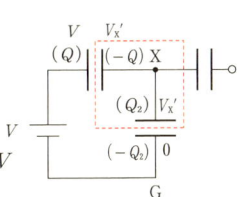

例題 4-13　コンデンサーのスイッチ操作の繰り返し

図のような電気回路がある。E は内部抵抗をもたない電池で，起電力は 24 V である。S_1, S_2 はスイッチ，C_1, C_2, C_3 は電気容量が等しいコンデンサーである。

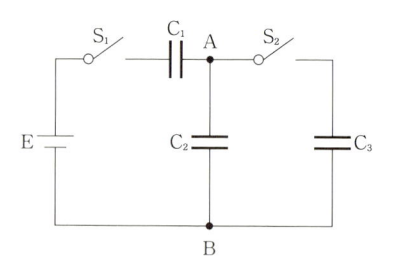

(1) 最初 S_1, S_2 は開いており，C_1, C_2, C_3 には電荷がないとする。この状態から，次の表に示す段階にしたがって，次々にスイッチを操作するとき，AB 間の電位差はどうなるか。答を下表(イ)～(ニ)に記入せよ。

	スイッチの操作	AB 間の電位差
第1段階	S_1 を閉じる	(イ)　　　〔V〕
第2段階	S_1 を開いてから S_2 を閉じる	(ロ)　　　〔V〕
第3段階	S_2 を開いてから S_1 を閉じる	(ハ)　　　〔V〕
第4段階	S_1 を開いてから S_2 を閉じる	(ニ)　　　〔V〕

(2) (1)に続いて S_2 を開く。以上のスイッチ操作を無限回続けたとき，AB 間の電位差はどうなるか。

(京都大)

解答

(1) (イ) C_1, C_2 の A につながる極板の電荷の合計は 0 なので，C_1 と C_2 には等量の電荷が蓄えられる。

また，電気容量が等しいので，C_1, C_2 には 12 〔V〕ずつの電圧がかかる。電気容量を C とすると，C_1, C_2 には，それぞれ $Q = C \times 12 = 12C$ 〔C〕の電荷が蓄えられる。

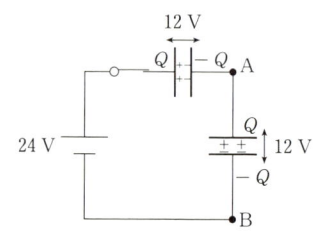

(ロ) C_1 の電荷は移動しない。求める電圧を V_1 とする。C_2 と C_3 の A 側の極板の電気量保存より，

$$CV_1 + CV_1 = Q = 12C \quad \therefore \quad V_1 = 6 \text{〔V〕}$$

このとき，C_2 と C_3 には，それぞれ等しい電荷 $Q_1 = 6C$ 〔C〕の電荷が蓄えられている。

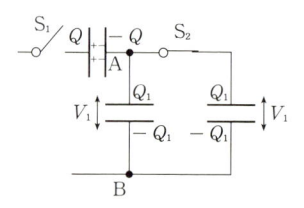

(ハ) Bを電位の基準とし，Aの電位をVとする。C_1とC_2のAにつながる極板の電気量保存より， 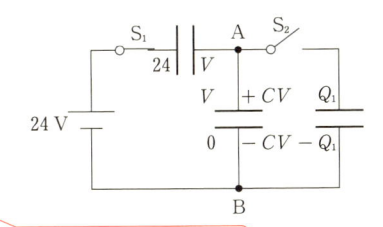 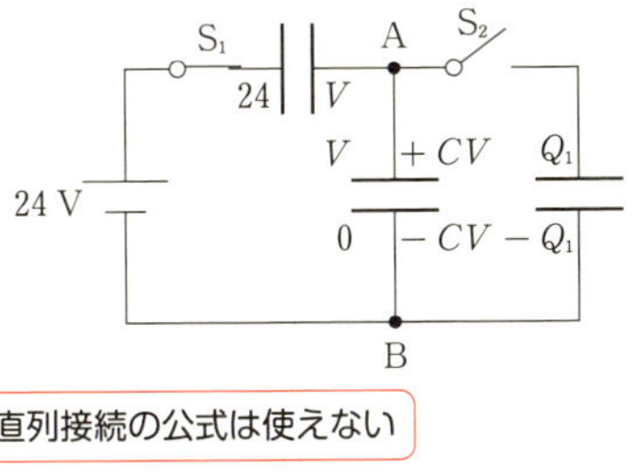
$$C(V-24)+C(V-0)$$
$$=-Q+Q_1=-12C+6C$$
$$\therefore\quad V=\underline{9}\,[\mathrm{V}]$$
このとき，C_2には$CV=9C$〔C〕の電荷が蓄えられている。

直列接続の公式は使えない

(ニ) C_1の電荷は移動しない。求める電圧をV_2とする。C_2とC_3のA側の極板の電気量保存より， 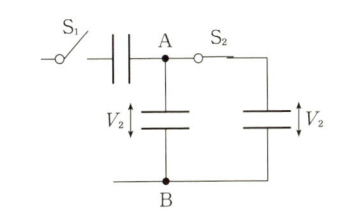
$$CV_2+CV_2=9C+Q_1=9C+6C$$
$$\therefore\quad V_2=\underline{7.5}\,[\mathrm{V}]$$

(2) 多数回の操作を繰り返した後，S_1を開いてS_2を閉じてもコンデンサーの極板間で電荷の移動が起こらなくなり，回路各部の電位は変わらなくなる。したがって，C_1の左側の極板の電位は24〔V〕のままであるので，S_1とS_2の両方を閉じた状態と同じである。

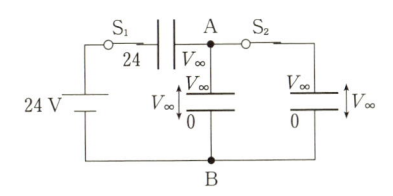

　Bに対するAの電位（AB間の電圧）をV_∞とする。初期状態では$C_1\sim C_3$の各電荷は0であったので，$C_1\sim C_3$のAにつながる極板の電荷の合計は0である。したがって，
$$C(V_\infty-24)+C(V_\infty-0)+C(V_\infty-0)=0$$
$$\therefore\quad V_\infty=\underline{8}\,[\mathrm{V}]$$

第2章 電流

1 オームの法則

(1) 電流

電荷が一方向へ移動し続けている状態を電流が流れているといい，その電流の向きと強さ（大きさ）は以下のように決められている。

電流の向き：正の電荷が移動する向き，または負の電荷が移動する向きと逆向き
電流の強さ：単位時間当たりに導体の断面を通過する電気量の大きさ

時間 Δt 〔s〕の間に導体の断面を通過する電気量の大きさを ΔQ 〔C〕とすると，流れる電流の強さ I 〔A〕は次式で与えられる。

$$\text{電流} \quad I = \frac{\Delta Q}{\Delta t}$$

単位は〔C/s〕となるが，この単位を〔A〕（アンペア）と呼ぶ。断面積 S の導線の中を平均の速さ v で運動する自由電子によって流れる電流 I は，単位体積当たりの自由電子の数を n，電子の電荷を $-e$ とすると次式で与えられる。

$$\text{電流} \quad I = enSv$$

この式は，以下のようにして導かれる。

導体の中の任意の1つの断面を時間 Δt の間に通過する自由電子の数は $nSv\Delta t$ であるので，この間に断面を通過する電気量の大きさは，$\Delta Q = enSv\Delta t$ である。よって，電流の強さ I は，$I = \frac{\Delta Q}{\Delta t} = enSv$ となる。

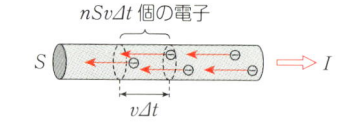

(2) オームの法則

導体に電圧をかけると流れる電流 I は電圧 V に比例し，次の式が成り立つ。

$$\text{電圧} \quad V = RI$$

これを**オームの法則**といい，RI を**電圧降下**（**電位降下**）という。これより，R が大きいと電流は流れにくい。この R を**電気抵抗**といい，単位は**オーム**〔Ω〕を用いる。ここで，均質な導体の抵抗値 R は導体の長さ l に比例し，断面積 S に反比例する。その比例定数を ρ とすると，

$$\boxed{\text{抵抗} \quad R = \rho \frac{l}{S}}$$

となる。ρ は導体の材質や温度によって決まっている量で，**抵抗率**といい，単位は $[\Omega\cdot\text{m}]$ である。

(3) 電気抵抗の温度変化

一般に導体の抵抗は温度とともに増加する。これは導体中の陽イオンの熱運動が活発になり，自由電子の運動を妨げるからである。あまり広くない温度範囲では，$0\,°\text{C}$，$t\,[°\text{C}]$ での抵抗率をそれぞれ ρ_0，ρ とすると，

$$\boxed{\text{抵抗の温度変化} \quad \rho = \rho_0(1 + \alpha t)}$$

が成り立つ。$\alpha\,[1/°\text{C}]$ を抵抗率の温度係数という。

(4) ジュール熱と消費電力

抵抗に電流が流れると熱が発生する。抵抗の長さを $l\,[\text{m}]$，電場の強さを $E\,[\text{V/m}]$ とすると，$V\,[\text{V}]$ の電圧がかかった抵抗に $I\,[\text{A}]$ の電流が時間 $t\,[\text{s}]$ 流れたとき，電位が V だけ低い所に $q = It\,[\text{C}]$ の電荷が移動する。したがって，この間に電場は，$W = qE \times l = qV = IVt$ の仕事をし，これが熱に変わる。これをジュールの法則といい，発生する熱を**ジュール熱**という。

$$\boxed{\text{ジュール熱} \quad Q = IVt}$$

一般に電流がする仕事 $W = IVt$ を**電力量**，その仕事率 IV を**電力** $P\,[\text{W}]$ という。

$$\boxed{\text{電力量} \quad W = IVt}$$

$$\boxed{\text{電力} \quad P = IV = RI^2 = \frac{V^2}{R}}$$

(5) 電子の運動とオームの法則，ジュール熱

導体中を流れる自由電子の運動に着目して，オームの法則とジュール熱を導いてみよう。

(i) **電子の運動とオームの法則**

長さ l，断面積 S の導体に電圧 V をかけ，強さ I の一定の電流が流れているとする。導体中の電場は，$E = \dfrac{V}{l}$ となるので，自由電子は電場から $eE = \dfrac{eV}{l}$ の静電

気力を受ける。一方，自由電子は，陽イオンの熱振動によって，速さ v に比例する抵抗力 kv（比例定数 k）を受けると考える。電流は一定なのでこれら2つの力はつり合っている。

$$\frac{eV}{l} = kv \qquad \cdots\cdots ①$$

電流 I は，

$$I = enSv \qquad \cdots\cdots ②$$

と表されるので，①，②より v を消去すると，

$$I = enS \times \frac{eV}{kl} = \frac{Sne^2}{kl}V$$

k, n が一定のとき，I は V に比例するので，これは**オームの法則**を示している。

これより，抵抗

$$R = \frac{V}{I} = \frac{k}{ne^2} \cdot \frac{l}{S} = \rho \frac{l}{S}$$

⬅ 長さ l に比例して，断面積 S に反比例

が得られる。

> ❯ 白熱電球などのフィラメントは電流が流れると高温になり，陽イオンの熱振動が激しくなる。そのため，抵抗力の比例定数 k が増加し，抵抗率 ρ は増加する。

(ⅱ) **ジュール熱**

1個の自由電子が時間 t の間に電場からされる仕事 w は，

$$w = \frac{eV}{l} \times vt \qquad \Leftarrow （力）\times（移動距離）$$

導体中の全自由電子数は nSl 個なので，導体中の全自由電子が時間 t の間に電場からされる仕事 W は

$$W = w \times nSl = \frac{eV}{l} \times vt \times nSl = enSvVt = IVt$$

よって， $Q = IVt$ が得られる。

例題 4-14　　　　　　　**オームの法則とジュール熱**

図のような，長さ l〔m〕，一定の断面積 S〔m²〕の金属でできた導体棒の両端に一定の電圧 V〔V〕を加えて，電流 I〔A〕を流した。

導体棒をつくっている金属の単位体積あたりの自由電子の数を n〔1/m³〕とし，電子の質量を m〔kg〕，電気量を $-e$〔C〕として，以下の文の空欄を適当な式で埋めよ。

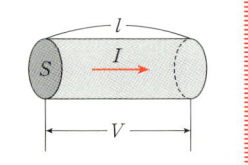

(1) 自由電子は導体内の電場による加速と陽イオンとの衝突による減速を繰り返しながら進行し，それによって導体内に電流が生じる。ここでは，一定の時間間隔 t_0〔s〕で衝突が起こるとして自由電子の運動を求める。導体内の電場の強さ (a) 〔V/m〕の一様な電場によって自由電子は加速され，加速度を α〔m/s²〕とすると電子の運動方程式は $m\alpha = $ (b) で与えられる。電子は速さ0から加速されるとすると，時間 t_0 後の衝突直前の速さ v〔m/s〕が求まり，平均の速さ $\overline{v}$〔m/s〕は $\overline{v} = \frac{1}{2}v = $ (c) と求められる。

次に，導体棒の電気抵抗 R〔Ω〕を求める。導体棒内のどの自由電子も同じ速さ $\overline{v}$ で移動するとして，導体棒を流れる電流 I は $I = $ (d) で与えられる。これとオームの法則より $R = $ (e) と求められる。さらに，大きさや形状によらず，導体棒をつくっている金属の定数である抵抗率 ρ〔Ω·m〕は $\rho = $ (f) と求められる。

(2) 今度は，自由電子が導体棒内を進行する際のエネルギーの収支を考える。時間 t_0 の間にひとつの電子が加速によって得たエネルギー (g) 〔J〕は衝突による減速によって失われ，電子1個あたり (g) のジュール熱が生じると考えられる。したがって，ジュール熱として導体棒全体で単位時間当たりに失われるエネルギー P〔W〕は $P = $ (h) と与えられ，$R = $ (e) を用いると，$P = $ (i) と求められる。

(玉川大)

解答

(1) (a) 一様電場の公式より，電場の強さは， $E = \dfrac{V}{l}$

(b) 電子は電場と逆向きに $eE = \dfrac{eV}{l}$ の静電気力を受けるので，運動方程式は，

$$m\alpha = \dfrac{eV}{l}$$

(c) (b)より，$\alpha = \dfrac{eV}{ml}$. したがって，平均の速さは，

$$\overline{v} = \dfrac{1}{2}v = \dfrac{1}{2}\alpha t_0 = \dfrac{eVt_0}{2ml}$$

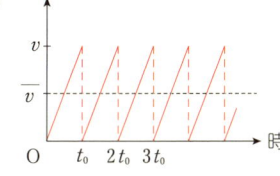

(d) 導体中の任意の断面を時間 Δt の間に通過する自由電子数 ΔN は，断面積 S，長さ $\overline{v}\Delta t$ の導体内の円柱に含まれる自由電子数に等しい。したがって，時間 Δt の間にこの断面を通過する電気量の大きさは，

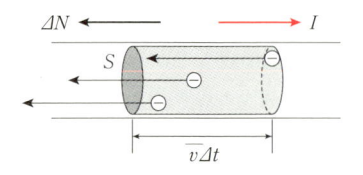

$$\Delta Q = e\Delta N = enS\overline{v}\,\Delta t$$

したがって，電流は， $I = \dfrac{\Delta Q}{\Delta t} = \underline{enS\overline{v}}$

(e) (c), (d)より， $I = enS \times \dfrac{eVt_0}{2ml} = \dfrac{Sne^2t_0}{2ml}V$ ∴ $R = \dfrac{V}{I} = \underline{\dfrac{2ml}{ne^2t_0S}}$

(f) $R = \rho\dfrac{l}{S}$ より， $\rho = \underline{\dfrac{2m}{ne^2t_0}}$

(2) (g) $\dfrac{1}{2}mv^2 = \dfrac{1}{2}m(\alpha t_0)^2 = \dfrac{1}{2}m\left(\dfrac{eVt_0}{ml}\right)^2 = \underline{\dfrac{e^2V^2t_0^2}{2ml^2}}$

(h) 導体内の自由電子の総数は $N = nSl$ なので，時間 t_0 の間に導体内で失われるエネルギーは， $W = N \times \dfrac{1}{2}mv^2 = nSl \times \dfrac{e^2V^2t_0^2}{2ml^2} = \underline{\dfrac{Sne^2t_0^2V^2}{2ml}}$

したがって，単位時間当たりに失われるエネルギーは， $P = \dfrac{W}{t_0} = \underline{\dfrac{ne^2t_0SV^2}{2ml}}$

(i) (e), (h)より， $P = \underline{\dfrac{V^2}{R}}$

例題 4 – 15　　　　抵抗の温度変化

100 V で使用したときに 40 W の電力を消費する電球に電源，電流計および電圧計を接続して，電球にかかる電圧と電流との関係を調べる実験を行った。電球のフィラメントの t 〔℃〕における電気抵抗 R 〔Ω〕は，0℃ の電気抵抗を R_0 〔Ω〕とすると，$R = R_0 \times (1 + 5.0 \times 10^{-3} \times t)$ の関係で表せるとする。以下の問いに答えよ。

(1) この実験で得られる電圧と電流の関係の概略を図示せよ。横軸に電圧，縦軸に電流をとって示すこと。また，なぜそのようになるのか理由を述べよ。

(2) フィラメントは，長さ 9.0×10^{-2} m，直径 1.7×10^{-5} m のタングステンである。0℃ の抵抗率を 5.0×10^{-8} Ωm であるとして，フィラメントの温度が 0℃ であるときの電気抵抗 R_0 〔Ω〕を求めよ。

(3) この電球が 100 V で点灯しているとき，フィラメントの電気抵抗はいくらか。また，その時のフィラメントの温度は何 ℃ になっているか。
ただし，フィラメント以外の電球の電気抵抗は無視できるとする。

(東邦大)

解答

(1) 電圧を増加させると電流が増し，発生するジュール熱のため温度が上昇する。温度の上昇にともない金属イオンの熱振動が激化し，自由電子の流れを妨げられ抵抗が増加することによる。

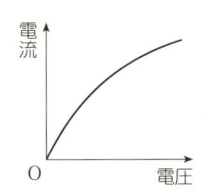

(2) $R_0 = (抵抗率) \times \dfrac{(長さ)}{(断面積)}$

$= 5.0 \times 10^{-8} \times \dfrac{9.0 \times 10^{-2}}{3.14 \times \left(\dfrac{1.7 \times 10^{-5}}{2}\right)^2} \fallingdotseq \underline{20}$ 〔Ω〕

(3) 100 V で使用するとき，消費電力は 40W なので

$\dfrac{100^2}{R} = 40 \quad \therefore \quad R = \underline{2.5 \times 10^2}$ 〔Ω〕

与式に R と R_0 を代入して，$2.5 \times 10^2 = 20(1 + 5.0 \times 10^{-3} \times t)$

$\therefore \quad t = \dfrac{2.5 \times 10^2 - 20}{5.0 \times 10^{-3} \times 20} = \underline{2.3 \times 10^3}$ 〔℃〕

2 直流回路

(1) 抵抗の接続

(i) 直列接続

抵抗値が R_1, R_2 の 2 つの抵抗を直列に接続し，強さ I の電流が流れているとき，それぞれの抵抗にかかっている電圧 V_1, V_2 の和を V とすると，オームの法則より，

$V = V_1 + V_2 = R_1 I + R_2 I = (R_1 + R_2) I$

したがって，これらの抵抗を 1 つの抵抗とみなすときの直列の合成抵抗 R は，$R = \dfrac{V}{I}$ より $R = R_1 + R_2$

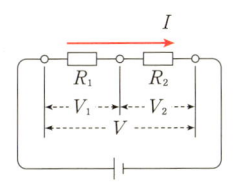

2つの抵抗を流れる電流が等しい

一般に，抵抗値 R_1, R_2, ……, R_n の n 個の抵抗を直列に接続したときの合成抵抗 R は次式で与えられる。

$$\text{直列の合成抵抗} \quad R = R_1 + R_2 + \cdots\cdots + R_n$$

(ii) 並列接続

抵抗値が R_1, R_2 の 2 つの抵抗 R_1, R_2 を並列に接続し，電圧 V がかかっているとき，それぞれの抵抗を流れる電流 I_1, I_2 の和 (全電流) を I とすると，オームの法則より，

$$I = I_1 + I_2 = \frac{V}{R_1} + \frac{V}{R_2} = \left(\frac{1}{R_1} + \frac{1}{R_2}\right)V$$

したがって，これらの抵抗を1つの抵抗とみなすときの並列の合成抵抗 R は，

$$R = \frac{V}{I}$$ より，

$$\frac{1}{R} = \frac{1}{R_1} + \frac{1}{R_2} \quad \text{または} \quad R = \frac{R_1 R_2}{R_1 + R_2}$$

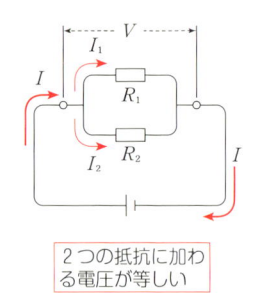

一般に，n 個の抵抗を並列に接続したときの合成抵抗 R は，次式で与えられる。

> **抵抗の並列接続** $\quad \dfrac{1}{R} = \dfrac{1}{R_1} + \dfrac{1}{R_2} + \cdots\cdots + \dfrac{1}{R_n}$

2つの抵抗に加わる電圧が等しい

(2) 電流計・電圧計
(i) 電流計

回路を流れる電流を測定するためには回路に電流計を直列につなぐ。このとき，電流計の内部には抵抗 (内部抵抗) があるため，電流計をつなぐことによって回路の電流が変化してしまう。この変化を小さくするためには電流計の内部抵抗は小さいほどよい。

分流器

電流計に流すことのできる電流には限度があるので，電流の測定範囲には上限がある。電流計と並列に抵抗を接続し，測定したい回路の電流を分けることによって，大きな電流が流れている回路の電流を測定できる。このような抵抗を**分流器**という。たとえば，最大 I_0 の電流まで測れる (最大目盛 I_0) 内部抵抗 r の電流計 A に分流器を並列につなぐ。電流計 A に I_0 の電流が流れているとき分流器に $(n-1)I_0$ の電流が流れるようにすれば，測定したい回路の電流は nI_0 となり，測定範囲の上限が n 倍に広がったことになる。このとき，電流計 A の内部抵抗にかかる電圧と分流器に加わる電圧は等しい。

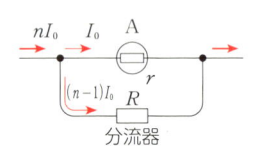

分流器の抵抗を R とすると，$rI_0 = R(n-1)I_0$

したがって，

$$R = \frac{r}{n-1}$$

とすればよい。

(ii) **電圧計**

　回路の中の抵抗等にかかる電圧を測定するとき，その部分に電圧計を並列につなぐ。電圧計の内部抵抗が小さいと，電圧計に大きな電流が流れ，電圧を測りたい部分の電圧が変化してしまう。この変化を小さくするためには，電圧計の内部抵抗は大きいほどよい。電流計に直列に抵抗値の大きい抵抗を接続すれば電圧計になる。

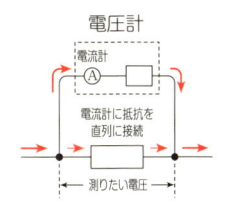

倍率器

　電圧計に直列に抵抗をつなぎ，測定できる電圧の最大値を大きくすることができる。このような抵抗を**倍率器**という。たとえば，最大 V_0 の電圧まで測れる（最大目盛 V_0）内部抵抗 r の電圧計 V に倍率器を直列につなぐ。V に V_0 の電圧がかかっているとき，倍率器に $(n-1)V_0$ の電圧がかかるようにすれば，測定したい部分の電圧は nV_0 となり，測定範囲の上限が n 倍に広がったことになる。このとき，V と倍率器を流れる電流を I，倍率器の抵抗を R とすると，

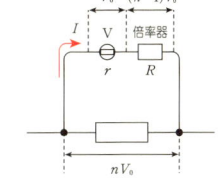

$$V_0 = rI, \quad (n-1)V_0 = RI$$

したがって，

$$R = (n-1)r$$

とすればよい。

POINT　**電流計の分流器は並列接続，電圧計の倍率器は直列接続**

(3) **電池の内部抵抗と端子電圧**

　電池によってコンデンサーに電荷を蓄えたり，導線に電流を流したりできる。このように，電流を流そうとするはたらきを電池の**起電力**という。**起電力の大きさ**は，電流が 0 のときの電池の両端の電圧で表される。起電力 E，内部抵抗 r の電池に，電池の負極側から正極側の向き（**起電力の向き**）に強さ I の電流が流れているとき，内部抵抗で rI の電圧降下があるので，電池の両端の電圧（**端子電圧**）V は，次のように表される。

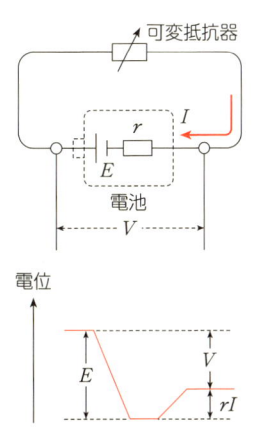

端子電圧 $V = E - rI$

可変抵抗の値を変化させ，電流 I と端子電圧 V の関係をグラフにすると傾きが $-r$ の直線が得られる。

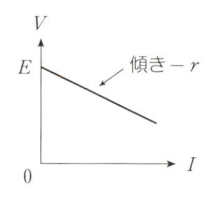

(4) キルヒホッフの法則

多数の抵抗や電池などが接続された回路の各部の電流や電圧を求めるには**キルヒホッフの法則**を用いる。

キルヒホッフの法則

第1法則（電流の法則）　電流は回路の途中で発生したり，なくなったりすることはない。これより，
　回路網の任意の一点に流れ込む電流の総和は，その点から流れ出す電流の総和に等しい。

第2法則（電圧の法則）　回路網の中を1周すると元の電位の点にもどるので電位の上昇分と下降分は等しい。これより，回路網の任意の閉回路に沿って1周してみるとき，電池の起電力の代数和は，抵抗による電圧降下の代数和に等しい。ただし，電流の向きは適当に仮定し，電圧降下は自分が1周する向きに流れる電流を正として表し，起電力は1周する向きと同じ向きを正とする。

[適用例]

右図の場合は，点 C に出入りする電流について，第1法則より，

$$I_1 + I_2 = I_3 \quad \cdots\cdots ①$$

回路 ABCFEDA について，第2法則より，

$$V_1 - V_2 = R_1 I_1 - R_2 I_2 \quad \cdots\cdots ②$$

同じく，回路 EFCGHDE について，

$$V_2 + V_3 = R_2 I_2 + R_3 I_3 \quad \cdots\cdots ③$$

①〜③より，I_1，I_2，I_3 が求まる。計算結果が正なら，電流は仮定した向きに流れ，負なら，電流は仮定した向きと逆向きに流れる。

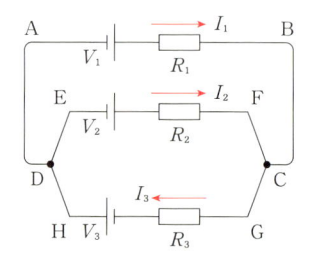

(5) ホイートストンブリッジ

既知抵抗 R_1, R_2, 可変抵抗 R_3, 未知抵抗 R_x, 検流計 G, 電池を用いた図のような回路を**ホイートストンブリッジ**という。この回路を用いて未知の抵抗値を求めることができる。

検流計 G に電流が流れないように R_3 を調節する。このとき、抵抗値 R_1, R_2 の抵抗を流れる電流をそれぞれ I_1, I_2 とする。検流計には内部抵抗があるが、電流が流れていないので、図の点 C と点 D は等電位になっている。

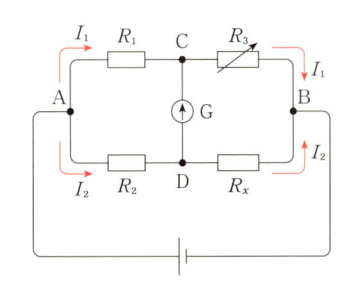

したがって、AC 間の電位差と AD 間の電位差は等しく、CB 間の電位差と DB 間の電位差は等しい。よって、

$$R_1 I_1 = R_2 I_2 \quad \cdots ① \qquad R_3 I_1 = R_x I_2 \quad \cdots ②$$

① ÷ ② より、 $\quad \dfrac{R_1}{R_3} = \dfrac{R_2}{R_x}$

> **ホイートストンブリッジ条件** $\quad \dfrac{R_1}{R_3} = \dfrac{R_2}{R_x} \quad$ あるいは $\quad R_1 R_x = R_2 R_3$

これより、未知抵抗 R_x を求めることができる。

(6) コンデンサーを含む直流回路

右図のような、抵抗、コンデンサー含む直流回路を作り、時刻 $t=0$ でスイッチ S を閉じる。スイッチを閉じた瞬間は、コンデンサーにはまだ電荷は蓄えられていないので、コンデンサーにかかっている電圧は 0 であり、電池の起電力 E は全て抵抗にかかっている。したがって、このときの電流は、

$$I = I_0 = \dfrac{E}{R}$$

充電の途中で、コンデンサーに蓄えられた電気量を $Q\,(<CE)$ とすると、コンデンサーには $\dfrac{Q}{C}$ の電圧がかかり、抵抗での電圧降下は RI なので、$E = RI + \dfrac{Q}{C}$ となる。したがって、

$$I = \dfrac{1}{R}\left(E - \dfrac{Q}{C}\right)$$

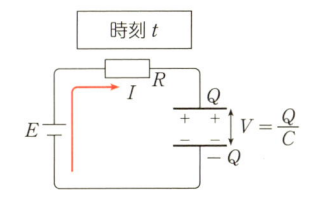

これより，電気量 Q が増加するにつれて，電流 I はしだいに減少し，十分に時間がたつと

$I = 0$, $Q = CE$ となる。

以上より，電流 I と電気量 Q の時間変化は下図のようになる。

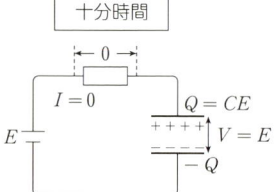

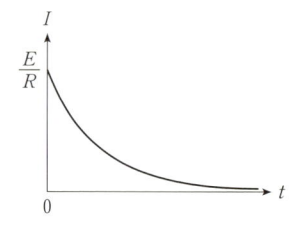

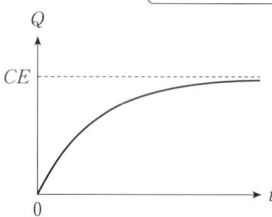

POINT
十分に時間がたつ ⟶ Q＝一定となる ⟶ コンデンサーへの電流＝0

参考　コンデンサーの充電とその際のジュール熱

図のように，起電力 V_0 の電池，電気容量 C のコンデンサー，抵抗値 R の抵抗を用いた回路を考える。時刻 $t=0$ でスイッチSを閉じると，回路に電流が流れ，コンデンサーに徐々に電荷が蓄えられる。いま，ある任意の時刻 t で回路を流れる電流を i，コンデンサーの電荷を q とする。キルヒホッフの法則より，

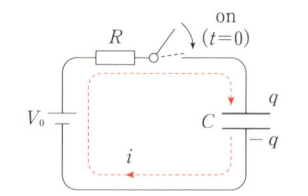

$$V_0 = Ri + \frac{q}{C} \quad \cdots\cdots ①$$

一方，電流 i は単位時間当たりのコンデンサーの電荷 q の増加量に等しいので，

$$i = \frac{dq}{dt} \quad \cdots\cdots ②$$

①，②より，

$$\frac{dq}{dt} = \frac{1}{R}\left(V_0 - \frac{q}{C}\right) \quad \cdots\cdots ③$$

これより，電荷 q がしだいに増加すると，$\dfrac{dq}{dt}$ すなわち電流 i が減少し，$q = CV_0$ で電流は止む。

電流 i と電荷 q を時刻 t の関数で表してみよう。

③より

$$\frac{1}{V_0 - \dfrac{q}{C}} dq = \frac{1}{R} dt$$

両辺を積分すると，

$$\int \frac{1}{V_0 - \dfrac{q}{C}} dq = \int \frac{1}{R} dt$$

$$\therefore \ -C\log_e\left|V_0 - \frac{q}{C}\right| = \frac{1}{R}t + a_1 \quad (a_1：積分定数)$$

よって，
$$V_0 - \frac{q}{C} = A_1 e^{\frac{t}{RC}} \quad \text{ただし，} A_1 = e^{-\frac{a_1}{C}}$$
ここで，$t=0$ で $q=0$ より，
$$V_0 - 0 = A_1 \times 1 \quad \therefore \quad A_1 = V_0$$
したがって，
$$q = CV_0(1 - e^{-\frac{t}{RC}}) \qquad \cdots\cdots ④$$
②，④より，
$$i = \frac{dq}{dt} = \frac{V_0}{R} e^{-\frac{t}{RC}} \qquad \cdots\cdots ⑤$$

次に，抵抗で発生するジュール熱について考える。
電流が i 流れているとき，微小時間 dt の間に発生するジュール熱は $Ri^2 dt$ であるので，スイッチSを閉じてから十分に時間がたつまでの間に発生するジュール熱 W は，⑤より，
$$W = \int_0^\infty Ri^2 dt = \frac{V_0^2}{R}\int_0^\infty e^{-\frac{2t}{RC}} dt = -\frac{V_0^2}{R} \times \frac{RC}{2}\left[e^{-\frac{2t}{RC}}\right]_0^\infty$$
$$= \frac{1}{2}CV_0^2$$

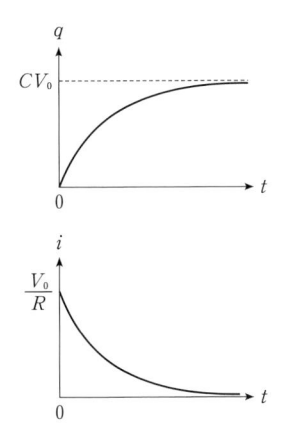

となり，R によらないことが分かる。また，次に示すように**エネルギー保存則**が成立している。
　スイッチSを閉じて十分に時間がたつと，コンデンサーには CV_0 の電荷が蓄えられる。この間に電池を $\varDelta q = CV_0$ の電荷が通過し，電池は $W_E = \varDelta q \times V_0 = CV_0^2$ の仕事をする。一方，コンデンサーには $U = \frac{1}{2}CV_0^2$ の静電エネルギーが蓄えられるので，抵抗では $W = W_E - U = \frac{1}{2}CV_0^2$ のジュール熱が発生することになる。

例題 4-16　電流計と電圧計

長さ l [m]，直径 a [m] の鉛筆の芯がある。芯の両端間の抵抗値 R [Ω] と抵抗率を求める実験を行った。芯は材質が一様な円柱であるとし，測定中の抵抗値の変化はないものとする。以下の問いに答えよ。円周率を π とする。

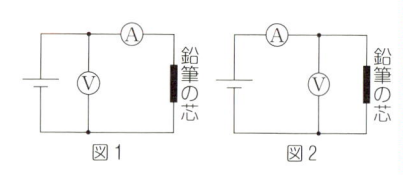

(1) (ア) 芯の抵抗率を，R, a, l を用いて示せ。また，抵抗率の単位を示せ。
   (イ) 仮に芯の長さを半分，直径を半分とすると抵抗値 R は元の何倍になるか。

(2) 図1，図2の回路を用いて芯の抵抗値 R を測定した。電圧計の値を V [V]，電流計の値を I [A] とする。また，電圧計の内部抵抗値を r_V [Ω]，電流計の内部抵抗値を r_I [Ω] とする。図1，図2の回路それぞれについて，R を V, I, r_V, r_I のうち適当なものを用いて表せ。

(3) 図1，図2の回路とも，$r_I = 1.00$ [Ω]，$r_V = 1.00 \times 10^4$ [Ω] であるとする。
   (ア) 図1の回路で実際に測定すると $V = 0.110$ [V]，$I = 0.100$ [A] であった。芯の抵抗値 R はいくらか。有効数字2桁で答えよ。
   (イ) 図2の回路で，$I = 0.100$ [A] の時，V はいくらか。(3)(ア)で求めた R の値を用いて，有効数字2桁で答えよ。

(4) (ア) 内部抵抗の値がわからない場合は，V/I の値をおおよその芯の抵抗値 R' [Ω] とする場合が多い。R' と正確な値 R との差 $|R' - R|$ をとる。$|R' - R|$ と R との比 $\left|\dfrac{R' - R}{R}\right|$ を，R に対する R' の相対的な誤差といい，この値が小さいほど精度の高い測定ができる。図1，図2の回路それぞれについて，$\left|\dfrac{R' - R}{R}\right|$ を R, r_V, r_I のうち適当なものを用いて表せ。

   (イ) R' を測定することにより，2桁以上の精度で芯の抵抗値を求めたい。(4)(ア)の結果と(3)の数値から R' の測定について正しく述べているものを，次の(A)～(D)のうちから一つ選び，記号で答えよ。
   (A) どちらの回路で測定しても誤差は小さいので，どちらを用いてもかまわない。
   (B) 図1の回路で測定すると誤差が大きいので，図1の回路を用いてはいけない。

(C) 図2の回路で測定すると誤差が大きいので，図2の回路を用いてはいけない。
(D) どちらの回路で測定しても誤差は大きいので，どちらも用いてはいけない。

(静岡大)

解答

(1) (ア) 抵抗率を ρ とする。

$$R = \rho \frac{l}{\pi\left(\frac{a}{2}\right)^2} \text{ より,} \qquad \rho = \frac{\pi a^2 R}{4l} \text{ [Ω·m]}$$

(イ) $l \to \frac{l}{2}$, $a \to \frac{1}{2}a$ とすると，抵抗は $R' = \frac{\frac{1}{2}}{\left(\frac{1}{2}\right)^2} \times R = 2R$ よって，2倍

(2) 図1の回路：

電圧計が示す値は電流計と鉛筆の芯での電位降下の和に等しいので，

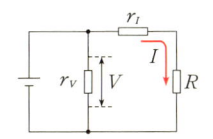

$$V = (r_I + R)I \quad \cdots ① \qquad \therefore \ R = \frac{V}{I} - r_I \quad \cdots ①'$$

図2の回路：

電流計が示す値は電圧計を流れる電流 $\frac{V}{r_V}$ と鉛筆の芯を流れる電流 $\frac{V}{R}$ の和に等しいので，

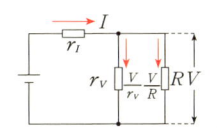

$$I = \frac{V}{R} + \frac{V}{r_V} \quad \cdots ② \qquad \therefore \ R = \frac{r_V V}{I r_V - V}$$

(3) (ア) ①式に与えられた数値を代入して， $R = \frac{0.110}{0.100} - 1.00 = 0.10$ [Ω]

(イ) ②式より， $V = \frac{R r_V}{R + r_V} I = \frac{0.10 \times 1.00 \times 10^4}{0.10 + 1.00 \times 10^4} \times 0.100 \fallingdotseq 0.010$ [V]

(4) (ア) 図1の回路：①式より，

$R' = \frac{V}{I} = R + r_I \ \Leftrightarrow R \text{ と } r_I \text{ の直列の合成抵抗}$ よって， $\left|\frac{R' - R}{R}\right| = \frac{r_I}{R}$

図2の回路：②式より，

$R' = \frac{V}{I} = \frac{R r_V}{R + r_V} \ \Leftrightarrow R \text{ と } r_V \text{ の並列の合成抵抗}$ よって， $\left|\frac{R' - R}{R}\right| = \frac{R}{R + r_V}$

(イ) 図1の回路の場合 $\left|\frac{R' - R}{R}\right| = \frac{1.00}{0.10} = 10$

図2の回路の場合 $\left|\frac{R' - R}{R}\right| = \frac{0.10}{0.10 + 1.00 \times 10^4} \fallingdotseq 10^{-5}$

これより，図1の回路では誤差は真の値の10倍もあり，図2の回路では5桁の精度で測定できることが分かる。したがって，(B)

例題 4-17　キルヒホッフの法則

以下の空欄(ア)〜(ク)にあてはまる式または数字を記せ。

図1に示すように，可変抵抗 R 〔Ω〕に内部抵抗 r_1 〔Ω〕をもつ起電力 E_1 〔V〕の電池1が接続されている。R の値が0のとき，抵抗 R の両端 AB 間の電位差は　(ア)　〔V〕である。R の値を r_1 と比較して非常に大きくすると，AB 間の電位差は　(イ)　〔V〕に近づく。

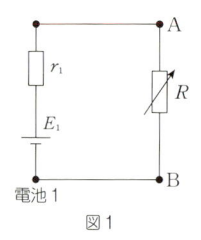

抵抗 R で消費される電力 P は　(ウ)　〔W〕であり，P が最大となるのは抵抗 R の値が $R=$　(エ)　〔Ω〕のときである。

図2に示すように，内部抵抗 r_2 〔Ω〕をもつ起電力 E_2 〔V〕の電池2を電池1と並列に接続した。各抵抗に流れる電流の向きを図中の矢印のようにとると，抵抗 R に流れる電流は　(オ)　〔A〕となる。また $\dfrac{E_2}{E_1} <$　(カ)　の条件が成立するとき，r_2 に流れる電流の向きは図中の矢印と逆の方向になる。$E_1=E_2=E$ および $r_1=r_2=r$ であるとき，この並列に接続された電池2個を起電力　(キ)　〔V〕，内部抵抗　(ク)　〔Ω〕の電池1個とおきかえても抵抗 R に流れる電流はおきかえる前と同じである。

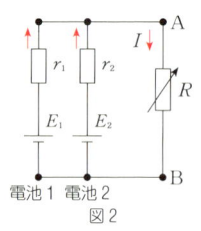

(同志社大)

解答

(ア) 回路を流れる電流を i とする。キルヒホッフの法則より，

$$E_1 = (r_1+R)i \quad \therefore \quad i = \dfrac{E_1}{r_1+R}$$

したがって，AB 間の電位差 V は，

$$V = Ri = \dfrac{RE_1}{r_1+R} \quad \therefore \quad R=0 \text{ で } V = \underline{0}$$

(イ) (ア)より，$V = \dfrac{E_1}{\dfrac{r_1}{R}+1}$　　$r_1 \ll R$ では，$V \fallingdotseq \underline{E_1}$

(ウ) $P = Ri^2 = \dfrac{RE_1^2}{(r_1+R)^2} = \dfrac{E_1^2}{\dfrac{r_1^2}{R}+R+2r_1}$ ……①

(エ) 相加平均 ≧ 相乗平均より　　$\dfrac{r_1^2}{R}+R \geq 2\sqrt{\dfrac{r_1^2}{R} \times R} = 2r_1$

したがって，$\dfrac{r_1^2}{R} = R \rightarrow R = \underline{r_1}$ 〔Ω〕のとき①式の分母は最小となり，P は最大である。

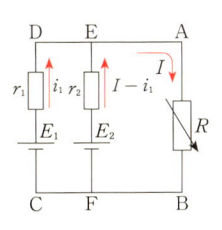

(オ) r_1 を上向きに流れる電流を i_1 とすると，r_2 を上向きに流れる電流は $I-i_1$ となる．キルヒホッフの法則より，

回路 ABCDA について：$E_1 = r_1 i_1 + RI$ ……②

回路 ABFEA について：$E_2 = r_2(I - i_1) + RI$ ……③

②, ③式より i_1 を消去して，

$$I = \frac{E_1 r_2 + E_2 r_1}{r_1 r_2 + (r_1 + r_2)R} \quad\cdots\cdots ④$$

(カ) ③式より，r_2 を上向きに流れる電流は，$I - i_1 = \frac{E_2 - RI}{r_2} = \frac{(r_1+R)E_2 - RE_1}{r_1 r_2 + (r_1+r_2)R}$

これが負であればよいので，

$$(r_1 + R)E_2 - RE_1 < 0 \quad \therefore \quad \underline{\frac{E_2}{E_1} < \frac{R}{r_1 + R}}$$

(キ), (ク) ④式で $E_1 = E_2 = E$，$r_1 = r_2 = r$ とおくと，

$$I = \frac{2rE}{r^2 + 2rR} = \frac{2E}{r + 2R} = \frac{E}{\frac{r}{2} + R}$$

1個の電池に置きかえたときの起電力を E'，内部抵抗を r' とすると，抵抗 R に流れる電流は，

$$I' = \frac{E'}{r' + R} \text{ となるので，} \quad E' = E,\ r' = \frac{r}{2}$$

のとき，$I' = I$ となる．　　　∴ (キ)の答 $\underline{E}$, (ク)の答 $\underline{\dfrac{r}{2}}$

━━━━━━━━━━ 例題 4－18 ━━━━━━━━━━━━━━━━━━━ 電位差計 ━━━━━━━━━━

右の図は電位差計の回路図である．AB は長さが 100 cm で，一様な断面積をもった 12 Ω の抵抗線である．E_0 は蓄電池，E_1 は標準電池，E_2 は起電力が未知の電池，G は検流計，S_1, S_2 はスイッチを表している．なお，標準電池は電位差の標準を与えるもので，20℃ での起電力は 1.0183 V である．次の問いに答えよ．

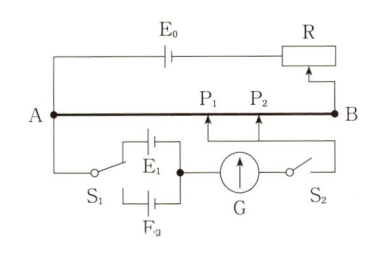

(1) E_0 として起電力が 2.0 V のものを使い，AB の全長を利用して，1.6 V までの未知の起電力を測定できるようにするには，調整用可変抵抗器 R を何Ωにすればよいか．ただし，E_0 の内部抵抗は無視できるとする．

(2) 室温が 20℃ のとき，ある適当な位置に R を固定し，まず，S_1 を E_1 側に入れて，接触子を $AP_1 = 63.32$ cm に調節したとき，S_2 を入れても検

流計の指針がふれなかった。次に，S_1 を E_2 側に入れ，検流計の指針がふれない位置をさがすと，$AP_2 = 93.54$cm であった。E_2 の起電力を求めよ。
(3) 電池の起電力を測定するには電圧計を用いずに，特に図のような電位差計を用いるのはなぜか。

(三重大)

解答
(1) 測定に際しては，検流計に電流が流れない。$E_0 \rightarrow A \rightarrow B \rightarrow R \rightarrow E_0$ の向きに流れる電流を i_0 [A]，R の抵抗値を R [Ω] とすると，
キルヒホッフの法則より $\quad (12 + R)i_0 = 2.0$ ……①
AB 間の電圧が 1.6 V であればよいから $\quad 12 i_0 = 1.6$ ……②
式①，②から i_0 を消去して $\quad R = \underline{3}$ [Ω]

(2) AB を流れている電流を i [A]，E_2 の起電力を E_2 [V] とすると，
$A \rightarrow P_1 (P_2) \rightarrow G \rightarrow E_1 (E_2) \rightarrow A$ の閉回路について，キルヒホッフの法則より

$$12 \times \frac{63.32}{100} i = 1.0183 \quad \cdots\cdots ③$$

$$12 \times \frac{93.54}{100} i = E_2 \quad \cdots\cdots ④$$

式③，④より $E_2 = 1.0183 \times \dfrac{93.54}{63.32} = 1.5042 \cdots\cdots \fallingdotseq \underline{1.504}$ [V]

(3) 電池に内部抵抗があるので，電圧計を接触させると電流が流れ，内部抵抗による電圧降下を生じ，電圧計の指針は起電力より低い値（端子電圧）を示すから。

例題 4－19　　　**非直線抵抗**

次の文章の [(ア)] ～ [(サ)] には有効数字 2 桁の適切な数値を，また，[(i)] には適切な文章を，[(ii)] には選択した番号を記し解答せよ。

(1) 自動車やオートバイの照明用豆電球の直流電圧 V [V] を変えて，電流 I [A] を測定したところ，図 1 のような電流－電圧特性曲線を得た。電圧 V を 0 からゆるやかに増加していくと，電球のフィラメントは特性曲線上の点 A で暗く，点 B では明るく輝く。図 1 から，点 A での電気抵抗と消費電力は [(ア)] Ω，[(イ)] W，点 B では [(ウ)] Ω，[(エ)] W となる。このように実際の電気抵抗はその動作状態で異なる。この豆電球の場合，電気抵抗の違いは点 A と点 B とではフィラメントである金属線の温度が異なるためと考えられる。

金属の電気抵抗が温度による異なる理由を説明せよ。[(i)]

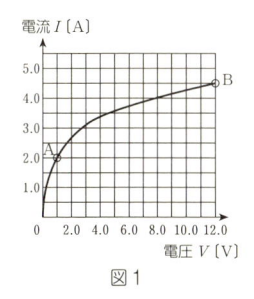

図1

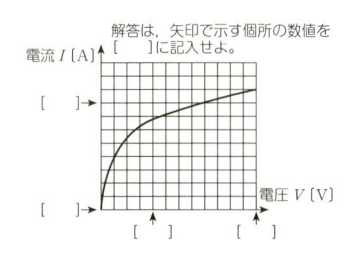

(2) 次に，起電力 $E=12$ V の電池にこの豆電球1個を接続した。図2に示すように，電池の内部には一定の抵抗値 $R=0.50$ Ω の電気抵抗が起電力 E と直列に存在する。豆電球の特性曲線図1と起電力 E，電気抵抗 R を用いると，作図によって $V=$ [オ] V，$I=$ [カ] A，ならびに豆電球の消費電力は [キ] W と求められる。

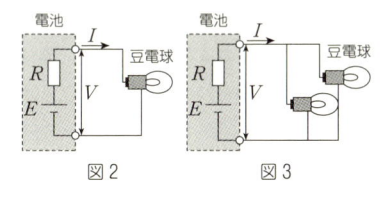

(3) 図3のように，同じ豆電球を並列に追加した。この場合の電流−電圧特性曲線は，図1の目盛り数値を変更するだけで描くことができる。その結果を [ク] に記入せよ。グラフには縦軸，横軸に正しく目盛り数値を記入すること。

この豆電球2個の並列接続による特性曲線，起電力 E，電気抵抗 R を用いて作図により，電圧 $V=$ [ケ] V，豆電球2個分の電流 $I=$ [コ] A，ならびに豆電球2個分の消費電力は [サ] W と求められる。

並列接続の場合の一個分の電球の明るさは，一個を単独に電池に接続する場合より [(ii)] ①明るい，②変わらない，③暗い 。

(北海道大)

解答

(1) (ア) 抵抗は $R_A = \dfrac{V}{I} = \dfrac{1.0}{2.0} = \underline{0.50}$ 〔Ω〕

(イ) 消費電力は $P_A = IV = 2.0 \times 1.0 = \underline{2.0}$ 〔W〕

(ウ) 抵抗は $R_B = \dfrac{V}{I} = \dfrac{12.0}{4.5} \fallingdotseq \underline{2.7}$ 〔Ω〕

(エ) 消費電力は $P_B = IV = 4.5 \times 12.0 = \underline{54}$ 〔W〕

(i) 温度が上昇すると金属イオンの熱振動が激しくなり，自由電子の移動が妨げられる。そのため，温度が高いと抵抗値は大きくなる。

(2) (オ), (カ)

図2の回路についてキルヒホッフの法則より
$$12 = V + 0.50I \quad \cdots\cdots ①$$
この式が表す直線を図1のグラフに書いて交点を求めると，
$$V ≒ \underline{9.9}\,[\text{V}] \quad (オ)の答$$
$$I = \underline{4.2}\,[\text{A}] \quad (カ)の答$$

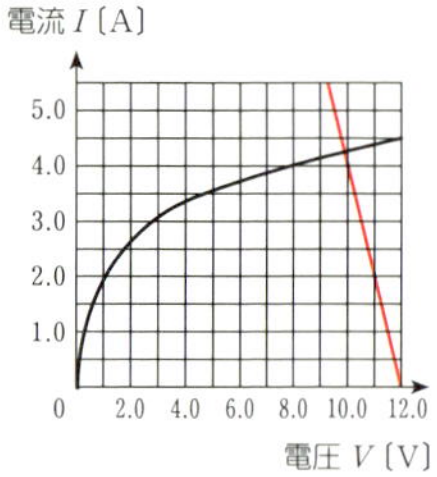

(キ) 消費電力 $P = IV = 4.2 × 9.9 ≒ \underline{42}\,[\text{W}]$

(3) (ク) 回路を流れる電流は電球2個分の電流であるので図1の2倍になる。したがって，図1のグラフの電流値を2倍にすればよい。

(ケ), (コ) 図3の回路についても(2)の①式が成立する。
①式が表す直線と(ク)のグラフの交点より，
$$V = \underline{8.0}\,[\text{V}] \quad (ケ)の答$$
$$I = \underline{8.0}\,[\text{A}] \quad (コ)の答$$

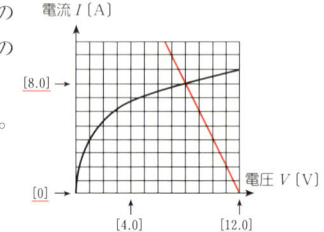

(サ) 電力 $P' = \dfrac{1}{2}IV × 2 = 8.0 × 8.0 = \underline{64}\,[\text{W}]$

(ii) 2個を並列にした場合，1個分の消費電力は $\dfrac{1}{2}P' = 32\,[\text{W}]$ であり，これは(キ)の P より小さいので，並列接続された1個の電球の明るさは単独で接続された場合より暗い。　∴　③

例題 4−20　コンデンサーと抵抗を含む直流回路

空欄 (ア) 〜 (カ) にあてはまる最も適当な答えを記せ。

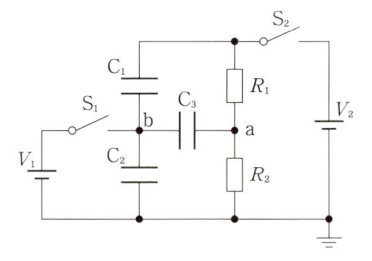

図のように，抵抗値 R_1, R_2 の抵抗，電気容量 C のコンデンサー C_1, C_2, C_3, スイッチ S_1, S_2, 起電力 V_1, V_2 の電池から構成される回路があり，電池の負極側が接地されている。最初，スイッチ S_1, S_2 は開いており，どのコンデンサーにも電荷は蓄えられていないものとする。

(1) まず，スイッチ S_1 を閉じた。十分に時間が経過した後，点aの電位は (ア) となり，コンデンサー C_1 に蓄えられる電荷は (イ) となる。コンデンサー C_3 に蓄えられるエネルギーは (ウ) となる。またコン

デンサーC_3が極板の面積A，極板間の媒質の誘電率がεの平行板コンデンサーだとすると，極板間の電場の強さは　(エ)　である。

(2) 次にこの状態でスイッチS_1を開いた後，スイッチS_2を閉じた。十分に時間が経過した後，点aの電位は　(オ)　となり，点bの電位は　(カ)　となる。

(日本大)

解答

(1) (ア) 抵抗を流れる電流は0になるので抵抗での電位降下は0になる。したがって，点aの電位は<u>0</u>

(イ) C_1，C_2，C_3にはそれぞれV_1の電圧がかかっている。したがって，C_1に蓄えられる電荷は，
$$Q = \underline{CV_1}$$

(ウ) C_3に蓄えられている静電エネルギーは，
$$\underline{\frac{1}{2}CV_1^2}$$

(エ) C_3の極板間隔をdとする。
$C = \dfrac{\varepsilon A}{d}$ より $d = \dfrac{\varepsilon A}{C}$ と表せる。
よって，電場の強さは，
$$E = \frac{V_1}{d} = \underline{\frac{CV_1}{\varepsilon A}}$$

(2) (オ) R_1とR_2を流れる電流はキルヒホッフの法則より，$I = \dfrac{V_2}{R_1 + R_2}$ となる。点aの電位V_aはR_2にかかっている電圧に等しいので，
$$V_a = R_2 I = \underline{\frac{R_2}{R_1 + R_2} V_2}$$

(カ) 点bの電位をxとする。C_1，C_2，C_3の点bにつながる極板の電気量の合計は，$3Q = 3CV_1$であるので，
$$C(x - V_2) + C\left(x - \frac{R_2}{R_1 + R_2} V_2\right) + C(x - 0) = 3CV_1$$

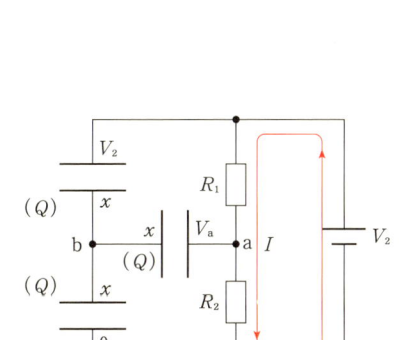

これより，$x = \underline{V_1 + \dfrac{R_1 + 2R_2}{3(R_1 + R_2)} V_2}$

例題 4-21　コンデンサーの過渡現象

図のように，抵抗値 r 〔Ω〕と R 〔Ω〕の抵抗 1 と抵抗 2，電気容量が C_1 〔F〕と C_2 〔F〕のコンデンサー 1 とコンデンサー 2，およびスイッチとからなる回路がある。電池の起電力は E 〔V〕であり，内部抵抗は無視できるものとする。この回路について以下の問いに答えよ。

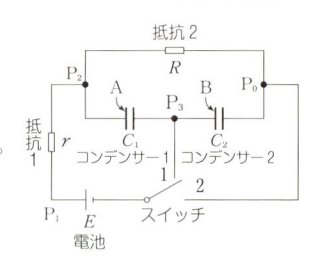

スイッチを 2 の側に入れた。

(1) スイッチを閉じた直後に抵抗 1 と抵抗 2 を流れる電流はそれぞれいくらか。

スイッチを開き，スイッチを 1 の側に入れてから十分に時間がたった。

(2) コンデンサー 1 の極板 A に蓄えられている電気量〔C〕を求めよ。

(3) コンデンサー 1 に蓄えられているエネルギー U 〔J〕を求めよ。

続いて，スイッチを 2 の側に入れた。

(4) スイッチを閉じた直後に抵抗 1 と抵抗 2 を流れる電流はそれぞれいくらか。

スイッチを 2 の側に入れてから十分に時間がたった。

(5) 抵抗 2 の両端の電位差 V 〔V〕を求めよ。

(6) コンデンサー 1 の極板 A に蓄えられている電気量 Q_1 〔C〕およびコンデンサー 2 の極板 B に蓄えられている電気量 Q_2 〔C〕を求めよ。

(福井大)

解答

(1) コンデンサーにはまだ電荷は蓄えられていないので，コンデンサーの極板間電位差は 0 で，抵抗 2 での電圧降下は 0 である。したがって，抵抗 2 を流れる電流は 0 で，抵抗 1 とコンデンサーに電流は流れる。抵抗 1 を流れる電流 i はキルヒホッフの法則より，$i = \dfrac{E}{r}$ 〔A〕となる。

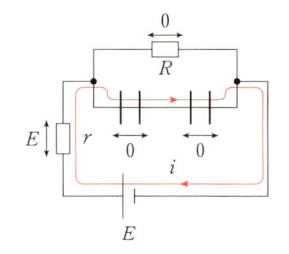

(2) スイッチを1の側に入れて十分に時間がたつと，抵抗1と抵抗2を流れる電流は0で，抵抗での電圧降下は0である。したがって，P_3に対するP_2，P_0の電位はともにEとなり，コンデンサー1の極板Aには$q_1 = \underline{C_1 E}$〔C〕，コンデンサー2には$q_2 = C_2 E$〔C〕の電荷が蓄えられる。

(3) $U = \dfrac{1}{2} C_1 E^2$〔J〕

(4) スイッチを2の側に入れた直後のコンデンサーの電荷と電圧は(2)と同じなので，$P_2 P_0$間の電位差は0であり，抵抗2の電流は$\underline{0}$である。抵抗1とコンデンサーには電流が流れ，キルヒホッフの法則より，

$i = \dfrac{E}{r}$〔A〕となる。

(5) このとき，コンデンサーを流れる電流は0である。抵抗1と抵抗2を流れる電流をIとすると，キルヒホッフの法則より，$I = \dfrac{E}{r+R}$

したがって，
$$V = RI = \underline{\dfrac{R}{r+R} E}\text{〔V〕}$$

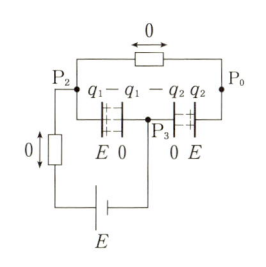

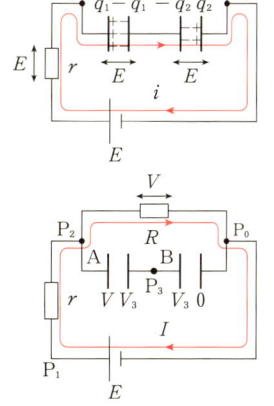

(6) 電池の負極に対するP_3の電位をV_3とする。極板Aの電位は(5)のVに等しいので，P_3につながる極板の電気量保存より，
$$C_1(V_3 - V) + C_2(V_3 - 0) = -q_1 - q_2$$

ここで，(2)より，$q_1 = C_1 E$，$q_2 = C_2 E$

よって，$V_3 = \dfrac{C_1 V - (C_1 + C_2) E}{C_1 + C_2} = -\dfrac{rC_1 + (r+R)C_2}{(r+R)(C_1+C_2)} E$

これより，
$$Q_1 = C_1(V - V_3) = \underline{\dfrac{(r+R)C_1 + (r+2R)C_2}{(r+R)(C_1+C_2)} C_1 E}\text{〔C〕}$$
$$Q_2 = C_2(V_3 - 0) = \underline{-\dfrac{rC_1 + (r+R)C_2}{(r+R)(C_1+C_2)} C_2 E}\text{〔C〕}$$

③ 半導体

(1) 半導体

　金属のような導体は自由電子をもち，これが電荷の運び手になっているので電流が流れ易い。これに対して，絶縁体は自由電子をもたないので電気を伝えにくい。電気抵抗が導体と絶縁体の中間にある物質を半導体という。

物　質	金　属	不純物半導体	半　導　体	ガラス
電気抵抗率〔Ω·m〕	$10^{-6} \sim 10^{-8}$	$1 \sim 10^{-3}$	$1 \sim 10^{3}$	10^{15}

　ケイ素 Si やゲルマニウム Ge のような半導体の電気抵抗率には次のような性質がある。

① 不純物を含まないときは，金属の抵抗率の 10^6 倍程度である。
② 不純物を少し混ぜることにより，著しく減少する。
③ 温度を上げると，減少する。（金属では増大する）

　これらの性質は Si や Ge の結晶の電子配置に由来する。Si や Ge の原子は，4個の価電子（原子の最も外側を回り，他の原子との化学結合に参加する電子）をもっており，1個の Si 原子は隣り合った4個の Si 原子との間で電子を1個ずつ出し合って共有結合をしている。この中にヒ素 As，アンチモン Sb，リン P などのような5個の価電子をもつ元素を少し混ぜると，これらの原子が Si 原子と入れ代わり，隣り合った4個の Si 原子と共有結合をするために4個の価電子を出しても，価電子が1個余る。この過剰の価電子は熱エネルギーをもらうと所属していた原子から離れて自由電子となり，結晶の電気抵抗率が減少する。このような電子をもつ不純物半導体を **n 型半導体**（図1）といい，半導体を n 型にするために混入する不純物をドナーという。

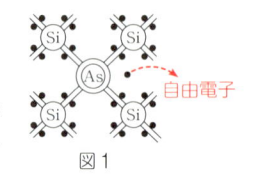

　これに対して，ホウ素 B，インジウム In，ガリウム Ga などのような3個の価電子をもつ元素の不純物を混ぜた場合は，混入された原子が隣り合った4個の Si 原子と共有結合をするためには価電子が1個足りなくなる。この価電子が欠けている部分を **正孔**，または **ホール** という。このホールに近くの共有結合の価電子が移動して来ると，そのホールの位置は共有結合となり，その価電子が前にいた共有結合の位置がホールとなる。こうして，ホールは結晶中を動き回り，あたかも，

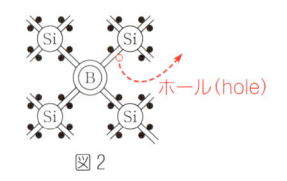

自由に動く正の荷電粒子のようにふるまう。このようなホールをもつ不純物半導体を **p 型半導体**といい，半導体を p 型にするために混入する不純物をアクセプターという（図 2）。

参考 温度が上昇すると半導体の電気抵抗率が減少する理由

ケイ素 Si やゲルマニウム Ge では原子は共有結合をしているが，結合はそれほど強くなく，常温でも熱エネルギーによって，結合がやぶれているものがあり，自由電子とホールが生じているために伝導性をもっている。温度が上がると自由電子とホールの数が増大し電気抵抗率が減少する。

---

(2) 半導体ダイオード

次の図は Si や Ge の単結晶に不純物を入れて，p 型の領域と n 型の領域とが境を接するようにつくられた pn 接合とよばれるものである。

この pn 接合に図 1 のように電圧をかけると，p 型の領域のホール（○で表す）と n 型の領域の自由電子（●で表す）は接合面に向かって動き，接合面でホールと自由電子が結びついて電気的に中和する。一方，電源の正極は p 型の領域から電子を奪うことで p 型の領域にホールをつくり出し，負極は n 型の領域に自由電子を送り込むので回路に電流が流れ続ける。

pn 接合に図 2 のように電圧をかけると，自由電子と，ホールは接合面から離れる向きに動く。その結果，接合面付近の領域は自由電子もホールも極めて少なくなり，絶縁体と同じ様になるので，回路には電流はほとんど流れない。

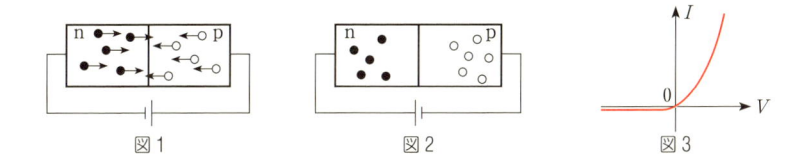

図 1　　　　　図 2　　　　　図 3

図 1 のような電圧の向きを順方向，図 2 のような電圧の向きを逆方向という。図 3 はこのようにして起こる電圧と電流の関係を示す電圧―電流特性曲線である。この図では電圧 V，電流 I は共に順方向を正としている。

このように，pn 接合はかける電圧の向きによって電流を通したり，通さなかったりする。これを pn 接合は**整流作用**をもつという。整流作用をもつものを**整流素子**，または**ダイオード**といい，pn 接合を半導体ダイオードという。pn 接合は低周波で大きな電力の交流を直流に変えるのに用いられる。

参考 pn接合にかかる電圧が逆方向でも電流が少し流れる理由

前記の説明では，pn接合に逆方向に電圧がかかると，境界面の近くでは自由電子もホールもなくなるから，電流は全く流れないはずであるが，図3で示しているように，実際にはわずかながら電流が流れる。これは熱エネルギーによって生じる少数の自由電子とホールが動いて電流を流すためである。

例題 4 − 22　　ダイオードを含む回路

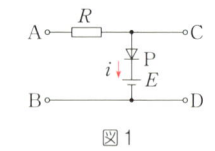

図1に示す回路において電源を端子A，Bにつないだとき，Bに対するAの電位をv_1，Dに対するCの電位をv_2とする。以下v_1，v_2をそれぞれこの回路の入力電圧，出力電圧とよぶことにする。Rは1kΩの抵抗，Eは起電力5Vの電池でその内部抵抗は無視できる。Pは理想的な特性をもつダイオードで，図1の矢印の向きの電流に対しては抵抗が0であるが，逆向きには電流を全く流さないものとする。

(1) 入力電圧v_1を−10Vから+10Vまで変化させたとき，ダイオードを通る電流Iの変化を縦軸にi，横軸にv_1をとって図示せよ。ただし，図の矢印の向きを電流iの正の向きとする。

(2) (1)のときの出力電圧v_2の変化を縦軸にv_2，横軸にv_1をとって図示せよ。

(3) 入力電圧v_1が図2の破線のように時刻tに対して変化するとき，出力電圧v_2の波形を，縦軸にv_2，横軸にtをとって図示せよ。

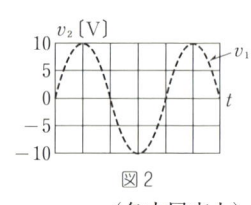

(名古屋市大)

解答

(1) $-10 \leqq v_1 < 5$ では，P に逆方向に電流が流れようとするが実際は流れない。

$5 \leqq v_1 \leqq 10$ では，$i = \dfrac{v_1 - E}{R} = v_1 - 5$〔mA〕となり，答は下図(a)

(2) $-10 \leqq v_1 < 5$ では，$i = 0$ であるから，A と C は等電位，また，電流に関係なく B と D は等電位である。したがって $v_2 = v_1$ となる。

$5 \leqq v_1 \leqq 10$ では P に電流が流れるが，P の抵抗は 0 であるから P での電圧降下はない。したがって $v_2 = E = 5$ となる。これらより，答は下図(b)

(3) (2)と同様に，v_1 は $-10 \leqq v_1 \leqq 10$ の範囲で変化するから，(2)の結果から $-10 \leqq v_1 < 5$ では $v_2 = v_1$，$5 \leqq v_1 \leqq 10$ では $v_2 = 5$。答は下図(c)

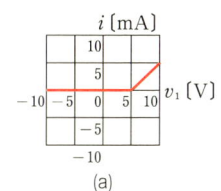

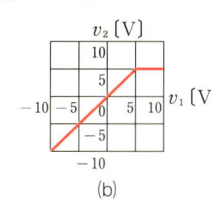

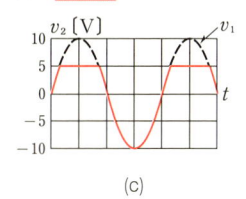

第3章 磁　場

1 磁場

(1) 磁気力

　棒磁石をつり下げて自由に回転させるようにすると，磁石は南北をさし，また，2つの磁石の間には引力や反発力が生じる。磁石どうしの間にはたらく力を**磁気力**という。電気に正負の電荷（電気量）があり，引力や反発力の電気力が生じることから，磁石にも正負2種類あると考え，これらを**磁荷（磁気量）**とよび，その単位をWb（ウェーバ）という。棒磁石で，北の方角をさす磁荷をN極といい正の磁荷，南の方角をさす磁極をS極といい負の磁荷とする。1つの磁石にはN極とS極が両端にあり，磁石の端の磁気力が最も強くはたらく位置を**磁極**という。磁極に磁荷があると考える。2つの磁極間にはたらく磁気力については，電気力についてのクーロンの法則と同様の，**磁気力についてのクーロンの法則**が成り立つことがクーロンによって確かめられた。それによると，磁気力は同種の磁荷では反発し，異種の磁荷では引き合う。また，磁気力の大きさは，2つの磁荷の間の距離の2乗に反比例し，2つの磁荷の大きさの積に比例する。2つの磁荷の大きさを，m_1〔Wb〕，m_2〔Wb〕，それらの間の距離をr〔m〕，比例定数をkとすると，磁気力の大きさF〔N〕は

$$\text{磁気に関するクーロンの法則} \quad F = k\frac{m_1 m_2}{r^2}$$

比例定数kの値は真空中において

$$k_0 = \frac{1}{4\pi\mu_0} = \frac{10^7}{(4\pi)^2} \text{〔N·m}^2/\text{Wb}^2\text{〕}$$

となる。ここで，$\mu_0 = 4\pi \times 10^{-7}$〔Wb^2/N·m^2〕（または，〔N/A^2〕）は**真空の透磁率**とよばれる。磁極のまわりを物質でみたすと，磁気力の大きさが真空中に比べて変化する。これは比例定数kの値が変化することになり，比例定数kの値は

$$k = \frac{1}{4\pi\mu} \text{〔N·m}^2/\text{Wb}^2\text{〕}$$

となる。ここで，μ〔Wb^2/N·m^2〕（または，〔N/A^2〕）は物質の透磁率とよばれる。

▶ 真空の透磁率に対する物質の透磁率 $\mu_r = \dfrac{\mu}{\mu_0}$ を**比透磁率**という。これは電気の場合の比誘電率 ε_r に対応するものである。ただし，比誘電率がつねに $\varepsilon_r > 1$ に対して，比透磁率は $\mu_r > 1$ の物質（常磁性体，強磁性体）と $\mu_r < 1$ の物質（反磁性体）が存在する点が電気と異なっている。

(2) 磁場

磁荷に対して磁気力がはたらく空間を**磁場**（**磁界**）という。ある点において，+1 Wb（単位磁荷の N 極）あたりにはたらく磁気力の大きさをその点の磁場の強さとし，磁気力の向きをその点の磁場の向きと定義する。磁場は電場（電界）と同様に大きさと向きをもつベクトルであり，その単位は〔N/Wb〕（または，〔A/m〕）である。

POINT
磁場の強さ ⇨ +1Wb にはたらく磁気力の大きさ
磁場の向き ⇨ +1Wb にはたらく磁気力の向き
磁場の単位 ⇨ 〔N/Wb〕

磁場 $\vec{H}$ 〔N/Wb〕の点において，
磁荷 m 〔Wb〕にはたらく磁気力 $\vec{F}$ 〔N〕は $\vec{F} = m\vec{H}$

(3) 磁力線

磁場の様子を知るためには**磁針**（小さな磁石）を用意し，磁針の N 極にはたらく磁気力の様子を観察すればよい。磁場の向きを連続的に結ぶことにより N 極から出て S 極へ入る曲線が描ける。この曲線を**磁力線**という。磁力線は以下のような性質をもつ。

 (i) 磁力線は N 極から出て，S 極に入る。
 (ii) ある点での磁力線の接線方向は，その点での磁場の方向に一致する。
 (iii) ある点での磁力線の密度は，その点での磁場の強さに比例する。
 (iv) 磁力線は互いに交わったり，枝分かれすることはない。

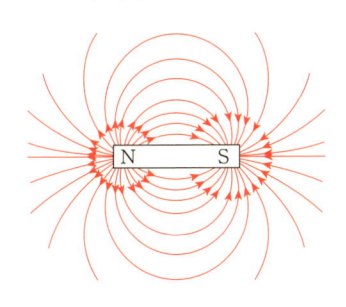

地磁気の起源

地表で磁針の中心に糸を取り付け，自由に回転できるようにすると，磁針が回転し，磁針のN極は北，S極は南を指す。このことから，地球は大きな磁石と考えることができる。このことを最初に唱えたのは16世紀のイギリスのギルバートである。地球の北側（北極側）はS極，南側（南極側）はN極になっている。

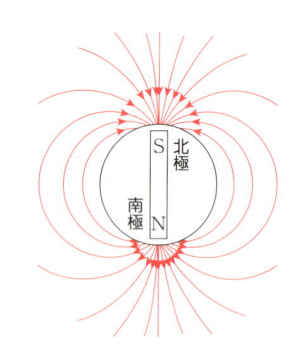

2 電流の磁気作用

19世紀はじめまでは，電気と磁気は類似しているが互いに関連はないと思われていた。しかし，エルステッドが1820年に電流の磁気作用を発見したことにより電気と磁気の関連が明らかになった。この後，**ビオ・サバールの法則**，**アンペールの法則**など電流と磁場に関する重要な法則の発見が相次いだ。電流と電流がつくる磁場との幾何的な関係は**右ねじの法則**とよばれる。

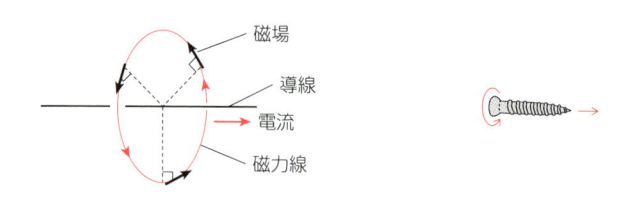

参考 ビオ・サバールの法則

1820年にビオとサバールが行った実験データを分析して得られた法則。電流が流れる導線を微小な断片に分割し，その微小な断片を流れる電流（これを微小電流とよぶことにする）がつくる微小磁場に関する法則。実際には途切れた断片を流れる微小電流というものはなく，電流は導線を連続して流れている。したがって，ビオ・サバールの法則を適用して電流がつくる磁場を求めるためには，微小電流による微小磁場の連続和，すなわち積分することになる。

次図のように，平面上を電流 I が流れている。平面上の点 P から距離 r 離れた平面上の点 Q での微小電流 $I\varDelta l$ による微小磁場 $\varDelta \vec{H}$ の強さ $\varDelta H$ は $\varDelta H = \dfrac{I\varDelta l \sin\theta}{4\pi r^2}$ と表される。ただし，θ は点 P における電流の向き（接線 PR）から計った角度である。また，$\varDelta \vec{H}$ の向きはPからRの向き（電流の向き）に右ねじを進ませるときに，右ねじを回転させる向きであり，図では平面に垂直で上向きになる。

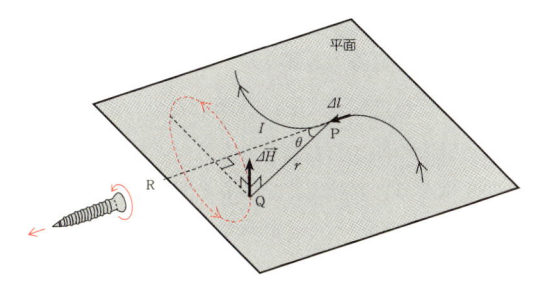

参考 アンペールの法則

アンペールが電流のまわりに生じる磁場について発見した法則。電流のまわりには磁場が生じているので，電流を囲む閉曲線の経路に沿って磁荷を1周させるためには仕事が必要となる。このときの磁場のした仕事と電流との関係を述べたもの。いま，I 〔A〕の電流のまわりを閉曲線に沿って m 〔Wb〕の磁荷を1周させたとき，磁場の仕事を W 〔J〕とする。ただし，電流の流れる向きを右ねじの進む向きとし，磁荷を閉曲線に沿って1周（回転）させる向きを右ねじを回転させる向きとする。このとき，$W = mI$ の関係がある。すなわち，『磁荷を閉曲線に沿って1周させるとき，**単位磁荷（1Wb）あたりに磁場のした仕事はその閉曲線を貫く電流の和に等しい。**』となる。ただし，右ねじの進む向きの電流を正，それと反対に進む向きの電流を負とする。たとえば，右図の場合で，単位磁荷を閉曲線 C に沿って右ねじを回転させる向き（反時計回り）に1周させるときの仕事を求めてみる。閉曲線上 C での磁場の強さを H，閉曲線 C と磁場とのなす角度を θ とすると，閉曲線上で微小な距離 $\varDelta l$ だけ移動させたときの微小仕事は $H\varDelta l \cos\theta$ である。閉曲線 C に沿って1周させたときの仕事は，この微小仕事を閉曲線上全体にわたって足しあげればよいから，$\sum\limits_{閉曲線C} H\varDelta l \cos\theta$ となる。したがって，アンペールの法則は I_1，I_2 の符号に注意して，$\sum\limits_{閉曲線C} H\varDelta l \cos\theta = I_1 - I_2$ と表される。

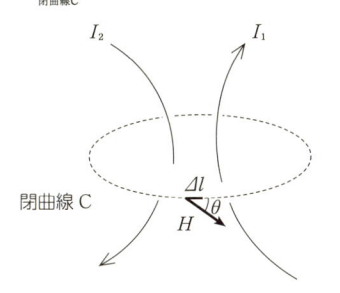

特定の電流に関してはアンペールの法則を適用することにより，簡単に磁場が求められる。

磁荷の単位 ⇨ 〔J〕= 〔Wb〕×〔A〕より
　　　　　　　〔Wb〕= 〔J/A〕
磁場の単位 ⇨ 〔N/Wb〕= 〔N・A/J〕= 〔A/m〕

電流がつくる磁場はビオ・サバールの法則，あるいはアンペールの法則を用いて計算することができる。以下において，3種類の代表的な電流がつくる磁場を計算する。

(i) 直線電流による磁場

十分に長い直線の導線を流れる電流を直線電流とよぶ。直線電流の強さを I〔A〕とする。直線電流から r〔m〕離れた点の磁場の強さ H は $H = \dfrac{I}{2\pi r}$〔A/m〕と表される。電流の向きを右ねじの進む向きとしたとき,磁場の向きは右ねじを回転させる向きになる。直線電流を中心とする円周上の点は,すべて直線電流から等しい距離になる。したがって,直線電流を中心とする同一円周上における磁場の強さは等しくなる。

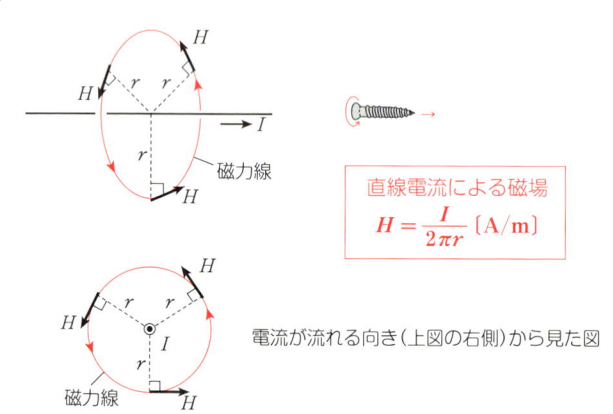

直線電流による磁場
$$H = \dfrac{I}{2\pi r} 〔\text{A/m}〕$$

電流が流れる向き(上図の右側)から見た図

参考 アンペールの法則を適用した直線電流の磁場の計算

直線電流 I を囲む半径 r の円周の経路に沿って単位磁荷(1 Wb)を1回転させるとき,磁場のした仕事を考える。対称性から,円周上の磁場の強さは等しいのは明らかで,この値を H とする。すると,磁気力は一定 H だから,仕事は $H \times 2\pi r$ となり,アンペールの法則は $H \times 2\pi r = I$ と表される。したがって,$H = \dfrac{I}{2\pi r}$ である。

参考 ビオ・サバールの法則を適用した直線電流の磁場の計算

次頁の図のように,直線電流から $\sqrt{l^2 + r^2}$ 離れた点での微小電流 $I\Delta l$ による微小磁場 $\Delta \vec{H}$ の強さ ΔH は,ビオ・サバールの法則より,$\Delta H = \dfrac{I\Delta l \sin\theta}{4\pi(l^2 + r^2)}$ と表される。$\Delta \vec{H}$ の向きは右ねじの法則より,電流の進む向き(図において上向き)に対して右ねじの回転する向き(反時計回り)である。ここで,$l = \dfrac{r}{\tan\theta}$ より,$\Delta l = \dfrac{r}{\sin^2\theta}\Delta\theta$ となる。

また,$r = \sqrt{l^2 + r^2}\sin\theta$ だから,

$\Delta H = \dfrac{I\Delta l \sin\theta}{4\pi(l^2 + r^2)} = \dfrac{I\sin\theta}{4\pi r}\Delta\theta$ となる。直線電流は,$\theta = 0$ から $\theta = \pi$ の範囲を連続的に流れることになるから積分して,

$$H = \int_0^\pi \dfrac{I\sin\theta}{4\pi r}d\theta = \left[-\dfrac{I\cos\theta}{4\pi r} \right]_0^\pi = \dfrac{I}{2\pi r}$$

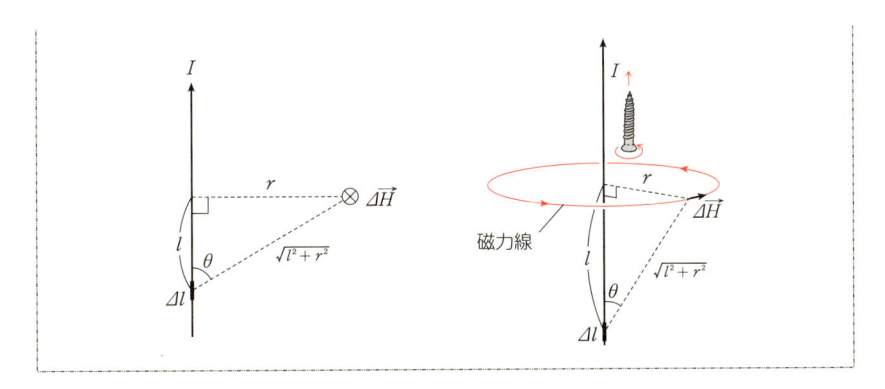

(ii) 円電流による磁場

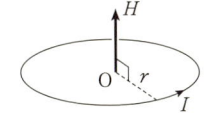

平面上に置かれた半径 r〔m〕のコイルに電流 I〔A〕が流れているとき,この電流を円電流とよぶことにする。円電流により,その中心の点 O にできる磁場は,$H = \dfrac{I}{2r}$〔A/m〕と表される。

$$H = \dfrac{I}{2r} \text{〔A/m〕}$$

参考 ビオ・サバールの法則を適用した円電流の中心磁場の計算

コイルを微小な円弧に分割し,その微小円弧の長さを Δl とする。微小円弧を流れる微小電流 $I\Delta l$ が中心 O につくる微小磁場 $\Delta \vec{H}$〔A/m〕はビオ・サバールの法則より,大きさは $\Delta H = \dfrac{I\Delta l}{4\pi r^2}$,その向きは右ねじの法則より平面に垂直で上向きである。円電流では中心 O における微小電流がつくる磁場はすべて平面に垂直で,平面を上向きに貫く向きである。したがって,円電流が点 O につくる磁場は微小円弧を流れる微小電流による微小磁場 ΔH を連続的に足しあげればよい。微小円弧を円弧全体にわたって連続的に足しあげれば円周 $2\pi r$ になるから,

$$H = \sum \dfrac{I\Delta l}{4\pi r^2} = \dfrac{I}{4\pi r^2} \sum \Delta l$$
$$= \dfrac{I}{4\pi r^2} \times 2\pi r = \dfrac{I}{2r}$$

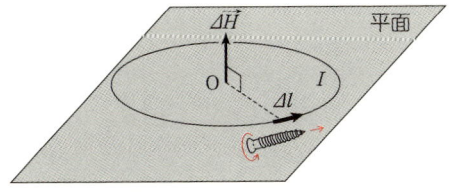

上記の式は円電流の中心における磁場を表しており,中心以外の場所では向きも強さも異なる式になる。いずれにしても図のような円電流による磁場(磁力線)は,円電流の下面から入って,上面から出て行くようになるため磁石と同様の磁場になる。このことから,次図のように,円電流は磁石と同様の性質をもつ。

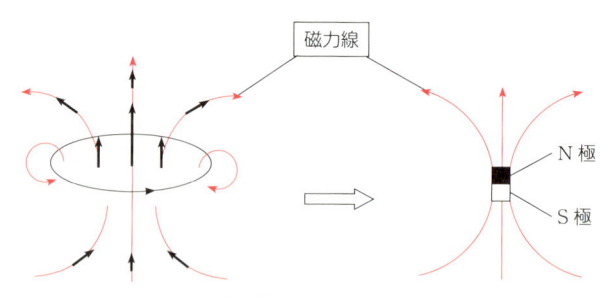

参考　磁石の正体

　原子核のまわりを運動する電子は円電流とみなせる。このため，原子は小さな磁石として振る舞う。物質内において，小さな磁石とみなせる多くの原子がN極とS極の向きをそろえて集まった物質が磁石になる。しかし，物質内において，小さな磁石とみなせる多くの原子がN極とS極の向きをそろえることなく乱雑に集まった物質は磁石にはならない。磁石をいくら細かく刻んでも，N極あるいはS極単独の磁荷が出てこないのは以上の理由である。最小の磁石は原子そのものといえる。

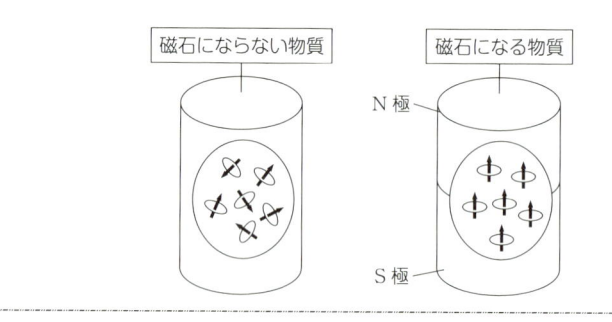

(iii) **ソレノイドを流れる電流による磁場**

　半径に比べて長さが十分に長い導線をらせん状に一様に密に巻いたコイルをソレノイドという。ソレノイドに電流 I〔A〕を流すと，多数の円電流が並んでいることになる。これらの円電流による磁場を合成したものがソレノイド内部の磁場になる。ただし，らせん状のコイルの長さは無限大とみなせるほど十分に長いものとする。このとき，**ソレノイドの内部にはソレノイドの中心軸に平行に一様な強さの磁場**ができ，ソレノイドの両端付近を除いた**ソレノイド外部には磁場は生じ**

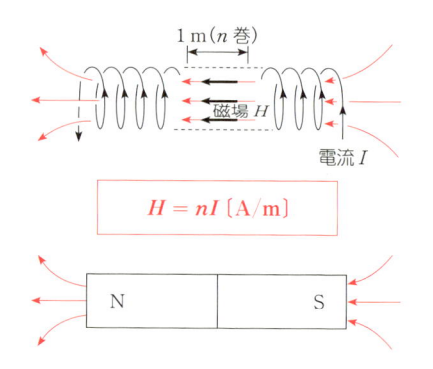

$$H = nI \,〔\text{A/m}〕$$

ない。ソレノイドは長い棒磁石（電磁石）になる。ソレノイドの単位長さあたりの導線の巻数を n [1/m] とすると，その強さ H [A/m] は，電流 I [A] に比例し $H = nI$ [A/m] と表される。

　ソレノイド内の磁場の向きは円電流のつくる磁場と同じく右ねじの法則で決まるが，次のように覚えるとよい。

　ソレノイドを，右手で電流が流れている向きに人差し指〜小指をそえて軽く握ったとき，親指の指す向きが磁場の向きになる。

参考 アンペールの法則を適用したソレノイドの内部の磁場の計算

　無限に長いソレノイドの場合，アンペールの法則を適用すればソレノイド内の磁場が計算できる。無限に長いソレノイドということは，ソレノイドを棒磁石とみなしたとき，棒磁石のN極とS極の磁荷が無限に遠い位置に存在することになる。したがって，磁荷に関するクーロンの法則より，ソレノイドの中央付近外部の磁場は0になる。一方，ソレノイド内部の磁場はソレノイドの軸に沿った向き（図において左向きで強さ H）になる。いま，横の長さ x，縦の長さがソレノイドの直径より短い平面を縁取る長方形の閉曲線をCとし，この平面でソレノイドの一部が閉曲線C内に収まるように，ソレノイドを縦に切る。

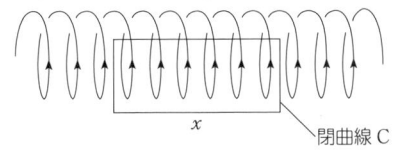

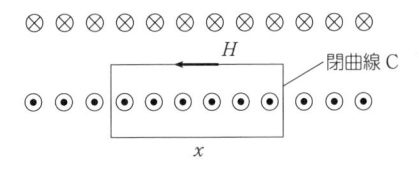

　閉曲線Cの上下それぞれの辺はソレノイドの軸に平行で，閉曲線Cの左右それぞれの辺はソレノイドの軸に垂直である。閉曲線Cに沿って反時計回りに単位磁荷を移動させたときの仕事は Hx となる。また，閉曲線Cを貫く電流は nxI であるから，アンペールの法則は $Hx = nxI$ と表されるので，$H = nI$ が得られる。

例題 4−23　直線電流と円電流がつくる磁場

文中の [　] を数値または語句でうめよ。

図のように，紙面上に2本の平行な長い直線導線A，Bと半径2cmの1巻きの円形コイルが固定されている。A，B間の距離は8cmで，円形コイルの中心点Oは2本の平行直線導線のちょうど中間の位置にある。

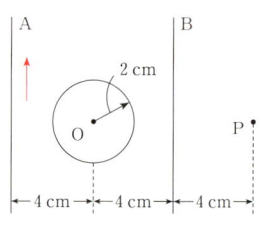

今，直線導線Aに矢印の向きに6〔A〕の電流を流す。次に，直線導線Bに [(1)]〔A〕の電流を [(2)] 向きに流すと，Bの右側4cmの距離にある点Pの磁場は0となる。

円形コイルに電流を流さない場合に，コイルの中心点Oの磁場はA，Bを流れる電流による合成磁場で，その向きは [(3)] である。

次に，O点の合成磁場を0にするには，円形コイルに [(4)]〔A〕の電流を [(5)] 向きに流せばよい。

(宇都宮大)

解答

(1) 求める電流を I〔A〕とすると　　$\dfrac{6}{2\pi \times 0.12} = \dfrac{I}{2\pi \times 0.04}$　　∴　$I = 2$〔A〕

(2) 矢印と反対　　(3) 紙面に垂直に表から裏への向き

(4) 求める電流を I'〔A〕とすると　　$\dfrac{1}{2\pi \times 0.04}(6+2) = \dfrac{I'}{2 \times 0.02}$

　　これより　　$I' = \dfrac{4}{\pi} = 1.27$〔A〕

(5) 図で反時計回りの

例題 4−24　平行電流がつくる磁場

図のように，紙面上に点Oを原点とする直交座標 X—Y を設定し，点 $Q_1(-l, 0)$，点 $Q_2(l, 0)$（$OQ_1 = OQ_2 = l$〔m〕）において，十分長い2本の細い導線が紙面に垂直に張られており，共に紙面の裏側から表側へ向かって，強さ I〔A〕の直流電流が流れている。

(1) X 軸上の点 P$(x, 0)$（$OP = |x|$〔m〕，$|x| \ll l$）における磁場 $\vec{H}$ を求めよ。

(2) Y 軸上の点 R$(0, y)$（$OR = |y|$〔m〕，$|y| \ll l$）における磁場 $\vec{H'}$ を

求めよ。

(福井大)

解答

(1) Q_1, Q_2 の電流が点 P につくる磁場をそれぞれ $\vec{H_1}$, $\vec{H_2}$ とすると

$\vec{H_1}$: $+Y$ の向き, $H_1 = \dfrac{I}{2\pi(l+x)}$ 〔A/m〕

$\vec{H_2}$: $-Y$ の向き, $H_2 = \dfrac{I}{2\pi(l-x)}$ 〔A/m〕

したがって合成磁場 $\vec{H}$ は $-Y$ の向きで，その大きさ H は

$H = H_2 - H_1 = \dfrac{I}{2\pi}\left(\dfrac{1}{l-x} - \dfrac{1}{l+x}\right) = \dfrac{Ix}{\pi(l^2-x^2)} \fallingdotseq \dfrac{Ix}{\pi l^2}$ 〔A/m〕

(2) Q_1, Q_2 の電流が点 R につくるそれぞれの磁場を $\vec{H_1'}$, $\vec{H_2'}$ とすると

$\vec{H_1'}$: 線分 Q_1R に垂直な方向, 反時計回り,

$H_1' = \dfrac{I}{2\pi\sqrt{l^2+y^2}}$

$\vec{H_2'}$: 線分 Q_2R に垂直な方向, 反時計回り,

$H_2' = \dfrac{I}{2\pi\sqrt{l^2+y^2}}$

したがって，右の図より
合成磁場 $\vec{H'}$ は $-X$ の向きで，

その大きさ H' は　$H' = 2H_1'\sin\theta$

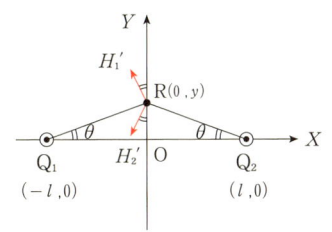

$= 2 \cdot \dfrac{I}{2\pi\sqrt{l^2+y^2}} \cdot \dfrac{y}{\sqrt{l^2+y^2}}$

$= \dfrac{Iy}{\pi(l^2+y^2)} \fallingdotseq \dfrac{Iy}{\pi l^2}$ 〔A/m〕

ただし，(1), (2)の最終段階では次のように微小量の2次以上の項を省略した。

$\dfrac{z}{l^2 \pm z^2} = \dfrac{z}{l^2\{1 \pm \left(\frac{z}{l}\right)^2\}} \fallingdotseq \dfrac{1}{l} \cdot \dfrac{z}{l}\left\{1 \mp \left(\dfrac{z}{l}\right)^2\right\} \fallingdotseq \dfrac{z}{l^2}$

③ 電流が磁場から受ける力

　電流のまわりの磁針（磁石）が力を受けることから，電流の磁気作用が判明した。そこで，作用・反作用の法則により，電流も磁石のまわりの磁場から力を受けるのではないかと考えるのは自然である。実際それは実証されている。円電流による原

子磁石が磁石の原因だから，電流が磁石（磁場）から力を受けるということは，電流間に磁気的な力が作用することになる。このことは，複数の点電荷が電場を介して互いに電気力を及ぼしあうのと同じである。

(1) フレミングの左手の法則

強さ H 〔A/m〕の磁場中に直線導線が磁場に対して垂直に張られている。直線導線の磁場中での長さを l 〔m〕とする。導線に I 〔A〕の電流が流れているとき，電流は磁場から力 F を受ける。このとき，F は $F = \mu H I l$ と表される。μ は導線のまわりの透磁率である。電流 I から磁場 H の向きに右ねじを回したとき，右ねじの進む向きが力 F の向きになっている。F は H と I の両方に垂直である。電磁気の基本公式においては，透磁率 μ（ 1 (1)の磁荷に関するクーロンの法則で導入）と磁場 $\vec{H}$ とが組み合わされた形で式中に現れるので $\vec{B} = \mu \vec{H}$ と記し，これを**磁束密度**とよぶ。**磁束密度は磁場と同様にベクトル量**である。磁束密度の単位は，透磁率 μ の単位〔Wb²/N·m²〕と磁場 H の単位〔N/Wb〕との積で決まる。

$$[\vec{B}] = [\text{Wb}^2/(\text{N}\cdot\text{m}^2)][\text{N/Wb}] = [\text{Wb/m}^2]$$

あるいは，〔Wb/m²〕＝〔T〕（**テスラ**）と表すことが多い。

$$\boxed{\text{磁束密度} \quad \vec{B} = \mu \vec{H}}$$

電流 I の向きと磁束密度 B の向き，および，電流が磁場から受ける力 F の向きは**フレミングの左手の法則**として知られている。

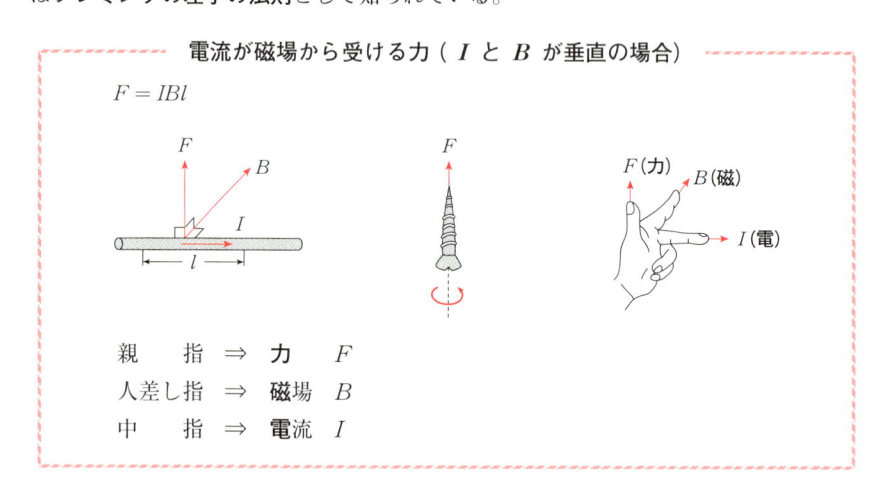

電流が磁場から受ける力（I と B が垂直の場合）

$F = IBl$

親　　指　⇒　**力**　　F
人差し指　⇒　**磁場**　B
中　　指　⇒　**電流**　I

- **磁束線**

　磁力線と同様に，磁束密度の向きを連続的に連ねた磁束線というものを描くことができる。磁束密度は単位面積を貫く磁束線の本数（密度）と考えてよい。

- **磁束密度の単位の決め方**

　$F = IBl$ の式より，実験で B〔N/(A・m)〕(=〔T〕) を決めることができる。

- **I と B が垂直でない場合**

　電流 I と磁束密度 B とが角度 θ をなすとき，電流が磁場を横切る長さを l とすると，電流 I が受ける力 F は $F = IBl\sin\theta$ と表される。

電流が磁場から受ける力（I と B が角 θ をなす）

電流が磁場から受ける力
$$F = IBl\sin\theta$$

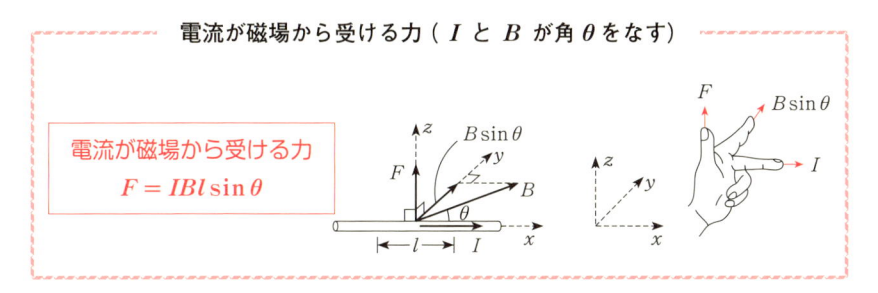

---

(2) 平行な直線電流間にはたらく力

　電流 1 と 2 が存在するとき，電流 1 がつくる磁場により電流 2 が力を受ける。逆に，電流 2 がつくる磁場により電流 1 は力を受ける。作用・反作用の法則より電流間には互いに逆向きで等しい大きさの力がはたらく。電流間の力を詳しく実験観察したのはアンペールである。次図のように，透磁率 μ〔Wb²/(N・m²)〕の空間中で，間隔 d〔m〕で平行な直線電流 I_1〔A〕と I_2〔A〕の間にはたらく力を導出しておこう。電流の向きは同じ向きとする。まず，電流 I_2 が電流 I_1 から受ける力 F を求める。電流 I_1 が電流 I_2 の位置につくる磁場を H_1 とすると直線電流の磁場の公式より $H_1 = \dfrac{I_1}{2\pi d}$〔A/m〕，磁束密度を B_1 とすると $B_1 = \mu H_1 = \dfrac{\mu I_1}{2\pi d}$〔T〕となる。電流 I_2 が l〔m〕の長さにわたって

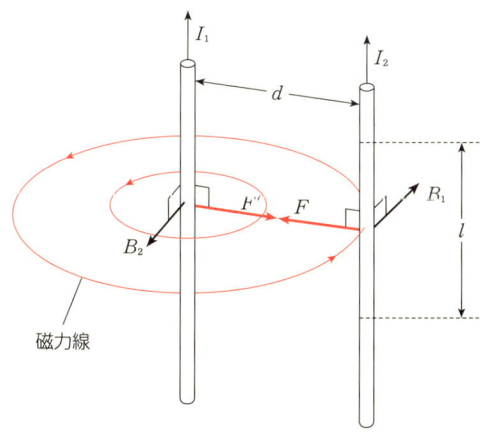

平行電流間にはたらく力

受ける力 F〔N〕は，電流 I_2 と磁束密度 B_1 は垂直だから公式より $F = B_1 I_2 l = \dfrac{\mu I_1 I_2 l}{2\pi d}$ と表される。F の向きはフレミングの左手の法則より，電流 I_2 から I_1 に向かう向きになる。同様に，電流 I_2 が電流 I_1 の位置につくる磁束密度を B_2 とすると $B_2 = \dfrac{\mu I_2}{2\pi d}$ 〔T〕となる。電流 I_1 が l 〔m〕の長さにわたって受ける力 F'〔N〕は，公式より $F' = B_2 I_1 l = \dfrac{\mu I_2 I_1 l}{2\pi d}$ と表される。F' の向きはフレミングの左手の法則より，電流 I_1 から I_2 に向かう向きになる。以上のことから，平行な電流間には互いに逆向きで等しい大きさの力 $F = F' = \dfrac{\mu I_1 I_2 l}{2\pi d}$ がはたらくことが分かる。

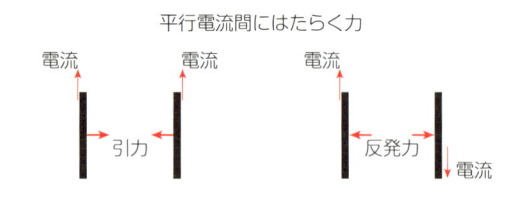

POINT

力の向き　同じ向きの電流 ⇨ 引力
　　　　　逆　向きの電流 ⇨ 反発力

力の大きさ ⇨ $F = \dfrac{\mu I_1 I_2 l}{2\pi d}$

平行電流間にはたらく力

例題 4−25　　　　磁場中での導線の単振動

図1のように，水平におかれた不導体の棒kに長さLの軽い導線を2本平行に結び，この導線の下端には質量m，長さlの金属棒を水平に結びつける。

これらの導線と導体棒にはつねに強さIの直流電流を流す。この装置に鉛直上向きに磁束密度の大きさがBの一様な磁場をかけるときの金属棒の振り子運動について考えてみよう。ただし，重力加速度をgとする。

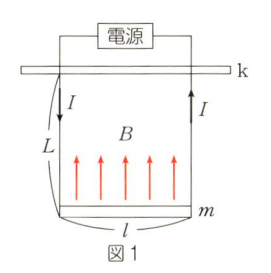

(1) 振り子は横から見て図2のように，鉛直線と角θ_0をなしてつり合った。このときの角θ_0の正接($\tan\theta_0$)の値を求めよ。
(2) (1)のつり合いの位置の付近における微小振動を考えるにあたって，金属棒が磁場から受ける力と重力とを合成することによって見かけの重力をつくることができる。このときの見かけの重力加速度を求めよ。
(3) (1)のつり合いの位置の付近での微小振動の周期を求めよ。

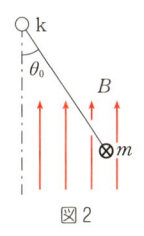

(北海学園大)

解答

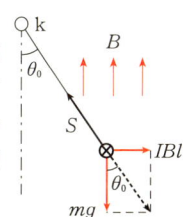

(1) 磁場から金属棒にはたらく力の向きは，フレミングの左手の法則によって，右図のように，導線を含む鉛直面に平行で水平方向・右向きであり，力の大きさはIBlである。金属棒には外に，重力mgと導線の張力Sがはたらいてつり合っている。したがって，右図より

$$\tan\theta_0 = \frac{IBl}{mg}$$

(2) 導線にはつねに一定の強さIの電流が流れるから，磁場からの力は一定である。したがって，磁場からの力と重力の合力は一定で，一種の重力とみなすことができる。

見かけの重力の大きさ $=\sqrt{(mg)^2+(IBl)^2} = m\sqrt{g^2+\left(\frac{IBl}{m}\right)^2}$

したがって，見かけの重力加速度　$g' = \sqrt{g^2+\left(\frac{IBl}{m}\right)^2}$

(3) 単振り子の周期の公式より，　周期 $= 2\pi\sqrt{\dfrac{L}{g'}} = 2\pi\sqrt{\dfrac{mL}{\sqrt{(mg)^2+(IBl)^2}}}$

4 荷電粒子が磁場から受ける力

　電流は荷電粒子の流れである。電流の担い手を**キャリア**という。電流が磁場から力を受けるということは，電流の担い手であるキャリアが磁場から力を受けることである。荷電粒子が磁場から受ける力を**ローレンツ力**という。電流が磁場から受ける力に基づき，ローレンツ力を導出しておく。ただし，簡単にするために電流のキャリアは正の荷電粒子とする。

(1) ローレンツ力

　電流 I と磁束密度 B とが垂直の場合，電流が磁場を横切る長さを l とすると，電流 I が受ける力 F は $F = IBl$ と表された。

　導線の断面積を S，密度を n とすると，長さ l の導線内のキャリアの数 N は $N = nSl$ 個である。1個のキャリアにはたらく力を f とすると，長さ l の導線内のキャリアにはたらく力の合力 F は $F = fN = fnSl$ と表される。したがって，1個のキャリアにはたらく力は

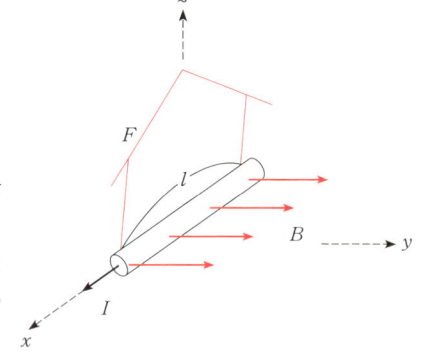

$$f = \frac{F}{N} = \frac{IBl}{nSl} = \frac{IB}{nS} \quad \text{となる。}$$

　ここで，キャリアの電荷を q，速さを v とすると電流 I は $I = qnvS$ となるので，$f = \dfrac{B \times qnvS}{nS} = qvB$ と表される。ローレンツ力は速度および磁束密度の両ベクトルに対して常に垂直にはたらく。ローレンツ力の向きは速度の向きに対して垂直になるので仕事をしない。

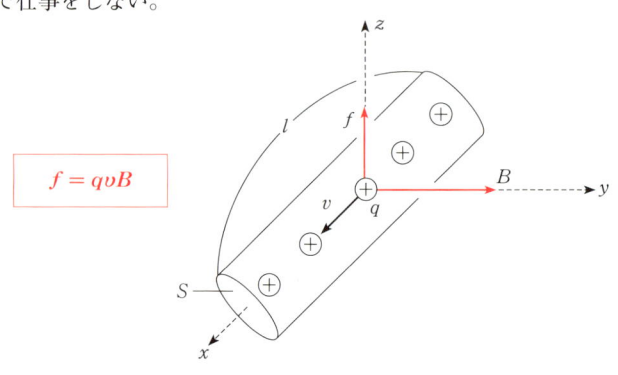

$$\boxed{f = qvB}$$

● 次図のように，荷電粒子（電荷 q）が磁束密度に対して，角度 θ，速さ v で運動するとき，ローレンツ力の大きさを f とすると，f は $f = qvB\sin\theta$ と表される。これは磁束密度に対して垂直な速度成分が $v\sin\theta$ であることから，$f = q \times v\sin\theta \times B$ と考えてよいことを示している。実際，荷電粒子を磁束密度に平行（$\theta = 0$）に入射させると，荷電粒子にはローレンツ力がはたらかない。

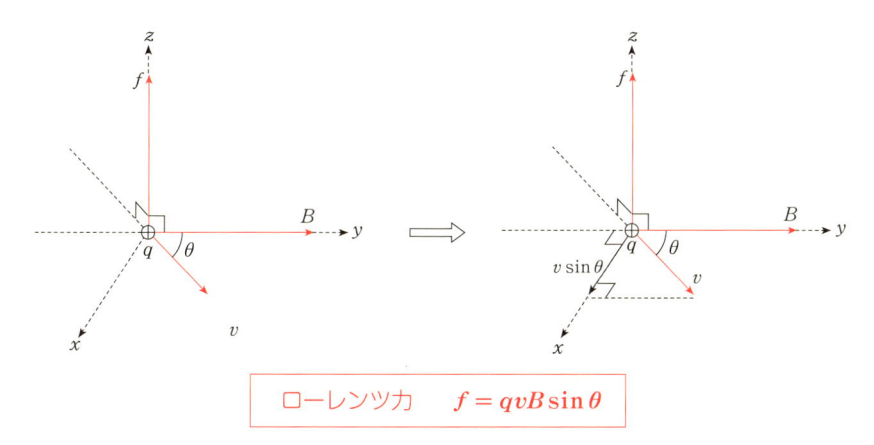

$$\boxed{\text{ローレンツ力} \quad f = qvB\sin\theta}$$

● キャリアの電荷

　ローレンツ力の説明において，電流のキャリアは正電荷とした。実際は電流のキャリアは負の電荷（$-e$；e は電気素量）をもつ電子である。はじめは電流の実体が分からなかったので，正電荷の流れる向きを電流の向きとした。このため，キャリア（電子）の運動する向きと電流の向きとは逆向きになったのである。キャリア（電子）の運動する向きを電流の流れる向きと規定しなおすことも可能ではあったが，混乱が予想されたため，現在でも正電荷のキャリアの運動する向きを電流の向きとしている。

(2) 磁場中の荷電粒子の運動
(i) 等速円運動

　図のように，原点を O とする xy 軸で示される紙面に対して，紙面に垂直で表から裏に向かう向きに磁束密度 B の一様な磁場がかけられている。重力の影響はないものとする。いま，原点 O に速さ v で電荷 q の正電荷が x 軸の正の向き（磁場に対して垂直）に入射してきたとする。原点 O で電荷 q にはたらくローレンツ力は，大きさ qvB で y 軸の正の向きであるから，電荷 q の加速度は y 軸の正の向きに生じている。この加速度により電荷 q の速度はわずかに y 軸の正の向きに傾く。したがって，電荷 q が原点 O を通過した微小時間後，その位置は

x軸からわずかにy軸の正の向きにずれた位置O′になる。ローレンツ力は仕事をしないので運動エネルギーは一定であり，点O′での電荷qの速さはvのままである。さらに，点O′におけるローレンツ力は大きさqvBで速度に垂直だから，その向きはわずかにx軸の負の向きに傾く。このローレンツ力の加速度により速度は，その大きさを一定に保ったままy軸の正の向きにさらに傾く。これらを繰り返した運動は，y軸上の点Cを中心とした等速円運動となる。

結局，**荷電粒子はローレンツ力qvBを向心力とした等速円運動を行う**。荷電粒子の質量をm，半径をrとすると，円運動の運動方程式は

$$m\frac{v^2}{r} = qvB \quad \therefore \quad r = \frac{mv}{qB}$$

また，その周期Tは $T = \dfrac{2\pi r}{v} = \dfrac{2\pi m}{qB}$

となる。

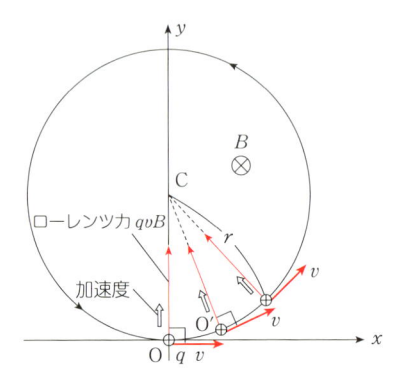

● ローレンツ力による円運動の周期の特徴

周期Tは半径rや速度vに依存しないことが分かる。この特徴は荷電粒子を加速するサイクロトロンとよばれる装置などに利用されている。

(ii) **らせん運動**（磁場に斜めに入射した荷電粒子の運動）

図のように，原点をOとするxyz軸で示される空間中で，z軸の負の向きに磁束密度Bの一様な磁場がかけられている。重力の影響はないものとする。いま，原点Oに速さvで電荷qの正電荷がz軸に対して角度θで入射してきたとする。原点Oでの速度成分は $v_x = v\sin\theta,\ v_y = 0,\ v_z = v\cos\theta$ である。

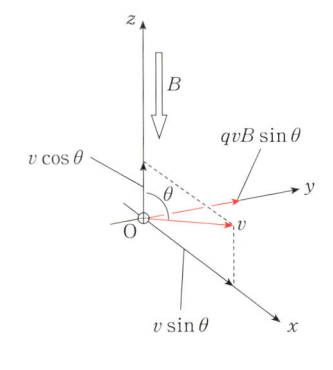

原点Oで電荷qは大きさ$qvB\sin\theta$のローレンツ力を，xy平面上でy軸の正の向きに受ける。(i)で考察したように，この後の電荷qの運動はxy平面上で速さ$v\sin\theta$の等速円運動となる。一方，磁場に平行なz軸方向には電荷qは力を受けないので，速さ$v\cos\theta$の等速運動となる。結局，次図のように，電荷qはxy平面上で等速円運動しながら，z軸の正の向きに速さ$v\cos\theta$で運動することになる。このときの電荷qの運動の軌跡はらせん軌道

となる。

xy 平面上の等速円運動の半径 r は運動方程式より

$$m\frac{(v\sin\theta)^2}{r} = qvB\sin\theta, \quad r = \frac{mv\sin\theta}{qB}$$

である。らせんの中心軸は $\left(0, \dfrac{mv\sin\theta}{qB}, 0\right)$ を通る。また，その周期 T は

$$T = \frac{2\pi r}{v\sin\theta} = \frac{2\pi m}{qB}$$

となり (i) の**等速円運動**の場合に等しい。周期は入射角 θ に関係ないことが分かる。

電荷 q が再び z 軸を横切る点を O′ とする。電荷 q が原点 O から点 O′ まで運動する間に，電荷 q は xy 平面上で 1 回転するから，z 軸方向への変位，すなわち，OO′ 間の距離は

$$\mathrm{OO'} = v\cos\theta \times T = \frac{2\pi mv\cos\theta}{qB}$$

となる。この距離を**らせんのピッチ**という。

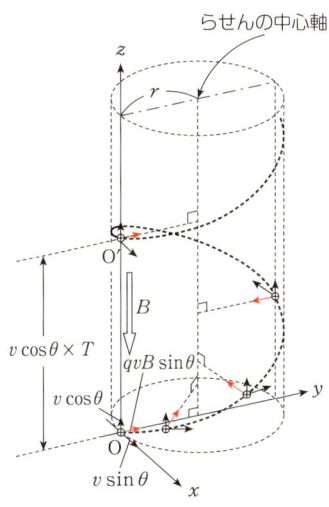

(iii) **ホール (Hall) 効果**

磁場中に置かれた (半) 導体に電流を流すと，(半) 導体の側面に電位差が生じる。導体のキャリアは電子 (負電荷 $-e$) であるが，半導体には n 型と p 型があり，n 型ではキャリアは電子，p 型ではキャリアはホール (hole, 正電荷 $+e$) である。以下ではキャリアはホールとして考える。次図のように，磁束密度 B の磁場が z 軸の正の向きにかけられている真空中に，幅 a の導体が置かれている。この導体に電流を y 軸の正の向きに流すとキャリアのホールは，磁場からローレンツ力を受ける。キャリアの速度の向きは電流と同じ y 軸の正の向きになる。キャリアの速さを v とすると，ローレンツ力の大きさは evB になり，その向きは x 軸の正の向きになる。ローレンツ力により導体内のキャリア (正電荷) は，導体の A 面に沿って流れるので，B 面側は正電荷が不足した状態になる。結局，A 面が正，B 面が負に帯電した状態になり，AB 間に電場 (A から B の向き；x 軸の負の向き) が生じる。電場の強さ E は，電場からの電気力 eE とローレンツ力 evB とのつり合いから得られ $E = vB$ である。面 AB 間には電圧 $V = Ea = vaB$ が生じる。このように，導体を流

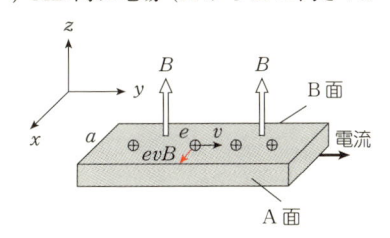

れる電流に対して垂直に磁場をかけた時，電流と磁場の両方の向きに対して垂直に電場が生じる現象をホール効果という。キャリアがホールであればA面の方がB面より電位が高くなる。しかし，キャリアが電子であればB面の方がA面より電位が高くなる。

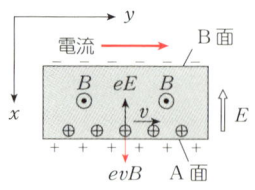

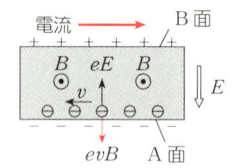

A，B面の電位の高低を測定すれば，導体内のキャリアの電荷の正負が決まる。

例題 4－26　　　　　　　　　　**磁場中の荷電粒子の運動**

真空中に，図のように間隔 d で平行におかれた，2枚のじゅうぶんに広い平板電極がある。磁束密度の大きさ B の一様な磁場が紙面に垂直に，紙面の表側から裏側に向けてかけてある。質量 m，電荷 $q(>0)$ の1個の正の荷電粒子が，一方の電極から極板に垂直に図の向きに初速 v_0 で飛び出したとする。次の問いに答えよ。ただし，重力は無視する。

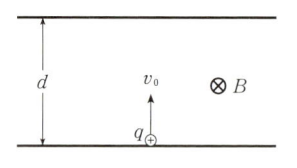

(1) この粒子にはたらく力は，一般に何力とよばれる力か。力の大きさはいくらで，力の向きはどのような向きか。

(2) この粒子の運動経路は，次のどれで表されるか。
 (a) 直線　(b) 円　(c) だ円　(d) 放物線　(e) 双曲線

(3) この粒子が対極に到達しないことがあるか。もしあれば，それは d がいくらより大きいときにおこるか。

(4) 粒子が対極に到達しない場合を除いて，この粒子が極板を飛び出してから対極に到達するまでの時間が最大となるのは，d がいくらのときか。また，その時間の最大値はいくらか。

（工学院大）

解答
(1) ローレンツ力とよばれる。力の大きさ f は　$f = qv_0B$
　力の向きは紙面内で進行方向に垂直・左向きである。

(2) ローレンツ力は仕事をしないので，粒子の速さはつねに v_0 である。したがって，ローレンツ力はつねに一定の大きさで，粒子の速度に垂直な方向にはたらくので，粒子はローレンツ力を向心力として等速円運動を行う。

　　　　　　　　よって答は，　(b)

(3) (2)より，円運動の円の半径を r とすると

$$m\frac{v_0^2}{r} = qv_0 B \qquad \therefore \ r = \frac{mv_0}{qB}$$

となり，この半径で，右図のような半円を描く。
したがって，粒子が対極に到達しないときは

$$d > \frac{mv_0}{qB} \qquad すなわち \quad \frac{mv_0}{qB} \ より大$$

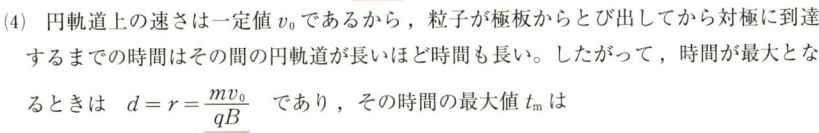

(4) 円軌道上の速さは一定値 v_0 であるから，粒子が極板からとび出してから対極に到達するまでの時間はその間の円軌道が長いほど時間も長い。したがって，時間が最大となるときは　$d = r = \dfrac{mv_0}{qB}$　であり，その時間の最大値 t_m は

$$t_m = \frac{\frac{1}{2}\pi r}{v_0} = \frac{\pi m}{2qB} \quad となる。$$

例題 4-27　　　　　　　　　　　　**磁場中での電子のらせん運動**

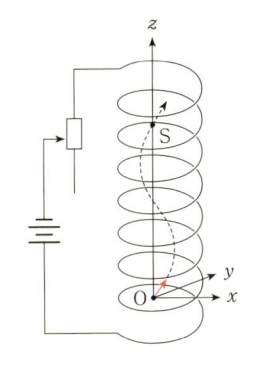

図のように，長さ l の円筒に一様に N 回巻いた細長いコイルに電流 I が流れ，コイルの内側には一様な磁場が生じている。この磁場内で，x 方向の速度成分が $u\,(>0)$，y 方向の速度成分が 0，z 方向の速度成分が $v\,(>0)$ の初速度の電子が原点 O を出発する。

この電子はコイル内を図のように z 方向にらせん軌道を描いて進み，再び z 軸上の点 S を通過する。電子の電荷を $-e$，質量を m，真空の透磁率を μ_0 とし，次の各問いに答えよ。

(1) コイル内部の磁場の向きはどちら向きか。また，磁束密度の大きさを求めよ。
(2) 電子が z 軸から最も遠ざかるときの電子の x 座標と y 座標を求めよ。
(3) 電子が原点 O から点 S まで運動するのに要した時間を求めよ。
(4) 長さ OS を求めよ。

（関西学院大）

解答

(1) 右ねじを回す向きに電流が流れているから，磁場の向きはねじの進む向き，つまり，z 軸の正の向きである。コイルは単位の長さあたりの巻数が N/l のソレノイドであるから，内部の磁束密度の大きさを B とおくと

$$B = \mu_0 \frac{N}{l} I = \frac{\mu_0 NI}{l}$$

(2) x 軸の正の向きの速度 u の運動にはローレンツ力がはたらいて，xy 平面に平行な等速円運動をもたらし，z 軸の正の向きの初速 v の運動にはローレンツ力がはたらかないので，z 軸の正の向きの等速運動をもたらす。

右図において，xy 平面に平行な等速円運動では，原点で大きさ euB のローレンツ力が y 軸の正の向きにはたらく。円の半径を r とおくと

$$m \frac{u^2}{r} = euB \qquad \therefore \quad r = \frac{mu}{eB}$$

となる。したがって，電子が z 軸から最も遠ざかる位置は

x 座標 $= 0$，

y 座標 $= 2r = \dfrac{2mu}{eB} = \dfrac{2lmu}{\mu_0 eNI}$

(3) 求める時間を T とおくと，T は等速円運動の周期に等しい。

$$T = \frac{2\pi r}{u} = \frac{2\pi m}{eB} = \frac{2\pi lm}{\mu_0 eNI}$$

(4) 電子は z 軸の正の向きに速さ v の等速運動を行うから　　$\text{OS} = vT = \dfrac{2\pi lmv}{\mu_0 eNI}$

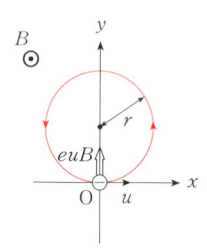

例題 4−28　電磁場中での電子の偏向

右図は，電子（電荷 $-e$，質量 m）が強さ E の一様な電場と，磁束密度 B の一様な磁場に，速さ v で入射するときのようすを示している。E と B は同じ領域で逆向きに与えられており，領域の外ではともに 0 である。電子はそれらに垂直に入射するものとする。図のように，電子の入射の向きが z 軸の正の向きと一致し，B の正の向きが y 軸の正の向きと一致するようにし，スクリーンは z 軸に対して垂直においてある。電場と磁場の領域の z 軸に沿った幅をともに l とし，その中央からスクリーンまでの距離を L ($L > l$) とする。電子が電場と磁場の領域から出る位置を P 点とする。電子がスクリーン面上に到達した位置を Q 点とし，その座標を (x, y) とする。

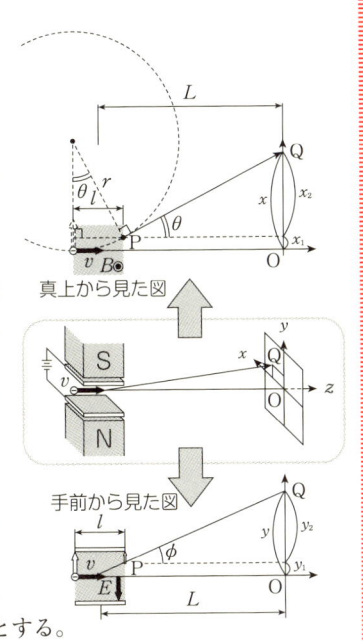

(1) 次の文章の (a) 〜 (d) に，適当な語句または数式を記入せよ。

電場の強さを $E = 0$ とするとき，電子は真上から見ると等速円運動をする。円運動の半径 r は $r =$ (a) である。Q 点の座標 $x = x_1 + x_2$ であるが，$r \gg l$ とすると，$\theta \fallingdotseq \dfrac{l}{r}$ と近似できるので，$x = x_1 + x_2 \fallingdotseq L \cdot \theta =$ (b) となる。

次に，磁束密度を $B = 0$ とするとき，電子は手前から見ると等加速度運動をする。線分 PQ と入射方向とのなす角度を ϕ とすると，$\tan \phi =$ (c) であるので，$y =$ (d) となる。

(2) 電場と磁場を同時にかけて，入射する電子の速さを連続的に変えたとき，スクリーン上の Q 点はどのような線の上にのるか，次のうちから正しいものを選び記号で答えよ。ただし，電場および磁場の強さは小さいので， (b) および (d) の結果はそのまま成り立つものとしてよい。

(ア) 直線　(イ) 円弧　(ウ) 放物線　(エ) 楕円　(オ) 双曲線

(姫路工業大)

解答

(1) (a) 円運動の運動方程式より $\dfrac{mv^2}{r} = evB$ ∴ $r = \underline{\dfrac{mv}{eB}}$

(b) $x \fallingdotseq L\theta = L \cdot \dfrac{l}{r} = \underline{\dfrac{eBlL}{mv}}$

(c) y 方向の加速度を a とすると，$a = \dfrac{eE}{m}$ である。

極板を通過する時間を t とすると，$t = \dfrac{l}{v}$ である。

P 点での y 方向の速度成分は $v_y = at = \dfrac{eEl}{mv}$，また，$z$ 方向の速度成分は v に等しい。

∴ $\tan\phi = \dfrac{v_y}{v} = \underline{\dfrac{eEl}{mv^2}}$

(d) $y = y_1 + y_2 = \dfrac{1}{2}at^2 + \left(L - \dfrac{l}{2}\right)\tan\phi$ より，

$= \dfrac{1}{2}\cdot\dfrac{eE}{m}\left(\dfrac{l}{v}\right)^2 + \left(L - \dfrac{l}{2}\right)\dfrac{eEl}{mv^2} = \underline{\dfrac{eElL}{mv^2}}$

(2) (b)より $v = \dfrac{eBlL}{mx}$，(d)に代入すれば，$y = \dfrac{mE}{eB^2lL}x^2$

∴ 放物線 (ウ)

例題 4-29　ホール効果

次の文中の □ を適当に埋めよ。

p型半導体では，原子間の結合に必要な電子の数が ㋐ ためにできた正孔（電子のあな。実質上，正電荷としてふるまう）によって電流が流れると考えられる。その1個の電荷を q とし，半導体の単位体積あたり n 個あるものとする。

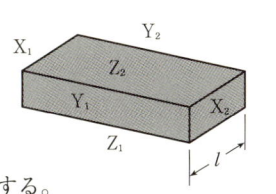

いま，この直方体状の半導体の $X_1 \rightarrow X_2$ 方向に電流を流すと正孔は ㋑ 方向へ動くことになるが，その電流値を単位断面積について i とすると，正孔の平均速度の大きさは ㋒ である。さらに $Z_1 \rightarrow Z_2$ 方向へ磁束密度の大きさ B の磁場を加えると，正孔には ㋓ 方向に大きさ ㋔ の力がはたらき，正孔は片寄せられる。そのために生じる ㋕ 方向の電場の強さを E とすると正孔は ㋖ 方向へ大きさ ㋗ の静電気力で引かれることになるから，両方のつり合った状態では等式 ㋘ が成立する。したがって Y_1，Y_2 間の電位差は，その間隔 l，および q，n，i，B を用いて表すと ㋙ である。

(神戸大)

解答

(ア) 不足している

(イ) 正孔は正の荷電粒子としてふるまうので，電流の方向は $X_1 \rightarrow X_2$ と同じ。

(ウ) 正孔の平均速度の大きさを v とすると，
$$i = qnv \quad \therefore \quad v = \frac{i}{nq}$$

(エ) フレミングの左手の法則より，ローレンツ力は $Y_2 \rightarrow Y_1$ 方向にはたらく。

(オ) ローレンツ力の大きさ f は $\quad f = qvB = \dfrac{iB}{n}$

(カ) Y_1 側が正に，Y_2 側が負に帯電するから，電場は $Y_1 \rightarrow Y_2$ 方向に生じる。

(キ) $Y_1 \rightarrow Y_2$ 方向

(ク) 静電気力の大きさ f' は $\quad f' = qE$

(ケ) $f = f'$ より $\quad \dfrac{iB}{n} = qE$

(コ) 電位差 V は $\quad V = El = \dfrac{iBl}{nq}$

第4章　電磁誘導

1 電磁誘導

(1) 電磁誘導 I

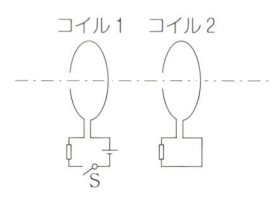

第3章では，電流の磁気作用を明らかにした。それとは逆に，磁場を利用して導線に電流を流せないかと考えたのがファラデーである。ファラデーは右図のような2個のコイルを用いた実験で，一方のコイルを流れる電流を変化させると，電源のない他方のコイルに電流が流れることを発見した。これは一方のコイルの電流変化にともなう磁場の変化によって，他方のコイルに起電力（後述する相互誘導）が発生したことになる。これをファラデーの**電磁誘導**の法則という。このとき，電源のないコイル2に流れる電流を**誘導電流**，コイル2に生じる起電力を**誘導起電力**という。

コイル1のスイッチSが開いた（コイル1に電流は流れていない）状態ではコイル2に電流が流れることはない。スイッチSを閉じると，その直後からコイル2にはコイル1の電流と逆の向きに電流がしばらく流れ，やがて流れなくなる（図1）。コイル1に一定の電流が流れている間は，コイル2に電流は流れない。その後，スイッチSを開くと，Sを開いた直後からコイル2にはコイル1の電流と同じ向きに電流が流れはじめ，やがて電流は流れなくなる（図2）。

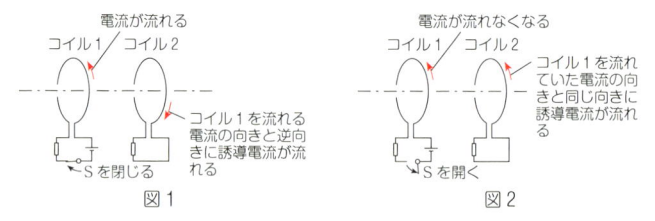

さらに詳しく調べれば，コイル2に生じる起電力の大きさはコイル2を貫く磁場の単位時間当たりの変化の大きさとコイル2の断面積に比例することが分かった。また，誘導電流による磁場ははじめにコイル2を貫いていた磁場の変化を妨げる向きに生じることが確認された。このことを，**誘導起電力は磁場の変化を妨げる向きに生じる**といい，誘導起電力の向きに関するこの法則を**レンツの法則**という。

この磁場の変化を定量的に表すために**磁束**という量を導入する。

磁束

右図のように，面積 S [m²] の面をもつコイルに対して垂直に磁束密度 B [Wb/m²] の磁場が貫いているとき，磁束密度と面積の積をその面を貫く**磁束**という。磁束は記号 Φ（ファイ）を用いて表す。磁束の単位は [Wb] である。

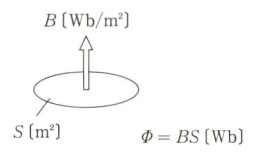

時間 Δt [s] の間にコイルを貫く磁束が $\Delta \Phi$ [Wb] だけ増加したとすると，単位時間当たりコイルを貫く磁束の増加は $\dfrac{\Delta \Phi}{\Delta t}$ [Wb/s] となる。

このとき，誘導起電力の大きさ V [V] は，

$$V = \frac{\Delta \Phi}{\Delta t}$$

と表される。それぞれの単位を考察すると，磁束 Φ の単位は磁荷と同じ [Wb] = [J/A] だから，単位時間あたりの磁束の変化は

$$[\text{Wb/s}] = \left[\frac{\text{J/A}}{\text{s}}\right] = [\text{J/(A·s)}] = [\text{J/C}] = [\text{V}]$$

● 面に対して磁束密度が傾いている場合

次図のように，磁束密度が面に対して角 θ をなすとき，面に対して垂直な磁束密度の成分は $B\sin\theta$ であり，$\Phi = (B\sin\theta)S$ と考えてよい。あるいは，B に垂直な有効面積 $S\sin\theta$ を用いて，$\Phi = B(S\sin\theta)$ と考えてもよい。

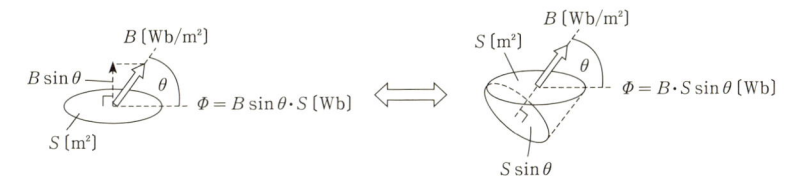

POINT

| 誘導起電力の大きさ | ⇒ | 単位時間当たりの磁束の変化の大きさ（ファラデーの法則） |
| 誘導起電力の向き | ⇒ | 磁束の変化を妨げる向き（レンツの法則） |

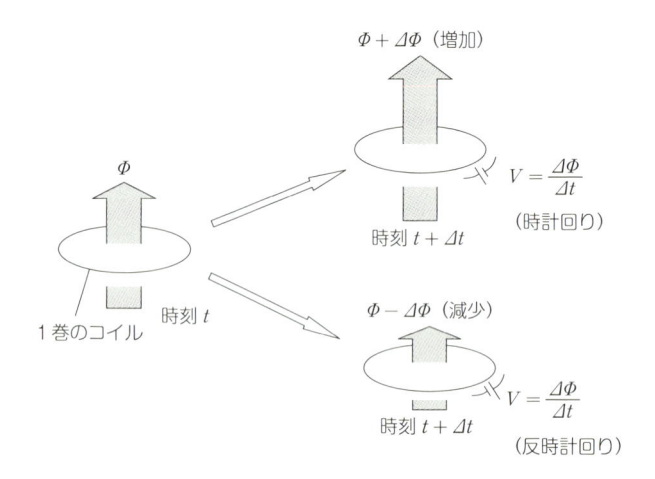

$\Phi + \Delta\Phi$（増加）

Φ

時刻 $t+\Delta t$

$V = \dfrac{\Delta\Phi}{\Delta t}$
（時計回り）

1巻のコイル　時刻 t

$\Phi - \Delta\Phi$（減少）

時刻 $t+\Delta t$

$V = \dfrac{\Delta\Phi}{\Delta t}$
（反時計回り）

● **断線したコイルにおける誘導起電力**

コイルの一部が断線している（閉回路でない）場合でも，誘導起電力は生じる。たとえば，次図のようにPQで断線している場合でも，誘導起電力 $V = \dfrac{\Delta\Phi}{\Delta t}$〔V〕が生じる。しかし，誘導電流は流れない。電磁誘導は閉回路であるなしに関わらず，磁束の時間変化があれば起電力が生じるという現象であり，必ずしも誘導電流が流れるわけではない。右図の場合，誘導起電力の向きは時計回りであり，Qの方がPより電位が高くなっている（Qが電池の＋極，Pが電池の－極に相当）。

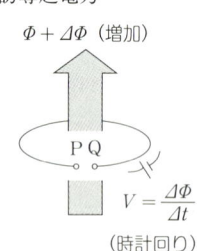

$\Phi + \Delta\Phi$（増加）

P Q

$V = \dfrac{\Delta\Phi}{\Delta t}$
（時計回り）

● **コイルを貫く磁束の増減による誘導起電力の向きの変化**

レンツの法則より，コイルを貫く磁束の増減により誘導起電力の向きが異なることが分かる。物理学においては，基本的な法則というのは現象を個々に表記するのではなく，より一般的，普遍的な形式で一つの式として表記しようとする。そこで，コイルに生じる誘導起電力を向きも含めて統一的に定式化するために，上記の現象を磁束の変化を中心にして，順を追って詳細に考察してみる。

右図のように，スイッチSを閉じると，コイル1に電流（赤い矢印）が流れ出し，磁場は左向き（赤い太矢印）に生じる。すると，コイル2にはこの左向きの磁場を打ち消そうとして（レンツの法則），右向きの磁場（黒い太矢印）が生じるように誘導起電力

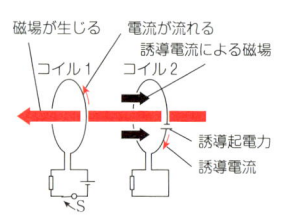

が生じてコイル1の電流と逆の向きに誘導電流が流れる。コイル2を貫く赤い磁場による磁束の変化（増加）が，Δt〔s〕の間に$\Delta \Phi$〔Wb〕(>0)とすると，単位時間あたりコイル2を貫く磁束の変化は$\frac{\Delta \Phi}{\Delta t}$〔Wb/s〕($>0$)となる。$\left|\frac{\Delta \Phi}{\Delta t}\right|$がコイル2に生じる誘導起電力の大きさに等しく，誘導起電力の向きはコイル1の電池の起電力の向きと逆になる。

次に，スイッチSを開くと，コイル1を流れていた電流（赤い破線の矢印）は流れなくなり，コイル2を貫いていた左向きの磁場（赤い破線の太矢印）が消失する。すると，コイル2には左向きの磁場をつくろうとして（レンツの法則），右図の黒い太矢印の向きに磁場が生じるように誘導起電力が生じてコイル1の電流と同じ向きに誘導電流が流れる。コイル2を貫く赤い磁場による磁束の変化（減少）が，Δt〔s〕の間に$\Delta \Phi$〔Wb〕(<0)とすると，単位時間あたりコイル2を貫く磁束の変化は$\frac{\Delta \Phi}{\Delta t}$〔Wb/s〕($<0$)となり，$\left|\frac{\Delta \Phi}{\Delta t}\right|$がコイル2に生じる誘導起電力の大きさに等しく，誘導起電力の向きはコイル1の電池の起電力の向きと同じになる。

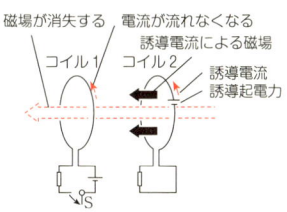

以上のことから，誘導電流がつくる磁場がもとの赤い磁場の向きと同じになるときの誘導起電力の向きを正，また，誘導電流がつくる磁場がもとの赤い磁場の向きと逆になるときの誘導起電力の向きを負とすれば，向きも含めた誘導起電力の式は，

$$V = -\frac{\Delta \Phi}{\Delta t}$$

と表せる。

コイルに生じる誘導起電力

N巻のコイルを貫く磁束が時間Δt〔s〕の間に$\Delta \Phi$〔Wb〕だけ変化したとき，コイルに生じる誘導起電力V〔V〕は，

$$V = -N\frac{\Delta \Phi}{\Delta t}$$

と表される。ただし，誘導電流による磁束の向きがもとの磁束と同じになるときの誘導起電力の向きを正（$V>0$），また，誘導電流による磁束の向きがもとの磁束と逆になるときの誘導起電力の向きを負（$V<0$）とする。

渦電流

　電磁誘導の一例として渦電流がある。自由に回転できる金属円板の端の表面に近いところで棒磁石を金属円板に沿って，円板に触れることなく，図1の矢印に沿って移動させると，円板は回転軸のまわりを，磁石の移動する向きに回りだす。金属円板が磁石に引きつけられて回るのではない。実際，磁石に引きつけられない（磁化されないアルミ金属板）金属を用いて実験しても同じ結果が得られる。

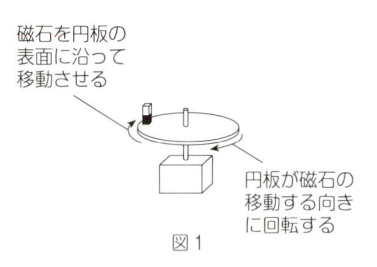

　いま，磁石のN極（黒い方）を円板の縁に沿ってアからイの位置まで移動させるとする。図2において，磁石のN極からは磁束（磁場）が，円板表面上を下向き（円板の表から裏に向かう向き）に貫くように生じていることに注意しよう。磁石の移動に伴い，アの真下付近の円板表面上では，磁石によるそれまでの下向きの磁束が消失する（アからイの方へ移動した）。すると，電磁誘導の法則より，磁束の変化を妨げる向き（円板表面上を下向きに磁束が生じるよう）に誘導起電力が生じて誘導電流が流れる。この誘導電流は円板の真上から見れば，円板表面上を時計回りに流れるので，アの真下付近の円板表面上には局部的に磁石のS極ができる。一方，イの真下付近の円板表面上では逆の現象が起こり，イの真下付近の円板表面上には局部的に磁石のN極ができる。したがって，円板表面上を流れる電流によってできたS極は磁石のN極に引かれ，また円板表面上を流れる電流によってできたN極は磁石のN極から反発されるため，円板は磁石の移動する向きに回転する。このように，金属表面上を貫く磁束の変化により，金属表面上には誘導電流が流れる。この電流はその流れる様子から渦電流とよばれる。金属には電気抵抗が存在するため，渦電流が流れるとジュール熱が発生する。渦電流によるジュール熱を利用したのが電磁（IH－Induction Heating）調理器である。

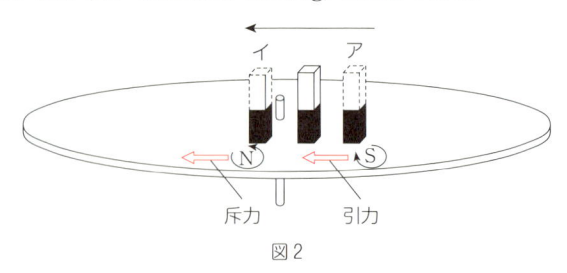

例題 4-30　　　　　　　　　　磁場を横切る回路の電磁誘導

図1のように，水平面上に平行で $2L$ [m] だけ離れた2直線 l_1 と l_2 に挟まれた領域がある。その領域に，平面に垂直で紙面の裏から表に向かう磁束密度 B [Wb/m²] の一様な磁場がかかっている。導線と抵抗 $\frac{R}{2}$ [Ω] の2つの抵抗器をつないで，図1のように1辺の長さが L [m] の正方形の形状をした回路をつくる。回路全体の質量を m [kg] とし，導線の抵抗と2つの抵抗器の体積は無視できるものとする。この回路を辺 ab が直線 l_1 に垂直になるように平面上におき，直線 l_1 に垂直に右向きに運動させ，2直線 l_1 と l_2 に挟まれた領域を通過させる。回路と平面の間の摩擦と回路の自己誘導は無視できるものとする。以下では辺 ad が直線 l_1 に重なった時刻を $t=0$ s，辺 bc が直線 l_1 に重なった時刻を $t=t_1$ [s]，辺 ad が直線 l_2 に重なった時刻を $t=t_2$ [s]，辺 bc が直線 l_2 に重なった時刻を $t=t_3$ [s] とする。解答には t_1, t_2, t_3 を用いてはならない。

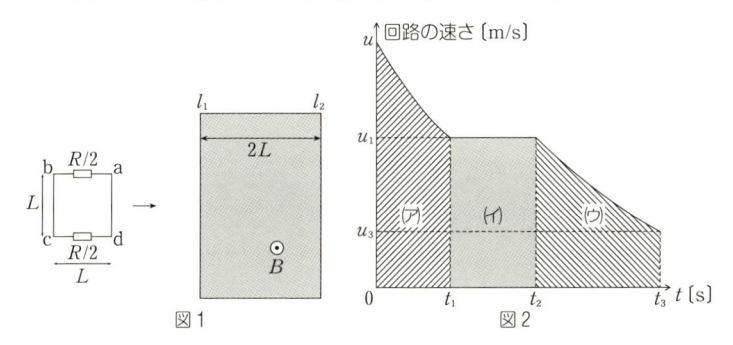

はじめに，回路の速さが一定値 v [m/s] をとる場合を考える。

(1) $0 \leq t \leq t_1$ において，正方形 abcd を貫く磁束の大きさの単位時間当たりの増加分を求めよ。

(2) $0 \leq t \leq t_1$ において，回路を流れる電流を求めよ。また，回路を流れる電流の $0 \leq t \leq t_3$ における時間変化を右図のグラフに図示せよ。ただし，図1で a→b→c→d→a の向きに流れる電流を正とする。

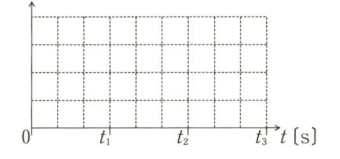

(3) $0 \leq t \leq t_1$ において，回路が磁場

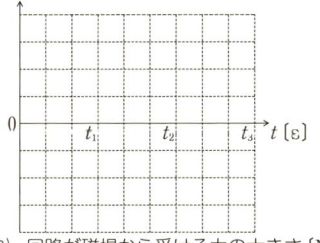

から受ける力の大きさを求めよ。また，回路が磁場から受ける力の大きさの $0 \leq t \leq t_3$ における時間変化を前頁の右下図のグラフに図示せよ。

(4) $t=0$ から $t=t_3$ までに，2つの抵抗器に発生したジュール熱を求めよ。

(5) $t=0$ から $t=t_3$ までに，回路を動かすために外力のした仕事を求めよ。

次に，$t=0$ で回路の速さが十分大きな u〔m/s〕であり，その後外力を加えずに回路を運動させる場合を考える。このとき，回路の速さの時間変化は図2のようになる。図2の(ア)，(イ)，(ウ)の部分の面積はそれぞれ L である。以下の問の解答には u_1 と u_3 を用いてはならない。

(6) $t=t_1$ における回路の速さ u_1〔m/s〕と $t=t_3$ における回路の速さ u_3〔m/s〕を求めよ。

(7) $t=0$ から $t=t_3$ までに，2つの抵抗器に発生したジュール熱を求めよ。

(静岡大)

解答

(1) 時刻 t においてコイルを貫く磁束 $\varPhi$ は，$\varPhi = BLvt$ だから，単位時間当たりの磁束の増加分は $\dfrac{\varDelta\varPhi}{\varDelta t} = \underline{BLv}$〔Wb/s〕である。

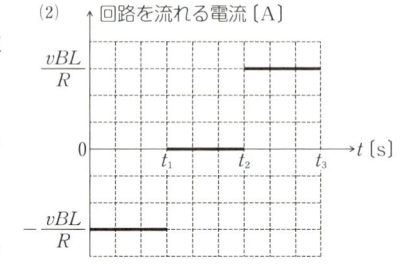

(2) $0 \leq t \leq t_1$ における誘導起電力は大きさ $V = BLv$〔V〕，向きはレンツの法則より a→d→c→b→a である。

したがって，コイルを流れる電流は負になるから，$I_1 = \underline{-\dfrac{BLv}{R}}$〔A〕である。また，$t_1 < t < t_2$ における誘導起電力は 0 だから，電流は $I_2 = 0$。$t_2 < t \leq t_3$ における誘導起電力は大きさ $V = BLv$〔V〕，向きはレンツの法則より a→b→c→d→a である。

したがって，コイルを流れる電流は正で $I_3 = \dfrac{BLv}{R}$〔A〕だから右上図のようになる。

(3) $0 \leq t \leq t_1$ でコイルが磁場から受ける力の大きさは $F_1 = B|I_1|L = \underline{\dfrac{B^2L^2v}{R}}$〔N〕，$t_1 < t < t_2$ では $F_2 = 0$。$t_2 < t \leq t_3$ では $F_3 = BI_3L = \dfrac{B^2L^2v}{R} = F_1$ である。したがっ

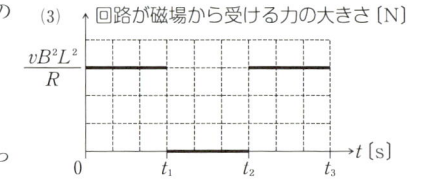

て，前頁右下図のようになる。また，力の向きは左手の法則よりどれも左向きである。

(4) 2つの抵抗で発生したジュール熱 Q は抵抗での電力量に等しい。また，$t_1 = \dfrac{L}{v}$，$t_2 = \dfrac{2L}{v}$，$t_3 = \dfrac{3L}{v}$ だから，$Q = I_1^2 R t_1 + I_3^2 R(t_3 - t_2) = \underline{\dfrac{2B^2L^3v}{R}}$〔J〕

(5) エネルギー保存の法則より，外力のした仕事 W はジュール熱 Q に等しい。
$W = Q = \underline{\dfrac{2B^2L^3v}{R}}$〔J〕。

(6) Δt〔s〕でコイルの速度が Δu だけ変化したとする。この間にコイルが受けた力積は左向きだから，$-\dfrac{B^2L^2u\Delta t}{R}$〔Ns〕であるから，$m\Delta u = -\dfrac{B^2L^2u\Delta t}{R}$ となる。ここで，$u\Delta t$ はこの間の変位である。題意より，図2のグラフにおいて $0 \sim t_1$ 間の変位は L〔m〕であるから，$mu_1 - mu = -B^2L^2 \times \dfrac{L}{R}$ より，$u_1 = \underline{u - \dfrac{B^2L^3}{mR}}$〔m/s〕。同様に，$t_2 \sim t_3$ 間の変位は L〔m〕であるから，$mu_3 - mu_2 = -\dfrac{B^2L^3}{R}$ となるので，

$u_3 = u_2 - \dfrac{B^2L^3}{mR} = \underline{u - \dfrac{2B^2L^3}{mR}}$〔m/s〕。

(7) エネルギー保存の法則より，コイルが失った運動エネルギーは抵抗で発生したジュール熱に等しい。したがって，$\dfrac{1}{2}mu^2 - \dfrac{1}{2}mu_3^2 = \underline{2B^2L^3\left(\dfrac{u}{R} - \dfrac{B^2L^3}{mR^2}\right)}$〔J〕。

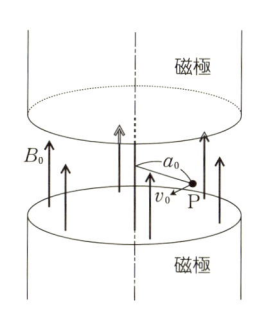

例題 4-31　　磁場の変化による誘導起電力

図のような円柱形磁極間の一様な上向きの磁場 B_0 の中に，質量 m，正電荷 q をもつ小球 P を絶縁体でできた長さ a_0 で太さの無視できる細い棒の先端に固定して置いた。この棒は，磁場に対して垂直な平面内を自由に回転できるように，もう一方のはじを磁極の中心軸上にある軸受けに留めてある。P に適当な速さを与えたところ，磁場に対して垂直な平面内で等速円運動した。軸受けと棒の間の摩擦，重力の影響は無視できるとして，以下の問いに答えよ。

(1) 小球 P が棒から力を受けずに回転しているときの P の速さ v_0 を q，m，a_0，B_0 を用いて表せ。

(2) このとき，P が1周する時間を q，m，B_0 で表せ。

(3) P が半径 a_0 の等速円運動をしていることで，半径 a_0 の輪に電流が流れているとみなせる。この電流の大きさ I を求めよ。ただし，この場合

の電流は，輪上の一点を単位時間あたりに通過する電荷量である。

次に，時間 Δt の間に磁極間の磁束密度を B_0 から ΔB だけ一定の割合で増加させた。

(4) 磁束密度の変化にともない，輪を貫く磁束が時間的に変化した。輪を貫く磁束の変化率を a_0，ΔB，Δt で表せ。

(5) 輪を貫く磁束が時間的に変化したことにより，輪に誘導起電力 V が誘起された。これにともない，輪上に電場が生じる。この電場の大きさを E とすると，誘導起電力 V は $V = 2\pi a_0 E$ で表せる。輪上に生じた電場の大きさ E を a_0，ΔB，Δt を用いて表せ。

(6) この電場により，P は力を受けて加速される。磁束密度を変化させた後に P が受けた力積は，粒子の運動量の変化に等しい。磁束密度を変化させた Δt 後の P の速さ v を q，m，a_0，B_0，ΔB を用いて表せ。

(学習院大)

解答

(1) 向心加速度は $\dfrac{v_0^2}{a_0}$，向心力はローレンツ力 qv_0B_0 である。円運動の運動方程式より，

$$\dfrac{mv_0^2}{a_0} = qv_0B_0 \quad \text{したがって,} \quad v_0 = \underline{\dfrac{qB_0a_0}{m}}$$

(2) 求める時間（周期）T は，$T = \dfrac{2\pi a_0}{v_0} = \underline{\dfrac{2\pi m}{qB_0}}$

(3) 輪の一点を q が通過する時間が T だから，電流 $I = \dfrac{q}{T} = \underline{\dfrac{q^2 B_0}{2\pi m}}$

(4) 輪を貫く磁束は $\Phi = \pi a_0^2 B$ である。半径は一定だから，磁束の変化率は，

$$\dfrac{\Delta \Phi}{\Delta t} = \underline{\dfrac{\pi a_0^2 \Delta B}{\Delta t}}$$

(5) 電磁誘導の法則より，軌道（円周）に沿って電荷 q の円運動と同じ向きに大きさ $V = \dfrac{\Delta \Phi}{\Delta t} = \dfrac{\pi a_0^2 \Delta B}{\Delta t}$ の誘導起電力が生じる。この誘導起電力 V は，軌道（円周）上に生じた電場 E によるものである。$V = 2\pi a_0 E = \dfrac{\pi a_0^2 \Delta B}{\Delta t}$ だから，$E = \underline{\dfrac{a_0 \Delta B}{2\Delta t}}$

このように，磁場の変化によって真空中に生じる電場を誘導電場という。

(6) Δt の間に q が軌道の接線方向に受けた力積 $qE\Delta t$ は，q の運動量変化 $mv - mv_0$ に等しい。$mv - mv_0 = qE\Delta t = \dfrac{qa_0 \Delta B}{2}$ となる。したがって，

$$v = v_0 + \dfrac{qa_0 \Delta B}{2m} = \underline{\dfrac{qa_0(2B_0 + \Delta B)}{2m}}$$

(2) 電磁誘導 II

次の図のように，磁束密度 B [T]（$=$ [Wb/m²]）の磁場中を，長さ l [m] の金属棒 P，Q が，磁場に対して垂直に速さ v [m/s] で運動している場合を考える。

金属棒内の自由電子（電荷 $-e$ [C]）は磁場中を速さ v [m/s] で運動するので，大きさ evB [N] のローレンツ力を P から Q の向きに受ける。この結果，自由電子は Q の側に過剰に集まり，Q 端を負に帯電させ，P の側の自由電子は減少し，P 端は正に帯電した状態になる。自由電子の移動により P から Q の向きに電場が生じる。このときの電場の強さは電子の移動が止む状態，すなわち静電気力とローレンツ力のつり合い $eE = evB$ から決まり，$E = vB$ [V/m] となる。したがって，P と Q の間の電位差 V は $V = El = vBl$ [V] になり，金属棒 PQ は起電力 vBl [V] の電池と同じ機能をもつ。

ローレンツ力を受けた自由電子が集まる Q の側が電池の負極で，自由電子が不足した P 側が電池の正極になる。電池の負極 Q から正極 P に向かう向きを誘導起電力の向きという。金属棒に生じる誘導起電力の向きは，自由電子が磁場から受けるローレンツ力の向きから決めることができる。しかし，いちいち金属棒の内部の自由電子を想定し，その自由電子が受けるローレンツ力の向きを考えて，それから誘導起電力の向きを決めるというのは手間がかかる。金属棒の速度，磁場，誘導起電力のそれぞれの向きは幾何的な関係がある。右手の親指，人差指，中指をそれぞれ直交するように開くと，親指，人差指，中指の指す向きが金属棒の速度の向き，磁場の向き，誘導起電力の向きを表す。この関係は**フレミングの右手の法則**とよばれ，磁場中を運動する金属棒に生じる誘導起電力の向きを知るのに便利な法則として使われる。

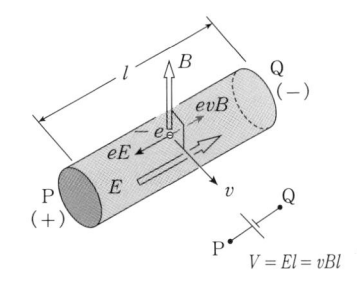

フレミングの右手の法則（vとBが垂直の場合）

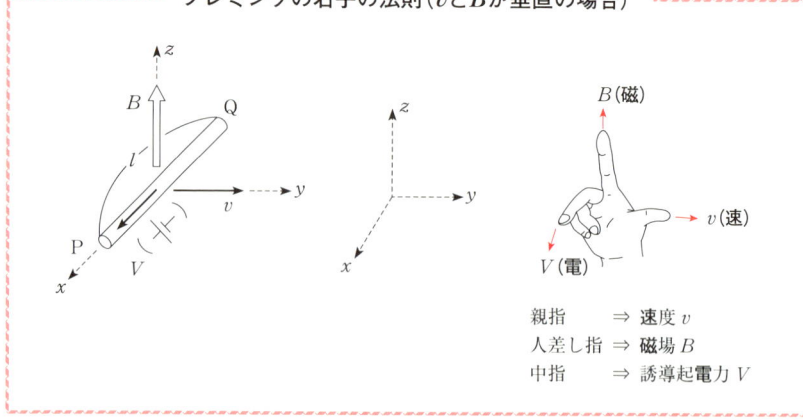

親指　　⇒　速度 v
人差し指　⇒　磁場 B
中指　　⇒　誘導起電力 V

◯ 誘導起電力と磁束

　金属棒が磁場中を運動するときの誘導起電力の大きさ $V = vBl$ を単位をもとに再考してみよう。速度 v の単位は〔m/s〕，磁束密度 B の単位は〔Wb/m²〕，金属棒の長さ l の単位は〔m〕であるから，これらをかけ合せると
$$[\text{m/s}]\cdot[\text{Wb/m}^2]\cdot[\text{m}] = [\text{Wb/s}] = [\text{V}]$$
コイルのときと同様である。コイルの場合は，単位時間にコイルを貫く磁束の変化が誘導起電力であったが，金属棒が磁場中を運動する場合は，単位時間に（垂直に）金属棒が横切る磁束が誘導起電力に等しくなる。

◯ 速度と磁束密度が垂直でないときの誘導起電力

　金属棒が磁場に対して角度 θ をなして運動するときの誘導起電力はどのように表されるであろうか。
　磁束密度に垂直な速度の成分は $v\sin\theta$〔m/s〕である。金属棒は磁束密度 B〔Wb/m²〕の磁場中を速度 $v\sin\theta$〔m/s〕で垂直に運動する。したがって，金属棒が単位時間当たりに横切る磁束は $vBl\sin\theta$〔Wb/s〕だから，誘導起電力は $V = vBl\sin\theta$〔V〕となる。このとき，フレミングの右手の法則は，親指が磁束密度に垂直な速度成分 $v\sin\theta$ の向き，人差し指が磁束密度 B の向き，中指が誘導起電力の向きになる。

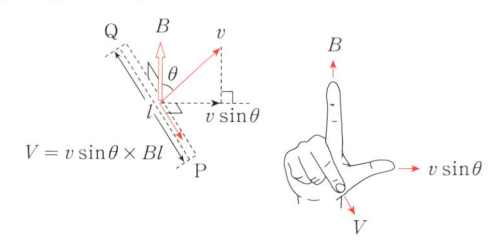

$$V = v\sin\theta \times Bl$$

> **POINT**
> 金属棒に生じる誘導起電力
> 　誘導起電力の大きさ ⇒ 単位時間に横切る磁束
> 　　(i) 速度と磁束密度が垂直の場合　$V = vBl$ 〔V〕
> 　誘導起電力の向き ⇒ フレミングの右手の法則
> 　　(ii) 速度と磁束密度が角 θ をなす場合　$V = vBl\sin\theta$ 〔V〕

例題 4 − 32　　　　　動く導体棒に生じる誘導起電力

　図のように，水平面内に間隔 l で 2 本のレールを敷き，その上に直角に電気抵抗 R，質量 M の金属棒をのせる。金属棒の中央に糸をつけ，レールに平行に張り，定滑車をへて，糸の他端に質量 m のおもりをつける。レールの終端は起電力 E の電池につながれ，閉回路を構成している。
　この回路には鉛直上向きの磁場（磁束密度 B）がかけてある。装置の各部の摩擦，糸の質量と伸び，金属棒の抵抗以外の抵抗，回路の自己誘導は無視できるとする。重力加速度の大きさを g として次の問いに答えよ。
　はじめ，手で水平方向左向きの力を加えて金属棒を静止させておいた。
(1) 手から金属棒に作用していた力の大きさを求めよ。
　次に金属棒から手を放したところ，金属棒はレールの上をすべりだした。
(2) 金属棒の速さが v になったときの金属棒の加速度の大きさを求めよ。
(3) じゅうぶん時間が経過したら，金属棒の速さは一定値 v_0 となった。v_0 を E, B, l, R, m で表せ。ただし，レールと糸はじゅうぶんに長いものとする。

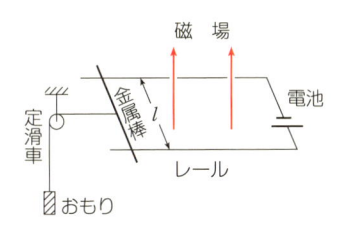

（玉川大）

解答

(1) 金属棒には電流 $I\left(= \dfrac{E}{R}\right)$ が流れ，フレミングの左手の法則より水平右向きに IBl の磁場からの力がはたらく。したがって，手が加えている力の大きさ f は

$$f = IBl - mg = \frac{EBl}{R} - mg$$

(2) 金属棒には，フレミングの右手の法則より電池の起電力と逆向きに誘導起電力 vBl が生じている。したがって，金属棒には $(E - vBl)/R$ の電流が流れ，水平右向きに磁場からの力 $Bl(E - vBl)/R$ がはたらく。したがって，金属棒の加速度の大きさを a，糸の張力を T とすると，金属棒とおもりの運動方程式は

$$Ma = \frac{Bl(E-vBl)}{R} - T \quad \cdots\cdots ①$$

$$ma = T - mg \quad \cdots\cdots ②$$

式①,②より $\quad a = \dfrac{Bl(E-vBl)}{(M+m)R} - \dfrac{m}{M+m}g$

(3) (2)の結果で $v = v_0$, $a = 0$ とおいて

$$v_0 = \frac{EBl - mgR}{B^2l^2}$$

例題 4－33　　回転する導体棒に生じる誘導起電力

　図のように，磁束密度 B [T] の鉛直上向きで一様な磁場（磁界）の中に，半径 a [m] の円形導線 A が水平に置かれている。また長さが a [m] で軽く細い導体棒 OP を，円形導線 A の中心にその O 端を，また P 端を円形導線 A に接触するように置いた。さらに導体棒 OP と円形導線 A との間に，スイッチ S と抵抗値 R [Ω] の抵抗 R を接続した。ただし導体棒 OP と円形導線 A の抵抗は無視でき，また両者の表面はなめらかであり摩擦は無視できるものとして，以下の各問いに答えよ。

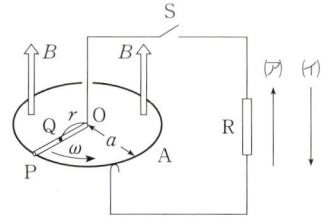

　いまスイッチ S を開いた状態で，導体棒 OP の P 端を円形導線 A につねに接触させながら，一定の角速度 ω [rad/s] で図のような向きに回転させた。

(1) 導体棒 OP 中の電子は OP とともに回転するので，磁場からローレンツ力を受ける。O 端から距離 r [m] の点 Q にある電子（電荷 $-e$ [C]）が受けるローレンツ力の大きさは，　ア　[N] であり，その結果，電子は　イ　の向きに移動する。

(2) 導体棒 OP が 1 秒間当たりに磁場を横切る面積は，　ウ　[m²/s] である。

(3) 導体棒 OP の両端に発生する誘導起電力の大きさは，　エ　[V] である。

　次にスイッチ S を閉じると

(4) 抵抗 R には図の　オ　の向きに電流が流れ，その大きさは　カ　[A] である。

(5) 導体棒 OP が磁場から受ける力の大きさは，　キ　[N] である。

(6) 導体棒 OP を一定の角速度 ω [rad/s] で回転させるために必要な外

力の仕事率は，　ク　〔W〕である。

(近畿大)

解答

(1) 点Qでの電子の速さは $v_Q = r\omega$ 〔m/s〕だから，点Qで電子が受けるローレンツ力の大きさは
$f = ev_Q B = er\omega B$ (ア) 〔N〕である。

また，ローレンツ力の向きはPからOの向きだから，電子はPからO(イ)の向きに移動する。この結果，導体棒のO側は負，P側は正になる。

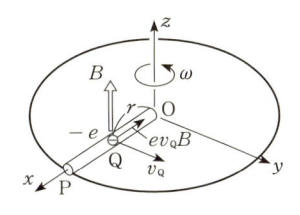

(2) OPが1秒間当たりに描く面積 $\dfrac{\Delta S}{\Delta t}$ は，半径 a，中心角 ω の扇形の面積に等しい。

$\dfrac{\Delta S}{\Delta t} = \dfrac{a^2 \omega}{2}$ (ウ) 〔m²/s〕

(3) OP間の誘導起電力の大きさは $V_{OP} = \dfrac{\Delta \Phi}{\Delta t} = \dfrac{B \Delta S}{\Delta t} = \dfrac{a^2 B \omega}{2}$ (エ) 〔V〕である。また，誘導起電力の向きはOからPの向きである。

誘導起電力は次のように考えても計算できる。導体棒OPのOの速さは0，Pの速さは $v_P = a\omega$ である。導体棒は平均の速さ $\overline{v} = \dfrac{a\omega}{2}$ で磁場中を直進していると考える。このとき，誘導起電力の大きさは $V_{OP} = \overline{v} Ba = \dfrac{a^2 B \omega}{2}$，誘導起電力の向きは右手の法則より，OからPの向きになる。

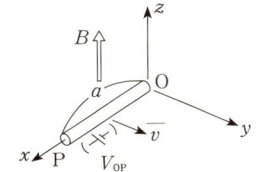

(4) スイッチを閉じると，導体棒OPにはOからPの向きに，抵抗Rには(ア)(キ)の向きに電流が流れ，その大きさは $I = \dfrac{V_{OP}}{R} = \dfrac{a^2 B \omega}{2R}$ (カ) 〔A〕である。

(5) OPが磁場から受ける力の大きさは $BIa = \dfrac{a^3 B^2 \omega}{2R}$ (キ) 〔N〕である。

(6) エネルギー保存の法則より，外力の仕事率は抵抗Rでの消費電力に等しいので，
$I^2 R = \dfrac{a^4 B^2 \omega^2}{4R}$ (ク) 〔W〕

(3) **自己誘導**

　図1のような回路で，スイッチSを閉じるとコイルに流れる電流 I〔A〕は図2のようになる。ただし，電池の起電力を E〔V〕とする。また，電池の内部抵抗は無視できて，回路の抵抗は電気抵抗 R〔Ω〕のみとする。スイッチを閉じてすぐに電流 $\frac{E}{R}$〔A〕にならず，0から $\frac{E}{R}$〔A〕まで変化しながら流れる。この原因は電磁誘導である。コイルに電流が流れることにより，コイルに磁場が生じて上向きに磁束 Φ〔Wb/m²〕が発生する。すると，レンツの法則よりこの磁束を打ち消すように誘導起電力が発生し，磁束の増加（電流の増加）を妨げようとする。コイルは電流に対して慣性を与えるような役目をする。スイッチを閉じた直後（$t=0$）は $I=0$ だから，コイルには電池の起電力に等しい大きさ E〔V〕の誘導起電力が電池の起電力の向きとは逆向きに生じている。十分に時間が経つ（$t=\infty$）と，$I=\frac{E}{R}$〔A〕だから，誘導起電力は生じない。

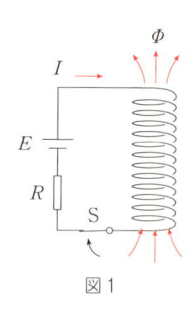

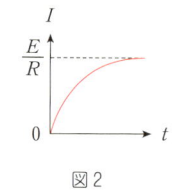

　コイルを流れる過渡的な電流により，コイル自身に誘導起電力が生じる現象を**自己誘導**，そのときの誘導起電力を**自己誘導起電力**といい，次のように定式化できる。

　電流 I〔A〕によるコイルを貫く磁束を Φ〔Wb〕とする。時刻 t〔s〕から $t+\Delta t$〔s〕の間の電流の変化を ΔI〔A〕，磁束の増加を $\Delta\Phi$〔Wb〕とすると，コイルに生じる自己誘導起電力を V_S〔V〕とすると，$V_\mathrm{S}=-N\frac{\Delta\Phi}{\Delta t}$ と表される。ここで，N はコイルの巻数であり，V_S の向きは電流の流れる向き（回路を時計回りに流れる向き，コイル内では下向き）を正とする。コイルを貫く磁束 Φ〔Wb〕と流れる電流 I〔A〕は一般に比例するので，それらの変化量 $\Delta\Phi$〔Wb〕と ΔI〔A〕も比例する。そこで，自己誘導起電力 V_S〔V〕を磁束の時間変化 $-N\frac{\Delta\Phi}{\Delta t}$ のかわりに電流の時間変化を用いて $V_\mathrm{S}=-L\frac{\Delta I}{\Delta t}$ と書き直すことができる。L はコイルの巻数，断面積，透磁率などを用いて表される定数であり，**自己インダクタンス**といい，その単位は〔H〕（ヘンリー）である。

> ● **自己インダクタンスの単位**
> 　単位時間（1 s）に1 Aの電流変化があり，自己誘導起電力が1 V生じたときの自己インダクタンスが1 H $\left(=\dfrac{\mathrm{V}}{\mathrm{A/s}}\right)$ である。

自己インダクタンス L〔H〕のコイルを流れる電流 I〔A〕が $\varDelta t$〔s〕の間に $\varDelta I$〔A〕変化したとき電流の向きを起電力の正の向き（A に対する B の電位）とすると，コイルには自己誘導起電力 $V_\mathrm{s}=-L\dfrac{\varDelta I}{\varDelta t}$〔V〕が生じる。

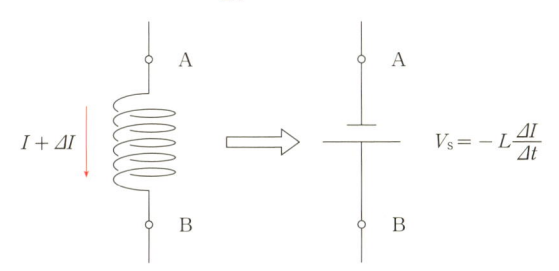

POINT

電流が増加するとき：$\dfrac{\varDelta I}{\varDelta t}>0$ ⇒ 起電力の向きは電流の向きと逆：$V_\mathrm{s}<0$

電流が減少するとき：$\dfrac{\varDelta I}{\varDelta t}<0$ ⇒ 起電力の向きは電流の向きと同じ：$V_\mathrm{s}>0$

参考 コイルのある回路でのスイッチの開閉

図1の回路において，起電力は電池の起電力 V〔V〕と自己誘導起電力 V_s〔V〕の2つある。したがって，キルヒホッフの法則は，

$$E+V_\mathrm{s}=RI \qquad E-L\dfrac{\varDelta I}{\varDelta t}=RI$$

となり，電流が時間とともに振る舞う様子は，単位時間当たりの電流変化（時間微分あるいは微分係数）

$$\dfrac{\varDelta I}{\varDelta t}=\dfrac{E-RI}{L}\text{〔A/s〕}$$

から分かる。この式から図2の電流の様子が以下のように把握できる。

$t=0$ で $I=0$ より，$\dfrac{\varDelta I}{\varDelta t}=\dfrac{E}{L}$〔A/s〕となる。

この値は，スイッチSを閉じた直後の電流の傾きを表し，電流は0から急速に立ち上がる。その後，時間の経過とともに微分係数 $\dfrac{\varDelta I}{\varDelta t}$〔A/s〕の値は減少するので，電流の増加の割合は小さくなる。さらに，$t=\infty$ で $I=\dfrac{E}{R}$〔A〕より，$\dfrac{\varDelta I}{\varDelta t}=0$ となり一定の電流が流れるようになる。

$\varDelta t \to 0$ の極限では，キルヒホッフの法則は電流の時間微分に関して

$$\dfrac{dI}{dt}=\dfrac{E-RI}{L}=\dfrac{R}{L}\left(\dfrac{E}{R}-I\right)$$

の関係式が成立する。$\left(\dfrac{E}{R}-I\right)=J$ とおけば，$-\dfrac{dJ}{dt}=\dfrac{R}{L}J$

$$J=e^{-\frac{R}{L}t}\times C_1 \qquad (C_1 \text{ は積分定数}) \qquad (\text{☞ p.17(A) 参照})$$

初期条件は $t=0$ で，$I=0$，$J=\dfrac{E}{R}$ だから，$C_1=\dfrac{E}{R}$ となる。したがって，

$$J = \frac{E}{R}e^{-\frac{R}{L}t} \qquad \therefore \quad I = \frac{E}{R}(1-e^{-\frac{R}{L}t})$$

この式が図2の電流 I を正しく表している。

● コイルに蓄えられた磁気エネルギー

自己インダクタンス L〔H〕のコイルに電流 I〔A〕が流れているとき,コイルに蓄えられているエネルギー U〔J〕は, $\qquad U = \frac{1}{2}LI^2$

自己誘導に逆らってコイルに電流を流すには仕事が必要である。このときの仕事がコイル内にエネルギーとして蓄えられる。これは,コンデンサーを充電するとき,コンデンサーに対してした仕事がコンデンサー内にエネルギーとして蓄えられるのと同じである。

コイルに電流を 0 から I〔A〕まで流すときの仕事を計算してみよう。

コイルの自己インダクタンスは L〔H〕である。微小時間 $\varDelta t$〔s〕間に電流が i〔A〕から $i+\varDelta I$〔A〕に増加したとしよう。この間の自己誘導起電力は,大きさ $V = L\dfrac{\varDelta I}{\varDelta t}$〔V〕で電流の向きに対して逆向きに生じる。

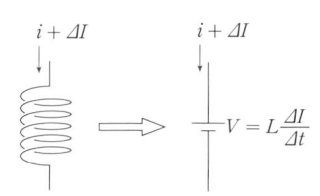

この起電力に逆らって $\varDelta t$〔s〕間にコイルに流す微小電荷を $\varDelta Q$〔C〕とすると $\varDelta Q = i\varDelta t$ と表される。

したがって,自己誘導起電力に逆らってした微小仕事 $\varDelta W$〔J〕は,

$$\varDelta W = \varDelta Q \times V = i\varDelta t \times L\frac{\varDelta I}{\varDelta t} = Li\varDelta I$$

右図のように,縦軸に y 軸,横軸に i 軸をとり $y = Li$ のグラフを描くと微小仕事は,高さ Li,幅 $\varDelta I$ の短冊部分の面積である。電流 I になるまでの間に,コイルにした仕事は短冊部分の面積の総和(三角形の面積)になるから,

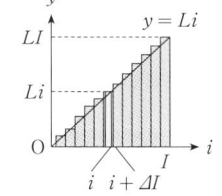

$$\sum_{i=0}^{i=I} Li\varDelta I = \frac{1}{2}LI^2 \text{〔J〕}$$

この仕事がコイルに蓄えられたエネルギーになる。

(4) 相互誘導

次図のように,巻き方が同じコイル 1 とコイル 2 の 2 つを用意し,コイル 1 の可

変抵抗Rの値を変えていくと，コイル1には電流I_1〔A〕の変化による自己誘導起電力$V_1 = -L\dfrac{\Delta I_1}{\Delta t}$〔V〕が生じる。一方，$I_1$〔A〕の変化により，コイル2を貫く磁束も変化する。この結果，コイル2にも誘導起電力V_2〔V〕が生じる。このように，一方のコイルを流れる電流の変化により，他方のコイルに誘導起電力が生じるとき，これを**相互誘導**といい，このときの起電力を**相互誘導起電力**という。相互誘導起電力も自己誘導起電力と同様に定式化できる。

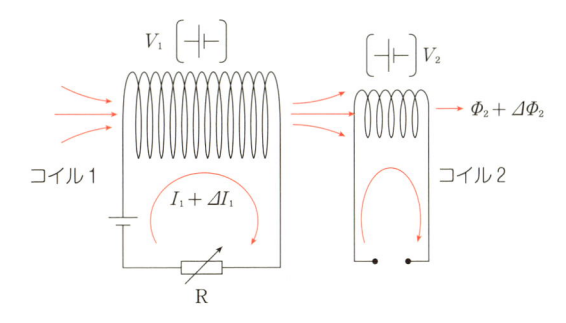

コイル2を貫く磁束Φ_2〔Wb〕と流れる電流I_1〔A〕は一般に比例するので，それらの変化量$\Delta\Phi_2$〔Wb〕とΔI_1〔A〕も比例する。コイル2の巻数をN_2とすると，相互誘導起電力V_2〔V〕を磁束の時間変化$-N_2\dfrac{\Delta\Phi_2}{\Delta t}$のかわりに電流の時間変化を用いて$V_2 = -M\dfrac{\Delta I_1}{\Delta t}$と書き直すことができる。$V_2$〔V〕の向きは電流$I_1$〔A〕の変化を妨げる向きに生じるので，自己誘導起電力V_1〔V〕と同じく負号をつけて表す（図で矢印の向きに生じた起電力を正とする）。Mはコイル1および2に関連した定数であり，**相互インダクタンス**とよばれ，その単位は自己インダクタンスLと同じ〔H〕(**ヘンリー**) である。

$$\text{相互誘導起電力}\quad V_2 = -M\dfrac{\Delta I_1}{\Delta t}$$

例題 4-34　　自己誘導・相互誘導

抵抗の無視できる細い導線をすきまなく一様に N_1 回巻いて，断面積 S [m²]，長さ l [m] の中空のソレノイドを作り，真空中においた。起電力 E [V] の電池，抵抗値 R [Ω] の抵抗，電流計およびスイッチを図1に示すようにつないで，回路Aをつくった。電池と電流計の内部抵抗は無視できるものとする。ソレノイドの長さ l [m] はその直径に比べて十分長いものとする。また，図中の矢印の方向からソレノイドを見ると，導線は右巻きに巻かれながら奥の方へ進んでいる。真空の誘電率を ε_0 [C²/(N·m²)]，真空の透磁率を μ_0 [N/A²] とする。

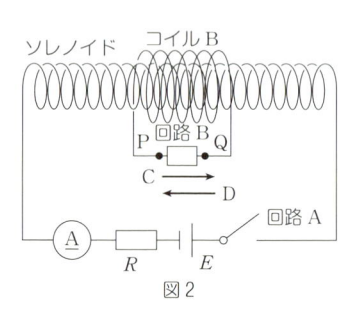

(1) 次の文章の ① ～ ⑥ に最も適切な式または記号を入れよ。

スイッチを入れると，回路Aに流れる電流 I [A] はすぐに一定にはならないで，次第に増加して一定値に近づく。

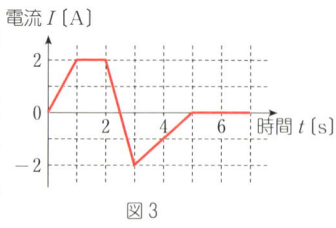

これは電磁誘導によってソレノイドに誘導起電力が生じ，電流の急激な変化を妨げるからである。誘導起電力の大きさはソレノイドの自己インダクタンスと電流の時間変化によって決まる。このソレノイドの自己インダクタンスを求めよう。ソレノイド内部を通る磁束は，$\Phi =$ ① 〔Wb〕である。時間 Δt [s] の間に流れる電流が ΔI [A] だけ変化し，ソレノイド内部を通る磁束は $\Delta\Phi$ [Wb] だけ変化したとする。そのとき，コイル1巻あたりに生じる誘電起電力は，$v = -\dfrac{\Delta\Phi}{\Delta t} =$ ② $\dfrac{\Delta I}{\Delta t}$ 〔V〕となる。したがって，自己インダクタンス L は，$L =$ ③ 〔H〕となる。

スイッチを切って十分時間が経過したのち，図2に示すように，ソレノイドの外側に巻数 N_2 のコイルBを巻き，抵抗とつないで回路Bをつくった。コイルを巻く方向はソレノイドと同じである。再びスイッチを入れた。すると，コイルBにも誘導起電力が生じ，電流は図中に示

した矢印の記号 ④ の方向へ流れた。これは相互誘導現象である。ソレノイドを貫く磁束とコイルBを貫く磁束はいつも同じなので，コイル1巻あたりに生じる誘導起電力はどちらのコイルに対しても同じである。時間 Δt [s] の間に流れる電流が ΔI [A] だけ変化したとすると，回路Bの抵抗の両端にかかる電圧は，$V_B = $ ⑤ $\dfrac{\Delta I}{\Delta t}$ [V] となる。したがって，相互インダクタンス M は，$M = $ ⑥ [H] となる。

(2) 回路Aの電池を，電流の制御できる電源に交換し，図3に示す電流を流した。ただし，(1)で回路Aに流した電流の向きを正にとる。ソレノイド間の相互インダクタンスが2mHのとき，回路BのQ点を基準としてP点の電位を右のグラフに描け。

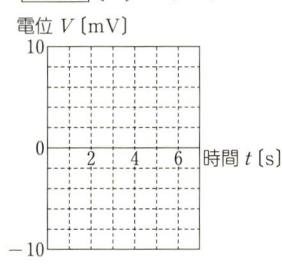

(広島大)

解答

(1) ① 磁場の強さは $H = \dfrac{N_1}{l} I$ [A/m] となるから，

磁束密度は $B = \mu_0 H = \dfrac{\mu_0 N_1 I}{l}$ [T] である。

∴ $\Phi = B \cdot S = \underline{\dfrac{\mu_0 N_1 S I}{l}}$ [Wb]

② 磁束密度の変化は $\Delta B = \dfrac{\mu_0 N_1 \Delta I}{l}$ [T] だから，

$\Delta \Phi = \Delta B \cdot S = \dfrac{\mu_0 N_1 S}{l} \Delta I$ [Wb]

したがって，$v = -\dfrac{\Delta \Phi}{\Delta t} = -\dfrac{\mu_0 N_1 S}{l} \times \dfrac{\Delta I}{\Delta t}$ [V]

③ ソレノイド全体の起電力は $V = N_1 v = -\dfrac{\mu_0 N_1^2 S}{l} \cdot \dfrac{\Delta I}{\Delta t}$ [V] となる。

$V = -L \dfrac{\Delta I}{\Delta t}$ [V] と比べれば，$L = \underline{\dfrac{\mu_0 N_1^2 S}{l}}$ [H]

④ ソレノイドには左向きの磁場が生じるので，回路Bには右向きの磁場が生じるように誘導電流が流れる。 ∴ $\underline{D}$

⑤ 自己誘導起電力のときと同様に，左向きの磁場をつくるときの起電力の向きを正とすると，$V_B = N_2 v = \underline{-\dfrac{\mu_0 N_1 N_2 S}{l} \times \dfrac{\Delta I}{\Delta t}}$ [V]

⑥ $V_B = -M \dfrac{\Delta I}{\Delta t}$ と比べて，$M = \underline{\dfrac{\mu_0 N_1 N_2 S}{l}}$ [H]

(2) $V_B = -M\dfrac{\Delta I}{\Delta t}$ の式に代入すればよい。

$0 \leq t < 1$ のとき, $V_B = -4$ [mV]
$1 \leq t < 2$ のとき, $V_B = 0$
$2 \leq t < 3$ のとき, $V_B = 8$ [mV]
$3 \leq t < 5$ のとき, $V_B = -2$ [mV]
$5 \leq t$ のとき, $V_B = 0$

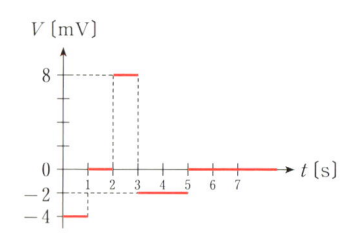

② 交 流

(1) 交流発生の機構

周期的に向きと大きさが変化する電流や電圧を**交流**という。交流を発生させる仕組みは比較的単純である。

◎ 交流電圧の計算 I

磁場中でコイルを一定の周期で回転させることにより交流電圧は得られる。図1のように, 磁束密度 B [T] の磁場中で, コイル ABCD を XY を軸にして, 角速度 ω [rad/s] で回転させる。コイルの巻数は N, 辺 AB の長さは a [m], 辺 BC の長さは b [m] とする。時刻 $t = 0$ において, 磁束密度とコイルの面は垂直とすると, 時刻 t [s] において, コイルの面に垂直な線（法線）は磁束密度と角度 ωt [rad] をなす。このとき, X から Y の方向に見た図2より分かるように, コイルの面に対して垂直な磁束密度の成分は $B\cos\omega t$ [Wb] だから, コイルを貫く磁束 Φ [Wb] は,

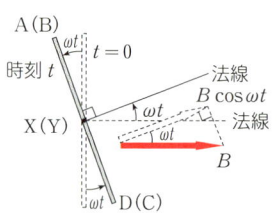

$\Phi = ab \times B\cos\omega t$

となる。ただし, D→C→B→A の向きに右ねじを回したとき, 右ねじの進む向きの磁束を正（$0 < \omega t < \pi$）とし, 右ねじの進む向きと反対向きの磁束を負（$\pi < \omega t < 2\pi$）とする。

コイルに生じる ab 間の誘導起電力は, D→C→B→A の向きを正（a より b の方が電位が高い）として,

$$V = -N\frac{\Delta\Phi}{\Delta t} = -NabB\frac{\Delta(\cos\omega t)}{\Delta t}$$

と表される。

$\Delta(\cos\omega t) = \cos(\omega(t+\Delta t)) - \cos\omega t$

$\qquad\qquad = \cos\omega t \cdot \cos\omega\Delta t - \sin\omega t \cdot \sin\omega\Delta t - \cos\omega t$

Δt は微小だから，$\omega\Delta t$ も微小となり，

$\cos\omega\Delta t \fallingdotseq 1$，$\sin\omega\Delta t \fallingdotseq \omega\Delta t$

と近似できて，

$\Delta(\cos\omega t) \fallingdotseq \cos\omega t \cdot 1 - \sin\omega t \cdot \omega\Delta t - \cos\omega t = -\sin\omega t \cdot \omega\Delta t$

$\dfrac{\Delta(\cos\omega t)}{\Delta t} = -\omega\sin\omega t$

上の結果は $\cos\omega t$ を時間 t に関して微分したことと同等である。したがって，誘導起電力は

$$V = -N\frac{d\Phi}{dt} = NabB\,\omega\sin\omega t$$

と表される。ωt〔rad〕を位相，ω〔rad/s〕を交流の**角周波数**という。最大電圧を V_0〔V〕とすると，

$V_0 = NabB\omega$

周期を T〔s〕，周波数（振動数）を f〔Hz〕とすると，

$T = \dfrac{2\pi}{\omega}$，$f = \dfrac{1}{T} = \dfrac{\omega}{2\pi}$

となり，V_0 を振幅とする単振動や波動の場合と類似の式になる。

● **交流電圧の計算 II**

次のように考えても ab 間の交流電圧は計算できる。図1のように，辺 AB あるいは辺 CD は，軸 XY の回りを速さ $v = \dfrac{1}{2}b\omega$〔m〕で等速円運動している。時刻 t〔s〕において，図2から分かるように，辺 AB（長さ a〔m〕）は磁束密度 B〔T〕に対して垂直に $v\sin\omega t$〔m/s〕で運動しているから，辺 AB に生じる誘導起電力 V_{AB}〔V〕は，N 本の金属棒が運動していることを考慮すれば，$V_{AB} = N \times avB\sin\omega t$ で，向きはフレミングの右手の法則より B→A の向きになる。また，辺 CD についても同様の考察ができて，誘導起電力 V_{CD}〔V〕は $V_{CD} = N \times avB\sin\omega t$ で，向きは D→C の向きになる。したがって，ab 間の

図1

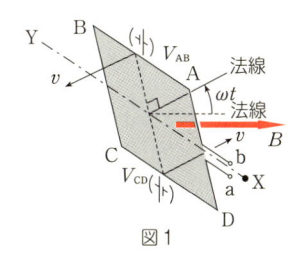

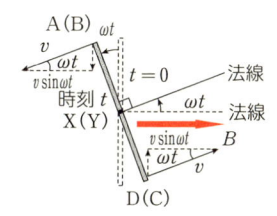

図2　X から Y の方向に見た図

誘導起電力 V 〔V〕は,
$$V = V_{AB} + V_{CD} = 2NavB\sin\omega t = NabB\omega\sin\omega t$$
となる。$0 < \omega t < \pi$ では $V > 0$（a よりbの方が電位が高い），$\pi < \omega t < 2\pi$ では $V < 0$（bよりaの方が電位が高い）になる。

(2) 交流の電力

右図のように，抵抗値 R 〔Ω〕の抵抗 R と角周波数 ω 〔rad/s〕，最大電圧 V_0 〔V〕の交流電源 E が接続された回路がある。

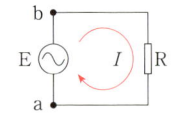

a を基準としたbの電位を V 〔V〕とし，$V = V_0 \sin\omega t$ と表されるものとする。このとき，回路に流れる交流電流 I 〔A〕は，時計回りを正として $I = \dfrac{V_0}{R}\sin\omega t$ と表される。交流電流の最大値 I_0 〔A〕は $I_0 = \dfrac{V_0}{R}$ である。電流の位相は ωt 〔rad〕である。抵抗 R の場合，**抵抗にかかる交流電圧と抵抗に流れる交流電流とは同位相**である。

電流 I 〔A〕と電圧 V 〔V〕の積は抵抗での消費電力を表す。消費電力を P 〔W〕とすると，
$$P = IV = I_0 V_0 \sin^2\omega t \text{ 〔W〕}$$
と表される。P 〔W〕は時間 t 〔s〕を含んでおり一定ではない。このような消費電力を**瞬間消費電力**という。

(3) 平均消費電力と実効値

1 周期 $T = \dfrac{2\pi}{\omega}$ 〔s〕の間における抵抗 R 〔Ω〕での電力量を W 〔J〕とする。W 〔J〕を周期 T 〔s〕で時間平均した量を**平均消費電力**という。抵抗 R での平均消費電力を $\overline{P}$ 〔W〕とすると，
$$\overline{P} = \dfrac{W}{T} = \dfrac{I_0 V_0}{2} \text{ 〔W〕}$$
と表せる。

参考 平均消費電力

時刻 t 〔s〕から $t + \Delta t$ 〔s〕の間に抵抗 R で消費される微小電力量を ΔW 〔J〕とすると，微小時間 Δt 〔s〕の間は消費電力は一定とみなせるから，(2)**交流の電力**で求めた瞬間消費電力 P 〔W〕を用いて，
$$\Delta W = P\Delta t = I_0 V_0 \sin^2\omega t \Delta t$$
となる。1 周期 $T = \dfrac{2\pi}{\omega}$ 〔s〕の間における抵抗 R 〔Ω〕での電力量を W 〔J〕とすると，W 〔J〕は Δt 〔s〕間の微小電力量 ΔW 〔J〕を1周期 T 〔s〕間について足しあげればよいが，これは $t = 0$ から $t = T$ まで瞬間消費電力 P 〔W〕を積分することになる。

第4章 電磁誘導

$$W = \sum_{t=0}^{t=T} P\Delta t = \int_0^T P dt = \int_0^T I_0 V_0 \sin^2 \omega t \, dt$$

$$= I_0 V_0 \int_0^T \frac{1-\cos 2\omega t}{2} dt$$

ここで，$\int_0^T \frac{1}{2} dt = \frac{1}{2}T$

また，$\frac{1}{2}\int_0^T \cos 2\omega t \, dt = \frac{1}{2}\left[\frac{1}{2\omega}\sin 2\omega t\right]_0^T$

$$= \frac{1}{4\omega}[\sin 4\pi - \sin 0] = 0$$

となる。

sinやcosのような周期関数を1周期にわたって積分すると0になる。これは被積分関数のグラフが描く面積が0になるからである。たとえば，次図は被積分関数 $y = \cos 2\omega t$ を 0 から T まで積分したとき，どの領域の面積を計算したのかを示した図である。$y > 0$ の領域は正の面積，$y < 0$ の領域は負の面積を表すことから $\int_0^T \cos 2\omega t \, dt = 0$ は明らかであろう。

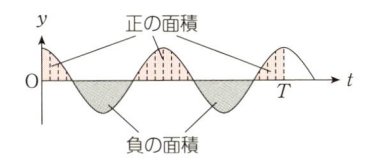

したがって，$W = \frac{1}{2}I_0 V_0 T$ 〔J〕と表される。

ここで，$\overline{P} = \frac{I_0}{\sqrt{2}} \times \frac{V_0}{\sqrt{2}}$ 〔W〕と書き直し，

$$\frac{I_0}{\sqrt{2}} = I_e \, [\text{A}], \quad \frac{V_0}{\sqrt{2}} = V_e \, [\text{V}]$$

となる電流 I_e〔A〕，電圧 V_e〔V〕を定義すれば，交流の1周期の平均消費電力 $\overline{P}$〔W〕は，

$$\overline{P} = I_e V_e = I_e^2 R = \frac{V_e^2}{R}$$

と表すことができ，直流回路の場合と同じ式で表せる。I_e〔A〕を**電流の実効値**，V_e〔V〕を**電圧の実効値**という。

> ◆ 実効値の算出
>
> 交流電流あるいは交流電圧は正と負の間を振動する周期関数であるから，それらをそのまま1周期の間で平均すると0になる。しかし，2乗した値を1周期の間で平均すれば0にはならない。1周期の2乗平均値の平方根が実効値である。たとえば，電流の実効値 I_e は，
>
> $$I_e = \sqrt{\frac{1}{T}\int_0^T I^2 dt} = \sqrt{\frac{1}{T}\int_0^T I_0^2 \sin^2 \omega t \, dt} = \sqrt{\frac{I_0^2}{T}\int_0^T \frac{1-\cos 2\omega t}{2} dt} = \frac{I_0}{\sqrt{2}} \, [\text{A}]$$
>
> と表される。電圧の実効値も同様である。交流電流計や交流電計の目盛りは実効値を示している。

$$\boxed{\text{実効値} = \frac{\text{最大値}}{\sqrt{2}}}$$

電流と電圧の実効値の間には直流回路の場合と同様に，オームの法則 $V_e = RI_e$ が成立する。なお，W〔J〕は1周期 T〔s〕の間に抵抗で発生するジュール熱を表

し，$\overline{P}$〔W〕は単位時間に抵抗で発生するジュール熱である。

POINT 抵抗と交流のまとめ
$V_0 = RI_0$
$V_e = RI_e$
平均消費電力
$$\overline{P} = \frac{I_0 V_0}{2} \text{〔W〕}$$
$$= I_e V_e = I_e^2 R = \frac{V_e^2}{R} \text{〔W〕}$$

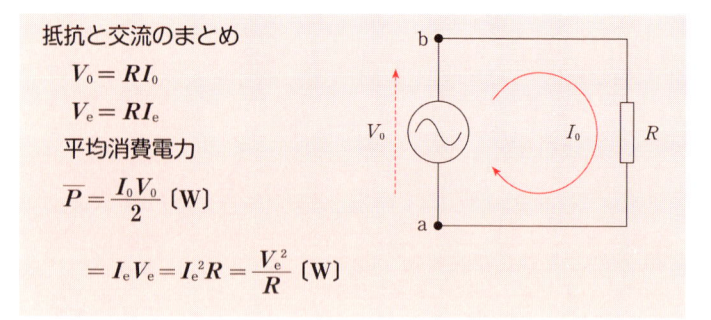

(4) コンデンサーと交流

次図のように，電気容量 C〔F〕のコンデンサー C と角周波数 ω〔rad/s〕，最大電圧 V_0〔V〕の交流電源が接続された回路がある。a を基準とした b の電位を V〔V〕とし，$V = V_0 \sin\omega t$ と表されるものとする。この回路に流れる交流電流 I〔A〕を求めてみると，

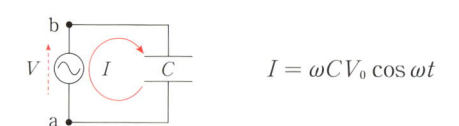

$$I = \omega C V_0 \cos\omega t$$

と表される。

> ● コンデンサーに流れる電流
>
> 回路には抵抗はないものとすると，時刻 t〔s〕において，コンデンサーにかかる電圧は $V = V_0 \sin\omega t$〔V〕，コンデンサーに蓄えられる電荷は $Q = CV = CV_0 \sin\omega t$〔C〕である。微小時間 Δt〔s〕後の電圧 V'〔V〕と電荷 Q'〔C〕は，
> $V' = V_0 \sin\omega(t + \Delta t)$
> $Q' = CV' = CV_0 \sin\omega(t + \Delta t)$ 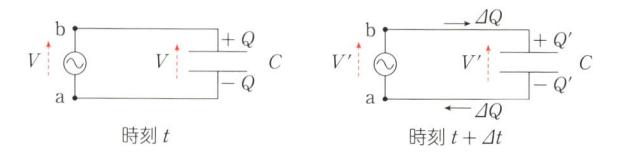
>
> 時刻 t 　　　　　時刻 $t + \Delta t$
>
> Δt〔s〕間に運ばれた電荷 ΔQ〔C〕は，
> $\Delta Q = Q' - Q = C(V' - V) = CV_0(\sin\omega(t + \Delta t) - \sin\omega t)$
> $\quad = CV_0 \Delta(\sin\omega t)$

と表される。したがって，回路に流れる電流 I 〔A〕は，単位時間当たりに運ばれた電荷であるから，

$$I = \frac{\Delta Q}{\Delta t} = CV_0 \frac{\Delta(\sin\omega t)}{\Delta t}$$

となる。Δt は微小だから電荷 Q の時間 t に関する微分となり，

$$I = \frac{dQ}{dt} = CV_0 \frac{d(\sin\omega t)}{dt} = \omega CV_0 \cos\omega t$$

と表される。

コンデンサーに流れる電流の最大値を I_0〔A〕，実効値を I_e〔A〕とすると，

$$I_0 = \omega CV_0, \quad I_e = \frac{I_0}{\sqrt{2}} = \frac{\omega CV_0}{\sqrt{2}}$$

となる。コンデンサーにかかる電圧の実効値と流れる電流の実効値（あるいは最大電圧と最大電流）の比を**容量リアクタンス**という。

$$\boxed{\text{容量リアクタンス} \quad \frac{V_e}{I_e} = \frac{1}{\omega C} \text{〔Ω〕}}$$

容量リアクタンスは Ω の単位をもち，交流電流の流れにくさを示す量といえる。容量リアクタンスをコンデンサーの交流回路での抵抗と考えれば，実効電圧と実効電流（あるいは最大電圧と最大電流）および容量リアクタンスの間には，直流回路と同様なオームの法則が成り立つ。

● **コンデンサーでの平均消費電力**

コンデンサーの瞬間消費電力 P〔W〕は，

$$P = IV = I_0 V_0 \cos\omega t \cdot \sin\omega t = \frac{1}{2} I_0 V_0 \sin 2\omega t$$

である。1周期（$T = \frac{2\pi}{\omega}$〔s〕）の間の平均消費電力 $\overline{P}$〔W〕は，瞬間消費電力を1周期にわたって積分し，周期 T〔s〕で平均する（割る）ことにより，

$$\overline{P} = \frac{1}{T} \int_0^T I_0 V_0 \sin 2\omega t \, dt$$

となるが，周期関数を1周期で積分すれば0になるので，コンデンサーの平均消費電力は0である。これは，$0 < t < \frac{T}{4}$〔s〕の間はコンデンサーは充電されるので，コンデンサーには静電エネルギーが蓄えられるが，$\frac{T}{4}$〔s〕$< t < \frac{T}{2}$〔s〕の間は放電するので，静電エネルギーを失い，1周期経過しても結局コンデンサーには静電エネルギーは蓄えられない。交流回路においては，**コンデンサーは充放電の繰り返しをするので，平均消費電力は 0** である。

● コンデンサーにかかる交流電圧と交流電流の位相のずれ

コンデンサーにかかる電圧 $V = V_0 \sin \omega t$ [V]（黒線）と流れる電流 $I = I_0 \cos \omega t$ [A]（赤線）のグラフは右図のようになる。

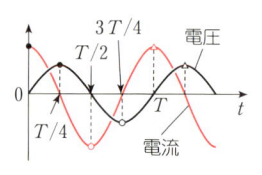

横軸の時間のずれに注意してほしい。たとえば，電圧は $t = \dfrac{1}{4}T$ [s] で最大になるが，電流は $t = 0$ で最大になっている。コンデンサーに流れる電流は，コンデンサーにかかる電圧より $\dfrac{1}{4}T$ [s]（4分の1周期）だけ時間的に早く変化するのである。1周期のずれは位相では 2π [rad] に相当するので，4分の1周期のずれは $\dfrac{2\pi}{4} = \dfrac{\pi}{2}$ [rad] のずれになる。結局，コンデンサーに流れる電流は，コンデンサーにかかる電圧より位相が $\dfrac{\pi}{2}$ [rad] だけ大きい。このことは，次のように電圧 V [V] と電流 I [A] の式を比較しても分かる。

$$V = V_0 \sin \omega t$$

$$I = I_0 \cos \omega t \, [\text{A}] = I_0 \sin\left(\omega t + \dfrac{\pi}{2}\right)$$

コンデンサーに流れる電流はコンデンサーにかかる電圧より位相が $\dfrac{\pi}{2}$ [rad] だけ大きい。位相が大きいことは前記のグラフで見たように，時間的に早く変化が起こることになる。そこで，基準の状態より位相が大きい場合，位相が進むというのである。逆に電流を基準にすれば，電圧の位相は $\dfrac{\pi}{2}$ [rad] だけ遅れることになる。

● コンデンサーにかかる交流電圧と交流電流の図形（ベクトル）的関係

図1のように，時刻 $t = 0$ において，最大電圧 V_0 [V] に相当する長さをもつ $\vec{V_0}$ を x 軸に重ね，最大電流 I_0 [A] に相当する長さをもつ $\vec{I_0}$ を y 軸に重ねる。$\vec{V_0}$ と $\vec{I_0}$ を互いに垂直に保ったままにして，ω [rad/s] で回転させると，時刻 t [s] において，V_0 の y 成分は $V_0 \sin \omega t$，I_0 の y 成分は $I_0 \cos \omega t$ となる（図2）。時刻 t [s] における交流電圧が $V = V_0 \sin \omega t$ [V] のとき，交流電圧は $I = I_0 \cos \omega t$ [A] だったから，交流電圧 V と交流電流 I は $\vec{V_0}$ と $\vec{I_0}$ の y 成分（y 軸上への射影）に等しい（$t = 0$ において，V_0 の y 成分は $V = V_0 \sin 0 = 0$，I_0 の y 成分は $I = I_0 \cos 0 = I_0$ [A] である）。

$t = 0$ における x 方向のベクトルの位相に対して，y 方向のベクトルの位相は $\dfrac{\pi}{2}$ [rad] だけ進んでいる。

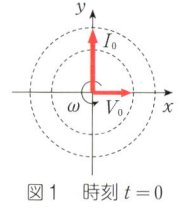

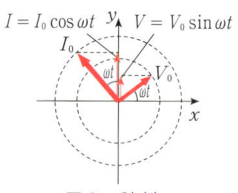

図1　時刻 $t = 0$

図2　時刻 t

この位相のずれの関係は任意の時刻において成り立つ。したがって，**コンデンサーの場合，交流電圧 V [V] の位相に対して，交流電流 I [A] の位相は $\frac{\pi}{2}$ [rad] だけ進んでいる** (逆にいえば，交流電流 I [A] の位相に対して，交流電圧 V [V] の位相は $\frac{\pi}{2}$ [rad] だけ遅れている)。

　コンデンサーにかかる交流電圧 V [V] と流れる交流電流 I [A] の位相の関係を知っておけば，微分することなく V と I の関係が得られる。たとえば，コンデンサーに $V = V_0 \cos \omega t$ [V] の交流電圧がかかるとき，コンデンサーに流れる電流 I [A] を求めてみよう。オームの法則より，最大電流 I_0 [A] は最大電圧 V_0 [V] を容量リアクタンス $\frac{1}{\omega C}$ [Ω] で割ることにより得られる。

$$I_0 = \frac{V_0}{1/\omega C} = \omega C V_0 \text{ [A]}$$

　次に，コンデンサーに流れる交流電流 I [A] の位相は，交流電圧の位相 ωt [rad] より $\frac{\pi}{2}$ [rad] だけ進むので $\omega t + \frac{\pi}{2}$ [rad] となる。したがって，I [A] は，

$$I = I_0 \cos\left(\omega t + \frac{\pi}{2}\right) = -\omega C V_0 \sin \omega t \text{ [A]}$$

と表される。この場合 V と I は，図3，図4のように，$\vec{V_0}$ と $\vec{I_0}$ の x 成分 (x 軸上に射影したもの) である。実際に微分してみると，

$$I = C \frac{d(V_0 \cos \omega t)}{dt} = -\omega C V_0 \sin \omega t \text{ [A]}$$

が得られる。

　次に，コンデンサーに $I = I_0 \cos \omega t$ [A] の交流電流が流れるとき，コンデンサーにかかる交流電圧 V [V] を求めてみよう。オームの法則より，最大電圧 V_0 [V] は最大電流 I_0 [A] に容量リアクタンス $\frac{1}{\omega C}$ [Ω] を掛ければ得られる。

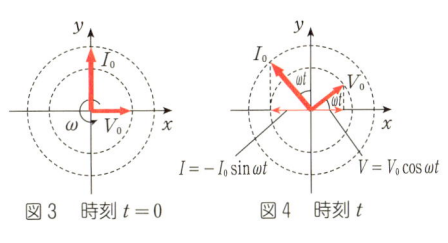

図3　時刻 $t = 0$　　　図4　時刻 t

$$V_0 = \frac{1}{\omega C} \cdot I_0 \text{ [V]}$$

　また，コンデンサーの場合，交流電流 I [A] の位相に対して，交流電圧 V [V] の位相は $\frac{\pi}{2}$ [rad] だけ遅れるので，

$$V = V_0 \cos\left(\omega t - \frac{\pi}{2}\right) = \frac{1}{\omega C} \cdot I_0 \sin \omega t \text{ [V]}$$

と表される。この場合 V, I は，はじめの図1，図2と同じように，V_0, I_0 を

y軸上に射影したものになる。
　実際に微分してみると，
$$I = C\frac{dV}{dt} = C\frac{d}{dt}\left(\frac{I_0}{\omega C}\sin\omega t\right) = I_0\cos\omega t \text{ [A]}$$
になる。

POINT

コンデンサーと交流のまとめ

$$V_0 = \frac{1}{\omega C}I$$

$$V_e = \frac{1}{\omega C}I_e$$

平均消費電力　$\overline{P} = 0$

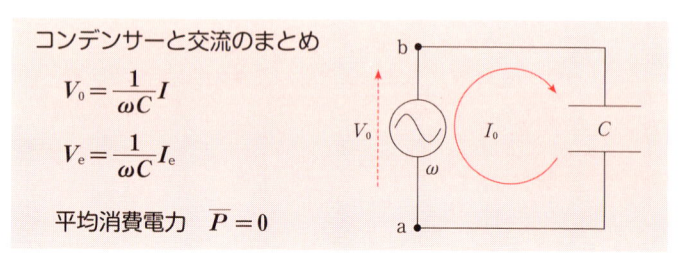

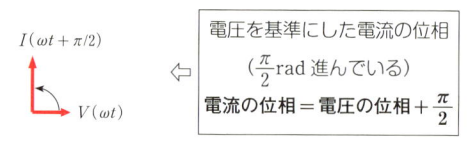

$I(\omega t + \pi/2)$
$V(\omega t)$

電圧を基準にした電流の位相
（$\frac{\pi}{2}$rad 進んでいる）
電流の位相＝電圧の位相＋$\frac{\pi}{2}$

(5) コイルと交流

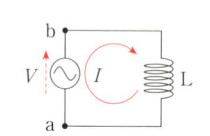

　右図のように，自己インダクタンスL〔H〕のコイルLと交流電源が接続された回路がある。交流電源の角周波数をω〔rad/s〕，最大電圧をV_0〔V〕とする。aを基準としたbの電位を$V = V_0\sin\omega t$〔V〕と表されるものとして，この回路に流れる交流電流I〔A〕を求めると，
$$I = -\frac{V_0}{\omega L}\cos\omega t$$
　また，コイルに流れる電流の最大値をI_0〔A〕，実効値をI_e〔A〕とすると，
$$I_0 = \frac{V_0}{\omega L}, \quad I_e = \frac{I_0}{\sqrt{2}} = \frac{V_0}{\sqrt{2}\,\omega L}$$
となる。コイルにかかる電圧の実効値と流れる電流の実効値（あるいは最大電圧と最大電流）の比を**誘導リアクタンス**といい，交流電流の流れにくさを表す量になる。

誘導リアクタンス　$\dfrac{V_e}{I_e} = \omega L$ 〔Ω〕

　誘導リアクタンスを交流回路におけるコイルの抵抗と考えれば，実効電圧と実効電流（あるいは最大電圧と最大電流）および誘導リアクタンスの間には，オームの法則が成り立つ。

参考 コイルに流れる電流

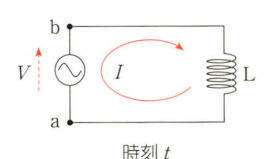

時刻 t

時刻 $t + \Delta t$

　回路に抵抗はないものとする。時刻 t [s] において，コイルにかかる電圧は $V = V_0 \sin \omega t$ [V] である。このとき，コイルに流れる電流を I [A] とする。微小時間 Δt [s] 後の電圧を $V + \Delta V$ [V]，電流を $I + \Delta I$ [A] とする。電流の変化により，コイル L には自己誘導起電力 V_L [V] が生じる。自己誘導起電力の向きは電流 I の向き（時計まわり）を正とすれば，

$$V_L = -L \frac{\Delta I}{\Delta t}$$

と表せる。
　キルヒホッフの法則は，

$$V + \Delta V + V_L = (I + \Delta I) \cdot 0 = 0$$

となるが，Δt を微小とすれば，$\Delta V = 0$，$V_L = -L \frac{\Delta I}{\Delta t} = -L \frac{dI}{dt}$ と表せるから，

$$V + V_L = 0$$
$$V_0 \sin \omega t - L \frac{dI}{dt} = 0$$
$$\frac{dI}{dt} = \frac{V_0}{L} \sin \omega t$$

この式を満足する電流 I の関数は

$$I = -\frac{V_0}{\omega L} \cos \omega t$$

となることが分かる。このように，<u>微分を含む方程式を微分方程式といい，微分方程式から元の関数を見つける作業を微分方程式を解くという。</u>

● コイルでの平均消費電力

　コイルの瞬間消費電力 P [W] は，

$$P = IV = -I_0 V_0 \cos \omega t \cdot \sin \omega t = -\frac{1}{2} I_0 V_0 \sin 2\omega t$$

である。1周期（$T = \frac{2\pi}{\omega}$ [s]）の間の平均消費電力 $\overline{P}$ [W] は，今までと同じく1周期の間の電力量を周期 T [s] で平均（T で割る）すればよいから，

$$\overline{P} = -\frac{1}{T} \int_0^T I_0 V_0 \sin 2\omega t \, dt$$

となるが，周期関数を1周期で積分すれば0になるので，コンデンサーのときと同様に平均消費電力は0である。詳細に見ると，$0 < t < \frac{T}{4}$ [s] の間は自己誘導起電力が電流の向きと同じ向きに生じ，コイルに蓄えられていたエネルギーが失われる。しかし，$\frac{T}{4}$ [s] $< t < \frac{T}{2}$ [s] の間は自己誘導起電力が電流の向きと逆向きに生じ，自己誘導に逆らって電流を流すための仕事がコイルに蓄えられる。これらを繰り返すため，交流回路においては，1周期経過してもコイルにエネルギーは蓄えられない。**コイルでの平均消費電力は0**である。

● コイルにかかる交流電圧と交流電流の位相のずれ

　コイルにかかる電圧 $V = V_0 \sin \omega t$ [V]（黒

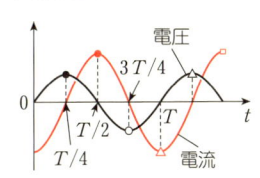

線）と流れる電流 $I = -I_0\cos\omega t$〔A〕（赤線）のグラフは右図のようになる。

電圧は $t = \dfrac{1}{4}T$〔s〕で最大になるが，電流は $t = \dfrac{1}{2}T$ で最大になっている。

コイルに流れる電流は，コイルにかかる電圧より $\dfrac{1}{4}T$〔s〕（4分の1周期）だけ時間的に遅れて変化している。これはコンデンサーの場合と逆である。位相で見れば，コイルに流れる電流の位相は，コイルにかかる電圧の位相より $\dfrac{\pi}{2}$〔rad〕だけ遅れている。電圧 V〔V〕と電流 I〔A〕の式を比較すれば，

$$V = V_0\sin\omega t$$
$$I = -I_0\cos\omega t\,[A] = I_0\sin\left(\omega t - \dfrac{\pi}{2}\right)$$

となり，確かにコイルに流れる電流はコンデンサーにかかる電圧より位相は $\dfrac{\pi}{2}$〔rad〕だけ減少する（時間的には4分の1周期遅れる）ことが分かる。

コイルにかかる交流電圧と交流電流のベクトル的関係

コンデンサーのときと同様にして，コイルの場合も交流電圧と交流電流をベクトル表示できる。時刻 $t = 0$ において，最大電圧 V_0〔V〕の長さに相当する $\vec{V_0}$ を x 軸に重ね，最大電流 I_0〔A〕に相当する長さの $\vec{I_0}$ を y 軸に重ねる（図1）。これらのベクトルを互いに垂直に保ったままにして，ω〔rad/s〕で回転させる。時刻 t〔s〕において，V_0 の y 成分が交流電圧 $V = V_0\sin\omega t$〔V〕，I_0 の y 成分が交流電流 $I = -I_0\cos\omega t$〔A〕となる（図2）。交流電圧 V と交流電流 I は V_0 と I_0 の y 成分（y 軸上への射影）に等しい（時刻 0 において，$V = V_0\sin 0 = 0$，$I = -I_0\cos 0 = -I_0$〔A〕）。

コイルの場合，交流電圧 V〔V〕の位相に対して，交流電流 I〔A〕の位相は $\dfrac{\pi}{2}$〔rad〕だけ遅れている（逆にいえば，交流電流 I〔A〕の位相に対して，交流電圧 V〔V〕の位相は $\dfrac{\pi}{2}$〔rad〕だけ進んでいる）。

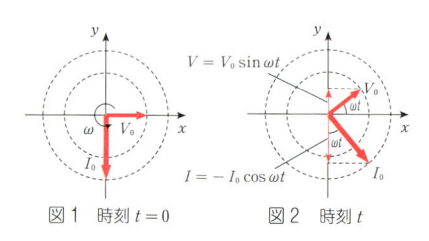

図1　時刻 $t = 0$　　図2　時刻 t

コンデンサーのときと同様に，位相の関係を利用してコイルにかかる交流電圧と流れる交流電流を求めることができる。たとえば，コイルに $I = I_0\sin\omega t$〔A〕の交流電流が流れるとき，コイルにかかる交流電圧 V〔V〕は以下のように求められる。オームの法則より，最大電圧 V_0〔V〕は最大電流 I_0〔A〕に誘導リアクタンス ωL〔Ω〕を掛ければ得られる。

$$V_0 = \omega L I_0\,[V]$$

次に，交流電圧 V〔V〕の位相は，交流電流の位相 ωt〔rad〕より $\dfrac{\pi}{2}$〔rad〕だけ進むので $\omega t + \dfrac{\pi}{2}$〔rad〕となる。したがって，交流電圧 V〔V〕は，

$$V = V_0 \sin\left(\omega t + \frac{\pi}{2}\right)$$
$$= \omega L I_0 \cos \omega t \text{ [V]}$$

と表される。この場合 V と I は図 3，図 4 のように，ベクトル V_0 と I_0 の x 成分（x 軸上に射影したもの）である。

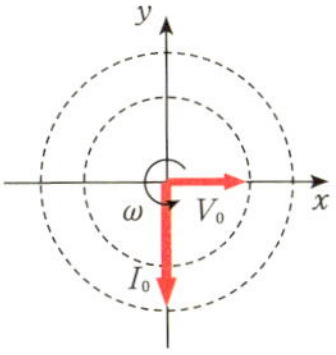

実際に微分してみると，

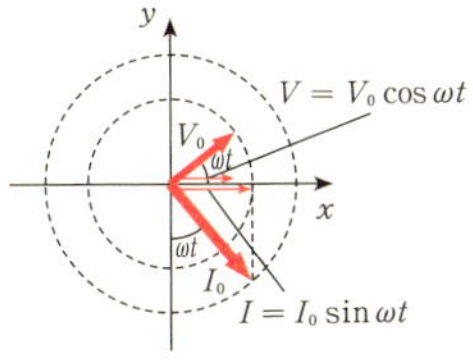

$$V = L \frac{d(I_0 \sin \omega t)}{dt} = \omega L I_0 \cos \omega t \text{ [V]}$$

が得られる。

図 3　時刻 $t = 0$

図 4　時刻 t

POINT

コイルと交流のまとめ

$V_0 = \omega L I_0$

$V_e = \omega L I_e$

平均消費電力　$\overline{P} = 0$

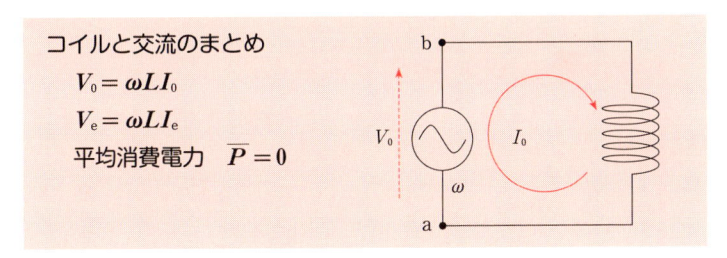

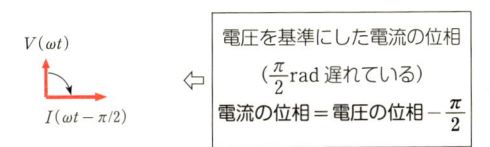

電圧を基準にした電流の位相
($\frac{\pi}{2}$ rad 遅れている)
電流の位相 = 電圧の位相 $- \frac{\pi}{2}$

(6) 交流回路

右図のように，電気容量 C [F] のコンデンサーと自己インダクタンス L [H] のコイルを並列に接続した回路がある。抵抗はないものとする。この回路に交流電圧 $V = V_0 \sin \omega t$ [V] をかけたとき，回路を流れる電流 I [A] はどのように表すことができるのかを考えてみよう。

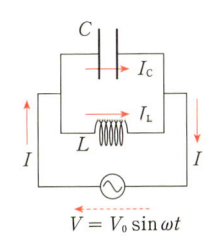

コンデンサーおよびコイルを流れる交流電流をそれぞれ I_C [A]，I_L [A] とする。コンデンサーの容量リアクタンスは $\frac{1}{\omega C}$ [Ω] だから，I_C [A] の最大電流は $\frac{V_0}{1/\omega C}$ [A] となる。また，I_C [A] の位相は V [V] の位相より $\frac{\pi}{2}$ [rad] 進んでいるから，

$$I_\text{C} = \frac{V_0}{1/\omega C}\sin\left(\omega t + \frac{\pi}{2}\right) = V_0\,\omega C\cos\omega t\,\text{[A]}$$

と表される。次に，コイルの誘導リアクタンスは $\omega L\,\text{[Ω]}$ だから，$I_\text{L}\,\text{[A]}$ の最大電流は $\dfrac{V_0}{\omega L}\,\text{[A]}$ となる。また，$I_\text{L}\,\text{[A]}$ の位相は $V\,\text{[V]}$ の位相より $\dfrac{\pi}{2}\,\text{[rad]}$ 遅れているから，

$$I_\text{L} = \frac{V_0}{\omega L}\sin\left(\omega t - \frac{\pi}{2}\right) = -\frac{V_0}{\omega L}\cos\omega t\,\text{[A]}$$

と表される。$I_\text{C}\,\text{[A]}$ と $I_\text{L}\,\text{[A]}$ は符号が異なっている（I_C の位相は I_L の位相に比べて $\pi\,\text{[rad]}$ 進んでいる）。したがって，回路を流れる電流 $I\,\text{[A]}$ は，

$$I = I_\text{C} + I_\text{L} = V_0\left(\omega C - \frac{1}{\omega L}\right)\cos\omega t$$

となる。

> ● **LC 並列回路の交流電圧と交流電流のベクトル的関係**
>
> 　図1のように，$+x$ 方向に電圧のベクトル（長さ V_0）を書き，$+y$ 方向にコンデンサーの電流ベクトル（長さ $V_0\omega C$）を，$-y$ 方向にコイルの電流ベクトル$\left(\text{長さ }\dfrac{V_0}{\omega L}\right)$を書く。そして，それらの電流ベクトルの和（実際は2つの電流の差）が回路を流れる電流 $I\,\text{[A]}$ になる。このとき，$V_0\omega C > \dfrac{V_0}{\omega L}$ であれば，図2のように，電流 $I\,\text{[A]}$ の位相は電圧 $V\,\text{[V]}$ の位相より $\dfrac{\pi}{2}\,\text{[rad]}$ 進んでいる（I は $+y$ 方向に向いている）。逆に，$V_0\omega C < \dfrac{V_0}{\omega L}$ であれば，図3のように，電流 $I\,\text{[A]}$ の位相は電圧 $V\,\text{[V]}$ の位相より $\dfrac{\pi}{2}\,\text{[rad]}$ 遅れている（I は $-y$ 方向に向いている）。

図1

ただし，$V_0\omega C > V_0/\omega L$

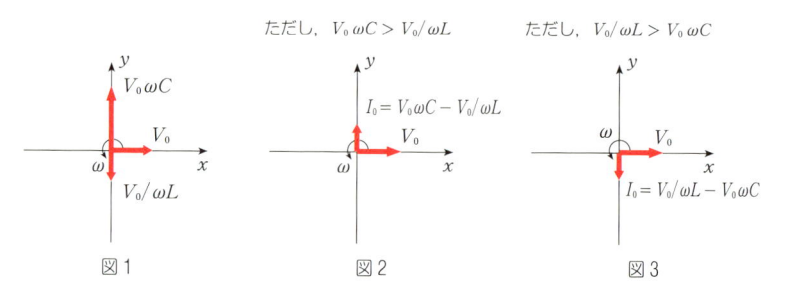

図2

ただし，$V_0/\omega L > V_0\omega C$

図3

参考　LC並列回路のリアクタンス

回路を流れる電流の最大値 I_0〔A〕は $I_0 = \left| V_0 \omega C - \dfrac{V_0}{\omega L} \right|$〔A〕である。電源の最大電圧と回路を流れる電流の最大値との比を**リアクタンス**といい，回路での電流の流れにくさを表す抵抗に相当する。LC並列回路のリアクタンスを X〔Ω〕とすると，

$$X = \dfrac{V_0}{I_0} = \dfrac{V_0}{\left| V_0 \omega C - \dfrac{V_0}{\omega L} \right|} = \dfrac{\omega L}{|\omega^2 CL - 1|} \text{〔Ω〕}$$

となる。

▶ 並列共振

LC並列回路で，それぞれのリアクタンスが等しくなる $\left(\omega L = \dfrac{1}{\omega C}\right)$ ような角周波数 $\omega = \dfrac{1}{\sqrt{LC}}$〔rad/s〕の交流電圧をかけるとき，回路を流れる電流 I〔A〕は常に0になる。回路に電流が流れなくてもコンデンサーとコイルには，角周波数 $\omega = \dfrac{1}{\sqrt{LC}}$〔rad/s〕の交流電流 I_C〔A〕と I_L〔A〕が逆位相（$I_C + I_L = 0$）で流れている（コンデンサーとコイルの間のみを流れる交流電流）。この状態を並列共振という。

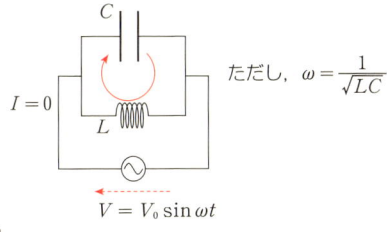

POINT　　LC回路の並列共振　$\omega = \dfrac{1}{\sqrt{LC}}$

例題 4 − 35　　　　　　　　　　　　　　　　　　　　　　　**RC並列回路**

ある物質の抵抗率と誘電率を求めるために，図1のように，面積 S〔m²〕，間隔 l〔m〕の平行極板の間に，極板全面にわたってすきまなくその物質を挿入する。これに交流電源をつなぎ，回路に流れる電流 I〔A〕を測定することによって，この物質の抵抗率 ρ〔Ω·m〕と誘電率 ε〔F/m〕を求めることができる。時刻 t〔s〕での交流電源の電圧は，角振動数 ω〔rad/s〕を用いて，$V = V_0 \sin \omega t$〔V〕で表される。以下の問いに答えよ。

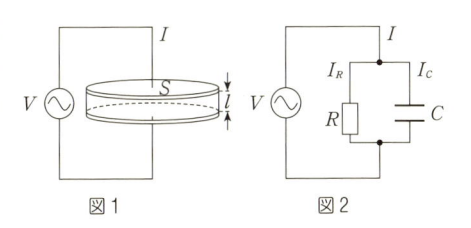

(1) 極板間の抵抗 R〔Ω〕と，電気容量 C〔F〕を S, l, ρ, ε のうち必要なものを用いて表せ。
　　図1で表される回路は，図2のように，抵抗値 R の抵抗と電気容量 C のコンデンサーを並列に接続した回路に交流電圧 V を加えた回路と同等である。
(2) 時刻 t〔s〕において，抵抗に流れる電流 I_R〔A〕およびコンデンサーに蓄えられている電気量 Q〔C〕を求めよ。
(3) 時刻 t〔s〕において，コンデンサーに流れる電流 I_C〔A〕を求めよ。
(4) 回路に流れる全電流 I は，$I = I_0 \sin(\omega t + \varphi)$ と表すことができる。I_0 および $\tan \varphi$ を V_0, ω, R, C のうち必要なものを用いて表せ。ただし，必要ならば，公式 $A\sin\theta + B\cos\theta = \sqrt{A^2 + B^2}\sin(\theta + \varphi)$；$\tan\varphi = \dfrac{B}{A}$ を用いよ。
(5) (4)と(1)の結果を使って，極板の間に入れた物質の抵抗率 ρ と誘電率 ε を S, l, V_0, I_0, ω, φ のうち必要なものを用いて表せ。

(大阪市立大)

解答

(1) $R = \rho \dfrac{l}{S}$，$C = \varepsilon \dfrac{S}{l}$

(2) 位相のずれはないので，$I_R = \dfrac{V_0}{R}\sin\omega t$〔A〕

　コンデンサーには電圧 $V = V_0\sin\omega t$〔V〕がかかるから，
　　$Q = CV = CV_0\sin\omega t$〔C〕

(3) コンデンサーの容量リアクタンスは $\dfrac{1}{\omega C}$〔Ω〕である。

　また，I_C は V より $\dfrac{\pi}{2}$〔rad〕だけ位相が進んでいるから，
　　$I_C = \dfrac{V_0}{\left(\dfrac{1}{\omega C}\right)}\sin\left(\omega t + \dfrac{\pi}{2}\right) = \omega C V_0 \cos\omega t$〔A〕

(4) キルヒホッフの第1法則より，
　　$I = I_R + I_C = V_0\left(\dfrac{1}{R}\sin\omega t + \omega C \cos\omega t\right)$

　ここで，$A\sin\theta + B\cos\theta = \sqrt{A^2 + B^2}\sin(\theta + \varphi)$；$\tan\varphi = \dfrac{B}{A}$

　を用いれば，$I = V_0\sqrt{\left(\dfrac{1}{R}\right)^2 + (\omega C)^2}\sin(\omega t + \varphi)$；$\tan\varphi = \dfrac{\omega C}{\left(\dfrac{1}{R}\right)}$

となるから，$I_0 = V_0\sqrt{\dfrac{1}{R^2} + \omega^2 C^2}$ [A], $\quad \tan\varphi = \omega CR$

(5) (4)より，$\omega C = \dfrac{\tan\varphi}{R}$ となるから，$I_0 = V_0\sqrt{\dfrac{1}{R^2} + \dfrac{\tan^2\varphi}{R^2}} = V_0\dfrac{1}{R\cos\varphi}$ より，

$$R = \dfrac{V_0}{I_0\cos\varphi} = \rho\dfrac{l}{S} \qquad \therefore\ \rho = \dfrac{SV_0}{I_0 l\cos\varphi}\ [\Omega\cdot m]$$

また，$C = \dfrac{\tan\varphi}{\omega R} = \dfrac{\tan\varphi}{\omega}\cdot\dfrac{I_0\cos\varphi}{V_0} = \dfrac{I_0\sin\varphi}{\omega V_0}$ となるから，

$$C = \varepsilon\dfrac{S}{l} = \dfrac{I_0\sin\varphi}{\omega V_0} \qquad \therefore\ \varepsilon = \dfrac{I_0 l\sin\varphi}{\omega V_0 S}\ [F/m]$$

例題 4−36　　　　　　　　　　　　　　　並列 LC 回路

インダクタンス L [H] のコイル，電気容量 C [F] のコンデンサー，抵抗 R [Ω] の抵抗体を図のように接続し，時刻 t [s] の電圧が $v = v_0\sin 2\pi ft$ [V]（f [Hz] は周波数）で表される交流電圧を加えた。

この電源の内部の抵抗とコイルの直流抵抗は無視できるものとする。

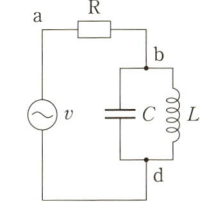

(1) 電源の周波数 f を 0 からしだいに増していくと，f が f_0 のとき R を流れる電流が 0 となった。このときの ab 間の電圧の実効値は ［ア］，bd 間の電圧の実効値は ［イ］ である。この状態で時刻 t のときコンデンサーに流れる電流 i_C は ［ウ］ で，電圧より位相が ［エ］。コイルを流れる電流 i_L は ［オ］ であり，i_C の位相より ［カ］。したがって，bd 間を流れる電流は(ウ)と(オ)を加えて ［キ］ と表される。これから f_0 は ［ク］ と計算できる。

(2) 電源の周波数 f を無限に大きくしたとき，コンデンサーのリアクタンスは ［ケ］，コイルのリアクタンスは ［コ］ となる。したがって，R を流れる電流の実効値は ［サ］ となる。

(慶応大)

解答

(1)(ア)　ab 間の電圧の実効値　$V_{ab} = R \times$ 電流の実効値 $= R \times 0 = 0$ [V]

(イ)　ab 間の電圧はつねに 0 であるから，bd 間の電圧は回路にかけた電圧 v に等しい。したがって，bd 間の電圧の実効値 $= v_0/\sqrt{2}$ [V]

(ウ)　$i_C = (v_0/X_C)\sin(2\pi f_0 t + \pi/2) = 2\pi f_0 C v_0 \cos 2\pi f_0 t$ [A]

(エ)　$\pi/2$ 進んでいる

(オ) $i_L = (v_0/X_L)\sin(2\pi f_0 t - \pi/2) = \underline{-(v_0/2\pi f_0 L)\cos 2\pi f_0 t}$ 〔A〕

(カ) (ウ), (エ)の考察より, i_L は i_C の位相より $\underline{\pi}$〔rad〕遅れている。

(キ) $i_C + i_L = \underline{\left(2\pi f_0 C - \dfrac{1}{2\pi f_0 L}\right)v_0 \cos 2\pi f_0 t}$〔A〕

(ク) $i_C + i_L = 0$ より $2\pi f_0 C - \dfrac{1}{2\pi f_0 L} = 0$ ∴ $f_0 = \underline{\dfrac{1}{2\pi\sqrt{LC}}}$〔Hz〕

(2)(ケ) コンデンサーのリアクタンス $X_C = 1/2\pi fC$ より, f を無限に大きくすると, $X_C \to \underline{0}$ となる。

(コ) コイルのリアクタンス $X_L = 2\pi fL$ より, f を無限に大きくすると, $X_L \to \underline{\infty\ (無限大)}$ となる。

(サ) (ケ), (コ)より回路の抵抗 $= R$〔Ω〕 ∴ 電流の実効値 $= \underline{\dfrac{v_0}{\sqrt{2}\,R}}$〔A〕

● 直列 RLC 回路

　右図のように, 抵抗値 R〔Ω〕の電気抵抗 R, 誘導リアクタンス L〔H〕のコイル L, 容量リアクタンス C〔F〕のコンデンサー C を交流電源 E に直列に接続した回路がある。この回路を流れる交流電流 I〔A〕が最大電流 I_0〔A〕で, 角周波数 ω〔rad/s〕をもち, $I = I_0 \sin\omega t$ と表されるとき, 交流電源の交流電圧 V〔V〕がどのように表されるか考えてみよう。

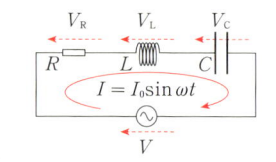

　抵抗の電圧を V_R〔V〕とすると,
$$V_R = RI_0 \sin\omega t$$

コイルの電圧を V_L〔V〕とすると, 誘導リアクタンスは ωL〔Ω〕であり, また, コイルの電圧の位相は電流の位相に比べて $\dfrac{\pi}{2}$〔rad〕進んでいるから,
$$V_L = \omega L I_0 \sin\left(\omega t + \dfrac{\pi}{2}\right) = \omega L I_0 \cos\omega t$$

コンデンサーの電圧を V_C〔V〕とすると, 容量リアクタンスは $\dfrac{1}{\omega C}$〔Ω〕であり, また, コンデンサーの電圧の位相は電流の位相に比べて $\dfrac{\pi}{2}$〔rad〕遅れているから,
$$V_C = \dfrac{1}{\omega C} \times I_0 \sin\left(\omega t - \dfrac{\pi}{2}\right) = -\dfrac{I_0}{\omega C}\cos\omega t$$

となる。各素子の電圧の和は電源電圧 V〔V〕に等しいので,
$$V = V_R + V_L + V_C = I_0 \left\{ R\sin\omega t + \left(\omega L - \dfrac{1}{\omega C}\right)\cos\omega t \right\}$$

ここで, 右辺を整理するために, 次の三角関数式の変形を用いる。まず,
$$A\sin\theta + B\cos\theta = \sqrt{A^2 + B^2}\left(\dfrac{A}{\sqrt{A^2+B^2}}\sin\theta + \dfrac{B}{\sqrt{A^2+B^2}}\cos\theta\right)$$

と変形する。次に,

第4章 電磁誘導　　*387*

$$\frac{A}{\sqrt{A^2+B^2}} = \cos\phi, \quad \frac{B}{\sqrt{A^2+B^2}} = \sin\phi$$

となる角 ϕ（右図を参照）を導入すれば

$$A\sin\theta + B\cos\theta$$
$$= \sqrt{A^2+B^2}\,(\cos\phi\sin\theta + \sin\phi\cos\theta) = \sqrt{A^2+B^2}\,\sin(\theta+\phi)$$

と簡単化できることを用いれば，

$$V = V_R + V_L + V_C = I_0\left\{R\sin\omega t + \left(\omega L - \frac{1}{\omega C}\right)\cos\omega t\right\}$$

$$= I_0\sqrt{R^2 + \left(\omega L - \frac{1}{\omega C}\right)^2}\,\sin(\omega t + \phi)$$

ただし，右図を参照して，$\tan\phi = \dfrac{\omega L - \dfrac{1}{\omega C}}{R}$

である。

電源の最大電圧 $V_0\,[\mathrm{V}]$ は，

$$V_0 = I_0\sqrt{R^2 + \left(\omega L - \frac{1}{\omega C}\right)^2}$$

である。

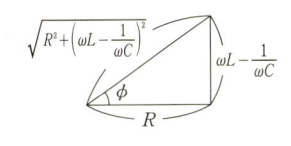

参考　直列 RLC 回路のインピーダンス

直列 RLC 回路で，$Z\,[\Omega]$ を，
$Z = \dfrac{V_0}{I_0} = \sqrt{R^2 + \left(\omega L - \dfrac{1}{\omega C}\right)^2}\,[\Omega]$ を**インピーダンス**といい，回路の合成抵抗を表す。

また，ベクトルによる計算は図1，2のようになり，$\omega L > \dfrac{1}{\omega C}$ では，図3のように，電圧の位相が電流の位相より $\phi\,[\mathrm{rad}]$ だけ進んでいる。$\omega L < \dfrac{1}{\omega C}$ では，図4のように，電圧の位相が電流の位相より $\phi\,[\mathrm{rad}]$ だけ遅れている。

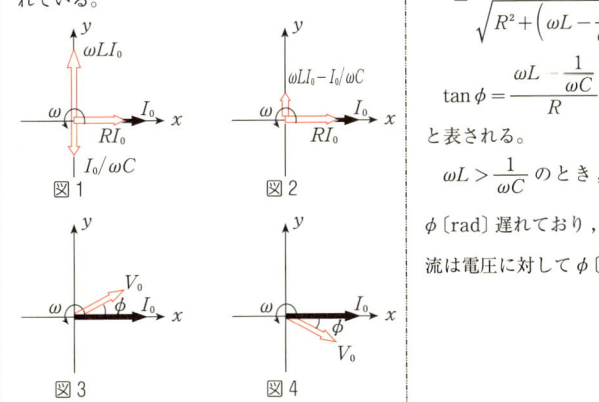

図1　図2　図3　図4

直列 RLC 回路のインピーダンス $Z\,[\Omega]$ と位相のずれが分かったので，逆に，電源電圧が $V = V_0\sin\omega t\,[\mathrm{V}]$ と与えられたとき，電流 $I\,[\mathrm{A}]$ は次のようにして求めることができる。最大電流 $I_0\,[\mathrm{A}]$ は

$$I_0 = \frac{V_0}{Z} = \frac{V_0}{\sqrt{R^2 + \left(\omega L - \dfrac{1}{\omega C}\right)^2}}\,[\mathrm{A}]$$

となるから，

$$I = I_0\sin(\omega t - \phi)$$
$$= \frac{V_0}{\sqrt{R^2 + \left(\omega L - \dfrac{1}{\omega C}\right)^2}}\sin(\omega t - \phi)$$

$$\tan\phi = \frac{\omega L - \dfrac{1}{\omega C}}{R}$$

と表される。

$\omega L > \dfrac{1}{\omega C}$ のとき，電流は電圧に対して $\phi\,[\mathrm{rad}]$ 遅れており，$\omega L < \dfrac{1}{\omega C}$ のとき，電流は電圧に対して $\phi\,[\mathrm{rad}]$ 進んでいる。

交流回路の平均消費電力

コイルやコンデンサーのように，電流の位相と電圧の位相が $\frac{\pi}{2}$〔rad〕ずれていると，1周期の間での平均消費電力は0であった。

それでは，電流の位相と電圧の位相のずれが一般に ϕ〔rad〕のとき，平均消費電力はどうなるか計算してみよう。

電流を $I = I_0 \sin \omega t$〔A〕，電圧を $V = V_0 \sin(\omega t + \phi)$ とする。瞬間消費電力 $P = IV$〔W〕の式に基づき1周期 $T\left(=\frac{2\pi}{\omega}\right)$〔s〕の間の電力量を計算し，周期 T〔s〕で平均すればよい。平均消費電力を $\overline{P}$〔W〕とすると，

$$\overline{P} = \frac{1}{T}\int_0^T IV dt = \frac{I_0 V_0}{T}\int_0^T \sin\omega t \sin(\omega t + \phi)\, dt$$

$$= \frac{I_0 V_0}{T}\int_0^T \sin\omega t\,(\sin\omega t \cos\phi + \cos\omega t \sin\phi)\, dt$$

$$= \frac{I_0 V_0}{T}\int_0^T (\sin^2\omega t \cos\phi + \sin\omega t \cos\omega t \sin\phi)\, dt$$

第2項の $\sin\omega t \cos\omega t$ に関する1周期の積分は0（☞ p.375 ●コンデンサーでの平均消費電力）になるから，

$$\overline{P} = \frac{I_0 V_0 \cos\phi}{T}\int_0^T \sin^2\omega t\, dt = \frac{I_0 V_0 \cos\phi}{T}\times\frac{T}{2} = \frac{I_0 V_0 \cos\phi}{2}\ \text{〔W〕}$$

となる。電流の実効値 $I_e = \frac{I_0}{\sqrt{2}}$〔A〕，電圧の実効値 $V_e = \frac{V_0}{\sqrt{2}}$〔V〕を用いると，

$$\overline{P} = I_e V_e \cos\phi\ \text{〔W〕}$$

と表される。$\cos\phi$ は力率（power factor）とよばれる。また，$V_e = I_e Z$，$Z\cos\phi = R$ を代入すれば，

$$\overline{P} = I_e^2 R\ \text{〔W〕}$$

となり，電力は抵抗でのみ消費されていることが分かる。

(7) 変圧器

　変圧器は電磁誘導を有効に利用した装置の代表例である。右図のように，一つづきの鉄心に2つのコイルを巻きつけ，一方のコイルに交流電源がつながれている。交流電源につながれたコイルを1次コイルといい，電磁誘導により生じた電圧を取り出すコイルを2次コイルという。2次コイルには抵抗Rがつながれている。

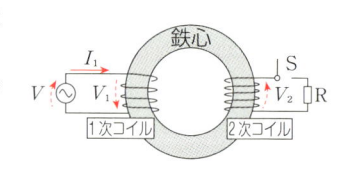

　はじめ，スイッチSは開いておく。1次コイルの巻数を N_1，2次コイルの巻数を N_2 とする。回路のどこにも抵抗はなく，また，磁束は鉄心内を貫き，鉄心から

の磁束のもれはないものとする。1次コイルを図のように流れる電流が I_1〔A〕のとき，鉄心内の磁束を Φ〔Wb〕とする。1次コイルの（自己誘導）起電力を V_1〔V〕とすると，

$$V_1 = -\frac{\Delta \Phi}{\Delta t} \times N_1$$

と表される。一方，2次コイルの（相互誘導）起電力を V_2〔V〕とすると，

$$V_2 = -\frac{\Delta \Phi}{\Delta t} \times N_2$$

と表される。1次コイルの起電力の実効値を V_{1e}〔V〕，2次コイルの起電力の実効値を V_{2e}〔V〕とすると，

$$\frac{V_{1e}}{V_{2e}} = \frac{N_1}{N_2}$$

となり，それぞれの巻数に比例した大きさの起電力が発生する。

参考 1次コイルと2次コイルに生じる自己誘導と相互誘導

スイッチSを閉じると，2次コイルに電流 I_2 が流れる。すると，2次コイルには，電流 I_2 による自己誘導起電力が生じる。結局，コイル2には電流 I_2 による自己誘導起電力と電流 I_1 による相互誘導起電力が同時に生じる。

一方，1次コイルには電流 I_1 による自己誘導起電力に加えて，2次コイルを流れる電流 I_2 による相互誘導起電力が生じる。

このように，スイッチSを閉じると複雑な状況を呈することになる。解法に関しては立ち入らないが，1次コイルと2次コイルに生じる実効電圧の比は，スイッチSを開いている場合と同じ巻数の比になり，また，1次コイルでの平均消費（入力）電力は2次コイルでの平均消費（出力）電力に等しくなっていることが示される。ただし，鉄心からの磁束のもれや鉄心内で発生するジュール熱などは無視する。以上の議論は理想的な変圧器の場合で，実際は，鉄心からの磁束のもれは電磁波の放射となり，エネルギーが放出される。また，鉄心そのものにも起電力が生じ，渦電流が流れてジュール熱が発生する。

POINT

1次コイルの巻数 N_1，2次コイルの巻数 N_2
1次コイルの実効電圧　V_{1e}〔V〕
2次コイルの実効電圧　V_{2e}〔V〕

$$\frac{V_{1e}}{V_{2e}} = \frac{N_1}{N_2}$$

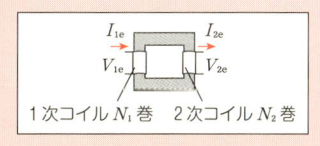

1次コイルの実効電流 I_{1e}〔A〕　2次コイルの実効電流 I_{2e}〔A〕
理想的な変圧器の場合　⇒　$I_{1e}V_{1e}$〔W〕$= I_{2e}V_{2e}$〔W〕

(8) 電気振動

図1のように，電気容量 C〔F〕のコンデンサーに蓄えられた電荷 Q_0〔C〕（電圧 $V_0 = \dfrac{Q_0}{C}$〔V〕）を R〔Ω〕の抵抗に接続すると，コンデンサーはただちに放電してしまい電荷は消滅する。抵抗を流れる電流 I は，図1のように，初期値 $I_0 = \dfrac{V_0}{R}$〔A〕から減少して最後は0になる（図2）。この間の電流変化の様子は，コンデンサーの充電過程で流れる電流と同じである。また，放電する前にコンデンサーに蓄えられていた静電エネルギー $\dfrac{Q_0^2}{2C}$〔J〕は，抵抗で発生するジュール熱になる。

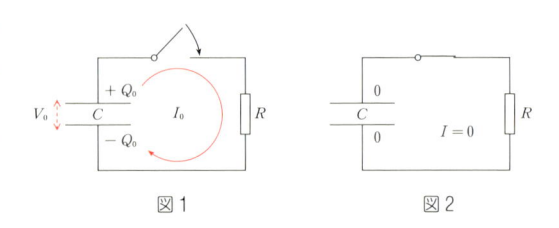

図1　　　　　図2

次に，図3のように，電気容量 C〔F〕のコンデンサーに蓄えられた電荷 Q_0〔C〕を自己インダクタンス L〔H〕のコイルに接続した場合を考える。ただし，抵抗はないものとする。スイッチを閉じた直後，電流は0であるが，コンデンサーはコイルの自己誘導に逆らいながら放電を始め，極板上の電荷は減少していく。この間，時計回りに電流が流れる。コンデンサーが電荷をすべて放電（電圧 $=0$）しても，コイルの自己誘導のため電流は0にならず，引き続き電流が時計回りに流れ，極板にはじめと同じ電気量（ただし，電極 A は $-Q_0$〔C〕に，電極 B は $+Q_0$〔C〕）になるまでコンデンサーは充電されていく。そして，今度は反時計回りに放電・充電をする。このように，コンデンサーとコイルからなる回路では，コンデンサーはある一定の周期で放電と充電を繰り返し，回路には振動（交流）電流が流れる（図4）。このような現象を**電気振動**という。

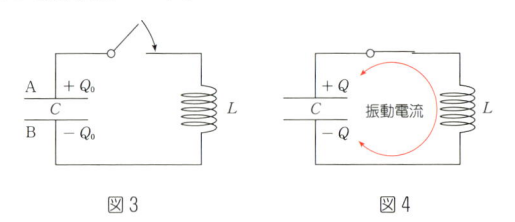

図3　　　　　図4

電極 A の電荷 Q〔C〕と，時計回りを正，反時計回りを負とした回路を流れる交流電流 I〔A〕は図5のようになる（周期は T〔s〕）。

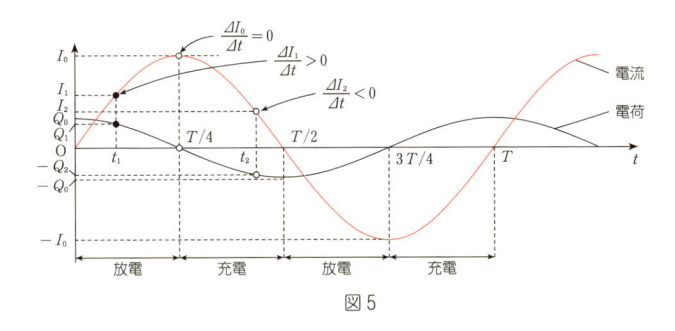

図5

放電　充電　放電　充電

● **振動回路の電流と電圧**

　以下に電気振動の様子を少し詳しく見てみることにする。はじめに電流は流れていなかった（コイルを貫く磁束 $=0$）。時刻 $t=0$（スイッチを閉じた直後）から微小時間 $\varDelta t$ [s] だけ経過したときを考える。コイルには，コンデンサーの放電による（時計回りに流れようとする）電流を妨げるように，自己誘導起電力 $-\dfrac{Q_0}{C}$ [V] $\left(=-L\dfrac{\varDelta I}{\varDelta t} ：時計回りの起電力を正としている\right)$ が生じるため，この間のコンデンサーの放電による電荷 $I\varDelta t=\varDelta Q$ [C] は 0 とみなせる。したがって，$t=0$ での電流は $I=0$ となる。また，$t=0$ での電流の傾きを表す $\dfrac{\varDelta I}{\varDelta t}\left(=\dfrac{Q_0}{CL}\right)$ は正になるから，電流は増加しながら時計回りに流れることになる。$t=0$ における回路全体のエネルギーは静電エネルギー $\dfrac{Q_0^2}{2C}$ [J] のみである。

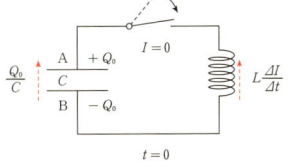

　時刻 $t=t_1$ [s] $\left(0<t_1<\dfrac{1}{4}T\right)$ では，コンデンサーは放電を続けるため，極板上の電荷は減少し，電流は増加しながら時計回りに流れる。$t=t_1$ [s] での電極Aの電荷を Q_1 [C]，電流を I_1 [A] とすると，コイルに生じる自己誘導起電力は $-\dfrac{Q_1}{C}\left(=-L\dfrac{\varDelta I_1}{\varDelta t}：\dfrac{\varDelta I_1}{\varDelta t}=\dfrac{Q_1}{CL}>0 は t=t_1 [s] における電流 I_1 [A] の傾き\right)$ [V] で，その向きは電流（時計回り）の増加を妨げるように生じるので，電流の流れる向きとは逆の反時計回りである。また，回路全体のエネルギーは静電エネルギー $\dfrac{Q_1^2}{2C}$ [J] とコイルに蓄えられるエネルギー $\dfrac{1}{2}LI_1^2$ [J] の和になる。

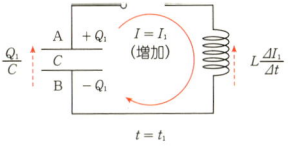

　時刻 $t=\dfrac{1}{4}T$ [s] では極板上の電荷はなくなるが，コイルの自己誘導のため電流は時計回りに流れ続ける。この後，電極Bには正電荷が，電極Aには負

電荷が充電されていくことになる。$t=\frac{1}{4}T$ 〔s〕において，コンデンサーの電圧は 0 になるから自己誘導起電力も $0\left(=-L\frac{\Delta I}{\Delta t}\right)$ になる。電流の傾き $\frac{\Delta I}{\Delta t}$ が 0 になるので，電流は最大の値になっている。電流の最大値を I_0〔A〕とすると，$t=\frac{1}{4}T$〔s〕において，回路全体のエネルギーはコイルに蓄えられるエネルギー $\frac{1}{2}LI_0{}^2$〔J〕のみになる。$t=0$ と $t=\frac{1}{4}T$〔s〕でエネルギー保存則を適用すると，最大電流の値は

$$\frac{1}{2}LI_0{}^2=\frac{Q_0{}^2}{2C} \quad \therefore \quad I_0=\frac{Q_0}{\sqrt{CL}}\text{〔A〕}$$

時刻 $t=t_2$〔s〕$\left(\frac{1}{4}T<t_2<\frac{1}{2}T\right)$ では，コンデンサーは充電されるため極板上の電荷は増加する（ただし，電極 A には負電荷が，電極 B には正電荷が蓄えられる）。反対に電流は減少していく（ただし，電流の向きは依然として時計回りである）。$t=t_2$〔s〕での電極 A の電荷を $-Q_2$〔C〕，電流を I_2〔A〕とすると，コイルに生じる自己誘導起電力は $-\frac{-Q_2}{C}\left(=-L\frac{\Delta I_2}{\Delta t}\;;\frac{\Delta I_2}{\Delta t}=-\frac{Q_2}{CL}<0\text{ は}\right.$ $t=t_2$〔s〕における電流 I_2〔A〕の傾き$\Big)$〔V〕で，その向きは電流の減少を妨げるように生じるので電流の流れる向き（時計回り）と同じ時計回りになる。回路全体のエネルギーは静電エネルギー $\frac{Q_2{}^2}{2C}$〔J〕とコイルに蓄えられるエネルギー $\frac{1}{2}LI_2{}^2$〔J〕の和になる。

時刻 $t=\frac{1}{2}T$〔s〕で電極 A は $-Q_0$〔C〕，電極 B は $+Q_0$〔C〕に充電され，電流は $I=0$ になる。このときの自己誘導起電力は $-\frac{-Q_0}{C}\left(=-L\frac{\Delta I}{\Delta t}\;;\frac{\Delta I}{\Delta t}=-\frac{Q_0}{CL}<0\right)$ である。$t=\frac{1}{2}T$〔s〕のとき，$I=0$，$\frac{\Delta I}{\Delta t}<0$ であるから，この後，電流は負（反時計回り）になり時刻が $\frac{1}{2}T$〔s〕$<t$ $<T$〔s〕の間は上記の一連の流れとは逆の放電・放電を繰り返す。

電気振動で流れる交流電流の角周波数を ω〔rad/s〕とすると，コイルの誘導リアクタンスは ωL〔Ω〕，コンデンサーの容量リアクタンスは $\frac{1}{\omega C}$〔Ω〕になる。回路には抵抗はないので，コイルの最大電圧とコンデンサーの最大電圧は等しい。また，電流はどちらにも共通に流れるから，結局，誘導リアクタンスと容量リアクタンスは等しくなる。

$$\omega L=\frac{1}{\omega C} \quad \therefore \quad \omega=\frac{1}{\sqrt{LC}}\text{〔rad/s〕}$$

これより，電気振動の周期 T〔s〕と，回路の固有周波数 f〔Hz〕は，

$$T = \frac{2\pi}{\omega} = 2\pi\sqrt{LC} \text{〔s〕}$$

$$f = \frac{1}{T} = \frac{1}{2\pi\sqrt{LC}} \text{〔Hz〕} \quad \cdots\cdots\text{回路の固有周波数}$$

POINT

周期 $T = 2\pi\sqrt{LC}$〔s〕
エネルギー保存則
$\dfrac{Q^2}{2C} + \dfrac{1}{2}LI^2 = $ 一定

単振動とのアナロジー（類推）

ばね定数 k〔N/m〕，質量 m〔kg〕のおもりが取り付けられた水平ばね振り子を考える。摩擦はないものとする。ばねの自然長の位置を原点 $x = 0$ とする。時刻 t〔s〕におけるおもりの速度を v〔m/s〕とし，微小時間 Δt〔s〕間におけるおもりの速度の変化を Δv〔m/s〕とする。また，この間の加速度を a〔m/s²〕$\left(a = \dfrac{\Delta v}{\Delta t}\right)$ とすると，おもりの運動方程式は，

$ma = -kx$

つまり，$m\dfrac{\Delta v}{\Delta t} = -kx$ ……①　　　ただし，$v = \dfrac{\Delta x}{\Delta t}$ ……②

一方，振動回路において，時刻 t〔s〕での電流を I〔A〕，微小時間 Δt〔s〕の間の電流の変化を ΔI〔A〕とする。抵抗がないので，キルヒホッフの法則は反時計回りの起電力を正とし，極板Aの電荷を Q〔C〕とすると，

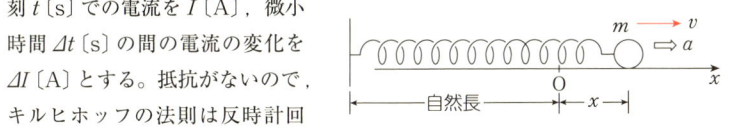

$-L\dfrac{\Delta I}{\Delta t} = \dfrac{Q}{C}$

つまり，$L\dfrac{\Delta I}{\Delta t} = -\dfrac{1}{C}Q$ ……③　　　ただし，$I = \dfrac{\Delta Q}{\Delta t}$ ……④

式①，②と③，④を見比べれば，単振動と電気振動の間には次のような対応関係があることが分かる。

単振動	電気振動
位置 x	電荷 Q
速度 $v\left(=\dfrac{\Delta x}{\Delta t}\right)$	電流 $I\left(=\dfrac{\Delta Q}{\Delta t}\right)$
質量 m	自己インダクタンス L
ばね定数 k	電気容量の逆数 $\dfrac{1}{C}$
周期 $2\pi\sqrt{\dfrac{m}{k}}$	周期 $2\pi\sqrt{LC}$
力学的エネルギー保存則 $\dfrac{1}{2}mv^2+\dfrac{1}{2}kx^2=$ 一定	電気的エネルギー保存則 $\dfrac{1}{2}LI^2+\dfrac{Q^2}{2C}=$ 一定

　エネルギー保存則より，コイルの自己インダクタンスが大きい回路は電流が流れにくい（電流の振幅が小さい）という結果であった。質量の大きいおもりは動きにくい（速度の振幅が小さい）ように，コイルは電流に慣性を与えるといえる。

参考　抵抗がある場合の振動回路

　単振動で動摩擦力がある場合，振幅が次第に減少していき，やがて振動しなくなる（**減衰振動**）。力学的エネルギーがすべて摩擦熱になったのである。電気振動でこれに対応するのは，回路に抵抗がある場合である。このときも電流の振幅が次第に減少してやがて電流が流れなくなる（減衰振動）。電気的エネルギーがすべてジュール熱になったのである。

例題 4 − 37　　電気振動

　電気容量 C のコンデンサー，自己インダクタンス L のコイル，抵抗値 R の抵抗，内部抵抗を無視できる起電力 V の電池を図のように接続した。コイルを流れる電流を I とする。

(1) スイッチ S を閉じてからじゅうぶん時間が経過して一定となった電流 I を求めよ。
(2) 上の(1)において，コイルのつくる磁場のエネルギーはいくらか。
(3) 電流が一定値に達した後，スイッチ S を開いた。その後コイルを流れる電流 I の時間変化の概形を，縦軸に電流 I を，横軸に S を開いてからの時間 t をとって描け。

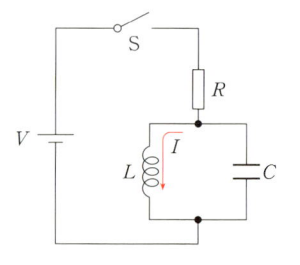

(4) 上の(3)において，コンデンサーの両端の電圧の最大値はいくらか。
(5) 上の(3)において，コンデンサーの両端の電圧が最初に最大値に達するまでの時間はいくらか。

(自治医大)

解答

(1) I は一定であるから，コイルの自己誘導の起電力は 0 である。したがって，それに並列に接続しているコンデンサーの電圧は 0 で，コンデンサー側の電流は 0 である。よって，キルヒホッフの第 2 法則より

$$RI = V \quad \therefore \quad I = \underline{\frac{V}{R}}$$

(2) コイルの磁場のエネルギー $= \frac{1}{2}LI^2 = \underline{\frac{LV^2}{2R^2}}$

(3) スイッチ S を開く前は，コンデンサーには電荷はたくわえられておらず，コイルには(1)で求めた電流が流れているので，I は最大値 $= \frac{V}{R}$，周期 $= 2\pi\sqrt{LC}$ で，時間の正弦関数（初期位相 $\pi/2$）的に変化する振動電流となる。　答は上図

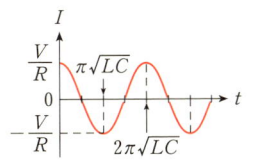

(4) コンデンサーの電圧が最大となるときは，コンデンサーを通して流れる電流が 0 である。コンデンサーとコイルは直列に接続しているから，$I=0$ で，磁場のエネルギーは 0 となる。したがって，コンデンサーの電圧の最大値を v_m とすると，エネルギー保存則より，

$$\frac{1}{2}Cv_m^2 = \frac{LV^2}{2R^2} \quad \therefore \quad v_m = \underline{\frac{V}{R}\sqrt{\frac{L}{C}}}$$

(5) (4)の考察より，求める時間ははじめて $I=0$ となる時間であるから，(3)のグラフより

$$\underline{\frac{\pi}{2}\sqrt{LC}}$$

3 電磁波

アンテナに振動電流が流れると周囲に変化する電場と磁場が生じる。電場の変化によって磁場が生じ，さらに，磁場の変化によって電場が生じて，電場と磁場が波となって伝わっていく。この変化する電場と磁場の波を**電磁波**という。

(1) 電磁波の発生

電磁波を実際に発生させるには振動電場が必要となる。アンペール・マクスウエルの法則より，電場の変化（振動数）が大きいほど強い磁場（電磁波）ができること

が分かる。19世紀当時，大きな振動数で変化する電気現象としてはライデン瓶（初期のコンデンサー）に蓄えられた電荷の放電があった。そこで，ヘルツはこの放電の際に発生する電磁波を測定した。次図はその原理を示している。金属の小球 X と Y を近づけると火花放電が起こり，XY 間に短時間であるが振動電流が流れる。この間，XY 間の電場 E（x 方向）の変化に伴い変位電流が流れ，それによる磁場 H（y 方向）が生じる。このようにして生じた電場と磁場（電磁波）は z 軸方向に光速 c〔m/s〕で進んで行く。

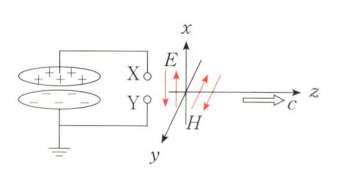

参考　変位電流

電気振動の回路ではコンデンサーは充電と放電を交互に行い，回路には交流電流が流れた。コンデンサーの極板面積を S〔m²〕，真空の誘電率を ε_0〔F/m〕とし，極板に蓄えられた電荷を Q〔C〕，極板間の電場の強さを E〔V/m〕とすると，これらの間には $Q = \varepsilon_0 SE$ の関係があった。電気振動のような交流回路では，コンデンサーにかかる電圧は時間的に変化するため，電荷 Q〔C〕も時間変化する。Δt〔s〕間にコンデンサーに蓄えられる電荷が ΔQ〔C〕だけ増加したとすると，導線を通ってコンデンサーに流れ込む電流 I〔A〕は $I = \dfrac{\Delta Q}{\Delta t}$〔A〕となる。これらの式から，電流 I〔A〕は電場 E〔V/m〕を用いて次のように書き直すことができる。まず，ε_0〔F/m〕，S〔m²〕は一定だから，

$$\Delta Q = \varepsilon_0 S \Delta E \text{〔C〕}$$
$$\therefore \quad I = \frac{\Delta Q}{\Delta t} = \varepsilon_0 S \frac{\Delta E}{\Delta t}$$

この式は極板間の電場の変化が電流に比例することを示している。そこで，極板間のような真空でも電場が変化すれば電流が流れると考え，これを**変位電流**という。変位電流の名称は，極板に蓄えられた電荷が変位（極板上を移動）した結果流れると考えたところにあり，マクスウエルにより導入された。変位電流は電場の向き（電気力線の方向）に流れる。変位電流は，導線内を流れる電子による電流とは異なり，実体がない奇妙な電流であるが，後に電磁波の導出に重要な役目をすることになる。電流が磁場を作るというのがアンペールの法則だったから，下記の左右の図のように変位電流も磁場をつくる。

コンデンサーが充電される場合　　　　**コンデンサーが放電する場合**

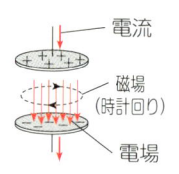

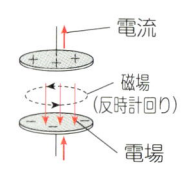

（電場は増加するので変位電流は下向き）　　（電場は減少するので変位電流は上向き）

参考 アンペール・マクスウエルの法則

電子の移動による電流と変位電流の両方を考慮した磁場と電流の関係を**アンペール・マクスウエルの法則**という。電気振動のような場合では，電場は周期的に変化するので，変位電流も周期的に変化し，結果として周期的に変化する磁場が真空中に生じる。これは，磁場の変化が起電力（電場）を生じるというファラデーの電磁誘導の法則と逆の現象になる。このように，電場の変化が磁場をつくり（アンペール・マクスウエルの法則），磁場の変化が電場を作る（ファラデーの電磁誘導の法則）という現象が連続的に起こることにより，真空中を電場と磁場が互いを構築しながら伝わっていく波が発生する。電場と磁場が一組になって伝わる波を電磁波という。電気力線は互いに反発して広がる性質をもつので，電荷の変化に伴い，電場は電場の方向（変位電流の方向）に対して垂直方向に広がっていく。さらに，変位電流の方向に対して垂直方向に磁場が生じるから，結局，電磁波は電場と磁場の両方に対して垂直な方向に進んでいく。したがって，**電磁波は横波**ということになる。

◆ **電場と磁場の式**

次図のように，電磁波の周期を T [s]，x 方向の電場の振幅を E_0 [V/m] とし，電場 E [V/m] が

$$E = E_0 \sin \frac{2\pi}{T}\left(t - \frac{z}{c}\right)$$

と表されるとすると，y 方向の磁場 H [A/m] は，振幅を H_0 [A/m] として，

$$H = H_0 \sin \frac{2\pi}{T}\left(t - \frac{z}{c}\right)$$

と表される。電場と磁場は**同位相**で，電場の向き（$\pm x$ 方向）から磁場の向き（$\mp y$ 方向）に右ねじを回すと，**右ねじの進む向き**（$\pm z$ 方向）が電磁波の進む向きになる。

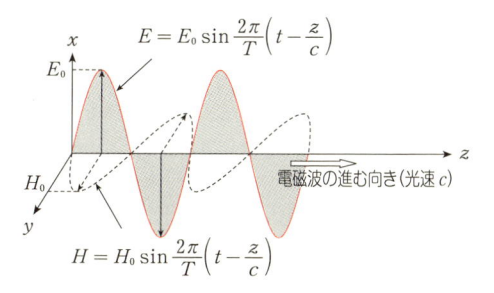

| 発展 | **電磁波の速さ**

電気に関する定数として真空の誘電率 ε_0 [F/m] と，磁気に関する定数として真空の透磁率 μ_0 [N/A²] があった。これら 2 つの定数を用いて速度の単位をもつ $\dfrac{1}{\sqrt{\varepsilon_0 \mu_0}}$ [m/s] という量が作れる。1856 年にウエーバー（磁気量や磁束の単位になっている）はこの値を実測し，光速 c [m/s]（すでに 17 世紀の終わりには $c = 3 \times 10^8$ [m/s] と測定されていた）に近い値を得た。これは真空中を伝

わる何かの速さを示していると思われたが，何が伝わるのかについては，当時は分からなかった。ウエーバーの実験結果からマクスウエルは $\dfrac{1}{\sqrt{\varepsilon_0\mu_0}}$〔m/s〕の値が光速そのものであり，光は電磁波であると考えた。ウエーバーの実験の後，1864 年にマクスウエルは自然界における電場と磁場がみたす一群の方程式を提唱した。これら一群の方程式はマクスウエルの方程式とよばれ，自然界での電磁現象を統一的に説明できる理論となった。マクスウエル方程式は，力学におけるニュートンの運動方程式にあたる。マクスウエルの方程式を数学的に考察することにより，電場と磁場が波の方程式をみたし，さらに，それらの伝わる速さが光速 $c = \dfrac{1}{\sqrt{\varepsilon_0\mu_0}}$〔m/s〕になることが確かめられた。

参考 電磁波の速さの導出

(i) 磁場の運動によって生じる電場（ファラデーの電磁誘導の法則）

$+y$方向に長さl[m]の導体棒が磁束密度B[T]$=(\mu_0 H)$の磁場中（$+x$方向）を，磁場と自身に垂直に速さv[m/s]で$-z$方向に運動するとき，導体棒に生じる誘導起電力の大きさV[V]は，ローレンツ力をもとに考察した結果(☞p.361 **POINT**)$V=vBl$（$-y$方向）であった。しかし，導体棒と同じ運動をした状態（導体棒は静止して，磁場が速さv[m/s]で$+z$方向に動いている）でこの起電力を考えると，ローレンツ力ははたらかないので，かわりに電場からの電気力がはたらいた結果として考えなくてはいけない。このときの電場の大きさE[V/m]は$E=vB=v\mu_0 H$となり，$-y$方向に生じている。このことは，磁場が動くことにより磁場と速度の両方に垂直に電場が生じたことを示す。電場から磁場の向きに右ねじを回すとき，右ねじの進む向きに電場と磁場が進んで行く。

（導体棒が$-z$方向に動く）

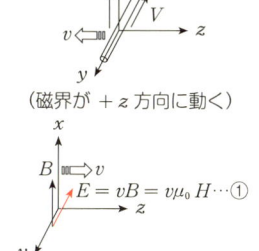

（磁界が$+z$方向に動く）

$$E=vB=v\mu_0 H \cdots ①$$

(ii) 電場の運動によって生じる磁場（アンペール・マクスウエルの法則）

電流（変位電流も含めて）が磁場を作るという経験事実がアンペール・マクスウエルの法則であり，電流はつきつめると電荷の運動である。電荷の回りには電場が生じているから，電流が磁場を作るということは，電場が運動することにより磁場が生じることになる。このときの電場を$-y$方向にE[V/m]，電場の移動速度を$+z$方向にv[m/s]とすると，磁場は$+x$方向に生じ，その強さをH[A/m]とすると，$H=\varepsilon_0 Ev$となることが分かっている。

$$H=\varepsilon_0 vE \cdots ②$$

（電場が$+z$方向に動く）

真空中では，電場と磁場は①②式をみたしながら進むことになるから

$$E=v\mu_0 H=\mu_0\varepsilon_0 v^2 E$$

$$\therefore\ v=\frac{1}{\sqrt{\varepsilon_0\mu_0}}$$

この値が真空中を伝わる電磁波の速さになるので，1856年にウエーバーが実測した値は，やはり光速であったことになる。このときも，電場から磁場の向きに右ねじを回すとき，右ねじの進む向きに電場と磁場が進んで行く。

以上より，電磁波を構成する電場と磁場は互いに垂直で，電場から磁場の向きに右ねじを回したとき，右ねじの進む向きに光速$c\fallingdotseq 3\times 10^8$[m/s]で進んで行く。

(2) 電磁波の特徴

ヘルツは前記の火花放電によって発生した電磁波を用い，電磁波は光と同様に，屈折，反射，干渉，回折などの現象を起こすことを確かめた。これらの特徴はマクスウエル方程式を現実の状況に即した条件（境界条件）のもとで数学的に解けば得られる。ここではとくに電磁波（以下では電波とよぶ）の際立った特徴として，金属板あるいは金属格子への入射について述べることにする。

よく知られているように，金属板は電波を反射する。これは金属板内の自由電子が電波によって振動し，入射電波と逆位相の電波を放射するからである。この結果，金属板の裏面では，自由電子の振動によって放射された電波と入射電波とが干渉して打ち消し合う（金属板を電波は透過できない）。一方，金属板の表面では，入射電波と逆位相の電波が放射される。したがって，金属板は電波に対して固定端となる。

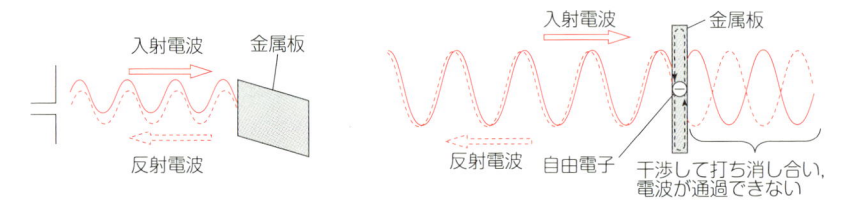

細い金属の棒を平行に並べて木枠で囲った金属格子に，格子面に対して垂直に電波を入射させる。すき間が大きくて反射など起こりそうになく，いかにも電波が透過しそうであるが，実際は電波の振動面と金属棒との相対的な角度により，反射や透過が起こる。

図1のように，電波の振動面（電場の振動面）に対して金属棒が平行になるように配置すると，電波は格子面をほとんど透過できない。これは金属棒内の自由電子が，入射電波によって金属棒の方向（入射電波の振動面内）に振動し，入射電子と逆位相の電波を放射して打ち消すからであり，金属面が電波を反射するのと同じ仕組みである。

一方，図2のように，電波の振動面に対して金属棒が垂直になるように配置すると，電波は格子面をそのまま透過できる。これは金属棒内の自由電子が，金属棒に垂直な方向（入射電波の振動面内）にはほとんど振動できないため電波を放射しないからである。

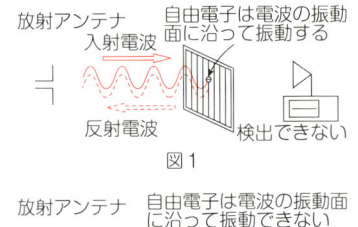

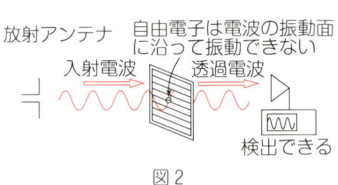

▶ 電磁波の実用化

電磁波の実験的検証は 1888 年にヘルツによりなされ，その後，マルコーニが 1901 年に電磁波による大西洋横断通信に成功し，無線による遠距離通信の可能性を開いた。これを契機に，電離層の発見や無線通信の実用化など電磁気に関する知識や応用技術が飛躍的に増加した。マルコーニはこの業績により 1909 年ノーベル物理学賞を受けた。

COFFEE BREAK

●電離層の発見

マルコーニが大西洋横断の無線通信実験に成功したとき，大きな疑問が生じた。地球の半径はほぼ 6500 km である。大西洋ほどの距離になれば，電波は地表（海面）に沿って曲がって伝わらなくてはいけない。電波の回折の効果を考慮して届いたとしても，大西洋を横断した電波が受信されるときの強さは非常に弱くなる。しかし，実際には受信電波は予想されたより強かった。さらに，受信アンテナの位置や角度により受信電波の強弱が観測された。強弱が観測されるのは2つの電波が干渉した結果と考えられる。これは，1つの電波源からいろいろな方向に放射された電波のうち，2つの電波が受信器に達して干渉したからである。2つの電波のうち，1つは地表（海面）に沿って伝わる電波であり，もう1つは大気上空で反射された電波である。上空の大気は，太陽からの紫外線などにより，気体分子が電離した状態になっている。電離した大気には多くの自由電子が含まれており，これらの自由電子が入射してきた電波によって振動し，電波を地上へ反射するのである。大気上空は電波を反射する金属面のような役目をするのである。大気上空の気体が電離した状態から成る層を電離層といい，地球規模の通信を考えるときに重要となる。地上 60 km 以上の大気が電離層になっている。電離層はすべての電波を反射するわけではない。ある周波数領域（3×10^{14} Hz（1 μm）~3×10^{15} Hz（0.1 μm），さらに3×10^{7} Hz（10 m）~3×10^{11} Hz（1 mm））の電波は電離層を透過できることが知られている。可視光はほぼ3×10^{15} Hz（0.4 μm~0.8 μm）なので，人間の目には大気を通して（電離層で反射されることなく）他の天体が見えるのである。地球の大気圏を離れた衛星との交信に用いる電波や，太陽系の惑星から地球へ届く電波は，周波数のかなり大きな電波である。身近に電離層が発生する例として火災現場がある。火災現場の中心付近の空気があまりに高温になると，空気分子が電離してしまい，火災現場のまわりの空気が電離層になる。こうなれば，火災現場との無線通信は，周波数によっては反射されて使えない場合がある。

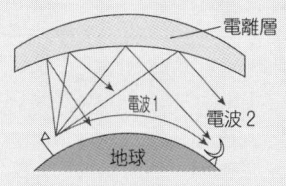

地表を伝わる電波1と電離層で反射した電波2の干渉

第5編 原子

第1章 電子と光

1 電子の概容

(1) 電子の発見
(i) 真空放電
　図のように，陽極と陰極を封入した放電管の両極に直流の高電圧をかけておき，真空ポンプで管内の気体を抜いていくと，やがて放電が起こるようになる。これを**真空放電**という。

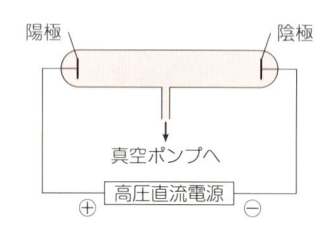

　管内の圧力が 10^3 Pa ～ 10^2 Pa（1 Pa＝1 N/m²）程度になると，管内が封じ込んだ気体特有の色で輝くようになる。このとき，管内で起こっている放電をグロー放電といい，この程度の圧力の放電管をガイスラー管という。ネオンサインの赤色は，ネオンガスのグロー放電に特有の色である。管内の圧力が 10 Pa 程度以下になると，気体から出る光はほとんど見えなくなり，そのかわり，陽極側のガラス壁が黄緑色の蛍光を発するようになる。この程度の圧力の放電管をクルックス管という。

(ii) 陰極線と電子の発見
　クルックス管の陽極側のガラス壁が蛍光を発するのは，陰極から出た何かが，陽極に向かって進み，それがガラス壁に衝突するためである。この何かを**陰極線**とよんでいる。いろいろなクルックス管を用いて実験をした結果，陰極線は次のような性質をもっていることがわかった。

　　(I) 陰極面から垂直に出て直進する。
　　(II) 電場や磁場をかけると，図のように，その進路が曲がる。
　　(III) 物体に当てると，それに圧力を及ぼす。
　　(IV) 以上の性質は陰極の金属や気体の種類には関係しない。

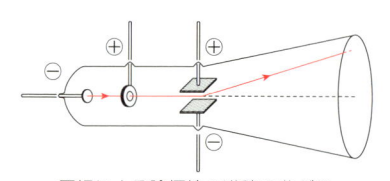

電場による陰極線の進路の曲がり

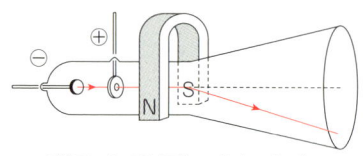

磁場による陰極線の進路の曲がり

　これらのことから，**陰極線は負電荷をもつ微粒子の流れである**ことがわかり，この微粒子が後に**電子**と呼ばれるようになった。

(2) 電場中の電子の運動
(i) 電場方向の電子の運動

図のように，真空中で間隔 d の2枚の平行電極 A, B 間に電圧 V を加え，AB 間に A→B の向きの一様な電場 E をつくる。そこへ，電子が電極 B の小穴から初速 v_0 で電場の方向に入射し，電極 A の小穴を速度 v で通過したとする。いま，電子の電荷を $-e$，質量を m とすると，電子は電場から B→A の向きに一定の大きさ eE の静電気力を受けるから，電子の加速度は $\alpha = \dfrac{eE}{m} = \dfrac{eV}{md}$ となる。したがって，等加速度直線運動の公式により，次の式が得られる。

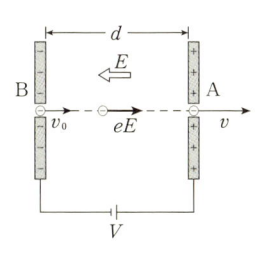

$$v^2 - v_0^2 = 2\alpha d = \dfrac{2eV}{m} \qquad \therefore \quad \dfrac{1}{2}mv^2 - \dfrac{1}{2}mv_0^2 = eV$$

なお，電子が電場からされる仕事は $eE \cdot d = eV$ であるから，この式は，電子の運動エネルギーの増加が，電子が電場からされる仕事に等しいことを示している。

> ● **電場中の電子の運動におけるエネルギー保存の法則** 電子が電場から受ける静電気力は保存力である。一般に，保存力だけを受けて運動する物体の力学的エネルギーはつねに一定に保たれるから，上の式はエネルギー保存の法則を適用して求めることもできる。すなわち，陽極 A の電位を V_A，陰極 B の電位を V_B とすると，AB 間の電圧 V は $V = V_A - V_B$ であり，電子の静電気力による位置エネルギーは，陽極の位置では $(-e)V_A$，陰極の位置では $(-e)V_B$ である。したがって，次の式が成り立つ。
>
> $$\dfrac{1}{2}mv^2 + (-e)V_A = \dfrac{1}{2}mv_0^2 + (-e)V_B \qquad \therefore \quad \dfrac{1}{2}mv^2 - \dfrac{1}{2}mv_0^2 = eV$$

POINT 電場中を運動する電子の運動エネルギーと静電気力による位置エネルギーの和は一定に保たれる。

$$\dfrac{1}{2}mv^2 + (-e) \cdot V = 一定$$

(ii) 電子線（電子ビーム）

速さと方向が，ほぼそろっている電子の細い流れを**電子線**（電子ビーム）という。電子線は，最初，陰極線として発見されたが，今日では，電子銃を用いて人工的につくられ，ブラウン管，電子顕微鏡，X 線管などに利用されている。

電子銃はブラウン管などにおける電子線の発生源であり，図1は，その原理を示したものである。真空のガラス管の中に陰極（カソード）と陽極（アノード）を封入し，陰極をヒーターで加熱すると，陰極から電子が放出される。この電子を**熱電子**という。熱電子は陰極と陽極の間に生じている電場によって加速され，陽極に開けられた小穴を通過して，細い束（ビーム）となって進む。これが電子線である。

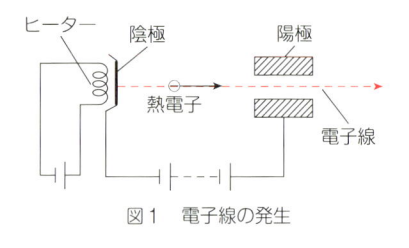

図1　電子線の発生

(iii) 電場に垂直に入射する電子の運動

真空中において，図2のように原点O，x軸，y軸をとり，長さlの2枚の平行な電極（これを偏向電極という）A，Bを配置する。いま，AB間につくられたy軸の負の向きに向かう強さEの一様な電場内に，質量m，電荷$-e$の電子がx軸の正の向きに，速さv_0で原点Oから入射する場合を考える。電場内では，電子はx方向の力は受けないが，y軸の正の向きに，一定の大きさeEの静電気力を受けるから，電子の加速度aのx成分a_xは$a_x=0$，y成分a_yは　$a_y=\dfrac{eE}{m}$　である。したがって，電子のx方向の運動は速度v_0の等速度運動となり，y方向の運動は初速0，加速度$\dfrac{eE}{m}$の等加速度運動となる。

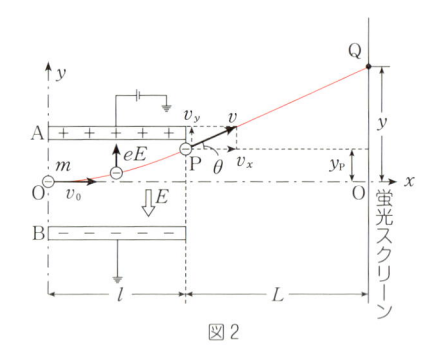

図2

ここで，電子が時刻$t=0$のとき，原点Oを通過したものとし，時刻tのときの電場内の電子の座標を(x, y)とすると，$x=v_0 t$，$y=\dfrac{1}{2}a_y t^2 = \dfrac{1}{2}\left(\dfrac{eE}{m}\right)t^2$となるから，電場内における電子の軌道の方程式は，次のように表される。

$$y = \dfrac{1}{2}\left(\dfrac{eE}{m}\right)\cdot\left(\dfrac{x}{v_0}\right)^2 = \dfrac{eE}{2mv_0^2}x^2$$

この式から，一様な電場内に入射した電子は，放物線を描いて運動することがわかる。

次に，時刻$t=t_P$のとき，電子が図中の点Pを通過して電場から出ていくものとすると，$l=v_0 t_P$　より，$t_P=\dfrac{l}{v_0}$　となる。また，点Pにおける電子の速度vのx成分とy成分を，それぞれv_x，v_y，速度vの方向がx軸となす角をθ，点Pのy座標をy_Pとすると

$$v_x = v_0 \qquad v_y = a_y t_P = \frac{eE}{m} \cdot \frac{l}{v_0} \qquad \tan\theta = \frac{v_y}{v_x} = \frac{eEl}{mv_0^2}$$

$$y_P = \frac{1}{2} a_y t_P^2 = \frac{1}{2}\left(\frac{eE}{m}\right)\cdot\left(\frac{l}{v_0}\right)^2$$

となる。

　点Pを通過すると，電子は静電気力を受けなくなるから，等速直線運動を行う。そして，x軸に垂直に置かれた蛍光スクリーン上の点Qに当たり，そこに輝点を生じる。輝点Qの座標を$(l+L, y)$とすると，yは次のように表される。

$$y = y_P + L\tan\theta = \frac{1}{2}\left(\frac{eE}{m}\right)\cdot\left(\frac{l}{v_0}\right)^2 + L\cdot\frac{eEl}{mv_0^2} = \left(\frac{e}{m}\right)\cdot\frac{E(l+2L)l}{2v_0^2} \quad\cdots\cdots ①$$

POINT　一様な電場中の電子の運動 ｛ 電場の方向　⇨　等加速度運動 ／ 電場に垂直な方向　⇨　等速度運動 ｝

　前頁の図2に示した装置で，偏向電極A，B間に加える電圧（これを**偏向電圧**という）をV，AとBの間隔をdとすると，$E = \dfrac{V}{d}$であるから，式①は，次のように表される。

$$y = \frac{el(l+2L)}{2mv_0^2 d}\cdot V = KV \qquad \text{ただし，}K = \frac{el(l+2L)}{2mv_0^2 d}$$

　この式から，**蛍光スクリーン上の輝点の変位yは偏向電圧Vに比例する**ことがわかる。ブラウン管は，この原理を応用したものである。

例題5－1　　　　　　　　　　　　　　　**電場中の電子の運動**

　質量m，電荷$-e$の電子が，真空中で強さEの一様な電場から力を受けて運動している。電場の方向にy軸をとり，それに垂直にx軸をとる。xy面内で，電子がy軸と$30°$の角度をなして速さvで原点Oを通過したとする。次の問いに答えよ。

(1)　電子の加速度のy成分を求めよ。

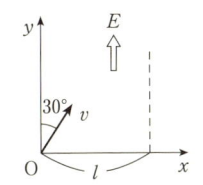

(2)　この電子のx座標が0からlとなるまでの時間はいくらか。また，この時間の間に電子の速度のy成分はどれだけ変化するか。

(3)　電子のx座標がlとなったとき，その速度のy成分は0となった。このときの電場の強さEを，m，e，vおよびlを用いて表せ。

（千葉大）

解答

(1) 電子は $-y$ 方向に大きさ eE の静電気力を受けるから，求める加速度の y 成分を a_y とすると

$$ma_y = -eE \quad \text{より} \quad a_y = -\frac{eE}{m}$$

(2) 電子は x 方向には静電気力を受けないから，電子の x 方向の運動は速度 $v\sin 30°$ の等速度運動である。したがって，求める時間を t とすると

$$l = v\sin 30° \times t$$
$$\therefore \quad t = \frac{2l}{v}$$

次に，電子の x 座標が l となったときの電子の速度の y 成分を v_y とすると

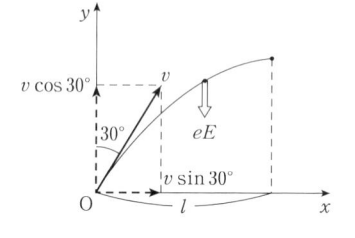

$$v_y = v\cos 30° + a_y t$$

よって，求める速度の y 成分の変化量は

$$v_y - v\cos 30° = a_y t = -\frac{eE}{m} \times \frac{2l}{v} = -\frac{2eEl}{mv} \quad \cdots\cdots ①$$

したがって，$\dfrac{2eEl}{mv}$ だけ減少する。

(3) ①式において，$v_y = 0$ とおいて整理すると

$$E = \frac{\sqrt{3}}{2}v \times \frac{mv}{2el} = \frac{\sqrt{3}\,mv^2}{4el}$$

(iv) 電子の比電荷

前頁の①式より

$$\frac{e}{m} = \frac{2v_0^2}{E(l+2L)l}y$$

の式が得られ，電子の初速度 v_0 がわかれば，この式から $\dfrac{e}{m}$ の値を求めることができる。この $\dfrac{e}{m}$ を電子の**比電荷**という。現在知られている電子の比電荷の値は

$$\frac{e}{m} \fallingdotseq 1.76 \times 10^{11} \text{ [C/kg]}$$

である。

(3) 電子の電荷と質量
(i) 電子の電荷と質量

電気量の最小単位を**電気素量**といい，通常 e の記号で表す。したがって，すべての物質のもっている電気量は，電気素量の整数倍である（現在では，この電気素量の $\frac{1}{3}$ 倍や $\frac{2}{3}$ 倍の電気量をもつと考えられているクォークと呼ばれる粒子が存在すると信じられているが（☞ p.471），まだ，これらの粒子は直接には観測されていない。電気素量の値は

$$e \fallingdotseq 1.60 \times 10^{-19} \text{ [C]}$$

である。

電子のもつ電気量の絶対値はこの電気素量の値に等しく，この値と電子の比電荷の値から，電子の質量 m [kg] は，次のように表される。

$$m = e \div \frac{e}{m} = (1.60 \times 10^{-19} \text{ [C]}) \div (1.76 \times 10^{11} \text{ [C/kg]}) \fallingdotseq 9.1 \times 10^{-31} \text{ [kg]}$$

発展 ミリカンの油滴実験

ミリカンは，次のようにして，はじめて電気素量の値を測定することに成功した。右図は，その原理を示す図である。霧吹きによって蒸発しにくい油の霧（油滴）をつくり，それを水平に置かれた2枚の平行電極A，B間に導く。このとき，落下する油滴にX線を当てると，油滴は正，または負に帯電する。この油滴を強い光で照らしながら，油滴の運動を紙面に垂直な方向から顕微鏡で観測する。

球形の油滴の半径を r，油の密度を ρ とすると，油滴の質量は $\rho \times \frac{4}{3}\pi r^3$ となるから，

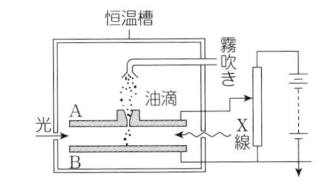

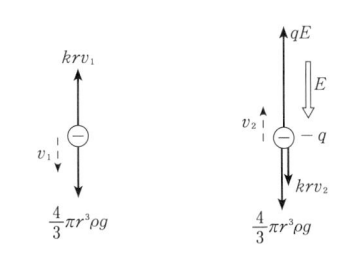

(a) 電圧をかけないとき (b) 電圧をかけたとき
油滴にはたらく力

重力加速度の大きさを g とすると，油滴にはたらく重力の大きさは $\frac{4}{3}\pi r^3 \rho g$ で表される。また，詳しい研究によると，半径 r の油滴が速度 v で空気中を運動するとき，油滴が空気から受ける抵抗力は r と v の積に比例することがわかっているので，比例定数を k とすると，抵抗力は krv で表される。

はじめ，2枚の電極AとBの間に電圧をかけないとき，油滴にはたらく力は

重力と空気の抵抗力の2力だけであり，油滴が電極Aの小穴にはいるころには，この2力がつり合って，油滴は一定の速さで落下するようになる。いま，ある1つの油滴が落下する速さをv_1とすると，次の式が成り立つ。

$$\frac{4}{3}\pi r^3 \rho g = krv_1 \qquad \therefore\ r = \sqrt{\frac{3kv_1}{4\pi\rho g}}$$

kの値は理論的に求められるので，v_1の値を測定すれば，上の式から油滴の半径rの値を求めることができる。

次に，電極Aを正極，Bを負極として，AB間に電圧をかけ，AB間に鉛直下向きに，強さEの電場をかける場合を考える。このとき，上記の，速さv_1で落下していた電荷$-q(q>0)$の油滴がしばらくして上昇をはじめ，一定の速さv_2で上昇するようになったものとすると，油滴にはたらく重力と静電気力と空気の抵抗力の3力はつり合っているから，次の式が成り立つ。

$$qE = \frac{4}{3}\pi r^3 \rho g + krv_2 = krv_1 + krv_2 = kr(v_1 + v_2)$$

$$\therefore\ q = \frac{kr(v_1+v_2)}{E}$$

したがって，v_1, v_2, Eの値を測定すれば，上の式からqの値を求めることができる。

ミリカンは，このような方法で多数の油滴の電気量を求めたが，各油滴の電気量の絶対値は，つねに$e = 1.60 \times 10^{-19}$〔C〕の整数倍になることがわかった。このことは，電子の電荷はどの電子についても等しく，油滴に電子が何個かくっついたり，逆に，油滴から電子が何個かとれたりすることによって，油滴が帯電するからであると考えられている。

例題5-2　　　　　　　　　　　　　　　　　　　　　ミリカンの実験

次の文中の□に適当な語句，記号または数値を記せ。

1897年J. J. トムソンは陰極線が電場および□ア□で曲げられるようすを詳しく調べ，陰極線は負に帯電した1種類の粒子からできており，その比電荷は

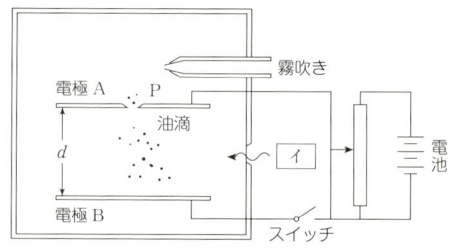

$$\frac{e}{m} = 1.76 \times 10^{11}\ \mathrm{C/kg} \quad \cdots\cdots(1)$$

であることを見出した。彼はこの粒子を電子と名づけた。もし，電子の電荷$-e$〔C〕あるいは質量m〔kg〕のいずれか一方がわかれば，mまたは

eを知ることができる。

1909年ミリカンは図に示すような装置でeをはじめて精密に測定することに成功した。霧吹きで不揮発性の油滴をつくると，油滴は落下していき，細い穴Pを通って電極AとBの間に入る。外から イ を照射してこの油滴を負に帯電させる。いま，1つの油滴に着目して顕微鏡の視野内で観察する。電極AB間に電位差を与えないとき，油滴は一定の速さv_G〔m/s〕で落下した。これは速さに比例した空気の抵抗力が重力とつり合っていることを示している。すなわち，速さに比例する抵抗力の比例定数をa〔N·s/m〕，この油滴の質量をM〔kg〕および重力加速度をg〔m/s²〕とすると

$$Mg = \boxed{ウ} \quad \cdots\cdots(2)$$

と書ける。次に，電極AB間に電圧V_0〔V〕を作用させ，しばらくすると，油滴は一定の速さv_E〔m/s〕で上昇した。このとき，油滴には上向きに静電気力がはたらき，下向きに重力と空気の抵抗力が作用し，たがいにつり合っている。したがって，油滴の電荷を$-q$〔C〕$(q>0)$，電極AB間の距離をd〔m〕とすると

$$\boxed{エ} = Mg + \boxed{オ} \quad \cdots\cdots(3)$$

が成り立っている。(2)式および(3)式より，油滴の電荷の大きさqは

$$q = \frac{\boxed{カ}}{V_0} \quad \cdots\cdots(4)$$

で与えられる。a，V_0，v_Gおよびv_Eを測定してqが求められた。次に，数個の油滴に着目してqを求めたところ以下のような値を得た。

4.82×10^{-19}，8.03×10^{-19}，11.26×10^{-19}，12.82×10^{-19}，14.37×10^{-19} C

これらの値から電気素量eは キ Cと評価された。この値をもとに，電子の質量は(1)式より，$m = \boxed{ク}$ kgと決定された。

(広島大)

解答

ア 磁場　　イ X線（放射線）　　ウ av_G

エ AB間の電場の強さをE〔V/m〕とすると　$V_0 = Ed$　より　$E = \dfrac{V_0}{d}$

　したがって，　答は　$qE = q\dfrac{V_0}{d}$

オ av_E

カ $q\dfrac{V_0}{d} = Mg + av_E = av_G + av_E$　∴　$q = \dfrac{a(v_G + v_E)d}{V_0}$

　したがって，　答は　$a(v_G + v_E)d$

キ　隣り合う数値の差を求め，それらの値を大きい方から小さい方の順に並べると
$$3.21 \times 10^{-19},\ 3.23 \times 10^{-19},\ 1.56 \times 10^{-19},\ 1.55 \times 10^{-19}$$
となる。これにより，求められた q の値は 1.6×10^{-19} C のほぼ整数倍であることがわかる。したがって，e の値は 1.6×10^{-19} C に近い値であるから，q の値を，それぞれ

$4.82 \times 10^{-19} = 3e$ ……①　　　$8.03 \times 10^{-19} = 5e$ ……②
$11.26 \times 10^{-19} = 7e$ ……③　　　$12.82 \times 10^{-19} = 8e$ ……④
$14.37 \times 10^{-19} = 9e$ ……⑤

とおき，①～⑤式を辺々加えると
$$(4.82 + 8.03 + 11.26 + 12.82 + 14.37) \times 10^{-19} = (3+5+7+8+9)e$$
$$\therefore\ e = \frac{51.30 \times 10^{-19}}{32} = 1.603 \times 10^{-19} \fallingdotseq \underline{1.60 \times 10^{-19}}\ [\text{C}]$$

ク　$m = \dfrac{e}{(e/m)} = \dfrac{1.603 \times 10^{-19}}{1.76 \times 10^{11}} = 9.111 \times 10^{-31} \fallingdotseq \underline{9.11 \times 10^{-31}}\ [\text{kg}]$

(ii) 電子ボルト

真空中において，電荷 $-e$ [C] の電子が，電位差 1 [V] の 2 点間で加速されるときに得るエネルギーを **1 電子ボルト**（または，**エレクトロンボルト**）[記号 **eV**] という。

$$1\ [\text{eV}] \fallingdotseq 1.60 \times 10^{-19}\ [\text{C}] \times 1\ [\text{V}] = 1.60 \times 10^{-19}\ [\text{J}]$$

また，10^6 [eV] を **メガ電子ボルト**，または **ミリオン電子ボルト** といい，[MeV] で表す。すなわち

$$1\ [\text{MeV}] = 10^6\ [\text{eV}] \fallingdotseq 1.60 \times 10^{-13}\ [\text{J}]$$

電子ボルトやメガ電子ボルトは電子，原子，原子核などのエネルギーを表す単位として広く用いられている。

2 粒子性と波動性

(1) 光の波動性と粒子性

(i) 電磁波としての光

光は電磁波（☞ p.395）の一種であることがわかっている。普通に光というと可視光線のことを指すが，これは波長が 7.8×10^{-7} m 程度から 3.8×10^{-7} m 程度の電磁波のことである。電磁波のうち波長が 0.1 m 程度以上のものは電波とよばれ，光とよばれるのはそれよりも波長が短い電磁波である。一般に波長が短くなるほど波は回折しにくく，直進する性質が強くなり，光の直進性はこのことによっている。可視光線では，波長が長い方から短い方になるにつれ，赤色から紫色の光になって

いく。赤色より少し波長が長い電磁波は赤外線とよばれ，分子の熱振動が吸収，放出する電磁波の波長領域であるため，熱エネルギーを運ぶ性質が強く，熱線ともよばれる。紫色よりも少し波長が短い電磁波は紫外線とよばれ，化学作用が強く，分子や原子をイオン化することもある。この紫外線よりも波長が短い電磁波ではX線や原子核から放出されるγ線があり，γ線の方がX線よりも波長は短い。波長が短い電磁波はエネルギーが高く（下図参照），X線は，原子中の電子を原子の外へはじき飛ばしたりすることもあり，γ線は原子核を壊したりすることもある。

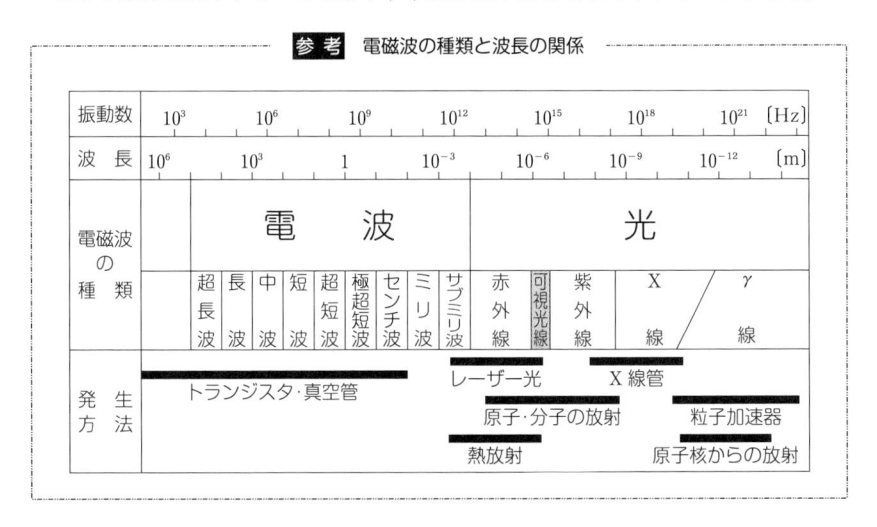

参考 電磁波の種類と波長の関係

振動数	10^3	10^6	10^9	10^{12}	10^{15}	10^{18}	10^{21} [Hz]
波長	10^6	10^3	1	10^{-3}	10^{-6}	10^{-9}	10^{-12} [m]

電磁波の種類	電波								光			
	超長波	長波	中波	短波	超短波	極超短波	センチ波	ミリ波	サブミリ波	赤外線	可視光線	紫外線	X線	γ線

| 発生方法 | トランジスタ・真空管 / レーザー光 / X線管 / 原子・分子の放射 / 粒子加速器 / 熱放射 / 原子核からの放射 |

(ii) 光電効果

(a) 光電効果

金属に光やX線のような振動数の大きい（波長の短い）電磁波を当てると，金属の表面から自由電子が放出されることがある。この現象を**光電効果**といい，放出された電子を**光電子**という。

(b) 光電管

光電効果によるいろいろな現象は光電管を用いて調べることができる。光電管は真空のガラス管内に，光を受けて光電子を放出する陰極Cと光電子を集める陽極Pを封入したものである。陰極Cにはアルカリ金属と銀，またはセシウムからなる複合体が多く用いられる。

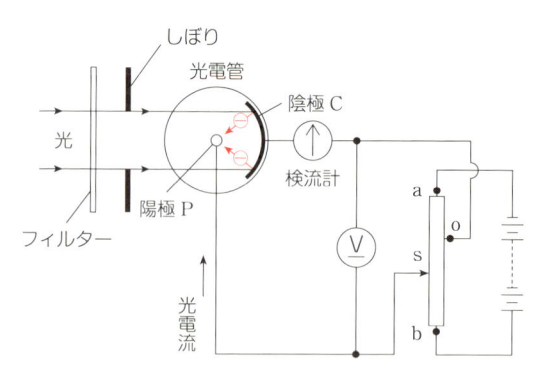

光電管と光電効果の実験

　上図に示すような回路を作り，陽極電圧（陰極Cの電位を基準としたときの陽極Pの電位）Vを正に保って陰極Cに振動数の大きい光を当てると，陰極Cから飛び出した光電子は陽極Pに集められ，検流計に電流が流れる。このとき流れる電流を**光電流**という。また，陽極電圧Vをじゅうぶん大きな値に保つと，光電子はすべて陽極Pに集まり，このとき流れる光電流の値は陽極電圧Vの値を大きくしても変化しない。このような光電流を**飽和電流**という。

(c)　**光電効果の実験**

　右の図は，このときの陽極電圧Vと光電流iの関係を示すグラフの一例である。曲線1は陰極Cに振動数が一定の，ある強さの光を当てた場合のグラフであり，曲線2は振動数は変えないで曲線1の場合の2倍の強さの光（陰極Cに単位時間あたりに当たる光子の数が曲線1の場合の2倍の光）を当てた場合のグラフである。これにより，陽極電圧Vが十分に大きい場合には，飽和電流の強さは陰極Cに当てる光の強さに比例することがわかる。

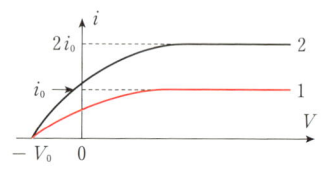

光電流iと陽極電圧Vの関係

　光電効果の実験の結果，次のことがわかった。

(I)　金属に当てる光の振動数が，金属の種類によって決まる特定の振動数ν_0よりも小さいと，どんなに強い光を当てても光電効果は起こらない。
　　このν_0を**限界振動数**といい，ν_0に対応する波長$\lambda_0 = \dfrac{c}{\nu_0}$（$c$は真空中の光の速さ）を**限界波長**という。

(II)　振動数がν_0よりも大きい光であれば，どんなに弱い光を当てても，光を当

(Ⅲ) 金属表面から飛び出す光電子の運動エネルギーの最大値は，当てる光の振動数だけで決まり，光の強さにはよらない。

(Ⅳ) 金属表面に当てる光を強くすると，飛び出す光電子の数が増加する。

◆ **陽極電圧の値の調節**　前頁の光電効果の実験装置の図では，陽極Ｐの電位と可変抵抗の可動接点ｓの電位は等しい。また，検流計による電圧降下はきわめて小さいので，陰極Ｃの電位と可変抵抗の固定接点ｏの電位も等しいとみなすことができる。したがって，陰極Ｃに対する陽極Ｐの電位，すなわち，陽極電圧 V は点ｏに対する点ｓの電位に等しい。ところが，可変抵抗には，電池によってｂ→ｏ→ａの向きに電流が流れているから，接点ｓが図のように点ｏと点ｂの間の位置にあるときは点ｏよりも点ｓのほうが電位が高くなる。すなわち，このときは $V>0$ となる。また，接点ｓが点ｏと点ａの間の位置にあるときは，点ｏよりも点ｓのほうが電位が低くなる。すなわち，このときは $V<0$ となる。このようにしてこの装置では接点ｓの位置を変えることにより，陽極電圧の値を自由に変えることができる。

(d) 光電子の運動エネルギーの最大値

　光電管の陽極Ｐの電位を陰極Ｃの電位よりも低くすると（このとき，陽極電圧 V の値は負となる），陰極Ｃから飛び出した電子はＰＣ間の電場からＰ→Ｃの向きの力を受ける。このため，陰極Ｃからさまざまな運動エネルギーをもって飛び出す電子のうち，運動エネルギーが小さい電子は飛び出しても陰極Ｃに引き戻されてしまうが，運動エネルギーが十分に大きい電子は陰極Ｃに引き戻されることなく陽極Ｐに達することができる。したがって，前頁の光電流 i と陽極電圧 V の関係の図に示すように，陽極Ｐの電位を陰極Ｃの電位より低くして陽極電圧 V の値が負となるようにしても，その絶対値がある値 V_0 よりも小さいうちは光電流 i が流れることになる。

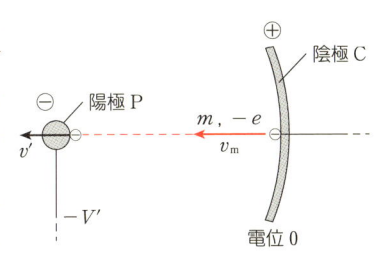

　いま，陰極Ｃから最大の運動エネルギーをもって飛び出す光電子について考える。この電子が陰極Ｃから飛び出す瞬間の速さを v_m，陽極Ｐに達する瞬間の速さを v' とし，陰極Ｃの電位を０，陽極Ｐの電位を $-V'$ ($V'>0$)，電子の質量を m，電荷を $-e$ とすると，エネルギー保存の法則により，次の式が成り立つ。

$$\frac{1}{2}mv'^2 + (-e)\cdot(-V') = \frac{1}{2}mv_m^2 + (-e)\times 0$$

$$\therefore \quad \frac{1}{2}mv'^2 + eV' = \frac{1}{2}mv_m^2$$

ここで，$-V' = -V_0$，すなわち $V' = V_0$ のとき，光電流が流れなくなる（つまり，$v' = 0$ となる）から，陰極 C の表面から飛び出した瞬間の光電子の運動エネルギーの最大値 K は

$$K = \frac{1}{2}mv_m^2 = eV_0$$

で表される。したがって，V_0（これを**阻止電圧**とよぶ）の値を測定すれば，K の値を求めることができる。

POINT　光電子の運動エネルギーの最大値は，阻止電圧で測られる。

$$K = \frac{1}{2}mv_m^2 = eV_0$$

　右の図は，陰極 C に当てる光の振動数 ν と陰極 C の表面から飛び出した瞬間の光電子の運動エネルギーの最大値 K との関係を示したものである。ここで，限界振動数を ν_0，この直線の傾きを h とすると，この直線の式は

$$K = h(\nu - \nu_0)$$

で表され，光電子の運動エネルギーの最大値 K が当てる光の振動数 ν だけで決まり，光の強さにはよらないことを示している。なお，h は物質の種類によらない定数で

$$h \fallingdotseq 6.63 \times 10^{-34} \,[\mathrm{J\cdot s}]$$

である。この h を**プランク定数**という。

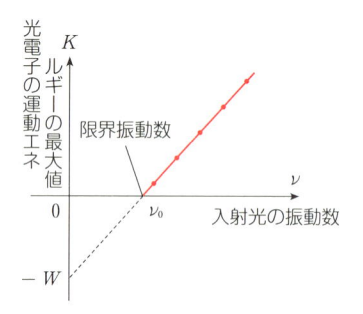

入射光の振動数と光電子の運動エネルギーの最大値との関係

(e) 仕事関数

　金属内の自由電子は，金属内を自由に動くことができるが，正電荷を帯びている金属イオンから引力を受けているので，簡単に金属の外に出ていくことはできない。したがって，金属内の電子を外に取り出すには，この引力に抗して仕事をしなければならないからエネルギーが必要である。このためのエネルギーの最小値を**仕事関**

数といい，その値は金属の種類によって定まっている。

(f) 光子

アインシュタインは，1905 年の論文で，光は波動性をもつとともに**粒子性**をもっており，振動数 ν [Hz] の光は，$E = h\nu = \dfrac{hc}{\lambda}$ [J] で表されるエネルギーと，大きさが $p = \dfrac{h\nu}{c} = \dfrac{h}{\lambda}$ [kg·m/s] で表される運動量をもつ粒子の集団であることを示した。ここで，h はプランク定数，c は真空中における光の速さ，λ は光の波長である。このエネルギーと運動量をもつ粒子を**光子**という。

▶ **光子の運動量の方向**　光子の運動量の方向は光の進行方向と一致する。

$$\text{光子のエネルギー}\quad E = h\nu = \dfrac{hc}{\lambda}$$

$$\text{光子の運動量}\quad p = \dfrac{h\nu}{c} = \dfrac{h}{\lambda}$$

(g) 光子による光電効果の説明

アインシュタインは，$h\nu$ のエネルギーをもっている 1 個の光子が金属の内部の電子にぶつかって，そのエネルギーの全部を 1 個の電子に一度に与えて消えてしまうと考えれば，光電効果の現象がうまく説明できることを示した。

いま，金属の仕事関数を W とすると，金属の内部の自由電子が光子からもらったエネルギー $h\nu$ のうち，W のエネルギーは電子が金属の外部に出るために費やされるから，金属の表面に飛び出した光電子の運動エネルギーの最大値 K は，次の式で与えられる。

$$K = \dfrac{1}{2} m v_\mathrm{m}^2 = h\nu - W$$

また，限界振動数を ν_0 とすると，$\nu = \nu_0$ のとき，$K = 0$ となるから

$$0 = h\nu_0 - W \qquad \text{ゆえに} \quad W = h\nu_0$$

となる。したがって

$$K = h(\nu - \nu_0)$$

となり，これは前頁の K-ν 図に示した実験結果と一致する。

▶ **光電子の運動エネルギーの最大値**　$K = \dfrac{1}{2} m v_\mathrm{m}^2 = h\nu - W$ の式において，仕事関数 W は金属内の自由電子を金属の外に取り出すのに必要なエネルギーの最小値である。したがって，光子のエネルギー $h\nu$ が一定であれば，$K = \dfrac{1}{2} m v_\mathrm{m}^2$ は光電子の運動エネルギーの最大値となる。

$$\text{光電効果}\quad h\nu = K + W \quad (\text{仕事関数}\quad W = h\nu_0)$$

例題 5−3　　光電効果

金属に光を当てたときに生じる現象を調べるために，図1のような装置を作製した。ガラス製の真空容器の中に，金属板 A と B が封入されている。A と B の間には，図1に示す2つの電池 E，およびすべり抵抗器 R からなる回路を用いて電圧をかけることができる。金属板 B の電位 V_1〔V〕と，流れる電流 I〔A〕は，電圧計Ⓥと電流計Ⓐを使って測ることができる。

〔I〕 金属板 A に振動数 ν〔Hz〕の単色光を当てたところ，ある粒子が飛び出したことが，電流計に電流が流れたことによってわかった。図2に V_1 を変えて I を測った結果を示す。

(1) 光の強さを2倍にしたとき，流れる電流はどうなるか。解答欄のグラフに描け。なお，解答欄のグラフ中の破線は，図2の V_1 と I との関係を示す。

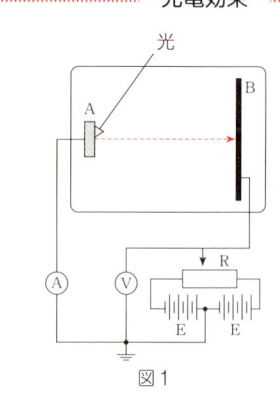

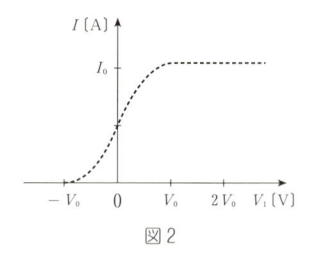

(2) 飛び出した粒子の質量を m〔kg〕，その電荷を符号も含めて q〔C〕とする。速さ v〔m/s〕で金属板 A から飛び出した粒子が，電位が V_1 の金属板 B に到達したとき，速さが v'〔m/s〕になった。この粒子に関して成り立つエネルギー保存則を書け。

(3) $V_1 = -V_0$ のとき，$I = 0$ であることは，このとき最大の速さ v_0 をもって飛び出した粒子も金属板 B に到達できなくなることを示している。エネルギー保存則を用いて，q を m，V_0，v_0 で表せ。

〔II〕 この粒子は電子であると考えられる。次に，光の振動数 ν を変化させて $I = 0$ となるときの金属板 B の電位を測定し，V_0 を求めた。図3にその結果を示す。この結果は，振動数 ν に比例する光のエネルギーが電子の運動エネルギーに変換されたことを示している。以下の問いに答えよ。ただし，プランク定数を h〔J·s〕，電子の電荷を $-e = -1.6 \times 10^{-19}$〔C〕とする。

(4) 光の振動数が $\nu_0 = 0.50 \times 10^{15}$ [Hz] 以下であるときには，$V_0 = 0$ であり，電子は放出されていない。$h\nu_0$ で与えられるエネルギーの名称を記せ。また，その意味を説明せよ。

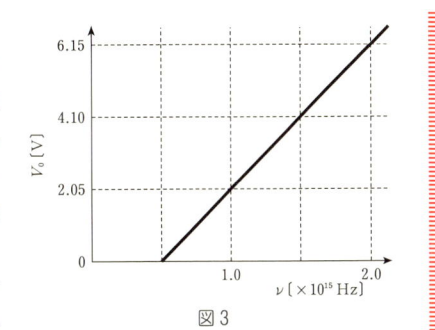

(5) 図3の ν に対する V_0 のグラフを用いて，プランク定数 h を有効数字2桁で求めよ。

(6) 光の振動数をある値にして V_0 を求めたところ，$V_0 = 5.0$ [V] となった。このとき，入射した光のエネルギーは何ジュールか。有効数字2桁で求めよ。

(新潟大)

図3

解答

[I] (1) 金属板 A に当てる光の強さを2倍にすると，A に単位時間あたりに当たる光子の数が2倍になるから，A から単位時間あたりに出る光電子の数が2倍になる。したがって，電流計に流れる電流の強さも**2倍になる**。しかし，このとき，A に当てる光の強さのほかは何も変わっていないから阻止電圧の値も変わらない。これにより，求めるグラフは右の図のようになる。

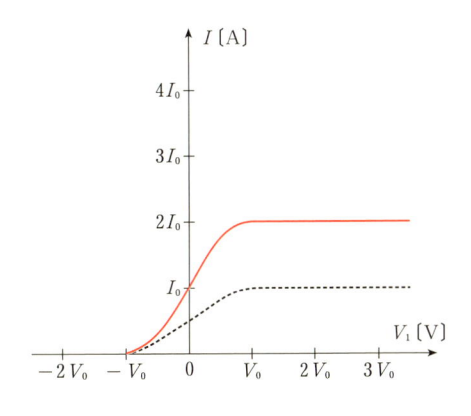

(2) $\dfrac{1}{2}mv^2 + q \times 0 = \dfrac{1}{2}mv'^2 + qV_1$ ……①

(3) $V = -V_0$ のとき，$I = 0$ であることは，$V = -V_0$，$v = v_0$ のとき $v' = 0$ でもあることから，①式より

$$\dfrac{1}{2}mv_0^2 = q(-V_0) \quad \cdots\cdots ② \qquad \therefore \quad q = -\dfrac{mv_0^2}{2V_0} \text{ [C]}$$

[II] (4) 金属板 A から飛び出す粒子は電子であり，$q = -e$ であるから，A から飛び出す光電子の運動エネルギーの最大値 $\dfrac{1}{2}mv_0^2$ は，②式より阻止電圧 V_0 を用いて，次のように表される。

$$\frac{1}{2}mv_0^2 = (-e)\cdot(-V_0) = eV_0$$

また，Aの金属の仕事関数を W，Aに当てる光の振動数を ν とすると

$$h\nu = eV_0 + W \qquad \cdots\cdots ③$$

の式が成り立つ。一方，題意により，$\nu = \nu_0$ のとき，$V_0 = 0$ となるから③式より $h\nu_0 = W$ の式が得られる。したがって，$h\nu_0$ で与えられるエネルギーは<u>仕事関数</u>であることがわかる。また，その意味は<u>金属の内部の自由電子を外部に取り出すのに必要なエネルギーの最小値</u>である。

なお，設問(1)においては，金属板Aの金属の種類は変わっていないから W の値は変わらないし，Aに当てる光の振動数 ν の値も変わっていない。したがって，③式より阻止電圧 V_0 の値も変わらないことがわかる。

(5) $W = h\nu_0$ であるから③式より，次の式が得られる。

$$eV_0 = h\nu - h\nu_0 = h(\nu - \nu_0) \qquad \cdots\cdots ④$$

$$\therefore \quad V_0 = \frac{h}{e}(\nu - \nu_0) \qquad \cdots\cdots\cdots\cdots ⑤$$

図3のグラフの傾きは，⑤式の $\dfrac{h}{e}$ に等しいから

$$h = (1.6 \times 10^{-19}) \times \frac{6.15}{(2.0 - 0.5) \times 10^{15}} \fallingdotseq \underline{6.6 \times 10^{-34}} \text{ [J·s]}$$

(6) 入射した光のエネルギー $h\nu$ は，④式より

$$h\nu = eV_0 + h\nu_0 = (1.6 \times 10^{-19}) \times 5.0 + (6.6 \times 10^{-34}) \times (0.50 \times 10^{15})$$

$$\fallingdotseq \underline{1.1 \times 10^{-18}} \text{ [J]}$$

(iii) 物質中でのX線の振る舞い

X線は 10^{-8} [m] から 10^{-12} [m] の波長をもつ電磁波もしくは光子である。このような波長が短い光子は物質中に侵入でき，物質中の原子（電子）に当たって散乱される。

ところで，原子は電子を媒介にして結合し物質をつくっている（☞ p.445）。そのため物質中の電子は，孤立した状態でなく，束縛された状態にある場合が多い。このような状態にある電子による散乱は，原子配列面による反射に相当し，**ブラッグ反射**とよばれている。この反射は，原子配列面の規則性によるX線の波動性に起因している。

一方，物質中の電子が孤立した状態にある場合にX線と衝突すると，X線の粒子性が現れる。このような散乱による現象は，**コンプトン効果**とよばれている。

(a) コンプトン効果

1923年コンプトンは石墨に波長のそろったX線を当てると、散乱X線の中に入射X線と同じ波長のX線のほかに、入射X線の波長よりも長い波長のX線が含まれることを発見した。この現象を**コンプトン効果**という。

この現象はX線を波動と考えると説明がつかない。コンプトンはX線をエネルギーと運動量をもつ粒子（光子）と考え、この現象を光子と電子の完全弾性衝突として取り扱うことによって次のように説明した。

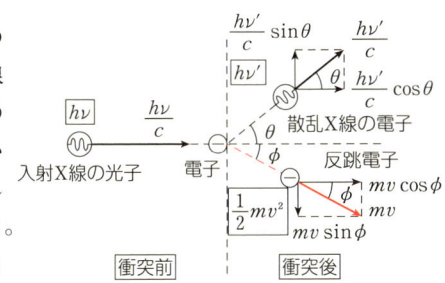

プランク定数を h、真空中の光の速さを c、電子の質量を m とする。また、振動数 ν（波長 $\lambda = \dfrac{c}{\nu}$）の入射X線の光子が、石墨の中に静止している電子と衝突して散乱されるものとし、図に示すように振動数 ν'（波長 $\lambda' = \dfrac{c}{\nu'}$）の散乱X線の光子および速さ v ではねとばされた電子（反跳電子）は、入射X線の方向に対して、それぞれ角 θ と角 ϕ をなす方向に進むものとする。

このとき、エネルギー保存則により

$$h\nu = h\nu' + \frac{1}{2}mv^2 \qquad \cdots\cdots ①$$

の式が成り立つ。

また、入射X線の方向と、これに垂直な方向について、それぞれ運動量保存則を適用すると

$$\frac{h\nu}{c} = \frac{h\nu'}{c}\cos\theta + mv\cos\phi \qquad \cdots\cdots ②$$

$$0 = \frac{h\nu'}{c}\sin\theta - mv\sin\phi \qquad \cdots\cdots ③$$

式①、②、③から、振動数のずれ $\nu' - \nu$ が、ν に比べて十分に小さいとして次の関係式を求めることができる。（☞ p.422 **例題5－4**）

$$\lambda' - \lambda = \frac{h}{mc}(1 - \cos\theta) \qquad \cdots\cdots ④$$

この式は、実験結果とよく一致するので、光子がエネルギーをもつとともに運動量ももつことが確かめられた。なお、この式で $\dfrac{h}{mc}$ を**コンプトン波長**という。

POINT　コンプトン効果は光子と電子との弾性衝突によって起こる。

例題 5－4　　コンプトン効果

次の文章の空欄　　　に適切な式，あるいは語句を記入せよ。ただし，プランク定数を h，光速を c とする。

物質に X 線をあてると，散乱されて出てくる X 線の中には，入射 X 線の波長と比べて長い波長の成分をもつものが観測される。この現象を (ア) という。これは X 線を (イ) としてではなく，粒子（光子）と考え，この粒子と電子の弾性衝突によるものとして説明できる。

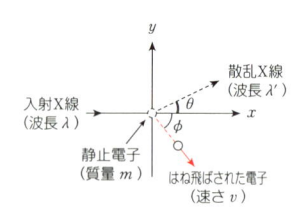

図のように，$x-y$ 平面の原点に静止している質量 m の電子に波長 λ の X 線があたった。入射 X 線の方向を x 軸，これに垂直な方向を y 軸とすると，入射 X 線は x 軸方向に対して θ の角度をなす方向に散乱された。このとき，散乱 X 線の波長は λ' であった。これと同時に，電子は一定の速さ v で，x 軸に対して角度 ϕ をなす方向にはね飛ばされた。以下では，散乱の前後においてエネルギー，および運動量保存則が成り立つものとして考える。

エネルギー保存則は

$$\boxed{(ウ)} \quad \cdots ①$$

と書ける。また，運動量保存則は，x 軸方向に対しては

$$\boxed{(エ)} \quad \cdots ②$$

y 軸方向に対しては

$$\boxed{(オ)} \quad \cdots ③$$

となる。

ここで，②，③式から角 ϕ を消去し，さらに，$\lambda' \fallingdotseq \lambda$ のとき成り立つ近似式 $\dfrac{\lambda'}{\lambda} + \dfrac{\lambda}{\lambda'} \fallingdotseq 2$ を用いると，波長のずれ $\Delta\lambda = \lambda' - \lambda$ を表す式は

$$\Delta\lambda = \boxed{(カ)}$$

となる。したがって，この式から散乱角 θ が (キ) X 線ほどその X 線の波長は長くなることがわかる。

(山口大)

解答

(ア) コンプトン効果 　(イ) 波動

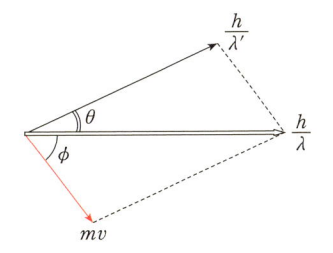

(ウ) $\dfrac{hc}{\lambda} = \dfrac{hc}{\lambda'} + \dfrac{1}{2}mv^2$ ……①

(エ) $\dfrac{h}{\lambda} = \dfrac{h}{\lambda'}\cos\theta + mv\cos\phi$ ……②

(オ) $0 = \dfrac{h}{\lambda'}\sin\theta - mv\sin\phi$ ……③

(カ) ②,③式より

$$(mv\cos\phi)^2 + (mv\sin\phi)^2 = \left(\dfrac{h}{\lambda} - \dfrac{h}{\lambda'}\cos\theta\right)^2 + \left(\dfrac{h}{\lambda'}\sin\theta\right)^2$$

$$\therefore\ (mv)^2 = \left(\dfrac{h}{\lambda}\right)^2 - 2\dfrac{h^2}{\lambda\lambda'}\cos\theta + \left(\dfrac{h}{\lambda'}\right)^2 = h^2\left(\dfrac{1}{\lambda^2} + \dfrac{1}{\lambda'^2} - \dfrac{2}{\lambda\lambda'}\cos\theta\right)$$

$$\therefore\ \dfrac{1}{2}mv^2 = \dfrac{h^2}{2m}\left(\dfrac{1}{\lambda^2} + \dfrac{1}{\lambda'^2} - \dfrac{2}{\lambda\lambda'}\cos\theta\right) \quad\cdots\cdots④$$

①式と④式より

$$\dfrac{h^2}{2m}\left(\dfrac{1}{\lambda^2} + \dfrac{1}{\lambda'^2} - \dfrac{2}{\lambda\lambda'}\cos\theta\right) = hc\left(\dfrac{1}{\lambda} - \dfrac{1}{\lambda'}\right)$$

両辺に $\lambda\lambda'$ をかけると

$$\dfrac{h^2}{2m}\left(\dfrac{\lambda'}{\lambda} + \dfrac{\lambda}{\lambda'} - 2\cos\theta\right) = hc(\lambda' - \lambda)$$

$$\therefore\ \Delta\lambda = \lambda' - \lambda = \dfrac{h}{mc}\left(\dfrac{\lambda'}{\lambda} + \dfrac{\lambda}{\lambda'} - 2\cos\theta\right) \fallingdotseq \dfrac{h}{2mc}(2 - 2\cos\theta)$$

$$\therefore\ \Delta\lambda = \dfrac{h}{mc}(1 - \cos\theta)$$

(キ) $\Delta\lambda = \lambda' - \lambda$ であるから，$\Delta\lambda$ が大きくなるほど散乱 X 線の波長は長くなる。この場合，散乱角 θ の値が大きくなるほど $\cos\theta$ の値は小さくなり，$\Delta\lambda$ の値は大きくなるから散乱角 θ が大きい X 線ほどその X 線の波長は長くなる。

(b) ブラッグの反射条件

　X 線の波長は結晶内の原子の間隔と同じ程度の大きさであるから，X 線を結晶に当てると，X 線は結晶内の原子によって回折される。

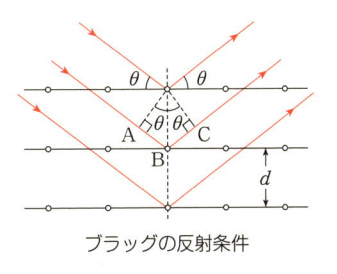

　一般に，結晶は平行で等間隔の格子面（規則正しく並んでいる原子の中心を数多く含む平面で原子配列面ともいう）の積み重ねとみなすことができる。格子面に入射した X 線は，ホイヘンスの原理で説明されるように，各格子面で反射されると考えられる。ただし，X 線は透過能力が大きいので，表面の格子面

で反射されるもののほかに，その格子面を透過して，次の格子面，さらにその次の格子面，……と相続く格子面で反射されるものもある。いま，格子面の面間隔を d，格子面と X 線の入射方向とのなす角を θ とすると，隣り合う格子面で反射される 2 つの X 線の経路の差は

$$\mathrm{AB}+\mathrm{BC}=2\times d\sin\theta$$

であるから，これが X 線の波長の整数倍に等しいとき，すなわち

$$2d\sin\theta = n\lambda \quad (n=1, 2, 3, \cdots\cdots)$$

の式が成り立つとき，それぞれの格子面で反射された X 線は互いに干渉して強め合い散乱 X 線として観測される。これを**ブラッグの反射条件**という。

また，この反射条件にしたがう反射を**ブラッグ反射**といい，角 θ をブラッグ角という。結晶を回転して，θ を 0 からしだいに大きくしていくと，$n=1$（1 次），$n=2$（2 次），……に対応する角 θ_1，θ_2 になったとき，反射 X 線の強度が極大となる。

> **ブラッグの反射条件** $2d\sin\theta = n\lambda$ （$n=1, 2, 3, \cdots$）

> ● X 線の波長が長過ぎるとブラッグ反射は起こらない。
>
> $\sin\theta<1$ であるから，$\lambda=\dfrac{2d\sin\theta}{n}<\dfrac{2d}{n}<2d$ の場合だけブラッグ反射の条件が満たされる。$\lambda>2d$ の場合は，この反射条件が満たされないため，たがいに干渉して強め合う反射 X 線は観測されない。
>
> このブラッグの条件を満たす散乱 X 線の散乱角を測定することによって，結晶中の可能な格子面間隔がわかり，結晶の中の原子の並び方を調べることが可能である。

(2) 電子の波動性
(i) 物質波（ド・ブロイ波）

光の回折や干渉の現象は，光を波動と考えれば説明がついた。しかし，光電効果やコンプトン効果においては，光は $E=h\nu$ のエネルギーをもち，$p=\dfrac{h\nu}{c}=\dfrac{h}{\lambda}$ の運動量をもつ粒子（光子）と考えなければ説明がつかないことがわかった。このように，光がある現象では波動としてふるまい，ほかの現象では粒子の性質を示すという**二重性**をもっているならば，逆に，物質粒子である電子も波動の性質を示すのではなかろうか。

1923 年，ド・ブロイは光を光子としてとらえる立場から，光の波動性を光子に付随する波を考えることによって解決しようとした。そして，その考え方を電子にも適用して量子条件（☞ p.434）を導いた。このことから，ド・ブロイは運動量

$p = mv$ をもつ物質粒子は，光子の場合と同様に

$$\lambda = \frac{h}{p} = \frac{h}{mv}$$

で与えられる波長（これを**ド・ブロイ波長**という）をもった波動としての性質を示すということを予言した。

その後，ダヴィソンとジャーマーは電子線をニッケル板に当てて，X線の場合と同じように電子が波動としてふるまうことを発見し，その波長が上の式で与えられることを確かめた。このように，物質粒子が波動としてふるまうときの波を**物質波**（または**ド・ブロイ波**）という。

> **物質波の波長** $\lambda = \dfrac{h}{p} = \dfrac{h}{mv}$

(ii) 電子波

真空中において，質量 m，電荷 $-e$，初速度 0 の電子が，加速電圧 V で加速され，速さ v になったものとすると $\dfrac{1}{2}mv^2 = \dfrac{(mv)^2}{2m} = eV$ の関係が成り立つ。したがって，電子の運動量 p は $p = mv = \sqrt{2meV}$ となるから，このときの**電子波**（電子の物質波）の波長 λ は，次のように表される。

$$\lambda = \frac{h}{\sqrt{2meV}}$$

例題5−5　電子線の回折

粒子は波としての性質をあわせもっていて，その波長はプランク定数を運動量で割った値で与えられる。電子の波動的性質を調べるために，結晶に電子線（速度のそろった電子の流れ）を図1のように入射させて，電子線回折の実験を行った。図1は結晶の断面の模式図で，隣り合う原子が距離 d だけ隔たって規則正しく配列している。紙面に垂直な方向についても同様に原子が配列している。紙面に垂直でたがいに平行な原子面（以下では格子面とよぶ）A_1，A_2，……および B_1，B_2，……による回折現象を考える。

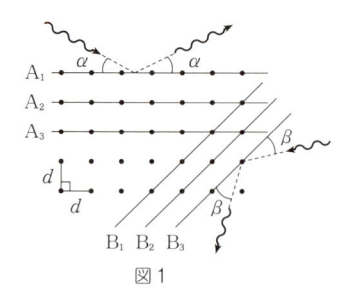

(1) 電圧 V で加速したときの電子の波長 λ を求めよ。ただし，プランク定数を h，電子の質量と電荷を，それぞれ m，$-e$ とする。

(2) 図1のように，波長 λ の電子線を A_1，A_2，……の格子面と角度 α をなす方向から入射させると強い回折が生じた。隣り合う格子面で散乱される電子線の行路差が電子線の波長 λ の n（整数）倍に等しいときに強い回折が生じるとして，強い回折が生じる条件を書け。

(3) B_1，B_2，……の格子面については入射角を β としたとき，同様の現象が見られた。このときの強い回折が生じる条件を書け。

(4) A_1，A_2，……の格子面で強い回折が生じる条件を満たす α の最小値を α_0 とする。図2に示すように，波長 λ の電子線を A_1，A_2，……の格子面に対して角度 α_0 で入射させる。結晶から距離 l だけ離して入射方向に垂直に置かれた写真乾板に電子線を感光させ，点Cに回折波の像を，点Dには直進する透過電子線の像を得た。距離CDを求めよ。次に，結晶を回転して電子線を格子面 B_1，B_2，……に角度 α_0 で入射させ，電子線の加速電圧を V から V' に増したところ，同じ点Cに回折像が生じた。V'/V の最小値を求めよ。

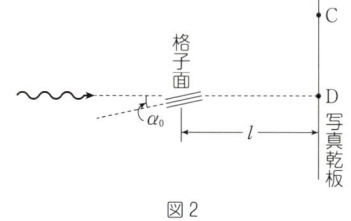

（京都工繊大）

解答

(1) 加速した電子の運動エネルギー $\frac{1}{2}mv^2$ は $\frac{(mv)^2}{2m}$ と変形することができるから，運動量 mv は $\frac{1}{2}mv^2 = eV = \frac{(mv)^2}{2m}$ より $mv = \sqrt{2meV}$ となる。したがって

$$\lambda = \frac{h}{mv} = \frac{h}{\sqrt{2meV}}$$

(2) このときの条件は，ブラッグの反射条件であるから

$\underline{2d\sin\alpha = n\lambda}$ （$n = 1, 2, 3, \cdots$）……①

(3) $B_1, B_2, B_3, \cdots$ の隣り合う格子面の間隔 d' は

$d' = \frac{\sqrt{2}}{2}d$ であるから

$$2\left(\frac{\sqrt{2}}{2}d\right)\sin\beta = n\lambda$$

$\therefore \underline{\sqrt{2}d\sin\beta = n\lambda}$ （$n = 1, 2, 3, \cdots$）……②

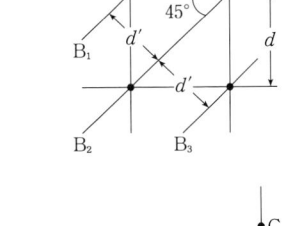

(4) 右図より $CD = l\tan 2\alpha_0$

$A_1, A_2, A_3, \cdots$ の格子面については

$n = 1$ のとき $\alpha = \alpha_0$ となるから式①より

$$2d\sin\alpha_0 = \lambda$$

したがって

$$2d\sin\alpha_0 = \frac{h}{\sqrt{2meV}} \quad \cdots\cdots③$$

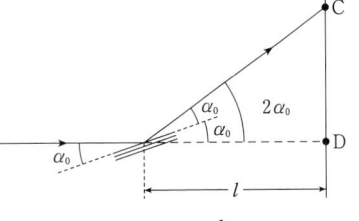

次に，加速電圧が V' のときの電子線の波長を λ' とすると $\lambda' = \frac{h}{\sqrt{2meV'}}$ となる。

一方，$B_1, B_2, B_3, \cdots$ の格子面については②式より $\beta = \alpha_0$ として

$$\sqrt{2}d\sin\alpha_0 = n\lambda' = \frac{nh}{\sqrt{2meV'}} \quad \cdots\cdots④$$

③/④ $\sqrt{2} = \frac{1}{n}\sqrt{\frac{V'}{V}}$ $\therefore \frac{V'}{V} = 2n^2$

これにより，$\frac{V'}{V}$ の値が最小となるのは $n = 1$ のときであることがわかるから

$$\frac{V'}{V} = \underline{2}$$

例題 5-6 　　　　　　　　　　　　　　　　　　　　　電子線の屈折

電子は電位が異なる境界面で波のように屈折を起こす。これを電子の電場中の運動から考えてみる。図のように，電子の通過できる平行平板の電極が距離 d [m] 隔てて，V [V] の電位差を与えられているものとする。領域 I の電位は 0 [V]，領域 III は V [V] で，領域 II では一様な電場ができているものとする。上の電極の法線と i の角度で速度 v [m/s] の電子が入射する。電子の質量を m [kg]，電荷を $-e$ [C]，プランク定数を h [J·s] として，以下の問いに答えよ。

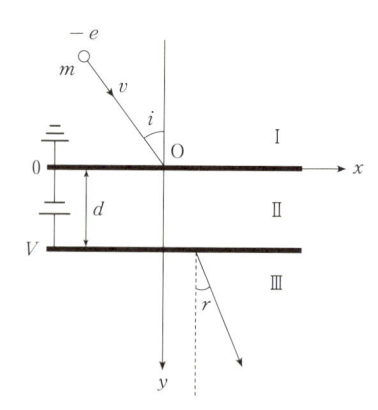

(1) 領域 II における電場の強さ E を求め，電子に働く加速度 a を求めよ。

(2) 下の電極を電子が離れるときの(ア)速度の x，y 成分 v_x，v_y を求めよ。また，(イ)そのとき電極の法線と電子の速度方向のなす角を r として，$\sin r$ を求めよ。

(3) 電極間の間隔を限りなく狭くし，領域 II が無視できるとしたとき，電子は領域 I と III の境界で屈折したようにみえる。(2)の解を用いて屈折率を求めよ。

(4) この電子の物質波を考え，(ア)領域 I での波長 λ_i と領域 III での波長 λ_r を求めよ。また，(イ)この結果を用いて屈折率を求めよ。

(京都府立大)

解答

(1) 領域 II における電場の向きを，接続してある電池の向きより判断すると，その向きは $-y$ の向きとなり，その強さ E は

$$V = Ed \quad \therefore \quad E = \frac{V}{d} \text{ [V/m]}$$

電子は，電場から $+y$ の向きに力を受けるから，

$$ma = eE = \frac{eV}{d} \quad \therefore \quad a = \frac{eV}{md} \text{ [m/s}^2\text{]}$$

(2) (ア) 電子は x 方向には力を受けないから，電子の x 方向の速度成分は変化しない。したがって

$$v_x = v\sin i \, \text{[m/s]}$$

また，電子の y 方向の速度成分は，等加速度運動の公式を用いて

$$v_y{}^2 - (v\cos i)^2 = 2ad = \frac{2eV}{m}$$

$$\therefore \quad v_y = \sqrt{(v\cos i)^2 + \frac{2eV}{m}} \, \text{[m/s]}$$

(イ) 右上の図より

$$\sin r = \frac{v_x}{\sqrt{v_x{}^2 + v_y{}^2}}$$

$$= \frac{v\sin i}{\sqrt{(v\sin i)^2 + (v\cos i)^2 + \frac{2eV}{m}}} = \frac{v\sin i}{\sqrt{v^2 + \frac{2eV}{m}}}$$

(3) 領域Ⅰに対する領域Ⅲの屈折率を n とすると

$$n = \frac{\sin i}{\sin r} = \frac{\sin i}{v\sin i / \sqrt{v^2 + \frac{2eV}{m}}} = \frac{\sqrt{v^2 + \frac{2eV}{m}}}{v}$$

(4) (ア) $\lambda_i = \dfrac{h}{mv}$ [m]

$$\lambda_r = \frac{h}{m\sqrt{v_x{}^2 + v_y{}^2}} = \frac{h}{m\sqrt{v^2 + \frac{2eV}{m}}} \, \text{[m]}$$

(イ) $n = \dfrac{\lambda_i}{\lambda_r} = \dfrac{h}{mv} \Big/ \dfrac{h}{m\sqrt{v^2 + \frac{2eV}{m}}} = \dfrac{\sqrt{v^2 + \frac{2eV}{m}}}{v}$

> 電子の速さは，電子波の伝わる速さとは異なる。このため，設問(4)(イ)の屈折率を求める場合，領域Ⅰと領域Ⅲにおける電子波の速さを，領域Ⅰと領域Ⅲにおける電子の速さに等しいとみなし，それぞれ，v, $\sqrt{v_x{}^2 + v_y{}^2}$ として
>
> $$n = \frac{v}{\sqrt{v_x{}^2 + v_y{}^2}} = \frac{v}{\sqrt{v^2 + \frac{2eV}{m}}}$$
>
> の式が成り立つと考えるのは誤りである。

第2章　原子と原子核

1 原子模型の変遷

(1) 無核模型と有核模型

1897年，トムソンは電子を発見し，原子が電子によって構成されると考えた。その後，ケルビン，さらにトムソンは，一様に正に帯電した球の内部に電子が分布するとした無核原子模型を提唱した。この模型は，原子内部の電子の安定性をある程度保証したが，電子の質量が原子の質量に比べて非常に小さく電子のみによって原子の質量を説明できないという欠点をもっていた。

一方，1903年，長岡半太郎は，質量が大きく正の電荷をもつ核のまわりを電子のリング（多数の電子が円周上に配置されている。）がまわっているとした有核原子模型を提唱した。この模型は現在明らかにされた原子の描像に近いが，電子の数や，電子の安定性について種々の困難を抱えていた。

(2) 原子核の発見

(i) ラザフォードの実験

ラザフォードは，右図のように，ラジウム原子から出る高速の α 粒子を，きわめて薄い金箔に当て，金箔によって α 粒子が散乱されるようすを調べた。その結果，大部分の α 粒子は金箔を素通りするが，ごくまれにきわめて大きな角度で散乱されるものがあることがわかった。

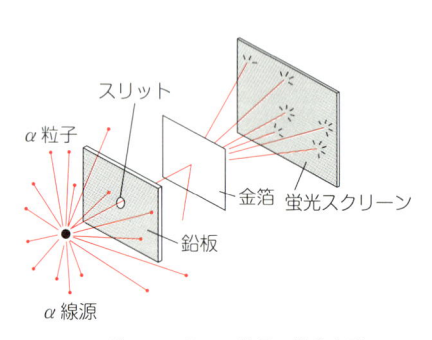

ラザフォードの α 粒子の散乱実験

α 粒子はヘリウムの2価のイオンで，$+2e$ の正電荷をもち，その質量は電子の質量のおよそ7300倍である。このような重い高速の粒子が，ごく少数であっても大きな角度で散乱されるのは，無核模型のように正電荷が原子全体に分布しているのではなく，金の原子の中心近くに正電荷をもった重くて小さな粒子があり，そ

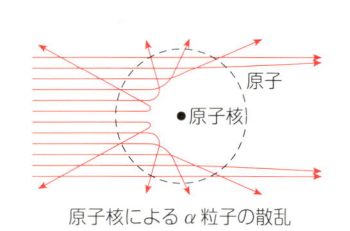

原子核による α 粒子の散乱

の近くにあるきわめて強い電場によって α 粒子に大きな力がはたらくためであると考えられる。つまり，原子は有核模型にちかいことがわかったのである。この金の原子の中心近くにある粒子のことを**原子核**という。

　α 粒子の散乱のようすをさらに詳しく調べた結果，原子核の大きさは $10^{-14}\sim 10^{-15}$ m 程度（原子の大きさの $10^{-4}\sim 10^{-5}$ 倍程度）であることが確かめられ，その質量は原子の質量の大部分をしめ，原子番号 Z の原子では，原子核のもつ電荷は電気素量 e の Z 倍，すなわち $+Ze$ であることがわかった。

(ii) **ラザフォードの原子模型**
　ふつうの状態では原子は電気的に中性であるから，原子番号 Z の原子は Z 個の電子をもち，これらの電子は，惑星が太陽のまわりを回っているように原子核のまわりを回っている。このような太陽系の構造に似た模型を**ラザフォードの原子模型**という。

2 ボーアの原子模型とエネルギー準位

(1) 水素原子のスペクトル

　高温の気体や放電管内の気体が発する光のスペクトルは，その元素に特有の線スペクトルである。そのため，このスペクトルは原子の構造と密接な関係があると考えられる。

　次頁の図は，水素原子の発する光，主として可視光線部分のスペクトル線の並び方を示したものである。1884 年バルマーは，これらのスペクトル線の波長 λ は

$$\frac{1}{\lambda} = R\left(\frac{1}{2^2} - \frac{1}{n^2}\right) \quad (n = 3,\ 4,\ 5,\ \cdots\cdots) \cdots\cdots\text{①}$$

の式で表されることを発見した。ここで，R は**リュードベリ定数**といわれ

$$R \fallingdotseq 1.097 \times 10^7\ [1/\text{m}]$$

である。

　可視光線の領域で発見されたこのスペクトル系列は，**バルマー系列**とよばれ，その最長波長は，式①の n を $n = 3$ とおいて

$$\frac{1}{\lambda} = R\left(\frac{1}{2^2} - \frac{1}{3^2}\right) \quad \text{より} \quad \lambda = \frac{36}{5R} \fallingdotseq \frac{36}{5 \times (1.1 \times 10^7)} \fallingdotseq 6.5 \times 10^{-7}\ [\text{m}]$$

また，その最短波長は，式①の n を $n = \infty$ とおいて

$$\frac{1}{\lambda} = R\left(\frac{1}{2^2}\right) \quad \text{より} \quad \lambda = \frac{4}{R} \fallingdotseq \frac{4}{1.1 \times 10^7} \fallingdotseq 3.6 \times 10^{-7}\ [\text{m}]$$

である。

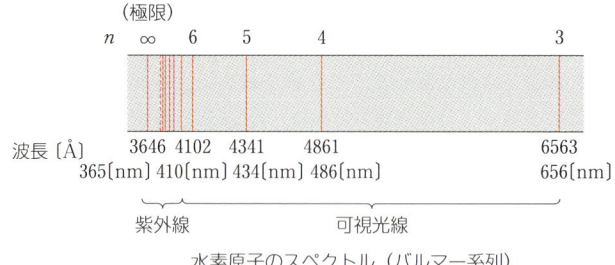

```
            (極限)
       n    ∞   6   5      4                      3
   波長 [Å]  3646 4102 4341  4861              6563
            365[nm] 410[nm] 434[nm] 486[nm]   656[nm]
                    紫外線         可視光線
             水素原子のスペクトル（バルマー系列）
```

その後，紫外線の領域に

$$\frac{1}{\lambda} = R\left(\frac{1}{1^2} - \frac{1}{n^2}\right) \quad (n = 2, 3, 4, \cdots\cdots)$$

の式で表される**ライマン系列**，および赤外線の領域に

$$\frac{1}{\lambda} = R\left(\frac{1}{3^2} - \frac{1}{n^2}\right) \quad (n = 4, 5, 6, \cdots\cdots)$$

の式で表される**パッシェン系列**とよばれるスペクトル系列が発見された。

水素原子のスペクトル系列

$$\frac{1}{\lambda} = R\left(\frac{1}{n'^2} - \frac{1}{n^2}\right) \quad (n' = 1, 2, 3\cdots;\quad n = n'+1, n'+2, \cdots\cdots)$$

ライマン系列	（紫外線の領域）	$n' = 1$,	$n = 2, 3, \cdots\cdots$
バルマー系列	（可視光線の領域）	$n' = 2$,	$n = 3, 4, \cdots\cdots$
パッシェン系列	（赤外線の領域）	$n' = 3$,	$n = 4, 5, \cdots\cdots$

(2) **ボーアの仮説と量子条件**

(i) **ラザフォードの原子模型の難点**

　ラザフォードの原子模型には，次のような重大な難点があった。電子が原子核のまわりで円運動をすると，電子は周期の逆数に等しい振動数の電磁波を放出してエネルギーを失い，電子の円運動の半径はしだいに小さくなっていく。したがって，その電磁波の波長も円運動の周期とともに変化し，放出される電磁波が示すスペクトルは，線スペクトルではなく，連続スペクトルとなってしまう。そのうえ，円運動の半径がしだいに小さくなれば，電子はやがて原子核にくっついてしまうことになり，原子は安定な存在ではあり得ないことになる。

(ii) ボーアの仮説

1913年にボーアは，次の2つの仮定を導入して水素原子についての模型を作り，ラザフォードの原子模型の難点を解決した。

(I) 原子内の電子は，その原子に特有なとびとびのエネルギー E_1，E_2，E_3，……だけをもつことが許される。電子が，この E_1，E_2，E_3，……のエネルギーをもっている状態を**定常状態**といい，電子が定常状態にある限り，原子のエネルギーの値は一定で，光を放射したり，吸収したりすることはない。

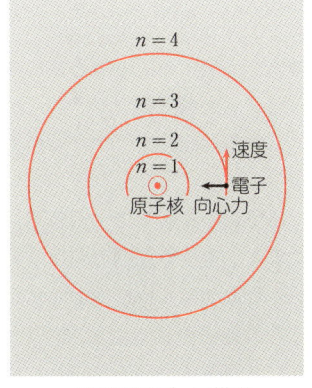

水素原子のボーア模型

なお，これらのエネルギー E_1，E_2，E_3，……のひとつひとつの値を，その原子の**エネルギー準位**という。

> **原子のエネルギー準位**　原子のエネルギーは原子核が静止しているとすれば，電子のエネルギーに等しくなる。したがって，そのときは原子のエネルギー準位は電子のエネルギーによって決まる。

(II) 原子が高いエネルギー準位 E_n の定常状態から低いエネルギー準位 $E_{n'}$ の定常状態に移るとき，原子はそのエネルギー準位の差に等しいエネルギーをもつ光子1個を放出する。すなわち，放出される光子の振動数を ν，波長を λ として次の関係式が成り立つ。これを**振動数条件**という。

$$\text{振動数条件}\quad E_n - E_{n'} = h\nu = \frac{hc}{\lambda} \quad (E_n > E_{n'})$$

逆に，原子が低いエネルギー準位 $E_{n'}$ の定常状態から高いエネルギー準位 E_n の定常状態に移るとき，原子はそのエネルギー準位の差に等しいエネルギーをもつ光子を吸収する。これらの2つの仮定に基づく原子模型を，**ボーアの原子模型**という。

(iii) 量子条件

ボーアは次頁図(a)のように，水素原子内で電荷 $-e$，質量 m の電子が，電荷 $+e$ の原子核を中心とする半径 r の円軌道にそって速さ v で等速運動しているとき，電子の軌道は，電子の運動量 mv と軌道半径 r の積，すなわち mvr （これを角運動量という）が $\dfrac{h}{2\pi}$ の整数倍に等しいという条件を満たす，つまり，

$$mvr = n \cdot \frac{h}{2\pi} \quad (n = 1, 2, 3, \cdots\cdots)$$

の式を満足する，とびとびの軌道だけが許されると考えた。この条件を**量子条件**といい，n を**量子数**という。

　この条件は，ド・ブロイの物質波の考えを用いて，次のように解釈することができる。

　原子核のまわりで，円軌道にそって運動している電子が波としてふるまうものとすると，電子の運動方向は，時計回りと反時計回りの2方向が考えられるから，電子の軌道上に互いに逆向きに伝わる電子波の重ね合わせが生じ，ある条件を満たせばこの軌道上に定常波が生じると考えられる。電子波の波長を $\lambda \left(= \frac{h}{mv} \right)$ とすると，下図(b)のように，円周の長さ $2\pi r$ が波長 λ の整数倍のとき，波はなめらかにつながり，定常波が生じる。ところが，$2\pi r$ が λ の整数倍でないとすると，下図(c)のように，波が円軌道にそって1周するごとに位相がずれてくるため，何回も回る間に波はたがいに打ち消し合ってしまい，定常波は生じない。したがって，このような電子の軌道は存在しないことになる。そこで，電子の軌道が存在するためには

$$2\pi r = n \cdot \lambda = n \cdot \frac{h}{mv} \quad (n = 1, 2, 3, \cdots\cdots)$$

の条件を満たすことが必要であり，電子がこの条件を満たす軌道にそって回っているときに限り，電子は定常状態となると考えると，量子条件は容易に理解することができる。

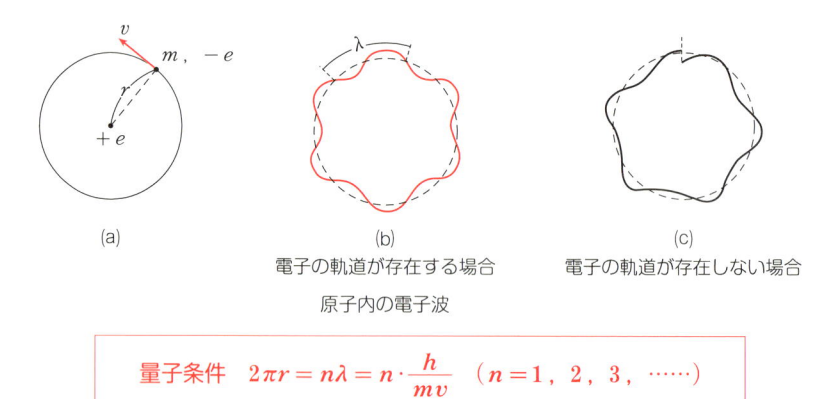

(a)

(b) 電子の軌道が存在する場合

(c) 電子の軌道が存在しない場合

原子内の電子波

量子条件 $\quad 2\pi r = n\lambda = n \cdot \dfrac{h}{mv} \quad (n = 1, 2, 3, \cdots\cdots)$

---

(3) 水素原子のエネルギー準位
(i) 電子の軌道半径

　上図(a)のように，電子が原子核のまわりで等速円運動をしているとき，電子は電

子と原子核の間にはたらくクーロン力を向心力として等速円運動を行っているから，真空中におけるクーロンの法則の比例定数を k_0 とすれば

$$m\frac{v^2}{r} = k_0\frac{e^2}{r^2} \quad \cdots\cdots\cdots ①$$

の式が成り立つ。また，ボーアの量子条件は

$$2\pi r = n \cdot \frac{h}{mv} \quad \cdots\cdots\cdots ②$$

である。いま，式①と②から v を消去して r を求め，r を r_n と書くと

$$r_n = \frac{h^2}{4\pi^2 k_0 me^2} \cdot n^2 \quad (n=1, 2, 3, \cdots\cdots) \cdots\cdots ③$$

となり，軌道半径 r_n は，n の値に対応したとびとびの値になることがわかる。

> ● **ボーア半径**　とくに，$n=1$ のときの軌道半径 r_1 は
>
> $$r_1 = \frac{h^2}{4\pi^2 k_0 me^2} \fallingdotseq \frac{(6.6\times 10^{-34})^2}{4\times 3.14^2 \times (9.0\times 10^9)\times (9.1\times 10^{-31})\times (1.6\times 10^{-19})^2}$$
> $$\fallingdotseq 5.3\times 10^{-11}\,[\mathrm{m}] = 0.53\,[\text{Å}]$$
>
> となる。これは安定な水素原子の半径を示しており，**ボーア半径**といわれる。

(ii) 水素原子のエネルギー準位

電子の運動エネルギー K は，式①より

$$K = \frac{1}{2}mv^2 = \frac{k_0 e^2}{2r}$$

で表される。一方，無限遠を基準にとると，正電荷 e の原子核から距離 r だけ離れた点の電位 V は $V = k\dfrac{e}{r}$ で表されるから，半径 r の軌道上における電子のクーロン力による位置エネルギー U は

$$U = (-e)\cdot V = -\frac{k_0 e^2}{r}$$

で表される。したがって，電子の全エネルギー E は

$$E = K + U = \frac{k_0 e^2}{2r} - \frac{k_0 e^2}{r} = -\frac{k_0 e^2}{2r}$$

となる。ここで E と r を，それぞれ E_n，r_n と書き，これに式③を代入すると，

$$E_n = -\frac{2\pi^2 k_0^2 me^4}{h^2} \cdot \frac{1}{n^2} \quad (n=1, 2, 3, \cdots\cdots) \cdots\cdots ④$$

となる。この E_n がさきに記した水素原子のエネルギー準位である。この式から E_n は，軌道半径 r_n と同じように，n の値に対応したとびとびの値になることがわかる。ふつうの状態では，原子は最低のエネルギー準位（$n=1$）の定常状態にあり，この状態を**基底状態**という。しかし，原子に外部から適当なエネルギーを与え

ると，原子は高いエネルギー準位（$n \geq 2$）の定常状態に移る。このとき，原子は**励起状態**にあるといい，このように原子がエネルギーの低い定常状態から高い定常状態に移ることを**励起**という。

> ◉ **イオン化エネルギー** $n=1$ とおいたときのエネルギー準位 E_1 の値を求めると
>
> $$E_1 = -\frac{2 \times 3.14^2 \times (9.0 \times 10^9)^2 \times (9.1 \times 10^{-31}) \times (1.6 \times 10^{-19})^4}{(6.63 \times 10^{-34})^2}$$
>
> $$\fallingdotseq -2.17 \times 10^{-18} \,[\text{J}] \fallingdotseq -13.6 \,[\text{eV}]$$
>
> となる。また，$n = \infty$ とおいたときのエネルギー準位 E_∞ は 0 である。このとき，電子は原子核から無限の遠方に離れ，水素原子はイオン化した状態になっている。したがって，
>
> $$E_\infty - E_1 \fallingdotseq 13.6 \,[\text{eV}]$$
>
> は，基底状態にある水素原子をイオン化するのに必要なエネルギーであり，$|E_1|$ に等しい。これを水素原子の**イオン化エネルギー**とよんでいる。

水素原子のエネルギー準位（Ⅰ）　$E_n = -\dfrac{2\pi^2 k_0^2 m e^4}{h^2} \cdot \dfrac{1}{n^2}$　（$n = 1, 2, 3, \cdots\cdots$）

POINT　水素原子のエネルギー準位は，運動方程式，量子条件，全エネルギーを用いて求める。

(4) 水素原子のエネルギー準位とスペクトル系列

励起状態にある原子は，ひとりでにエネルギー準位の低い定常状態に移り，その際に，1個の光子を放出する。いま，原子がエネルギー準位 E_n の定常状態からエネルギー準位 $E_{n'}$（$n' < n$）の定常状態に移るとき，放出される光子のエネルギーを $h\nu$ とすれば，光子の放出前後で原子が静止しているものとすると，振動数条件により

$$h\nu = E_n - E_{n'} \quad \cdots\cdots\cdots\cdots\cdots\cdots\cdots\cdots\cdots⑤$$

となる。したがって，このとき放射される光の波長を λ，真空中の光の速さを c として，式④と式⑤を用いると

$$\frac{1}{\lambda} = \frac{\nu}{c} = \frac{h\nu}{ch} = \frac{E_n - E_{n'}}{ch} = \frac{2\pi^2 k_0^2 m e^4}{ch^3}\left(\frac{1}{n'^2} - \frac{1}{n^2}\right)$$

となる。これを水素原子のスペクトル系列を示す式

$$\frac{1}{\lambda} = R\left(\frac{1}{n'^2} - \frac{1}{n^2}\right) \quad \cdots\cdots\cdots\cdots\cdots\cdots\cdots\cdots\cdots⑥$$

と比較すると，リュードベリ定数 R の値は

$$R = \frac{2\pi^2 k_0^2 me^4}{ch^3} = -\left(-\frac{2\pi^2 k_0^2 me^4}{h^2} \cdot \frac{1}{1^2}\right) \cdot \frac{1}{ch} = -\frac{E_1}{ch}$$

$$\fallingdotseq -\frac{-(2.2 \times 10^{-18})}{(3.0 \times 10^8) \times (6.6 \times 10^{-34})} \fallingdotseq 1.1 \times 10^7 \ [1/\text{m}]$$

となり，理論値と実測値とがきわめてよく一致することがわかる。このような理論と実験の一致は，電子の波動性と光の粒子性に基づいたボーアの原子模型が正しいことを示している。

また，式⑥の両辺に hc をかけると，

$$\frac{hc}{\lambda} = h\nu = \left(-\frac{Rhc}{n^2}\right) - \left(-\frac{Rhc}{n'^2}\right)$$

となり，この式と式⑤を比較すると，水素原子のエネルギー準位 E_n は

$$E_n = -\frac{Rhc}{n^2} = \left(-\frac{Rhc}{1^2}\right) \cdot \frac{1}{n^2} = \frac{E_1}{n^2} = -\frac{13.6}{n^2} \ [\text{eV}]$$

と表してもよいことがわかる。

POINT

水素原子のエネルギー準位（Ⅱ）

$$E_n = -\frac{Rhc}{n^2} \quad (n = 1, 2, 3, \cdots\cdots)$$

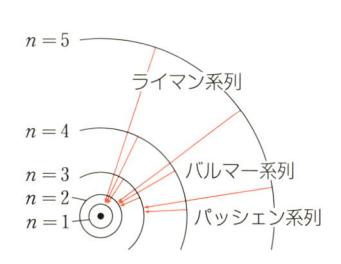

電子の軌道とスペクトル系列

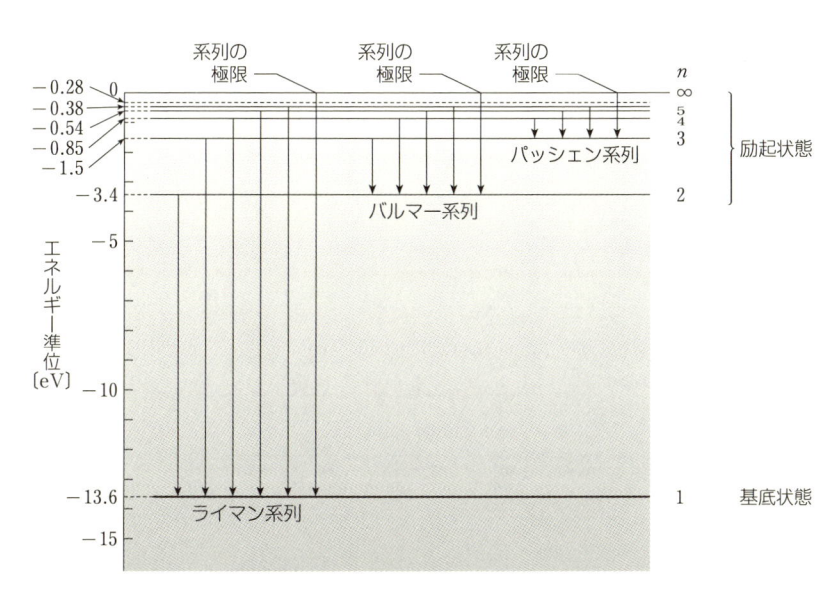

水素原子のエネルギー準位とスペクトル系列

例題5-7　水素原子の紫外線スペクトル

高温の水素原子の紫外線スペクトルを測定したところ，図に示すような結果が得られた。これを見て以下の問いに答えよ。

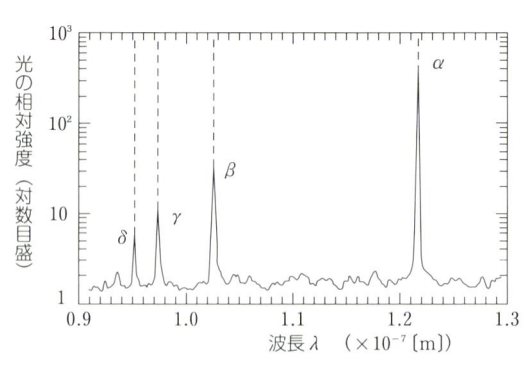

(1) 水素の輝線スペクトルの波長 λ は，m, n を正の整数（ただし $m<n$），R を定数として

$$\frac{1}{\lambda} = R\left(\frac{1}{m^2} - \frac{1}{n^2}\right) \quad \cdots\cdots(\mathrm{i})$$

と表される。図中の輝線 α, β は，それぞれ $n=m+1$, $n=m+2$ に対応するものと考えられる。図から輝線 α, β の波長（λ_α, λ_β）を読みとれ。また，これを用いて m, n を決定せよ。

(2) 式(i)の比例定数 R はリュードベリ定数とよばれる。(1)で読みとった輝線スペクトルの波長からこの R の値を求め，有効数字4けたで答えよ。

(3) 可視光線の領域（波長 4×10^{-7} [m] 〜 7×10^{-7} [m] 程度）にも輝線の系列が現れる。その系列の中で最も波長の長い輝線の波長を求め，有効数字3けたで答えよ。

(4) 定常状態における水素原子のとりうるエネルギー準位は

$$E_n = -\frac{K}{n^2} \quad \cdots\cdots(\mathrm{ii})$$

のように，正の整数 n の値に従ってとびとびの値をとる。式(ii)の定数 K をリュードベリ定数 R，光速 c，およびプランク定数 h を用いて表せ。

（名古屋大）

解答

(1) 図より　$\lambda_\alpha = 1.215\times 10^{-7}$ [m], $\lambda_\beta = 1.025\times 10^{-7}$ [m]

$$\frac{1}{\lambda_\alpha} = R\left\{\frac{1}{m^2} - \frac{1}{(m+1)^2}\right\} = \frac{(2m+1)R}{m^2(m+1)^2}$$

$$\frac{1}{\lambda_\beta} = R\left\{\frac{1}{m^2} - \frac{1}{(m+2)^2}\right\} = \frac{4(m+1)R}{m^2(m+2)^2}$$

$$\therefore \quad \frac{\lambda_\alpha}{\lambda_\beta} = \frac{4(m+1)^3}{(2m+1)(m+2)^2} \quad \text{また} \quad \frac{\lambda_\alpha}{\lambda_\beta} = \frac{1.215 \times 10^{-7}}{1.025 \times 10^{-7}} \fallingdotseq 1.185$$

ここで $m=1$ とすると $\dfrac{4(m+1)^3}{(2m+1)(m+2)^2} = \dfrac{4 \times 2^3}{3 \times 3^2} \fallingdotseq 1.185$

となるから $m=1$ であることがわかる。したがって

<u>輝線 α : $m=1$, $n=2$</u>, <u>輝線 β : $m=1$, $n=3$</u>

なお，この図は，高温の水素原子の紫外線スペクトルを示す図であるから，ライマン系列（紫外線の領域）のスペクトルであり $m=1$ となることは自明である。

(2) $\dfrac{1}{\lambda_\alpha} = R\left(\dfrac{1}{1^2} - \dfrac{1}{2^2}\right) = \dfrac{3}{4}R \quad \therefore \quad R = \dfrac{4}{3\lambda_\alpha} = \dfrac{4}{3 \times 1.215 \times 10^{-7}}$

$$\fallingdotseq \underline{1.097 \times 10^7 \,[1/\text{m}]}$$

(3) 可視光線のスペクトル（バルマー系列）の波長は，式(i)において $m=2$ とした場合，すなわち $\dfrac{1}{\lambda} = R\left(\dfrac{1}{2^2} - \dfrac{1}{n^2}\right)$ の式より求めることができるから，この系列の中で最も波長の長い輝線は n が最小，つまり $n=3$ のときに現れる。したがって

$\dfrac{1}{\lambda} = R\left(\dfrac{1}{2^2} - \dfrac{1}{3^2}\right) = \dfrac{5}{36}R \quad \therefore \quad \lambda = \dfrac{36}{5R} \fallingdotseq \dfrac{36}{5 \times (1.097 \times 10^7)}$

$$\fallingdotseq \underline{6.56 \times 10^{-7} \,[\text{m}]}$$

(4) 振動数条件 $h\nu = E_n - E_m$ ($E_n > E_m$) を式(ii)を用いて変形すると

$$\frac{hc}{\lambda} = \left(-\frac{K}{n^2}\right) - \left(-\frac{K}{m^2}\right) = K\left(\frac{1}{m^2} - \frac{1}{n^2}\right) \quad \cdots\cdots ①$$

となる。一方，式(i)の両辺に hc をかけると

$$\frac{hc}{\lambda} = Rhc\left(\frac{1}{m^2} - \frac{1}{n^2}\right) \quad \cdots\cdots ②$$

となる。ここで 式①，②を比較すると $\underline{K = Rhc}$ となる。

例題5-8　フランク・ヘルツの実験

以下の文章において，空欄(1)〜(8)を式で，(9)を有効数字2桁の数値で，(10)を10文字以内の言葉でそれぞれ埋めよ。ただし，(1)〜(8)においては，電子の電荷を $-e$ とせよ。また，(9)においては，$e = 1.6 \times 10^{-19}$ C，プランク定数 $h = 6.6 \times 10^{-34}$ J·s，光の速さ $c = 3.0 \times 10^8$ m/s を用いよ。

質量 M の原子と質量 m の電子の衝突を，直線運動として考える。静止した原子に電子が速さ v で正面衝突して，原子内部に E のエネルギーを与え，電子は v' の速さで衝突前と逆向きにはね返され，原子は V_M の速さで動き出すとする。衝突の前後で運動量が保存することから，[(1)] の関係式が成り立つ。原子内部に与えたエネルギーを考慮すると，エネルギー保存則から，[(2)] の関係式も成り立つ。

V_M の値が最大になるのは，電子が原子内部にエネルギーを与えない場合（$E=0$）であるから，V_M の可能な最大値は，M と m のみを用いて，v の ［(3)］ 倍と表される。また，このとき衝突後の原子の最大運動エネルギーは，M と m のみを用いて，衝突前の電子の運動エネルギー E_0 の ［(4)］ 倍と表される。一般に m は M に比べて非常に小さいので，衝突後の原子の運動エネルギーは無視できることがわかる。このことは，直線運動でない一般的な衝突においても成立する。

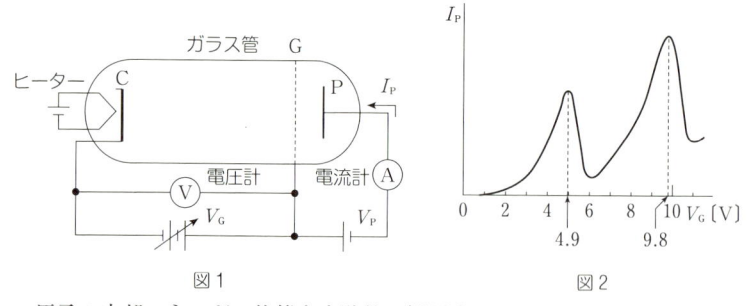

　さて，実際の原子では，とり得る内部エネルギーの値はとびとびである。一番エネルギーの低い状態（エネルギー E_g）を基底状態，次にエネルギーの低い状態（エネルギー E_x）を励起状態と呼ぶ。電子の衝突によって，基底状態にある原子を励起状態にするためには，電子のエネルギー E_0 は ［(5)］ の不等式を満たさなければならない。

図1

図2

　原子の内部エネルギー状態を実験的に観測するために，図1のような実験装置を考えた。図で，陰極 C から出た電子は，陰極 C と格子状の加速電極 G との間にかけた電圧 V_G で加速され，管内に満たされた水銀蒸気の中を通過する。電子が電極 G の位置に到達するまでに，電子は複数回水銀原子と衝突するように，水銀蒸気の圧力が調節されている。さらに，陽極 P と電極 G の間には，電子の進行を妨げる向きに一定の電圧 V_P（0.5 V 程度）がかけられ，陽極 P に到達する電子による電流 I_P が電流計で測定される。

　加速電圧 V_G を 0 から次第に増加させ，$V_G > V_P$ になると，電子は次第に陽極 P に集まるようになる。最初のうちは，電子が途中で水銀原子に衝突しても水銀原子を励起できないので，電極 G の位置まで進行した電子のエネルギー E_0 は，［(6)］ である。

　さらに V_G を増加させて E_0 が(5)の条件を満たすようになると，衝突によって水銀原子を励起したのちの電子のエネルギーは E' に下がり，その差 $E_0 - E'$ は ［(7)］ である。GP 間の減速効果を考えると，V_P と E' の間に ［(8)］ の関係が成り立つ場合には，その電子は陽極 P に到達できな

い。このため，I_P は減少しはじめ，I_P－V_G 曲線には極大が現れる。さらに V_G を増加させると，再び電子は陽極 P に到達し，I_P は増加する。

　実験の結果，図2のように V_G＝4.9 V と 9.8 V で I_P が極大をもつ曲線が得られた。さらに，V_G＝4.9 V を越えると，水銀蒸気から波長が ⑼ m である紫外線の発生が観測された。I_P の第二の極大については，それが V_G＝9.8 V で現れることから，電子が進行中に水銀原子を ⑽ ために生じたと説明できる。このようにして，水銀原子がとびとびのエネルギー状態をもつことが確認された。

(九州大)

解答

(1) $mv = MV_M - mv'$

(2) $\dfrac{1}{2}mv^2 = \dfrac{1}{2}MV_M^2 + \dfrac{1}{2}mv'^2 + E$

(3) (2)の式において $E=0$ とし，その式と(1)の式から v' を消去すると

$$\dfrac{1}{2}mv^2 = \dfrac{1}{2}MV_M^2 + \dfrac{1}{2}m\left(\dfrac{MV_M - mv}{m}\right)^2$$

$$\therefore\ m^2v^2 = MmV_M^2 + M^2V_M^2 - 2MmV_Mv + m^2v^2$$

$$\therefore\ V_M\{(M+m)V_M - 2mv\} = 0$$

ここで $V_M \neq 0$ であるから

$$V_M = \dfrac{2m}{M+m} \cdot v$$

(4) 衝突後の原子は，V_M の値が最大のとき最大運動エネルギーをもつ。したがって，衝突後の原子の最大運動エネルギーを E_M とすると，(3)の式より

$$E_M = \dfrac{1}{2}MV_M^2 = \dfrac{1}{2}M\left(\dfrac{2m}{M+m} \cdot v\right)^2 = \dfrac{4Mm}{(M+m)^2} \cdot \left(\dfrac{1}{2}mv^2\right) = \dfrac{4Mm}{(M+m)^2} \cdot E_0$$

(5) 基底状態にある原子を励起状態にするためには，原子の内部に $E = E_x - E_g$ のエネルギーを与える必要がある。したがって $E_0 > E$ の式が成り立たなければならないから

$$E_0 > E_x - E_g$$

(6) 陰極 C から出た電子の初速を 0 とし，C の電位を基準としてエネルギー保存の法則を適用すると

$$0 + (-e) \times 0 = E_0 + (-e) \cdot V_G \quad \therefore\ E_0 = eV_G$$

(7) E_0 のエネルギーをもった電子が水銀原子を衝突し，その原子に $E_x - E_g$ のエネルギーを与えた後，電子のエネルギーは E' に下がったから

$$E_0 = (E_x - E_g) + E' \quad \therefore\ E_0 - E' = E_x - E_g$$

(8) 電極 G を通過した電子の運動エネルギーを E_G，水銀原子を励起することなく電極 P に到達した電子の運動エネルギーを E_P とし，G の電位を基準としてエネルギー保存の法則を適用すると

$$E_G+(-e)\times 0 = E_P+(-e)\cdot(-V_P) \quad \therefore \quad E_G-E_P=eV_P$$

つまり，G を通過した電子の運動エネルギーは P に到達するまでの間に eV_P だけ減少する。したがって，一度水銀原子と衝突し，これを励起したのち，G を通過した電子が P に到達できない場合には，次の式が成り立つことになる。

$$\underline{E' < eV_P}$$

(9) 図2より，CG 間の加速電圧 V_G が，$V_G=4.9$ [V] のとき，eV_G のエネルギーをもった電子が水銀原子と衝突し，原子はそのエネルギー eV_G を得て励起されることがわかる。したがって，$E_x-E_g=eV_G$ である。

次に，励起状態にある原子が基底状態にもどるとき，E_x-E_g のエネルギーをもった光子が放出されるから，発生する紫外線の波長を λ とすると，

$$h\frac{c}{\lambda} = E_x - E_g = eV_G$$

$$\therefore \quad \lambda = \frac{hc}{eV_G} = \frac{(6.6\times 10^{-34})\times(3.0\times 10^8)}{(1.6\times 10^{-19})\times 4.9} \fallingdotseq \underline{2.5\times 10^{-7}} \text{[m]}$$

(10) 一度水銀原子と衝突し，その原子を励起したのち，エネルギーを失った電子は，$9.8-4.9=4.9$ [V] の電圧で再び加速され，次の原子を励起したのち，エネルギーを失うことになる。　答は <u>2回励起した</u>。

(5) X 線

(i) X 線の発生

図は X 線を発生する **X 線管**の略図である。

陰極のフィラメントと陽極のターゲットの間に直流の高電圧をかけると，フィラメントから出た熱電子は，フィラメントとターゲットの間の電場によって加速され，非常に大きな運動エネルギーでターゲットに衝突する。この時，紫外線よりもさらに波長の短い電磁波が発生する。この電磁波を **X 線**という。

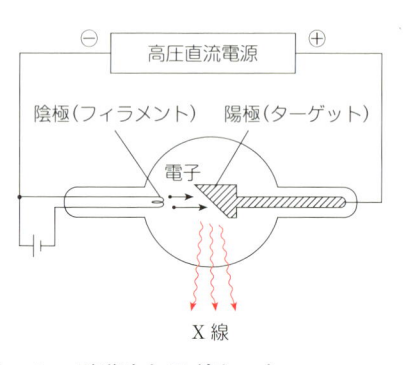

(ii) X 線のスペクトル

(a) X 線のスペクトル

X 線のスペクトル (X 線の波長と X 線の強さとの関係を示すグラフ) は，波長が変わるにつれて連続的に強さの変わる連続スペクトルの部分 (これを**連続 X 線**という) と，ターゲットとして用いる金属元素に特有の波長の位置に生じるきわめて強い線スペクトルの部分 (これを**固有 X 線**，または**特性 X 線**という) からなっている。次頁の図は，モリブデン Mo の X 線スペクトルである。

(b) 連続 X 線

連続 X 線は，波長がある値 λ_0 のところで急に終わっている。いま，電荷 $-e$ の電子が電圧 V で加速され，eV の運動エネルギーを得てターゲットに衝突するとき，放射される X 線の波長を λ，真空中の光速を c，衝突直後の電子の運動エネルギーを K' とすれば，エネルギー保存の法則により

$$eV = h\frac{c}{\lambda} + K' \quad \text{したがって} \quad eV \geqq h\frac{c}{\lambda}$$

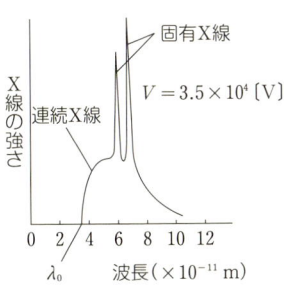

モリブデンのX線スペクトル

の式が成り立つ。このとき，ターゲットに衝突して減速された電子の運動エネルギー K' は電子によってまちまちであるから，発生する X 線の波長もまちまちとなる。このようなしくみで発生する X 線が連続 X 線である。

連続 X 線の最短波長 λ_0 は，ターゲットに衝突する直前の1個の電子の運動エネルギーがすべて1個の X 線の光子のエネルギーに変わる場合に発生する。このとき $K' = 0$ となり，$K' = 0$ のとき $\lambda = \lambda_0$ となるから

$$eV = h\frac{c}{\lambda_0} \quad \text{したがって} \quad \lambda_0 = \frac{hc}{eV}$$

となる。この式から，連続 X 線の最短波長は加速電圧に反比例することがわかる。

連続 X 線の最短波長 $\lambda_0 = \dfrac{hc}{eV}$

POINT 連続 X 線の最短波長は加速電圧によって決まる。

参考 制動放射

一般に，荷電粒子が加速度運動をすると電磁波が放射される。これを制動放射という。高速度でターゲットに衝突した電子は，ターゲットとして用いた金属中で急激に曲げられたり，減速されたり，止められたりする。このとき，電子には大きな加速度が生じるので，電子のまわりの電場にひずみが生じる。この電場のひずみによって磁場が誘導され，これがまた電場を誘起して，電磁波のパルス波が光の速さで伝わっていく。これが連続 X 線発生のしくみである。

(c) 固有（特性）X 線

次頁の図 a に示すように，ターゲットに用いる金属の構成原子の内側の軌道を回っているエネルギーの低い電子（この電子のエネルギーを E_n とする）が，ター

ゲットに衝突する高速の電子によって原子の外にたたき出されると，そこに電子の空席が生じる。そうすると，同じ原子の外側の軌道を回っているエネルギーの高い電子(この電子のエネルギーをE_mとする)がその空席に移る。このとき，2つの軌道における電子のエネルギーの差に等しいエネルギーをもった光子が放出される。金属原子では，このエネルギーの差が十分に大きいのでX線領域の光子になる。これが固有X線の発生のしくみである。したがって，このとき発生する固有X線の波長をλとすると，次の式が成り立つ。

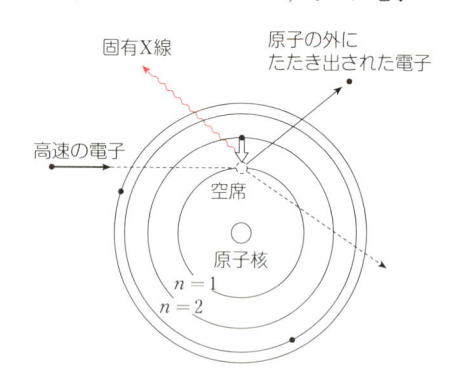

図a 固有X線発生のしくみ

$$h\frac{c}{\lambda} = E_m - E_n$$

また，それぞれの軌道における電子のエネルギーの値は，ターゲットに用いる金属の構成原子によって異なり，原子固有の値となっているので，このようなしくみで発生するX線の波長も金属に固有の一定の値となる。

POINT 固有X線の波長は，ターゲットの金属の種類によって決まる。

例題5－9　　　X線の回折

X線は真空管内で高い電圧で加速された電子が金属板に衝突するときに発生する。ある電圧の下で発生したX線の強度と波長の関係(スペクトル)を調べたところ，図1のような結果が得られた。このスペクトルは，最短の波長よりも長い波長が連続的に含まれる連続X線の部分(図1のA)と，特定の波長に鋭く現れる固有X線の部分(図1のBとC)とから構成されている。後者は金属板の物質に固有のものであることが知られている。

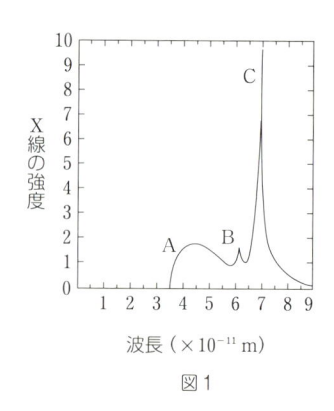

プランク定数$h = 6.6 \times 10^{-34}$ J·s，電子の電荷の大きさ$e = 1.6 \times 10^{-19}$ C，

光速 $c = 3.0 \times 10^8$ m/s,電子の質量 $m = 9.1 \times 10^{-31}$ kg として,以下の問いに答えよ。有効数字は 2 けたとする。

(1) 実験で使用した電圧の大きさを求めよ。

上記の X 線から固有 X 線の C のみを取り出し,これを,図 2 のように原子面の間隔が d である結晶に対して,原子面に θ の角度で入射させて,θ を変化させながら反射 X 線の強度 I を測定した。

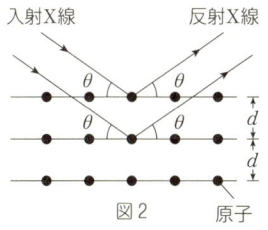

図 2

(2) θ を 0° から増加したとき,I が 4 回目の極大を示した角度が $\theta = 30°$ であった。結晶の間隔 d を求めよ。

(筑波大)

解答

(1) 図 1 から連続 X 線の最短波長 λ_0 は $\lambda_0 = 3.5 \times 10^{-11}$ [m] であることがわかる。求める加速電圧を V [V] とすると,最短波長の X 線は,ターゲットに衝突する電子の運動エネルギーがすべて X 線の光子のエネルギーに変わる場合に発生するから

$$eV = h\frac{c}{\lambda_0} \quad \text{より} \quad V = \frac{hc}{e\lambda_0} = \frac{(6.6 \times 10^{-34}) \times (3.0 \times 10^8)}{(1.6 \times 10^{-19}) \times (3.5 \times 10^{-11})} \fallingdotseq \underline{3.5 \times 10^4 \text{ [V]}}$$

(2) 図 1 から C の固有 X 線の波長 λ は $\lambda = 7.0 \times 10^{-11}$ [m] であることがわかる。ブラッグの反射条件 $2d\sin\theta = n\lambda$ ($n = 1, 2, 3, \cdots\cdots$) より

$$d = \frac{n\lambda}{2\sin 30°} = \frac{4 \times (7.0 \times 10^{-11})}{2 \times \frac{1}{2}} = \underline{2.8 \times 10^{-10} \text{ [m]}}$$

③ 原子核

(1) 原子核の構成

(i) 陽子と中性子

原子核は,**陽子**と**中性子**からできており,陽子と中性子を総称して**核子**とよぶ。陽子(プロトン)は水素の原子核で,$+e$ の正電荷をもち,質量は,電子の質量のほぼ 1836 倍である。中性子(ニュートロン)は,電荷をもたない中性の粒子で,その質量は陽子の質量とほとんど同じである。

陽子・中性子・電子

粒 子	電荷	質量 [u]
陽 子	$+e$	1.0073
中性子	0	1.0087
電 子	$-e$	0.00055

(質量の単位 [u] については,次頁参照のこと)

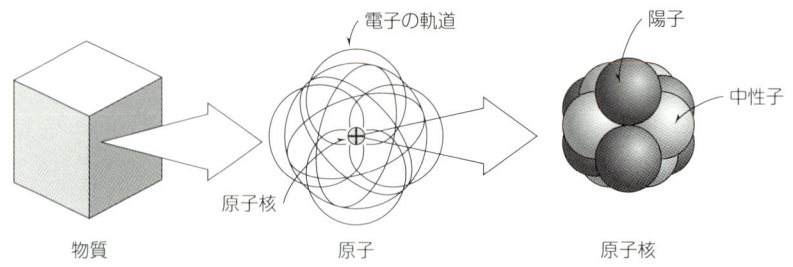

(ii) **原子番号と質量数**

　核子は $10^{-14} \sim 10^{-15}$ m 程度の非常にせまい空間に閉じ込められて原子核をつくっている。中性原子の電子は原子の化学的性質に関わっており，その数は元素の違いを決定する。この中性原子の電子数が**原子番号**に相当する。原子核の中に含まれる陽子の数は原子番号に等しい。原子番号 Z の原子の原子核は $+Ze$ の正電荷をもっている。

　また，原子核の中に含まれている中性子の数を N とするとき，原子核に含まれている核子の総数 $A = Z + N$ を**質量数**という。したがって，原子核中の中性子の数 N は $N = A - Z$ で表される。

　原子核は，たとえばヘリウムの原子核 ^4_2He のように，元素記号の左上に質量数，左下に原子番号をつけて表す。なお，中性子は電荷をもたないので ^1_0n で表す。

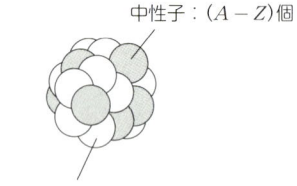

　一般に，原子番号 Z，質量数 A の原子核は，その原子核の元素記号を X として ^A_ZX と表記する。^A_ZX は，1つの原子核の種類を示しており，これを**核種**という。

> **POINT**　原子番号 Z，質量数 A の原子核は，Z 個の陽子と $(A - Z)$ 個の中性子からなる。

(iii) **同位体**

(a) **同位体**

　陽子の数は等しいが，中性子の数が異なる，つまり原子番号は等しいが，質量数が異なる原子核どうしを，たがいに化学的に**同位核**であるという。同位核を核とする原子どうしは**同位体（アイソトープ）**とよばれる。同位体は質量数は異なるが，原子番号が等しいので，周期表では同じ場所をしめ，化学的性質はほぼ同じである。

(b) 原子量

元素の**原子量**は，その元素の原子の質量を，質量数 12 の炭素原子 $^{12}_{6}\text{C}$ 1 個の質量の $\dfrac{1}{12}$ を単位として表したものである。

> ● **元素の同位体の存在比と原子量**　物質に含まれている元素は，その元素の同位体の混合物であることが多いが，自然界では，その混合比はつねに一定に保たれているので，元素の原子量は各同位体の原子量に，存在比の重みをつけて得た平均値で表すことが多い。たとえば，塩素には $^{35}_{17}\text{Cl}$（原子量 34.9689，存在比 75.77 %）と $^{37}_{17}\text{Cl}$（原子量 36.9659，存在比 24.23 %）があるので，塩素の平均原子量は，次のように表される。
>
> $$\dfrac{34.9689 \times 75.77 + 36.9659 \times 24.23}{100} \fallingdotseq 35.453$$

(c) 原子質量単位

原子や素粒子（陽子，中性子，電子）などの質量は，**原子質量単位** [u] という単位を用いて表す場合が多い。1 原子質量単位，すなわち 1 [u] は，質量数 12 の炭素原子 $^{12}_{6}\text{C}$ 1 個の質量の 12 分の 1 である。質量数 12 の炭素原子 1 [mol] の質量は 12×10^{-3} [kg] であり，1 [mol] 中の原子数は 6.02×10^{23} 個であるから，1 [u] の大きさは，次のようになる。

$$1\,[\text{u}] \fallingdotseq \dfrac{12 \times 10^{-3}\,[\text{kg}]}{6.02 \times 10^{23}} \times \dfrac{1}{12} \fallingdotseq 1.66 \times 10^{-27}\,[\text{kg}]$$

POINT　1 原子質量単位 [u] は，$^{12}_{6}\text{C}$ の原子 1 個の質量の 12 分の 1

発展　原子核の大きさ

詳しい研究によると，原子核の半径 r [m] と質量数 A の間には，ほぼ

$$r = 1.4 \times 10^{-15} A^{\frac{1}{3}}$$

の関係があることがわかっている。ところが，原子核の体積は半径の 3 乗に比例するから，この式から原子核の体積は質量数に比例することがわかる。したがって，原子核は，ほぼすき間なく核子で満たされており（飽和性），また，原子核の密度は原子核の種類によらずほぼ一定である。

(2) 質量分析器

　原子の質量を求めたり，たとえば $^{39}_{19}\text{K}$，$^{40}_{19}\text{K}$，$^{41}_{19}\text{K}$ のような同位体を分離するには，図のような**質量分析器**を用いる。まず，質量を測定したい原子を放電などによってイオンにし，これに電圧を加えると，加速されたイオンは真空容器中のスリット S_1，S_2 を通って直進する。

　スリット S_2 と S_3 の間の部分で左向きの強さ E の電場と，紙面に垂直に表から裏に向かう磁束密度 B の磁場を同時に加えると，質量 m，電荷 $+q$，速さ v の正イオンは，電場から大きさ qE の静電気力を左向きに受けるとともに，磁場から大きさ qvB のローレンツ力を右向きに受ける。したがって $qE = qvB$，すなわち $v = \dfrac{E}{B}$ を満たすような速さ v で進むイオンだけは直進してスリット S_3 に入ることになる。

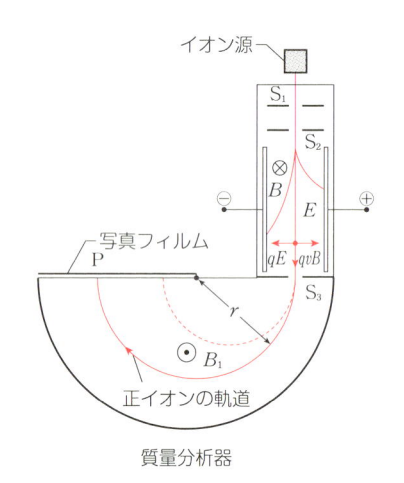

　次に，この正イオンは，紙面に垂直に裏から表に向かう磁束密度 B_1 の一様な磁場が加えてある半円形の部分に入る。この中でイオンは，大きさ qvB_1 のローレンツ力を向心力として等速円運動を行い，写真フィルム上の点 P に達する。この円軌道の半径を r とすると，イオンについての運動方程式より

$$m\frac{v^2}{r} = qvB_1 \quad \therefore \quad r = \frac{mv}{qB_1} = \frac{mE}{qB_1B}$$

となる。したがって，q が一定のとき，r は m に比例するから，質量の異なるイオンは写真フィルム上の異なる点に達することになる。また，上の式より $m = \dfrac{qB_1B}{E}r$ と表されるので，r の値を測定することによって，イオンの質量 m を知ることができる。なお，同位体の存在比は，写真フィルム上の像の濃さを比べることによって決定できる。

質量分析器

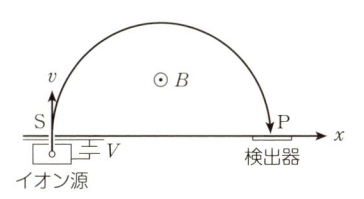

例題 5-10　　質量分析器の原理

次の文を読み，各問いに答えよ。

真空中で，質量 M [kg]，電気量 $q(q>0)$ [C] の静止していた荷電粒子が，電圧 V [V] で加速され，スリット S を通って，磁束密度 B [T] の一様な磁場へ垂直に入り，図のような円運動をして P 点に達した。ただし，SP を結ぶ線を x 軸とし，荷電粒子は x 軸に垂直な方向に加速されるものとする。

(1) この粒子が磁場に入るとき (S を通過するとき) の速さ v [m/s] を求めよ。
(2) スリット S から検出器上の到達点 P までの距離 x [m] を求めよ。
(3) ある元素を同じようにして，磁場へ入れると，$x_1=2.00$ [m] と $x_2=2.06$ [m] の 2 つの位置で粒子が検出された。この元素には 2 種類の同位体があるとして，比電荷の大きい方の質量数を 35 としたとき，他方の質量数を求めよ。

(甲南大)

解答

(1) エネルギー保存の法則により
$$\frac{1}{2}Mv^2 = qV \quad \therefore \quad v = \sqrt{\frac{2qV}{M}} \text{ [m/s]}$$

(2) 磁場中では，粒子はローレンツ力を向心力としてスリット S と P 点を結ぶ線分の中点を中心とする半径 $\frac{x}{2}$ [m] の等速円運動を行うから
$$M\frac{v^2}{x/2} = qvB \quad \therefore \quad x = \frac{2Mv}{qB} = \frac{2M}{qB}\sqrt{\frac{2qV}{M}} = \frac{2}{B}\sqrt{\frac{2MV}{q}} \text{ [m]}$$

(3) (2)の式を変形すると
$$x = \frac{2}{B}\sqrt{\frac{2V}{q/M}}$$

となり，この式から粒子の比電荷 q/M の値が大きいと x の値が小さくなることがわかる。したがって，$x_1=2.00$ [m] の位置で検出される粒子の方が他方の粒子よりも比電荷が大きく，この粒子の質量を M_1 [kg] とすると

の式が成り立つ。また，$x_2 = 2.06$ [m] の位置で検出される粒子の質量を M_2 [kg] とすると

$$x_1 = \frac{2}{B}\sqrt{\frac{2M_1 V}{q}} = 2.00$$

の式が成り立つ。また，$x_2 = 2.06$ [m] の位置で検出される粒子の質量を M_2 [kg] とすると

$$x_2 = \frac{2}{B}\sqrt{\frac{2M_2 V}{q}} = 2.06$$

の式が成り立つ。

したがって　$\dfrac{x_1^2}{x_2^2} = \dfrac{M_1}{M_2} = \left(\dfrac{2.00}{2.06}\right)^2$ ……①

一方，粒子の質量は，その粒子の質量数に比例するとみなせるから，質量 M_2 [kg] の粒子の質量数を A とすると

$$\frac{M_1}{M_2} = \frac{35}{A} \quad \cdots\cdots ②$$

となる。①，②式から

$$\left(\frac{2.00}{2.06}\right)^2 = \frac{35}{A} \quad \therefore \quad A = 37.1$$

となる。ところが粒子の質量数は整数であるから，37.1 に近い整数は 37 である。

したがって求める質量数は <u>37</u> である。

(3) 原子核の崩壊と放射線
(i) 放射能と放射線

　原子核は，それを構成する陽子と中性子の組み合わせがいく通りもできるので，その種類は非常に多い。しかし，陽子と中性子の勝手な組み合わせによってできる原子核がつねに安定であるとは限らない。

　原子核を構成するために核子どうしの間にはたらく強い力，すなわち**核力**は，その到達距離が非常に小さいので，核子をたくさん抱えている大きな原子核では，陽子どうしの間にはたらく電気的斥力が核子同士の結びつきを弱めるようになる。そのため，原子番号の大きな原子核，たとえばウラン $^{238}_{92}\mathrm{U}$ やラジウム $^{226}_{88}\mathrm{Ra}$ などは不安定となり，自然に**放射線**を出して，別の種類の原子核に変わっていく。この現象を**放射性崩壊**といい，原子核が自発的に放射線を放出する性質を**放射能**という。また，ウラン $^{238}_{92}\mathrm{U}$ やラジウム $^{226}_{88}\mathrm{Ra}$ の原子核のように，天然に存在する放射能をもつ元素の原子核を自然放射性核種という。

　放射線は，次のような性質をもっている。

(I) 写真フィルムを感光させ，蛍光物質を光らせる。
(II) 物質を電離し，生物細胞に害を及ぼす。
(III) 物質を透過する能力をもつ。
(IV) 電場や磁場によって，その進路を曲げられる放射線もある。

放射線は，飛んでいくうちに周りの原子中の電子を原子の外へはじき飛ばしイオン化する（**電離作用**）。

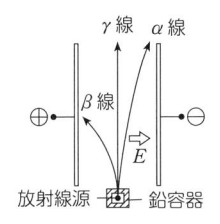

電場による放射線の曲がり方

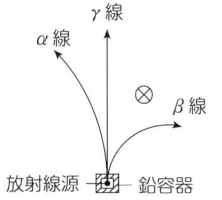

⊗印は，磁石のＮ極とＳ極の間に鉛容器を置いたとき，Ｎ極が手前でＳ極が向こう側にあり，磁場の向きが紙面に垂直に表から裏に向かう向きであることを示す記号である。

磁場による放射線の曲がり方

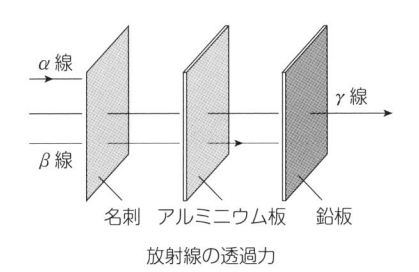

放射線の透過力

(ii) **放射線の種類**

自然放射性核種の崩壊によって放出される放射線には，**α線**，**β線**，**γ線**の3種類がある。

(a) **α線**

α線は，高速のヘリウム原子核 ^4_2He の流れである。このことから ^4_2He をα粒子とよんでいる。α粒子は $+2e$ の電荷をもつ。また，α線は，電離作用は強いが透過力は弱い。

(b) **β線**

β線は，高速の電子 e^- の流れである。β線は，α線よりも電離作用は弱いが透過力は強い。

(c) γ 線

γ 線は, 光や X 線よりもはるかに波長の短い電磁波である。γ 線は, α 線, β 線よりも電離作用は弱いが透過力はきわめて強い。

(iii) 放射性原子核の崩壊
(a) α 崩壊

原子核が α 粒子を放出して, 別の種類の原子核に変わる現象を **α 崩壊** という。原子核が α 粒子を 1 個放出すると, その原子核は, 原子番号が 2 だけ減少し, 質量数が 4 だけ減少した新しい原子核に変わる。たとえば, ラジウム $^{226}_{88}\mathrm{Ra}$ は, α 崩壊を行ってラドン $^{222}_{86}\mathrm{Rn}$ に変わる。この変化は, 次の式で表される。

$$^{226}_{88}\mathrm{Ra} \longrightarrow {}^{222}_{86}\mathrm{Rn} + {}^{4}_{2}\mathrm{He}$$

(b) β 崩壊

原子核中の中性子が陽子と電子とに変化し, その電子が放出される現象を **β 崩壊** という。したがって, 原子核が β 崩壊を行うと, その原子核の電荷は $+e$ だけ増加する。ところが, 原子核が β 崩壊を行っても核子の総数は変化しないから, 質量数は変わらない。たとえば, ビスマス $^{210}_{83}\mathrm{Bi}$ は, β 崩壊を行ってポロニウム $^{210}_{84}\mathrm{Po}$ に変わる。この変化は, 次の式で表される。

$$^{210}_{83}\mathrm{Bi} \longrightarrow {}^{210}_{84}\mathrm{Po} + e^{-}$$

参考 β^{+} 崩壊

ウラン $^{238}_{92}\mathrm{U}$ やラジウム $^{226}_{88}\mathrm{Ra}$ のような自然放射性核種が崩壊するときは, ふつうの電子しか放出しないが, 人工的につくられた放射性の原子核が崩壊するときには, 質量は電子と同じであるが, 正電荷 $+e$ をもった粒子が放出されることがある。この粒子は電子の反粒子で **陽電子** といい, e^{+} で表す。原子核から陽電子が放出される崩壊も β 崩壊というが, ふつうの電子を放出する場合と区別して **β^{+} 崩壊** ということがある。β^{+} 崩壊の場合は, 原子番号が 1 だけ減少するが, 質量数は変わらない。たとえば, リン $^{30}_{15}\mathrm{P}$ は, β^{+} 崩壊を行ってケイ素 $^{30}_{14}\mathrm{Si}$ に変わるが, この変化は, 次の式で表される。

$$^{30}_{15}\mathrm{P} \longrightarrow {}^{30}_{14}\mathrm{Si} + \mathrm{e}^{+}$$

参考 ニュートリノ

β 崩壊の際は, 原子核中の中性子 n が陽子 p と電子 e^{-} とニュートリノ (中性微子) ν という粒子に変わり, 電子と中性微子の対が放出されることがわかっている。つまり,

$$\mathrm{n} \longrightarrow \mathrm{p} + \mathrm{e}^{-} + \nu$$

という変化が起こっている。また, β^{+} 崩壊の場合は

$$\mathrm{p} \longrightarrow \mathrm{n} + \mathrm{e}^{+} + \nu$$

という変化が起こっている。なお, ニュートリノ ν は電荷 0, 質量がほとんど 0 の粒子であると考えられている (この β 崩壊の際に放出されるニュートリノは反電子ニュートリノとよばれ, β^{+} 崩壊の際に放出されるニュートリノは電子ニュートリノとよばれる)。

(c) γ崩壊

α崩壊やβ崩壊をおこなった原子核は，通常の状態よりもエネルギーが高い状態（この状態を**励起状態**という）にある。このような状態にある原子核が通常の状態に落ち着くとき，電磁波を放出する現象をγ崩壊という。γ線は電磁波であるから，原子核がγ線を放出しても原子番号，質量数はともに変化しない。

> **POINT**
> **放射性原子核の変位法則**
> α崩壊 ⇨ 原子番号が2だけ減少し，質量数が4だけ減少する。
> β崩壊 ⇨ 原子番号が1だけ増加し，質量数は変わらない。
> γ崩壊 ⇨ 原子番号，質量数とも変わらない。
>
> 一般に，原子番号 Z，質量数 A の原子核が α崩壊を x 回，β崩壊を y 回行って原子番号 Z'，質量数 A' の原子核になったとすると，次の式が成り立つ。
>
> $$A - 4x = A' \qquad Z - 2x + y = Z'$$

(iv) 半減期

放射性元素の原子核は，α線やβ線を放出して別の種類の元素の原子核に変わっていくから，もとの元素の原子核の数はしだいに減少していく。

原子核の数が，崩壊によってもともと存在していた数の半分に減少してしまうまでの時間を**半減期**という。半減期は，放射性元素の寿命を示すもので，それぞれの放射性元素に固有の量である。

はじめの原子核の数を N_0 とし，時間 t だけ経過したとき，崩壊しないで残っている原子核の数を N，半減期を T とすると，次の式が成り立つ。

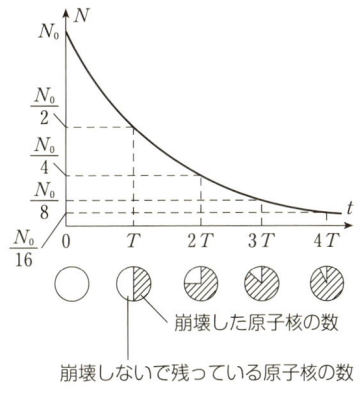

放射性原子核の半減期

> 崩壊しないで残っている原子核の数　$N = N_0 \left(\dfrac{1}{2}\right)^{\frac{t}{T}}$

半減期の式

前頁の式は，次のようにして確めることができる。

$t = T$ のとき $\quad N = N_0 \times \dfrac{1}{2} = N_0\left(\dfrac{1}{2}\right)^1$

$t = 2T$ のとき $\quad N = N_0 \times \dfrac{1}{2} \times \dfrac{1}{2} = N_0\left(\dfrac{1}{2}\right)^2$

となるから，$t = nT$ のとき $\quad N = N_0\left(\dfrac{1}{2}\right)^n = N_0\left(\dfrac{1}{2}\right)^{\frac{t}{T}}$

なお，この半減期の式は，n が整数でなくても成り立つことがわかっている。

例題 5−11　　放射性炭素による年代測定

次の文の □ に適した語句または数値を記せ。ただし $\sqrt{2} = 1.4$，アボガドロ定数 $N = 6.0 \times 10^{23}$ 〔1/mol〕とし，有効数字2けたで解答せよ。

宇宙線と大気との原子核反応で生じた中性子は，大気中の窒素に吸収され，(1)式のように中性子を イ 個含む炭素をつくる。

$$^{14}_{7}\text{N} + 中性子 \longrightarrow {}^{14}_{6}\text{C} + \boxed{ロ} \quad \cdots\cdots (1)$$

$^{14}_{6}\text{C}$ は天然の炭素の大部分をしめる $^{12}_{6}\text{C}$ の ハ であり，半減期約5700年で(2)式のように ニ 崩壊する。

$$^{14}_{6}\text{C} \longrightarrow {}^{14}_{7}\text{N} + 電子 + ニュートリノ \quad \cdots\cdots (2)$$

大気中で炭素は二酸化炭素として存在し，植物の生体組織に取り込まれる。$^{14}_{6}\text{C}$ は(2)式で崩壊するので，死んだ植物組織中の $^{14}_{6}\text{C}$ の量は，時間とともに減少していく。一方，大気中の炭素にしめる $^{14}_{6}\text{C}$ の割合は過去数千年間ほぼ一定であったことが知られている。したがって，ある古墳から発掘された木炭中の炭素にしめる $^{14}_{6}\text{C}$ の割合が大気中での割合の ホ 倍であったとすれば，この木炭は今から2850年前のものと推定される。

(京都大)

解答

イ．$^{14}_{6}\text{C}$ の原子番号（陽子数）は6，質量数（陽子数＋中性子数）は14であるから，中性子の数は $14 - 6 = \underline{8}$ 〔個〕

ロ．$^{14}_{7}\text{N} + {}^{1}_{0}\text{n} \longrightarrow {}^{14}_{6}\text{C} + {}^{1}_{1}\text{H}$ となるから，答は $\underline{陽子}$

ハ．$\underline{同位体}$　　ニ．$\underline{\beta}$

ホ．大気中の炭素にしめる $^{14}_{6}\text{C}$ の割合を x_0 とすると，今から2850年前につくられた当時の木炭中の炭素にしめる $^{14}_{6}\text{C}$ の割合も x_0 である。したがって，古墳から発掘された木炭中の炭素にしめる $^{14}_{6}\text{C}$ の割合を x とすると，

$$x = x_0 \cdot \left(\dfrac{1}{2}\right)^{\frac{2850}{5700}} = \dfrac{1}{\sqrt{2}} x_0 \qquad \therefore \quad \dfrac{x}{x_0} = \dfrac{\sqrt{2}}{2} = \underline{0.70}$$

参考　崩壊定数

ある時刻において，崩壊しないで残っている原子核の数を N，微小時間 dt の間の原子核の数の変化を $|dN|$ とすると，単位時間に崩壊する原子核の数 $\left|\dfrac{dN}{dt}\right|$ は N に比例する。すなわち，

$$\dfrac{dN}{dt} = -\lambda N$$

が成り立つ。右辺に － (マイナス) の符号がつくのは $\dfrac{dN}{dt} < 0$ となるからである。比例定数 λ は**崩壊定数**とよばれ，それぞれの放射性元素に固有の量である。

上の式を変形すると $\dfrac{dN}{N} = -\lambda \cdot dt$ となるから，これを積分すると

$$\int \dfrac{dN}{N} = -\lambda \int dt$$

$$\therefore \quad \log_e N = -\lambda t + C$$

となる。ここで $t=0$ のとき $N=N_0$ であるから，定数 C は $C = \log_e N_0$ である。したがって，次の式が成り立つ。

$$N = N_0 \cdot e^{-\lambda t}$$

また，$t=T$ のとき $N = \dfrac{1}{2} N_0$ であるから，

$$e^{-\lambda T} = \dfrac{1}{2}$$ である。したがって，

$$N = N_0 \cdot e^{-\lambda t} = N_0 \left(e^{-\lambda T}\right)^{\frac{t}{T}}$$
$$= N_0 \left(\dfrac{1}{2}\right)^{\frac{t}{T}}$$

となる。

なお，$e^{-\lambda T} = \dfrac{1}{2}$ より，$e^{\lambda T} = 2$ となるから，半減期 T と崩壊定数 λ の間には

$$\lambda T = \log_e 2 = 0.693$$

の関係がある。したがって，

$$\dfrac{dN}{dt} = -\lambda N = -0.693 \dfrac{N}{T}$$

となり，単位時間に**崩壊する原子核の数**は，**原子核の数に比例し，半減期に反比例する**ことがわかる。

(v) 放射性原子核の崩壊系列

天然の放射性元素の原子核の崩壊系列は，次の 3 つに分類される。

(a) ウラン系列

ウラン・ラジウム系列ともいい，半減期 4.5×10^9 年のウラン $^{238}_{92}\mathrm{U}$ から出発して安定な鉛 $^{206}_{82}\mathrm{Pb}$ で終わる系列である。この系列上のそれぞれの原子核の質量数 A は，n を整数として，$A = 4n+2$ の関係を満たしている。

(b) アクチニウム系列

半減期 7.1×10^8 年のウラン $^{235}_{92}\mathrm{U}$ から出発して安定な鉛 $^{207}_{82}\mathrm{Pb}$ で終わる系列で，この系列上のそれぞれの原子核の質量数 A は，$A = 4n+3$ の関係を満たしている。

(c) トリウム系列

半減期 1.4×10^{10} 年の $^{232}_{90}\mathrm{Th}$ から出発して，安定な鉛 $^{208}_{82}\mathrm{Pb}$ で終わる系列で，系列上のそれぞれの原子核の質量数 A は，$A = 4n$ の関係を満たしている。

(vi) 放射能の単位

放射能の量の単位には**ベクレル**（記号 **Bq**）を用い，原子核が毎秒 1 個の割合で崩壊するときの放射能の量を 1 Bq と決める。

例題 5-12　　原子核のγ線放出

原子核がエネルギーの高い状態からγ線（電磁波）を放出してエネルギーの低い状態へ変わることをγ崩壊という。静止している質量 M の原子核がγ崩壊によって E だけエネルギーの低い状態へ変わったとする。このとき，原子核はγ線放出の反作用で動くので，γ線のエネルギー E_γ は E よりも小さい。プランク定数を h，光の速さを c として，以下の問いに答えよ。

(1) γ線の振動数を ν として E_γ を表せ。
(2) 電磁波の運動量と波長との関係は，物質波の運動量と波長との関係と同じである。γ線の運動量 p_γ を E_γ で表せ。
(3) γ線の放出後の原子核の運動エネルギー E_R を E_γ を用いて表せ。
(4) E_R は E と E_γ の差であるとして，E_γ を E の2次式で表せ。ただし，$Mc^2 \gg E$ の関係があるとして，$x \ll 1$ に対して成り立つ近似式
$(1+x)^{\frac{1}{2}} \fallingdotseq 1 + \frac{1}{2}x - \frac{1}{8}x^2$ を用いよ。
(5) $Mc^2 = 52.8 \times 10^9$ eV，$E = 14.4 \times 10^3$ eV として E_R を計算せよ。

（室蘭工業大）

解答

(1) $E_\gamma = h\nu$

(2) γ線の波長を λ とすると　$c = \nu\lambda$　であるから
$p_\gamma = \dfrac{h}{\lambda} = \dfrac{h\nu}{c}$　したがって　$p_\gamma = \dfrac{E_\gamma}{c}$

(3) γ線放出後の原子核の運動量を p_R とすると，運動量保存の法則により
$$p_R + p_\gamma = 0$$
一方，このときの原子核の速度を V_R とすると　$p_R = MV_R$　であるから
$$E_R = \frac{1}{2}MV_R^2 = \frac{(MV_R)^2}{2M} = \frac{p_R^2}{2M} = \frac{(-p_\gamma)^2}{2M} = \frac{1}{2M} \times \frac{E_\gamma^2}{c^2} = \frac{E_\gamma^2}{2Mc^2}$$

(4) エネルギー保存の法則により
$$E = E_R + E_\gamma \quad \text{したがって} \quad E_R = E - E_\gamma \quad \cdots\cdots\text{①}$$
$$\therefore \quad \frac{E_\gamma^2}{2Mc^2} = E - E_\gamma \quad \therefore \quad E_\gamma^2 + 2Mc^2 E_\gamma - 2Mc^2 E = 0$$
$$\therefore \quad E_\gamma = -Mc^2 \pm \sqrt{(Mc^2)^2 + 2Mc^2 E} = -Mc^2 \pm Mc^2 \sqrt{1 + \frac{2E}{Mc^2}}$$
ここで　$E_\gamma > 0$，$Mc^2 \gg E$ であるから
$$E_\gamma = -Mc^2 + Mc^2 \left(1 + \frac{2E}{Mc^2}\right)^{\frac{1}{2}} \fallingdotseq -Mc^2 + Mc^2 \left\{1 + \frac{1}{2} \times \frac{2E}{Mc^2} - \frac{1}{8} \times \left(\frac{2E}{Mc^2}\right)^2\right\}$$
したがって　$E_\gamma = E - \dfrac{E^2}{2Mc^2}$ 　$\cdots\cdots\cdots\cdots\cdots\cdots\cdots\cdots\cdots\cdots$ ②

(5) ①，②式より　$E_R = \dfrac{E^2}{2Mc^2} = \dfrac{(14.4 \times 10^3)^2}{2 \times 52.8 \times 10^9} \fallingdotseq 1.96 \times 10^{-3}$ 〔eV〕

(4) 原子核とエネルギー
(i) 原子核の結合エネルギー
(a) 質量欠損

　原子核の質量は，それを構成している核子がばらばらの状態で存在しているときの質量の和よりも，わずかに小さい。この差を**質量欠損**という。原子番号 Z，質量数 A の原子核の質量を M，陽子，中性子の質量を，それぞれ m_p，m_n とすると，この原子核の質量欠損 Δm は，次のように表される。

> **POINT**
> 〔質量欠損〕＝〔原子核を構成する核子の質量の和〕－〔原子核の質量〕
> $$\Delta m = \{Z \cdot m_\mathrm{p} + (A-Z) \cdot m_\mathrm{n}\} - M$$

(b) 質量とエネルギーの等価性

　アインシュタインの相対性理論によれば，質量とエネルギーは等価であり，$m\,[\mathrm{kg}]$ の質量とそれに対応する $E\,[\mathrm{J}]$ のエネルギーの間には，真空中における光の速さを $c\,[\mathrm{m/s}]$ として，次の関係があることが知られている。

> 質量とエネルギーの等価性　$E = m \cdot c^2$　（c：真空中の光速度）

> ❯ **静止エネルギー**　静止状態にある質量 m の粒子のもつエネルギー mc^2 を**静止エネルギー**という。

> **参考**
> 相対性理論によれば質量 m の粒子のエネルギー E と運動量 p は次の関係を満たす。
> $$E = \sqrt{m^2 c^4 + c^2 p^2}$$
> 運動量 p が 0 のとき，$E = mc^2$ となる。
> cp が mc^2 に比べて十分に小さいとき
> $$E = mc^2 \sqrt{1 + \frac{p^2}{m^2 c^2}} \fallingdotseq mc^2 \left(1 + \frac{p^2}{2m^2 c^2}\right) = mc^2 + \frac{p^2}{2m}$$
> となり，粒子のエネルギーは静止エネルギーと運動エネルギーの和で表される。
> また，質量 $m = 0$ のとき $E = cp$ となり，これは光子のエネルギーと運動量の関係を表す。

(c) 結合エネルギー

　ある原子核の質量欠損が Δm であるということは，その原子核を構成している核子がばらばらの状態で存在していると仮定したときのエネルギーよりも，まとまって原子核を構成しているときのエネルギーのほうが，$\Delta m \cdot c^2$ だけ小さいことを意味している。したがって，原子核を構成している核子をばらばらにしてしまうためには，その原子核に $\Delta m \cdot c^2$ のエネルギーを与える必要がある。そこで，$\Delta m \cdot c^2$ を，その原子核の**結合エネルギー**という。

$$\boxed{結合エネルギー \quad \Delta E = \Delta m \cdot c^2}$$

(ii) **原子核反応**

原子核に α 粒子 ${}_2^4\text{He}$，陽子 ${}_1^1\text{H}$，中性子 ${}_0^1\text{n}$ などを当てると，核子の組み合わせが変わって新しい原子核ができる。このような反応を**原子核反応**という。

(a) **原子核反応式**

原子核反応式についての基本法則は，次のように表される。

(I) 反応の前後で，原子核のもつ電荷の総和は，つねに一定に保たれる。
すなわち，原子核の原子番号の総和は，反応の前後で変わらない。

(II) 反応の前後で，核子の数の総和は，つねに一定に保たれる。
すなわち，原子核の質量数の総和は，反応の前後で変わらない。

次に，原子核反応式の例を掲げておく。

$${}_7^{14}\text{N} + {}_2^4\text{He} \longrightarrow {}_8^{17}\text{O} + {}_1^1\text{H}$$
$${}_8^{16}\text{O} + {}_0^1\text{n} \longrightarrow {}_6^{13}\text{C} + {}_2^4\text{He}$$
$${}_1^3\text{H} + {}_1^2\text{H} \longrightarrow {}_0^1\text{n} + {}_2^4\text{He}$$

$${}_4^9\text{Be} + {}_2^4\text{He} \longrightarrow {}_6^{12}\text{C} + {}_0^1\text{n}$$
$${}_3^7\text{Li} + {}_1^1\text{H} \longrightarrow {}_2^4\text{He} + {}_2^4\text{He}$$

POINT 原子核反応式 ⇨ 両辺の $\left\{\begin{array}{l}\text{原子番号の和}\\ \text{質量数の和}\end{array}\right\}$ が不変

(b) **原子核反応における運動量保存則とエネルギー保存則**

原子核は正電荷を帯びているから，2つの原子核を反応させるには，これらの原子核に運動エネルギーを与えて衝突させなければならないが，このような原子核反応の場合でも運動量保存の法則が成り立つ。

一方，2つの原子核が反応して原子核の全質量が減少する場合には，その減少質量に相当するエネルギーが発生し，このエネルギーと反応前の原子核の運動エネルギーの和が反応後の原子核の運動エネルギーの和に等しくなる。このため，原子核反応が起こる際は，静止エネルギーを含めたエネルギー保存の法則も成り立つ。

POINT 原子核反応では 〔全運動量〕＝一定
〔静止エネルギー〕＋〔運動エネルギー〕＝一定

例題 5-13　　中性子の発見

アルファ線とベリリウム原子核との衝突によって発生した電荷をもたぬ放射線を，高圧の水素ガスを詰めたウィルソン霧箱に入射させると，霧箱中に高速度の陽子の飛跡が観測される。この陽子の発生は，放射線と静止している水素原子核（陽子）との弾性衝突によるものである。多くの観測例を調べると，陽子の速さの最大値は 3×10^7 [m/s] であることがわかった。

(1) 入射放射線をガンマ線（光子）と仮定する。この場合には，衝突された陽子の速さが最大になるのは，光子が衝突によって入射方向と逆方向へはねかえされるときである。観測された陽子の速さの最大値から，入射光子のエネルギー E_0 の値を MeV（100万電子ボルト）の単位で求めよ。

　ただし，運動量 p の光子エネルギー E は，$E=cp$（c は真空中の光速度）であり，陽子の質量を m とすると，$mc^2=940$ [MeV] である。

(2) この放射線は実際にはガンマ線（光子）ではなく，中性子であることがわかった。アルファ線とベリリウム原子核（質量数 9）との衝突によって生ずる原子核反応の反応式を書け。

(名古屋大)

解答

(1) 静止している陽子と衝突したのち，はねかえされた γ 線の光子のエネルギーを E とすると，運動量 p は $p=\dfrac{E}{c}$ で表され，入射光子の運動量 p_0 は $p_0=\dfrac{E_0}{c}$ で表される。また，衝突後の陽子の速さの最大値を v_p とすると，運動量保存の法則により

$$p_0=mv_\mathrm{p}-p \quad \therefore\quad \dfrac{E_0}{c}=mv_\mathrm{p}-\dfrac{E}{c} \quad \cdots\cdots ①$$

次に，エネルギー保存の法則により

$$E_0=\dfrac{1}{2}mv_\mathrm{p}^2+E \quad \cdots\cdots ②$$

①式から　$E_0=mv_\mathrm{p}c-E$　……①′

② + ①′　$2E_0=\dfrac{1}{2}mv_\mathrm{p}(v_\mathrm{p}+2c)=\dfrac{1}{2}mc^2\left(\dfrac{v_\mathrm{p}}{c}+2\right)\cdot\dfrac{v_\mathrm{p}}{c}$

題意により　$\dfrac{v_\mathrm{p}}{c}=\dfrac{3\times10^7}{3\times10^8}=\dfrac{1}{10}$，$mc^2=940$ [MeV]

であるから

$$E_0=\dfrac{1}{4}\times940\times\left(\dfrac{1}{10}+2\right)\times\dfrac{1}{10}\fallingdotseq \underline{49} \text{ [MeV]}$$

(2) ベリリウムの原子番号は 4 であり，原子番号 6 の元素は炭素であるから

$$\underline{{}^9_4\mathrm{Be}+{}^4_2\mathrm{He}\longrightarrow {}^{12}_6\mathrm{C}+{}^1_0\mathrm{n}}$$

例題 5-14　　　質量とエネルギー

2つの炭素原子核が起こす次の核反応を考える。

$$^{12}_{6}C + {}^{12}_{6}C \longrightarrow {}^{20}_{10}Ne + {}^{4}_{2}He \quad \cdots\cdots (A)$$

(1) この反応では，生成された $^{4}_{2}He$ 原子核と $^{20}_{10}Ne$ 原子核の質量の和は，反応前の $^{12}_{6}C$ 原子核の質量の和よりも小さい。この質量の変化 Δm により生じるエネルギー $W = \Delta m \cdot c^2$ は，$^{20}_{10}Ne$ と $^{4}_{2}He$ の運動エネルギーになる。

W を，[MeV] 単位を使って有効数字2けたで求めよ。ただし，$^{12}_{6}C$ の質量は 19.9236×10^{-27} kg，$^{20}_{10}Ne$ の質量は 33.1934×10^{-27} kg，$^{4}_{2}He$ の質量は 6.6455×10^{-27} kg である。

(注) 光速度 $c = 3.0 \times 10^8$ [m/s]，1 [eV] $= 1.6 \times 10^{-19}$ [J]，
1 [MeV] $= 10^6$ [eV]

(2) 2つの $^{12}_{6}C$ 原子核がそれぞれ等しい運動エネルギー 6.8 MeV で逆向きに飛んできて正面衝突した。このとき，生成された $^{4}_{2}He$ 原子核と $^{20}_{10}Ne$ 原子核のそれぞれの運動エネルギーを [MeV] 単位で求めよ。

(3) 次に(2)において，正面衝突する $^{12}_{6}C$ 原子核のそれぞれ等しい運動エネルギーを減少させていったところ，4.0 MeV より低くなると反応が起こらなくなった。電荷 $+6e$ をもち，半径 R の球形の2つの $^{12}_{6}C$ 原子核を無限遠方から近づけ，両者の間にはたらく ［　イ　］ に打ち勝って接触するまで近づけるためには，$U = k_0(6e)^2/(2R)$ だけの仕事が必要である。したがって，2つの $^{12}_{6}C$ 原子核が正面衝突して(A)式の反応が起こるためには，それぞれの $^{12}_{6}C$ 原子核は最低でも ［　ロ　］ $\times U$ の運動エネルギーをもっていなければならない。

(i) 空欄イ，ロに適当な語句または数字を入れよ。

(ii) $^{12}_{6}C$ 原子核の半径 R を計算せよ。

(注) $k_0 e^2 = 2.3 \times 10^{-28}$ [J·m] $= 1.4 \times 10^{-15}$ [MeV·m]

(筑波大)

第2章　原子と原子核　　461

解答

(1) この核反応によって減少する質量 Δm は
$$\Delta m = \{2 \times 19.9236 - (33.1934 + 6.6455)\} \times 10^{-27} = 8.3 \times 10^{-30} \text{ [kg]}$$
よって，この核反応によって生じるエネルギー W は
$$W = \Delta m \cdot c^2 = 8.3 \times 10^{-30} \times (3.0 \times 10^8)^2 = 7.47 \times 10^{-13} \text{ [J]} = \frac{7.47 \times 10^{-13}}{1.6 \times 10^{-19}} \text{ [eV]}$$
$$= 4.67 \times 10^6 \text{ [eV]} \fallingdotseq \underline{4.7 \text{ [MeV]}}$$

(2) 反応を起こす前の $_6^{12}$C 核の質量を M，運動エネルギーを K_0 とし，生成された $_2^4$He 核と $_{10}^{20}$Ne 核の質量を m_1, m_2，速度を v_1, v_2 とすると，エネルギー保存の法則により
$$2 \times (Mc^2 + K_0) = \left(m_1 c^2 + \frac{1}{2}m_1 v_1^2\right) + \left(m_2 c^2 + \frac{1}{2}m_2 v_2^2\right)$$
ここで，$W = \Delta m \cdot c^2 = \{2M - (m_1 + m_2)\}c^2$ であるから，$_2^4$He 核と $_{10}^{20}$Ne 核の運動エネルギーの和を E とすると
$$E = \frac{1}{2}m_1 v_1^2 + \frac{1}{2}m_2 v_2^2 = \{2M - (m_1 + m_2)\}c^2 + 2K_0$$
$$= W + 2K_0 = 4.7 + 2 \times 6.8 = 18.3 \text{ [MeV]}$$
一方，反応前の2つの $_6^{12}$C 核の運動量の和は0であるから，運動量保存の法則により
$$m_1 v_1 + m_2 v_2 = 0 \qquad \therefore \quad m_1 v_1 = -m_2 v_2$$
$$\therefore \quad \frac{1}{2}m_1 v_1^2 : \frac{1}{2}m_2 v_2^2 = \frac{(m_1 v_1)^2}{2m_1} : \frac{(m_2 v_2)^2}{2m_2} = m_2 : m_1$$
よって，$_2^4$He 核の運動エネルギーは
$$\frac{1}{2}m_1 v_1^2 = \frac{m_2}{m_1 + m_2} E = \frac{20}{20+4} \times 18.3 \fallingdotseq \underline{15.2 \text{ [MeV]}}$$
また，$_{10}^{20}$Ne 核の運動エネルギーは
$$\frac{1}{2}m_2 v_2^2 = \frac{m_1}{m_1 + m_2} E = \frac{4}{20+4} \times 18.3 \fallingdotseq \underline{3.1 \text{ [MeV]}}$$

(3) (i) (イ) <u>クーロン力</u>

(ロ) 2つの $_6^{12}$C 核が無限に離れているときの $_6^{12}$C 核1個あたりの運動エネルギーを E_0，衝突直前の $_6^{12}$C 核1個あたりの運動エネルギーを E' とすると，エネルギー保存の法則により
$$2E_0 = 2E' + U$$
また，2つの $_6^{12}$C 核が衝突するための条件は
$$2E' = 2E_0 - U \geqq 0 \qquad \therefore \quad E_0 \geqq \underline{\frac{1}{2}U}$$

(ii) $E_0 = 4.0$ MeV のとき，$E' = 0$ となるから
$$2E_0 = U = \frac{k_0(6e)^2}{2R} \qquad \therefore \quad R = \frac{36k_0 e^2}{4E_0} = \frac{36 \times 1.4 \times 10^{-15}}{4 \times 4.0}$$
$$= \underline{3.2 \times 10^{-15} \text{ [m]}}$$

例題 5-15　結合エネルギーと原子核反応

次の文中の　　　　をうめよ。

原子番号 Z, 質量数 A の原子核は陽子 イ 個と中性子 ロ 個, 合計 ハ 個の核子からなる。原子核を構成する核子の質量の和は，原子番号 Z, 質量数 A, 陽子の質量 m_p, 中性子の質量 m_n のみを用いて ニ と表される。実際の原子核の質量 M は，一般にこの値よりわずかに小さく，その差 $\Delta m =$ ニ $- M$ は ホ とよばれ，原子核の結合エネルギー（電子と原子核との結合エネルギーは小さいので無視する），すなわち原子核をばらばらの陽子と中性子に引き離すために必要なエネルギーと同等である。真空中の光速度を c とすれば，質量 Δm と同等なエネルギー ΔE との関係式は ヘ となる。

図は，種々の原子核について得られた核子 1 個あたりの平均結合エネルギーと質量数との関係を示したものである。縦軸の単位としては $1\,\mathrm{MeV}=$ ト J を用いている。

一般に核子 1 個あたりの平均結合エネルギーが大きい程，原子核は安定であると考えられる。図から $^2_1\mathrm{H}$ より $^3_2\mathrm{He}$ が安定，$^4_2\mathrm{He}$ は $^2_1\mathrm{H}$ や $^3_2\mathrm{He}$ よりずっと安定であることがわかる。このように軽い原子核にあっては一般に質量数の大きい方が安定であるという傾向が見られる。このことは以下のようなことからも確かめられる。

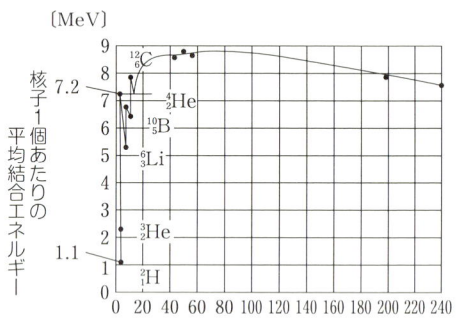

ある条件下（加速器による実験，太陽の中心のような超高温状態など）においては，軽い原子核同士が衝突してより質量数の大きい原子核が生成され，余った結合エネルギーが放出される反応（核反応）が起こる。たとえば，重水素核 $^2_1\mathrm{H}$ 2 個が，衝突して三重水素核 $^3_1\mathrm{H}$ 1 個と水素核 $^1_1\mathrm{H}$ 1 個が生成され，その際 4.0 MeV のエネルギーが放出される次の核反応がある。

$$^2_1\mathrm{H} + ^2_1\mathrm{H} \longrightarrow ^3_1\mathrm{H} + ^1_1\mathrm{H} + 4.0\,\mathrm{MeV} \quad \cdots\cdots(1)$$

このような核反応においては電荷の保存則，質量も含めてのエネルギー保存則が成り立つ。これより図から得られる $^2_1\mathrm{H}$ の結合エネルギーと(1)式から $^3_1\mathrm{H}$ の核子 1 個あたりの平均結合エネルギーを求めると チ MeV

となる。同様に重水素 ^2_1H と三重水素 ^3_1H が衝突して ^4_2He ができる反応式は

$$^2_1\text{H} + ^3_1\text{H} \longrightarrow ^4_2\text{He} + \boxed{リ} + \boxed{ヌ} \text{ MeV} \cdots\cdots(2)$$

となる。

(大分大)

解答

(イ) Z (ロ) $A-Z$ (ハ) A

(ニ) $Zm_p + (A-Z)m_n$ (ホ) 質量欠損   (ヘ) $\Delta E = \Delta m \cdot c^2$

(ト) $1\,[\text{MeV}] = 1 \times 10^6\,[\text{eV}] = 1 \times 10^6 \times 1.6 \times 10^{-19}\,[\text{J}] = \underline{1.6 \times 10^{-13}}\,[\text{J}]$

(チ) ^2_1H の核子1個あたりの結合エネルギーは，図より 1.1 [MeV] であることがわかるから，^2_1H 核の質量を M_d とすると

$$\{(m_p + m_n) - M_d\}c^2 = 2 \times 1.1 \qquad \therefore\ M_d \cdot c^2 = (m_p + m_n)c^2 - 2.2$$

次に，^3_1H の核子1個あたりの結合エネルギーを E，^3_1H 核の質量を M_t とすると

$$\{(m_p + 2m_n) - M_t\}c^2 = 3E \qquad \therefore\ M_t c^2 = (m_p + 2m_n)c^2 - 3E$$

一方，式(1)について，エネルギー保存の法則を適用すると

$$2M_d \cdot c^2 = M_t \cdot c^2 + m_p \cdot c^2 + 4.0$$

$$\therefore\ 2\{(m_p + m_n)c^2 - 2.2\} = \{(m_p + 2m_n)c^2 - 3E\} + m_p \cdot c^2 + 4.0$$

$$\therefore\ -4.4 = -3E + 4.0 \qquad \therefore\ E = \frac{8.4}{3} = \underline{2.8}\,[\text{MeV}]$$

(リ) $^2_1\text{H} + ^3_1\text{H} = ^4_2\text{He} + ^1_0\text{n}$ よって 答は $\underline{^1_0\text{n}}$

(ヌ) ^4_2He の核子1個あたりの結合エネルギーは，図より 7.2 [MeV] であることがわかるから，^4_2He 核の質量を M_α とすると

$$\{(2m_p + 2m_n) - M_\alpha\}c^2 = 4 \times 7.2 \qquad \therefore\ M_\alpha \cdot c^2 = 2(m_p + m_n)c^2 - 28.8$$

式(2)において，放出されるエネルギーを E' とし，式(2)について，エネルギー保存則を適用すると

$$M_d \cdot c^2 + M_t \cdot c^2 = M_\alpha \cdot c^2 + m_n \cdot c^2 + E'$$

$$\therefore\ \{(m_p + m_n)c^2 - 2.2\} + \{(m_p + 2m_n)c^2 - 3 \times 2.8\}$$
$$= \{2(m_p + m_n)c^2 - 28.8\} + m_n \cdot c^2 + E'$$

$$\therefore\ E' = 28.8 - 2.2 - 3 \times 2.8 = \underline{18.2}\,[\text{MeV}]$$

● 原子核の結合エネルギーの値が与えてある核反応の問題の扱い方

この問題の式(1)で示される核反応においてエネルギー保存則を適用すると

$$2M_d \cdot c^2 = M_t \cdot c^2 + m_p \cdot c^2 + 4.0$$

ここで，原子核の静止エネルギーを原子核を構成する核子の静止エネルギーの和と原子核の結合エネルギーを用いて表すと

$$2\{(m_p + m_n)c^2 - 2 \times 1.1\} = \{(m_p + 2m_n)c^2 - 3E\} + m_p \cdot c^2 + 4.0$$

> ∴ $2(-2×1.1) = -3E + 4.0$
>
> となり，結局，次の等式が得られることがわかる。
>
> $-$（反応前の結合エネルギー）
> $\quad = -$（反応後の結合エネルギー）+（放出されるエネルギー）
>
> これを用いると，この問題の式(2)の設問(ヌ)は次のようにして求めることができる。
>
> $(-2×1.1)+(-3×2.8)=(-4×7.2)+E'$ ∴ $E'=18.2$ [MeV]

(iii) 加速装置

原子核反応は，原子核に陽子，中性子，α 粒子などの粒子を衝突させることによって起こる。陽子，重陽子，α 粒子などの正電荷を帯びた粒子は，原子核に接近すると，強い電気的な斥力を受けるが，それらの粒子を，この斥力に打ち勝って原子核に衝突させるためには，粒子にきわめて大きな運動エネルギーを与えておく必要がある。そのための装置を**加速器**という。

(a) バン・デ・グラーフ型加速器

図は，バン・デ・グラーフ型加速器の概略を示したものである。A は高圧の直流電源で，荷電針 B と絶縁ベルト C の間の放電によって C の表面に正電荷を与え続ける。C はモーター D によって矢印の方向に一定の速さで動かされ，C によって高圧の中空電極 F の内部に運び込まれた電荷は，集電針 E を通して F の表面に移る。このようにして，電極 F のアースに対する電位は F の電気量の増加にともなって，しだいに上昇していく。

F の電位が所定の電位 V に達したとき，イオン源 G で発生した質量 m，電荷 q の正イオンを，小穴 H を通して加速管 I に導き，標的 J に当てて原子核反応を起こさせる。このとき，イオンの運動エネルギーは
$$\frac{1}{2}mv^2 = qV$$

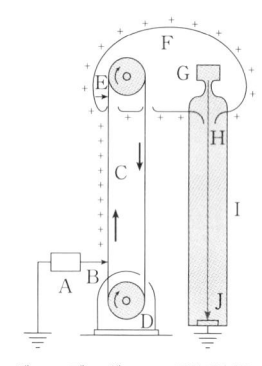

バン・デ・グラーフ型加速器

の式で定まるから，V を大きくすることによって，イオンの運動エネルギーを大きくすることができる。しかし，V を大きくすると，電極 F などで放電が起こるため，この加速器の実用的な電圧限界は $5×10^6$ V 程度である。

(b) サイクロトロン

次頁の図は，1930 年，ローレンスによって開発された**サイクロトロン**の原理を示したものである。

装置の主な部分は，大きな電磁石と，ディーとよばれる D 型をした 2 つの中空の電極で，ディーは真空容器の箱の中におさめてある。2 つのディーの間に高周波の交流電圧を加え，中心部に置かれたイオン源から正イオンを発生させると，2 つのディーの間の電場によってイオンは加速される。ディーは全体が強い磁場の中に置かれているので，イオンはディーの中で円運動をして半周し，再び 2 つのディーの間を通過する。イオンはディーの中で円運動しているときは，ディーの内部の電場が 0 であるため電気的な力を受けないが，イオンが一方のディーから出て他方のディーにはいるとき，2 つのディーの間に前と逆向きの電圧がかかるようにしておくと，この間の電場によってイオンは再び加速される。このようにして，イオンがディーの中で半周して，2 つのディーの間を通過するたびごとに，2 つのディーの間に交流電圧がかかるようにしておけば，イオンはうず巻き状の軌道を描きながらくり返し加速されることになる。

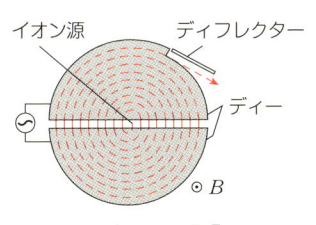

いま，紙面に垂直に，裏から表に向かう磁束密度 B の一様な磁場の中で，質量 m，電荷 $q\,(q>0)$ のイオンが速さ v で磁場に垂直に入射するとき，イオンの軌道半径を r，イオンが半周する時間を $\dfrac{T}{2}$ とすると

$$m\dfrac{v^2}{r} = qvB \qquad \therefore\quad r = \dfrac{mv}{qB} \qquad \therefore\quad \dfrac{T}{2} = \dfrac{\pi r}{v} = \dfrac{\pi m}{qB}$$

となるから，$\dfrac{T}{2}$ は v と r に無関係であることがわかる。したがって，2 つのディーの間には一定の周期 T の交流電圧を加えればよいことになる。これがサイクロトロンの原理である。

一方，交流電圧を V とすると，イオンの運動エネルギーは 2 つのディーの間を通過するたびごとに qV ずつ増加するから，N 回転した（イオンが 2 つのディーの間を $2N$ 回通過した）後のイオンの運動エネルギーは

$$\dfrac{1}{2}mv^2 = N \times 2qV$$

で与えられる。この式から電圧 V が低くても，回転数 N を大きくすればイオンの運動エネルギーが大きくなることがわかる。

なお，図の中のディフレクターは，負電荷を帯びた偏向板である。これにより，磁場中のイオンを直進させ，標的に当てることができる。

例題 5 - 16　　　　　　　　　　サイクロトロンの原理

次の文中の(9)および(10)の□には記号を，その他の□に適当な式または数値を記入し，{　}については適当な語句を選べ。数値は有効数字2けたで示せ。

磁束密度 $\vec{B}$ [T] ($\vec{B}$ の大きさを B とする）の一様な静磁場の中に，磁場の方向と垂直に速度 $\vec{v}$ [m/s]（$\vec{v}$ の大きさを v とする）で入り込んだ質量 m [kg]，正電荷 q [C] の荷電粒子 Q は，磁場から大きさ ___(1)___ [N] の力を ___(2)___ な方向に受けるので，その粒子 Q は半径 $r=$ ___(3)___ [m] の円運動をする。したがって，その円運動の角速度 ω および周期 T を B を用いて表すと，それぞれ，___(4)___ [1/s]，___(5)___ [s] となり，周期 T は，粒子の速度の大きさ v によらず一定の値となることがわかる。

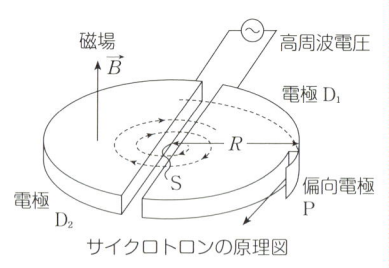

そこで，図のように真空中に D 型の中空の電極2個 D_1，D_2 をたがいに向き合わせて，この面に垂直に磁束密度 $\vec{B}$ の静磁場を加え，両電極間に(5)と同じ周期 T をもつ高周波電圧を加える。この装置の一方の電極 D_1 の中央 S に荷電粒子 Q を入れると，粒子 Q はその D 型電極の中で半円を描いて電極 D_1，D_2 の間に出てくる。このとき，電極間に加わっている電場によってその荷電粒子 Q を加速することができる。この電極間で加速された粒子 Q は他方の中空電極 D_2 内に入り半円を描いた後，再び電極間に出てくる。ここでもまた電場が粒子の速度と同じ方向（q が正のときは同じ向き，q が負のときは逆向き）になっているので粒子 Q は加速される。これを何回もくり返すことによって粒子 Q を高いエネルギーにすることができる。この粒子 Q は，偏向電極 P によって向きを変えられ，外部へ導かれる。これがサイクロトロンの原理である。図に示すように電極の半径を R [m] として，粒子 Q の最大運動エネルギー E [J] を周波数 f [Hz] を用いて表すと ___(6)___ [J] となる。この装置で重水素核 ^{2}H を加速する場合を考える。磁束密度 $\vec{B}$ の大きさ B が 1.60 [T] で電極の半径 R が 0.500 m のとき，高周波電圧の周波数は，___(7)___ [Hz] でなければならない。このとき重水素核の最大運動エネルギーは，___(8)___ [J] となる。この重水素核を，別の重水素気体中に打ち込むと，次の2種類の原子核反応が起こり，三重水素核 ^{3}H と質量数3のヘリウムの原子核 ^{3}He が出てくる。

$$^2\text{H} + {}^2\text{H} = {}^3\text{H} + \boxed{(9)} \quad \cdots ① \qquad ^2\text{H} + {}^2\text{H} = {}^3\text{He} + \boxed{(10)} \quad \cdots ②$$

(9)の粒子は$^{(11)}${イ．中性子，ロ．陽子，ハ．電子，ニ．γ線，ホ．ヘリウム原子核}，(10)の粒子は$^{(12)}${イ．中性子，ロ．陽子，ハ．電子，ニ．γ線，ホ．ヘリウム原子核}とよばれる。

また，必要な場合は次の数値を使え。

電気素量 $e = 1.60 \times 10^{-19}$ [C]，重水素核の質量 $= 3.34 \times 10^{-27}$ [kg]。

(九州工業大)

解答

(1) qvB (2) $\vec{v}$ と $\vec{B}$ の2つの方向に垂直

(3) $m\dfrac{v^2}{r} = qvB$ より $r = \underline{\dfrac{mv}{qB}}$

(4) $v = r\omega$ より $\omega = \dfrac{v}{r} = \underline{\dfrac{qB}{m}}$

(5) $T = \dfrac{2\pi}{\omega} = \underline{\dfrac{2\pi m}{qB}}$

(6) 粒子Qの軌道の半径の最大値は電極の半径 R [m] に等しいとみなすことができるから，この軌道にそって運動するときのQの速さを V [m/s] とすると

$$m\dfrac{V^2}{R} = qVB \quad \therefore \quad V = \dfrac{qBR}{m}$$

となる。一方，$f = \dfrac{1}{T} = \dfrac{qB}{2\pi m}$ であるから

$$E = \dfrac{1}{2}mV^2 = \dfrac{1}{2}m\left(\dfrac{qBR}{m}\right)^2 = \dfrac{(2\pi mfR)^2}{2m} = \underline{2\pi^2 f^2 R^2 m} \text{ [J]}$$

(7) ^{2}H の場合は $q = e$ であるから

$$f = \dfrac{eB}{2\pi m} = \dfrac{1.6 \times 10^{-19} \times 1.60}{2 \times 3.14 \times 3.34 \times 10^{-27}} = 1.22 \times 10^7 \fallingdotseq \underline{1.2 \times 10^7} \text{ [Hz]}$$

(8) $E = \dfrac{(eBR)^2}{2m} = \dfrac{\{(1.6 \times 10^{-19}) \times 1.60 \times 0.500\}^2}{2 \times (3.34 \times 10^{-27})} = 2.45 \times 10^{-12} \fallingdotseq \underline{2.5 \times 10^{-12}} \text{ [J]}$

(9) $^2_1\text{H} + {}^2_1\text{H} = {}^3_1\text{H} + {}^1_1\text{H}$ となるから $\underline{{}^1_1\text{H}}$

(10) $^2_1\text{H} + {}^2_1\text{H} = {}^3_2\text{He} + {}^1_0\text{n}$ となるから $\underline{{}^1_0\text{n}}$

(11) ロ   (12) イ

(iv) 原子力

(a) 核分裂

$^{235}_{92}$U や $^{239}_{94}$Pu のように，質量数が大きく，非常に不安定な原子核は，遅い中性子を吸収すると質量数がほぼ等しい2つの原子核に分裂する。このような現象を**核分裂**という。

核分裂が起こると，原子核の内部にたくわえられている核エネルギーが放出され，1個の $^{235}_{92}U$ の核分裂で約 200 MeV ものエネルギーが放出される。

ウラン $^{235}_{92}U$ の原子核が核分裂をするとき，同時に2～3個の中性子が放出される。この中性子が他のウラン $^{235}_{92}U$ の原子核に吸収されると，また核分裂が起こり，次々と反応が進む。このような反応を**連鎖反応**という。

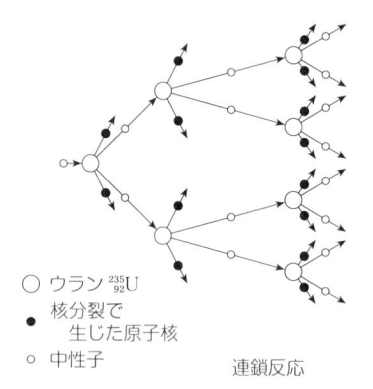

○ ウラン $^{235}_{92}U$
● 核分裂で生じた原子核
○ 中性子

連鎖反応

参考 ウラン $^{235}_{92}U$ とウラン $^{238}_{92}U$

ウラン $^{235}_{92}U$ の原子核が中性子を吸収すると核分裂が起こるが，ウラン $^{238}_{92}U$ の原子核が中性子を吸収しても核分裂は起こらない。しかし，次の反応が起こり，最後にはプルトニウム $^{239}_{94}Pu$ となる。

$$^{238}_{92}U + ^{1}_{0}n \longrightarrow ^{239}_{92}U \xrightarrow{\beta 崩壊} ^{239}_{93}Np \xrightarrow{\beta 崩壊} ^{239}_{94}Pu$$

ネプツニウム $^{239}_{93}Np$ やプルトニウム $^{239}_{94}Pu$ のように，原子番号が93以上の天然には存在しない元素を**超ウラン元素**という。

ウラン $^{235}_{92}U$ は比較的遅い中性子はよく吸収するが，速い中性子は吸収しにくい。逆に，ウラン $^{238}_{92}U$ は，速い中性子は吸収しやすいが，遅い中性子は吸収しにくい。また，天然ウランは核分裂を起こす $^{235}_{92}U$ をわずか0.7 % しか含んでおらず，残りは核分裂を起こさない $^{238}_{92}U$ からなっている。そのため，天然ウランに中性子を吸収させて $^{235}_{92}U$ が1個分裂したとしても，分裂によって生じた速い中性子(速さ 10^7 m/s 程度)は $^{235}_{92}U$ のまわりにある $^{238}_{92}U$ に吸収されてしまい，他の $^{235}_{92}U$ には吸収されないので連鎖反応は起こらない。

参考 原子炉

核分裂の連鎖反応をゆっくりと，連続的に起こすことができれば，原子力発電のように核分裂によって生じる莫大なエネルギーを動力源として利用することができる。**原子炉**は，この目的を達成したばかりでなく，その中に生じる多量の中性子を用いて，いろいろな放射性同位体を生産することを可能とした。

原子炉では，天然ウランや，天然ウランよりも $^{235}_{92}U$ の濃度を高めた濃縮ウランを使っている。$^{235}_{92}U$ の核分裂によって生じた速い中性子を $^{238}_{92}U$ が吸収する前に減速してしまうと，その中性子は $^{235}_{92}U$ だけに吸収されるようになり，核分裂の連鎖反応をゆるやかに続けさせることができる。そのため原子炉では中性子を減速させる物質を燃料と燃料の間に挿入する。この目的のために使われる物質を**減速材**という。

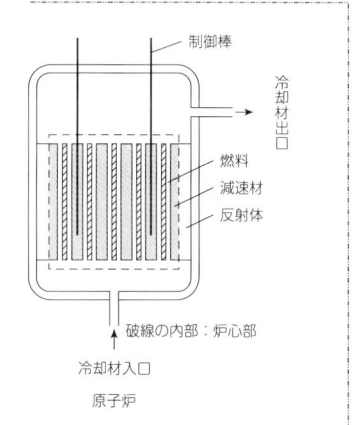

制御棒
冷却材出口
燃料
減速材
反射体
破線の内部：炉心部
冷却材入口

原子炉

減速材は，原子核の質量数が小さく，その原子核が中性子を吸収しにくい元素を成分とする材料であることが望ましく，実際には，黒鉛や重水などが用いられる。

図は，原子炉の内部の概念図である。燃料は，いうまでもなく核分裂を起こす物質で，そのまわりを減速材で取り囲む。制御棒はカドミウムなどのように，中性子を吸収しやすい物質でつくられており，反応が進み過ぎそうになるときは，これを炉心の燃料の間に入れ，反対のときは，これを燃料の間から引き出し，反応がちょうどうまく進行するように調節する。冷却材は原子炉を冷却して原子炉に正常な動作を維持させると同時に，核分裂によって生じたエネルギーを発電などのために取り出す役割を果たしている。冷却材としては，液化したナトリウムなどが用いられる。また，反射体は中性子が炉外に出るのを防止する役目を果たしている。

例題 5－17　　核分裂によって解放されるエネルギー

静止しているウラン $^{235}_{92}\text{U}$ が遅い中性子 $^{1}_{0}\text{n}$ を吸収して，ストロンチウム $^{95}_{38}\text{Sr}$ とキセノン $^{139}_{54}\text{Xe}$ といくつかの中性子に分裂する反応を考える。真空中の光速を 3.0×10^8 m/s とし，次の問いに答えよ。ただし，(2)，(3)，(4) は有効数字 2 けたまで求めよ。

(1) この核分裂反応は，次のように書くことができる。□はいくらか。

$$^{235}_{92}\text{U} + ^{1}_{0}\text{n} \longrightarrow ^{95}_{38}\text{Sr} + ^{139}_{54}\text{Xe} + \boxed{} ^{1}_{0}\text{n}$$

(2) 中性子およびストロンチウム，キセノン，ウランの各原子 1 個の質量が，それぞれ 1.67×10^{-27} kg，157.60×10^{-27} kg，230.66×10^{-27} kg，390.29×10^{-27} kg であるとしたとき，1 個のウランの原子核から(1)の核分裂反応によって解放されるエネルギーは何 J か。

(3) (2)の解放されるエネルギーの 83 % がストロンチウムとキセノンの運動エネルギーであるとき，すべての中性子の運動エネルギーを無視すると，ストロンチウムの運動エネルギーは解放されるエネルギーの何 % か。

(4) 質量 1 g のウラン $^{235}_{92}\text{U}$ がすべて(1)の核分裂反応を起こすと，この核分裂反応によって解放されるエネルギーは何 kWh か。

（大阪府立大）

解答

(1) 原子核反応式では，左辺の原子番号の和と質量数の和は，右辺の原子番号の和と質量数の和に等しいから
$$^{235}_{92}\text{U} + ^{1}_{0}\text{n} \longrightarrow ^{95}_{38}\text{Sr} + ^{139}_{54}\text{Xe} + 2^{1}_{0}\text{n}$$

(2) 中性子 $^{1}_{0}\text{n}$，ストロンチウム $^{95}_{38}\text{Sr}$，キセノン $^{139}_{54}\text{Xe}$，ウラン $^{235}_{92}\text{U}$ の質量を，それぞれ m_n，m_s，m_x，m_u とすると，この核反応によって減少する質量 Δm は
$$\Delta m = (m_\text{u} + m_\text{n}) - (m_\text{s} + m_\text{x} + 2m_\text{n}) = m_\text{u} - (m_\text{s} + m_\text{x} + m_\text{n})$$
$$= \{390.29 - (157.60 + 230.66 + 1.67)\} \times 10^{-27} = 0.36 \times 10^{-27} \text{[kg]}$$
よって，真空中の光速を c とすると，求めるエネルギー E は
$$E = \Delta m \cdot c^2 = 0.36 \times 10^{-27} \times (3.0 \times 10^8)^2 = 3.24 \times 10^{-11} \fallingdotseq \underline{3.2 \times 10^{-11}} \text{[J]}$$

(3) 一般に，速さ v で運動している質量 m の原子核の運動量を p，運動エネルギーを K とすると $K = \frac{1}{2}mv^2 = \frac{(mv)^2}{2m} = \frac{p^2}{2m}$ となるから，ストロンチウム $^{95}_{38}\text{Sr}$，キセノン $^{139}_{54}\text{Xe}$ の運動量を，それぞれ p_s，p_x，また，運動エネルギーを K_s，K_x とすると
$$K_\text{s} = \frac{p_\text{s}^2}{2m_\text{s}} \qquad K_\text{x} = \frac{p_\text{x}^2}{2m_\text{x}} \qquad \text{となる。}$$
核分裂が起こる前は，ウラン $^{235}_{92}\text{U}$ は静止しているから，運動量保存の法則により
$$p_\text{s} - p_\text{x} = 0 \qquad \therefore \quad m_\text{s}K_\text{s} = m_\text{x}K_\text{x} \quad \cdots\cdots\text{①}$$
題意により $\quad \dfrac{K_\text{s} + K_\text{x}}{E} = 0.83 \quad \cdots\cdots\text{②}$

式①と式②より $\quad K_\text{s} + \dfrac{m_\text{s}}{m_\text{x}}K_\text{s} = 0.83E$

$$\therefore \quad \frac{K_\text{s}}{E} = 0.83 \times \frac{m_\text{x}}{m_\text{s} + m_\text{x}} = 0.83 \times \frac{230.66 \times 10^{-27}}{(157.60 + 230.66) \times 10^{-27}}$$
$$= 0.493 \qquad \text{よって} \quad \underline{49} \text{ \%}$$

(4) 質量 $1\text{ g} = 1.0 \times 10^{-3}\text{kg}$ のウラン $^{235}_{92}\text{U}$ の中に含まれる原子核の個数を N とすると
$$N = \frac{1.0 \times 10^{-3}}{390.29 \times 10^{-27}} = 2.56 \times 10^{21} \text{[個]}$$
また， $1\text{[kWh]} = 1 \times 10^3 \text{[W]} \times 60 \times 60 \text{[s]} = 3.6 \times 10^6 \text{[J]}$
よって，求めるエネルギー E' は
$$E' = NE = 2.56 \times 10^{21} \times 3.24 \times 10^{-11} = 8.29 \times 10^{10} \text{[J]}$$
$$= \frac{8.29 \times 10^{10}}{3.6 \times 10^6} \fallingdotseq 2.30 \times 10^4 \fallingdotseq \underline{2.3 \times 10^4} \text{[kWh]}$$

(b) 核融合

重水素の原子核 $^{2}_{1}\text{H}$ と三重水素の原子核 $^{3}_{1}\text{H}$ とを勢いよく衝突させると，次のような反応が起こる。
$$^{2}_{1}\text{H} + ^{3}_{1}\text{H} \longrightarrow ^{4}_{2}\text{He} + ^{1}_{0}\text{n}$$
このとき，反応後の 2 個の原子核の質量の和は，反応前の 2 個の原子核の質量の和よりも小さく，その差に相当するエネルギー（この反応では 18 MeV）が放出され

る。このように，軽い原子核どうしが反応して，それらの原子核よりも重い原子核が生じ，その際，比較的大きなエネルギーを放出する反応を，**核融合**という。

> **発展** **熱核反応**
> 　　軽い原子核からなる気体を超高温に加熱すれば，気体の中の原子核は大きな熱運動のエネルギーをもつことになる。ところが，軽い原子核どうしの間にはたらく電気的な斥力は比較的小さいから，このような気体の中の原子核どうしは，電気的な斥力に打ち勝って衝突し，融合反応を起こすようになる。放出されたエネルギーによって，気体の温度はますます高くなるので，反応は連鎖的に進むようになる。このように，熱運動のエネルギーによって起こる核反応を**熱核反応**という。熱核反応は，太陽などのような高温物体の中では自然に起こっているが，現在では，これを人工的に起こし，そのエネルギーを取り出す研究が進められている。

4　基本的な力と素粒子

(1) 物質を構成する基本粒子

　これまで，物質は原子からなり，原子は原子核とその周囲をまわる電子とからなり，原子核は陽子と中性子からなることをみてきた（☞ p.445）。しかし，自然界にはそれら以外にも多くの粒子が存在することが徐々にわかってきた。そのきっかけとなったのが，湯川秀樹の中間子理論であった。陽子や中性子のような粒子同士は近距離（〜10^{-15} m）で非常に強い核力によって結びつけられているが，その核力について湯川秀樹は，核子同士が中間子という粒子をやりとりすることによって核力を及ぼし合っているという理論を提唱した（1935年）。その後，これに相当する粒子が発見され，π中間子と名づけられた。さらに，このπ中間子の仲間と考えられる多くの中間子や，陽子や中性子のような核子の仲間と考えられる粒子が発見されていった。こうした核子や中間子のように強い力（☞ p.472 表2）で作用し合う粒子をまとめて**ハドロン**とよぶ。また，ハドロンの中で核子の仲間を**バリオン（重粒子）**とよぶ。

　坂田昌一を中心とするグループはこれらのハドロンが3つの基本粒子の複合粒子として分類できることを提唱し，それに触発されたゲルマンらはそれらの基本粒子を**クォーク**と名づけ，これらのクォークの組み合わせによって，発見されているすべてのハドロンを分類した。

　一方，これらのハドロンの他に，電子と殆ど同じ性質をもつけれども質量が電子の200倍もあるμ粒子やさらに質量が重いτ粒子，さらにそれらの粒子に付随するニュートリノなどが発見された。これらの粒子は電磁気力を作用し合うほかにβ

崩壊を引き起こす弱い力を作用し合う。こうした粒子を**レプトン(軽粒子)**とよぶ。

さて，ここまで紹介してきたクォークとレプトンのような粒子には反粒子が存在する。この事実が知られるようになった端緒はディラックによる電子の反粒子である陽電子の存在の予言とアンダーソンによる陽電子の発見であった。一般に荷電粒子の反粒子は元の粒子と同じ質量であるが，電荷の符号が逆になる。また，粒子と反粒子が衝突すると，合体して消滅することがある。これを**対消滅**とよ

	電荷	第1世代	第2世代	第3世代
クォーク	$+\dfrac{2}{3}e$	u	c	t
クォーク	$-\dfrac{1}{3}e$	d	s	b
レプトン	0	ν_e 電子ニュートリノ	ν_μ ミューニュートリノ	ν_τ タウニュートリノ
レプトン	$-e$	e 電子	μ ミューオン	τ タウオン

表1　クォークとレプトン

び，粒子と反粒子の静止エネルギーが消滅後に現れる光子等のゲージ粒子(☞次項表2参照)のエネルギーに転化する。この対消滅の逆過程が光子等のゲージ粒子が粒子と反粒子の対を生成する過程で，**対生成**とよばれる。

(2) 基本的な力と力を媒介する粒子

現在，自然界には，原子核中での核子同士を結びつける核力のもとになる強い力，β 崩壊などに関与する弱い力，日常我々が目にする世界ではたらくほとんどの力の源泉となっている電磁気力，および重力の4つの基本的な力があると考えられている。また，これらの基本的な力はゲージ粒子とよばれる粒子場によって媒介されていると考えられており，強い力を媒介するものを**グルーオン**，弱い力を媒介するものを **W ボゾン**, **Z ボゾン**，電磁気力を媒介するものを**光子**(フォトン)，重力を媒介するものをグラビトンという。このうち，光子と W，Z ボゾンはすでに発見されており，グルーオンについては間接的にその存在が確認されているような状況にあるが，グラビトンについてはまだ蓋然性というよりも可能性の段階にとどまっている。

こうした基本的な力はその作用の仕方の類似性から，もとは1つの統一された力から分かれたものである可能性が高く，事実，弱い力と電磁気力は1つの統一された力であることが実験的に確かめられている。このことから，現在ではさまざまな力の統一理論が提案

力	強さ*	到達距離	ゲージ粒子
強い力	1	10^{-15} m	グルーオン(にかわ粒子)
電磁気力	10^{-2}	無限大	フォトン(光子)
弱い力	10^{-5}	10^{-17} m	W ボゾン，Z ボゾン
重力	10^{-39}	無限大	グラビトン(重力子)

*相対的な大きさで，10^{-15} m での強い力を1とする。

表2　基本的な力

され，それらの実験的観測的検証が高エネルギー加速器を用いた実験や，遠方宇宙の観測から宇宙の初期状態を推測することによって行われようとしている。

また，2012 年には W ボゾンや Z ボゾンなどが大きな質量をもつ要因となっているヒッグス粒子とよばれる粒子の存在がほぼ確実になり，これを契機に，質量の起源や物質と時空間の関係について，新しい発見が得られることが期待されている。

例題 5 − 18　　　　　　　　　　　　　　　　　　宇宙の始まりと素粒子

現代物理学では，宇宙には始まりがあり，誕生直後の宇宙は非常に小さく超高温で，宇宙を構成する個々の粒子は大きな運動エネルギーをもっていたと考えられています。その後に宇宙は膨張し温度が下がって個々の粒子の運動エネルギーが小さくなって，今のような姿になったと思われています。（ビッグバン宇宙論）

宇宙が高温だったときには陽子や中性子は単独に動き回っており原子核はできません。もし一時的に陽子と中性子が結合しても，回りを飛び交う粒子の運動エネルギーが結合エネルギーより大きな場合は原子核はすぐに壊れてしまうからです。それで原子核が安定に存在できるようになるのは宇宙の誕生からしばらく（300 秒程度）して宇宙の温度がかなり低くなってからだと考えられています。

この問題では原子核が安定に存在できるようになった時刻を宇宙誕生時から測って t〔s〕とします。

(1) 現在の宇宙にある原子全体の質量の約 75 % は ^{1}H，約 25 % は ^{4}He であり，その他の原子はすべて合計しても 1 % 未満で無視できます。この質量比は時刻 t のときからほとんど変わっていないと考えられています。時刻 t の直前における陽子の個数を n_p，中性子の個数を n_n とします。n_p と n_n の比の値を求めなさい。

(2) 時刻 t のときの粒子の運動エネルギーは何ジュール程度でしょうか。^{2}H の結合エネルギーは 2.2 MeV です。必要なら以下の数値を使いなさい。

　　　光の速度　3.0×10^8 m/s，プランク定数　6.6×10^{-34} Js，
　　　電気素量　1.6×10^{-19} C，陽子の質量　1.7×10^{-27} kg

(3) 陽子は安定な粒子ですが，中性子は半減期 T〔s〕で β 崩壊をします。宇宙誕生直後での陽子の個数を N_p，中性子の個数を N_n とします。N_p と N_n を n_p，n_n，t，T を使って表しなさい。

（次の(4)で扱うように，陽子や中性子の合成される時刻 τ は宇宙誕生のおよそ 10 万分の 1 秒程度です。τ は t や T に比べて十分小さいので，この(3)では無視します。）

(4) 陽子や中性子などの粒子はクォークと呼ばれる素粒子によって構成されています。陽子はuクォーク2個とdクォーク1個，中性子はuクォーク1個とdクォーク2個でできています。このuクォークやdクォークが結合して陽子や中性子ができるという反応は宇宙誕生のおよそ10万分の1秒以内に起こったと考えられています。この反応の起きる直前でのuクォークの個数をN_u，dクォークの個数をN_dとします。N_uとN_dの比をN_pとN_nで表しなさい。

(千葉大)

解答

(1) ^{1}Hは陽子だけでできており，^{4}Heは陽子2個と中性子2個でできている。陽子と中性子の質量をmとおくと，宇宙にある原子全体の質量は$(n_p+n_n)m$で，このうちの75％と25％の半分が陽子全体の質量になり，25％の残り半分が中性子全体の質量になるので

$$\begin{cases} n_p m = \left(0.75 + \dfrac{0.25}{2}\right)(n_p+n_n)m \\ n_n m = \dfrac{0.25}{2}(n_p+n_n)m \end{cases}$$

これから

$$n_p : n_n = \left(0.75 + \dfrac{0.25}{2}\right) : \dfrac{0.25}{2} = \underline{7:1}$$

(2) 題意より，時刻tで粒子の運動エネルギーが^{2}Hの結合エネルギーに等しくなったと考えられるから，求める運動エネルギーは

$2.2\,[\text{MeV}] = 2.2 \times 10^6 \times 1.6 \times 10^{-19}\,[\text{J}] \fallingdotseq \underline{3.5 \times 10^{-13}\,[\text{J}]}$

(3) 中性子は半減期Tで崩壊するので

$n_n = N_n\left(\dfrac{1}{2}\right)^{\frac{t}{T}}$ となり $N_n = \underline{2^{\frac{t}{T}} n_n}$

時刻tでの陽子の数はもともとあった陽子の数と中性子が崩壊した後にできた陽子の数の和になり

$n_p = N_p + N_n - n_n = N_p + n_n\left(2^{\frac{t}{T}} - 1\right)$

∴ $N_p = \underline{n_p - n_n\left(2^{\frac{t}{T}} - 1\right)}$

(4) この反応が起きた直後の陽子と中性子の数がN_p，N_nで，反応直前のクォークがこれらを生成したと考えられるので

$\begin{cases} N_u = 2N_p + N_n \\ N_d = N_p + 2N_n \end{cases}$ となる。これより $\dfrac{N_u}{N_d} = \underline{\dfrac{2N_p + N_n}{N_p + 2N_n}}$

COFFEE BREAK

●素粒子と宇宙

　天文学者ハッブルは，天体が地球との距離に比例した速度で地球から遠ざかっていることを発見した。このことは宇宙が一様に膨張して，天体間の距離が広がっていると解釈するとうまく説明できる。このことから，宇宙はビッグバンとよばれる爆発的膨張から始まり，その後も膨張し続けているという考えがでてきた**(ビッグバン理論)**。この理論によると，初期の宇宙はきわめて高温，高密度の状態で，その後宇宙の膨張とともに温度と密度が減少して現在の宇宙に至ったとされる。この理論は，宇宙の広範囲で一様に存在する低温度 (2.7 K) の電磁波 (宇宙背景放射) の発見によって，大きくとりあげられることになった。ビッグバン理論によると，宇宙初期の高温，高密度のときに発生した高エネルギーの電磁波は，早い段階で熱平衡状態に達して一様に分布するようになり，宇宙が膨張して冷えるにしたがってエネルギーの低い電磁波として宇宙全体に分布するようになる。これが宇宙背景放射と考えられているのである。

　今日では，ビッグバン理論における宇宙初期の高温，高密度の状態では基本的な力は**1つの統一された力**であって，宇宙が冷えるにつれ，力は分化し，それにともなって，現在のクォークやレプトンが現れ，ハドロンが形成され，原子核ができていったと考える学者が多くなってきており，初期宇宙の観測や宇宙の大域構造の研究は，素粒子の研究にとっても最大の関心事になりつつある。

索 引

ア

アイソトープ	446
アクチニウム系列	455
圧縮	160
圧力	68,148
アトウッドの装置	62
アボガドロ定数	152
アルキメデスの原理	69
RC並列回路	383
α線	451
α崩壊	452
暗線	238
アンダーソン	472
アンペア	300
アンペールの法則	329
アンペール・マクスウェルの法則	397

イ

イオン化エネルギー	436
位相	119,189
位相差	189
位相変化	243
位置エネルギー	77
一様な電場	270
1回転の条件	113
一体化	64
一般的なエネルギー保存則	83
陰極線	404
インピーダンス	387

ウ

ウェーバ	326
浮き上がり現象	227
渦電流	354
宇宙背景放射	475
うでの長さ	43
うなり	209
ウラン系列	455
運動エネルギー	73
運動の3法則	52
運動の第1法則	52
運動の第2法則	52
運動の第3法則	53
運動の法則	52
運動方程式	52,59
運動量	86
運動量保存の法則	87

エ

SI	9
X線	420,442
X線管	442
X線のスペクトル	442
X線の発生	442
n型半導体	322
n倍音	215
n倍振動	215
エネルギー	73,141
エネルギー準位	433
エネルギー保存則	146,285
LC並列回路	383
エレクトロンボルト	412
円運動の加速度	106
遠日点	130
遠心力	107
円すい振り子	108
鉛直投射	57
鉛直ばね振り子	122
鉛直面内の円運動	111
円電流による磁場	331

オ

凹面鏡	228
凹レンズ	231
音の3要素	208
音の高さ	208
音の強さ	208
音の速さ(音速)	207
音速の式	207
オーム	300
オームの法則	300
重さ	34
オングストローム	225
温度係数	301
音波	207

カ

開管	219
開口端補正	219
ガイスラー管	404
回折	200
回折格子	250
回転数	105
外力	87
ガウスの法則	267
化学エネルギー	146
可逆変化	147
角運動量	433
核エネルギー	146,468
核子	445
角周波数	371
角振動数	119
角速度	105
核分裂	467
核融合	471
重ね合わせの原理	190
可視光(線)	224,257
加速器	464

カ (cont.)

加速度	20,27
偏り	258
荷電粒子	340,472
干渉	191,238
干渉性	247
干渉波形	192
慣性系	53,102
慣性の法則	52
慣性力	101
完全弾性衝突	88
完全非弾性衝突	88
γ線	452
γ崩壊	453

キ

気化	143
輝線スペクトル	257
気体定数	152
気体の圧力	148
気柱の振動	218
基底状態	435
起電力	307
基本音	215
基本振動	215
基本単位	9
基本的な力	472
逆位相	189
キャリア	340
吸収スペクトル	257
球面鏡	228
球面収差	229
球面波	200
共振	219
共鳴	219
極板間引力	285
極板間電場	280
虚像	227,229
キルヒホッフの法則	308
近似式	12
近日点	130

ク

偶力	47
クォーク	409,471
くさび形薄膜	246
屈折角	202
屈折の法則(一般)	202
屈折の法則(光)	226
屈折率	202
組み合わせレンズ	233
組立単位	9
グラビトン	472
グルーオン	472
クルックス管	404
グロー放電	404
クーロン	262

ク (cont.)

クーロンの法則	262
クントの実験	222

ケ

軽粒子	472
撃力	86
ゲージ粒子	472
結合エネルギー	457
ケプラーの法則	130
ケルビン	140
ゲルマン	471
限界振動数	414
限界波長	414
原子	430,446
原子核	430,445
原子核のγ線放出	456
原子核の構成	445
原子核反応	458
原子核反応式	458
原子質量単位	447
原子番号	446
原子量	447
原子炉	468
弦の振動	215
検流計	309

コ

コイルにかかる交流電圧	379
コイルに生じる誘導起電力	353
光学距離	240
光学的に疎	239
光学的に密	239
光子	417,472
光軸	228
格子定数	250
向心加速度	106
向心力	106,342
合成抵抗	305
合成波	195,196
合成ばね定数	42
合成ばね振り子	126
合成(ベクトル)	15
合成容量	286,287
光速	224
剛体	43
剛体のつり合い	44
光電管	413
光電効果	413
光電子	413
公転周期	130
光電流	414
光波	224
交流	370
交流回路	381,388

索引

交流電圧と交流電流のベクトル的関係	376, 380, 382
交流電圧の計算	370
交流の電力	372
合力	32, 46
合力の求め方	46
抗力	35
光路差	238, 240
国際単位系	9
誤差	10
固定端(反射)	195, 239
固定面との衝突	89
弧度法	14
固有 X 線	442
固有周波数	393
固有振動(数)	215
混合気体の圧力	153
コンデンサー	280
コンデンサーの過渡現象	320
コンデンサーの充電	310
コンデンサーの接続	286
コンプトン効果	420
コンプトン波長	421

サ

サイクロトロン	464
最大摩擦力	35
坂田昌一	471
作用線	32
作用点	32
作用・反作用の法則	38, 53
散乱	257
散乱 X 線	424
散乱角	424

シ

磁荷	326
磁界	327
紫外線	413, 438
磁気エネルギー	366
磁気についてのクーロンの法則	326
磁極	326
磁気量	326
磁気力	326
次元	9
次元解析	10
自己インダクタンス	364
仕事	71, 160
仕事関数	416
仕事と運動エネルギー	74
仕事の原理	73
仕事率	72
自己誘導	364
磁石	332
次数	250
自然光	258
自然放射性核種	450
磁束	351

磁束線	337
磁束密度	336
実効値	373
実像	229
質点	33
質量	34
質量欠損	457
質量数	446
質量中心	48
質量とエネルギーの等価性	457
質量分析器	448
磁場	327
射線	200
斜方投射	56
シャルルの法則	149
周期	105, 118, 182, 394
重心	47
重心速度	98
終端速度	68
自由端(反射)	195, 239
自由電子	276
周波数	371
自由落下	54
重粒子	471
重量キログラム	34
重力	34, 53, 132
重力がする仕事	77
重力加速度	53
重力による位置エネルギー	76
ジュール	71
ジュール熱	301, 302
ジュールの法則	301
瞬間消費電力	372
衝撃波	212
状態方程式	152
焦点(距離)	228, 231
蒸発熱	143
初期位相	119, 189
磁力線	327
真空放電	404
人工衛星	133
進行波	193
振動回路	391
振動数	118, 183
振動数条件	433
振幅	118, 182

ス

水素原子のエネルギー準位	435, 437
水素原子のスペクトル	432
垂直抗力	35
水平投射	55
水面波の干渉	191
スカラー(量)	15, 273
スネルの法則	202
スペクトル	256, 431
すべった距離	84

セ

正弦曲線	119
正弦波	183
正弦波の反射	197
正孔	322, 349
静止衛星	134
静止エネルギー	457
静止摩擦係数	35
静止摩擦力	35
静電エネルギー	283
静電気力	262
静電気による位置エネルギー	268
静電遮へい	277
静電誘導	276
静電容量	280
成分	15
整流作用	323
赤外線	141
絶縁体	278
節線	193
絶対温度	140
絶対屈折率	224
Z ボゾン	472
セルシウス温度	140
全圧	153
潜熱	143
全反射	203
線密度	215

ソ

疎	185
相互インダクタンス	367
相互誘導	366
相対運動	65, 66
相対加速度	30
相対屈折率	202
相対性理論	457
相対速度	25, 30
速度	20, 27
速度の合成	25, 28
速度の分解	28
素元波	200
阻止電圧	416
疎密波	185
素粒子	447, 475
ソレノイド	332

タ

ダイオード	323
第 1 宇宙速度	133
第 2 宇宙速度	136
大気圧	148
τ 粒子	471
多原子分子	158
脱出速度	136
縦波	184
谷	182
W ボゾン	472

索引 477

単位	9
単位系	9
単原子分子	157
端子電圧	307
単色光	224
単振動	118, 394
単振動の位置エネルギー	122
単振動の加速度	120
単振動の周期	121
単振動の速度	119
単スリット	253
弾性エネルギー	81
弾性衝突	88
弾性力	34
弾性力による位置エネルギー	81
断熱圧縮	171
断熱自由膨張	175
断熱変化	171
断熱容器	141
単振り子	127

チ

力の合成	32
力の図示	39
力のつり合い	33
力の分解	32
力のモーメント	43
地磁気	328
中間子理論	471
中心力	131
中性子	445, 459
中性微子	452
超ウラン元素	468
長半径	130
張力	34
直線電流による磁場	330
直列 RLC 回路	386
直列接続	287, 305

ツ

対消滅	472
対生成	472
強め合い	191

テ

定圧変化	165
定圧モル比熱	166
抵抗(電気抵抗)	300
抵抗の温度変化	301
抵抗の(並列)接続	306
抵抗率	301
抵抗率の温度係数	301
抵抗力	67
定常状態	433
定常波	193, 197
定常波の式	194
定積変化	165
定積モル比熱	166

語	頁	語	頁	語	頁	語	頁
ディメンション	9	等電位面(線)	274	倍率	232	1つの統一された力	472
ディラック	472	動摩擦係数	60	倍率器	307	比熱	141
テスラ	336	動摩擦力	60,84	はく検電器	277	比熱比	171
電圧	270	特性X線	442	白色光	224	比熱容量	141
電圧計	307	ドップラー効果	210	薄膜による干渉	242	P-Vグラフ	161
電圧降下	300	凸面鏡	229	波形	182	微分方程式	16
電位	268	凸レンズ	230	パスカル	148	非保存力	83
電位降下	300	ド・ブロイ波	424	波束	247	比誘電率	279
電位差	270	ド・ブロイ波長	425	波長	182	**フ**	
電位差計	315	トムソン	430	パッシェン系列	432	ファイ	351
電荷	262	トリウム系列	455	波動	182	ファラデーの電磁誘導の法則	350
電界	263	**ナ**		波動性	417,424	ファラド	280
電荷保存則	287	内部エネルギー	157	ハドロン	471	フィゾー	224
電気エネルギー	146	内部抵抗	306	はねかえり係数	88	v-tグラフ	21
電気振動	390	内力	64,87	ばね付きピストン	163	フォトン	472
電気素量	409	長岡半太郎	430	ばね定数	35	不可逆変化	147
電気抵抗	300	投げ上げ	54	ばね振り子	122	復元力	120
電気量保存の法則	287	投げ下ろし	54	ばね振り子の力学的エネルギー保存則	123	複スリット	252
電気容量	280	斜め衝突	89	波面	200	フーコー	224
電気量	262,280	斜め入射の回折格子	251	速さ	20	節	192
電気力線	266	ナノメートル	225	腹	192	フックの法則	34
電子	262,404,445	波	182	バリオン	471	物質波	425
電子銃	405	波の重ね合わせの原理	190	パルス波	190	物質量	152
電子線	405	波の干渉	191	バルマー系列	431	不導体	278
電子ニュートリノ	452	波の基本式	183	波列	190	フラウンホーファー線	257
電子の軌道半径	434	波の式	188	波連	190	ブラッグ角	424
電子の偏向	347	波の強さ	186	半減期	453	ブラッグの反射条件	424
電子波	425	波の独立性	190	反作用	38	ブラッグ反射	420,424
電磁波	395,412	波の速さ	182	反射角	201	プランク定数	416
電子ボルト	412	波の反射	201	反射型回折格子	251	フランク・ヘルツの実験	439
電磁誘導	350,359	波の物理的性質	186	反射による位相変化	239	プリズム	227
電池がする仕事	284	**二**		反射の法則(一般)	201	浮力	69
点電荷による電位	272	2原子分子のモル比熱	167	反射の法則(光)	226	ブルースターの法則	258
点電荷による電場	264	二重性	424	反射波	195	フレネルの2面鏡	240
電場	263	2乗平均速度	155	半長軸	130	フレミングの左手の法則	336
電場と磁場の式	397	入射角	201	バン・デ・グラーフ型加速器	464	フレミングの右手の法則	359
電場の重ね合わせ	264	ニュートリノ	452	反電子ニュートリノ	452	分圧	153
電場の強さ	267	ニュートン	32,52	半導体	322	分解(ベクトルの)	15
電離作用	451	ニュートンリング	246	反発係数	88	分極電荷	279,283
電流	300,340	**ネ**		万有引力	132	分散	256
電流が磁場から受ける力	335	音色	208	万有引力定数	132	分流器	306
電流計	306	熱運動	140	万有引力による位置エネルギー	134	分力	32
電力	301	熱エネルギー	141	万有引力の法則	132	**ヘ**	
電力量	301	熱機関	177	反粒子	472	閉管	218
ト		熱効率(熱機関の効率)	177	**ヒ**		平均距離	130
同位核	446	熱電子	406	pn接合	323	平均消費電力	372
同位相	189	熱容量	141	ビオ・サバールの法則	328	平行四辺形の法則	15
同位体	446	熱力学第1法則	157,162	p型半導体	323	平行多重層	226
等温変化	169	熱力学第2法則	147	光エネルギー	146	平方根の求め方	13
等加速度直線運動	23	熱量	141	光のドップラー効果	258	平面波	200
動滑車	64	熱量保存の法則	141	光の速さ	224	並列共振	383
動径	130	**ハ**		非弾性衝突	88	並列接続	286,305
透磁率	326	倍音	215	非線形抵抗	316	ベクトル(量)	15,336
等速直線運動	105,341	媒質	182	ビッグバン	475	ベクレル	455
等速円運動	21	倍振動	215	比電荷	408		
等速でない円運動	111			比透磁率	327		
等速度運動	53						
導体	276	π中間子	471				

索引

β線	451
β崩壊	452
変圧器	388
変位	20
変位電流	396
偏光	258
偏向電圧	407
偏光板	258
ヘンリー	364, 367

ホ

ポアソンの式(法則)	171
ボーアの仮説	433
ボーアの原子模型	433
ボーアの量子条件	434
ボーア半径	435
ホイートストンブリッジ	309
ホイヘンスの原理	200
ボイル・シャルルの法則	149
ボイルの法則	149
望遠鏡	236
崩壊	452
崩壊定数	455
放射性原子核の変位法則	453
放射性原子核の崩壊系列	455
放射性崩壊	450
放射線	450
放射能	450
法線	202
膨張	160
放物運動	55
包絡面	200
飽和電流	414
保存力	77
ホール(hole)	322, 343
ホール(Hall)効果	343
ボルツマン定数	156
ボルト	268

マ

マイクロメートル	225
マイケルソンの干渉計	254
マイヤーの式	167
摩擦角	37
摩擦係数	60
摩擦熱	84, 145
摩擦力	35

ミ

みかけの重力	103
みかけの重力加速度	103
みかけの深さ	227
右ねじの法則	328
密	185
μ粒子	471
ミリオン電子ボルト	412
ミリカンの油滴実験	409

ム

無核原子模型	430
無核模型	430
無重力(無重量)状態	103

メ

明線	238
メガ電子ボルト	412
メルデの実験	215
面積速度	130
面積速度一定の法則	131

モ

モーメント	43
モル比熱	166
モンキーハンティング	58

ヤ

山	182
ヤングの実験	238

ユ

融解	143
融解熱	143
有核原子模型	430
有核模型	430
有効数字	10
誘電体	279
誘電体板の挿入	282, 288
誘電分極	279
誘電率	262, 283
誘導起電力	350
誘導電流	350
誘導リアクタンス	378
湯川秀樹	471

ヨ

陽極電圧の値の調節	415
陽子	445
陽電子	452
容量リアクタンス	375
横波	184
弱め合い	191

ラ

ライマン系列	432
落体の運動	54
ラザフォード	430
ラザフォードの原子模型	431
ラジアン	14
らせん運動	342
らせんのピッチ	343

リ

リアクタンス	383
力学的エネルギー	78, 146
力学的エネルギー保存則	78
力積	86
力率	388
理想気体	151
粒子性	417
リュードベリ定数	431
量子条件	434
量子数	434
臨界角	203

レ

励起	436
励起状態	436, 453
レーザー	247
レプトン	472
連鎖反応	468
レンズ	229
レンズの公式	232
連続X線	442
連続スペクトル	257
レンツの法則	350

ロ

ロイド鏡	240
ローレンツ力	340

ワ

和積公式	資料
ワット	72

著作者 宇都史訓（第1編：力　学）
　　　　 本吉秀世（第2編：熱と気体）
　　　　 松尾悦雄（第3編：波　動）
　　　　 末松繁行（第4編：電磁気［電場］［電流］）
　　　　 寺田正春（第4編：電磁気［磁場］［電磁誘導］）
　　　　 梅田裕之（第5編：原　子）

協力者 江渡明穂　　大川保博　　小塩栄一
　　　　 近藤　敦　　高橋　謙　　高木　博
　　　　 中野達彦　　中村日出明　那須佳子
　　　　 浜島清利　　宮田　茂
　　　　　　　　　　　　　　（50音順）

参考文献　国立天文台編『理科年表』丸善
　　　　　　『物理学辞典』培風館
　　　　　　『理化学辞典』岩波書店
　　　　　　『科学の事典』岩波書店
　　　　　　中山正敏『電磁誘導』共立出版
　　　　　　近藤　敦『新・秘伝のオープン 基礎の物理』河合出版
　　　　　　近藤　敦『新・秘伝のオープン 完成の物理』河合出版